The I.J.N. TAINAN AIR Group in NEW GUINEA

台南海軍航空隊
【ニューギニア戦線篇】

モレスビー街道に消えた勇者たちを追って

ルーカ・ルファート、マイケル・ジョン・クラーリングボールド 共著

平田光夫 訳

大日本絵画

ニューギニア上空を舞った翼たち
台南空&日本海軍航空隊機の塗装とマーキング
AIRCRAFT PROFILES TAINAN FIGHTERS & JAPANESE OTHERS

日本本土をはるかに離れたニューギニア上空で米豪連合の航空部隊としのぎを削って戦った台南空をはじめとする日本海軍航空隊。ところがこれまで、とくに台南空についてはその華やかな活躍とは裏腹に、装備機の機番号やマーキングについては残された写真や資料が少なく、関係者の記憶や伝聞に頼る部分が多かった。原著者たちは地の利を生かしてオーストラリア軍が回収した残骸や墜落機の情報、時には監視兵が日本側飛行場を偵察して得た機番号の記録などを元に台南海軍航空隊の翼の在りし日の姿を再現している。ここではまず、日本海軍機側の塗装とマーキングを見てみよう。

カラーイラスト/エアロセンティック・グラフィックス
Color illustrations by AEROTHENTIC GRAFIX
解説/ルーカ・ルファート&
マイケル・ジョン・クラーリングボールド
text by LUCA RUFFATO & MICHAEL J. CLARINGBOULD

【編註】零戦の型式名は例えば二一型であればこの当時は「一号二型」の表記が正しく、三二型は「二号零戦」と表記されるべきだが、ここでは現在とおりがよい「二一型」「三二型」を用いた。また、一部疑問的な考証がなされている部分もあるがそのままとしている。

【台南海軍航空隊】
01. 零戦二一型〔V-117〕第1中隊長 瀬藤満寿三大尉機 1942年2月 バリ島

▲1942年2月にバリ島で第1中隊長の瀬藤満寿三大尉の乗機として使用されていたと推測できる機体。本書の主題はニューギニア作戦時の台南空だが、彼らがそれ以前に台湾、バリ島、蘭印で適用していたマーキングが、ニューギニア戦期のものの基礎となっているので参考のためここに掲載した。最初の4点の側面図はこの極初期のマーキングである。台南空はバリ島からラバウルへ進出する際、それまで使用していた零戦を全て現地に残し、人員だけ移動した。

02. 零戦二一型中島飛行機製造第14号機「報国第438号」〔V-126〕第2中隊所属機 1942年3月 バリ島

▲本機の明瞭な写真は存在しないため、推定の部分があることを注意されたい。報国第438号は1941年11月29日に大阪の伊丹飛行場で献納式が行なわれた1機で、献納者の大林組は現在も建設大手として存在する〔編註：この時は九六陸攻2機と零戦4機が大林組により献納されており、一番違いの第439号はV-141として台南空で使用され、有田義助2飛曹と一緒に写った写真がある。なお、本機を本田敏秋3飛曹のバリ島時代の乗機としている文献もあるが、おそらく本田は本機の前でポーズを取っただけと思われる。

03. 零戦二一型〔V-137〕第2中隊長 浅井正雄大尉機 1942年2月 バリ島

▲この図の機番号は末尾の数字を消去法により推定したものなので注意が必要である。図は分隊長浅井正雄大尉（1942年2月19日にスラバヤで戦死）の乗機だった、1942年1～2月のバリ島での状態を示している。戦争のこの初期段階から、台南空は指揮官機を示すために2本の胴体帯を使用していた。台南空に最初に配備された二一型では胴体帯が下面でつながっているものもよくあった。

04. 零戦二一型三菱製造第3372号機〔V-172〕第4中隊所属機 1941年11月 台湾

▲本機は台南空から22航戦司令部付属戦闘機隊として選抜され、1941年11月に井上七五三1飛曹の操縦で中国を縦断する際、悪天候のために雷州半島へ不時着したもの。井上は捕虜となり、この零戦は原形をとどめたまま中国軍に鹵獲された初の二一型となった。〔編註：回収して飛行できる状態までになるのがアリューシャンの古賀機よりもあとになった。
現存写真では機番号は黒文字に見える〕

05. 零戦二一型三菱製造第3647号機〔V-103〕第1中隊第1小隊長 高塚寅一飛曹長機 1942年9月初旬、ラクナイ

▲本機が三菱の工場で完成したのは1942年3月3日だった。このマーキングは1990年代にガダルカナルの沼から回収された残骸で確認されたもの。本機は第1中隊の小隊長だった高塚寅一飛曹長の機だったと思われる。高塚は列機の松木進2飛曹と佐藤昇3飛曹とともにヘンダーソン飛行場への偵察任務を護衛中だった1942年9月13日にガダルカナルで戦死した。3名をガダルカナルのルンガ東方で撃墜したのは、海兵隊のF4F-4ワイルドキャット搭乗員、ウォーリー・クラーク大尉、スモーキー・ストーヴァー中尉、ジョン・スミス少佐だった。

06. 零戦二一型三菱製造第1640号機「報国第518号」〔V-104〕第1中隊第2小隊 河西春男1飛兵機 1942年5月

▲1942年5月2日、第1中隊の河西春男1飛兵がポートモレスビーから16浬のボレバダ村で第8戦闘群のP-38搭乗員ドナルド・マクギーに撃墜された際に搭乗していたのがこのV-104である。1942年9月に河西の遺体を回収したオーストラリア兵たちが彼の機の尾翼記号を彼の埋葬証明書に記録していた。本機は報国号だったが、518号であることは消去法により推定したものである。

07. 零戦二一型三菱製造第2641号機「報国第529号」〔V-107〕第1中隊長 山下丈二大尉機

▲本機の二重胴体帯の色と報国号番号は戦後にニューギニアの某所で撮影された残骸のカラー写真で確認されている。ただし、そこには尾翼記号が写っていないため、注意が必要である（この尾翼記号は消去法で残ったもののうち、最も可能性の高い番号である）。機名の「順英號」は本機が日本の民間人、渋谷良英によって献納されたことを示し、この人物は報国第1182号と少なくとももう1機（機種不明）を献納している。V-108（側面図8参照。第1中隊長、山下政雄大尉機）がラエで廃棄された際、V-107に分隊長の2本線を追加して、1942年6月9日に失われた山下丈二大尉のV-117の代替機にしたと考えられる。

08. 零戦二一型〔V-108〕第1中隊 山下佐平飛曹長機 1942年4月 ラエ

▲1943年9月にラエで撮影された本機の残骸には青い尾翼線2本と胴体帯1本があることから、かつてこの二一型は山下丈二大尉の副官、山下佐平飛曹長の機だったと考えられる。しかし山下飛曹長の台南空の指揮系統における位置づけは判然としない。〔編註：飛行兵曹長たる分隊士は士官と下士官兵の間を取り持つ老練な搭乗員だが、いわゆる副官という立場ではない〕

09. 零戦二一型三菱製造第1575号機〔V-110〕第1中隊所属機 1942年4月 ラエ

▲本機は1942年4月28日に前田芳光3飛曹の操縦でニューギニア南海岸に不時着した機体で、写真のほか製造番号など詳細がオースラリア側で記録されている。製造番号から、同年2月9日に三菱の工場で完成し、4月7日の五州丸か、その1週間後の春日丸によって補充機としてラバウルに届いたばかりだったことになる。1942年5月からこの零戦はポートモレスビーで公開されたが、記念品泥棒が機体から取り外し可能なものをすべて持ち去ってしまった。

10. 零戦二一型「報国第500号」〔V-110〕第1中隊所属機 1942年6月 ラエ

▲この二一型は1943年9月にラエで鹵獲されたもので、図9の初代V-110が1942年4月28日に失われた代替機と推定される別の機体。報国第500号の機名「第七愛婦東京號」は愛国婦人会東京府支部が献納した7番目の機であることを示している。尾翼記号の文字が初代V-110よりも少し細いのに注意。これは1942年5月以降に新たに記入された台南空の尾翼記号の書体の特徴である。

11. 零戦二一型〔V-111〕三菱製造第2576または第4578号機 第1中隊所属機 1942年7月 ラエ

▲この機体も1943年9月にラエで鹵獲された、やはり1942年4月7日の五州丸か、その1週間後の春日丸でラバウルに補充機として届けられたうちの1機と思われる機体。

12. 零戦二一型三菱製造第3537号機〔V-114〕第1中隊小隊長機

▲1942年6月1日に第1中隊の宮崎儀太郎飛曹長は、第8戦闘群のエアラコブラ搭乗員ビル・ベネット大尉によりポートモレスビー西方のボエラ村付近で撃墜された。その時の乗機と推定されるのが本機で、坂井三郎の回想録（日本語版）では宮崎機の尾翼には黄色の小隊長標識線が入っていたとなっている。もしこの機に黄の小隊長線があったとすれば、その尾翼記号はV-114だった可能性が高い。ただし、本図は推測を含んだものであり、注意が必要である。

13. 零戦二一型〔V-117〕第1中隊長 山下丈二大尉機／吉野俐飛曹長機

吉野俐飛曹長が1942年6月9日にワードハント岬で撃墜された時の乗機。本機は吉野俐飛曹長の搭乗していた1942年6月9日に、ワードハント岬付近の洋上で撃墜された。バリ島では第1中隊の分隊長はV-117（図1参照）の尾翼記号を使用していたので、ラバウル進出後も台南空はこの番号を使いつづけていた可能性が高い。V-117は山下丈二大尉がラエから最初の出撃をする際、彼に割り当てられた。ただし本機の写真は残っていないため図のマーキングは推定であり、実際の尾翼記号がV-117である確証はない。

14. 零戦二一型〔V-122〕第2中隊 酒井良味2飛曹機 1942年4月17日

▲1942年4月23日付の「NGVR情報報告書」により、その日V-122がラエの駐機場に見当たらなかったことがわかる。これは4月17日の、ラエ後方でのRAAFキティホークとの戦闘で、酒井良味2飛曹が搭乗する本機が不時着したためと思われる。緒戦期の台南空の第1および第2中隊は定数どおりの稼働機が揃っており、搭乗員の編成と機体マーキングが一致するだけの余裕があった。酒井は小隊長ではなかったので、V-122は小隊長標識がなかったものとして作図してある。

15. 零戦二一型〔V-128〕第2中隊第3小隊長 坂井三郎1飛曹機 1942年8月 ラクナイ

▲本図も実機の写真が残っていないので注意が必要である。この機番号は坂井三郎の日誌の1942年8月7日に記録されているといわれるものだが、両著者はいずれもその原本を確認していない。多数の書籍で本機には尾翼に白線が入っていたとされているが、V-128は第3小隊長機だったので、赤線が1本入っていたはずである。本機が第3小隊長機として割り当てられていたとすれば、有田義助2飛曹や西澤廣義1飛曹らも搭乗したはずだ。

16. 零戦二一型三菱製造第5304号機〔V-136〕第2中隊所属機 1942年6月 ラエ

▲本機も1943年9月にラエで鹵獲されたもので、製造番号から1942年5〜6月に台南空に編入されたものである。古い機体で、1942年4月末から5月初旬にラバウルに到着して台南空に合流した山下丈二大尉指揮下の千歳空の1機だと思われる。

17. 零戦二一型〔V-138〕第2中隊長 笹井醇一中尉機 1942年8月 ラクナイ

▲本機はその尾翼記号を収めた写真が1942年8月7日にラバウルで撮影されており、同日にガダルカナル作戦に出撃した笹井醇一中尉の搭乗機として使用されたといわれる。この機体には栗原克美中尉と河合四郎大尉も搭乗したと思われる。

18. 零戦二一型〔V-152〕第3中隊 後藤竜助3飛曹機？1942年4月23日 ラエ

▲1943年9月に鹵獲されたV-152が最初にラエ飛行場で確認されたのは、NGVR（ニューギニア義勇ライフル部隊）の1942年4月23日付の情報報告書で、1942年4月17日にポートモレスビー付近でRAAFキティホーク隊との戦闘で不時着した後藤竜助3飛曹の搭乗機の可能性がある。本機は元4空のF-152を転用した可能性があり、ここでは4空の胴体帯を塗りつぶした痕跡を再現した。4空戦闘機隊の機番号は線が細いのに対し、新しい台南空の書体では数字の「5」はいずれも太く、「5」の下部の曲線部が全高の半分を越している。

19. 零戦二一型〔V-153〕元第3中隊長 河合四郎大尉機 1942年5月 ラクナイ

▲本機はラバウルで撮影された際、2本の胴体帯が塗りつぶされた状態だったが、所属変更前は黄の胴体帯が1本だったと推定される。V-153はラエでは2本の胴体帯を巻き、分隊長河合四郎の機だった。本機は元々彼がラエで4空所属時代に搭乗していたF-153だったのだろう。図では主脚カバーの下部を取り外した状態を示している。これは主脚オレオとカバー間に泥が詰まるのを防ぐための処置。

20. 零戦二一型三菱製造第5374号機〔V-157〕第3中隊第3小隊長機 1942年9月 ラエ

▲本機はその製造番号から、1941年10月に最初に台南空に配備された1機であることがわかる。その後おそらくは第22航空戦隊司令部付属戦闘機隊に移籍され、尾翼記号はⅡ-1??となったと思われる。22航戦司令部付戦闘機隊は2個分隊編成で、1個は3空の戸梶忠恒大尉の、もう1個は台南空の稲野菊一大尉の指揮下にあった。塗りつぶされた2本の分隊長帯は22航戦時代のもので、台南空の1本の小隊長帯が改めて塗られた。稲野とともにラバウルへ来た零戦の多くは新編された第4中隊機となり、黒の胴体帯を巻かれた。台南空が1942年11月に内地に引き揚げると、その機材の大半は204空が引き継いだ。

21. 零戦二一型「報国第535号」〔V-158〕第3中隊長 河合四郎大尉機 1942年5月 ラクナイ

▲報国第535号は図19のV-153の代替機として、1942年8月頃にラバウルで河合四郎大尉の新たな乗機となった。機名の「鍛造林號」は献納者が石川県河北郡(現かほく市)に本社のある株式会社林鍛造所であることを示している。作図の参考にした写真は画質が悪く、尾翼記号のV-158は緻密な推論に基づくものなので、注意されたい。

22. 零戦二一型三菱製造第5779号機「報国第550号」〔V-171〕第4中隊所属機 1942年7月 ラエ

▲1942年5月30日に三菱で完成した本機は、報國第550号のマーキングを工場で塗装された。機名は「聯合紙器號」で、献納者の聯合紙器株式会社は大阪に本社のある段ボール/梱包用厚紙製造会社である〔編註:レンゴー株式会社として現存〕。本機は廃棄状態で1943年9月にラエで鹵獲された。その製造番号から本機が台南空に引き渡されたのは、1942年6月以降であることがわかる。

23. 零戦二一型三菱製造第5784号機〔V-172〕第4中隊第1小隊長 坂井三郎1飛曹機
　　1942年8月 ラクナイ

▲製造番号から1942年5月に完成、6月以降に台南空に引き渡された と思われるこの三菱製零戦は現在、青の胴体帯1本と尾翼記号V-173を 記入され、オーストラリア戦争記念館（AWM）に展示されている。この 塗装はAWMが坂井機にはすべて青帯があったと誤解していたためであ る。坂井は日誌で本機をV-172としているが、この番号の二一型ならば 黒の胴体帯だったはずである。1942年8月の坂井小隊の構成機はおそら くV-170、171、172で、V-172には白の小隊長線が1本入っていたと思 われる。本機は当時の写真がなく、戦後に発見された際には、胴体帯の 色の決め手となる証拠が残っていなかった。

24. 零戦二一型三菱製造第4573号機〔V-179〕第4中隊第2小隊所属機 1942年7月 ラクナイ

▲戦後確認された本機の尾部の残骸には黄の小隊長帯1本と黄の胴体帯 があったため、かつて22航戦司令部付属戦闘機隊のII-176〔編注：原著 のママ〕だったと推定される。本機は1942年7月頃、ラバウルで黒の胴 体帯1本を巻き、第3および第4中隊間で融通されていたものと考えら れる。22航戦からラバウルに最初に移された零戦の一部は黒の胴体帯を 塗られて新編の第4中隊に配備された。製造番号から本機が台南空に引き 渡されたのは1942年6月以降で、図25の初代V-179の代替機となるが、 いつ頃代わったかは不明。

25. 零戦二一型三菱製造第4688号機〔V-179〕第4中隊所属機 1942年8月 ラエ

▲1942年4月14日に完成した三菱製報国第490号の機名「阿波製紙號」は、献納者が徳島県に本社 のある阿波製紙株式会社であることを示している。ラエで廃棄されていたこの零戦については、 1943年9月16日付のATIUの記録が現存している。製造番号から本機が台南空に引き渡されたのは 1942年6月以降である。

26. 零戦二一型三菱製造第5374号機〔51-157（元V-175）〕1942年11月

▲この251空の零戦は図20の機体と同一機で、元台南空のV-157である。22 航戦時代の分隊長識 別線2本がいずれも塗りつぶされているのに注意。図は台南空が251空になった1942年11月第1 週当時の状態を再現している。

27. 零戦三二型三菱製造第3015号機〔V-174〕ブナ支隊第2中隊 柿本円次2飛曹機 1942年8月

▲1942年8月27日に柿本円次2飛曹がミルン湾付近の浅瀬に不時着水した際の搭乗機。残骸がわずか2～3尋の深さにあったため、ダイバーたちはV-174の尾翼記号をはっきり視認できた。本図はその記録を元に作成したもの。当時、識別用にV-174の正確な木製模型が製作されたが、実際にはない報国号マーキングが足されており、その模型の写真は戦後出版された何冊かの書籍に実機写真として誤って掲載されている。

28. 零戦三二型三菱製造第3016号機〔V-175〕ブナ支隊第2中隊小隊長 山下貞夫1飛曹機 1942年8月

▲本図も実機が写真で確認されていないため、注意が必要である。山下貞雄1飛曹が1942年8月27日にミルン湾で撃墜された際に搭乗していたのがV-175だと思われる。もしそうとすれば、垂直尾翼上端が黄色に塗られているのは、ブナ支隊の第2中隊独自の小隊長標識ということになる。

29. 零戦三二型三菱製造第3017号機〔V-176〕ラエ支隊分隊長機？ 1942年9月

▲この三二型は1943年9月にラエで鹵獲された際、分隊長を示す胴体の2本帯と尾翼の2本線が描かれていた。本機は1942年8月14日にB-17の機銃に被弾し、ラエに不時着した大野竹好中尉機だった可能性がある。この時期のこうした三二型の損失の多さが、山下丈二大尉その他が1942年8月末にブナに配置された際、二一型を使用していた理由かもしれない。

30. 零戦三二型三菱製造第3018号機〔V-177〕ブナ支隊第2中隊第3小隊長機 1942年8月

▲1942年6月15日に完成したこの三菱製零戦の垂直尾翼上端の赤色はカラー写真でも確認されており、ブナ支隊第2中隊独自の小隊長標識である。転覆し、フラップが下がった状態で製造番号3018がブナ飛行場で鹵獲されたのは1942年12月27日、ブナの戦いのあとだった。同機が廃棄された原因は、1942年8月23日のミルン湾攻撃からの帰還時、山崎市郎平2飛曹が重傷を負ったブナでの着陸事故だった可能性がある。

**31. 零戦三二型三菱製造第3026号機〔V-185〕ブナ支隊第3中隊第2小隊 山下貞雄1飛曹機
　　1942年8月14日**

▲この報国第868号の側面図のマーキングも推定で、機名の献納者が不明である。この機体は廃棄された状態で1943年9月にラエで鹵獲された。本機が大破したのは1942年8月14日に山下貞雄1飛曹がB-17E「チーフ・シアトル」による被弾後、ラエに不時着した際である可能性がある。黄色の胴体帯が報国号の文字部分にもかかっているのに注意。

32. 零戦三二型三菱製造第3028号機〔V-187〕ブナ支隊第3中隊所属機 1942年8月

▲1942年6月28日に三菱で完成した報国第870号の機名「洪源號」は、献納者が民間人篤志家団体であることを示している。洪源は中国の地名の可能性もある。廃棄されていた製造番号3028の機体がブナ飛行場で鹵獲されたのは1942年12月27日、ブナの戦いのあとだった。V-185と同様に黄色の胴体帯が報国号の文字部分にもかかっている。

33. 零戦三二型三菱製造第3032号機〔V-190〕ブナ支隊第4中隊長 稲野菊一大尉機 1942年8月

▲本機は第4中隊の分隊長、稲野菊一大尉がブナ支隊の指揮を引き継いだ際に割り当てられた機体である。三菱で1942年7月3日に完成した報国第874号の機名「定平號」は、献納者の姓が定平であることを示しているが、この人物の詳細は不明である。この機体は1942年12月27日にブナ飛行場で鹵獲されたのち、分解されてブリスベーンに運ばれ、イーグルファーム飛行場で情報収集のための評価試験が行なわれた。稲野にはガダルカナル戦のための代替機として二一型が割り当てられた。

34. 零戦二一型中島飛行機製造第5355号機〔尾翼記号不明〕1942年11月 ラクナイ

▲中島製零戦二一型の本機がラバウルに届けられたのは1942年11月以降で、台南空やその後身である251空が本機を使用した可能性は低いものの、中島がこの時期から胴体日の丸に白縁をつけるようになったことなどがわかり興味深い。台南空の撤退により、その所属戦闘機は全機がラバウル駐留部隊に再分配された。

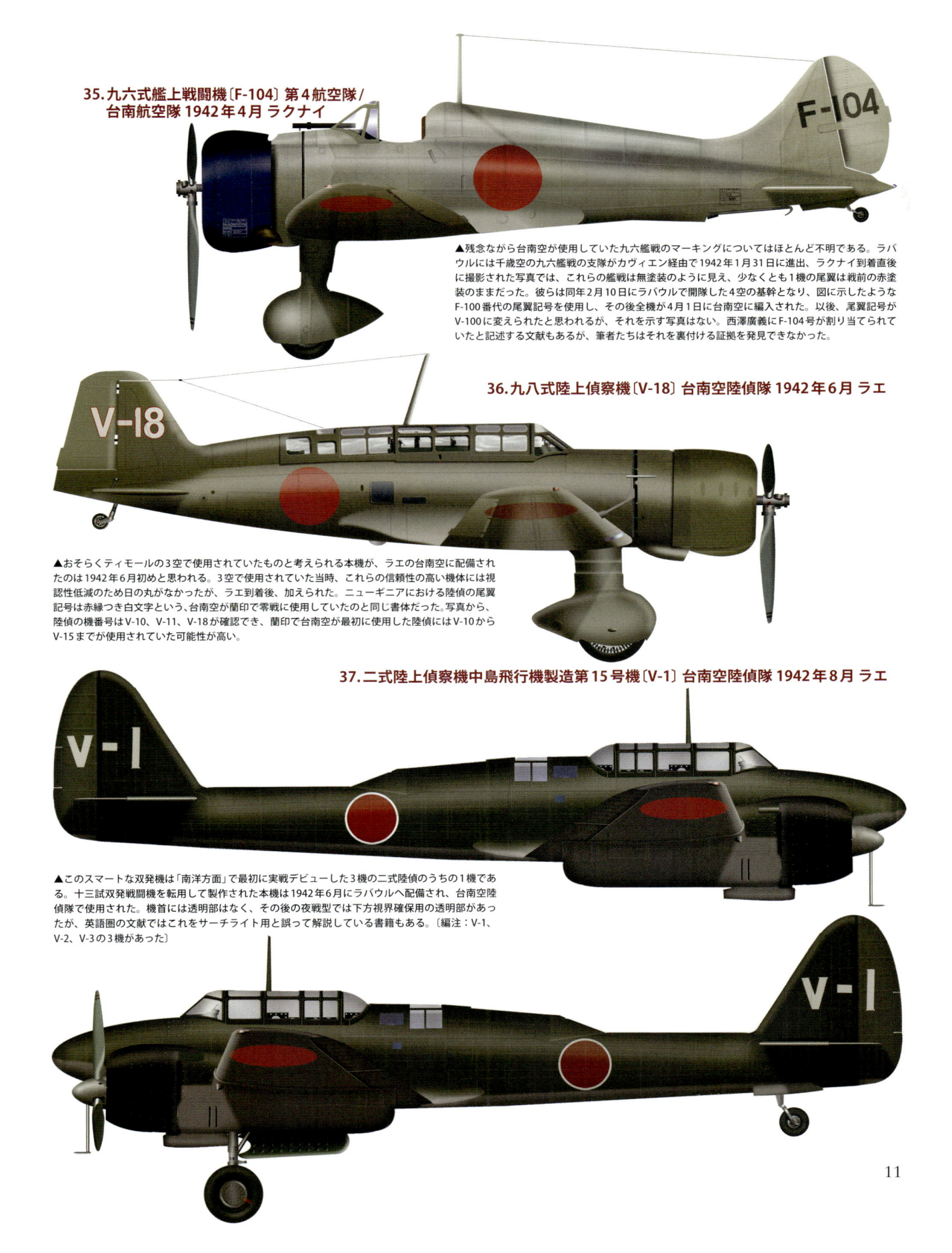

35.九六式艦上戦闘機〔F-104〕第4航空隊/台南航空隊 1942年4月 ラクナイ

▲残念ながら台南空が使用していた九六艦戦のマーキングについてはほとんど不明である。ラバウルには千歳空の九六艦戦の支隊がカヴィエン経由で1942年1月31日に進出、ラクナイ到着直後に撮影された写真では、これらの艦戦は無塗装のように見え、少なくとも1機の尾翼は戦前の赤塗装のままだった。彼らは同年2月10日にラバウルで開隊した4空の基幹となり、図に示したようなF-100番代の尾翼記号を使用し、その後全機が4月1日に台南空に編入された。以後、尾翼記号がV-100に変えられたと思われるが、それを示す写真はない。西澤廣義にF-104号が割り当てられていたと記述する文献もあるが、筆者たちはそれを裏付ける証拠を発見できなかった。

36.九八式陸上偵察機〔V-18〕台南空陸偵隊 1942年6月 ラエ

▲おそらくティモールの3空で使用されていたものと考えられる本機が、ラエの台南空に配備されたのは1942年6月初めと思われる。3空で使用されていた当時、これらの信頼性の高い機体には視認性低減のため日の丸がなかったが、ラエ到着後、加えられた。ニューギニアにおける陸偵の尾翼記号は赤縁つき白文字という、台南空が蘭印で零戦に使用していたのと同じ書体だった。写真から、陸偵の機番号はV-10、V-11、V-18が確認でき、蘭印で台南空が最初に使用した陸偵にはV-10からV-15までが使用されていた可能性が高い。

37.二式陸上偵察機中島飛行機製造第15号機〔V-1〕台南空陸偵隊 1942年8月 ラエ

▲このスマートな双発機は「南洋方面」で最初に実戦デビューした3機の二式陸偵のうちの1機である。十三試双発戦闘機を転用して製作された本機は1942年6月にラバウルへ配備され、台南空陸偵隊で使用された。機首には透明部はなく、その後の夜戦型では下方視界確保用の透明部があったが、英語圏の文献ではこれをサーチライト用と誤って解説している書籍もある。〔編注:V-1、V-2、V-3の3機があった〕

台南海軍航空隊の中隊識別、並びに長機標識について
1942年4月1日～11月1日
TAINAN KOKUTAI COLOR CODINGS

■ **中隊標識の斜め帯**

第1中隊：赤
第2中隊：青
第3中隊：黄
第4中隊：黒

胴体日の丸後方に巻かれた斜めの帯は日本海軍において台南空を表す標識であり、部隊で手塗りされたそれは、太さや角度、下部の切れ目など形状がそれぞれ機体ごとに異なっていた。ニューギニア戦線で確認された機体のは斜め帯は胴体下面まで伸びていなかったが、これは1942年4月以前にバリ島で使用されていた零戦も同様だったようだ。

■ **小隊長機を表す標識**

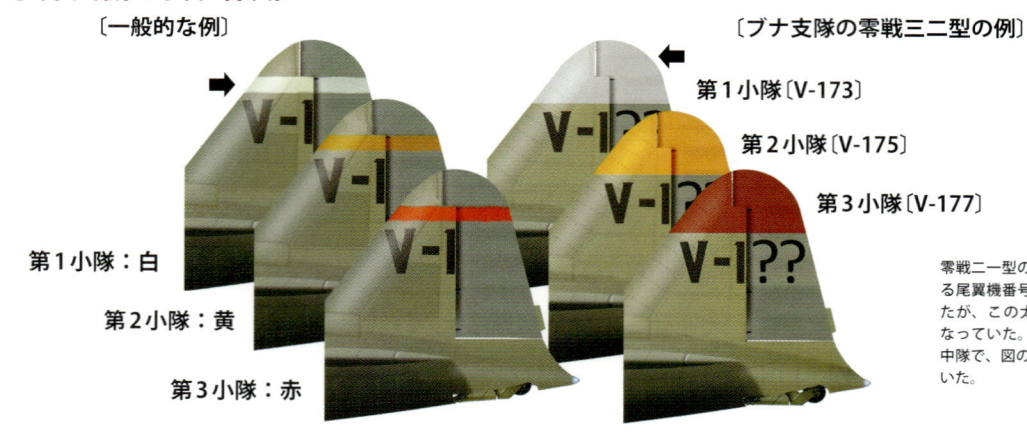

〔一般的な例〕

第1小隊：白
第2小隊：黄
第3小隊：赤

〔ブナ支隊の零戦三二型の例〕

第1小隊〔V-173〕
第2小隊〔V-175〕
第3小隊〔V-177〕

零戦二一型の小隊長標識は全機ともVで始まる尾翼機番号の上に横帯を1本巻くことだったが、この太さや位置は各機で少しずつ異なっていた。例外はブナ支隊の三二型の第2中隊で、図のように垂直尾翼上端が塗られていた。

■ **中隊長機を表す標識**

台南空の零戦二一型の中隊長機はすべて垂直尾翼に図のような青の2本帯を巻いてその標識としていた。階級の高い中隊長の機では胴体斜め帯が2本で、低い士官では1本のみだったようだ。ブナで放棄されていた零戦三二型〔V-190〕ではこの標識に白を用いていたが、これは今のところ確認されている唯一の例外である。報国号の場合、その文字を避けてこの胴体帯が塗装されることもあった。

【その他の海軍航空隊】

1942年4月以降、ニューギニア戦線に進出して戦った零戦隊は4空、ついで台南空が主力であったが、ソロモン諸島の東端でガダルカナル攻防戦が始まった同年8月以降には第3航空隊や第6航空隊などが援軍としてやってきた。ここではそうした戦闘機隊をはじめ、台南空とともに戦った第2航空隊の艦戦・艦爆混合部隊や水上戦闘機隊、ほか陸攻部隊の機体を見てみたい。

38. 九九式艦上爆撃機愛知製造第3287号機〔Q-218〕第2航空隊 1942年8月 ブナ

▲この九九艦爆は2空に所属し、1942年8月から9月にかけてまずヴナカナウから、その後短期間ブナから作戦を行なった。尾翼の機番号Q-218は番号「73」の上に書かれているが、これは1942年5月頃、2空へ移籍した同機の原所属空母艦爆隊の尾翼記号が?-273だったためである〔編註：と、原著者は断定しているが、それを裏付ける資料はない〕。1942年9月2日に本機はほかの2機Q-216（製造番号3110）とQ-219（同3114）とともにニューギニア南海岸のテーブル湾付近の砂浜に不時着した。

39. 零戦二一型「報国第556号」〔K-108〕鹿屋航空隊 1942年11月 ヴナカナウ

▲1942年中盤、鹿屋空から零戦1個中隊がカヴィエンに到着し、間もなくヴナカナウへ進出した。彼らは1942年9月29日にガダルカナルへ初出撃した。1942年11月1日の海軍部隊再編で鹿屋空は第253航空隊となった。機名の「第三水産千葉號」は千葉県の水産業者が献納した3機目の機体という意味である。この会社による第一、第二の献納機は報国第554号および第555号と思われる。鹿屋空の零戦は全機にこの尾翼線があったのか、それともこれが何らかの指揮官標識なのかは不明。

40. 零戦二一型「報国第515号」〔EI-108〕翔鶴戦闘機隊所属機 1942年8月 ラバウル

▲1942年3月31日に完成したこの報国号の献納者は広島県産業報国会呉支部である。本機は緒戦期にラバウルを空襲しにきた第5空軍第22爆撃群のB-26などを迎撃した。マーキングも明瞭な本機の状態の良い残骸が、2008年にガダルカナルのジャングルで発見されている。翔鶴の記録によれば、1942年8月末と9月初旬に指宿正信大尉と新郷英城大尉がガダルカナルに不時着生還しているので、いずれかの乗機だったと推定する。白の胴体帯と尾翼の小隊長標識につく細い赤縁に注意。これは本来の白の帯/線の外側でなく、縁の上に塗られたものである。胴体帯は報国号の文字部分にもかかっている。

41. 二式水上戦闘機〔Y-104〕横浜航空隊所属機 1942年8月 ラバウル、マラグナ海岸

▲もともと大型飛行艇の部隊であった横浜空は、4月1日に二式水戦を13機受領し、佐藤理一郎大尉の下、トラック島経由で1942年6月3日にラバウルに進出した。これらの水戦にはY-101からY-113の機番号が割り当てられたと推定する。姉妹機の零戦と比べ、二式水戦は垂直尾翼が大型化され、操縦席後方のロールバーがなくなっているのが特徴。6月19日に特設航空機運搬船最上川丸でソロモン諸島のツラギへ進出した浜空は、8月7日のツラギおよびガヴツ＝タナンボゴへの空襲により二式水戦全機と九七大艇ほぼ全機を失った。

42. 零式観測機三菱製造第143号機〔RI-14〕聖川丸飛行隊所属機 1942年6月 ブナ作戦

▲1942年5月、聖川丸飛行隊部の零式水偵4機、零式観測機6機、九五式水偵2機には「RI」の部隊記号が指定されたが、零式水偵は「R」の部隊記号のままだった。奪取された1942年6月19日付の同飛行隊の「現状週報」には部隊記号「RI」の水上機が全機掲載されている。1942年6月の尾翼記号は零式水偵（RI-1～9）、零観（RI-10～20）、九五式水偵（RI-21～29）とされている。1942年5/6月期の同部隊の実際の尾翼記号は、RI-14（三菱製造第143）、RI-15（同153）、RI-16（同154）、RI-17（同155）、RI-18（同156）、RI-19（同157）だった。

**43. 零戦二一型〔Ⅱ-108〕第22航空戦隊司令部付戦闘機隊 戸梶忠恒大尉機（元3空）
1942年7～8月 ラクナイ**

▲本図は戸梶忠恒大尉機（元3空）の同年7月頃のラクナイにおける状態である。この戦闘機隊は2個分隊（中隊）編成で、うち1個は戸梶大尉の、もう1個は台南空の稲野大尉の指揮下にあった。その経緯については側面図20の解説を参照されたい。尾翼にある2本の分隊長識別線に注意。

Ⅱ-108を含む、稲野とともにラバウルへ来た22航戦の零戦の多くは、河合大尉の指揮下、新設された第4中隊へ配備された。〔編註：22航戦司令部付属戦闘機隊は鹿屋空戦闘機隊に吸収されたのち、台南空へ編入された〕

**44. 零戦二一型中島飛行機製造第18号機〔F-151〕
第4航空隊所属機 1942年3月 ラエ**

▲この零戦は中島製の18号機で、1943年9月にラエで鹵獲された。元々ラエの4空で使用されていたもので、4空のラエ部隊は尾翼記号F-111から155を用いていた。赤の胴体帯は中隊標識で、これ以外の2個中隊の中隊色は黄と白と思われるが、どちらがどの色だったのかは不明である。製造番号も確証を欠く。

45. 零戦三二型〔U-136〕第6航空隊所属機 1942年9月 ヴナカナウ

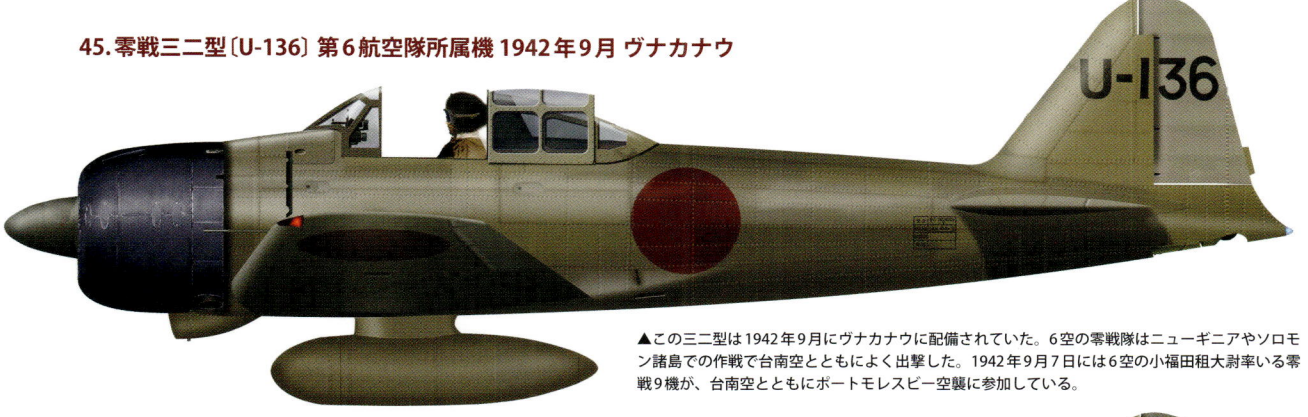

▲この三二型は1942年9月にヴナカナウに配備されていた。6空の零戦隊はニューギニアやソロモン諸島での作戦で台南空とともによく出撃した。1942年9月7日には6空の小福田租大尉率いる零戦9機が、台南空とともにポートモレスビー空襲に参加している。

46. 零戦二一型〔X-182〕第3航空隊 1942年9月 ヴナカナウ

▲1942年9月16日、ガダルカナル戦の戦力補強のため、空母大鷹により3空の零戦21機と九八陸偵4機という大規模な分遣隊がティモール諸島からニューギニア方面へ派遣された。彼らは11月まで台南空の指揮下で戦う。本機が撮影されたのはヴナカナウ進出直後で、胴体と垂直尾翼に空母戦闘機隊と思われる原所属部隊のマーキングが塗りつぶされた痕跡がある〔編註：3空で中隊長機に使用されていた機体と見るのが妥当〕。胴体帯は青としたが、赤の可能性もある。

47. 零戦三二型三菱製造第3035号機「報国第877号」〔Q-101〕第2航空隊 1942年8月 ブナ

▲本機は1943年9月のラエでの鹵獲後、米軍が撮影した写真が多数存在する。報国第877号は横須賀で2空に最初に引き渡された16機の三二型のうちの1機で、これは全機が報国号であり、機番号はQ-101からQ-116までだった。機名の「咸南水産號」は、献納者が朝鮮北部の都市、咸南にあった水産会社。2本の胴体楔形帯は本機のブナ到着からしばらくのちに描かれたようだ。ブナでは2空の三二型6機の残骸と3機の戦闘損失（1942年8月26日にブナで離着陸中だった3機がエアラコブラに撃墜され、全搭乗員が戦死）があったので、合計は9機である。胴体の楔形帯の意味は不明〔編註：これは2空の標識〕。

48. 九六式陸上攻撃機〔Z-322〕第1航空隊 1942年4月 ヴナカナウ

▲1942年1月〜7月末まで南洋方面で活動していた九六陸攻隊は1空と元山空で、図はヴナカナウに展開していた1空の機体。胴体後部にある帯は、日中戦争中に敵味方識別用に導入された戦地標識ではなく、所属する航空戦隊を意味するもので、1本は21航戦の所属を表す。1空は1942年3月31日にポートモレスビー上空で九六陸攻1機を失い、戦死者8名を出している。

49. 九六式陸上攻撃機「報国第538号」〔G-315〕元山海軍航空隊 1942年5月 ヴナカナウ

▲胴体後部に22航戦麾下部隊を表す2本の白帯を巻いた本機は元山空の所属機。工場で報国号マーキングを塗装された時点では全体が無塗装で、上面の迷彩はあとから塗られた。報国号の文字部分は長方形にマスキングされるのが普通のため、報国第538号では文字の周囲だけが無塗装になっている。機名の第三日本綿糸布號は、大阪市東区の日本綿糸布輸出組合が献納した3機目の機体であることを示している。

50. 一式陸上攻撃機〔H-324〕三沢海軍航空隊所属機 1942年9月7日 ヴナカナウ

▲この三沢空所属の一式陸攻は鹿屋空から移籍されたものと見られる。本機は1942年9月7日のポートモレスビー攻撃に参加したが、この時護衛にあたった台南空戦闘機隊の指揮官は中島正少佐だった。

51. 一式陸上攻撃機〔F-322〕第4航空隊第2中隊 1942年5月 ラエ

▲「F」の部隊記号は本機が4空所属であることを示している。同部隊の中隊ごとのマーキングは、第1中隊がF-301からF-319までで尾翼線なし、第2中隊がF-320からF-339までで尾翼線は1本、第3中隊がF-340からF-359までで尾翼線は2本、第4中隊がF-360以降で尾翼線は3本だった。

【台南海軍航空隊補足】

52. 一式陸上輸送機三菱製造第209号機〔V-903〕台南海軍航空隊 1942年7月 ヴナカナウ

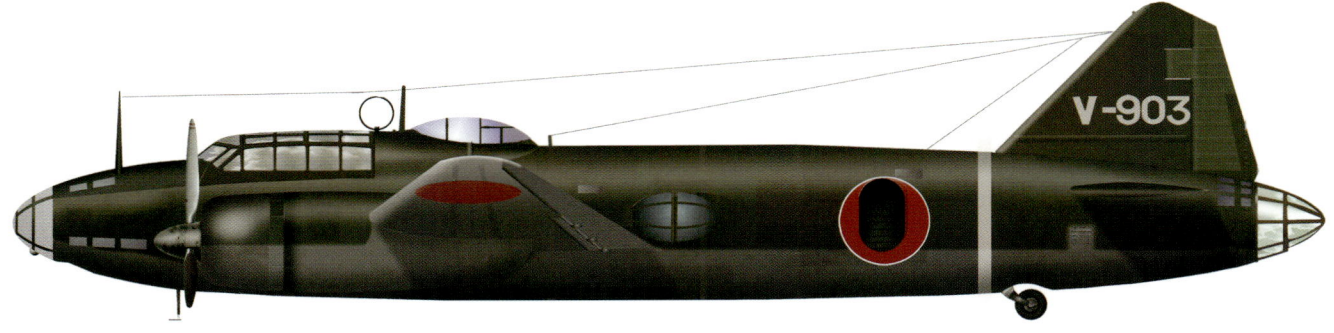

▲台南空は来歴の異なる輸送機型の一式陸攻を3機保有しており、それぞれの尾翼記号はV-901からV-903だった。1942年8月29日にブナ飛行場でV-902（製造番号613、元Z-972）とV-903（当初は翼端援護機Z-181、その後1空輸送隊Z-985）が第41戦闘飛行隊エアラコブラの機銃掃射により地上撃破された。V-901のその後は不明。〔編註：一式陸上輸送機は中攻用の翼端掩護機として試作された機体から機銃設備を撤去して輸送機に改造したもので、機首の窓の数や側面ブリスター銃座の位置が異なり、胴体扉も大型化されている〕

17

ニューギニア上空を舞った翼たち
アメリカ&オーストラリア軍機の塗装とマーキング
AIRCRAFT PROFILES ALLIED

台南空やその他の日本海軍航空隊がニューギニア上空で戦った相手は、はじめはオーストラリア空軍、ついでアメリカ陸軍航空部隊であった。これらの機体は戦闘機あり、単発、中型、大型の爆撃機あり、飛行艇ありと多種多様だが、その様子は戦勝国であるということ、またカメラの普及率や国民性の違いということもあって、さすがによく写真に残されており、またシリアルナンバーなどの記録も詳細にわたっている。日本海軍機側に続き、これら連合国側の機体の塗装とマーキングを整理しておこう。

カラーイラスト / エアロセンティック・グラフィックス
Color illustrations by AEROTHENTIC GRAFIX
解説 / ルーカ・ルファート &
マイケル・ジョン・クラーリングボールド
text by LUCA RUFFATO & MICHAEL J. CLARINGBOULD

53. B-17E / シリアル#41-2632「クロック・オウ・クラップ」第19爆撃群第93爆撃飛行隊
1942年8月 ポートモレスビー7マイル飛行場

▲「クロック・オ・クラップ」はまずヒュー・S・グランドマン中尉によりフィジー経由でオーストラリアへ届けられた。第5空軍の第93爆撃飛行隊で使用されたのち、1942年末に第13空軍へ移籍され、その後1943年12月21日に米国本土へ戻された。図は1942年8月のポートモレスビーでの状態を示している。インディアンのマークは第93爆撃飛行隊のロゴ。

54. B-17E / シリアル#41-2429「ホワイ・ドント・ウィ・ドゥ・ディス・モア・オフン?」
第19爆撃群第40爆撃飛行隊 1942年8月 7マイル飛行場

▲本機の迷彩は非常に変わっている。三色迷彩はハワイで塗装されたもので、研究者のダナ・ベルによれば「シーグリーン、ラストブラウン、サンドを工場塗装のオリーブドラブとニュートラルグレーの上に塗ったもの」という。シリアルナンバーもハワイで再塗装され、文字が元よりやや小さくなっていた。図は本機がハール・ピース大尉の操縦で1942年8月7日にラバウル上空において撃墜された際の状態を示している。残骸は戦後RAAF捜索隊により発見されたが、「行方不明航空隊員報告書」にはシリアルが#41-2439と誤記されている。「爆撃群作戦概要」には正確なシリアルが記入されている。

55. B-17F／シリアル#41-24354 第19爆撃群第93爆撃飛行隊
1942年8月初旬 ポートモレスビー 7マイル飛行場

▲本機は南西太平洋方面で失われた最初のF型である。1942年8月26日、フォートレス9機が3機編隊3個でポートモレスビーを0510に発進した。攻撃高度は8,000m、ミルン湾の日本軍船団の攻撃予定時刻は0650だった。第2編隊にいた本機は対空砲火が両主翼の中間に命中し、一瞬で火だるまになった。クライド・H・ウェブJr大尉が機長だった本機は海面に激突、搭乗員全員が死亡した。攻撃は0630から0745に行なわれた。

56. B-25C／シリアル#41-12496「デア・シュピー」第3爆撃群第90爆撃飛行隊
1942年4月 ポートモレスビー 7マイル飛行場

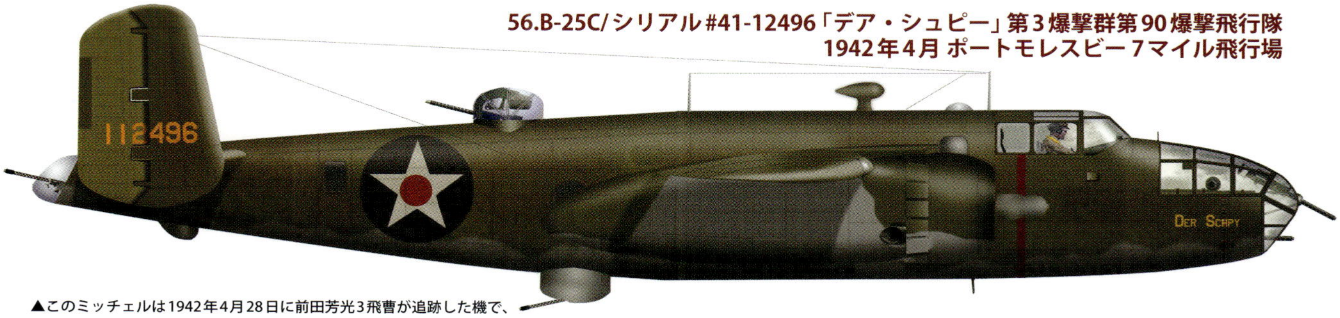

▲このミッチェルは1942年4月28日に前田芳光3飛曹が追跡した機で、その結果彼はミルン湾付近で不時着した。本機はブリスベーンでオランダ軍から譲渡されたもので、惨憺たる結果に終わったロイス作戦でラルフ・L・シュミット中尉の操縦で出撃したが、本機はタイヤ1本を撃ち抜かれただけだった。その後第38爆撃群に移籍されたが、1942年11月23日にタウンズヴィルで大破してしまった。第3爆撃群時代の本機の機長はフレッド・バンガードナーだった。

57. B-25D-1／シリアル#41-29701「バトリン・ビフィ」第38爆撃群第71爆撃飛行隊
1942年10月 ポートモレスビー 7マイル飛行場

▲このミッチェルは1942年10月5日に西澤廣義1飛曹ほか6機の台南空哨戒部隊によって撃墜された機体。本機の残骸は戦後、アワラ近郊のウヒタ村の近く、オロ郡のココダへつづく道路のわきで発見された。操縦手テレンス・J・ケアリーン中尉、ローレン・S・ミーダー少尉、フィリップ・E・ジャメイン少尉、ケネス・M・ケイス少尉、ポール・D・マケルロイ軍曹、リチャード・J・コンロン1等兵、第405爆撃飛行隊付撮影員ジョン・A・パグリューソ2等軍曹ら、搭乗員全員が戦死した。

58. B-25C／シリアル#41-12438（蘭印軍N5-149）「ブーメラン」第3爆撃群第13爆撃飛行隊
1942年4月26日 ポートモレスビー 7マイル飛行場

▲本機はオランダ王国東インド軍用としてオーストラリアへ空輸されたもので、1942年4月26日に第3爆撃群に届けられた時、まだ図のようなオランダ軍仕様のままだった。過去の文献ではシリアルの末尾を499としていたが、蘭印軍マーキング専門家のペーター・ボーアは工場の納品日付と航空機記録カードを相互参照し、-12499はすでに1942年2月19日に配備されているため、-12438が正しいと結論した。蘭印軍B-25について米国航空歴史学会の学会誌に論文を上梓しているヤープ・ホーストゥスとボーアのふたりは本機の小さな写真を1枚、1970年代初めに入手しており、シリアル末尾が38であることを確認した。

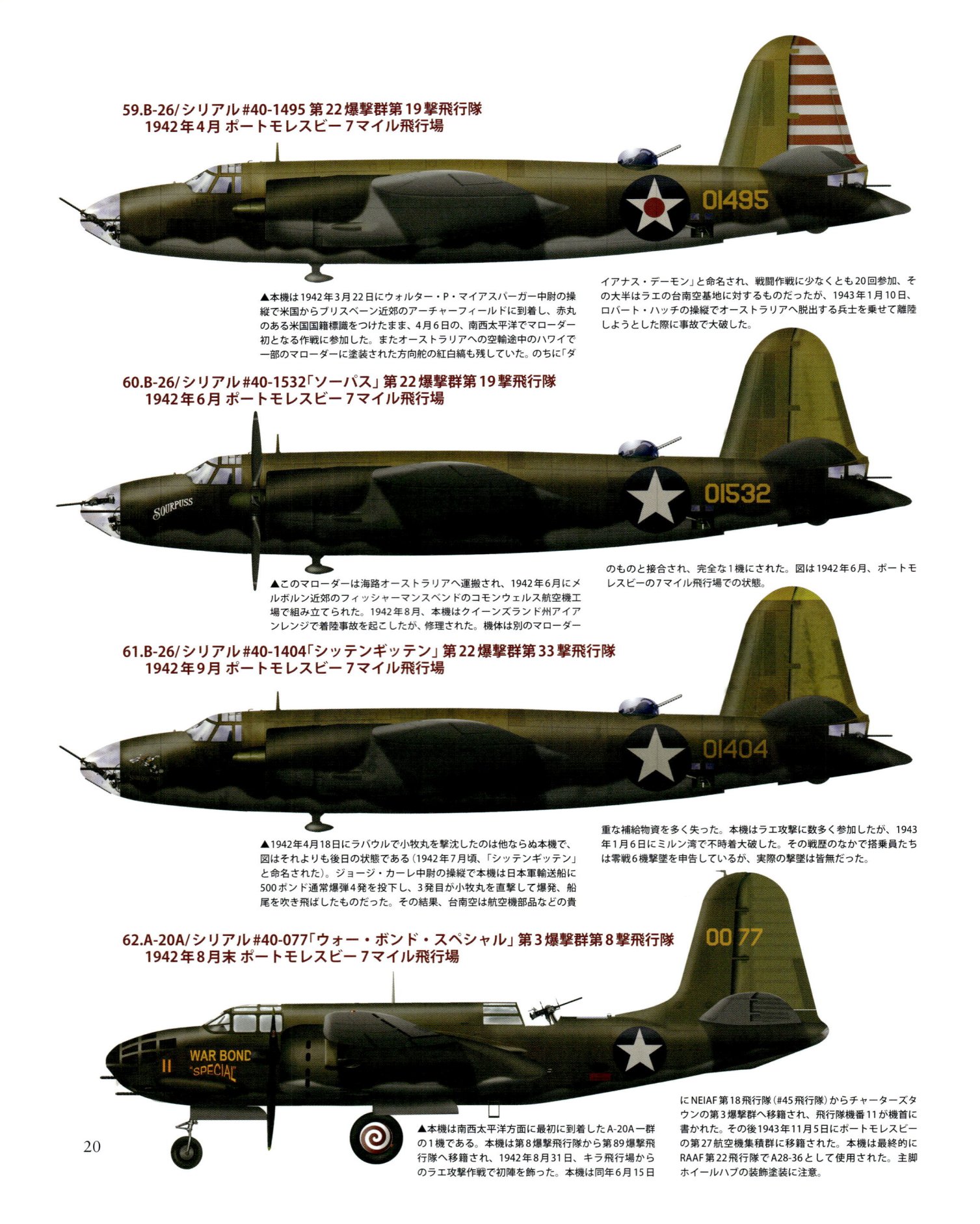

59. B-26/シリアル #40-1495 第22爆撃群第19撃飛行隊
1942年4月 ポートモレスビー 7マイル飛行場

▲本機は1942年3月22日にウォルター・P・マイアスパーガー中尉の操縦で米国からブリスベーン近郊のアーチャーフィールドに到着し、赤丸のある米国国籍標識をつけたまま、4月6日の、南西太平洋でマローダー初となる作戦に参加した。またオーストラリアへの空輸途中のハワイで一部のマローダーに塗装された方向舵の紅白縞も残していた。のちに「ダイアナス・デーモン」と命名され、戦闘作戦に少なくとも20回参加、その大半はラエの台南空基地に対するものだったが、1943年1月10日、ロバート・ハッチの操縦でオーストラリアへ脱出する兵士を乗せて離陸しようとした際に事故で大破した。

60. B-26/シリアル #40-1532「ソーパス」第22爆撃群第19撃飛行隊
1942年6月 ポートモレスビー 7マイル飛行場

▲このマローダーは海路オーストラリアへ運搬され、1942年6月にメルボルン近郊のフィッシャーマンスベンドのコモンウェルス航空機工場で組み立てられた。1942年8月、本機はクイーンズランド州アイアンレンジで着陸事故を起こしたが、修理された。機体は別のマローダーのものと接合され、完全な1機にされた。図は1942年6月、ポートモレスビーの7マイル飛行場での状態。

61. B-26/シリアル #40-1404「シッテンギッテン」第22爆撃群第33撃飛行隊
1942年9月 ポートモレスビー 7マイル飛行場

▲1942年4月18日にラバウルで小牧丸を撃沈したのは他ならぬ本機で、図はそれよりも後日の状態である（1942年7月頃、「シッテンギッテン」と命名された）。ジョージ・カーレ中尉の操縦で本機は日本軍輸送船に500ポンド通常爆弾4発を投下し、3発目が小牧丸を直撃して爆発、船尾を吹き飛ばしたものだった。その結果、台南空は航空機部品などの貴重な補給物資を多く失った。本機はラエ攻撃に数多く参加したが、1943年1月6日にミルン湾で不時着大破した。その戦歴のなかで搭乗員たちは零戦6機撃墜を申告しているが、実際の撃墜は皆無だった。

62. A-20A/シリアル #40-077「ウォー・ボンド・スペシャル」第3爆撃群第8撃飛行隊
1942年8月末 ポートモレスビー 7マイル飛行場

▲本機は南西太平洋方面に最初に到着したA-20A一群の1機である。本機は第8爆撃飛行隊から第89爆撃飛行隊へ移籍され、1942年8月31日、キラ飛行場からのラエ攻撃作戦で初陣を飾った。本機は同年6月15日にNEIAF第18飛行隊（#45飛行隊）からチャーターズタウンの第3爆撃群へ移籍され、飛行隊番11が機首に書かれた。その後1943年11月5日にポートモレスビーの第27航空機集積群に移籍された。本機は最終的にRAAF第22飛行隊でA28-36として使用された。主脚ホイールハブの装飾塗装に注意。

63. A-20A／シリアル#40-166「リトル・ヘリオン」第3爆撃群第89撃飛行隊
1942年11月 ポートモレスビー キラ飛行場

▲1942年11月1日に日本帝国海軍はそのすべての航空隊を再編成した。こうして深夜零時をもって台南空は251空となった。翌日、混成部隊のA-20Aによる低空攻撃がラエ飛行場に対して実施された。「リトル・ヘリオン」は対空砲火に被弾したため、根拠地のキラ飛行場でなく、7マイルに胴体着陸することを選択し、全損となった。本機はその後、別のA-20Aの機体と接合され、「ファットキャット」輸送機となった。「リトル・ヘリオン」は台南空と直接戦闘を経験した数少ないA-20Aの1機である。

64. C-47-DL 製造番号4708／シリアル#41-18583 第374輸送機群第21兵員輸送飛行隊
オーストラリア軍コールサインVH-CFH
1942年6月 ポートモレスビー 7マイル飛行場

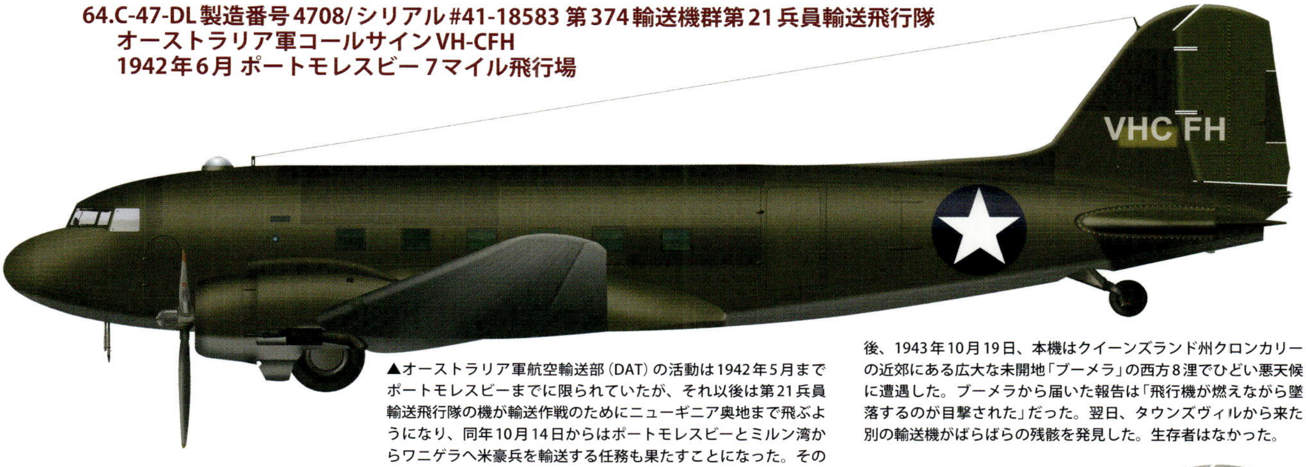

▲オーストラリア軍航空輸送部（DAT）の活動は1942年5月までポートモレスビーまでに限られていたが、それ以後は第21兵員輸送飛行隊の機が輸送作戦のためにニューギニア奥地まで飛ぶようになり、同年10月14日からはポートモレスビーとミルン湾からワニゲラへ米豪兵を輸送する任務も果たすことになった。その後、1943年10月19日、本機はクイーンズランド州クロンカリーの近郊にある広大な未開発地「ブーメラ」の西方8浬でひどい悪天候に遭遇した。ブーメラから届いた報告は「飛行機が燃えながら墜落するのが目撃された」だった。翌日、タウンズヴィルから来た別の輸送機がばらばらの残骸を発見した。生存者はなかった。

65. DC-3 製造番号2003「クラナ」オーストラリア国立航空 コールサイン VH-UZK
1942年5月 ポートモレスビー

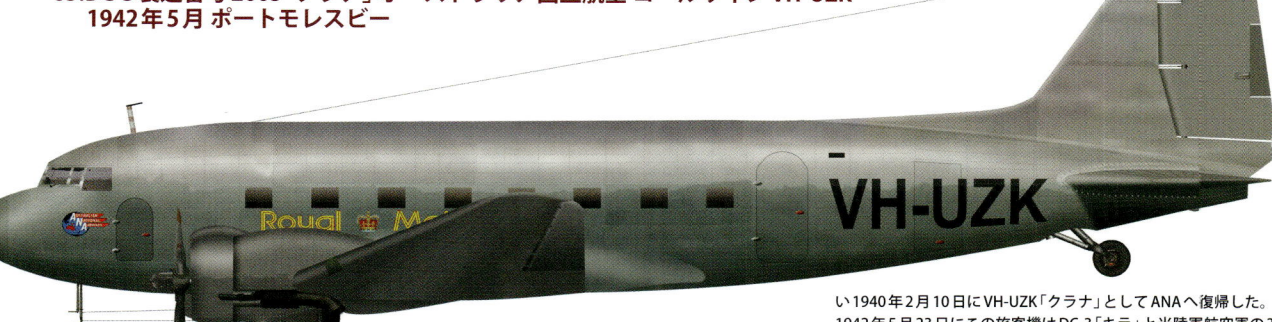

▲本機がオーストラリア国立航空（ANA）に引き渡されたのは1937年10月25日だった。同機は1939年9月11日からA30-2としてRAAF第8輸送飛行隊で使用されたが、それから間もない1940年2月10日にVH-UZK「クラナ」としてANAへ復帰した。1942年5月23日にこの旅客機はDC-3「キラ」と米陸軍航空軍の3機のC-53とともに、「カンガ軍」の兵士をアーチャーフィールドからワウへ空輸した。本機は1948年11月8日にヴィクトリア州メルボルン北方のマースドン山に墜落して失われた。

66. デ・ハヴィランド・タイガーモス「ブリッツ・クロス」
1942年5月 ポートモレスビー 14マイル飛行場

◀このタイガーモスは1942年中、米陸軍航空軍が捜索救難機としてポートモレスビー周辺で使用していたもので、特に撃墜されたエアラコブラ搭乗員の捜索に活躍した。「ブリッツ・クロス」の名称はカウリング右側に書かれている。

67. P-40E キティホーク〔A29-6〕（米軍シリアル不明）RAAF 第75飛行隊
1942年4月 ポートモレスビー 7マイル飛行場

▲1942年3月8日にRAAF第75飛行隊に引き渡され、コード「F」が与えられたこのキティホークは、1942年3月22日にラエで4空の零戦により撃墜されたが、搭乗員のウィルバー・ワケット中尉は驚くべきことに徒歩で基地まで戻った。本機は1942年3月21日にポートモレスビーに到着した第一陣である点が歴史的であり、ワケット専用機となった。図はポートモレスビーへの進出時、タウンズヴィルで撮影された貴重な写真を参考にしている。

68. P-40E キティホーク〔A29-14〕（米軍シリアル#41-24814）RAAF 第75飛行隊
1942年5月 ポートモレスビー 7マイル飛行場

▲このキティホークは1942年3月16日にRAAF第75飛行隊に引き渡され、搭乗員のレス・ジャクソンの洗礼名にちなんで飛行隊コード「L」が与えられた。同年3月24日のポートモレスビー空襲で本機は右主翼と尾翼に大きな損傷を受け、海路オーストラリアに戻され修理されたが、5月31日に低空飛行中に再び大破し、機体は部品取り用とされた。本機は同飛行隊が最初にポートモレスビー防衛についた際の1機で、集積所で塗装された標準型でないラウンデルやフラッシュなど、機体ごとに異なるマーキングに注意。

69. P-40E キティホーク〔A29-24〕（米軍シリアル不明）RAAF 第75飛行隊
1942年4月10日

▲このキティホークは飛行隊長のジョン・F・ジャクソン少佐が1942年4月10日にラエ～サラマウア～ナザブの偵察飛行中に撃墜された時の乗機である。彼はラエ南方のブサナ村付近で小隊長宮運一2飛曹、後藤竜助3飛曹、木村裕3飛曹らに攻撃された。3名は0715にラエを発進し、帰還後に単機の「スーパーマリン・スピットファイア」を迎撃、撃墜したと申告した。ジャクソンは村人たちの助けを得て、ポートモレスビーに生還した。

70. P-40E キティホーク〔A29-8〕（米軍シリアル不明）RAAF 第75飛行隊 1942年4月28日

▲このキティホークは1942年4月5日に戦闘でエンジンにひどい損傷を受けたため、ポートモレスビーへ不時着した。被弾により潤滑油が抜け、左補助翼と計器盤と風防可動部が損傷した。その後の1942年4月28日にジョン・F・ジャクソン少佐が和泉秀雄2飛曹によりローエス山付近で撃墜され、戦死した際の乗機が本機だった。

71. P-40E-1 キティホーク〔A29-88〕(米軍シリアル#41-25121) RAAF第76飛行隊 1942年7月 ポートモレスビー7マイル飛行場

▲1942年7月22日に本機は南西太平洋における
キティホーク初の急降下爆撃作戦に参加した。その帰路、パイロットの
ヴァーノン・サリヴァンはポートモレスビー周辺の飛行場のひとつ、ロロナ飛行場の手前の濡れ
た川床に不時着を強いられた。その後彼はジェリ缶で同機に給油し、飛び立った。本機はRAAF第
3航空機集積場でミルン湾の戦いのために待機していたが、1942年10月23日にガーバット飛行場
へ本格修理のために向かってからのち、ニューギニアに戻ることはなかった。1942年のRAAF第
76飛行隊のマーキングは、短いフィンフラッシュが特徴。

72. P-40E キティホーク〔A29-39〕(米軍シリアル#41-5533)「アブドゥル・ザ・ブル」 RAAF第76飛行隊 1942年7月 ポートモレスビー7マイル飛行場

▲ピーター・ターンブル少佐の名字をもじって命名されたこのキ
ティホークは1942年4月1日にRAAF第76飛行隊に配備され「IE」
のコードを与えられてミルン湾の戦いで使用された。その後はオース
トラリア国内で使用され、1946年に廃棄された。本機は1942年

7月22日の最初の「キティ・ボマー」攻撃に参加している。この戦闘
で遠藤桝秋3飛曹がP-39を1機撃墜したと認定されているが、実際
の「アブドゥル・ザ・ブル」の損害は被弾1発のみだった。同地域で
活動していた第75飛行隊のキティホークと区別するため、ミルン
湾到着から間もなく、この部隊の識別コードの頭には「I」が付けられ
た。

73. P-40E キティホーク〔A29-71〕(米軍シリアル#41-5632)「ベヴァリー」 RAAF第75飛行隊 1942年8月 ミルン湾

▲本機は1942年7月19日にRAAF第76飛行隊に引き渡され、間も
なくタウンズヴィルでエンジン故障による緊急着陸時にA29-85と
衝突した。その後、RAAF第75飛行隊に移籍し、8月27日にミルン
湾上空でRAAF第75飛行隊長レス・ジャクソンが零戦「確実撃墜1機」

を申告した際の乗機となったが、9月のある日、ニューギニアの砂
浜に不時着し、9月15日に回収されている。浜辺からの回収後、本
機はオーストラリアに戻された。1945年1月16日にボーフォート
への模擬攻撃後、本機は半横転してヴィクトリア州シースプレー付
近に墜落し、搭乗していたウィリアム・ロバート・バイニング少尉
が死亡した。

74. P-40E-1 キティホーク〔A29-108〕「シュフティ」RAAF第75飛行隊 1942年8月 ミルン湾

▲この英軍キティホークは1942年6月7日にクイーンズランド州
キンガロイでRAAF第75飛行隊に引き渡され、直ちにコード「M」
が与えられた。英軍との契約でP-40E-1として製造された本機はRAF
迷彩をまとっていた。1942年8月27日、スチュアート・マンロー
少尉が搭乗する「シュフティ」は台南空零戦との戦闘中に行方不明と

なった。2ヶ月後、ANGAUの捜索隊がハギタ教会裏の山地で墜落
現場を発見した。マンローは手製の増槽を積んだロッキード10、
KNIL-MLに乗ってジャワ島を最後に脱出したRAAFパイロットのひ
とりだった。

75. A-24／シリアル #41-15766 第3爆撃群第8爆撃飛行隊
1942年7月 ポートモレスビー キラ飛行場

▲1942年7月29日にブナ上空で台南空零戦に銃撃された本機から、クロード・ディーン少尉（操縦）とアラン・ラコック軍曹（銃手）が脱出したものの、彼らが何者かに捕らえられた経緯は本文に詳述した。2005年にパプアニューギニア在住者ジョン・ダグラスが墜落地点を発見し、残骸を撮影した。当初本機はダグラス工場で米海軍色に塗装されたが、米陸軍航空軍で使用されることが決定すると、工場から出る前にオリーブドラブが上から吹きつけられた。

76. A-24／シリアル #41-15814「シュワブス・ワゴン」第3爆撃群第8爆撃飛行隊
1942年5月 ポートモレスビー キラ飛行場

▲このA-24は1942年4月3日にチャーターズタワーズで第8爆撃飛行隊に引き渡されてヴァージル・シュワブ大尉機となり、彼により「シュワブス・ワゴン」と命名された（塗装した整備員のミスにより、シュワブ（Schwab）のcが抜けているのに注意）。7月29日にシュワブの操縦で、フィリップ・チャイルズ軍曹が銃手として搭乗した本機は対空砲の直撃を受けて尾部を吹き飛ばされ、火球となってブナの北方20浬の浜辺に墜落した。

77. ベルP-39D-15／シリアル #41-6971 第8戦闘群第36戦闘飛行隊
1942年5月 ポートモレスビー 7マイル飛行場

▲本機は1942年4月初めにポートモレスビーへ空輸されたエアラコブラの小分遣隊の1機だった。本機に4月6日に搭乗したルイス・メン中尉は、P-39の南西太平洋における初の実戦に参加した。5月5日に本機に搭乗したパトリック・アームストロング少尉はエアラコブラの4機編隊の一員として、ラエ上空で哨戒していた7機の零戦と遭遇、アームストロングほか2名の搭乗員が行方不明になった。米軍側の目撃証言がなく、半田亘理飛曹長の申告があることから、3機の行方不明機のうち少なくとも1機は彼に撃墜された可能性が高い。現在もこの3機のエアラコブラは行方不明のままである。

78. ベルP-39F-1／シリアル #41-7171 第8戦闘群第36戦闘飛行隊
1942年5月 ポートモレスビー 7マイル飛行場

▲1942年5月17日、このエアラコブラで12マイル飛行場を発進したポール・ブラウン中尉は台南空の飛行隊長中島正少佐いる零戦隊を迎撃した。戦闘中、彼のエアラコブラは左主翼の外翼部に20mm機銃弾1発を被弾し、短時間錐もみ状態になった。ブラウンは30マイル飛行場に無事着陸し、その後第8爆撃飛行隊長フロイド・W・ロジャース少佐の操縦するA-24に便乗させてもらい、7マイルに帰還した。後日、ブラウンのエアラコブラまで飛んだ技術者たちが本機を修理し、戦線復帰させた。

79. ベル P-39F-1 / シリアル #41-7204 第35戦闘群第39戦闘飛行隊
1942年6月 ポートモレスビー 7マイル飛行場 1942年8月

▲ハーヴェイ・E・レーラー少尉が操縦していた本機は、笹井中隊、河合中隊、山下中隊が参加した1942年6月16日の大規模な空戦で撃墜された。公式損失報告書に本機はリゴ村付近に墜落したと記録されていたが、2006年にブラウン川の近くで残骸が確認された。レーラーは7日間ジャングルをさまよってからポートモレスビーへ帰還し、治療のためタウンズヴィルへ送られた。

80. ベル P-39D-1 / シリアル #41-38350 第8戦闘群第35戦闘飛行隊
1942年5月 ポートモレスビー 7マイル飛行場

▲このエアラコブラは爆弾にまたがる骸骨という凝ったノーズアートが描かれ、本機を割り当てられた搭乗員の名字(パーカー)から飛行隊コード「P」が与えられた。本機は大戦を戦い抜き、スクラップにされた。

81. ベル P-39D-1 / シリアル #41-38353「パプアン・パニック」
第35戦闘群第40戦闘飛行隊 1942年7月

▲日本軍のブナ上陸に対する連合軍の航空作戦が開始された1942年7月22日、第40戦闘飛行隊のエアラコブラ4機編隊が同地域の機銃掃射に向かったが、そのうちガース・B・コッタム少尉機が消息を絶った。墜落の目撃者はいなかったが、彼の墜落原因は内陸部の悪天候によるものと結論された。多くの資料がコッタムが行方不明になったのは1942年7月23日としているが、彼の行方不明がポートモレスビーからタウンズヴィルへ伝えられたのが23/0856で、その通知には彼が消息を絶ったのは前日の22/0648であると書かれている。

82. ベル P-400「ウォール・アイ II」(英軍シリアル不明) 第35戦闘群第39戦闘飛行隊
1942年7月 ポートモレスビー

▲1942年6月9日、ジーン・ウォールは最初の専用エアラコブラ、「ウォール・アイ」に搭乗し、撃墜された。本機はその代替機だが、英軍シリアルは不明である。

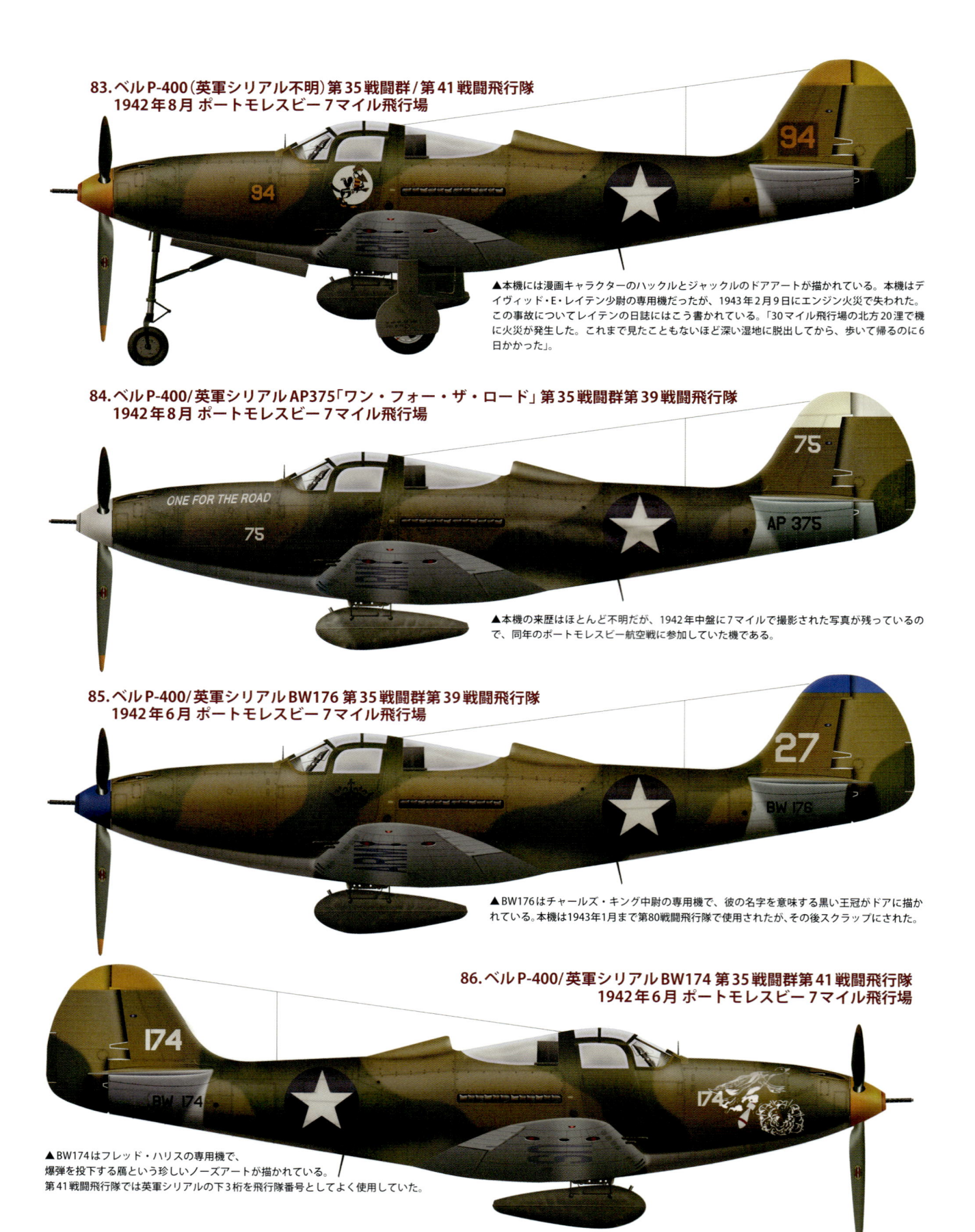

83. ベル P-400（英軍シリアル不明）第35戦闘群/第41戦闘飛行隊
1942年8月 ポートモレスビー7マイル飛行場

▲本機には漫画キャラクターのハックルとジャックルのドアアートが描かれている。本機はデイヴィッド・E・レイテン少尉の専用機だったが、1943年2月9日にエンジン火災で失われた。この事故についてレイテンの日誌にはこう書かれている。「30マイル飛行場の北方20浬で機に火災が発生した。これまで見たこともないほど深い湿地に脱出してから、歩いて帰るのに6日かかった」。

84. ベル P-400/英軍シリアル AP375「ワン・フォー・ザ・ロード」第35戦闘群第39戦闘飛行隊
1942年8月 ポートモレスビー7マイル飛行場

▲本機の来歴はほとんど不明だが、1942年中盤に7マイルで撮影された写真が残っているので、同年のポートモレスビー航空戦に参加していた機である。

85. ベル P-400/英軍シリアル BW176 第35戦闘群第39戦闘飛行隊
1942年6月 ポートモレスビー7マイル飛行場

▲BW176はチャールズ・キング中尉の専用機で、彼の名字を意味する黒い王冠がドアに描かれている。本機は1943年1月まで第80戦闘飛行隊で使用されたが、その後スクラップにされた。

86. ベル P-400/英軍シリアル BW174 第35戦闘群第41戦闘飛行隊
1942年6月 ポートモレスビー7マイル飛行場

▲BW174はフレッド・ハリスの専用機で、爆弾を投下する雁という珍しいノーズアートが描かれている。第41戦闘飛行隊では英軍シリアルの下3桁を飛行隊番号としてよく使用していた。

87. ロッキード F-4 / シリアル #41-2156「リンピング・リジー」第6写真偵察群第8写真偵察飛行隊　1942年9月 ポートモレスビー 14マイル飛行場

▲この偵察型ライトニングは1942年8月12日にメルボルンのコモンウェルス航空機工場へ引き渡された。本機は第8PRSで「リンピング・リジー」として使用されたのち、RAAFへ移籍し、1944年4月26日に廃棄処分された。青い塗色は実験的なヘイズ（霞）迷彩の結果で、高高度を飛行する偵察機に採用された。第8PRSは航空機のシリアルの下2桁を飛行隊バズナンバーにしており、カウリングと垂直尾翼に書いていた。

88. コンソリデーテッド・カタリナ〔A24-18〕RAAF第11飛行隊 1942年4月 ポートモレスビー港 ナパナパ

▲この飛行艇はRAAFにカンタス航空のVH-AFSとして1941年11月23日に引き渡され、RAAF第11飛行隊で1942年1月末まで使用された。本機は1942年5月4日にブーゲンヴィル南方の昼間偵察作戦中に撃墜され、搭乗員は日本軍の捕虜となったが、同年11月4日にニューブリテン島のマトゥピ村へ連行され、処刑された。

89. コモンウェルス航空機工場・ワイラウェイ〔A20-471〕RAAF第24飛行隊 1942年4月 ホーン島

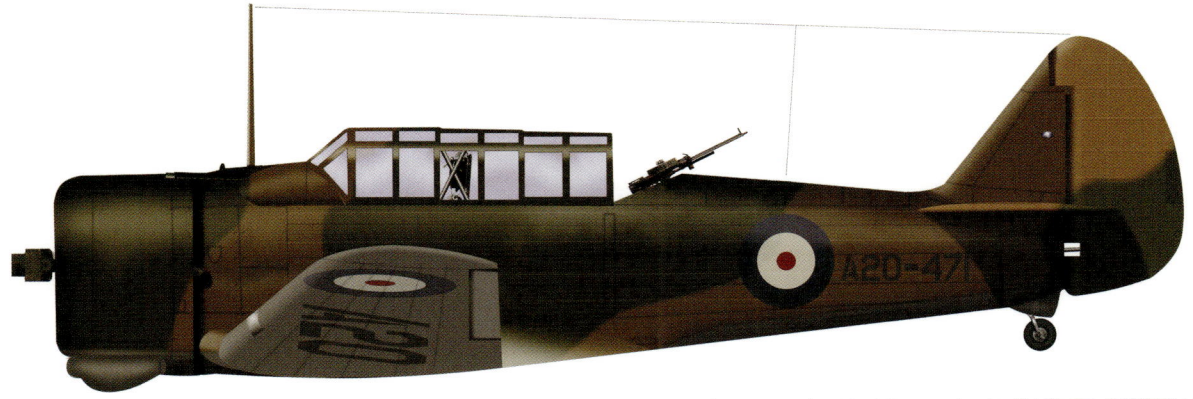

▲このワイラウェイは1941年12月15日にコモンウェルス航空機工場から新戦闘機として第1航空機集積所に引き渡され、1942年2月5日にタウンズヴィルのRAAF第24飛行隊にやってきたが、同年4月3日にホーン島に着陸した際、ドラム缶に衝突して損傷した。その後機体に装甲板と自動防漏式タンクが装備された。フォレストグリーンとアースブラウンの迷彩にフィンフラッシュなし、赤/白/青の胴体ラウンデルという本機の塗装は、当時のワイラウェイの標準仕様だった。1942年1月にラバウルに駐屯していたRAAF第24飛行隊のワイラウェイには部隊コード文字がなく、本機もその例外でない。

27

90. ロッキード・ハドソン〔A16-201〕RAAF第32飛行隊 1942年7月 ポートモレスビー 7マイル飛行場

▲このハドソンは1942年4月5日にオーストラリアで新造機として組み立てられ、5月25日にRAAF第32飛行隊に引き渡されると、直ちにホーン島とコーエンに進出し、1942年7月にポートモレスビーへ移動した。

本機は1942年7月22日に笹井醇一中尉以下、太田敏夫1飛曹、遠藤桝秋3飛曹、坂井三郎1飛曹、米川正吉2飛曹、茂木義男3飛曹ら6名の搭乗員によって撃墜された。本機の被撃墜時の操縦者はウォーレン・コーワン少尉だった。ラウンデル外周の緑の輪に注意。これは本来あった黄色の環を塗りつぶしたもの。

91. ブリストル・ボーファイター〔A19-50〕「ウェンディ・ジョイ II」RAAF第30飛行隊
　　1942年9月 ポートモレスビー ワーズ飛行場

▲このボーファイターはニューギニア戦線のRAAF第30飛行隊ボーファイターの第1バッチの1機である。本機は1942年8月4日に同飛行隊へ引き渡され、同飛行隊の初のニューギニア作戦の多くに参加。1943年4月12日の大規模なポートモレスビー空襲の際、ワーズ飛行場で地上撃破された。

92. ブリストル・ボーフォート／英軍シリアルT9604〔A9-52〕RAAF第100飛行隊
　　1942年6月 ポートモレスビー 7マイル飛行場

▲本機もRAAFに引き渡された英国製ボーフォートの第1バッチの1機で、1942年5月26日にRAAF第100飛行隊に配備された。1942年6月25日夜、5機のボーフォート（A9-46、A9-38、A9-31、A9-54、A9-52）が7マイルを発進し、フォン湾の艦船爆撃に向かったが、これら以外の機はサラマウア攻撃に向かった。A9-52は未帰還となったが、帰路に雲中で機位を失ってポートモレスビー南方の海中に墜落したと考えられた。英国製ボーフォートの初期型の特徴である機首下面銃塔に注意。

93. ダグラス SBD-3 ドーントレス /BuNo.4537 米海軍 VS-2 1942年3月 空母ヨークタウン

▲このVS-2（第2偵察隊）のダグラスSBD-3はヨークタウン搭載機で、1942年3月10日の米海軍のラエ攻撃に参加した。500ポンド爆弾はプロペラ圏外誘導架を介して投下される。この時期のVS-2所属機はスピナーを赤で塗装していた。

94.TBD-1 デヴァステーター /BuNo.0300 米海軍 VT-2 1942年3月 空母レキシントン

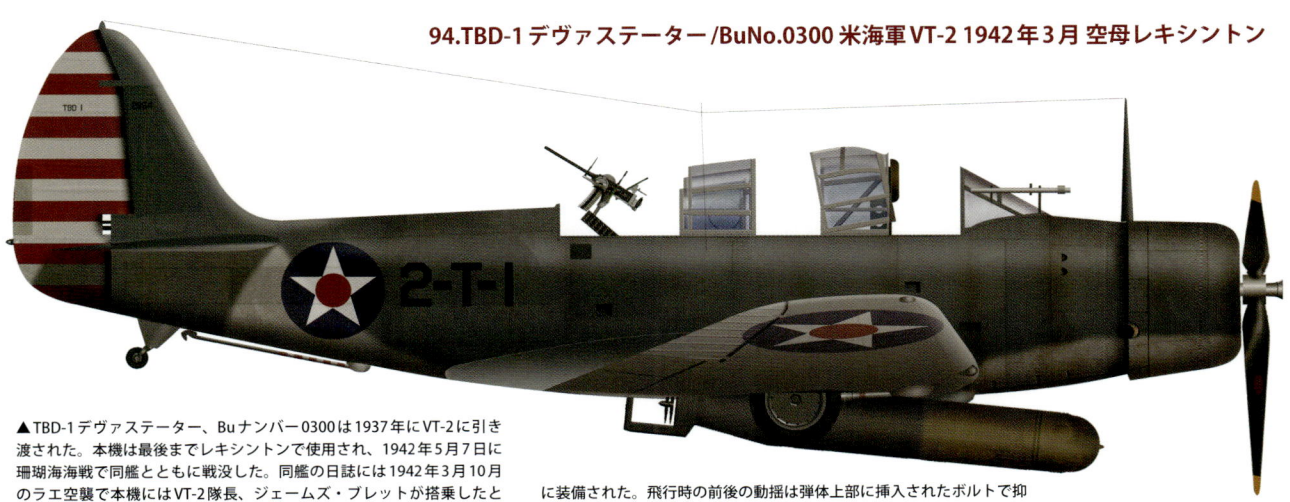

▲TBD-1デヴァステーター、Buナンバー0300は1937年にVT-2に引き渡された。本機は最後までレキシントンで使用され、1942年5月7日に珊瑚海海戦で同艦とともに戦没した。同艦の日誌には1942年3月10日のラエ空襲で本機にはVT-2隊長、ジェームズ・ブレットが搭乗したと記録されている。同日ラエ攻撃に使用されたMk.XIII魚雷は米海軍が使用した最初で最後の蒸気式大型航空魚雷で、2個の側面振れ止めで機体に装備された。飛行時の前後の動揺は弾体上部に挿入されたボルトで抑制された。魚雷の調定深度は内蔵弁を操作するスケートキーで飛行中に調整できた。

**95. グラマン F4F-3 ワイルドキャット /BuNo 2531 米海軍 VF-42
1942年3月 空母ヨークタウン**

▲本機は1942年3月10日のラエ空襲にU.S.S.ヨークタウンから参加したVF-42の10機のワイルドキャットの1機である。図はサッチのワイルドキャットで、VF-42の機体にはグラマン工場で塗装された通常より大型の国籍標識が描かれていた。ステンシル塗装の飛行隊番号は胴体ではなく、垂直尾翼に書かれている。

29

【パプアニューギニア方面地図】

パプアニューギニアの地名　1942年

ラエからポートモレスビーまでのルートはほぼ南北一直線で、山地が大半を占めていた。台南空の指揮官たちは悪条件下での飛行に慎重だったため、多くの搭乗員の生命が救われたのは明らかである。途中に位置するサラマウアは緊急着陸用の飛行場として便利だったが、この小さな飛行場とポートモレスビーのあいだには故障機が着陸できる平坦な土地はほとんどなかった。

本文に登場する1942年当時のパプアニューギニアの地名。戦後に多くの地名が変化している。極端な例では村の位置が移動している。

①バウ
②マダン
③ヴィティアス海峡
④フィンシュハーフェン
⑤クレティン岬
⑥ブス川
⑦ラエ
⑧ガダガサル
⑨サラマウア
⑩ボイシ
⑪ラバビア
⑫ワードハント岬
⑬イワイア
⑭アンバシ
⑮クムシ川
⑯ブナ
⑰ドドドゥラ
⑱ポンガニ
⑲ムサ岬
⑳ギリギリ
㉑ミルン湾
㉒ベナベナ
㉓マルカム峡谷
㉔ムヌム
㉕ガブソンケク
㉖ガブマツン
㉗ナザブ
㉘カイアピット
㉙ワトゥトゥ
㉚ブロロ
㉛ワウ
㉜ブルドッグ
㉝ガライナ
㉞ケラウ
㉟イオマ
㊱ゴイララ
㊲ヴィクトリア山
㊳アルバートエドワード山
㊴コシペ
㊵ソプタ
㊶ウヒタ
㊷ベラミー山
㊸ココダ
㊹エフォギ
㊺ミョラ
㊻ケレマ
㊼ユール島
㊽ロジャース飛行場
㊾アロア
㊿ヴァナパ川
(51)ポートモレスビー
(52)バラカウ
(53)ガイレ
(54)フラ
(55)ビーグル湾
(56)ワニゲラ
(57)オトマタ・プランテーション
(58)アバウ
(59)トロブリアンド諸島
(60)キリウィナ
(61)グッドイナフ島
(62)ダントルカストー諸島
(63)シデイア島
(64)サマライ
(65)ミシマ
(66)デボイン諸島
(67)サグサグ
(68)アラウェ
(69)ガスマタ
(70)タラセア
(71)ジャキノット湾
(72)ラバウル

ポートモレスビー周辺図　1942年

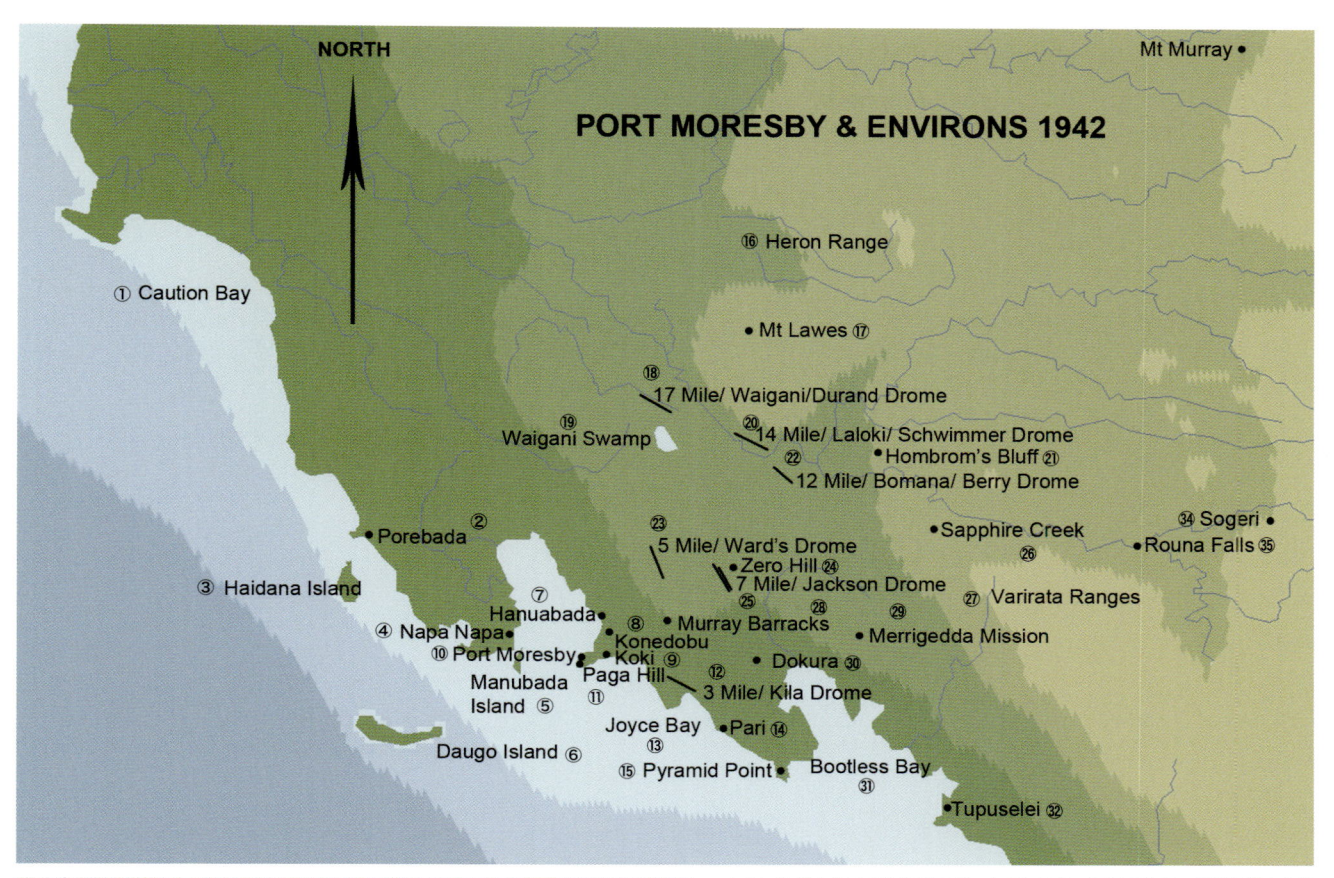

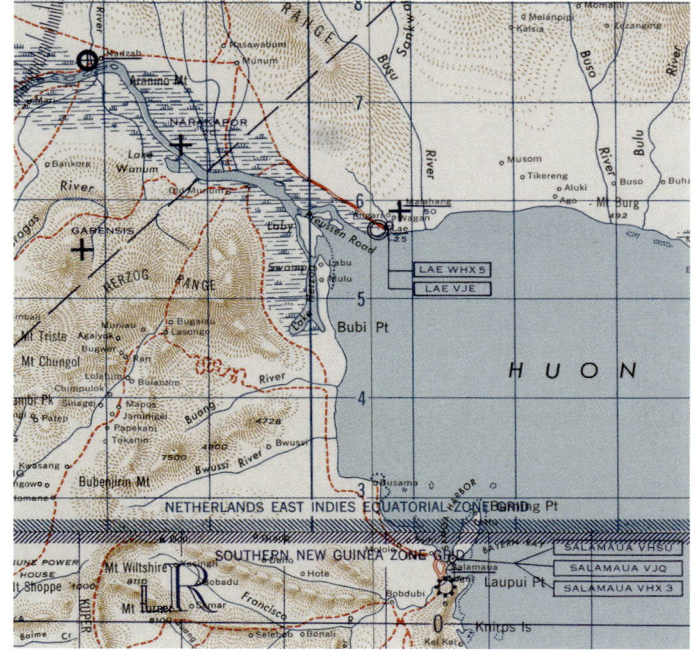

本文に登場する1942年当時のポートモレスビー周辺の地名。各飛行場の位置と大きさは縮尺に合せてある。

① コーション湾
② ポレバダ
③ ハイダナ島
④ ナパナパ
⑤ マヌバダ島
⑥ ダウゴ島
⑦ ハヌアバダ
⑧ コネドブ
⑨ コキ
⑩ ポートモレスビー
⑪ ページヒル
⑫ 3マイル／キラ飛行場
⑬ ジョイス湾
⑭ パリ
⑮ ピラミッド岬
⑯ ヘロン山地
⑰ ローエス山
⑱ 17マイル／ワイガニ／デュランド飛行場
⑲ ワイガニ湿地
⑳ 14マイル／ラロキ／シュウィマー飛行場
㉑ ホンブロムス断崖
㉒ 12マイル／ボマナ／ベリー飛行場
㉓ 5マイル／ワーズ飛行場
㉔ ゼロヒル
㉕ 7マイル／ジャクソン飛行場
㉖ サファイアクリーク
㉗ ヴァリラタ山地
㉘ マーレーバラックス
㉙ メリゲッダミッション
㉚ ドクラ
㉛ ブートレス湾
㉜ トゥプセレイ
㉝ マーレー山
㉞ ソゲリ
㉟ ロウナ滝

ラエおよびサラマウア周辺のオーストラリア軍軍用地図　1942年

台南空のニューギニアにおける航空機喪失地点1942年4月～11月

日本軍では作戦中の死亡は、被撃墜でない場合でも、敵と遭遇しなかった場合でも戦死となる。ニューギニアで戦死、未帰還となった台南空隊員42名〔編註：原著では他部隊の星谷嘉助2飛曹と戦病死の米川正吉2飛曹をラバウルでの事故として加えた44名となっているが、訂正〕の内訳は以下のとおりである。
RAAFキティホーク：7名、第8および第35戦闘群のエアラコブラ13名、米陸軍P-40：1名、B-17銃手：3名、B-25銃手：2名、対空砲火2名、事故：1名、オーストラリア兵の銃撃：2名、悪天候5名、A-24後席銃手：1名、空中衝突：2名、経緯不明：2名。
連合軍の台南空戦闘機撃墜申告数は、RAAFおよび米陸軍航空軍戦闘機、米陸軍航空軍爆撃機銃手、防空部隊の合計で400を超え、実数からかけ離れていた。

ラバウル
10月5日　谷津倉団次1飛兵
10月12日　中沢恒好1飛兵

7月20日　小林克巳1飛曹
　　　　　栗原克美中尉
　　　　　宮運一2飛曹
　　　　　大西要四三3飛曹

8月17日　徳重宣男2飛曹

7月11日　鈴木松巳3飛曹

未帰還、行方不明となり撃墜場所のわからない人物は原著者が適宜の場所へプロットしているようだ。

4月11日　丹治重福1飛兵
8月18日　村田功中尉
4月7日　丹幸久2飛曹
ラエ
4月30日　和泉秀雄3飛曹
5月16日　藤原直雄2飛曹
サラマウア
7月4日　水津三夫1飛兵
4月28日　前田芳光3飛曹
5月25日　渡辺政雄1飛兵

8月2日　徳永有飛曹長
　　　　　斑目昇1飛曹
　　　　　森下八郎1飛兵

8月14日　新井正美3飛曹

4月17日　酒井良味2飛曹
5月29日　古森久雄2飛曹
6月9日　吉野俐飛曹長
6月9日　菊地左京1飛曹
6月16日　日高武一郎1飛兵
8月2日　本吉義雄1飛曹
5月17日　山口馨中尉
ブナ
5月17日　伊藤務2飛曹
8月26日　中野銚3飛曹
6月1日　宮崎儀太郎飛曹長
8月27日　松田武男3飛曹
5月13日　本田敏秋3飛曹
5月2日　河西春男1飛兵
5月1日　有田義助2飛曹
8月4日　華廣恵隆2飛曹
　　　　　長谷川亀市飛曹長
ポートモレスビー
4月5日　吉江卓郎2飛曹
5月14日　大島徹1飛曹
ミルン湾
4月28日　前田芳光3飛曹
8月27日　柿本円次2飛曹
8月27日　山下丈二大尉
　　　　　二宮喜八1飛兵
　　　　　山下貞雄1飛曹

凡例：
- ✈ 戦死（赤）
- ✈ 事故（黒）
- ✈ 不時着／不時着水（黄）
- ✈ 九八陸偵／二式陸偵の被撃墜（緑）

本書をお読みいただく前に
～日本語版編者より～

　本書は日本海軍の基地航空部隊である「台南海軍航空隊」を軸に、1942年4月から11月までの間にニューギニア戦線で行なわれた航空作戦についてを、イタリア人のルーカ・ルファート氏と、ポートモレスビーで少年期をすごしたオーストラリア人のマイケル・ジョン・クラーリングボールド氏のふたりの研究家たちの執筆によって2012年に上梓されたものである。

　その内容は日米豪それぞれの一次資料に当たり、とくに連合国側の生存者の証言を主体にしつつ、これまで日本側から記述したものしか目にできず、いわば伝説化した「台南空の活躍」の裏付けを取った、非常に造詣の深いもの。

　その文体がおよそ敵側（ルファート氏から見れば必ずしもそうではないだろうが）である台南空へ好意的な表現となっているのは、これから読み進めていただければご理解いただけるはずだ。

　とくに、本書が、味方の誰からも看取られることなく、「未帰還」とのみ記録された台南空の勇者たちの最期の様子を、我々に知らせてくれることには感謝が絶えない。

　また、オーストラリア側の公式記録に書き留められた機番号や製造番号などは、これまであまり知ることのできなかった台南空の零戦のマーキングついて大系的なものを知らせてくれるだろう。

　ただ、いかに欧米の研究者が優れたりとはいえ、漢字、平仮名、カタカナに加え、活字以前に使われていた行書体や略字を用いて記述された日本側の戦闘詳報や行動調書を読み込むこと、あるいは日本海軍独特のしくみや搭乗員気質について理解することは、国民性の違いもあって、日本通である両著者においてさえ、なかなか汲み取ることが困難なことだったものと推察できる。

　そこで、今回の邦訳版の編集にあたっては原著者の表現、記述を最大限優先しながらも、明らかな勘違いや誤りについての訳者や監修者による注釈を〔編註：〜〜〜〕として適宜付け加えて対応することとした。欧米の研究者に台南空、ひいては日本海軍航空隊がどのように受け取られているかが非常に参考になるからだ。

　なお、原著に記載のあった註は、単に［　　］で示している。

　ふたりの原著者からの台南空への強烈なファンレターともいえる本書をぜひご覧いただきたい。

編集子

はじめに
INTRODUCTION

台南海軍航空隊（たいなん・かいぐんこうくうたい）、略して台南空（たいなん・くう）は大日本帝国海軍で最も有名な戦闘機隊だった。

当隊は1941年（昭和16年）10月1日に台湾（当時は大日本帝国領）の台南で新編され、新郷英城大尉を飛行隊長とし、第23航空戦隊に編入された。その当時、基幹搭乗員の大半が日華事変以来のベテランで、太平洋戦争の開戦前夜には零戦二一型が45機、九六艦戦が12機配備されていた。

読者各位においては、なぜ本書がこれほどの有名部隊の、ニューギニア戦のみを取り上げるのかいぶかしがられるかもしれない。これはそれ以前の台南空の歴史が複雑で、膨大な知識が必要なためである。筆者らはその複雑な緒戦の時系列は手に余ると判断した。1942年8月7日にはじまったガダルカナル戦もまた際限なく複雑である。

台南空戦史としては、すでにジョン・ランドストロームの名著「The First Team and the Guadalcanal Campaign（ファーストチームとガダルカナル戦役）」が公正な歴史書として定評を確立している。台南空はニューギニアではRAAFと米陸軍航空軍の両軍と交戦したのに対し、この孤島ではほぼ米海軍のみと交戦していたが、その詳細な戦闘記録については、また別の機会に記述することとしたい。

1941年12月8日、台南空の零戦48機などに護衛された日本海軍攻撃隊が、フィリピンはルソン島のイバとクラークフィールドの米陸軍航空軍基地を攻撃し、各々までじつに800km以上の長距離であったにもかかわらず、ダグラス・マッカーサー大将麾下のアメリカ航空戦力を事実上壊滅させた。同月中に台南空は地上兵力が上陸を果たしたフィリピンに進出し、地上戦に協力、ついでタラカン島へ進出し、さらに1942年1月にはオランダ領東印のバリクパパン、デンパサル、バリへと進撃、破竹の勢いの日本軍の攻撃を支援し、2月にかけて連合軍航空部隊に多大な損害を生じさせた。同年3月に蘭印作戦が終了すると今度は第25航空戦隊に編入され、占領から間もないニューブリテン島ラバウルとパプアニューギニアのラエに展開することになった。この時の再編成で、それまで同方面に展開していた第4航空隊の戦闘機隊員を編入、旧来の人員からなる本隊がラバウルへ到着するまでは彼らが台南空の主力となって戦った。

台南空の研究書ならば、傑出した何人かの搭乗員の名を上げるべきだが、その錚々たる顔ぶれから誰が最高と決めることは困難で、単なる撃墜数上位者ではなく、総合的な評価により別の隊員を推すことも可能である。

そういった意味では河合四郎大尉はまぎれもなく他に類を見ない分隊長だ。4月5日に、台南空となって初のニューギニアでの作戦を指揮し、第251海軍航空隊と改称されたのち、内地へ帰還する間に行なわれた最後の作戦にも参加した。常に混乱した状況のなか、ラバウルやラエから出撃して作戦を指揮しており、もし「いつもそこにいた男」賞というものがあったならば、彼こそ最適な受賞者だろう。

また本書では西澤廣義1飛曹をしばしば「天才西澤」と称しているが、その理由は単純ではない。彼は4空から転属してきたひとりだが、台南空の最後まで奇跡的に生き残り、日本へ帰還することになる。その射撃技術は超人的だった。彼の学習曲線は指数関数的だったに相違なく、そして彼のみの境地へ至ったのだ。

笹井醇一中尉もさまざまな美点を備えている。部下たちに尊敬され慕われた彼は、可能なかぎり毎日空を飛び、彼の中隊にすばらしい気風と団結心をもたらした。彼はニューギニア戦で台南空最高の撃墜数も記録している。

台南空やその他の部隊によるラエやラバウルからの作戦は、比較的長距離かつ長時間の飛行を強いられることになり、次第に機体を消耗させ、搭乗員たちを疲弊させ、戦闘効果を奪う方向に微妙に働いたのだった。十分な整備施設の欠如は特にラエとブナで深刻で、多くの損傷機がそのまま喪失機となった。それでも整備員たちの働きはすばらしく、台南空の戦闘機隊と陸偵隊の作戦即応態勢を維持していた。

ニューギニアの気まぐれな天候と険峻な地形は、この日本海軍屈指の部隊の運命と行動の双方に、ガダルカナルよりも大きく影響した。競い合う優秀な搭乗員たちと、南洋の広大な島における戦闘の不確定要素が組み合わさり、ニューギニアでの台南空の歴史はかくも感嘆すべきものとなった。

本書はかかる台南空全隊員たちと連合国軍パイロットたちの、優劣つけがたい敢闘の記録である。

著者

原著編註
NOTES ON THE TEXT

時代が下るにつれて戦史はより充実したものになるが、1942年のニューギニアでの戦争についてある程度の知見のある方ならば、本書に従来の文献とは異なる記述があることにお気づきになるだろう。それでも特に初期のエアラコブラやフォートレスについての連合軍側記録の欠落は、いまだに頭を抱えるほどである。スティーヴ・バーゾールのように精確さを期する研究者ほど、それを実感している。

本書で正された数多くの歴史の一例に、フォートレス操縦者のラウスが1942年11月2日の出来事を11月3日の欄に誤って書きこみ、それが見過ごされたまま1944年に戦史家のウェズリー・クレイヴンにより引き写された件がある。その日付はジーン・サレッカーをはじめとする研究者らに引用され、混乱に輪をかけた。バーゾールは数少ない証拠に改めて目を向け、アラン・トンプソンが飛行日誌に（きわめて明瞭に）「0110」と書いたのは書き間違いだったという結論に達した。彼は「1310」と書くつもりだった可能性があり、それならばつじつまが合うのだが、証明がなされるまでは、これはあくまで仮説である。またバーゾールは当日の経緯について、ジョン・ラウスの日誌が全体的に最も正確であると考えている。彼の記述では、第63飛行隊は「7：30に出撃」し、「第28と第30がそのあとに出撃」している。さらに「B-25がガスマタ付近に最初に到着」し、その後「第28飛のB-17が次に攻撃し、直撃弾と至近弾を記録」し、それから「第30の3機が次に攻撃し、至近弾を記録」した。「第28の2機が日没時に攻撃、至近弾を記録」と彼は最後に記しているが、これはズブコの報告書と一致する部分と、矛盾する部分がある。また第30爆撃飛行隊長であるラウスが、最終攻撃でマッケンジーについて述べていないのも不自然である。当時の日記執筆者の意識が日記内容の正確さよりも敵に向かっていたのは当然なので、これはやむをえない。

日本軍の指揮系統に、欧米のそれを重ねてしまいがちなことにも注意が必要である。連合軍の航空部隊ではパイロットが乗機の指揮官であるのに対し、大日本帝国海軍では大型機の機長は機体操作には関わらない立場にあり、操縦者の背後に着座するのが普通だった。〔編註：これはいわゆる偵察員機長のことを指していると思われるが、もちろん操縦員が機長となるケースもあるので注意されたい〕

最後にいくつか細かい点について。本書では多くの場合、第二次大戦当時の名称をそのまま使用している。現在は「ナディ」となっているフィジーの地名を「ナンディ」としたのは、その一例である。ニューギニアの地名では、キラのことをキラキラ、ドワのことをドワドワのようにくり返す場合も多い。これらの名称は本書に交互に登場するが、これは当時および現代の話し言葉がそうであるためである。

RAAFの「A」で始まる機体認識番号は、彼らの首尾一貫性のなさを示している。戦前、RAAFではハドソンの最初の50機が「A-16」だったように、「A」該当機にはAと型式番号のあいだにハイフンがあった。ただしその後の機種では「A-16」とする場合もあれば、キティホークの「A29」のようにハイフンなしとする場合もあった。

【連合国軍で使用されていた略号について】

※原著に使用されていたもので、邦訳版では適宜日本語訳してある。

AA	対空	CAP	戦闘航空哨戒	RANVR	オーストラリア海軍義勇予備部隊
AAF	米陸軍航空軍	c/n	製造番号	SoPac	南太平洋地域
AirSoPac	南太平洋航空軍	CO	指揮官	SWPA	南西太平洋地域
AIF	オーストラリア帝国軍（志願兵のみで構成されたオーストラリア海外派遣軍）	FG	戦闘航空群（USAAF）	USAAF	米陸軍航空軍
		FO	中尉	USMC	米海兵隊
		FS	戦闘飛行隊（USAAF）	VB	海軍爆撃飛行隊
ANGAU	豪州ニューギニア統治部隊	IFF	敵味方識別	VF	海軍戦闘飛行隊
エンジェルズ	高度を表す戦闘機用語	KIA	戦死（者）	VMF	海兵隊戦闘飛行隊
バンディット	敵機	MIA	戦闘間行方不明（者）	VMSB	海兵隊偵察爆撃機
ブギー	未確認機	NAP	海軍航空パイロット	VOS	水上観測機
BuAer	航空局	NAS	海軍航空基地	VP	哨戒、哨戒機（通常は水上機）
バスター	最適の巡航速度で飛行すること	NGVR	ニューギニア義勇ライフル部隊	VR	偵察機
BG	爆撃航空群（USAAF）	RAAF	オーストラリア空軍	VS	観測機（通常は急降下爆撃機）
カクタス	ガダルカナル	RAF	イギリス空軍		

目次
CONTENTS

【カラーページ】
ニューギニア上空を舞った翼たち
 台南空＆日本海軍航空隊機の塗装とマーキング……………………… 2
 アメリカ＆オーストラリア軍機の塗装とマーキング…………… 18
パプアニューギニア方面地図…………………………………………… 30

本書をお読みいただく前に〜日本語版編者より〜……………… 33
はじめに〜原著者からのメッセージ〜…………………………… 34
原著編註／連合国軍で使用されていた略号について…………… 35

第1章 台南空の進出以前………………………………… 38
第2章 始まり……………………………………………… 52
第3章 最初の一手………………………………………… 57
第4章 連合軍の逆襲……………………………………… 88
第5章 しっぺ返し………………………………………… 100
第6章 グッバイ、キティホーク………………………… 118
第7章 5月の消耗戦……………………………………… 129
第8章 力と力の対決……………………………………… 182
第9章 ココダ……………………………………………… 213
第10章 要塞という名の復讐者…………………………… 226
第11章 ミルン湾の触手…………………………………… 237
第12章 最後の一手………………………………………… 256
第13章 彼らのその後……………………………………… 269
第14章 考察………………………………………………… 273

【巻末資料】……………………………………………………… 287
資料1：台南海軍航空隊隊員名簿
資料2：日付別損失機一覧表
資料3：台南空/251空戦闘統計
資料4：ニューギニア戦線における台南空/251空の撃墜数の検証
資料5：台南空の零戦の塗粧とマーキング

参考資料一覧………………………………………………………… 308
原著編集協力者紹介………………………………………………… 309
原著者あとがき／原著者紹介……………………………………… 310

原著協力者（史実検証および情報提供）：鎌田実（日）、リチャード・L・ダン（米）、ジム・ロング（米）、ペーター・ベール（蘭）、坂口春海（日）、Pacificwrecks.com主催者ジャスティン・テイラン（米）、ニック・ミルマン（英）、ベルナール・バエザ（仏）

太平洋航空戦史協会（Pacific Air War History Associates, PAWHA）は多様な職業的背景をもつ研究者と執筆者からなる国際団体であり、太平洋戦争のあらゆる地域、テーマについて、各人の専門知識をもって相互に協力している。会員は約50名で、著名な執筆者と研究者が主である。国籍を異にする歴史家の集団として、PAWHA会員は希望と目的と真実とを同じく尊重している。PAWHAのマークは南十字星を模しており、太平洋の空を象徴している。デザインはPAWHA会員のドン・マーシュによる。カラー側面図、イラストはすべてwww.aerothentic.comが制作した。

EAGLES OF THE SOUTHERN SKY
©LUCA RUFFATO & MICHAEL JOHN CLARINGBOULD 2012
TAINAN RESEARCH & PUBLISHING 2012
www.tainanbooks.com

※本書における時間表記は日本海軍のものにできるだけ則し、午前零時を0000と、正午を1200とし、時、分などを略している。そのため数値としての表記には「,（コンマ）」区切りを使用して、判読しやすく心がけた。
 例：午前5時30分 → 0530
   午後4時45分 → 1645
※なお、原著は現地時間に合わせており、日本側記録とちょうど1時間ズレが生じている。
※機関銃、機関砲の区別は日本海軍側と連合国側それぞれの基準に準拠した。そのため、連合国側が零戦の20mm機銃に撃たれた場合には、「20mm機関砲で撃たれた」との主観的な記述となる。

The I.J.N. TAINAN AIR Group in NEW GUINEA

台南海軍航空隊
【ニューギニア戦線篇】
モレスビー街道に消えた勇者たちを追って

第1章
台南空の進出以前
CHAPTER ONE : BEFORE THE TAINAN THE U.S. NAVY SETS AN EXAMPLE

米海軍、嚆矢を放つ

　台南空零戦隊の搭乗員たちは日本海軍のパイロットであり、ニューギニアの過酷な地形や天候には慣れていなかった。台南空がここへ進出するよりも以前に、オーウェンスタンレー山脈でアメリカ海軍が航空作戦を一回実施している。これは大規模な空母艦載機部隊による一度きりのもので、二度と繰り返されなかった。この類を見ない作戦が実施されたのは太平洋戦争の緒戦期の1942年3月10日だった。彼らのニューギニアの地理的条件への対処法は、元空母飛行機隊パイロットもいた台南空のそれとは大きく異なっていたので、取り上げる価値があるだろう。

　パプアニューギニアを飛行する者にとってサンシャイン峡谷は有名だった。好天時のサンシャイン峡谷はオーウェンスタンレー山脈を飛ぶ小型機にとって安全な航空路だったが、悪天候時には油断のならない難所となった。この前例のない作戦で米海軍の戦爆混成編隊がラエとサラマウアの陸上および水上目標を攻撃した。日本側の抵抗がどの程度か不明だったため、これは大胆な攻撃だった。攻撃は成功し、足並みを乱した日本軍はポートモレスビー攻略計画の延期を強いられた。この攻撃は戦史上ほとんど忘れ去られているが、将来台南空の拠点となるラエへの連合軍初の大規模攻撃というだけでなく、さまざまな理由から重要なものだった。

　攻撃前日となる1942年3月9日、2名のSBD-3ドーントレス搭乗員が計画ルートの状況を把握するため、個別に偵察飛行を実施した。ウォルトン・スミス中佐はタウンズヴィルへ向かい、レキシントン航空隊長（CLAG）で43歳のビル・オルトは彼とは別にポートモレスビーの7マイル飛行場へ飛んだ。ふたりは有効な情報を手にして帰還した。オルトは日本軍の空襲直後のモレスビーに進入し、サンシャイン峡谷が作戦発起点から目標までほぼ一直線に伸びているのを知った。また彼は峡谷が大抵午前中は晴れで、午後になると天気が崩れることも確認した。そのため攻撃開始は翌朝0800とされた。

　戦闘機、急降下爆撃機、雷撃機からなる混成部隊による山岳地帯の飛行は、長距離洋上作戦に慣れていた第二次大戦当時の海軍作戦立案者に本地域限定の問題を突きつけた。特にF4F-3ワイルドキャット戦闘機の航続距離の短さは最大の問題で、当初ポートモレスビーでの途中給油も提案されたが、日本軍に爆撃される恐れがあったため、この案はすぐに却下された。

　代わりに空母をニューギニア南海岸のすぐ沖に配置することで、ワイルドキャットの進出距離を伸ばすことが決定された。この混成部隊にはTBD-1デヴァステーター雷撃機も加わることになっていたが、これは時代遅れになりかけた不細工な航空機で、山岳地帯を飛行するのはかなりの負担だった。作戦立案者たちは敵艦船に最大の損害を与えるため、最低でも1個飛行隊に魚雷を装備することにし、第2雷撃隊（VT-2）がその任にあてられた。1発が500kgもある重いMk.13魚雷をぶら下げてニューギニアの山脈を越えることは困難が予想された。ヨークタウンの第5雷撃隊（VT-5）のデヴァステーターは各機が500ポンド爆弾2発を搭載することになったが、これもやはり相当な重荷だった。賽は投げられた。

　攻撃当日朝の天候は快晴だった。2隻の大胆不敵な空母、ヨークタウンとレキシントンはヨーク岬の北東で風上へ艦首を向けた。レキシントンの攻撃隊が0749に発艦を開始した際、同艦はケレマの南西45浬のフレッシュウォーター湾沖を航行していた。まずワイルドキャット隊が発艦し、直後に第2偵察隊（VS-2）の18機のSBDと第2爆撃隊（VB-2）の12機のSBDがつづき、最後に第2雷撃隊（VT-2）の13機のデヴァステーターが発艦して、0822にレキシントンの甲板が空になると、ワイルドキャット隊が給油のため再着艦してきた。燃料量がぎりぎりなのと、レキシントンのエレベーター容量の制限のため、他機を発進させるにはワイルドキャットを先に発艦させる必要があったためだった。

　こうした短時間での再給油措置がとられたのは、安全に帰還するための保険策だった。12分後、再びワイルドキャット隊は発艦し、ジョン・サッチ大尉を先頭にすでに目的地に向かいつつあったその他の部隊を追った。ヨークタウンが52機の混成部隊を発艦させたのは約20分後で、先に発進したのは第5偵察隊（VS-5）の13機のSBDと第5雷撃隊（VT-5）の12機の爆装デヴァステーターだった。さらに0829に第

5爆撃隊（VB-5）の17機のSBDがつづいた。最後に0846にヨークタウンからVF-42のワイルドキャット10機が護衛部隊として発進し、さらに2機がヨークタウンの防空のため、別々に哨戒に飛び立った。こうして米海軍はこの攻撃に合計104機を発進させたが、その陣容はワイルドキャットが18機、SBDが61機、デヴァステーターが25機だった。最初に発艦したレキシントンの混成飛行隊がヨークタウン隊に先行した。同艦のSBDは容易に高度5,000mまで上昇できたので、峡谷の天候に悪影響を受けずにすんだ。SBD隊を先導するオールトはこの地域の気象条件を確認するため編隊から離れた。雲ひとつない青空に、オールトは作戦実施を宣言した。彼の機は爆装せず軽かったので、攻撃隊が全機帰投するまでサンシャイン峡谷を飛びまわれた。もし途中で天候が悪化した場合、オールトが部隊の機を誘導して帰還させる予定だった。彼は攻撃後に帰投中のパイロットたちに気象状況を無線で伝えることになっていたが、幸いその通信任務は必要なくなった。

VT-2隊長のジミー・ブレットは36歳のジョージア州人で、その朝、青息吐息で飛ぶ36機のデヴァステーター隊を先導していた。予想どおり、状況は困難になっていった。南側から峡谷に接近したところ、ブレットの雷装した機はせり上がる山地に追従して上昇できないことが判明した。景色は美しいが危険の潜む緑のジャングルを目前にして、ブレットは作戦中止も考慮した。すると進路のすぐ脇に広い草原が見え、それが彼にグライダー飛行学生だった頃を思い出させた。彼が瀕死のデヴァステーターを左緩旋回させて高原に向けると、吹き上がる上昇気流が編隊を数千フィート上方へと舞い上がらせたのだった。峡谷を通りすぎると、追いついてきたワイルドキャット隊を見たブレットは「中間地点到達」とレキシントンへ無線で告げた。それまでニューギニア奥地の金鉱を時たま掘りに来るユンカース機しか見たことのなかった地上の現地人たちは、航空機の大編隊に仰天したことだろう。その他の飛行隊はそれほど苦労せずに峡谷を抜け、サラマウア山の麓で高度を下げるとラエへ向かった。天候は最高で、彼方の澄みきった海面に多くの船影が映っていた。ゲームが始まった。ワイルドキャット隊は旋回するジミー・ブレットのデヴァステーター隊を追い抜くと、最初に目標上空に到達した。サッチ大尉率いる編隊は空中目標を探し求めたが、ラエ上空にその気配はなかった。5分後、文句なしに幸運だったサッチ隊のワイルドキャット3機が対空砲を制圧するため減速し、小型爆弾を投下した。サッチ大尉はのちにこう記している。

「戦闘機による掩護は不要だったので、私たちの問題は何か意味のあることをすることだった」

彼はワイルドキャットを分派させてラエを襲撃させたが、彼自身の編隊はサラマウア上空を監視しつづけ、爆撃や機銃掃射をすべき目標を探した。アメリカ人たちは絶妙なタイミングで攻撃を見事に成功させたが、これは計画内容よりも幸運によるものだった。その2日前に決定された日本軍のラエおよびサラマウア占領計画により、ラエ飛行場では第4航空隊の零戦をはじめとする航空部隊の受け入れ態勢が整えられていたが、まだこの日は1機も到着していなかった。

2-B-2の飛行隊記号が書かれた乗機ドーントレスのコクピットで、マーク・トゥウェイン・ウィッティアー中尉はこの飛行を以下のように記していた。

「機械の鳥のようにさえずりながら、機は1000ポンドの爆

ラエ攻撃から2ヶ月後、南洋方面を行動中の空母艦上でのTBD-1デヴァステーターとF4F-3ワイルドキャット。（USN Archives）

ポートモレスビーのオーストラリア軍機関銃座で、すぐ後ろに港を見下ろすRAAFの食堂がある。1942年初期。（Peter Boughton）

弾を山岳地帯の上空6,000mまで持ち上げたが、そこはまだ折り返し点にすぎなかった。山々はなだらかな緑の毛布から彼方の静かな港へとつながるが、我々の目標はそのすぐ先だ。SBDのコクピットは見晴らしがよく、操作もしやすくて、とにかく快適だ。開戦後に取りつけられた分厚い装甲座席と防弾風防のかもし出す新たな安心感は、故郷からこれほど離れているのに心細さを感じさせない。僚機のVT-2のTBD雷撃機は苦労の末に5,000mの山頂をかすめると、すぐに海面高度までの長い降下に入り、フォン湾の港へと向かった。洋上の艦船は30～40浬離れて見ると、ただの塵のようだ。私は隊長［VB-2隊長、ウェルドン・ハミルトン少佐］機に後続する2番機で、クレム・コナリーが3番機だった。2-B-2号機と私が最初の急降下をすると思うと、心が昂ぶった。失敗は許されなかった。私の喉と口はカラカラだったが、これはたぶん酸素のせいで、恐怖のせいではなかったはずだ。恐れるにはもう手遅れだったのだから。

　飛行帽のイヤフォンの沈黙は、『ウィッティアーさん、ピーナッツはいかがです？』という銃手の声で破られた。豆はあまり上手に飲みこめなかったが、私の『お客さん』がこの『お出かけ』に安心しきっているのがわかったので、心強くなったのは確かだ……目標が目の前に現れたとき、突然私は前方の隊長機を見失った。隊長機はふっと消えてしまった。いろいろな考えが頭をよぎったが、考える間はなかった。第2爆撃隊のほかの16機が私のすぐ後ろに編隊でつづいている以上、私は突如として編隊長になってしまった。戦闘規定に従い、クレムに私の側面につくよう私は合図した。それから手を動かして身振りで全機に長い梯隊をとるよう命じると、高度を徐々に下げながら湾の方向へと緩旋回を開始した。すると突然、隊長機がどこからともなく出現し、降下しながら再び私の前方に位置した。あとで聞いたところによると、隊長機のエンジンはタンクが空になったため止まってしまったの

1942年3月10日の米海軍ラエ攻撃時のヨークタウン所属デヴァステーター隊。炎上する日本軍艦艇が水平線に見える。（US Navy）

開戦時、すでにオーストラリアはパプアニューギニアに強固な植民地連合を確立していた。この船はM.V.ラウラバダ（モツ語で「強風」の意）で、1930年代末のシドニー港訪問時の写真。本船はオーストラリア植民総督用の視察船として使用され、その後軍用に供された。この水夫たちは主にパリ島とハヌアバダ島の沿岸の村から採用された。（PNG National Museum via Seneah Grey）

だそうだ。低酸素状態のために判断力が低下していたにしても、珍しい失敗だ」

　ハミルトンはさらにつづけている。

「私はすらりとした巡洋艦を狙うことにした……それは高度2,500mから見ると、外洋を行く巨大な高速ボートのようだった。それは実に美しく躍動的だったが、あまりにも必死だった。私は低高度では風に逆らった。風で私の目標への降下は流され、爆弾は舷側の海面に落ちた。右後方の機［ウィッティアー］が私の投弾誤差を見て修正した。彼の大型爆弾は巡洋艦の後部甲板に突っこみ、すさまじい爆発で艦尾部分が粉砕された。数分以内に艦は沈没した」

　攻撃日の朝、フォン湾にいた日本軍艦船は合計16隻だった。ラエ沖に停泊していたのは、商船の金剛丸と天洋丸と黄海丸、護衛の駆逐艦の弥生と睦月だった。サラマウアのすぐ沖にいたのは輸送船の横浜丸とちゃいな丸だった。フォン湾の外洋にいたのは軽巡洋艦夕張と敷設艦津軽に、3隻の駆逐艦、夕凪と追風と朝凪、そして特設敷設艦の羽衣丸と第二号能代丸だった。特設水上機母艦聖川丸と駆逐艦望月は、ラエの東方40kmに錨泊していた。さらに緑褐色の小型の艀、大発が多数フォン湾の青い海を行き来していた。米海軍航空隊が日本軍の南方派遣軍上陸部隊の主力艦船に行き当たったのは、幸運にすぎなかった。そこはまさに宝の山で、米海軍の搭乗員たちは何も見逃すまいとした。最終的に遊弋していた多数の日本艦船のうち、ラエで荷下ろし中だった金剛丸をはじめとする商船3隻が撃沈された。艦船を攻撃したSBDのうち、「スクープ」・ヴォースとボブ・モーガンが海岸からSBDを射撃する対空砲を確認していた。ワイルドキャット隊がこ

れらの砲座に向かい、爆撃と機銃掃射を行ない、日本軍を撹乱した。それから彼らはラエ飛行場周辺の施設へ矛先を向け、30ポンド破片爆弾を投下した。

日本艦はひるむ気配を見せなかったが、軽巡夕張に気づいたワイルドキャット隊はすぐさまこの厄介な相手から遠ざかりつつ、他の艦船のマストの上端をかすめるように機銃掃射を繰り返し、艦橋や上部構造物を狙い撃って火災を発生させた。上昇気流を利用してそこへ到着したブレットの第2雷撃隊のデヴァステーター隊は互いに密接に連携して攻撃を実施する計画だったが、目標があまりにも多かったので、適宜分かれて個別攻撃することにした。最初に仕掛けたのはラエの近くにいた船だったが、魚雷投下がうまくいかず、不発に終わってしまった。ほかの魚雷も水深が深すぎたり、故障したりしたが、これは戦争の大半の期間中、米海軍の魚雷に付きまとった問題だった。一方サラマウア上空でサッチ、ブッチ・オヘア、マリオン・ダルフィロらは、ワイルドキャットで砲座に対しておとり航過をかけ、脆弱なデヴァステーターが射撃されないようにしていた。彼らは駆逐艦2隻と敷設艦1隻に機銃掃射も加えたが、その際サッチは.50口径（12.7mm）ブローニング機銃の艦船に対する威力に驚嘆した。

まだ日本軍の航空戦力はまったく不在だったが、特設水上機母艦聖川丸には零式観測機が1機、九五式水偵が5機、零式水偵3機が搭載されていた。これらは急ぎ発進を試み、3機の九五式水偵と1機の零観が離水した。最初に発進したのは複葉で開放操縦席の九五式水偵で、武装は7.7mm旋回機銃が1挺のみだったが、その戦意旺盛な搭乗員は敵を手あたりしだいに撃ちまくった〔編註：機首にも7.7mm固定機銃を1挺装備している〕。大胆にもその機が最初に追跡したのは、

装弾作業中のF4F-3。1942年4月、南方にて。(US Navy)

ラエ南方で回避運動中の艦船を攻撃していたデヴァステーター隊だった。VS-2の4機のSBDがそのあとを追ったが、複葉機はこれらの全機をうまく振り切り、アメリカ人たちはのちにこの単機の日本機をして「勇猛果敢」と報告している。ワイルドキャット搭乗員のウォルト・ゲイラーがようやくここで参戦し、僚機のヴォースが間一髪で水偵への射撃を外したのを見たゲイラーは、「機首をうまく上げてジャップを撃墜すると、また先ほどからの機銃掃射に戻った」。九五式水偵R-18はフォン湾の海中に突っこみ、操縦員の大友功1飛兵と偵察員の笠井繁雄3飛曹が戦死した。

ヨークタウン航空隊は大きな問題もなく山脈を越え、レキシントン隊の16分後に目標地域に到着した。最後に発進したにもかかわらず、ヨークタウン隊で一番乗りを果たしたのはVF-42のワイルドキャット10機だった。レキシントン隊と同じく、ヨークタウンのワイルドキャットも仕事がほとんどなかった。まずラエとサラマウアを哨戒してから、彼らはサラマウア沖で沈没しつつあった横浜丸から人員を救助していた緑褐色の揚陸艇を狙うことにした。この頃、SBDは急降下中に爆撃照準器が曇るという共通の問題に直面していたが、これは低温の高高度から暖かい海面高度へ急激に降下するためだった。その結果、今回も多くのドーントレス搭乗員が事実上、盲目爆撃を強いられた。ヨークタウン隊は多くの機で無線が故障し、相互の通信ができなくなった。通常状態ですら低い信頼性が、高い湿度のせいでさらに低下したのだった。VF-42隊長、オスカー・ペダーソンがラエ飛行場を機銃掃射するために高度を下げたところ、彼のグラマンのエンジンは突然激しい衝撃に見舞われた。沿岸部は日本軍だらけ、西側は山地と、安全な不時着場所がなかったため、ペダーソンは窮地に陥った。彼は振動するF4F-3を何とかだましすかせながらオーウェンスタンレー山脈を越え、ヨークタウンへ帰還した。後日の報告によれば、今回の作戦のためにヨークタウンでは各パイロットに「肉切り包丁とアスピリンの小瓶」が入った救命用具キットを支給していたとペダーソンは記しているが、これがニューギニアの山岳ジャングルでは到底不十分なのを、のちに米軍搭乗員たちは知ることになった。彼のグラマンはどうにか無事着艦し、その後の調査で日本軍の流れ弾がエンジン架を変形させていたことが判明した。

一方、聖川丸の第二の水偵、操縦員植村秀雄2飛兵と偵察員青島正三郎2飛曹の搭乗するR-22がデヴァステーター数機に命中弾を与えていた。しかし米軍側の銃弾もこの九五式のフロートを損傷させ、植村が着水させてから間もなく、同機は転覆して沈没した。その間ずっと、クロンカリーを拠点とする第14偵察飛行隊の8機のB-17Eが艦船の周囲に500

ポンド爆弾を投下していた。多くの資料に引用されている、RAAFのハドソンが協力したという記述は誤りである。実はRAAF第32飛行隊は上記の機数のロッキード機を当時装備していなかった。この誤った記述が生じたのは、1942年初めにオーストラリア当局が「防諜上の理由」により、ボーイングB-17を「ハドソンMk.VI、ハドソンMk.6、「L」(Mk.VI)、「L」タイプ、タイプL航空機」などと呼称していたためである。RAAFがこれらの型式のロッキード製爆撃機を運用したことはない。それはともかく、戦争のこれほど初期の段階で連合軍側の海軍と陸軍航空軍が協同作戦を実施したことは驚くべきである。この時点で第三の九五式水偵、操縦員根本条作飛曹長と偵察員青柳俊次1飛曹の搭乗するR-19がRAAF第32飛行隊のハドソンの3機編隊に挑みかかったものの、反撃されて多数被弾した。根本は不時着を試みたが、機は転覆した。水没した日本軍水上機はいずれもハニッシュ湾から揚収された。

任務完了

この攻撃による日本側の損害は大きく、戦死者130名、負傷者245名だった。金剛丸、天洋丸、横浜丸の3隻の商船が撃沈され、輸送船黄海丸と水上機母艦聖川丸が中破したが、米軍機を勇敢にも迎撃したのはこの聖川丸の搭載機だった。軽巡夕張、敷設艦津軽、駆逐艦朝凪と夕凪も被弾した。航空機の損失は九五式水偵1機とその搭乗員たちだったが、米軍側も第2偵察隊のSBD-2が1機、高射砲弾の破片を浴びて墜落していた。この急降下爆撃機は炎上しながらラエ東方の海中に突っこみ、パイロットのジョセフ・ジョンソン少尉と銃手のJ・B・ジュエルの2名が戦死した。ヨークタウンの上空では攻撃時間中ずっと6機のグラマンが空中哨戒を行なっていたが、レキシントンは後詰め空母だった。攻撃の終了後、残りの海軍機は編隊を整え、彼らを待つ空母をめざして南西へ向かった。オーウェンスタンレー山脈に入ると編隊は西へ変針し、ワウの後方へ向かった。この峡谷の西壁には巨大な尾根があり、街道をまっすぐ横切っていた。一連の稜線のひとつがサンシャイン峡谷の谷底につながっていた。稜線が終わるとこれは全長わずか5kmほどの小さな谷になり、その両側の山は標高150m程度だった。その稜線のいちばん低い地点がニューギニアを地理的に南北に分けており、ここを安全に抜けられる最低高度は2,300mだった。視程はまだ大変良好で、哨戒高度では45浬と思われた。1050にレキシントンに最初の機が着艦した。1200には両空母とも20ノットでパプア湾を進み、南東の安全な水域へ向かっていた。

再びウィッティアーの手記から。

「帰投と着艦は平穏無事で、待機室の様子はいつもどおりだった。事後ブリーフィングで戦果損害評価が明らかになると、歓喜は最高潮に達した。降下時に私に後続していたパイロットたちによると、私の爆弾は艦の後部に命中し、爆発で艦尾が水中から持ち上がり、空中にスクリューが出るとすぐに沈んでいった……そうだ。我々の日本軍に対する初の攻撃は、それから3年半にわたるSBDによる多くの勝利の幕開けにすぎなかった。数日後、艦の航空士官で、その後三つ星提督に進級したダックワース中佐が士官室で私をつかまえて言った。『君を海軍十字章に推薦しておいたよ、ウィッティアー』。私は、なぜ私が、というような返事をした。3年間訓練してきたことを行なっただけだったからだ」

この米軍の侵攻を、ニューギニアの山脈の背後に空母が潜んでいるものと推測した日本海軍は、同日の午後、ラバウルから3機の九七式大艇をこれらの水域へ放った。夕方近く、ヨークタウンのレーダーが25浬遠方に未確認機1機を捉えたが、両空母がワイルドキャット隊を発艦させようとしているうちにブリップが消失したため、これを米軍側はポートモレスビーから飛んできたRAAFのハドソンが偶然映ったのだろうと考えた。1720に大艇の搭乗員は米軍の空母任務部隊1個が確かにパプア湾に潜伏しているとラバウルに報告し、観測

南洋の空を飛行する九五式水偵（手前）と九四式水偵。両者の迷彩は1942年末まで水偵の標準塗装だった。

した正確な位置と方位を伝えた。この任務部隊はラバウルから遠すぎたため、日本軍は逆襲できなかった。

翌日、両空母任務部隊は南東へと着実に進みつづけた。レキシントンは2機のSBDをタウンズヴィルへ派遣したが、これには戦闘報告書が積まれており、陸上通信施設からの秘匿通信によりパールハーバーへ伝えられた。2機はそこで少しのち、もう2機のSBDと合流したが、これらは帰路で分かれてポートモレスビーへ向かった。

3月13日にカーティスSOC水上機が漂流しているのが水平線上で発見されたが、これは5日前に巡洋艦サンフランシスコを発艦後、行方不明になっていた機だった。同機のパイロットは機位喪失後、着水して常時南東へ吹いている貿易風を利用すれば乏しい燃料でもオーストラリアに帰還できると判断したと揚収時に語った。この尋常でない救助は喜ぶべきものではあったが、艦長からすれば戦争の遂行には余計な寄り道だった。

数日後、ウィルソン・ブラウン少将は攻撃戦果の妥当な評価をパールハーバーの上層部に提出した。

「3月10日の我々の圧倒的な攻撃により、彼らは艦船の損害以上に進撃に対して用心深くなった可能性がある」

だが残念ながらパールハーバーからの反応は鈍いもので、開戦以来、日本海軍に最大の損害を与えたこの攻撃の真価を理解していなかった。戦略的には、この攻撃により数隻の貴重な輸送船が失われ、南海における将来の野心的な計画に大きな打撃を与えていた。また実際、日本軍の首脳部は神経質になり、慎重を期してポートモレスビーとガダルカナルへの侵攻作戦を1ヶ月延期したため、連合軍はもはや不可避だった珊瑚海海戦までの貴重な時間を稼げたのだった。水上部隊レベルでは米海軍の指揮官たちは静かに胸をなでおろしてい

内地の港内で軍艦から降下される九五式水偵。カタパルト発進も可能だ。

戦前の平穏だった頃のラエ。ブロロの金採掘業者に届けるボイラーを搭載中のユンカース3発機。

た。急峻な山岳地帯で作戦を実施するリスクを身をもって知ったため、彼らは将来同様の作戦を行なうとすれば、「絶対に必要な場合のみに限る」と結論していた。これはのちにニューギニアで毎日のように山脈を越えて作戦をするのが常となる台南空とは正反対だった。

米海軍の指揮官たちは、ワイルドキャットの行動半径の短さが空母を安全な距離よりもニューギニア寄りに配置せざるをえなかった最大の理由だと考えていた。今回は対抗してくる日本機がいなかっただけであり、ワイルドキャット隊を爆撃機として使うのには反対だとサッチは報告した。彼はあらゆる意味でまったく正しかった。ワイルドキャット隊が積んでいった30ポンド爆弾は、単なるお飾りでしかなかった。ゲイラーも完全に同意見で、こう不満を述べている。

「サラマウラに持っていったちっぽけな爆弾は何の打撃も与えなかった」

「ネヴァーホーク」

フィリピン陥落後、本来そこへ向かう予定だった航空機を積んでいた輸送船のすべてがブリスベーンへ進路を変更し、機体は揚陸後に組み立てられた。こうしたP-40Eは暫定的な戦闘機部隊に配備され、ジャワへ飛んだ。貴重なP-40Eを運んでいた輸送船にU.S.A.T.プレジデント・ポーク（P-40Eを55機搭載）とS.S.モーマックサン（同67機搭載）があった。これら122機のP-40Eは1942年1月15日にブリスベーンに到着すると急遽組み立てが開始され、2個の臨時編成飛行隊でジャワに送られることになった。空輸支援の経験を得るため、第20および第3追跡飛行隊（臨時）が編成され、ウィリアム・レーン・ジュニア大佐とグラント・マホーニー大佐が各隊の隊長となった。両部隊には数少ないフィリピン戦経験者が配

聖川丸傷損見取圖

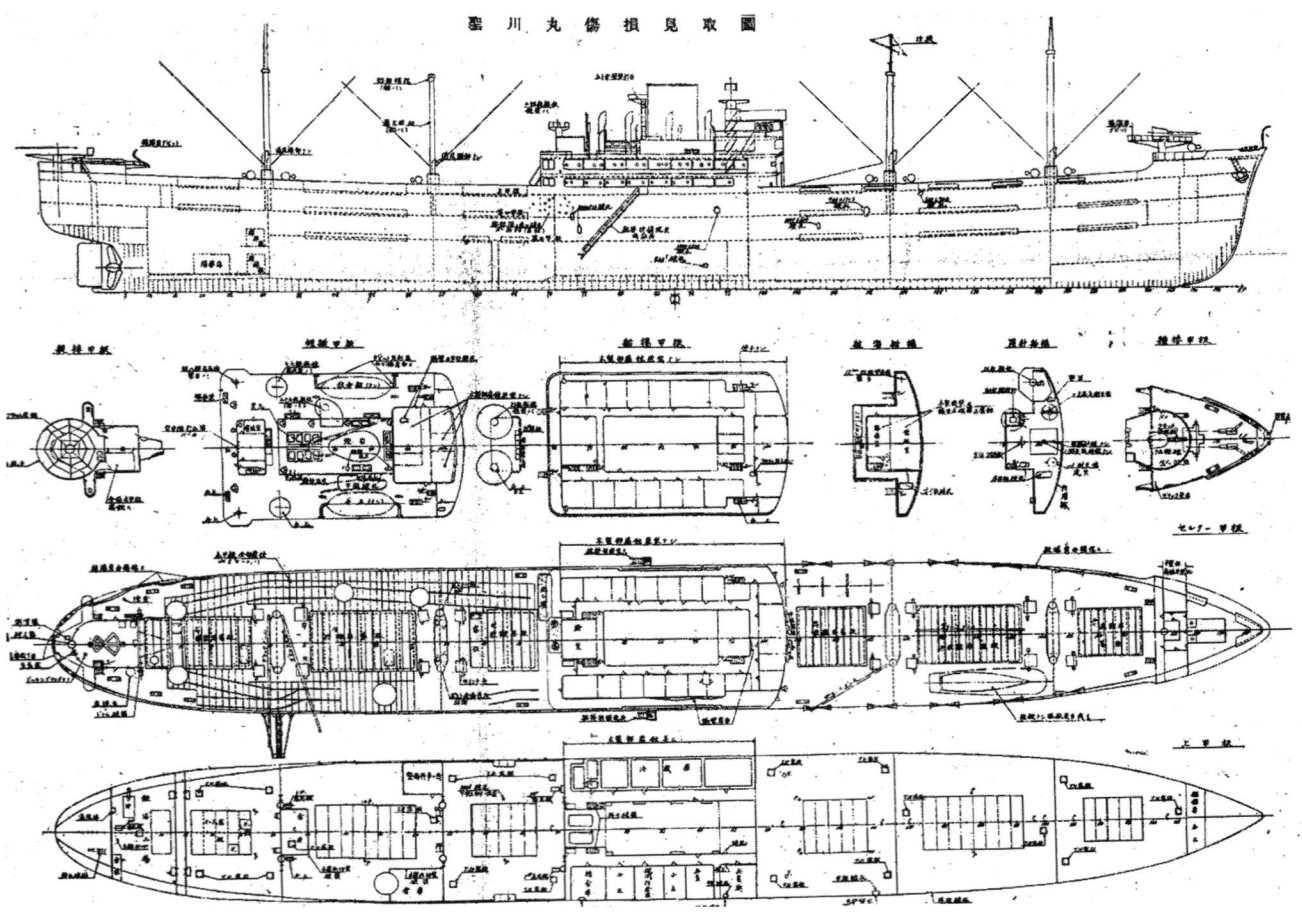

聖川丸（きよかわ・まる）は川崎汽船の貨物船として建造、1941年9月28日に日本海軍に徴用されて特設水上機母艦となった。戦時中は上甲板を軍艦色で塗装され、航海羅針橋船橋はオリジナルの木材無塗装だったという。1942年2月20日には、かつて巡洋艦高雄に勤務していた山田正治中尉が分隊長に任命された。搭載機には1941年12月から「R」で始まる機番号が書かれていたが、1942年中盤には右写真（1942年5月にデボイネ環礁に放棄された零観）のように「RI」に変更された。1942年3月10日にアメリカの空母艦上機群が攻撃してきた際には零式観測機1機、九五式水偵5機、零式水偵3機を搭載していたが、聖川丸はヨークタウンのTBD隊により損害を受け、修理のためラバウルへの回航を強いられた。右端の写真は1942年10月にセントジョージ海峡を通過する聖川丸。（credit NARA）

44

ポートモレスビーからそう遠くないピラミッド岬から撮影されたこの海岸は、日本軍が珊瑚海海戦に勝利した暁に上陸を計画していた場所。（credit Harumi Sakaguchi）

属されていたが、アメリカ本土から補充された新人パイロットの方が多かった。両部隊のティモールへの出発に先立ち、第20追跡飛行隊（臨時）をポートモレスビーに進出させるという1942年1月22日付のRAAFと米陸軍航空軍による配属命令が策定されたが、実行されなかった。

代わりに最初のキティホークはRAAFに引き渡され、台南空のニューギニアでの最初の敵となった。その全機が米軍所属のP-40Eか、英軍にレンドリースされたP-40E-1のいずれかで、一部はすでにオーストラリアに展開していた米陸軍航空軍第49追跡航空群で短期間使用されていた。ジョン・F・ジャクソン少佐の新部隊の8機のキティホークは当初、新造機とアンバーリーの組み立てラインで最近修理されたものの混成だった。3月6日、そのうち5機がターンブル大尉の指揮下、ブリスベーン近郊のアーチャーフィールド基地へ向かった。

彼らは翌日そこを出発し、タウンズヴィルに到着した最初のRAAFキティホーク隊となった。一方、さらに7機の補修キティホークがアーチャーフィールドの工廠から引き渡され、加えてバンクスタウンにいた第49追跡航空群の予備のP-40E、10機がオーストラリア軍へ再配備されることになった。これらは3月7日にアーチャーフィールドへ空輸され、ピーター・ジェフリーズ少佐の指揮下に入った。

このキティホークを北へ空輸しようという試みは悲劇的な結果に終わった。ジェフリーズが10機の編隊を率い、バンクスタウンからタウンズヴィル経由でアーチャーフィールドへと北上したのだが、ニューサウスウェールズ州北海岸の悪天候により、3機のキティホークと2名のパイロットが失われたのだ。最初の死亡事故はウォーカブ付近で、第二の事故はケンプシーの北西10kmで起こった。しかしA29-2に搭乗していたオコナーは生還した。機位を喪失し、燃料が乏しくなった彼はカイオーグルという田舎町に不時着し、機体は大破したものの、彼自身は助かったのだった。

3月初旬のうちに、これらのキティホークには垂直尾翼の米陸軍航空軍オリジナルのシリアル番号と英軍の「ET」から始まるシリアル番号の両方、または一方が書かれ、P-40Eには米陸軍航空軍のオリーブドラブが塗られ、P-40E-1にはイギリスのRAFのブラウンとグリーンの標準迷彩が施されていた。A29（当初はA-10の予定だった）の型式番号はRAAFのP-40Eがまだタウンズヴィルにいた3月14日から適用された。ジョン・F・ジャクソン少佐が記入した航空日誌を相互参照したところ、彼が自分に割り当てたキティホークは米軍シリアル#41-5363で、彼は戦死するまでこの機体に一番よく乗っていた。このキティホークはアンバーリーから来た7機のうちの1機で、A29-7となり、飛行隊レターに「A」が割り当てられた。ジャクソンの弟のレスがシリアル#41-24814を3月7日にポートモレスビーへ届け、A29-14となった同機は彼の専用機になった。

3月20日1400、4機の航空機がポートモレスビー沖のバシリスク航路標識を旋回しているのが目撃された。4機が脚とフラップを下ろし、7マイル飛行場へ最終アプローチをかけたところ、慌てたオーストラリア軍機銃手が発砲を開始し、ほかの銃手もそれにつづいた。ジェフリーが助かったのは並外れて幸運だったためで、弾丸の1発は彼の後頭部をかすめていた。キティホークは4機とも被弾してしまった。

それから間もなく、待ち焦がれられた末に「トゥモローホーク」または「ネヴァーホーク」と揶揄されていたキティ

ポートモレスビーへ向かう途中、ガーバット飛行場に立ち寄ったRAAF第75飛行隊所属のキティホークA29-8、コード「H」、1942年3月。これはあの有名飛行隊に最初に配備されたキティホークの数少ない現存写真である。（cred t Gordon Birkett via 'Buzz' Bushby）

ニューギニアの姉妹機たちと合流する前のカタリナA24-7。ケアンズにて、1942年1月頃。ポートモレスビーでRAAFのカタリナは、街から見てフェアファックス港の反対側にあったナパナパ基地に係留されていた。(credit Kevin Ginnane)

「ホテル・モレスビー」は1942年初期にはオーストラリア兵の憧れの場所だった。戦後、「パプアン・ホテル」と改称されたが、1980年代に取り壊された。

ホークの2機が初撃墜を記録した。バリー・コックスとウィルバー・ワケットが敵爆撃機1機に高度2,000mで後方から接近し、両パイロットは別々に銃撃を加えた。爆撃機は回避運動をとり、雲中へ逃れようとし、搭載弾を投棄した。コックスは爆撃機の左エンジンを射撃し、発煙させた。ワケットは無傷だった右エンジンにとどめの一撃を加えた。爆撃機は爆発し、木っ端微塵になってバシリスク航路標識の西方1浬の海中に落下し、破片が確認された。この、第4航空隊の川合平八飛曹長が機長を務めていた一式陸攻の撃墜は、ニューギニア上空における陸攻の初撃墜であると同時に、RAAF第75飛行隊の初撃墜という歴史的意味があった。

7マイル飛行場では舗装された滑走路や駐機場が事実上なかったため、ぬかるみにはまる事故が頻発した。滑走路の西端約360mの部分はいまだに排水・整地作業がつづいていた。このため離着陸には技術が必要で、RAAF第75飛行隊の新人パイロットたちはよく事故を起こした。彼らのポートモレスビー到着から間もなく、キティホークの稼働率は窮地に陥った。わずか3日間の作戦で、当初17機あったキティホークのうち7機が使用不能になってしまった。このためこのオーストラリア軍初の派遣部隊は、限られた施設で有効な防衛兼攻撃部隊を維持するため、組織的な取り組みを開始したのだった。オーウェンスタンレー山脈の反対側で敵の日本軍が同様の困難に直面しているのを知ったとしても、彼らの慰めにはほとんどならなかっただろう。

RAAFとの初交戦

ラエの背後の山々は特に夜明けがすばらしい。霞がかった雲に覆われていることが多いが、その地形は険しい。居住者はおらず、踏み入る者もほぼ皆無なほどである。だがその人跡未踏の地のどこかに、損傷の少ない零戦二一型の残骸が眠りつづけている可能性が……という話がある。1942年4月1日付けで第4航空隊の零戦と搭乗員は台南空へ編入されたが、そのひとりに21歳の山崎市郎平3飛曹がいる。彼は同僚の多くよりも波乱に満ちた数々の経験をすることになるが、そのひとつであるニューギニアでの不時着生還劇に絡んだエピソードだ。事が起きたのは1942年3月22日、日本軍の戦闘機とRAAFのキティホークが初めて交戦した時だった。ただし、キティホーク隊は零戦2機を撃墜したと申告しているが、実際は同行していたRAAF第32飛行隊のハドソン2機が撃墜したものだった。もし4空の零戦が交戦したのがRAAF第75飛行隊のオーストラリア人搭乗員だったならば、この戦闘はもっと歴史的なものとして取り上げられただろう。この日の交戦で日豪両軍のパイロットが各1名自軍の勢力範囲内に不時着している。その模様を見てみたい。だがこの件ではもうひとつの謎が解けていない。不時着した山崎2飛曹の零戦はどうなったのか？　という問題である。

日の出から15分後、第4航空隊の零戦2機がラエのぬかるんだ飛行場から定時上空哨戒のために発進した。時刻は0630で、その若手搭乗員たちにとってフィリピン、ボルネオ、モルッカ諸島、ジャワで遭遇したセヴァスキーP-35、カーティスH-75、カーティスP-40、バッファロー、カーティスライトCW-21などの敵はまだ記憶に新しかった〔編註：4空はこの戦域で戦っていないのだが……〕。これらの地域ではほとんどの空戦で日本海軍航空隊が圧勝し、一部のパイロットがニューギニアで遭遇しうる敵機種について情報は説明されていたものの、それはまだ未確認だった。オーストラリア軍がラエを攻撃するとすれば、戦う相手となるRAAF戦闘機はおそらくスピットファイアだろうと日本側は予想して

いた。

　2機の零戦がスロットルを戻し、ラエ上空を旋回していた頃、ニューギニアの山地の反対側、ポートモレスビーの7マイル飛行場では9機のキティホークが脚を上げ、発進していた。2機のハドソン爆撃機とはラエ上空で合流する予定だった。0805にキティホークの1個編隊がラエの機銃掃射を開始する一方、もう1個の「上空掩護」編隊は高度3,300mで零戦と空戦を展開していた。2機撃墜が申告されたが、この戦闘では零戦は失われていない。おそらく早朝のため零戦の両翼端から伸びた飛行機雲を、目ざといRAAFパイロットが発火煙と見誤ったのだろう。零戦の搭乗員たちがその後提出した報告書には、交戦機は「スーパーマリン」と書かれていた。

　ニューギニア上空の空戦は、山崎3飛曹の故郷、東京府西多摩郡檜原村からはるか彼方の出来事だった。山崎は内地の大分航空隊に短期間勤務したのち、ラバウルの第4航空隊に転属され、そのままラエへ進出していた〔編註：ここで大分空勤務とあるのは山崎自身の操練54期の実用機教程で、卒業即日の1941年（昭和16年）5月26日付けで横須賀航空隊附を命ぜられ、昭和17年2月1日付けで「第4航空隊附を命ず」、同年4月1日付けで「台南航空隊附を命ず」となっている〕。この2週間、彼はフライングフォートレスとラエ上空で交戦したり、ポートモレスビーやホーン島への攻撃作戦で掩護任務を果たしていた。

　計画どおり2機のハドソンは0820にラエ上空に到着した。爆弾を投下し、写真を撮影すると、彼らはフォン湾を大きく旋回してポートモレスビーへ帰っていった。奇妙なことに後日、メルボルンのRAAF司令部から出された意見書には、ハドソン隊の1機が誰の許可もなく急降下爆撃を行なったのはなぜかと記されている。なお、偵察担当だったハドソンA16-134の記録には当時、機首には銃塔でなく機銃が装備されていたとある。しかし1941年12月末から1943年3月末までの期間に銃塔を取り付ける時間は十分あったはずなので、記録が存在しないのは書類上の不手際かもしれない。ちなみに僚機のA16-169は銃塔を装備していた。3機の零戦が引き揚げるハドソン隊を追撃し、射撃航過を繰り返した。0840に戦闘機が1機被弾し、脱落した。その機はフォン湾に墜落し、搭乗の菊地敬司3飛曹が戦死した。さらにもう1機が脱落し、追跡者は21歳の山崎市郎平だけになった。彼はさらにハドソンを20分にわたって必死に追跡し、のちに菊地は撃墜される前にハドソンを1機撃墜していたと報告しているが、これは正確でなく、菊地の執念はハドソンの搭乗員を2名負傷させただけだった。

　この追撃戦の最後に山崎の零戦も被弾し、エンジンが停止した。日本側の資料によれば、山崎は乗機を基地より「30浬内陸の山間部」に不時着させた。着陸の翌日、友好的な現地人が現れ、彼が丸太で筏を作るのを手伝ってくれた。現地人に案内されながら、彼はまずワトゥート川を、それからマルカム川を筏で下り、ラエへ帰還した。彼の移動の経緯は、NGVR（ニューギニア義勇ライフル部隊）の複数の報告書に記されている。山崎は川を下るのに4日間かかったが、その後彼は寛大な措置でラバウルでの3週間の休養を与えられた。この長期休暇はまったくの特例であり、一般の日本軍パイロットには無縁のものだった。

ワケットの墜落

　まったくの偶然だったが、キティホークパイロットのウィルバー・ワケット中尉もこの戦闘で撃墜されていた。彼はオーストラリア航空業界の父、サー・ローレンス・ワケットの息子だった。ラエ上空に到着した「上空掩護」のキティホーク隊が目にしたのは、低空で攻撃を受けている地上掃射中の仲間だった。そこで彼らは混戦に加わった。ワケット機の照準器は故障していて、さらに空戦中、翼内機銃が1門しか発射できなかった。ワケットのポートモレスビーへの帰還は、ブロロ、ワウ、ウォーターバウム、ブルドッグ、ラケカム川、ユール島をはるばるたどる長い旅となった。

　彼の物語は5ヶ月後、オーストラリア航空大臣ドレイクフォードによって発表され、1942年8月19日のジェラルドン・ガーディアン新聞に掲載された。

「目標上空に到着したところ、味方機が飛行場を機銃掃射攻撃しているのが見えた。空中に敵機は見当たらなかった。我々は高度2,000mで密な戦闘編隊を組んでいた。真正面、600m下方に日本軍の6機の『ゼロ』戦闘機が編隊を解いて急降下し、機銃掃射中の味方機に襲いかかるのが見えた。我々

戦前のラエ飛行場の空中写真。写真中央の部分に台南空は指揮所と宿舎を設けた。(AWM)

1942年にRAAF第75飛行隊パイロットが「民間飛行場」と呼んでいたキラキラ飛行場の1934年当時の様子。左のアヴロX三発機VH-UXX「オーストラリアの信念」号は、当時オーストラリア国立航空社長だったチャールズ・ウルムによる飛行記録樹立のため、ポートモレスビーに飛来していた。ウルムはVH-UXXを記録達成用に改造していたが、これは政府に長距離航空路線への補助金給付を促すためだった。本機の塗装は主翼と胴体の上面がオレンジで、それ以外は銀色だった。中央の複葉機はウェイコ10、VH-ULVで、1942年1月21日に日本軍のサラマウア空襲で破壊された。

1942年3〜4月頃、初期のラクナイ基地の様子。九六艦戦は4空のもので、台南航空隊に編入される前後。残念ながら現存するラバウルの九六艦戦の写真で、台南空の尾翼記号が確認できるものはない。

は攻撃するために急降下したが、降下しながら私は機銃をテストし、光像式照準器のスイッチを入れた。ゼロの1機に狙いをつけ、長連射を叩きこむと、私の曳光弾はその主翼に吸いこまれていった。約200mで機を引き起こしたところ、今度は私の機のコクピットと翼に弾丸が撃ちこまれた。1発は腕時計に命中し、私は馬の毛まみれになったが、これはどうやらヘッドレストの詰め物だったようだ。弾丸が私の背後の防弾板に命中する音も聞こえた。私はスロットルを前に倒し、急降下した。その時エンジンが被弾し、排気管から黒煙が噴き出し始めた。後方を振り返って見たが敵がいなかったので、私は急降下から引き起こし、半横転した。後方の眼下に大きな雲があったので、私はその中へ突っこんだ」

　安全な雲のなかでワケットはキティホークA29-6のエンジンを再始動させようと、タンクを切り替えたり、非常燃料ポンプを動かしたりした。しかしラエとサラマウアの中間、高度300mの洋上でエンジンは止まってしまった。彼は時速160kmで不時着水し、急速に水没していく乗機から脱出した。

　不時着水後のワケットは

「頭がぼんやりし、額の出血以外に、小さな切り傷やすり傷が無数にあった。機体が沈みつつあったので、ベルト、無線、酸素などの装備を外してコクピットから這い出した。海面に顔を出すと、パラシュートの離脱器を解除し、浮かぶ傘体につかまりながら飛行靴と飛行帽を脱いだ。それから救命胴衣を自分で膨らませたが、目を上げると50m向こうに大きなサメが海面近くを泳いでいるのが見えた。それで心臓の鼓動が激しくなったが、それから陸に目をやったところ、それは15kmは離れているかと思われた。私はいちばん近い陸地へ向かって泳ぎ始めた。何搔きか進んでから止まって袖をまくり上げたが、これはその方がサメに見つかりにくいと思ったためだ。

　それからさらに泳ぎつづけながら、だんだん重荷になってきた回転式拳銃と水筒を捨てるべきか考えた。だが自分が泳ぎつくのは日本軍の占領地域である以上、これが必要になるかもしれないと思い、持っていることにした。サメはほかにもいた。1匹がとても近くまで来たので、私はできるだけじっとして、そいつが周囲を泳ぎ回るのを見ていると、そいつは行ってしまったので、私はまた泳ぎだした。太陽は暑く照りつけ、塩で肌はひりひりし、目も痛くなった。幾度も仰向けになって休んだが、思っていた方向からずっと潮に流されているのがわかっただけだった。休んで得られる体力よりも、休む前の位置に戻るのに要する体力の方が大きかったので、休むのは無駄だとわかった。8、9時間ほど泳ぎつづけたが、それを過ぎるともう手足に力が入らなくなった。海岸から200mほどまで来たところ、2人の現地人がカヌーの側に立って、こちらを指差しているのが見えた。しかし2人は助けに来てくれる気はないらしく、村の方へ戻ってしまった。ようやく海の底に足がつくようになると、私は岩をよじ登り、砂の上に腰を下ろした。水筒からひと口飲んでから、.38口径を試射してみた。太陽がぎらぎらと照りつけ、間もなくハエが肌の切り傷にたかり始めた。私が救命胴衣を着けたまま村はずれに足を踏み入れると、何人もの女性が私を見て悲鳴を上げ、自分の家に駆けこんでいった。誰か英語を話せる人はいませんかと聞くと、話せる現地人が1人いた。首に小さな十字架をかけていたので、宣教師らしいと見当をつけた。日本兵に見つからないよう、私を安全な場所に連れていってほしいと私は頼んだ。

　それから部族のなかで議論が起こった。2人の現地人が私の味方をしているようだったが、議論の内容を知ったのはそれから何日も経ってからだ。私を助けたがっていたその2人は、海岸を100mほど案内してから、そこで待っていろと言った。小屋から戻った彼らは2人とも蔓で編んだ小さな袋を持ち、1人が山刀で武装し、傘を持っていた。もう1人はアーミービスケットを2箱持っていて、私にくれた。とにかく暑く、私の切り傷はひりひり痛み、血で固まっていた。靴下がぼろぼろだったので、裸足で歩くしかなかった。2人の現地人は私たちがいた場所のまわりには日本兵が大勢いたと言って、元気づけてくれた。しかし何か怪しいものを目や耳にするたび、彼らは私にしっかり隠れるよう言った。川を何本も渡るうちに、あとどれぐらいかと聞いても、まだ遠いとしか返事をしないのがわかったので、聞くのはやめた。我々は南方の鬱蒼と茂る植物のあいだを川に沿って歩きつづけると、徐々に登り坂になった。地面は水気が多く、じめじめしていて、辺りは暗かった。たっぷり6時間は歩いて我々は荒れ果てた現地人の村に到着し、その夜はそこに泊まった。眠るのは無理だったので、我々は起きたまま夜明けを待った。我々はココナツとポウポウを食べ、翌日の午前5時ごろ出発し、山岳地帯を登っていった。地面はとても湿っていて、巨大な根や太い蔓が歩みを阻んだ。正午に休んだが、何も食べずにまた出発した。それからヒルの巣窟に入った。ヒルは人のつま先にくっついて血を吸うが、間もなく我々はヒルだらけになり、立ち止まって棒でこすり落とさなければならなかった。ヒルに噛まれなくても、私の両足は痛くてたまらなかった。夕方の6時ごろ、私はほとんど限界だった。我々は一日中登り詰めだったが、現地人たちはジャングルで止まってはいけない、次のキャンプ地まで行かなければと言うのだった。我々は現地人の大きな村のはずれまで到達し、私が救命胴衣をまだ着

49

> 生還記
> 昭和十七年三月二十八日
> 三飛曹　山崎市郎平
> 昭和十七年三月二十二日午前七時　敵ロックヒード爆撃機の空襲により自分は之を撃墜すべく、直ちに離陸〇〇飛行基地（ラエ基地）より約二百六十度の方向に追跡すること約二十分、三回に亘り射撃を加へ右翼根より燃料を噴きつつ逃走するをもう一撃と右側方より射撃せし時より小癪にも、敵弾に我がエンジン及び胴体、燃料タンクを射抜かれたれば、最（早）是迄と、自爆を決意せしも、天命尚我に有りしか、何気なく後方を振向くと〇〇河（マーカム河）上流の大平野らしきもの、眼に映じたれば此処に不時着したらならば生きて再び御奉公出来ないこともあるまいと判断して、平地の所と思はれる所を選んで不時着を決行せり。此の時相当なショックがあったが、身体には何等異状なきを得たれども愛機は大破せり。よって、羅針儀を取はずし愛機を涙の中に焼却せり。上空で見た時は、大分よい土地である筈だったのに、意外〇〇独特のとげの有る草とも木とも名のつかないもの密生す。其の根元には濁水あり。手も足も出せない。羅針儀を頼りに、進まんとすれど、此の難地を持ち歩くことも出来ねば、破壊して、うっちゃり、是より後は専ら、太陽により大体の方向を知り、自分のカンで、此方と思う方向東北方へ東北方へと目指して進まんとすれども、其の格好恰も水におぼるる犬と思えば似て遠からず……（以下略）

上記の文章は山崎自身が戦死する以前に書き残したものから、不時着した経緯の部分のみの抜粋。これによれば機体に火をかけて処分しており、著者がいうように「無傷で完全な零戦が湿地帯に沈んでいる」可能性は低そうだ。なお、原史料では基地名や地名が適宜「〇〇」と伏せ字にされている。

被弾不時着後、マルカム川を下って生還した山崎市郎平3飛曹の物語は、台南空進出以前のニューギニアで最も尋常でない生還譚なのは確かだ。台南空のニューギニア戦での山崎のスコアは第6位だった。(Takeda Nobuyuki)

たままふらついていると、眼前に6人の屈強な戦士が立ちはだかり、その引き絞られた弓は私の胸元を狙っていた。私のガイドはこれを見ると前に飛び出し、私は味方で、日本兵ではないと説明した。彼らは武器を下ろし、私を小屋に案内した。そこはものすごく寒く、あとで聞いたのだが、その村の標高は3,000mだった。我々は12時間歩きとおして、そこまで登りつめたのだった。ヤム芋とカウカウ芋の食事を終えると、我々はその小屋に入り、眠ろうとした。側に火があるにもかかわらず、私はとても寒かったので、3人で添い寝した……私たちは何度も早瀬を渡り、何度も荒地を登っていった。沼地に行く手をさえぎられたり、腐った臭いのする泥に腰までつかって進むこともしばしばだった。その夜はそんな沼地で過ごしていた。ヘドロの悪臭と無数の蚊のせいで眠れなかった。私たちはバナナの葉を敷いて横になり、ガイドは私の足がひどい状態なのを見てとると、一晩中寝ずにマッサージしてくれた。夜明けとともにヤム芋の朝食をとり、川沿いに進みつづけた。午後に食事をし、それからようやく居留地に到着し、体をきれいにしたあと、私は寝床に連れていかれ、傷の手当てをしてもらった。ガイドは私を見舞いに部屋に入りたいと言い、そしてようやく最初の村での議論の内容を教えられたのだった。どうやらあの部族は私を日本軍に引き渡すということで意見が一致していたらしかった。日本軍はあの部族に自分たちに逆らえばどうなるかと脅しをかけていたため、彼らは日本兵を恐れながら暮らしていたのだった。私を助けてくれた2人の現地人はあの村の住人ではなかったので、族長の命令に従わなくてもよかったのだった。私がこの2人のカナカ族に出会えたのは途方もない幸運だった。もちろん彼らにはそれに見合うだけのお礼をした」

この大徒歩行の末、ワケットは34日後に帰還したのだった。一方、ラバウルでの休養後、4月12日に台南空に復帰した山崎は、さらにラエ基地で上空哨戒などの任務につき、5月17日にポートモレスビー上空で再び負傷した。さらに8月26日にもミルン湾攻撃から帰還後、彼はブナに着陸事故を起こして重傷を負った。ブナでの療養後、彼は本格的な治療のため内地に戻されたのち、1943年5月に251空隊員として再びラバウルへ進出し、同年7月4日にソロモン諸島のレンドヴァ上空の空戦で戦死する。

山崎の物語はこれですべてだが、いまだに発見されていない彼の零戦については話は別だ。オーストラリア植民地警備隊の記録にも、それについては何の記述もない。おそらく山崎機はワトゥート川三角州の湿地帯に脚を引きこんだまま不時着したのではないだろうか。機体に火を放てば煙がNGVRの斥候に見つかる恐れがあったので、彼がそうしなかった可能性はある。機体はそのまま数週間をかけてゆっくりと湿地に沈んでいき、70年を経た現在もその状態のままなのかもしれない。戦時中の状態をそのまま保った良好な状態の零戦二一型が地球上で確認されたとなれば、世紀の大発見になるだろう。

謎の自爆機

1942年3月31日1430、ポートモレスビーで奇妙な事件が発生した。地上にいた連合軍の目撃者たちはその不思議な出来事に戸惑ったが、見たままの事実として理解した。その爆撃機が単機で出現したのは、ワイガニ湿地の約3,000m上空

RAAF第24飛行隊のハドソンA-16-39(コード「U」)。ヴナカナウ、1941年の開戦前。フィンフラッシュがないのに注意。(Andrew Kilsby)

だった。天候は晴れで、積雲が多数見られた。その第1航空隊の九六陸攻一一型〔編註：原書のママ。この当時一般的に使われていた二三型が妥当と思われる〕は、戦闘機にも高射砲にも迎撃されなかった。その機は雲の影に入ると、爆発して片方の主翼が吹き飛んだ。機体は真っ逆さまに地面に激突した。墜落地点からもうもうたる黒煙が立ち上り、その爆撃機のちぎれた主翼は残骸主要部の向こう側にひらひらと落下した。まったく不可解だった。残骸とともに7名の遺体が発見され、うち1名は軍刀を所持していた。その前日、下面に大きく「67」の数字が描かれたこの同一機は、戦闘機の掩護もなしにポートモレスビー上空を低空飛行していた。その九六陸攻は塗装から1空所属のZ-367と判明した。

この事件の真相は奇怪極まりなかった。機長の原田武夫1飛曹以下の搭乗員は、1941年12月12日のフィリピンのクラークフィールド攻撃の際、1空から参加し、左エンジンが対空砲火に被弾したためアラヤト山の北西側に不時着し、地元のフィリピン人に捕虜にされた。それを知らない1空側は彼らを戦闘間行方不明者とし、慣例により1階級特進とした。日本軍地上部隊のフィリピン占領後、彼らは発見されて解放された。公式に戦死者とされていた彼らは昇進を取り消され、元の階級に戻された。士気への悪影響を防ぐため、原隊復帰した彼らはほかの搭乗員たちから隔離され、出撃時は常に編隊の最も危険な位置をあてがわれた。それにもかかわらず彼らが生還しつづけたため、この問題は看過できないものとな

り、大西瀧治郎少将は彼らに掩護戦闘機なしでポートモレスビーに飛び、二度と戻るなと命じたのだった。証言によればその日の朝の出撃前、彼らは1本のタバコを回して吸ったという。機上無線機から自爆の直前に届いた最後の通信は「これより攻撃す。周囲に敵機なし。従前の御恩に感謝す。天皇陛下万歳」だった。

〔編註：俗に「1空事件」と呼ばれる本件は戦後も物議をかもし出し、首謀者は当時の1空飛行長であった松本真実中佐だったと結論づけられている。なお大西は2月1日付けで航空本部へ転出しており、本件と関係はない〕

南方でエンジン整備中の九六陸攻で、自爆を命じられた1空の原田機と同じタイプ。ニューギニアの気候により、こうした陸攻の塗装は急速に劣化した。九六陸攻は1942年1月に最初にラバウルを爆撃した機種だった。

第2章
始まり
CHAPTER TWO : BEGINNINGS

　台南海軍航空隊のニューギニア戦史は1942年4月の第1週から始まった。同月1日、日本海軍が航空隊の新設と再編を行なったため、ラバウル司令部の重要性は増した。後藤英次少将〔編註：原書では五藤存知少将と誤記している〕を司令官とする第24航空戦隊は従前の担当であった中部太平洋方面へと戦域を縮小され、代わって4月1日付けで第25航空戦隊が新編されて、ラバウルに将旗を掲げた。25航戦の司令官には山田定義少将が補された。海軍の航空畑を25年近く歩んできた、短い口髭の小粋な山田司令官は、その輝かしい軍歴で空母蒼龍と加賀の艦長を務めたこともあった。台南航空隊がラバウルで指揮下に入るという吉報は、彼の就任に花を添えた。台湾で6ヶ月前に新設されたこの戦闘機隊は、すでにかなりの活躍を見せていた。1941年12月8日の太平洋戦争開戦とともにフィリピンへの歴史的な作戦に参加し、1942年1月にはバリクパパンへ進出、ジャワおよびフローレス海の制圧にあたった。破竹の勢いで進撃する日本軍がマレー半島から蘭領東インド（現在のインドネシア）へ達すると、同部隊は再びバリ島へ向かった。台南空が25航戦に編入されると、内地に帰還しない搭乗員たちは輸送船小牧丸に乗せられ、ラバウルまでの長く無防備な航海に出発した。もし連合軍がこの目立たない商船に計り知れない価値のある人員が乗っているという情報を掴んでいれば、この船が最優先攻撃目標にされたのは間違いない。
　台南空の本隊がニューギニアに到着する以前、零戦は後方のバリ島に留まっていたが、その大半は第3航空隊の所属だった。ただし特定の機をすでに割り当てられていた搭乗員もいた。初期の台南空に所属していた零戦二一型には報国号も数機あり、1941年11月15日に東京の羽田空港で開催された大規模な献納式で披露されていた。少なくとも13機（報国第432、443、445、476、477、479、482、483、484、485、487、488、546号）が展示されたが、このうち台南空に配備されたのは2～3機である。飛行隊長の中島正少佐をはじめとする台南空の上級幹部は隊員たちより速く快適にラバウルに到着するため、空路での移動を希望した。こうして第11航空艦隊の九六式陸上輸送機と九七式大艇で彼らは飛び立った（その後、台南空は第1航空隊から一式大型陸上輸送機を3機受領し、V-901、V-902、V-903の尾翼記号をつけて運用した）。口髭を生やした中島は指揮官としての威厳を備え、指揮下の搭乗員たちを見事に統率した。台南空の前進基地、ラエに配属される精鋭搭乗員は彼の裁量で選抜された。最上級士官ながら当時も実戦で飛んでいた中島は、こうした判断力にも長けていた。

部隊再編

　1942年4月1日に実施された日本海軍の部隊再編は、日本軍の戦闘能力を高めるというよりも、実際には指揮系統の整理的な意味あいのものだったが、関係者にはおおむね好評だった。書類上では25航戦の戦力はかなり有力なもので、台南空は零戦45機と陸偵6機を兵力とし、同じく1空には九六陸攻27機が所属していたが、後者はそれから間もなく中部太平洋方面の24航戦に編入された。最後の1空機がラバウルを去ったのは4月10日だった。戦闘機隊を台南空へ編入し、陸攻部隊として再編された4空には一式陸攻36機が所属していた。これらの部隊が山田司令官の主力攻撃部隊であり、さらに横浜航空隊所属の九七式大艇12機が彼の指揮下に置かれ、長距離偵察と哨戒を行なった。
　特設航空機運搬艦最上川丸を中心に特務隊が編成され、内地からラバウルの山田定義少将のもとへ戦闘機を届けること

ポートモレスビーをめざす4空の一式陸攻。1942年4～5月頃。垂直尾翼の横線は中隊を示す記号。初期の一式陸攻に多かった雲形迷彩に注意。（Jim Lansdale）

となった。しかし1942年4月初め、25航戦の台南空をはじめとする部隊は、所定の戦力には遠く及んでいなかった。再編により4空の戦闘機隊から搭乗員22名が台南航空隊へ編入されていたが、時代遅れの九六艦戦がまだ配備されていた。これらは2ヶ月後の5月20日のラバウルでの定時上空哨戒まで使用されつづけた。神川丸と聖川丸が搭載していた水上機隊も、数を増しつつあったラバウルの混成飛行隊に加わることになった。

いざ戦いへ

再編当時、ラクナイ飛行場〔編註：東飛行場という呼称が次第に一般的になる〕には零戦14機と旧式の九六艦戦11機しかなく、その多くが非稼働機だった。間もなく加わった36機の零戦でようやく台南航空隊の機数は編制どおりになったが、それは同隊がニューギニアで定数どおりになった最初で最後でもあった。第4航空隊の一式陸攻はわずか16機で、しかもその半数が修理を必要としていた。一方、横浜航空隊に所属する8機の大艇はこれらの部隊とは異なり問題なく、シンプソン港で翼を休めていた。4月1日付けで再編された新生台南空は事実上、寄せ集め部隊だった。先述のとおり、台南空がバリ島から移動する際、幹部クラスの熟練搭乗員の多くが内地へ帰還していたが、一般搭乗員の方は、編入された4空からの戦闘機パイロットで補強されていた。

このため搭乗員の戦歴は多彩なものになっていたが、重要なのはニューギニアですでに実戦経験をもつ者が含まれていたことだった。両部隊の人員がひとつになることで、絶妙なチームが生み出された。新たな基幹搭乗員の年齢層が若返ったのは特記すべきだろう。22歳と平均年齢が若いとはいえ、彼らははるか中国での実戦で切磋琢磨された豊かな経験に裏打ちされていた。ニューギニアにおける台南空の人材状態はこの時が最高だった。その後、若い予備人員は徐々に内地の練習航空隊からの新米搭乗員に置き換えられ、質が低下して

いった。台南空はすでに勇名を馳せていたので、4空のパイロットたちがその一員となれることに誇りを抱いたのも当然だった。新生台南空のパイロットたちは、自分たちの戦闘機と戦法の強味と長所を知り抜いていた。彼らは新たな戦いに臨むのに十分以上の状態だった。しかしすぐれた搭乗員が多かったせいで、独特な問題も生じた。当初ベテランの人数に比べて機体が少なかったため、しばらく若手にはほとんど飛ぶ機会がまわってこなかったのだ。

4月7日に特設運送船五州丸から12機の零戦が陸揚げされ、さらに4月12日に24機が特設空母春日丸（のち空母大鷹と改称される船）により届けられた。4月16日にラバウルに到着した小牧丸は、このわずか2日後の空襲で撃沈された。この攻撃により、1ヶ月後の春日丸のブカ派遣では、より慎重な戦術がとられることとなる。小牧丸の撃沈により、台南空が新規受領した零戦が数ヶ月後に渇望することになる貴重な予備部品の多くが失われてしまった。

台南空がすでに南東方面で轟かせていた勇名を考えれば、この最精鋭戦闘機隊が加われば山田司令官の新航空戦隊に注目が集まるのは当然だった。ラバウルの現地司令部は直ちに朝日新聞などの戦時特派員団を受け入れたが、これは航空戦の勝利を報じるため、マスコミ全体が航空戦のエースを求めていたからだった。朝日新聞をはじめとする各新聞社は、「海軍の荒鷲」の活躍記事を連日掲載した。太平洋戦争初期に作られたこの新語は、拡大する国家主義帝国の航空隊員をさす文化的装置として大衆のあいだに急速に広まった。海軍の航空隊員は「海鷲」と呼ばれ、陸軍のそれは「陸鷲」と呼ばれた。しかしマスコミでは両者をまとめて「荒鷲」と呼ぶこともよくあった。

士官と下士官・兵との格差

しかし日本の出版物にあふれていた建前とは裏腹に、台南空の海鷲たちのあいだには常に階級による差別が存在していたと坂井三郎は記している。

「『俺たちはいま、二つの敵と戦っているのだ。その敵がなんであるか知っているか』。『はい、一つは米国、一つは英国』と誰かが答えた。『そんな答えを求めているのではない。アメリカもイギリスもオランダも一つなんだ。俺の言うもう一つの敵とはなにか。それは、味方の中にいるんだよ。それは俺たちの競争相手ということなんだ。われわれ水兵から上がってきた下士官の歴史は、忍耐と屈辱の連続であった。これから先も、俺たちは下士官、兵といっしょくたにされて、海兵出の心ない士官たちから馬鹿にされることであろう。日ごろから押さえつけられてきた俺たちが、絶対に劣っていな

レス・ジャクソンがポートモレスビーで最初に搭乗したキティホークがA29-14である。コードレターの「L」は彼の名の頭文字から。写真は1942年3月、ポートモレスビーへの移動中に立ち寄ったタウンズヴィルでの撮影。(Cordon Birkett via 'Buzz' Bushby)

いということを見せてやるのはいまなんだ。実力だけがものをいうこのラバウルで、俺たちの海軍における地位を引きあげるのだ。これが下士官搭乗員の意地というものだ」

「階級による差別は内地の練習航空隊ですら存在した。教員を勤める下士官たちは多くの敵を撃墜したベテラン搭乗員ばかりだった。練習機など飛ばしたい者はいないだろう。それでも海兵出の士官どのたちに飛び方を教えなければならない。昔から三歩下がって師の影踏まずと言うが、練習航空隊での海兵出の態度たるや、士官だからと、『教員、私の飛行技術はどうかね』といった口の利きようだ。それに下士官は『はい、実に見事であります、少尉どの』と答えるのだ。そう言わなければならないのだ。これではまともな訓練など、無理な話だ」

こうした士官と下士官・兵との軋轢には負の側面もあったが、それが競争心を生み出したのも事実である。

ラバウルの要塞化

1942年1月23日の占領以降、このかつてのドイツとオーストラリアの植民都市は急激に拡大していた。占領から2～3日間で日本軍は残されていたオーストラリア植民総督部や民間の自動車を集めた。オーストラリア軍は陥落直前にこれらの車両の大半を走行不能にしていたが、日本軍は元ニューブリテン島守備隊の戦争捕虜たちに命じて可能な限り修理させた。間もなくラバウルに新たな車両が運ばれてきたが、それにはグアム島で接収されたアメリカ製高級車も含まれていた。これらの多くが日本軍の幕僚などに徴用された（日本軍はブレンガンキャリアー12台、乗用車180台、オートバイ17台を鹵獲したと申告している）。それから数ヶ月のうちに日本人はラバウルの社会基盤を3倍にしたが、それには軍事施設の整備やケラヴィア湾とマトゥピ港への海軍泊地の新設なども含まれていた。2月1日、第4艦隊司令長官井上成美中将は「R攻略部隊」を「R方面防備部隊」と改称し、第8特別根拠地隊、第6水雷戦隊、第5砲艦隊、第14掃海隊、第56駆潜隊、水上飛行隊数個、海軍設営隊、海軍防空隊などを編入した。〔編註：Rはラバウルを意味する〕

航空戦力の確固たる拠点の確立は急務で、ラバウル占領における重要課題だった。日本軍がラビンギック基地と呼んだラクナイ飛行場は戦闘機隊の主力基地とされたが、その最大の理由は滑走路の中央部がくぼんでいて、大型機が離着陸するとさらにそれがひどくなるためだった。その後工兵隊が約100ヶ所の掩体壕を建設し、滑走路の舗装工事を計画したが、周期的な川の氾濫により、この風光明美な地に台南空が駐留していた期間中にその適切な対応策が実現することはなかった。タヴルヴル火山からは火山灰が降りつづけたが、その印象的な山陰はマトゥピット港の反対側にあった滑走路の端からわずか1.5kmほどまで迫っていた。火山灰のため、航空機の防塵フィルターは頻繁な清掃が必要になった。ラビンギック基地は台南空のラバウル展開期間の最後まで主力基地だった。

日本軍が「上の飛行場」と呼んだ、かつてRAAFが使用していたヴナカナウ飛行場〔編註：西飛行場とも呼称〕は草地の飛行場で、RAAFのハドソン爆撃機やワイラウェイの小規模支隊の基地だったが、ラビンギックとは異なる様相を見せた。ここでは日本国外の飛行場で最大規模かつもっとも野心的な拡張工事が実施された。広い平野に位置するため、ここは陸攻隊の主力基地にされたが、1942年当時は台南空の戦闘機分遣隊も配置されていた。滑走路は最終的に長さ1,580m、幅40mに拡張された。さらに将来、厚さ10cmのコンクリート舗装を施し、あらゆる機種を全天候運用するという、ラビ

1942年4～5月ごろ、ラビンギック（ラクナイ）基地の台南空の零戦。擬装用に主翼に載せられたヤシの葉に注意。後方にはラビンギック最大の地理的特徴であるタヴルヴル火山が見える。1937年の噴火時には500人以上の民間人が死亡した。（Henry Sakaida）

ラバウル集結前、日本海軍の「海鷲」たちは広範囲に展開していた。写真は1941年7月の仏領インドシナ、サイゴンにおける零戦。戦時検閲により、手前の小隊長機から第14航空隊を示す尾翼記号が消されている。付近の菜園で農作業をしているのはヴェトナム人農民。

ンギックでは考えられない贅沢な構想もあった。コンクリートで補強された土製の四角い掩体は、最終的に爆撃機用が48ヶ所、戦闘機用が19ヶ所近く建設された。敷地内に分散する多数の施設は、最終的に物資や装備の保管や、2,500人を収容する宿舎などにされた。

　ガゼル半島を縦横に走っていた狭い道路や小道は、1942年中に大幅に整備された。オーストラリア植民地時代、総延長約160kmだった舗装道路は、大半がもともと第一次大戦前にドイツ軍工兵隊が測量したものだった。日本軍は第31野戦道路隊と「特別労務隊」という婉曲な名の戦争捕虜部隊を動員して道路数を4倍にした。道路網の整備は拡張された軍事施設のために必要な人員や物資の輸送に不可欠だった。ラバウルの防空体制は強力で、この新たな占領者の知られざる業績のひとつが送電網の整備だった。無数のディーゼル発電機がラバウルに電気を供給した。さらに半島各地に配置された多数の小型発電機がこれを補完し、前線基地に明かりをもたらした。通信網も整備された。新たな電線が何kmも張り巡らされ、真空管式の送受信機により前進基地間の通信が可能になった。こうした高品質な無線設備がニューブリテン島北部とニューアイルランド島、そして周辺の島々を幅広い周波数で結んだのだった。

　このような整備で最も不明な点が多かったのが、日本軍が密かに開発を進めていたレーダーだった。トマヴァチャーミッションに設置された海軍一号電波探信儀2基は、それぞれが180度の範囲をカバーし、最良の条件ならば150km離れた侵入者を探知できた。さらに9基がビスマルク諸島、ニューブリテ

ラエでの飛行隊長、中島正少佐。彼ほど指揮統率能力に恵まれた指揮官は少なかった。

ン島、ニューアイルランド島の各地に設置された。台南空のラバウル展開期間中、これらの多岐にわたる施設の整備がレーダーを除き着々と進められた。ブルドーザーやシンガポールで鹵獲された車両、日本から持ちこまれた日産製自動車、現地人労働者、捕虜、さらには駄馬までを動員して、日本軍占領部隊はラバウルを赤道以南で最強の要塞拠点に変貌させたのだった。ラバウルを軍事拠点として確立した日本軍は、ここから南太平洋全域を支配下に収めようと目論んでいた。

絶体絶命のポートモレスビー

　太平洋戦争の開戦時、オーストラリア軍のニューギニア北側面はどうひいき目に見ても無防備状態だった。防空部隊としてはポートモレスビーにわずか数機のカタリナとエンパイア長距離飛行艇からなる偵察飛行隊がいるだけだった。ポートモレスビー周辺に飛行場は「3マイル」の別名をもつ「キラキラ」と、「7マイル（当時「民間飛行場」と呼ばれていた）」の2ヶ所しかなかった。開戦時、後者は内務省により滑走路を1,500mに延長工事中だったが、キラキラ飛行場は当時、軍用には不適と考えられていたため、そのままだった。ポートモレスビーに戦闘機隊による防衛が必要なのは明白だった。町を守る存在がないのは誰の目にも明らかだったため、ラバウルへの衝撃的な侵攻後、敗北主義がポートモレスビーに蔓延したのも当然だった。

　1942年2月3日付けの北東方面航空司令から航空省宛ての書簡には、兵士と市民双方の士気の低さが報告されている。「ポートモレスビーの現地人は完全に悲観して姿を消してし

台南空が使用した九八式陸上偵察機（陸軍の九七司偵の海軍版）は輝かしい歴史を誇っていた。キ-15の1号機は「神風」と命名され、登録記号はJ-BAAIだった。同機は朝日新聞をスポンサーに、ヨーロッパまで飛行した初の日本製航空機となり、1937年に東京〜ロンドン間を飛行してジョージVI世の戴冠式を祝賀し、センセーションを巻き起こした。この飛行で世界新記録を樹立したのち、少数のキ-15が民間に払い下げられた。初期生産機の1機は「朝風」と命名され、やはり朝日新聞社で使用された。その他の機は連絡機などとして、さまざまな民間企業で使用された。写真は軍用塗装を施された「神風」号。〔編註：このため、日本海軍では本機は「神風偵察機」の名で親しまれた〕

まい、今頃現地人の召使いは誰も残っていないだろう。政府の方針はラバウル守備隊と同様、ポートモレスビーとサースデイ島の守備隊も放置し、本格的な支援は行なわれないだろうとの憶測が急速に広まりつつある。現状の改善には1名ないしそれ以上の英連邦大臣による訪問が有効であると本官は考える。航空隊員の士気は高いようだが、これは日本軍との戦いに向けて何らかの役割を果たしているのと、不満を考える時間がないためであると本官は見ており……」

4月初旬、ポートモレスビーには最低限の空襲警戒システムしか存在しなかった。3月中旬から1基のレーダー方向探知基地（RAAF第29号）が活動を開始していたものの、町の北側にそそり立つホンブロムス断崖により、最も戦略的に重要な方向が遮蔽され、海側を多少探知できるだけだった。しかし人命救助隊が監視組織として活発に活動しており、オーウェンスタンレー山脈の各地に20ヶ所ものオーストラリア軍前進基地を展開していた。それでも警報が遅れることはあり、連合軍戦闘機が有効な迎撃を行なうのに十分な高度をとるだけの時間がないことも多かった。この深刻な状況を打破するため、メルボルンのRAAF司令部はポートモレスビーの防空を最優先事項とした。RAAF第75飛行隊の地上部隊の配置が3月17日から開始され、30数名の人員がタウンズヴィルからエンパイア飛行艇でポートモレスビーへ飛んだ。

彼らの任務は仮設施設の設営で、これはRAAF初のキティホーク隊をニューギニアに展開させるためだった。2日後、ジョン・F・ジャクソンがRAAF第75飛行隊の隊長に任命された。飛行隊の要となる、この貫禄ある士官はクイーンズランド州奥地のセントジョージ出身の34歳で、「オールド・ジョン」と親しみを込めて呼ばれた。ジャクソンには生来の統率者としての資質があり、間もなくそれは緊迫した状況下において重要なものとなった。ジャクソンの野趣と自信にあふれた笑みは精神的な強さに裏打ちされたものだったが、その性格がこの飛行隊が緒戦で示した不屈の精神と成功の源だった。

戦後のラバウル。この平和な風景は、時に牙をむく活火山の脅威と背中合わせでもある。（author's collection）

1942年4月以前に蘭印で掩護される爆撃機から撮影されたらしい、画質は劣るが貴重な零戦の一葉。後続する2機の零戦に台南空の胴体斜め帯が確認できる。これは3空機と22航戦司令部付属戦闘機隊にまわされた台南空の混成編隊である。分隊長は稲野菊一大尉。台南空の零戦の尾翼記号は赤縁つき白文字。

第3章
最初の一手
CHAPTER THREE : FIRST MOVES

消えたパイロット、吉江卓郎2飛曹

　新たに編成された第25航空戦隊は1942年4月5日、ポートモレスビーに対する航空作戦を開始した。当時のポートモレスビーは不安一色に包まれていた。日本軍の空襲に関して確かなことは、それが一度では終わらないということだった。この日、吉江卓郎2飛曹が行方不明となったが、彼はニューギニアにおける台南空初の戦死者という歴史的意義から詳しく取り上げる価値があると思われる。

　日本側にとってポートモレスビーは常に攻めにくい目標だった。そのわずか2日前、4空の山崎與三郎2飛曹機長の陸攻がソロモン海への偵察から帰還せず、7名の搭乗員は行方不明となったばかりだ（当日の複雑な経緯について、日本側とオーストラリア側の複数の資料が細部の多くまでよく符合している）。0710に4空の陸攻9機、完全な1個中隊が小林國治大尉の指揮下、ヴナカナウ上空に集結した。彼は中山平飛曹長の右後方の座席から指示を与えていた。陸攻隊は計108発の60kg九七式陸用爆弾を搭載していた。今回出撃した機長のうち、小野弘介1飛曹は1942年2月20日に米海軍に対して実施され、その結果陸攻15機と約100名の搭乗員が失われた「悪夢の作戦」の生き残りだった。小林の陸攻隊の編成は以下のとおりだった。

第1小隊　　1番機：機長・小林國治大尉
　　　　　　2番機：機長・外山德廣1飛曹
　　　　　　3番機：機長・小野弘介1飛曹
第2小隊　　1番機：機長・小関俊勝中尉
　　　　　　2番機：機長・實取忠輝1飛曹
　　　　　　3番機：機長・黒田　久2飛曹
第3小隊　　1番機：機長・木庭魁夫特務少尉
　　　　　　2番機：機長・大山千春1飛曹
　　　　　　3番機：機長・服部　香1飛曹

　陸攻隊はガスマタを通過してからクレティン岬へ向かった。1000少し前、彼らはラエ上空を旋回し、台南空の分隊長、河合四郎大尉指揮下の零戦4機と合流した。河合は海兵64期生として卒業後、加賀乗組などを経て1938年に飛行学生となった。1939年、大村空へ、ついで12空に配属され、1940年に霞ヶ浦航空隊の教官となったが、1941年には大分空の分隊長に任命、同年11月22日に第23航空戦隊司令部附となり、1942年2月10日に4空の分隊長に、そして4月に台南空分隊長となったのである。

　20分間で編隊を整えると、彼らは目標へ向かった。1030にサラマウア付近にいたオーストラリア軍沿岸監視隊のレイフ・「ゴールデンボイス」・ヴァイアル大尉が「9機ないしそれ以上が南へ向かっている」とポートモレスビーに警告を送った。ヴァイアルが発見したのは爆撃機のみだった。警告を受け、1040にRAAF第75飛行隊のキティホーク7機が2機単位で7マイルから迎撃のため緊急発進した。

1： A29-9「N」　　レスリー・D・ジャクソン大尉
　　A29-24「D」　バリー・M・コックス中尉
2： A29-12「T」　ジェフリー・ウッズ中尉
　　A29-7「A」　 オズワルド・J・シャノン少尉
3： A29-28「I」　ジョン・H・S・ペテット軍曹
　　A29-11「Z」　ウィリアム・D・コウ軍曹
4： A29-18「U」　アリー・C・C・デイヴィーズ少尉

　1100近く、ブロロ峡谷上空で木庭機と服部機が故障で引き返した。残りの陸攻7機と戦闘機からなる戦爆連合は北からポートモレスビーに接近し、高度5,000mからさまざまな目標に爆弾を投下したが、7マイル飛行場では航空機の被害はなく、燃料ドラム缶の火災が1件起きただけで、同飛行場から1マイル北東の飛行場ではテント1張と160ガロン燃料補給車1台が破壊された。破片でオーストラリア軍第39民兵部隊の軍曹1名が片脚に軽傷を負った。オーストラリア軍が被った損害は、爆弾の威力に比べ、驚くほど軽微であり、ラバウルからの長距離飛行にまったく見合わないものだったといえよう。

　1145、オーストラリア軍キティホーク隊は高度7,000mで接近する爆撃機の編隊を発見した。
　「おそらく爆撃機の後ろか上にゼロがいるはずだ」（ウッズ）

ヴナカナウの九六陸攻。1空と元山空の九六陸攻は、台南空と4空の零戦隊に掩護されて1942年中盤までポートモレスビーを攻撃した。(Yazawa Kunio)

「左上方7,500〜7,800mに護衛機」(ジャクソン)
「主力の下方1,000mに護衛機」(ペテット)
「爆撃隊の前方および右……約1,000m上方に護衛機」(コックス)

と報告がつづいた。この報告は掩護していた台南空機が2個小隊に分かれ、第一の小隊が爆撃機隊の前下方高度約6,000mを、第二の小隊が後ろ上方高度約7,200mを飛行していたことを示している。レス・ジャクソン大尉は下方から反航攻撃を実施し、「曳光弾が2個編隊の数機に命中した」のを確認後、零戦1機が急降下してキティホークを攻撃するのを目にした。ジャクソンが追跡して、「ゼロへ急降下し、長い一連射を浴びせると、それは瞬時に炎上して、無数の破片が飛び散った」。ウッズの報告によると「敵機1機が燃えながら飛行場の南西へ落ちていった」。この確実な記述は吉江卓郎2飛曹が撃墜された際の様子をよく示している。すでにジャクソンは1942年3月24日にポートモレスビー上空で零戦を撃墜したと申告していたが、実際には当日、日本軍機の損失はなかったのでこれが彼の本当の初撃墜であり、RAAF第75飛行隊初の零戦撃墜だった。

コックスもこの混戦の参加者だったが、撃墜は報告していない。ウッズは真横と斜め後方から先頭の小林機を攻撃したが、やはり戦果はなかった。シャノンは同じ小隊を斜め前方から攻撃し、未確認命中、さらに「ゼロ2機を撃破」と申告している。ペテットもそこにおり、同じ小隊を射撃してから前方へ抜けたが、「曳光弾が爆撃機2機に命中」したのを見たという。コウはペアの先導機に後続して側面攻撃を行ない、小関の第二小隊の1機に一連射を浴びせたが、変化は見られなかった。デイヴィーズは零戦1機に正面攻撃を実施して反撃され、A29-18の左翼に命中弾1発を受けた。その零戦はすれ違うと高度を上げて去り、こうして台南空とオーストラリア軍キティホークとの初のドッグファイトは終わった。

1230すぎ、キティホーク隊は7マイルをタキシングしていた。いくつもの報告を照合した結果、オーストラリア軍パイロットたちは「爆撃機1機と『ゼロ』1機が炎上しながら墜落」したと結論した。実際には被弾した陸攻は1機もなかったが、零戦の撃墜は正しかった。

オーストラリア人が戦闘を終えてくつろいでいた頃、残りの3機の零戦はラエへの帰路にあり、帰着したのは1300前後だった。彼らは敵戦闘機2機撃墜と報告したが、実際にはジャクソン隊はパイロットも戦闘機もすべて健在だった。1315頃、作戦を中止した木庭と服部の陸攻がヴナカナウに着陸した。30分後、小林機を先頭に残りの7機の陸攻が戻ってきた。奇妙なことに7機の搭乗員は敵機との遭遇を報告せず、20mm機銃弾79発と7.7mm機銃弾254発を高度7,000mで発射したことになっている。その夜、ラバウルの山田定義少将からトラック島の井上成美中将にその日の戦闘概要報告が打電された。「陸攻7機（60kg爆弾84発搭載）および直掩4機が本日1020にRZR飛行場を攻撃せり。直掩隊は敵機約10機と交戦す。その結果、爆弾は飛行場に全弾命中。施設を破壊し、大型機1機と中型機1機を撃破せり。敵機2機を確実撃墜す。損失は零戦1機被墜のみ、その他は全機無事帰着せり」

撃墜された零戦は煙を吐きながら墜落していった。7マイルからかなり離れていたが、それでも幾人ものオーストラリア軍観測員が1210すぎの出来事を、落下傘降下したパイロットを含めて目撃していた。墜落場所の特定にそれほど時間はかからず、斥候隊が確認と日本人搭乗員の確保のため派遣された。ニューギニア軍司令部は本件に関して数多くの記録を残しており、零戦の墜落地点はメリゲッダミッションの北東としている。その日の午後遅く、新たな発見があった。日本機の増槽が1個、第39大隊によって12マイル飛行場の付近で回収されたのだ。この数ヶ月でこの町の区域内で発見された同種のタンクは2個目だった。前回のものは1942年2月28日にブートレス湾で撃墜された4空パイロット、永友勝朗1飛兵の乗機のものだった。両者とも敵との戦闘開始時に切り離されたのは明らかだった。

永友機は尾翼記号F-11?で、ブートレス湾上空を飛行中、AIF第39大隊のルイス機銃によって撃墜された。彼が落下傘降下したのは、乗機が垂直降下し始めてからだった。大火傷を負った彼は第39大隊の軍人ジム・ウォーターズによって救助され、ロロアタ島から湾の反対側のデッドフィッシュ村の海岸へ運ばれた。それ以外の零戦は珊瑚海へ抜けてから針路を変え、ナパナパ沖に係留してあったRAAFのカタリナを攻撃すると、方向転換してから再攻撃し、それから帰途へついた。メリゲッダミッションは永友が捕虜にされたデッド

フィッシュ村の近くだった（永友の下の名の読み方は「かつろう」であり、英文書籍でしばしば見られた「かつあき」ではない。この事実は2005年に彼の親戚により確認していただいた）。

一方、7マイル飛行場の真北に「ゼロヒル」という丘があるが、ここは1942年3月23日に4空パイロットの吉井恭一2飛曹が撃墜された場所である。残骸にまぎれて焼け焦げた彼の遺体があったのを、当時7歳ぐらいだったパプア人少年マウディ・ロウアが目撃している。戦闘機が墜落したのを見たマウディ・ロウアはそこへ友達と一緒に走って行き、2名のオーストラリア兵が丘に登って吉井の遺体の一部を回収しているのを目撃したという。

1942年2～3月にポートモレスビー上空で戦死した零戦搭乗員は吉井と永友の2名だけである。永友はニューギニアで捕えられた日本人捕虜第1号となり、オーストラリア兵によりニューギニアで公式に埋葬された最初の日本人搭乗員となった。永友機と吉井機の二つの残骸はオーストラリアに送られ、現在オーストラリア戦争記念館に展示されている。

さて、吉江卓郎2飛曹の零戦はポートモレスビーの北東約36kmに位置するアストロラーベ山地の南斜面にある峡谷に突っこんだ。墜落地点からそう遠くないラロキ、サファイアクリーク、ドブナなどの鉱山からは戦前、銅鉱石が採掘され、軽便鉄道でタヒラ入り江埠頭近くの精錬所へ運ばれていた。最初に現場に着いたのは第39民兵大隊C中隊で、指揮官はロビンソン大尉だった。

その後の経緯は報告書にこうある。

「ジャップ機の墜落後、直ちに出発したC中隊の斥候隊のひとつがメリゲッダミッションの東7マイルで機体と付近の木のてっぺんに引っかかった落下傘を発見した。パイロットの姿は見当たらなかったが、落下傘は木から降ろされた。夜明けに斥候隊はパイロット捜索のため再出発した……」

翌日のあるオーストラリア軍探索隊の記述より。

「C中隊報告。現地民1名がサファイアクリーク鉱山近くでジャップパイロットらしき者を目撃した。見つかるとその不審者は逃亡した。墜落地点より精錬所地区から延びる『フライング・ボックス』曳索鉄道の線路沿いにここまで来たものと思われる。パプア統治隊の巡査が現地人を尋問し、信憑性ありと判断。知らせを受けた第39大隊は、不審者が戻ってくる場合に備えて精錬所地区と鉄道を監視することにした……」

日本軍パイロットが健在なまま、付近のどこかをうろついているのは間違いなかった。1942年4月11日、さらに追加情報があった。

「ジャップの落下傘の絹布の断片、そして残骸の異なる部分から採取された8片の金属板から、第39大隊が追跡中のジャップの行動が判明……墜落機は接近困難な谷底に落ち炎上。落下傘は樹上で破れた。パイロットは木の根元で火を起こした。その近くで裂けた落下傘のハーネスが発見され……」

連合軍情報部が焼け焦げた残骸から得られたものは少なかった。回収できた機銃2挺（20mm砲弾3発つき）、機銃1挺、主脚の破片、エンジンシリンダー、主翼、計器盤などは一般的なもので、すでに十分な数のサンプルがあり、分析され尽くされていた。増槽は実は以前ブートレス入江で撃墜された永友勝朗1飛曹の零戦から投棄されたものだった。だがオーストラリア軍情報部の1942年4月6日付の概要報告書には、説得力ある証拠が挙げられている。

「……C中隊の斥候が4月5日遅くに墜落したタイプ『0』戦闘機と木に引っかかったジャップの落下傘を発見した。パイロットが木から下りて逃走する前に落下傘を隠そうとしたのは明らかだった。全部隊にパイロットを捜索せよとの警戒令が下され、第39大隊に加え、パプア統治隊の巡査たちが現地人の村々を中心にしらみつぶしに調査したが、これは件のパイロットがじきに食料を探しに来るはずだと思われたためである。推定される服装は白の下着シャツ、ネービーブルーのネックバンド、カーキの『シンガポール』型半ズボン、サンダル履きで、おそらく拳銃を所持しているものと……」

報告書はさらにつづいた。

「パイロットは確実に生存しており、いまだ野放しのまま……」

だが吉江はいずこへ？

ロビンソン率いる「C」中隊は孤独な飛行士を1942年4月12日まで捜索をつづけたが、数日後、D中隊がその大任を引

やがて台南空の分隊長となる若き日の笹井醇一中尉（○印）と、彼の同期である海兵67期の第35期飛行学生たち。日本海軍では士官とそれ以下の階級のあいだに大きな格差があった。（Sakai Saburo）。

き継ぎ、捜索範囲をメリゲッダとドクラだけでなく、テュープセレイにまで拡大した。だが後日、捜索は断念された。吉江卓郎2飛曹は当初、落下傘降下したワリアラタ山の南西斜面の麓に広がる荒地をさまよっていたと思われるが、これは降下地点から直接北へ向かうにはワリアラタ台地につづく高さ120mもの垂直の断崖を登らなければならなかったからだ。不時着パイロットにこれは不可能である。彼は何としてもラエに帰ろうとしたはずである。おそらく吉江2飛曹は崖下できびすを返し、墜落地点から北西へ、直線で8km先にあるサファイアクリークへまっすぐ向かったのだろう。それでも村人に目撃されるまでの24時間で、彼は険しいサバンナ地帯を少なくとも20km踏破したことになる。通常の飛行服以外の持ち物は、航空時計と南部式拳銃だけだったはずだ。救命用具キットはなかったし、このような非常時では官給品の航空弁当など論外である。付近には水も多くなかったが、所どころに小川があることはあった。

彼が自分の境遇を不名誉と恥じていたならば、考えられる結論はいくつかある。脱出直後の吉江2飛曹が元気だったのは明らかだが、その後は空腹のため衰弱したはずである。彼にとって投降など論外だったが、山岳地帯を登るのは地形が険しすぎて無理なので、ラエへの帰還が常人にはほとんど不可能なのがわかったはずだ。可能性としては、拳銃で自殺した、ラオキ川を渡る際に溺死した、数週間後に行き倒れて死亡したなどが考えられる。また現地人の村の畑から食料を盗もうとして殺されたということも考えられるが、可能性はまずない。もしそのような事件が起きていれば、この地域を徹底的に捜索していたオーストラリアの情報機関が見逃すはずはなく、必ずポートモレスビーに伝えられたからだ。こうした仮説を議論してみても、ニューギニアで最初に行方不明になったパイロットの運命を史実として確定することはできない。この日本海軍航空隊員が人知れず終焉を迎えた場所はココダ街道の最南端付近だと思われるが、この街道はのちに大量の戦死者を出して広く知られることになった。

吉江2飛曹は1938年10月に甲種飛行予科練第3期生として入隊し、飛行練習生を1941年4月に修了した。彼はまずマーシャル諸島の千歳空で戦闘機隊に配属され、開戦直前に岡本隊（指揮官：岡本晴年大尉）の一員としてトラック島へ転出したが、まだ旧式な九六艦戦を操縦していた。1942年1月2日から小隊長として上空哨戒を飛ぶようになり、その後カヴィエンを経て、新たに占領されたラバウルへ進出した。その際、トラック島沖で、空母瑞鶴と翔鶴に搭載された彼らは、カビエンの北方で発艦してラバウルへ向かったが、天候不良という不測の事態により空母へ引き返すこととなり、彼らの多くは着艦経験のないまま空母に着艦しなければならなくなったが、全員がこれを見事にやりとげた話が伝わる。ラバウルでは2月10日に新編の4空の戦闘機支隊に配属され、零戦に搭乗した。〔編註：トラック島沖で着艦する際には空母のパイロットが彼らに代わって操縦した。千歳空の隊員たちは九七艦攻に便乗して空母へ乗り込んだ〕

彼は3月11日にラエへ派遣された戦闘機搭乗員の第一陣となり、その当日に吉野俐1飛曹の列機としてRAAF第32飛行隊のハドソンA16-136を追撃したが、一発も（!）射撃することなく終わった。2日後、ポートモレスビー攻撃に小隊長として初参加し、3月14日には河合四郎大尉の列機としてホーン島攻撃に向かった。4月1日に4空の戦闘機隊が台南空に編入されるのに伴って、同隊へ転属し、4月4日には小隊長としてラエ上空の戦闘哨戒を飛んでいる。

開戦直後の活発な戦闘を考えれば、吉江2飛曹の作戦行動時間は少なくともニューギニアでは決して多い方ではなかっただろう。彼の最後の作戦は、多くの「初」がある点で注目に値する。まず南太平洋方面における台南空初の損失であり、RAAFにより南太平洋方面で撃墜された初の日本軍戦闘機である。またRAAF第75飛行隊が初めて実戦で撃墜した日本軍戦闘機であり、レスリー・「レス」・ジャクソン大尉の初撃墜機でもあった。また痛ましいことに、これは台南空パイロットが戦闘中に落下傘降下した最初で最後の例だった。吉江2飛曹は有田義助2飛曹と同期で、のちに彼もやはりポートモレスビー上空で撃墜された。アラスカのアクタン島で撃墜された古賀忠義1飛曹も同期生で、彼の零戦が米軍に回収修理されたのち、情報収集に使用されたことは有名である。

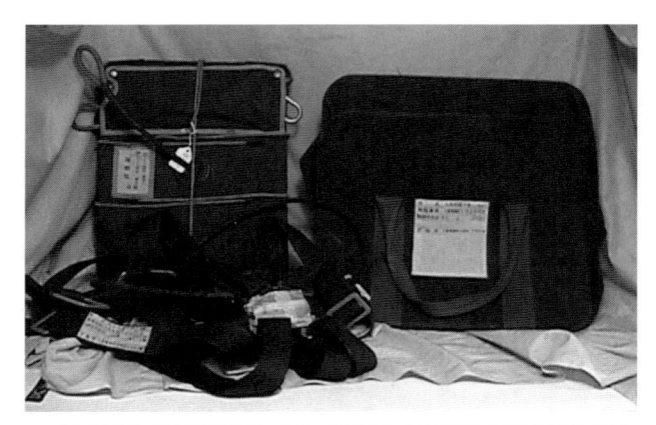

日本海軍の八九式航空落下傘で、スナップボタンつきの緑色の帆布製手提げ鞄入りで支給された。オリーブドラブの落下傘は手動で開き、傘嚢には一端がフックになったオレンジ色の開傘索がついていた。縛帯には中心部に金属製の瞬間離脱器があり、背中側交差部から三角形の取り付け金具を介して金属索が1本つき、その端のナス環で傘体を連結した。ポートモレスビー上空で落下傘降下に成功した日本海軍パイロットは、吉江2飛曹と永友1飛兵の2名のみだった。

ジャクソンの精鋭たち

4月4日、ラエとマルカム峡谷、さらにはナザブまでを偵察するため、RAAF第75飛行隊長ジョン・ジャクソン少佐は払暁に7マイルを発進した。峡谷には悪天候のため行けなかったが、ジャクソンは単独でラエを地上掃射し、爆撃機3機に損傷を与えたと申告している。ジャクソンは0820に7マイルに帰還したのち、午後遅くの攻撃に彼と同行する5名のパイロットを指名した。彼が伴ったのはJ・H・ライト少佐（飛行隊第2位の戦闘経験をもつ）、レス・ジャクソン大尉、バリー・コックス中尉、オズワルド・J・シャノン少尉、ジャック・ペテット軍曹だった。キティホーク隊は1530に出撃したが、コックスはラエへの途上、雲中で列機を見失った。ラエに着くと彼らは飛行場を縦横に機銃掃射し、爆撃機4機と戦闘機1機を炎上させ、さらに爆撃機7機と戦闘機3機に損傷を与えたと申告した。これらの数字はまったく誇張ではなかった。日本側の記録には、「零戦2機が炎上、8機が被弾。一式陸攻9機が被弾……」とあるためだ。

ミッチェルとマローダーの実戦デビュー

4月6日月曜日は注目すべき日で、この日、連合軍総司令部はニューブリテン島にある2ヶ所の敵基地を攻撃する作戦を実施した。B-26マローダー8機とフライングフォートレス3機の部隊がラバウルを高度8,000mから爆撃し、B-25ミッチェル5機がガスマタを攻撃することになった。この小規模な同時攻撃は、連合軍がこれまでニューギニアで実施した攻撃で最も力の入ったものだった。深夜0000少しすぎ、前日にオーストラリアから移動していた搭乗員たちはハンモックや簡易ベッドから起きると、朝食をすませてブリーフィングに向かった。B-17Eは0200に闇のなかへ飛び立ち、さらに1時間後にマローダー隊がつづいたが、これは優速なB-26ならばラバウルにフォートレス隊と同時に到着すると計算されていたためだった。それとは別に最後に離陸したのは、ガスマタへ向かう第3爆撃群のB-25C部隊だった。

台南空が最初に遭遇したB-25ミッチェル爆撃機は、数奇な運命を辿ってきていた。ML（ミリテール・ルフトファールト、オランダ語で空軍）とは、オランダ王国東インド陸軍の航空隊だったが、オーストラリアに最初に到着したミッチェルはもともとこのML向けの機体であり、日本軍が蘭印を占領したため、目的地を変更したのだった。1941年4月に蘭印政府はニューヨークのオランダ軍兵器購入委員会を通じて162機のノースアメリカンB-25C-5-NAミッチェル中型爆撃機を発注していた。契約は1941年6月30日に締結され、爆撃機は1942年11月から1943年2月までに納品される予定だった。しかし1942年1月中旬に優先順位が変更され、陸軍省が武器援助を開始したため、米陸軍航空軍用のB-25が60機、蘭印空軍に回されることになった。この引渡し変更は1942年1月21日に陸軍省長官に承認された。

ところが1942年分の蘭印向け機として指定されたのは結局わずか10機のB-25C-5で、ミシシッピー州ジャクソンにあったオランダ王国軍飛行学校で使用されるため引き渡された。全機とも純正の米陸軍航空軍仕様で、イングルウッド飛行場でテスト飛行された際、機体全体は米軍の標準塗装だったものの、蘭印軍の国籍標識がつき、MLの登録番号がN5-122から181まで胴体と主翼付け根に塗装されていた。このNはノースアメリカンを、5は爆撃機を、122はMLでの機番を示していた。

準備が整うと、オーストラリア行きのB-25（最初の4機は除く）はカリフォルニア州サクラメントに運ばれ、出発命令を待った。609アメリカガロン入り爆弾倉タンクに加え、爆撃手席や機首と航法士席間の匍匐通路などにも小型の増設タンクなどがNAA（ノースアメリカン航空機）の工場内で全機に装備された。しかし上記の爆弾倉タンクは胴体内の通路をふさいでしまうのと、オーストラリアへの空輸飛行では追加燃料が不要だったため、のちにコンソリデーテッド社で撤去された。太平洋のフェリー空輸経路は、サンフランシスコ（ハミルトン空港）～ホノルル～パルミラ（最初の4機のB-25以後はクリスマス島に変更）～キャントン島～ナンディ（フィジー諸島）～ノウメア（ニューカレドニア島）～ブリスベーンと、6区間からなっていた。離陸時間と天候によっては、キャントンやノウメアに降りず、区間を連続して飛ぶこともあった。

空輸飛行の終着地はブリスベーンのアーチャーフィールド基地で、ここで各機はMLから派遣されていた43名の分遣隊

1942年4月6日、ニューギニア初のマローダー参加作戦の直前、7マイル飛行場で撮影されたB-26。ピントの甘いこの写真はブローニー判カメラによる撮影で、物見高いパプア人が初飛来した同機に群がっている。（Walter Bartlett）

に引き渡された。この支隊は1942年2月17／18日にジャワからMLのロッキードロードスターで到着していた。指揮官はW・F・ブート大尉だった。1942年2月27日にアーチャーフィールドへ向けて最初にハミルトン空港を飛び立った4機のB-25にはコンソリデーテッド社の民間人が乗っていたが、これにはNAAの技術主任ジャック・フォックス（蘭印用B-25C-5の契約メンバーのひとりでもあった）も同乗していた。1機目は3月3日に無事に到着し、翌日さらに2機がつづいた。3月5日に4機目が到着したが、これはパルミラで燃料に不純物が混入したため遅れたのだった。その到着日にB-25はまずアーチャーフィールドの米軍航空機集積所に移され、視察を受けた。

1942年3月8日、ジャワ島の蘭印軍と連合軍が降伏したため、翌9日にオーストラリアへのフェリー空輸は保留された。すでに10機が近日中に出発する予定だったが中止され、ハミルトン空港に到着していたB-25はサクラメントへ戻された。

陸軍航空隊フェリー集団はオーストラリアへのフェリー飛行再開を3月13日に許可し、同日、最初の2機のB-25が出発した。これらはアーチャーフィールドで編成されることになった蘭印軍部隊に編入されることになった。アーチャーフィールドへ空輸されたB-25の最終数は22機に上り、うち14機はRAFフェリー集団により空輸された。このフェリー集団の人員は、大半が航空機を北大西洋ルートでイギリス本土へフェリー空輸するため、米国内でRAFに雇われたアメリカの民間人だった。

一方、1942年4月20日付けで南西太平洋方面連合軍航空隊の司令を兼任することになった在豪州米陸軍（USAFIA）司令ジョージ・H・ブレット中将は、蘭印用B-25のうち25機を徴発した。これは1942年3月23日にファン・オイエンとブレットのあいだで合意された協定によるものだった。これは第3爆撃群(軽)に航空機が必要だったためで、その主要人員はブリスベーンに2日後に到着することになっていたが、機体がなかった。以後到着するB-25の18機がMLに引き渡される予定だったが、ファン・オイエンとブレットは再び会談し、12機を3月25日に移譲することで最終合意した。

対象となるB-25のうち1機がその当日、大破した。1942年3月25日に移譲された12機のB-25のシリアルは、41-12442／443／444／455／462／466／472／480／483／496／498／511だった。蘭印軍のB-25はすべて米軍マーキングにオランダの「N」ナンバーを胴体につけた状態でフェリーされた。1942年3月27日付のUSAFIA命令の承認から間もない4月、アメリカの国籍標識の中心にあった赤丸が塗りつぶされた。

26時間のフェリー飛行は日付変更線をまたいでいたため、日数が1日増えることになっていた。空輸の終着点はいつもブリスベーン南西のアーチャーフィールドで、そこで機はML関係者に引き渡された。アーチャーフィールドにいたMLパイロットの大半は1ヶ月以内にミッチェルの操作をマスターした。その間、NAAの技術主任フォックスはMLの整備員に研修を開始した。また彼はMLのパイロットと通信手にミッチェルの各種システムについて教えこんだ。第3爆撃群へのミッチェルの「貸し出し」は管轄上の混乱を招いた。本国の米陸軍航空軍資材本部は蘭印用ミッチェルを新部隊へ配備するための再手続きに忙殺され、ワシントンの帳簿に不備が生じた。ワシントンがその修正に追われるあいだ、連合軍司令部は新たに配備されたミッチェルのために具体的な作戦を立案していた。

その同時攻撃により、ミッチェルとマローダーの実戦デビューは世界中に知れ渡った。やがて両機はラエとラバウルの常連機となり、台南空の人員の多くを苦しめることとなった。米陸軍航空軍で最も有名な中型爆撃機であるこの2機種が、まったく同じ日に太平洋の僻地で肩を並べて戦い始めたという偶然は興味深い。連合軍総司令部にとってこれらの爆撃機は太平洋戦争の初期段階で使える手駒のすべてであり、選り好みする余裕はなかった。ちなみに5機のミッチェルはガスマタに向かう時点ですでに蘭印軍マーキングがなくなっていたが、これは第3爆撃群のクルーが機をチャーターズタワーズへ空輸する前にブリスベーンのアーチャーフィールド基地で米軍航空機集積所の人員が消したためだった（これは複数のMLパイロットと整備兵が戦後証言している）。

「ビッグジム」・デイヴィーズの指揮下、各機は爆弾搭載量を最大量の約半分の300ポンド榴散弾8発に抑えていた。B-25Cの1機が弾片で損傷したが、負傷者はなく、5機全機が無事7マイルに帰還した。これはこの日二度目の攻撃だった。連携作戦計画では最初の攻撃で第40偵察飛行隊のB-17がヴナ

12マイル飛行場で燃料補給中のDC-5 VH-CXB、1942年中盤。左の茂みの奥に駐機中のB-25Cの機首がわずかに見える。

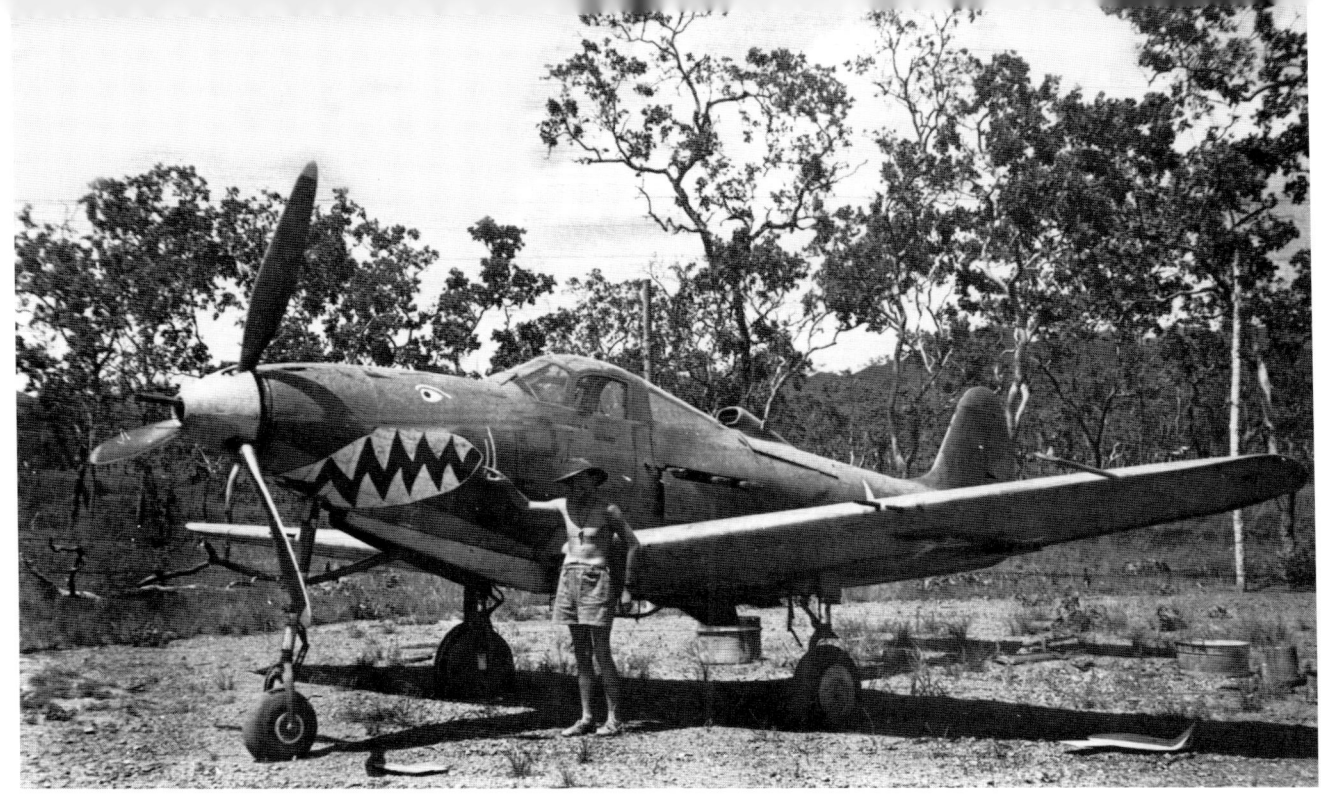

第8戦闘群のエアラコブラは多数がシャークティースを描いていた。1942年中盤。背景の特徴的な地形から、この写真は14マイル飛行場で撮影されたことがわかる。(Schwimmer Drome)

ブリスベーン西方、RAAFアンバーリー基地で組み立てられる米陸軍航空軍のP-39D、シリアル#41-7203。1942年4月。(Kevin Ginnane collection)

RAAF第75飛行隊のキティホークA29-143、飛行隊コード「G（M）」の愛称「パッディン」は、「ブルーイー」・トゥルスコットのニックネームだった。このキティホークは彼の4機目の乗機で、1942年8月頃ミルン湾で撮影された。（credit Gordon Birkett）

▼RAAF第75飛行隊のキティホーク、A29-28とA29-31。1942年3月、アーチャーフィールドにて。方向舵に紅白縞の入った第22爆撃群のB-26が後方に見える。

◀キティホークの弾帯スペースに積まれてミルン湾に届けられた「キャッスルメインXXXX（フォーエックス）」ビールの瓶。

▶キティホークA29-148、飛行隊コード「I」は、RAAF第76飛行隊唯一のシャークマウス機。（all three photos courtesy Buzz Bushby collection）

ジョン・ジャクソン少佐は1942年4月10日に単独偵察中に撃墜されたものの、徒歩で味方部隊までたどり着き、4月24日に背後のA-24の後席でキラ飛行場に帰還した。しかし着陸直前に零戦に攻撃され負傷した。写真は出血した指を確かめるジャクソン。

RAAF第75飛行隊の隊長に任命される前のジョン・F・「オールド・ジョン」・ジャクソン少佐。1940年、オーストラリアでの撮影。（RAAF Museum Point Cook）

自転車に乗っているのは左からキース・マンロー・ギャンブル大尉、A・J・「ナット」・グールド大尉、ブルース・ダッドリッジ・ワトソン大尉。撮影場所はおそらくクイーンズランド州のホーン島。1942年初め。背後のキティホークはA29-13。

RAAFのハドソンA16-117で、RAAFハドソンに施されたRAF迷彩がよくわかる。

1942年6月頃、ラエの指揮所前で撮影された台南空搭乗員の集合写真。後列左から、清水巌2飛曹（陸偵偵察員）、上原定夫3飛曹、山崎市郎平2飛曹、工藤重敏2飛曹（陸偵操縦員）、中本正3飛曹、木村裕3飛曹、一木利之2飛曹、中野鈊3飛曹。前列左から、菅原養蔵1飛兵、山本健一郎1飛兵、中島正少佐、高塚寅一飛曹長、西澤廣義1飛曹。〔編註：下写真とも、原著のキャプションには人名の誤りがあったので、正しいものにさしかえた〕。(credit Takeda Nobuyuki via Harumi Sakaguchi)

同じく1942年6月頃か、ラエの指揮所前で、ほぼ同じ顔ぶれで撮影されたもの。黒い自動車は日産七〇型乗用車で、指揮所のテラスに立てかけてある自転車のハンドルがわずかに見える。この台南空搭乗員は後列左から、高塚寅一飛曹長、上原定夫3飛曹、菅原養蔵1飛兵、一木利之2飛曹、工藤重敏2飛曹（陸偵操縦者）、中野鈊3飛曹、木村裕3飛曹。前列左から、清水巌2飛曹、山崎市郎平2飛曹、西澤廣義1飛曹、中本正3飛曹、山本健一郎1飛兵。(credit Takeda Nobuyuki via Harumi Sakaguchi)

（左から）トム・ゲリティ米陸軍大尉、ブライアン・「ブラックジャック」・ウォーカーRAAF少佐、イーディス・スティット豪海軍大尉、在豪米陸軍第3爆撃群司令ジョン・「ビッグジム」・デイヴィーズ米陸軍大佐。「ブラックジャック」・ウォーカーはその後、第3爆撃群所属だったA-24を1機、自分の専用機にした。(PNG Museum)

オーストラリアに来たばかりのB-26。爆弾は駐機場にトラックで運ばれた。(AWM)

カナウを爆撃し、約10分後にマローダー隊がシンプソン港を襲うはずだったが、計画で問題が生じた。フォートレス3機のうち2機が故障で引き返し、攻撃は「ダビー」・デュボース中尉機のみとなってしまった。彼はラバウルに向かい、B-26を待つあいだヴナカナウに2回おとり航過をかけてから、ようやく自機の爆弾を投下して引き揚げた。その頃には地上から敵戦闘機が離陸してくるのが見えていた。帰投を開始してから間もなく、デュボース機の左外舷エンジンの出力が低下したが、日本軍に阻まれることなく7マイルへ帰着した。

B-26は大戦初の投入で1機が失われた。フォートレスやミッチェルの部隊同様、ニューギニアでの作戦に不慣れだったため、第22爆撃群もその地勢に潜む危険性を知らなかった。彼らに戦場について教えるため、RAAFは熟練搭乗員をガイドとして同乗させた。こうしてカタリナのラバウル初攻撃に参加したトーマス・プライスRAAF少佐が、マローダー「リバティ・ベル」の副操縦士席に座ることとなった。土砂降りのスコールで編隊の維持が困難になり、2機のマローダーが故障で引き返してしまったため、ソロモン海を横断できたのは6機だった。ラバウル到着は計画よりも遅れ、ようやくシンプソン港に到着した頃にはデュボース機の引き揚げから半時間近くが経過していた。

九六艦戦対マローダー

デュボース機の不本意な単機でのおとり航過を目にした日本軍は戦闘準備を整えた。台南空の九六艦戦7機がラクナイ飛行場から緊急発進し、高射砲隊が警戒態勢をとった。爆弾投下後、マローダー隊は反転し、往路と同じコースを戻った。珍しいことに対空砲火に被弾したのは「リバティ・ベル」だけだった。一路セントジョージ海峡へと飛ぶマローダー隊は旧式の九六艦戦をやすやすと振り切ったが、ラバウルから十分離れたところで「リバティ・ベル」の右エンジンが停止した。その結果、同機はトロブリアンド諸島付近に不時着水し、胴体がふたつに折れた。ちょうどその頃、RAAFのカタリナがツラギからの長距離哨戒の最遠部へ到達しようとしていた。ウッドラーク島に接近中だったテレンス・ダイガン少尉とクルーたちは、B-26に関するモールス信号を受信した。信号弾に気づいたカタリナは、陸地からそれを発射したプライス少佐ら全員を救助した。

日本軍空襲の警報が出されたため、ミッチェル隊とマローダー隊は慎重を期してオーストラリアまで帰還する一方、デュボースのフォートレスはポートモレスビーに帰還していた。しかし給油中にフォートレスは警告のあった空襲に遭ってしまった。空襲の最中に主脚が漏斗孔にはまり、回転していたプロペラが2本、地面をえぐって損傷した。フォートレスを襲ったのは4空の陸攻で、米陸軍航空軍によるラバウルとラエの攻撃後、ヴナカナウを0710に飛び立ったものだった。9機と定数どおりの一式陸攻中隊はガスマタとラエを経て飛来したが、彼らにとってこれは長く、不慣れな飛行だった。

オーウェンスタンレー山脈越えで1055に2機の陸攻が故障で引き返したが、これは大山千春1飛曹と小野弘介1飛曹の機だった。それでも残りの7機は台南空の零戦5機に護衛されながら、20分後に高度6,000mで東からポートモレスビーに接近した。これは将来ポートモレスビーを襲うことになる台南空の大編隊の前触れにすぎなかった。

第1小隊：吉野俐飛曹長、丹幸久2飛曹、国分武一1飛兵
第2小隊：宮運一2飛曹、水津三夫1飛兵

　上記の隊員たちは4空からの転入者が多い。小隊長の吉野俐（さとし）飛曹長もそうである。飛行予科練第5期生（のちの乙飛5期）出身の彼は空母蒼龍から実戦経験を積み始め、1942年2月にラバウル入りした戦闘機搭乗員の第一陣のひとりだった。それから間もなく九六艦戦でスルミ（ガスマタ）上空においてRAAF機との会敵に成功し、ハドソン爆撃機2機を協同撃墜した。吉野は1942年2月の占領から間もないラエへ最初に零戦を届けた基幹搭乗員でもあった。様子見的な任務がつづくなか、彼はすでにホーン島とポートモレスビーへの飛行を経験していた。ほかの元4空の隊員は宮運一2飛曹、丹幸久2飛曹、国分武一1飛兵、水津三夫1飛兵らがおり、彼らは1942年2月に千歳空からラバウルに派遣されていた。

　ラエ上空で陸攻隊と合流した零戦隊は0955から1015までに2個小隊に分かれた。陸攻隊の目的地は7マイル飛行場だったようだが、彼らは左へバンクして後方のマーレーバラックスへ向かい、そこで搭載していた60kg爆弾をスリーマイル峡谷へ投下したが、戦果はなかった。

エアラコブラとの初遭遇

　台南航空隊がエアラコブラと初めて遭遇したのは、1942年4月6日のポートモレスビー上空だった。第36戦闘飛行隊の2名のパイロット、ルイス・メン中尉とチャールズ・ファレッタ中尉は、前日の午後遅く、ポートモレスビーに「バズ」・ワーグナー大佐率いる5機のエアラコブラ小規模支隊として到着していた。この支隊はS・H・コリーRAAF大尉を情報将校として、RAAF第75飛行隊での実戦経験獲得を目的としていた。その午後の7マイル飛行場はラバウルとガスマタに対する連合軍の合同作戦の直前だったため、慌ただしさを増していた。その動きは複数のオーストラリア軍部隊の戦争日誌に記録されている。第39民兵大隊を例にとろう。
「ジャップの占領地域へ爆撃作戦を実施するため、続々とアメリカの新型機が到着した。ざっと見てB-26が8機、B-25が5機、B-17が3機、P-37が5機、P-40が7機、そしてA29が6機だ［正しくはA-24］」
　一方、第49民兵大隊の記録では
「夜明け前に米軍機が多数到着し、おかげで士気は大いに上がった」
とある。第53民兵大隊はベル社の新型戦闘機について以下のように注目していた。
「多数のアメリカ爆撃機が到着したが、そこには新型のエアラコブラP-39も5機含まれていた」

　ピーター・マスターズは彼の専用キティホークA29-48「ポイズンP」で飛んでいたが、1043に陸攻7機と護衛の戦闘機隊との交戦を開始した。実は厚い雲が一式陸攻隊の早期迎撃を阻んでいた。オズワルド・シャノン少尉（A29-11）とマスターズがまず爆撃機隊に側面攻撃を仕掛けたが、その銃撃に対して陸攻隊は左へバンクした。日本側の記録にもマスターズの第2撃が「V」字編隊の左3番機に命中したとあり、これは第2小隊の服部香1飛曹の機だった。同機の側面銃座から赤い曳光弾の薄い弾幕が放たれるのと同時に、1機の零戦がシャノンの後方から飛び出してきた。曳光弾を避けるため、マスターズはやむをえず自分のキティホークを逆半宙返りさせて垂直降下した。一方ジャック・ペテット軍曹（A29-28）は左斜めから攻撃を試みたが、エンジンから漏れた滑油が風防にかかったため、戦果を確認できなかった。さらに尾翼を損傷した彼の機は錐もみに入り始め、ペテットは戦闘から離脱するしかなかった。この戦闘に参加したキティホークはほかにヴァーン・J・シムズ軍曹機（A29-21）とエドマンド・ジョンソン少尉機（A29-32）があった。メンはP-39Dシリアル#41-6971でこれらのキティホークに3分間先んじていたが、ファレッタは#41-6942で後者のRAAF機に混じっていた。こうしてメンは南西太平洋方面の実戦におけるエアラコブラでの初射撃を行なった。のちに報告書で彼は高度6,750mから「遠距離射撃から側面攻撃へ持ちこもうと」したが、爆撃機隊は無反応だった。これは彼の37mm砲が不発に終わったためだった。彼より5分遅れていたファレッタも同じ経験をした。のちにメンはこれを装弾不良のためと結論している。

　零戦隊は1240にラエへ帰着したが、彼らは何と敵戦闘機5

（左から）ノースアメリカン航空機技術主任ジャック・フォックス、第89爆撃飛行隊パイロットのジョン・ハミルトン、エドワード・チュドパ大尉、グレン・クラーク大尉。1942年9月、チャーターズタワーズでの撮影。後方の機体はダグラスA-20A。これらの機には最終的にボストンの名称でRAAFへ編入されたものもあった。のちにA-20は低空掃射機として威力を発揮するが、日本海軍がその種の機体を採用することはなかった。（PNG Museum of Modern History）

キャンベラの太陽のもと、オランダ軍国籍標識を塗りつぶされたB-25C、シリアル#41-12438。このミッチェルN5-149 はその後第13爆撃飛行隊で「ヘルザポッピン」と命名された。

RAAF第75飛行隊のピーター・A・マスターズ中尉で、彼の愛機キティホークA29-48「ポイズンP」はその後ポートモレスビー上空で失われた。マスターズはポートモレスビーや写真のガーバット基地での主な戦闘で本機をよく使った。彼は1940年9月14日にサウスオーストラリア州アデレードでRAAFに入隊し、1945年4月5日に除隊した。彼は異なる飛行隊で4期の作戦勤務を果たしている。ニューギニア勤務中に彼は零戦2機の撃墜を申告しているが、これらはいずれも1942年4月だった。（AWM）

機撃墜と申告している。個人の戦果としては、吉野俐飛曹長の2機（使用弾数600発）と、丹幸久2飛曹の1機（同260発）があった。第2小隊の協同戦果がエアラコブラ2機で、宮運一2飛曹（220発）と水津三夫1飛兵（140発）だった。一方、7機の陸攻隊は1400に帰着した。豪米戦闘機隊に対して使用した20mm機銃弾数は200、7.7mm機銃弾数は約2,000だったが、驚いたことに撃墜申告はない。爆撃機隊は一方的にアウトレンジ攻撃を受けたのだった。服部1飛曹機の副操縦員、白井光1飛兵がRAAF戦闘機との小競り合いで銃撃されて戦死した。

日本側の撃墜5機という申告に対し、実際に失われた連合軍戦闘機は2機のみだった。A29-9を飛ばしていたレス・ジャクソンはエンジンに被弾し、ブートレス湾の約300m沖の腰ほどの深さの浅瀬へ不時着水していた。ひやりとしたものの彼は無傷で、ほどなく陸地へ着いた。彼が湾の灰色の砂に身を横たえた時、彼の脳裏に何が去来したのかは定かでないが、日本軍が彼の闘志に火をつけたのはその日だったのかもしれない。彼のキティホークは最終的に地元民によって引き上げられ、竹製の筏に載せられて灰色の砂浜へ運ばれ、部品取りのために解体されて、再び飛ぶことはなかった。

エドマンド・ジョンソン少尉のA29-32はわずか2発被弾しただけだったが、エンジンが息をつき出したので、降下しながらポートモレスビー南西の海岸沿いを15浬ほど進んだ。高度600mでエンジンが止まると、彼は海岸から約3浬内陸の湿地帯へ胴体着陸した。当初バラカウ村の現地人が山刀を手に彼を取り囲んだのは、日本兵ではと恐れたためだった。ジョンソンが身分を明かすと、安心した村人たちは彼を「ラカトイ」（パプアのアウトリガー式カヌーで、帆はヤシの葉製）に乗せてパリ村まで連れていった。ジョンソンのキティホークは数週間後に回収され、7マイルの「墓場」でその年の残りを過ごした。同機はその後数々のRAAF部隊を転々とした

のち、1944年8月にオーストラリアでエンジンの異常振動のため胴体着陸し、全損となった。

A-24バンシーの到着

フィリピン駐留の第27爆撃群に届けられるはずだった52機のA-24は、開戦によりオーストラリアへ行き先を変更された。これらは1941年12月21日にブリスベーンに到着し、S.S.ブレムフォンテインから降ろされると、直ちに組み立てられた。これらのA-24は米本土のルイジアナで実施された演習後、慌しく分解梱包されてサンフランシスコへ送られ、フィリピン向けに船積みされたのだが、当然ながら洋上輸送中にかなりの磨耗、腐食、破損などを被っていた。一方、第27爆撃群の搭乗員の大部分はフィリピンからオーストラリアへ2機のB-18と1機のC-39で脱出しており、新たな航空機を受領することになっていた。A-24にはまだルイジアナの泥がこびりつき、オリーブドラブの機体は3ヶ月前のルイジアナ大演習の名残を留めていた。梱包を解いたところ、操縦桿のトリガー装置部品とソレノイドの紛失が判明し、このため前方機銃が発射できなくなっていた。また多くの機のタイヤが劣化し、後部銃架に亀裂が見つかった。この陸軍急降下爆撃機がこれらの問題の解決を見るまで実戦で使えないのは明らかだった。RAAFが協力に乗り出し、必要なソレノイドの製作や機銃架の修理を行なった。銃架は溶接修理後、補強され、主脚にはトラックのタイヤが取りつけられた。外部爆弾懸吊架は米海軍仕様のものが30機分しかなかったため、残りの22機分は現地で製造と取りつけが行なわれた。

第36戦闘飛行隊パイロット、ルイス・メン中尉とチャールズ・ファレッタ中尉は、初めて台南空機と空戦したエアラコブラ搭乗員である。メンは同部隊の年長パイロットの一人で、写真は1942年4月6日の南西太平洋戦線でのエアラコブラの初陣となる歴史的な戦闘後、ポートモレスビーにて撮影。(AWM)

バンシーの初損失と丹幸久2飛曹の死

　1942年4月7日0615、第8爆撃飛行隊のA-24バンシー 8機がポートモレスビーの7マイル飛行場を発進し、ラエ飛行場の爆撃に向かった。同部隊がラエ基地をめざすのはこれが二度目だった。前回は4月1日だったが、低空に広がる雲に阻まれ、代替目標のサラマウアへ向かったのだった。彼らの1942年3月31日のポートモレスビー到着は、どうひいき目に見ても段取りがずさんだった。同飛行隊はロバート・ルーグ大尉に率いられてクックタウンから出発したが、いくらニューギニアの端までの1時間の昼間飛行にしても、思慮がなさすぎた。ポートモレスビーまで飛んだ経験のあるパイロットは皆無で、飛行隊は夕闇のなかを堂々巡りした挙句に着陸するはめになった。7マイル飛行場の東端約300mは土木工事用の機械で占められていた。滑走路には灯油ランプが灯されていたが、最初の機は障害物を避けようとして主脚を折損した。もう1機がそこへ突っこみ、こうして2機が全損となった。それ以外の機は無傷で着陸したが、地上でグランドループした機もあった。4月1日の最初の徒労に終わったラエへの出撃以降、これらのA-24はキラ飛行場に駐留することになった。この最初の作戦では参加した6機のバンシーが同数のRAAFキティホークに護衛されていた点が注目される。

　4月7日、ロバート・ルーグ大尉の指揮のもと、急降下爆撃機隊は護衛なしでキラ飛行場を発進した。参加操縦員はヴァージル・シュワブ、ヘンリー・シュワルツ、レイモンド・ウィルキンス、エドワード・チュドバ、ドナルド・アンダーソン、ガス・キッチンズ、ドナルド・エマーソンだった。飛行隊は高度4,000mまで上昇後、その高度で編隊を整え、0735にラエ飛行場に急降下爆撃を行なった。眼下には給油中の零戦5機と、滑走路北の掩体に入った爆撃機7機が見えた。500ポンド爆弾7発と25ポンド焼夷弾14発を投下し、これらの爆撃機を破壊したと彼らは申告した。編隊は離脱後、滑走路の東側に広がるフォン湾で低高度で合流した。急降下直前、シュワルツは自分の後方にいたとウィルキンスは証言している。それが彼が目撃された最後だった。

　戦争の初期段階だったこの当時、台南空はラエで零戦ペア1〜2組による基地上空哨戒を実施しており、この日の当直は以下のとおりだった。それらのパイロットのうち、おそらく最も童顔だったのが乙種飛行予科練第9期出身の羽藤一志(はとう・かずし)3飛曹で、仲間から「ポッポ」と親しみをこめて呼ばれていた。1922年8月18日生まれの満19歳ながら、すでに彼は台南空隊員として中堅であり、同年9月13日にガダルカナル上空で戦死するまで6ヶ月間近く戦いつづ

しかし問題はそれだけではなかった。オーストラリアには訓練された銃手／通信手がいなかったため、これらは最近到着したばかりの第7爆撃群の地上員から志願者を募ることにした。最初のA-24部隊、第91爆撃飛行隊（軽）はエドワード・バックス大尉を隊長とし、ブリスベーン近郊のアーチャーフィールドへ速成戦闘訓練を行なうため移動されたが、これは同部隊のパイロットが即戦力だったためである。彼らはA-24への機種転換訓練を受けたが、これには編隊飛行、夜間飛行、急降下爆撃などの訓練も含まれていた。急降下爆撃訓練はサウスポートの北部、クイーンズランド州ゴールドコーストでRAAFの模擬爆弾を使用して実施された。フィリピン方面の戦況が急速に悪化したため、オーストラリアにいたA-24を来るべきニューギニア戦への増援にまわすことが決定された。第8爆撃飛行隊はオーストラリアに到着すると、直ちにフロイド・「バック」・ロジャース少佐の指揮下、1942年3月末から15機のA-24で作戦活動を開始した。チャーターズタワーズでの装備および訓練後、同飛行隊は1942年4月にポートモレスビーの7マイル飛行場へ進出した。この急降下爆撃機隊は、緒戦でその護衛をよく担当したRAAF第75飛行隊とともに、ポートモレスビーを拠点に戦歴を積み重ねることとなった。両部隊は台南空ともしばしば交戦した。

吉田一報道班員が撮影した台南空の活動。上段左はラクナイ飛行場（日本側は「ラバウル東飛行場」と呼んでいた）から離陸する台南空の零戦21型。上空の一式陸攻はヴナカナウを発進後、ラバウルで上昇中のもの。上段右では台南空進出直後のラクナイ飛行場の施設の粗末さがわかる。

ラエから発進する零戦隊の写真で、現在まで確認されているのは以下の2点のみ。撮影は1942年5月末頃のある早朝。後方の骨組みだけの格納庫は戦前にギニア航空が使用していたもので、その後修繕されて整備所になった。どちらの写真も奥が東側、フォン湾の方向にあたる。零戦が全機増槽を装備しているのに注意。（all photos credit Yoshida Hajime via Yazawa Kunio）

けることとなる。

1直（0630〜0810）：丹幸久2飛曹、宮運一2飛曹
2直（0700〜0820）：吉野俐飛曹長、大島徹1飛曹
3直（0820〜0940）：石川清治2飛曹、木村裕3飛曹
4直（0920〜1140）：河合四郎大尉、羽藤一志3飛曹
5直（1145〜1310）：酒井良味2飛曹、後藤竜助3飛曹
6直（1300〜1450）：伊藤務2飛曹、新井正美3飛曹
7直（1440〜1710）：米川正吉3飛曹、丹治重福1飛兵

　第1直は0730に敵機発見を報告しており、これは米陸軍航空軍の記録にほぼ符合する。チュドバは間もなく零戦1機に後方に付かれ、二度の航過で彼のA-24は複数被弾した。チュドバ機の銃手、ジョージ・C・スティーブンスは2航過目にその零戦を撃墜し、湾の海面に叩き落としたと申告している。台南空行動調書によれば、敵と交戦したのは1直だけで撃墜を申告したA-24はチュドバ機のみなので、これは丹幸久2飛曹の零戦と思われる。宮2飛曹は撃墜1機を申告し、丹2飛曹は戦死後、2機撃墜と認定された。ヘンリー・シュワルツ中尉と銃手のジョン・スティーヴンソン軍曹のA-24#41-15798は二度と目撃されず、宮に銃撃されてフォン湾に墜落したようだ。

「オールド・ジョン」、撃墜される

　1942年4月9日の夕方遅く、7マイルの作戦指揮所にラエ～サラマウア～ナザブへの単独偵察飛行を翌日払暁に実施せよとの命令が伝えられた。ジョン・ジャクソン隊長はポートモレスビーの市街地に出かけており不在で、2350に基地へ戻った。彼は翌朝の飛行にキティホーク1機を準備するよう命令した。4月10日払暁、ジャクソンは「D」（A29-24）で7マイルから発進した。しかし彼は戻ってこなかった。午前半ば、飛行隊の作戦士官に緩慢だが重要なモールス信号が受信されたという知らせが届いた。受信された単語のひとつは「ロリ」と判別された。ポートモレスビー司令部は、米陸軍航空軍のA-24にポートモレスビーの北西55浬に位置するロリ村とオロイ村の周辺を捜索するよう手配した。捜索機は1145に食糧と医薬品を積んで離陸したが、悪天候と低い視程のため捜索ができなかった。1430に別のA-24が捜索を試みたが、同様の結果に終わった。1600にコックスがキティホークA29-31で北方を探し回ったが、カイラクとキャメロン山の周辺地域で厚い雲と豪雨にさえぎられ、やむをえず1時間ほどで戻ってきた。捜索の再開は翌日となり、6機のキティホークと7機のA-24が広い単横編隊でジャクソンのキティホークを探し求めつづけた。

　捜索は継続された。4月12日、A29-21に搭乗したレス・ジャクソンがもう1機のキティホークを先導してポートモレスビー北方の街道を70浬たどった。トライスト湖まで渓谷を飛行してから、パイロットたちはサラマウアの南方を30浬にわたって飛びまわり、不時着に適した場所を探したが、またしても成果はなかった。4月18日、ニューギニア義勇ライフル部隊から「ジョン・F」はサラマウア西20浬のナヴォスで健在との知らせが届くと、飛行隊は喜びに包まれた。何という運命の気まぐれか、台南空が1942年4月10日にニューギニアで達成した初の撃墜は、かつて彼らが前哨戦で戦った部隊の最重要人物だった。ジャクソンはラエ付近で迎撃され、その日の台南空の第1直に撃墜されていた。それは宮運一2飛曹を小隊長とし、後藤竜助3飛曹、木村裕3飛曹からなる3機だった。3名は0715にラエ上空で単機の「スーパー

オーストラリア滞在を満喫するA-24搭乗員たち。後列左から、ドナルド・エマーソン、クラレンス・ベック、エドワード・チュドバ。前列左から、ジム・ラロンド、フレッド・クラット、ドナルド・アンダーソン。（Gill Beck collection）

初期のA-24のニューギニア作戦の様子を伝える数少ない写真。背景からここが14マイル飛行場、のちのシュウィマー飛行場なのがわかる。（Kevin Ginnane）

マリン・スピットファイア」を撃墜したと申告した。彼らは0920にラエへ着陸し、協同撃墜を報告した。ジャクソンは後日、その時の遭遇戦について以下のように妻ベティに書き送っている。

「ラエから帰ろうとすると、3機の日本機に奇襲され、機が少し撃たれた。最初、彼らを見たとき私に戦う気はなかったが、これは情報を持ち帰るのが何よりも重要だったのと、こちらのスピードなら逃げられると信じていたからだ。ところが私の機はちっとも速くなかったので、結局覚悟を決めて戦うために引き返すことにしたが、機銃が壊れていた。飛行機は穴だらけになって、ガラスは全部割れ、機体に火がついた。海へ突っこんだのは村の近くの陸地から四分の三哩ぐらい離れたところだ。飛行機はあっという間に沈んでしまった。すぐに外に出たが、酸素ホースがしばらく外れなかった。陸へ向かって泳ぎだしたが、3機の日本機がまわりをぐるぐる飛び回ってたので、撃たれるんじゃないかとちょっと心配だったよ。永遠かと思える時間のあと、彼らは去って行った」。

生き残ったジャクソンはワウ飛行場までの長旅を歩き通し、ヴァージル・シュワブ中尉が操縦する第8爆撃飛行隊のA-24でポートモレスビーの戦友たちのもとへ帰還した。キティホーク1機に護衛されたシュワブ機は、4月24日の早朝、ついにワウの草に覆われた上り坂の滑走路に彼を迎えるため着陸した（前日もRAAFキティホーク3機とA-24単機が彼を迎えに行ったが、曇天のためワウを発見できず断念していた）。7マイルの進入路に近づくと、シュワブはジャクソンを無事連れて帰ったことを示すため、7マイル飛行場の滑走路を「シュワブス（スペルミスあり）・ワゴン」と命名された専用機で派手に爆音を立てながら飛んだ。それからフラップと脚を下ろすと、追い風で着陸に入った。最終アプローチ中に同機は台南空の零戦に攻撃された。ジャクソンは後部の.30口径ヴィッカース連装機銃を撃ったが、A-24は20㎜弾を1発被弾した。周回経路の反対側にいたジョン・パイパーはそうはさせるかと自分のキティホークを割りこませ、敵を雲中へ追い払った。攻撃に肝を冷やしたシュワブは脚を引きこむと、南のキラ飛行場へ向かった。ジャクソンは破片で左手の指先を切ったが、ようやく我が家へ戻ったのだった。彼はこの救出について以下のように妻への手紙に記している。

「42／4／23—やっと迎えの飛行機が来た。町の名前は書けないが、美しい景色を見ながら飛んだよ。ある場所でキティホークが不意打ちをくらって、味方の目の前で撃墜されてしまった。そのときは誰かわからなかったが、バーニー・クレスウェルだったそうだ。かわいそうに初陣だった」。

「42／4／24—空戦を見物するために寄り道をした。味方機は上空の日本軍戦闘機の群れのなかへ飛びこんでいった。昨日、モレスビーへ飛んで戻った。大歓迎されたよ。着陸するとき、3機の日本機が不意打ちを食らわせてきた。乗っていた飛行機は穴だらけさ。指を切ったが、ただのかすり傷だ。天はいつも私を守り、導いてくださっているよ」。

「オールド・ジョン」を撃墜したのは台南空の三人組だったが、またもや別の三人組がこの飛行隊長をその14日後、長い帰路の末に襲ったのだった。彼らはラエを1100に発進し、50分後にポートモレスビー上空に到着後、1210すぎにキラキラ飛行場に機銃掃射を仕掛けた。その際、半田亘理飛曹長、河西春男1飛兵、日高武一郎1飛兵は合計1,750発を発射し、地上撃破2機と申告した。この小隊は10分後にポートモレス

ラエの木村裕3飛曹、1942年6月。1942年4月10日にジョン・F・ジャクソン少佐を撃墜した三人組のうちのひとり。

装備と救命胴衣を身に着けた第75飛行隊パイロット、ピーター・マスターズ。ポートモレスビーにて。（RAAF Museum）

ビーを後にし、ラエに1320に帰着した。台南空隊員たちは知るよしもなかったが、彼らは敵の最重要人物をもう少しで斃すという大金星を逃したのだった。

この3機編隊の33歳の「古参搭乗員」、半田亘理小隊長が台南空に加わったのはバリ島だった。彼は空母航空隊や中国戦線で輝かしい戦歴を重ねていた。このベテランは台南空で戦い抜き、1942年8月に内地へ戻された。彼はニューギニアで結核を患い、再び戦うことなく6年間の闘病ののち、1948年に亡くなった。

陸攻隊の初損失

ジョン・F・ジャクソン少佐がラエ偵察飛行で撃墜された4月10日の午前、河合四郎大尉は6機の零戦を率い、ポートモレスビーを爆撃する4空の一式陸攻隊を護衛するため発進した。

第1小隊：河合四郎大尉、大島徹1飛曹、酒井良味2飛曹
第2小隊：吉野俐飛曹長、伊藤務2飛曹、水津三夫1飛兵

宮崎暁三1飛曹指揮下の一式陸攻隊は、0924に小林國治大尉率いるヴナカナウからの陸攻5機と合流した。1000にキティホーク9機が7マイルから緊急発進したが、これはサラマウアのレイフ・「ゴールデンボイス」・ヴァイアル大尉から「0948、未確認機2個編隊が南下中。7機が高度2,500から3,000mを「V」字編隊で、3機がその300m下、2ないし3浬後方をV字編隊で飛行中。後ろの編隊は小型機で、戦闘機と思われる」との警報が届いたためだった。5分後、イオマ村の見張所から「爆撃機7機と戦闘機3機が南下中」との報告が入った。日本軍は1047に7マイル飛行場の西側を爆撃したが、被害はなかった。この爆撃隊の編成は以下のとおりだった。

第1小隊　1番機：機長・小林國治大尉
　　　　　2番機：機長・外山徳廣1飛曹
　　　　　3番機：機長・實取忠輝1飛曹
第2小隊　1番機：機長・小関俊勝中尉
　　　　　2番機：機長・原口信男1飛曹
第3小隊　1番機：機長・宮崎暁三1飛曹
　　　　　2番機：機長・河原塚国守1飛曹

爆弾投下後、陸攻隊は台南空の護衛を後ろ上方600mに従えて北東へのコースをとったが、1045から1050にかけてキティホーク6機の迎撃を受けた。M・D・エラートン中尉のA29-41は降下しながら左斜め航過からの反航攻撃を左最後尾にいた原口1飛曹の陸攻に仕掛け、発煙が認められたので命中と判断した。エラートンはつづいて遠距離から零戦を射撃したが、これは命中しなかった。R・W・クロフォード軍曹のA29-26は斜めから接近し、同じく原口機を後方から攻撃した。彼が短連射を四度行なうと、右エンジンから白煙が出た。零戦1機がクロフォード機を後方から攻撃し、数発を命中させた。M・S・バトラー軍曹は右最後尾の爆撃機に対してやや下方から斜め後方攻撃を実施した。これは河原塚機で、少し右へ逸れかけたが、すぐに針路を戻した。

J・W・パイパー中尉のA29-23はこの陸攻に高速航過を二度仕掛けた。第1撃で右エンジンからガソリンまたは黒煙が噴き出した。第2撃は別の陸攻（實取機、宮崎機、河原塚機のいずれか）の右エンジンを発煙させた。それからジェフリー・P・アサートン少尉のA29-41が河原塚機に降下しながら斜め前方攻撃を実施し、短い銃撃を行なった。彼はその陸攻が応射したのち、編隊から脱落していくのを目撃した。アーサー・タッカー少尉のA29-

ジョン・パイパーRAAF中尉、1942年中盤、7マイル飛行場にて。（RAAF Museum）

二種軍装に身を包んだ半田亘理飛曹長（撮影は下士官時代）。彼も中国大陸で初陣を飾ったひとりで、その後バリ島で台南空に加わった。部隊では実戦経験の豊富な上官として大いに尊敬され、穏やかな口調の真の意味での紳士だった。

1941年12月末にブリスベーンに到着したA-24は、同年9月のルイジアナ大演習で酷使され、米本土の泥がまだ車輪にこびり付いていた。さらに機銃撃発用のモーターとソレノイドが紛失していたため、前方機銃が発射できず、後部機銃架も容易に破損してしまった。これらの問題を解決するまでA-24は実戦に出られなかった。写真のA-24は1942年初めにRAAFアンバーリー基地で整備中のもの。（credit Kevin Ginnane）

第13爆撃飛行隊のB-25、シリアル#41-29737、「ジェネラル・カスター」。本機は1942年5月16日のラエ空襲に参加した9機のうち1機で、この日、藤原直雄2飛曹がその銃塔により撃墜されている。

クイーンズランド州チャーターズタワーズのマローダー隊。ニューギニア〜オーストラリア間の飛行はしばしば危険をともなった。第22爆撃群パイロット、ウォルト・ゲイラーはポートモレスビーからタウンズヴィルへの飛行についてこう記している。「私はミル・ハスキンスの右翼についた。そこには私たち2機しかいなかった……タウンズヴィルを発ってから約1時間後、通り雨に行き当たった。高度は約1,500m、日が暮れつつあった。ミルは雲を避けようと蛇行飛行していた。時々彼は計器飛行だけを強いられた……やはり、それは起こった。彼を見失ってしまった。今度は自分だけでの計器飛行で、約20度の左旋回で陸地らしいものから離れ、少しずつ高度を落としていった。航法士のグラウアーは機位と風向きの変化を計算できないままだ……ようやく高度500mで抜け出し、洋上に出た。これで夜闇のなかで機位を失い、燃料は減る一方という、パイロットが一番恐れる状況になった。機首の爆撃手は死に物狂いで前方の洋上に目印になる小島はないかと探し、私は高度60〜90mで大きく旋回していた。突然彼方に光が輝いた……さらに多くの明かりが点灯し始め、そこがタウンズヴィルのガーバット飛行場だとわかった」。(both photos credit Kevin Ginnane)

7マイル飛行場の掩体内に駐機する第3爆撃群のB-25C。錆びた米軍の55ガロン航空燃料用ドラム缶には土が詰められ、掩体の一部を構成している。

オーストラリア国内で第41戦闘飛行隊が使用中、破損したP-400エアラコブラBW175。本機はかつて第8戦闘群で台南空と戦った。

1942年5〜6月頃、連合軍が見ていたラエ飛行場。零戦8機と陸攻3機がいる。この当時は滑走路が南西側で、誘導路が北東側だった。台南空は戦闘機をその中間に駐機することが多かった。爆撃で滑走路が使えない場合、誘導路に着陸することもあった。（USAAF 8th PRS S-2 section）

1942年初め、クイーンズランド州チャーターズタワーズで錬成中だった第8爆撃飛行隊の面々。パイロットは後列左より、ジム・アンダーソン、シスラー（？）、フィンリー・「マック」・マクギリヴレー、J・B・クリスウェル、レイ・ウィルキンス、ビル・ベック、クロード・ディーン、ディック・ランダー、ジョン・ヒル、ジム・ラロンド、ジョー・パーカー。前列左より、ジョン・E・カロル、ウィリアム・ウォーシントン、ロバート・「ハム」・ハンボー、ヴァージル・シュワブ、ハリー・ガルーシャ、「ジーク」・サマーズ、エドワード・チュドバ、ボブ・カッセルズ、「ディーク」・エマーソン。この日、町へ出ていて写真に写っていないのは、ロバート・ルーグ、オリヴァー・ディーン、「バック」・ロジャース、ジョージ・ファー、フレッド・クラット。（pilot information via Ed Rogers; official 3rd BG photo）

47は同じ陸攻に側面から斜め後方攻撃を行なってから、指揮官機（小林大尉機）に短い3連射と長い1連射を浴びせた。タッカーは先頭の機に曳光弾が吸いこまれるのを見た。7機の爆撃機は右へバンクしたが、河原塚機は急速に右旋回すると、編隊から離れていった。すると同機はついに右旋回しながら降下していった。その後、零戦1機がタッカー機を襲い、彼のキティホークは主翼に数発被弾した。

河原塚1飛曹ら7名が搭乗する陸攻が1100少し前にココダ付近の山地に突っこむのを、ANGAU（豪州ニューギニア統治部隊）のマンバレ地区警備官トム・グラハムズロー隊長が目撃している。

「……初めて哨所からココダへ巡回に出てから1時間もしないうちに、日本軍爆撃機が2機のオーストラリア軍戦闘機［おそらくアサートン機とタッカー機］に撃墜されるのを目撃した。その爆撃機はポートモレスビー空襲を終え、ニューブリテン島へ引き揚げていく爆撃隊の1機だった。零戦に護衛された爆撃隊は完璧な編隊で飛んでいた。キティホーク隊が雲間から降下してきて先導機を攻撃すると、零戦に追われながらまた雲中へ戻った。爆撃機はココダ哨所の裏山に墜落した。哨所に戻ると、ブリューワー［地区警備隊副隊長］が現地人巡査を連れて爆撃機の捜索に出動するところだったので、私も同行した。

墜落機の痕跡を何も発見できないまま日が暮れたので、我々は標高2,000mでキャンプを設営した。翌朝、村の保安官に会ったが、彼は爆撃機の墜落地点を確認したことを知らせにココダへ行く途中だった。村の保安官に案内され、我々は別の山［ベラミー山］に登り、標高約1,800mで爆撃機と搭乗員の成れの果てを発見した。陸軍情報部の興味を引きそうな発見がふたつあった。ひとつは英語の番号が書かれた暗号帳だった。もうひとつは［ニューギニア］地区とクイーンズランド州北部のすばらしい地図だった。クイーンズランド州北部の箇所には○印がいくつもつけられ、敵にとって何か特別な意味があるものと思われた。それ以外の興味深い発見は機関銃で、これはココダ哨所にあったルイス機関銃の完璧なレプリカに見えた（その後、その部品が哨所の銃と交換可能なことがわかった）。ココダへ戻るにあたり、最初にした行動は暗号帳と地図を持たせた警察伝令2名をポートモレスビーに派遣することで……」

約3,500発という大量の弾丸を使用したにもかかわらず、零戦隊が左最後尾の「カモ番機」をRAAFパイロットから救えなかったのは、河合小隊がその襲撃に気づくのが遅れたためだろう。2011年にその残骸が三菱製の製造番号5194、昭和17年1月製造機であることが確認された［同じ製造番号が「CEAR17（損傷敵機報告書第17号）」に1943年のラエでの

鹵獲機として記載されているが、これはタイプミスによる]。
　一方、小関俊勝中尉の陸攻はラエに無事帰還し、台南空の零戦の着陸後、小林國治大尉指揮下の5機もヴナカナウに1400に帰着した。台南空のパイロットは敵戦闘機2機撃破と不確実1機を申告し、陸攻隊搭乗員は1機撃墜と、20㎜機銃弾275発と7.7㎜機銃弾1,312発を使用したと報告した。RAAF戦闘機に損失はなく、2機が軽微な損傷を負っただけだった。今回、河合小隊は数で圧倒されたため、陸攻隊を効果的に援護できなかったのは明らかだった。RAAF第75飛行隊では爆撃機2機と零戦1機の撃墜を申告している。日本側同様、こちらも過大申告だったが、少なくとも1機の撃墜は正しかった。河原塚機の7名の搭乗員は今もパプアニューギニアのベラミー山の斜面にそのまま眠っている。

「劣勢は明らかなり」

　半田小隊がポートモレスビーを機銃掃射していたのとほぼ同じ頃、第22爆撃群のマローダー8機がシンプソン港とヴナカナウ飛行場を攻撃した。正午少し前、攻撃隊は各4機の2個編隊に分かれた。第1編隊は停泊中の輸送船数隻に通常爆弾を投下したが、外した。第2編隊は高度わずか150mからヴナカナウ飛行場に100ポンド通常爆弾をばら撒いた。この大胆不敵な攻撃は来たるべき第5空軍の先触れだったが、爆撃隊の高度が低すぎ、全機が自身の攻撃による破片で損傷してしまった。爆弾は駐機していた日本軍機のあいだで爆発し、弾薬庫に火災が発生した。マローダー隊の申告した9機破壊は過大だったものの、この作戦は大成功だった。第8根拠地隊司令、金沢正夫少将はこの攻撃を「ゆゆしき事態」とし、
「ラバウル東飛行場にて第7および第10設営隊より死傷者30名を出す。1名は飛行場にて魚雷爆発のため死亡。航空戦での劣勢は明らかなり」
と記録している。マラグナ収容所のオーストラリア兵捕虜にも飛行場爆撃の知らせが届き、オーストラリア第17対戦車砲兵隊のデイヴィッド・ハッチンソン＝スミス大尉の手記にはこうある。
「死体を満載したトラックが2台町に入り、火葬場に向かったそうだ。側板と車輪が血まみれで、屋根や車体が弾片で穴だらけになったトラックがヴナカナウに戻ってくるのを私自身も見た」
　日本軍の総司令部が受けた衝撃は、実際に受けた損害以上だった。彼らは連合軍に白昼堂々とこれほどの攻撃を成功させるだけの能力と戦意があるとは予想すらしていなかった。

「ゼロ1機確実撃墜」丹治重福1飛兵

　1942年4月11日、ラエ周辺の山地に雲が立ちこめるなか、RAAF第75飛行隊のキティホーク、A19-12（ウッズ）、A29-15（デイヴィーズ）、A29-30、A29-31、A29-38（ドン・ブラウン）、A29-41（ジョン・パイパー）、A29-48（ピート・マスターズ）に護衛された第8爆撃飛行隊のA-24部隊が飛来し、飛行場周辺の陸海の目標を攻撃した。
　3時間の作戦で、その合同編隊がラエに到着したのは0740だった。A-24がラエ上空に姿を見せたのはまだこれが二度目だった。そのためまだ彼らはニューギニアの地理と気候の特殊性を熟知していなかったが、それは日本軍も同じだった。ラエ上空に到達すると、隊列を整えたA-24部隊は高度4,000mで先行し、キティホークはその上空を旋回しながらいつでも追随できる態勢にあった。先頭の急降下爆撃機がバンクして垂直降下に入り、既定の目標を攻撃すると、オリーブドラブの列機もつづいた。この爆撃により、ラバウルから補給に来ていた大順丸が沈没した。
　キティホークもそのあとを追って降下し、これに基地周辺を哨戒していた零戦隊が応戦した。最初に駆けつけた上空哨戒機は0630から上がっていた吉野俐飛曹長、宮運一2飛曹、後藤竜助3飛曹の3機小隊だった。0805に彼らは敵急降下爆撃機9機とその護衛機6機を発見し、交戦を開始した。同じ頃、米川正吉3飛曹、羽藤一志3飛曹、丹治重福1飛兵からなる別の小隊が迎撃のため緊急発進した。
　つづく混戦で、台南空は敵急降下爆撃機9機と護衛戦闘機7機と交戦したと報告している。吉野飛曹長は降下開始直前だった急降下爆撃機1機を海上に撃墜したと申告した。ピー

A-24パイロット、「ジーク」・サマーズ。チャーターズタワーズにて。ナマーズは同僚の大半より年長だった。（credit Jack Heyn）

ト・マスターズの日記には、ウッズが左側約600m下方に零戦を発見したと詳しく記されている。デイヴィーズと組んで彼らはその零戦を後方から射撃したが、それは横へ逃げてしまった。急降下爆撃機隊と一緒に半分ほど降下したところ、マスターズはポップ・ウッズらしい別のキティホークが零戦に追われているのを発見した。マスターズはその零戦は後方すぎるのでウッズは大丈夫だろうと判断し、あとを追って降下した。追跡されているキティホークが敵機に気づいてないのは明らかだった。急降下ではキティホークは零戦よりも速いため、マスターズは間もなく追いつき始めた。彼らはもうラエ西方の山地の上空に達していた。すると理由は不明だが、その零戦は鋭く左へバンクすると、マスターズの照準器のなかに飛びこんできた。ラダーを左いっぱいに踏みこみ、操縦桿を必死に操作して、彼はその零戦を1機体分前方に捉え、引き金を引き絞った。近づくにつれ主翼、キャノピー、カウルフラップが飛散するのが見えた。零戦は明らかに制御を失って機首を下げ、それを見たマスターズは次は自分の番かもしれないと思い、発見されにくいように山地の方へバンクして高度を下げた。そして何度も後方を振り返った。

雲に覆われた両側にそそり立つ危険な山々を越えて帰ることを考えると、撃墜の興奮と達成感はすぐ醒めてしまったとマスターズは記している。辺りに機影が見えなかったので、彼はサラマウアまでできるだけ海岸沿いに飛び、用心深くポートモレスビーへ戻った。マスターズが撃墜したのは丹治重福1飛兵で、前年11月に大分空で丙飛2期を修了した比較的「新米」のパイロットだった。彼はまずトラック島で千歳空に勤務したち、1942年2月に4空へ移り、その後台南空へ転入していた。

一方、その日の連合軍の損失は2機だった。ドン・ブラウン軍曹のキティホークA29-38と、「ルー」ガス・キッチンズ少尉（操縦）とジョージ・キーホー軍曹（銃手）のA-24シリアル#41-15773で、後者はおそらく吉野により撃墜された。キティホークA29-41も攻撃中に損傷したが、ジョン・パイパーも先述の零戦1機撃墜を申告している。ピート・マスターズはゼロ1機を確実撃墜したと申告し、墜落地点はラエの滑走路の南側と推定した。その後飛行隊は、オーストラリア軍の斥候隊士官から零戦1機がその時刻、その場所に墜落したのを確認したとの報告を受けた。のちにクイーンズランド州キンガロイで、マスターズは当日の行動を再証言するよう求められ、飛行隊のすべての戦果申告を検証する任にあたっていたレス・ジャクソン隊長とレックス・ウィントン操縦員の両者によって、マスターズの航空日誌には「ゼロ1機確実撃墜。LDJ／LW」と認定サインが記入された。

一方、ブラウンが搭乗するA29-38は、空戦中に米川3飛曹ないし羽藤3飛曹の機と空中接触し、大きく損傷した。彼はサラマウアのクウォン岬の浅瀬に不時着し、捕虜になった。片手にナイフ、反対の手に拳銃を握ったブラウンは、海岸の反対側の山地へ逃げようとしたが、最終的に日本軍の機関銃に追い詰められた。婚約者の写真を没収された彼が激怒したので、その後写真は返された。ブラウンはラエへランチで連行され、後日陸攻でラバウルへ送られた。ブラウンの生存が最後に確認されたのは、1942年5月26日にB-26の搭乗員、セロン・ルッツとサンガー・リードとラバウルの波止場で分かれた時だった。彼はそれから間もなく処刑され、その遺体は1947年6月にマトゥピ島の集団墓地からキース・ランドル少佐により回収された。RAAFの戦死通知部がブラウンの両親にその発見を伝えるまでに3年が経っていた。一方サラマウアでは、彼のキティホークが日本兵に海岸へ引き上げられてそのままになっていたが、1980年代末にお粗末なサルベージ作業の結果、艀から落ちて転覆してしまった。

0900に意気揚々とラエに戻ってきた日本軍パイロットたちは、敵機16機を迎撃し、何と5機を撃墜したと申告した。申告された戦果は、吉野俐飛曹長の急降下爆撃機1機、後藤

ラクナイでの河合四郎大尉。1942年6月。個性的な髪型からわかるように、河合はかなりの自信家だった。彼の情熱的な性格は、天性の指揮官としての才能と評価を一層高めた。河合が不参加だった作戦を数える方が難しい。

オーストラリアに到着したB-26の第一陣は方向舵が紅白縞に塗装されていたが、これはハワイ立ち寄り時に氏名不詳の士官が命令したものだった。写真は太平洋横断飛行直後、ブリスベーンのイーグルファーム飛行場での撮影。

竜助3飛曹の急降下爆撃機1機、米川正吉3飛曹の「カーチスP-40」1機、羽藤一志3飛曹の「カーチスP-40」1機、丹治重福1飛兵の急降下爆撃機1機だった。

戦力の補充

その頃ラバウルでは特設空母春日丸が停泊していた。1942年4月11日の朝、横須賀で梱包された真新しい零戦二一型20機を満載した春日丸はラバウルの水域に接近したが、同船は連合軍機を避けるため、より厳重な警戒のもと、ブカ島へ向かうことになっていた。ポートモレスビーではRAAFのキティホーク隊がラエを後にしてから約3時間後、9機のマローダーがラバウルに新たな攻撃を加えるため発進した。1機が故障で引き返したので、残りの8機は異なる3ヶ所の目標を攻撃することになった。第33爆撃飛行隊の4機は2機ずつに分かれ、ヴナカナウとラクナイの飛行場へ向かい、第19爆撃飛行隊の4機はシンプソン港の船舶を攻撃することになっていた。

ラクナイ上空でルイス・フォード中尉のマローダーは高射砲弾に被弾し、爆弾倉内増加タンクの気化したガソリンに引火し、直後に炎に包まれた。フォードは操縦席でタンクの投棄レバーを引いたが、それはびくともしなかった。そこで2名の搭乗員が爆弾倉に走り、タンクを直接足で蹴って叩き落とした。当座の危機は回避されたものの、爆弾倉ドアが開いたまま閉まらなくなった。油圧系統が切断され、油圧が低下していた。増えた空気抵抗と燃料消費量のため、やむなくフォードはトゥフィ付近のクナイ草の茂る湿地へ胴体着陸した。クルーたちは助かったものの、ポートモレスビーに戻るまで47日間の苦しい旅をすることになった。一方、シンプソン港の船舶攻撃に向かったマローダー隊は停泊していた「空母」に目を疑った。実はそれは引き返してラクナイ沖に停泊していた春日丸だった。マローダーの4機編隊は逆にラクナイから迎撃に飛び立った零戦の小隊に襲われたが、逃げ切った。翌4月12日、台南空はラエから4機、ラバウルから3機の上空哨戒機を飛ばし、春日丸を護衛した。

消えたデイヴィーズ

1942年4月13日、ラバウルの台南空の上空哨戒(延べ19機)は何事もなく終わったが、ラエのそれでは動きがあった。先導機の熊谷賢一3飛曹と列機の小林民夫1飛兵からなる第3直のペアが、0930に8機のオーストラリア軍キティホークに護衛された9機のA-24を発見したが、これは輸送船大順丸を再攻撃しに飛来したものだった。上方に控えた4機のキティホークが編隊全体を護衛していたが、結局戦闘は行なわなかった。下方にいた4機のうち、ジョン・パイパー(A29-12)がラエ到着の10分後に熊谷機と小林機と交戦した。

彼は両機と小競り合いになったが、白煙を1本引かせただけに終わり、パイパーはそれを燃料だろうと推測した。帰投コースを飛んでいた彼は機の後方に先刻の2機が追尾して来ているのを見て仰天した。彼が速度を上げるためキティホークの機首を下げたところ、日本機の1機が挨拶代わりか、無効な長距離射撃を行なった。5分後、パイパーは2機を完全に振り切ったが、ラエの15浬東でオズワルド・シャノン(A29-29)も件の2機の零戦と交戦し、うち1機がほぼ垂直状態で失速したので、シャノンは操縦席周辺に一連射を浴びせた。

機体から破片が飛散したのを見たシャノンはこの空戦で2機不確実撃墜を申告したが、パイパーは戦果を申告しなかった。シャノンの空戦には代償もあった。一方の敵機、おそらく熊谷機がカーティスに命中弾を4発与えていたが、これが

第8爆撃飛行隊パイロット、ディック・ランダーが操縦するA-24の操縦席からの垂直急降下時の視界という珍しい写真。1942年4月頃のラエ空襲にて。先に投下された500ポンド爆弾が滑走路の海側の端で爆発している。(USAAF Museum)

台南空配属前、中国で九六艦戦を背に立つ坂井三郎。彼の世代の搭乗員はニューギニアに来る前に、豊富な実戦経験をほかの戦線で積んでいた。(Sakai Saburo)

7マイルに帰着した彼をとんだ目にあわせた。1発が主脚タイヤをパンクさせていたため、彼の機はグランドループしてしまった。対照的に熊谷は有頂天でラエに戻り、キティホーク4機撃墜を申告したが、小林機は1発被弾しており、これはシャノンによるものと思われる。

それにもかかわらず、実はこの日、これらの空戦で失われた機は両軍ともなかった。この日の空襲で米軍の急降下爆撃機は地上にいた日本機2機を大破させた一方、オーストラリア軍機が1機失われていた。アリー・デイヴィーズ少尉機（A29-15）がそれで、記録では作戦中に目標上空で対空砲火に被弾、墜落したためとされている。彼のキティホークはラエの数浬内陸で高度300mから錐もみ状態で落ちていくのを最後に目撃された。1946年の戦後の本格的調査でも彼の機は見つからず、残骸は未確認のままである。

小牧丸のラバウル到着

翌4月14日、ラエとラバウルの基地上空哨戒は5次とも平穏に終わった。特設航空機運搬艦最上川丸を主体とする山田少将の「特務部隊」が、台南空のための機材を満載してジャルートからラバウルへ到着した。4月15日当時、ラバウルの台南空の戦力は零戦と九六艦戦が計8機しかなかった。その日ラエでは3次の上空哨戒が何事もなく終わった。明けて4月16日、小牧丸がラバウルへ到着したが、同船には台南空への補充搭乗員と物資が積まれていた。坂井三郎はその到着の模様をこう活写している。

「上陸すると、われわれはすぐに飛行場へ行った。埃りっぽい道路が、軽い火山灰で覆われている。飛行場は荒涼としていた。歩くとすぐ後から埃りと灰がもうもうと舞い上がる。そして、驚いたことには、旧式の九六艦戦までがおどけた格好で配置されている。見るもののすべてが幻滅だった。私は

また寝こむような羽目になり、山の上の海軍病院へ入院させられた」

〔編註：翻訳にあたり、光人社刊『大空のサムライ』、「地獄のラバウルへ」の該当部分を引用した〕

クレスウェルの予期せぬ遭遇戦

1942年4月17日0710、台南空は13機の零戦をラエから発進させ、その護衛を受ける4空の陸攻7機が0728にヴナカナウ上空に到着した。陸攻隊の指揮官は山縣茂夫大尉で、ポートモレスビー空襲に向かう緑色の陸攻7機はニューギニア上空で台南空の護衛機と合流した。この日の台南空の面々は歴戦の猛者ぞろいで、指揮官は河合大尉だった。

第1中隊
第1小隊：河合四郎大尉、和泉秀雄2飛曹、伊藤務2飛曹
第2小隊：大島徹1飛曹、有田義助2飛曹、山崎市郎平3飛曹

第2中隊
第1小隊：吉野俐飛曹長、本田敏秋3飛曹、後藤竜助3飛曹
第2小隊：吉田素綱1飛曹、酒井良味2飛曹

別動小隊：太田敏夫2飛曹、宮運一2飛曹

上記の別動小隊の小隊長は太田2飛曹だった。23歳の彼は、仲間うちではやや年長だった。ニューギニアが初陣だった彼は、つづく数ヶ月間、急ペースで撃墜を重ねたが、1942年10月にガダルカナルの高高度でF4F-4ワイルドキャットに撃墜された。彼の人柄は坂井の回想録に詳しい。

「好青年の太田は陽気で誰からも好かれ、なにか楽しいことがあるとすぐにやって来る男だった。冗談によく笑い、誰かが困っていれば空だろうと陸だろうと駆けつけた。私より背が高く、体重もあり、西澤と同じくラエに来た時は戦闘経験もなかった。西澤と正反対の人気者だった太田は、空戦でめきめきと頭角を表わし、隊長の懐刀としていつも僚機を努めていた。太田はいわゆる英雄タイプではなかった。よく笑い、すぐ打ち解ける男だった。このにこやかな若者には英雄の厳かさは微塵もなかった。彼にはラエで孤独をかこつより、ナイトクラブのほうが似合いそうだった。そして戦友たちとの親密さは、彼の空戦技術への尊敬を損なうものではなかった」

えらの張った小隊長、吉田素綱1飛曹は中国戦線以来のベテランで、1939年に漢口上空で負傷したこともあった。1942年2月に彼は4空とともにラバウルへ進出したが、ニューブリテン島上空で負傷し、1ヶ月間の療養を強いられ

ラクナイの台南航空隊指揮所。

た。回復すると彼は河合中隊に加わり、ポートモレスビー攻撃によく出撃した。彼は1942年8月7日に戦死したが、それはガダルカナル戦の初日だった。

陸攻隊との合流前、戦闘機隊に予期せぬ遭遇戦があった。0625、RAAF第75飛行隊のウッズ中尉とバーニー・クレスウェル少佐は、ラエ偵察のためキティホークで7マイルを発進した。RAAF第76飛行隊の指揮官だったクレスウェルは実戦経験を積むために出向で来ており、これが受入れ部隊での初出撃だった。それぞれの乗機はA29-12とA29-7で、2名は0745にラスイガ島上空を通過し、そこでラエへ変針してからマルカム峡谷まで西へ約30浬進んだ。そこから左旋回してワトゥトゥ渓谷へ入り、ワウ～ブロロ地区に0800頃到達した。ウッズは零戦が斜め左から攻撃してくるのに、まったく気づかなかった。応射が不可能だったため、ウッズは翼を小刻みに振って約150m後方にいたクレスウェルに警告した。ウッズは雲中に入って零戦を振り切ったが、クレスウェルを見失い、彼によれば15分間零戦に追跡されたため、上官機を発見できなかった。幸いウッズはどうにか無事にパプア南海岸にたどり着いた。

ケレマの海岸に到達すると、彼は高度150mの低空を慎重に飛んで7マイルに戻ったが、クレスウェルの姿はまだ見えなかった。あるオーストラリア軍地上部隊の報告書によれば、クレスウェル機はワトゥトゥ川とブロロ川の合流点近くの丘に墜落し、炎上したという。間もなくオーストラリア軍の斥候隊が付近でクレスウェルの遺体を回収した。彼はブルワ墓地に丁重に葬られた。クレスウェルとともに1942年4月17日に失われたA29-7は、同年3月6日にアンバーリー基地から引き渡された7機のP-40Eの1機だった。ジョン・ジャクソン少佐の航空日誌によれば、彼は3月11日にタウンズヴィルのガーバット基地で初めて同機を操縦し、その後4月4日までさらに何度か飛ばしたという。当時のRAAF第75航空隊パイロットは大部分が専用機を使用していたので、ジャクソンが同機をクレスウェルに譲ったのは好意の証しだったと思われる。

台南空の行動調書は正確なのが普通だが、この日の遭遇戦についてははっきりしない。この時間帯には2機2組がラエ上空を哨戒していたはずだが、いずれも敵機を発見したと報告していない。そこで考えられるのは、ポートモレスビーに到達する前の直掩零戦隊がウッズとクレスウェルを攻撃するため、編隊を離れたという可能性である。当日、弾薬を使用したパイロットは吉野飛曹長、本田3飛曹、後藤3飛曹だけである。そのうち1名ないし複数がA29-7を撃墜したのは明らかで、台南空の戦闘手順どおり先導機から仕掛けたとすれば、吉野飛曹長が最も可能性が高いだろう。

それ以外の台南空戦闘機隊が護衛するよう命じられていた陸攻隊を確認したのは1000だった。それから間もなく杉井操1飛曹の陸攻がエンジン不調となり、編隊を離れて代わりに南東方面の哨戒を命じられた。さらに及川正雄1飛曹機が高度を取れないと訴え、編隊から脱落した。3機の戦闘機に護衛された残りの5機の陸攻は、ペマ（ハーキュリーズ湾からワリア川をさかのぼった地点）のオーストラリア軍見張所に発見された。4空の2機の落伍機は爆弾をネルソン岬の軍事施設へ投下した。野生動物を脅かしただけで、彼らは1330にラバウルへ帰着した。

ジャングルに消えた酒井良味2飛曹

こうして2機のRAAFキティホークとの遭遇戦で遅れた第2中隊もポートモレスビーをめざして南下していた。オーウェンスタンレー山脈の南側で、酒井良味2飛曹が編隊から脱落し、ジャングルに墜落した。この不慮の墜落の原因は不明だが、目撃者がいなかったのでRAAF側の記録はないものの、彼本人または機体がクレスウェルとの遭遇戦で傷ついていた可能性がある。被弾後、負傷した酒井2飛曹が編隊に寄り添いながら意識を失ったか、彼の乗機が油圧系統の損傷など、緩慢だが致命的な損傷を受けていたなどが考えられる。落下傘がなく、下は険しい山岳ジャングルでは、彼の命運もそれまでである。現在まで彼の零戦の残骸は確認されていない。編隊の1機が思いがけずジャングルに消えたのち、第2中隊はポートモレスビーをめざす本隊とどこかで合流したのだろう。

1027に陸攻隊はポートモレスビーに対人爆弾を投下し、オーストラリア兵2名が重傷を負った。3分後、台南空の第2中隊が、「爆撃機5機とゼロ7機」を迎撃するため緊急発進し

中国戦線以来のベテラン、吉田素綱1飛曹は笹井中隊でよく小隊長を務めた。温和な容貌とは裏腹に、なかなかの手練れだった。

たRAAFキティホークを攻撃したが、彼らはまだクレスウェルの墜落を知らなかった。日本軍編隊接近の報に発進した9機のRAAF第75飛行隊キティホークの指揮官はレス・ジャクソン（A29-29）だった。ジョン・ブレレトン（A29-30）、ピート・マスターズ（A29-48）、ジェフ・アサートン（A29-43）、アーサー・タッカー（A29-41）、アラン・ウェッターズ（A29-21）、ビル・コウ（A29-79）、リチャード・グランヴィル（A29-76）、ジョン・ペテット（A29-31）が彼につづいた。キティホーク隊は7マイル飛行場の北東約70浬で爆撃機隊を迎撃した。しかしパット・スキャンドレットは出撃できなかった。彼のA29-12は離陸中に事故を起こし、彼は脳震盪になり、背中を負傷した。彼は横転する直前に失神したと後日報告している。

　護衛の零戦隊は後方約300m上方から一列でオーストラリア機編隊に襲いかかった。キティホークは銃撃を受けながら降下したが、その結果、各機は個別に空戦を開始した。タッカーはブレレトンに喰いついた敵機を追い払うため、側面降下攻撃を仕掛けたと報告している。それは成功したが、彼の機は錐もみに入ってしまった。姿勢を回復すると、タッカーは混戦に戻り、やはりコウ機の後ろをとった日本機に前方降下攻撃を仕掛けられる位置についた。敵機の機首上げ運動時に隙があったので、タッカーはその下面に長い一連射を撃ちこんだ。曳光弾がカウリングと操縦席底面に吸いこまれた。タッカーはその機のプロペラがまだ回転しているのを見たが、乗機が錐もみに入り、それ以上は確認できなかった。タッカーはこの時、それどころではなかった。彼の機は右主翼と昇降舵に9発被弾していた。一方、コウは爆撃機隊が迎撃戦闘機に阻まれることなく3時の方向、6～900m上方を接近中なのを目撃した。彼は直掩機を斜め後方から攻撃しようと、急上昇して零戦に追いすがったが、それは雲中に姿を消した。コウ機は12発被弾しており、トリムが作動不能になっていた。

　キティホーク隊はツキがなかった。アサートンも後方から零戦を攻撃した。灰緑色の機体を距離約300mから射撃すると、敵機はその長連射をかわし、アサートンに倍にして撃ち返してきた。曳光弾が彼の右側をかすめていった。ブレレトンが別の機に側面攻撃を仕掛けようとして、そのまま斜め後方からの射撃になった。その零戦が減速旋回したので、ブレレトンも減速し、もつれ合うように引き起こしながら彼は自機のキャノピーが後方にスライドして半開きになっているのに気づいたが、そのせいで機の操縦が難しくなっていた。すると上方6時の方向から攻撃され、これをかわすためにブレレトンは急降下したが、彼の右翼に20㎜弾2発が命中した。その結果、機銃パネルと主翼下面の一部が引きちぎられ、さらに機体のコントロールが難しくなった。

　ブレレトンは空戦から離脱に成功し、乗機を7マイルへ慎重になだめながら飛ばした。幸い追っ手はいなかった。この小競り合いで、むざむざ好機を逃した者はいなかった。日豪のパイロットたちは全力を尽くし、ほぼ引き分けたのだった。

着陸大破した後藤機

　ようやく戦闘を終えた零戦隊はポートモレスビーを1040に後にし、50分後にラエに着陸した。台南空の戦果申告は吉野俐飛曹長の撃墜2機と撃破5機で、これは彼の列機だった2名が証言していた。この申告数は明らかに異なる時と場所における戦闘の戦果を合算したものである。ポートモレスビー上空の空戦で重傷を負った後藤竜助3飛曹はラエでの不時着には成功したものの、機体は大破してしまった。彼は不運だった。たった1発の被弾で重傷を負っていたのだ。着陸の失敗は機体の損傷よりも、操縦者の負傷が原因だった。

　吉野小隊は誰よりも激しく戦い、彼自身が使用した弾薬は610発に上った。彼の列機だった本田3飛曹と後藤3飛曹はそれぞれ810発と619発を撃っていた。RAAFの報告書には遭遇した零戦はわずか7機とあり、これは河合中隊が戦闘に加わらなかったことを示唆しているが、この事実は河合中隊機がまったく弾薬を使用していなかった事実により裏付けられた。おそらく河合中隊はココダ周辺の山岳地帯を飛んでいた2機の爆撃機の間接援護にあたり、あわよくば帰投中の陸攻隊を追撃してくる連合軍戦闘機を捕捉しようとしていたのではないだろうか。

　RAAFの記録によれば、後藤機をポートモレスビー付近で射撃したのはレス・ジャクソンなので、これに関する彼の報告を引用しよう。

「当時われわれは高度5,700m——爆撃機隊から10浬後方、

RAAF第3航空機集積所による主翼前縁の波形塗り分け、7月のRAAF公示第42号以降の主翼下面ラウンデルの廃止などから、このポートモレスビーの第75飛行隊キティホークは1942年8月頃の撮影なのがわかる。（Peter Boughton）

300m下方——におり、基地から60〜80浬離れていた。ゼロは密集していなかった。空戦では反航しながら1機を撃っただけだが、当たらなかったようだ。それから基地へ帰投中のP-40［A29-21、アラン・ウェッターズ少尉機］を追うゼロを発見した。私はこのゼロを約20浬追跡し、後方攻撃を100mから実施した。射撃を開始するとゼロは左へバンクしたが、曳光弾が操縦席後方へ当たるのが見えた。すぐエンジンが濃い黒煙を吐き出したので、私はP-40を減速させた。ゼロはそれから高度300mで上昇すると失速した。その時、敵機が黒煙を噴き出している箇所の直前のカウリング（エンジン）を撃ち抜かれているのに気がついた。最後に見た時、その機は失速開始点から黒煙をひどく吐きながら降下しつづけ、高度200mで私の直後にいた。旋回して高度50で飛んだところ、ゼロはもう見えなかった。位置は基地の北西25浬、湿地の東側。自機被害なし」

もし後藤がジャクソンの銃撃で被弾したとすると、コクピット下面という弾着位置も彼の負傷とつじつまが合う。その状態でラエまで持ちこたえたものの、着陸時に大破したV-152は1943年9月に連合軍に鹵獲されるまでそのまま放置されていた。またこの日のRAAFのその他の搭乗員も実際よりも過大な戦果を申告している。彼らの交戦した7機のうち、被弾したのは1機のみで、しかも1発だけだった。

なお、著書「Samurai!」で坂井三郎はこの戦闘で「ミヤザキ・ヨシオ1飛曹」が撃墜されたと書いているが、坂井の記述はRAAFの戦闘報告と一致せず、また坂井は実際にはこの作戦に参加していなかった。坂井はこれを後日の1942年6月1日に宮崎儀太郎飛曹長が爆撃隊の編隊を突っ切って降下してきた単機のキティホークに撃墜された事件と混同しているのではないだろうか。そもそも台南空にミヤザキ・ヨシオ1飛曹なる隊員は存在しなかった。残念ながら、この架空の人物は戦後の出版物に繰り返し引用されている。〔編註：これは坂井氏の責任ではなく、英語版出版時の翻訳者のミスであり、「戦後の出版物に繰り返し引用されている」のは各種の資料で確認をとらなかった英語圏の自称"日本軍研究者"たちの怠慢といえよう。少なくとも日本国内においては「繰り返し引用されている」ような事実はない。〕

バリ島からラエへのパイロット移動

最初のラエへの零戦の本格的な空輸は1942年4月14日に実施され、斎藤正久大佐の指揮のもと、組み立てられたばかりの零戦20機がラエへ送られた。元パイロットだった大佐はラエにおける台南空の役割を熟知しており、その戦闘能力を最大限に活用すべく指揮を行なっていた。数日後、第二陣の完全1個中隊、9機の零戦がつづいた。これらの空輸はすでにラエにいた4空からの編入部隊を補強するためのものだった。この第2次空輸に参加した坂井三郎のラエについての第一印象は興味深い。

「午後にわれわれは指揮所に打ち合わせのため集まった。指揮所とは名ばかりで、実にお粗末なものだった。壁すらないので、『掘っ立て小屋』と呼ぶのも勿体ない。屋根裏の梁にかけられた薄いムシロが壁であり、カーテンであり、扉だった。部屋は三十人の搭乗員が肩を寄せ合えば入れるだけの広さはあった。真ん中に現地の木材から作られたかんたんなテーブルがあった。照明は何本かのロウソクと灯油ランプが一個だった。電話用の電気は蓄電池から引いていた。斎藤大佐の訓示後、われわれは兵舎に向かった。指揮所の外にあるのがラエ基地の車両のすべてだった。古ぼけた錆だらけの乗用車と、おんぼろのトラックと、燃料車の三台である。格納

RAAF第75飛行隊パイロット、アラン・「グランダッド」・ウェッターズ少尉。1942年8月、ポートモレスビーにて。

飛行服姿の「コッキー」・ブレレトン。7マイルにて。

庫はなく、管制塔もなかった。しかし私がラエにがっかりしているのは明らかなのに、本田と米川は目を輝かせていた。本田は私の荷物を担ぐと、楽しそうに歌をうたいながら兵舎へ歩いて行った。途中で米川が基地の施設を指さした。

滑走路の反対側の高射砲陣地に二百人ほどの水兵が配置についていた。これが守備隊のすべてだった。この二百人に、整備兵が百人、そして三十人の搭乗員がラエ基地の全戦力だった。台南空のいたあいだ、昭和十八年の連合軍のラエ占領まで、施設の追加や滑走路の舗装は何も行なわれなかった。搭乗員は二十人の下士官と三人の兵が一つの宿舎に寝泊まりすることになった。その宿舎は六×十メートルほどだった。真ん中に大きなテーブルがあり、食事や書き物、読書などに使われた。宿舎の両側で雑魚寝をするようになっていて、明かりはわずかなロウソクだけだった。建物は典型的な南方家屋で、湿った地面から一メートル半ほど床が上がっていた。誰かが空のドラム缶の蓋を切り取って、五右衛門風呂を作っていた。他にもドラム缶を改造して作ったかまどや洗濯桶があった。

厨房には雑役係が一人いた。毎日たった一人で六十九人分の食事を準備せねばならないので、いつも忙しくしていた。その後戦闘が激しくなったにもかかわらず、毎日全員が桶で下着を洗うのは大変な苦労だったが、たとえごみ溜めのような場所にあっても、不潔な体でいいと思う者は一人もいなかった。

ドラム缶の集積所の近くには露天の防空壕が掘られていた。敵の空襲があると、壕はあっという間に宿舎、風呂、便所から飛び出してきた人間で一杯になった。宿舎は滑走路から五百mほど離れていて、飛行機には歩くか、走っていった。車に乗せてもらえるのは、緊急発進の時だけだった。その場合は乗用車が迎えに来た。滑走路の北東五百mには士官用の宿舎があった。そこはわれわれの宿舎とまったく同じ作りだった。唯一の違いは彼らが十人しかいないことで、半分の人数で同様の建物を使っていた。基地司令と副長、もう一人の幕僚は士官宿舎に隣接する小さな宿舎に同居していた。

転出後の四ヶ月間、われわれの日課はほとんど変わらなかった。〇二三〇時に整備員が起床し、整備を開始した。一時間後に伝令が搭乗員全員を起こした。朝食は宿舎が普通だったが、指揮所の近くでとることもあった。献立はいつも同じようなもので、かわりばえがしなかった。朝飯は米茶碗一杯と乾燥野菜入りの味噌汁に漬物だった。米は最初のひと月は量を増やすために、まずい麦が混ぜられていた。四週間毎日のように戦闘がつづくうちに、麦がなくなった。ラエでの食事は最高の時ですら、みじめなほど少なかった。朝食が終わると六人の搭乗員が乗機が暖機運転を終え、飛行準備が整うのを待った。これらは迎撃のための緊急発進用で、滑走路の端に並べられ、いつでも飛べるようになっていた。ラエでは偵察機を飛ばすことはなく、レーダーなど知るよしもなかった。しかし六機の戦闘機がすぐに発進できた。緊急発進の当番でない搭乗員は指揮所のまわりで命令を待っていた。空戦の技術について話し合う以外は、将棋やザル碁で時間をつぶした。

大抵〇八〇〇時に零戦の一個編隊が上空哨戒に上がった。戦闘任務ではモレスビー回廊を最短距離で敵地まで飛んだ。中攻隊の護衛の場合、われわれはパプアの海岸線沿いに南東に飛んでから、いつもブナの合同地点で中攻隊と落ち合った。昼頃にはラエに戻って昼食をとるのが普通だった。戻っても特にどうということはなかったが、食事は同じで、夕食の献立はいつも炊いた米に魚か肉の缶詰だった。士官の食事は少しましだったが、五人の雑役兵が苦心して食事を『別々の』皿に盛りつけていた。

RAAF第76飛行隊司令だった当時のバーニー・クレスウェル少佐。クレスウェルは被撃墜時、第75飛行隊へ派遣されていた。（Lindy Vasselet）

ラバウルでエンジン整備中の零戦21型。帰投後毎回行なわれる点検と、400時間ごとの定期点検に加え、栄12型エンジンには10日ごとのオーバーホールが義務づけられていた。

通常の三度の食事のほかに、搭乗員には全員に果物ジュースと色々な菓子がビタミンと栄養補給のために支給されていた。毎日夕方の五時頃、搭乗員全員が体操のために集合した。体操は肉体の機敏さと反射神経を鍛えるためだった。体操が終わると緊急発進の当番以外の全員が食事と入浴のために宿舎に戻った。そして数時間を読書や故郷への手紙書きにあてた。就寝は八時か九時だった。娯楽といえば音楽ぐらいで、搭乗員はギターやウクレレ、アコーディオン、ハーモニカなどを自分で演奏したり、日本の歌を歌ったりした。ラバウル基地では大勢の現地人を労務者として雇っていたが、ラエでは仕事を手伝ってくれる現地人はいなかった。いちばん近い村でも三km先にあり、毎日のように空襲される基地へ彼らを無理やり連れてくることなど、どう甘言を弄したり脅したりしようが、できはしなかった。それでもわれわれの士気は高かった。確かに快適な環境や、最低限の必要性すらも満足とは程遠かったが、文句を言う者はほとんどいなかった」

健康、病気と戦闘能力

こうした本質をついた描写から、ニューギニアにいた台南空の隊員たちが日頃から感じていた太平洋、特にニューギニア戦線で戦う苦労は、その敵と共通していたことがわかる。上記の文章で坂井が「みじめなほど少なかった」と記したラエでの食事量は、ラエの飛行隊が将来直面する問題をすでに暗示している。パイロットの健康は戦闘能力のために最も重要な要素だが、ラエでは伝染病が多発し、その状況は連合軍の空襲により、ほとんど改善できなかった。

マラリア原虫の繁殖地となるのは水槽、湿地、汽水域の水路などだが、これは現地ではこと欠かなかった。マラリアの予防法を日本軍の医療関係者は正しく理解していなかったようだが、搭乗員にキニーネ錠の服用を義務づけていた。恐ろしく苦い薬なので、搭乗員にはその衛生的義務を無視した者がいたことは確かだろう。そのうち台南空の隊員たちには個人の疾病予防について投げやりな姿勢の者が多くなった。連合軍の空襲が頻繁になると、マラリアの保菌者だった現地人が飛行場周辺地域から去ったものの、今度は日本軍自身が新たに有力な保菌者を抱えることになってしまった。また、定期的な健康診断が行なわれていたにもかかわらず、秘かに進行する結核の脅威が常に存在していた。ベテラン搭乗員の半田亘理飛曹長もこの病に冒されて台南空を去り、1948年に死亡している。

さらに一般搭乗員を苦しめたのが赤痢で、生死に関わる病気ではないものの、流行すれば貴重な搭乗員の多くが飛べなくなった。新しい布団も蚊帳もなかったため、蠅を適切に防ぐことは不可能だった。物資不足による弊害には、ビタミン不足もあった。特にパイロットに不足していたのはビタミンCとB群だった。体重減少、筋力低下、感覚鈍磨、四肢のむくみ、皮膚病などがそれらに共通する兆候だった。

こうした症状は搭乗員を無気力にしたり、食欲不振にさせた。重症な場合は浮腫による合併症、結膜炎、歯肉出血になることもあった。これらの兆候のすべてがビタミン欠乏症によるものとは限らなかったが、それは真菌性日和見感染もあるためである。坂井の証言にあるように、ラエでは劣悪な栄養状態が当たり前だったため、健康上の問題のほとんどに有効な対策が取れなかったのが実情だろう。ラバウルの海軍病院に送られたラエの隊員は一人どころではなかったが、それはラビンギックからあまり遠くない緑の山地に建っていた。そこでは帝国海軍の白衣の天使たちが、ラエでは考えられない献身的な看護を提供していた。

ラクナイ基地の指揮所で台南空の陸偵搭乗員に訓示する斎藤正久大佐。1942年7月。(via Yazawa Kunio)

第4章
連合軍の逆襲
CHAPTER FOUR : ALLIED RETALIATION AUSTRALIAN COMMANDOS

オーストラリア軍コマンド部隊

　1942年初頭の、日本軍によるラバウルとラエとサラマウアの占領後しばらくの間は、連合軍はニューギニアにおいて日本軍地上部隊に有効な抵抗を行なえるだけの戦力をまったく欠いていた。しかし少ない戦力でも彼らを翻弄できる手段があった。ゲリラ活動である。オーストラリア帝国軍（AIF）〔全員が志願兵からなるオーストラリア海外派遣軍。第一次大戦の第1次AIF、第二次大戦の第2次AIFがある〕には、こうした作戦専用に編成された独立中隊がすでに数個存在していた。その基礎構想は第二次大戦初期のヨーロッパ戦線でイギリス軍が確立したものだった。その源流は19世紀末の南アフリカにおけるボーア人の戦術で、オーストラリアの森林地帯生活者のエリート兵からなる部隊をすでに2年近くの間、イギリス軍部隊として活用していたのだった。これらのボーア人たちが自らを「コマンド」と呼んでいたため、イギリス軍もその異名を使うようになった。英国の気概をもったこの精鋭部隊のモットーは、「エリザベス朝（ちょう）海賊とシカゴギャングと未開部族の勇猛さに、最高の正規軍兵士のプロ的効率と規律水準を」だった。

　AIFの構想も同様で、こうした部隊がラエの航空作戦に対して散発的な脅威を与えていた。1942年4月にニューギニア義勇ライフル部隊（NGVR）がラエとサラマウアの日本軍の動きを監視できることを証明すると、AIF総司令部は隷下のコマンド部隊による小規模な攻勢作戦を計画した。こうして第2次／第5独立中隊が1942年4月17日にポートモレスビーに到着し、NGVRと協同することになった。彼らの任務はマルカム峡谷とラエの日本軍の監視、そして同地の日本軍施設を襲撃し、現地飛行場からの日本軍の航空作戦を妨害することだった。

　オーストラリア軍部隊には現地人の協力が必要だったが、それよりも少なくとも裏切って彼らの活動を日本軍に密告しないことが不可欠だった。日本軍はラエとサラマウアに勢力圏を確立していたが、オーストラリア軍の実態といえばジャングルの放浪者だった。こうした奇妙な状況下で、現地人の尊敬を勝ち取るのは難しかった。しかし日本軍が全面協力を要求するようになると、周辺の村人たちの負担はかなり重くなった。拒否した場合の罰は重く、焼き討ちだったが、その後反抗的な村を砲撃と機銃掃射するのが日本軍の常套手段になっていった。ムヌム、ガダガサル、ガブマツン、ワイパリなどの村々が1942年中盤に幾度も悲劇に見舞われた。

　こうしてラエとサラマウア周辺の村人の大半が日本軍への

戦前のメルボルン市街地上空を飛行するDC-3-232 VH-UZK「クラナ」。本機は1942年5月23日に「カンガ軍」部隊をワウへ輸送した3機の民間機の1機。側面図65を参照。（Museum of Victoria）

ニューギニアのオーストラリア軍コマンド部隊、1942年。オーストラリア兵はオーウェン・マシンカービンやブレン機関銃など、米兵とは異なる武器を使用していた。（Matt Anderson）

好意を失い、かつての植民地支配者への忠誠を保ったのだった。これらの地元民のオーストラリア軍に対する態度はおおむね協力的で、すでに村人たちと顔なじみが多かったNGVR部隊の隊員たちの努力によって支持はさらに強められた。かなりの危険を冒してまで情報を提供したり、ガイドとして部隊を日本軍勢力圏の奥深くまで案内する現地人も存在した。だがコマンド部隊が自分たちの安全を考慮してくれないと考え、オーストラリア軍の情報を日本軍に流す者も少数ながらいた。

日本軍のラエ占領後も、NGVRは重要なサラマウア～ワウ～ラエ三角地帯内の監視と抵抗派の現地人との連絡を継続し、オーストラリアが彼らを見捨てていないことを示しつづけた。それを可能にしたのは彼らの周到さと臨機応変さだった。経験と土地勘も勝っていた。1942年5月6日のジェイコブスン・プランテーション後方におけるオーストラリア部隊との小競り合い後、台南空の零戦1機がナザブ付近のガブマツン村を地上掃射した。この零戦はその日0700に40分間の哨戒飛行に発進した奥谷順三2飛曹か、上原定夫3飛曹の機らしい。その日の午後、別の零戦1機がキャンプ・ディディー上空を半時間、低空飛行をして地形を観測し、オーストラリア軍がどこに強力な無線機や物資、そして16名の傷病兵を隠しているのかを探った。

1942年5月12日、ノーマン・L・フリエイ中佐がカンガ軍の司令に任命され、マルカム峡谷を中心とする地区で以後作戦を展開するよう命令された。彼の任務は「奇襲の要素を最大限に活用し、ラエとサラマウアを攻撃せよ」という特殊なものだった。「カンガ軍」はワウの周辺地域も支援することになった。しかし連合軍の輸送機は数少なく、また台南空の零戦がラエから常時哨戒をしていたため、部隊のワウまでの空中輸送には連合軍戦闘機の護衛が不可欠と考えられた。1942年5月初旬に最初に試みられたワウの兵力増強は雨季の悪天候に阻まれたが、カンガ軍の空輸は5月23日から開始された。現地派遣司令部、独立中隊の大部分、迫撃砲支隊などが無事ワウへ空輸された。これはニューギニアにおける兵員の最初の大規模空輸となったが、この輸送方式は米軍の第5空軍が大規模化するにつれて一般化した。これがラエとサラマウアにとって直接的な脅威になりつつあることも、小規模だが大胆不敵で戦闘能力も高いコマンド部隊が迫っていることも、日本軍総司令部はまったく気づいていなかった。この招かれざる客の出現は実に危険だった。

小牧丸の炎上爆沈

オーストラリア植民地政府時代に「政府波止場」と呼ばれていた桟橋に小牧丸が係留されてから2日後の1942年4月18日、ラバウルの午前遅くの炎天下、オーストラリア人捕虜たちが作業をしていた。小牧丸は1933年7月8日に進水した国際汽船の9,100トンの商船だった。船内には豪華な船室とラウンジが設けられ、民間航路時代はマニラ、シンガポール、ペナン、ロサンジェルス、クリストバル、ガルヴェストン、ニューオーリンズ、バルティモア、ニューヨークといった海外の名だたる港を行き来していた。帝国海軍に徴発されて南方での輸送任務に従事するようになってからは、往時の華やかさは見る影もなくなっていた。バリ島からラバウルまでの航海について坂井三郎はこう記している。

「空では鬼をも怖れぬ猛者たちも、小さな老朽貨物船に、まるで家畜のように詰めこまれていては手も足も出ず、いたたまれぬ思いのしどおしだった。しかも小牧丸の護衛といえば、千トン級の老朽駆潜艇がたった一隻……船はジグザグ航海をつづけながら、絶えずキリキリと軋みながら進んでいた。そして護衛の駆潜艇の蹴立てる波をかぶるたびに、船はゆらゆらと揺れてかしぐ。船内は、まるで焦熱地獄だった。その熱気には耐えがたいものがあり、二週間の航海中さばさばした日は一日もなかった。ジメジメ湿った暑くるしい船内で、汗がからだじゅうからながれだしてくる。塗装の臭いがツーンと鼻にまとわりつく。搭乗員たちは、みんなまるで半病人だった……」。【光人社刊「大空のサムライ」、「地獄のラバウルへ」より】

台南空の下士官以下の搭乗員の大部分のほかに、本船は航空隊の作戦の支援に不可欠な物資も運んでいた。荷降ろしにあたっていたのはオーストラリア人捕虜だった。搭載貨物には高オクタン航空燃料、爆弾、予備の機銃と機関砲とその弾薬など、危険物も含まれていた。正午少し前、捕虜たちは船からそう遠くない海岸で休憩を許された。そこで彼らはわずかな量の米飯を与えられた。結果的にこの休憩は天佑だった。台南空はまだ部隊の立ち上げ段階で、所属する零戦の大半がラエに配備されていたにもかかわらず、ラバウルの上空哨戒部隊を何とか捻出していた。その日空中にいたのは2個小隊計6機で、中隊長は笹井醇一中尉だった。ラバウルの空が青いことは滅多になかった。噴き出しつづける火山灰が靄となって視程を阻んでいた。

笹井は24歳で、三つのあだ名は彼の戦士としての成長を物語っていた。江田島の同期生からは「しゃも（軍鶏）」と呼ばれたが、これには彼の負けず嫌いの性格と、病弱な少年という揶揄が含まれていた。ラエで彼は「天駆ける虎」と呼ばれたが、これは彼の父から贈られたベルトの大型バックルに由来していた。さらにその後戦果を積み重ねるにつれ、「ラ

バウルのリヒトホーヘン」という異名が冠された。退役海軍大佐の長男という笹井の出自のよさは、柔道有段者という事実でいっそう高められた。彼のそれまでの戦闘で最大の心残りは、台南空の晴れ舞台だった1941年12月10日のルソン島攻撃作戦で機体の故障により、やむなく引き返したことだった。

滞空中の2個小隊のうち、1個が眼下で港から離脱しつつあったマローダーの2機編隊を発見し、追跡した。飛び去っていく爆撃機の後方で、波止場から黒煙がもうもうと上がっているのを台南空搭乗員は目撃した。銃撃を加えながら、3機の搭乗員は軽快な零戦を引き離していくマローダーの高速力を改めて思い知らされた。笹井小隊の下方では「政府波止場」が惨事に見舞われていた。視程が利かず、警報もなかったため、2機のマローダーは火山のすそ野の向こう側の水平線から突然現れたように見えた。低高度を保ちながら2機はシンプソン港を突っ切ると、リチャード・ロビンソン中尉機が右へ鋭くバンクして、台南空が真新しい零戦の組み立て整備を行なっていたラクナイ飛行場へ向かった。もう1機のマローダーは今回が二度目の戦闘作戦だった。この機はのちに「シッテンギッテン」と命名されたが、この時点ではまだ機名がなかった。

ジョージ・カーレ中尉の爆撃機は「政府波止場」と小牧丸への直線コースをとった。接近する爆音を聞いて立ち上がったオーストラリア人捕虜たちの目の前で、カーレのマローダーは500ポンド通常爆弾4発を投弾したが、爆発したのは2発だけだった。最初の2発は倉庫裏の車道に落ちたが、1発は不発だった。3発目が小牧丸に命中し、爆発した。4発目は至近弾だったが、これも不発だった。小牧丸は船尾が吹き飛ばされ、船体の後方三分の一がなくなった。船内の日本人乗組員には逃げる場所も時間もなかった。

あるオーストラリア人捕虜がこの顛末を簡潔にまとめている。「船内に閉じこめられた日本人の悲鳴はほとんど炎に呑みこまれた」

実に80名が赤熱する船体のなかで落命し、呉第3特別陸戦隊（矢野部隊）の稲継秀雄1等機関兵はこう記している。「……1030頃、敵機が襲来した。上空の火山灰のせいで敵機が視認できたのは市街のほぼ真上だった。敵機は一直線で西へ向かった。これで敵機は去ったのかと思ったが、約15分後に再び舞い戻り、爆弾を投下してから我々を機銃掃射した。味方の高射砲が応戦したが、命中しなかった。味方の飛行機3機が敵機を追撃したが、火山の噴煙で見失ってしまった。西桟橋から黒煙が見えた。激しい火災だった。海軍の輸送船が爆撃されたのだろうか。しばらくすると負傷者を満載したトラックが哨所に来て、病院への道を尋ねていった。死傷者が大勢出たらしい。昨日到着した輸送船は武器弾薬を大量に積載し、今日の午前に荷降ろしの予定だった。1100頃、船全体が炎に包まれた。弾薬類が激しく爆発し、誰も近づけなかった。付近に停泊していた船舶はすべて避退した。小牧丸を敵の標的として放置しないため、港内の護衛巡洋艦が炎上する同船を沈めようと射撃したが、近すぎて喫水線の下に命中しなかった。爆発の轟音とともに天高く伸びる火柱は震撼すべきものだった。凄まじい轟音と振動が天地を揺るがせた。同船の弾火薬庫の爆発によるものらしい。小牧丸は船尾が爆発し、沈没した。水面上に見えるのは上部構造物だけだ。1900すぎに大爆発があった。おそらく船尾の大型爆弾が一斉に爆発したのだろう。火災は周辺の倉庫にも延焼し、倉庫には各種の物資以外にも弾薬類があり、周辺には石油等の可燃物も大量にあったため、事態は一層深刻になった。弾薬は爆発を繰り返し、石油へも引火し、辺りは火の海になった。貯蔵所から海上に流出した原油が激しく燃えていた。風のため、さらに火勢が増した。筆舌に尽くし難い惨状だ。空襲で爆発した石油タンクの写真は何度も見たことがあるが、実際がこれほどとは思わなかった」

はぐれマローダー

大破壊を尻目に、カーレはマローダーを左の断崖と右の火山とのあいだへ滑りこませた。一方、ロビンソンはラクナイ基地の駐機地域の隅から隅まで100ポンド爆弾を大量にばら撒き、側面銃手たちは安全で有利な位置から臨機目標を掃射した。カーレは軽くなった爆撃機で火山の麓を通過してから左にバンクし、ロビンソンと合流すると帰投した。そこそこ

分隊長、笹井醇一中尉。1942年、ラバウルにて。

の対空砲火と笹井小隊の追跡にもかかわらず、マローダーは両機とも無傷だった。安全なポートモレスビーをめざして一目散に逃げるマローダーに追いすがれないため切歯扼腕していた笹井小隊は、突如現れた1機のマローダーが約300m下方をこちらに向かってくるのに目を疑った。

接近してくる単機のマローダーが撃墜にもってこいの位置に飛び出してしまったのは、その日の朝の出撃準備から始まった一連の手違いが積み重なった結果だった。この機を操縦していたのは第33爆撃飛行隊長のウィリアム・ガーネット中尉で、こんな形で日本機に出くわすとはもちろん予想していなかった。先日大尉への進級が決まったばかりのガーネットは、操縦技術よりも統率力と管理能力に長けた男だった。数週間前に米国本土からオーストラリアに到着したガーネットと副操縦士のラーセンは、マローダーでクイーンズランド州のアーチャーフィールド飛行場への着陸に失敗していた。爆撃機が突っこんだ飛行場敷地外の住宅は半壊し、機体も損傷した。オーバーランした爆撃機はビーティロードのフェンスに衝突し、横滑りしながら一般市民バッチ・フレニー氏宅の台所に機首から突っこんだ。さらに住宅の貯水槽が主翼前縁で壊され、豪米の友好関係に水を差した。前線任務が負担だったガーネットが、面倒だが不可欠な細部の段取りをおろそかにしたまま、実戦に飛び立っただろうことは想像に難くない。その結果、彼は参加隊員への指示を徹底せずに出撃してしまったのだと思われる。第22爆撃群はまだ立ち上げ段階だったので、新人を含む寄せ集めの隊員がいたのも当然だった。例えば機関士兼尾部銃手に志願していた19歳のサンガー・リード伍長はこれが最初で、結果的に最後となった実戦出撃だった。

マーティン・スキャンロン准将は元来ブレット大将麾下の米国航空集団の副司令だった。集団司令部はガーバット基地の作戦通信ビル内にあったが、1942年5月に米陸軍航空軍の指揮系統に吸収された。写真は1942年6月9日の撮影で、背後はB-17D「ザ・スウォーズ」。

この日の午前、ラバウルに行くはずだったマローダーは本来6機だったが、7マイルでガーネットが発進準備を急がせたため、シリンダー内に多すぎる燃料が流入してしまった。エンジン始動はこじれて失敗し、爆撃機のバッテリーが上がってしまった。そのため余分な燃料をシリンダーから出すため搭乗員が何人か降り、手作業でプロペラを回した。ガーネットは階級が次位のパイロットにしぶしぶ作戦の指揮権を渡し、それ以外の5機のマローダーがオーウェンスタンレー山脈を越えてラバウルへ向かうことになった。しかし間もなく3機が故障で引き返し、この日の攻撃はカーレとコビンソンの2機だけになった。一方7マイルでは、地上員の助けを借りたガーネット機がついに2基のエンジンの始動に成功し、発進した。

当初計画されたルートはニューブリテン島の北端を大きく迂回して北西から接近するものだったが、ガーネットは遅れて出発したので直線ルートをとらざるをえなかった。ガーネットは北進したが、3機が引き返したことも、カーンとロビンソンが悪天候のためラバウルに直線飛行で向かったことも知らなかった。両機が小牧丸を攻撃したことに対する日本機の憤激が、このあとの結末につながった。

こうした複雑な経緯も知らず、遅れて来たガーネットのマローダーが笹井たちの視界に飛びこんだのだった。尾部銃座で.50口径単装機銃を受け持っていたリードは日本軍戦闘機隊の接近を心細く見守っていた。「逃れるすべはなかった。ガーネットは彼らを振り切ろうと高速降下したが、先頭の機がこちらに追いついた」。下部銃座のリース・デイヴィーズ伍長は2発しか撃てなかった。.30口径側面機銃手のルッツ軍曹は彼の機銃が故障したのかと思ったが、デイヴィーズが笹井の銃弾にやられたらしいと気づいた。さらに深刻なことに笹井の攻撃でマローダーの右エンジンが発火し、火災が急速に燃え広がった。機首の誰かが脱出警報を鳴らしたので、ルッツはリードに教えるため尾部へ急いだが、彼はまだ笹井の列機を懸命に銃撃していた。警報を聞いたリードは狭くて先細りの尾部銃座から急いで出るため銃架を前方へ押しのけたが、その時機体下面の脱出ハッチが吹き飛ぶのを見た。リードが飛び出そうとしたが、足が引っかかってしまった。機外で手をばたつかせていた彼は、プロペラ後流のせいで今度は中に戻れないのに気づいた。奥でルッツが体当たりして足を押し出すと、怯えた銃手は地上へ回転しながら落ちていった。落下傘がばさりと開き、リードは自分が飛び出したマローダーが火だるまになっているのを見た。すると機は急に高度を落とし、海岸からそう遠くない海中に突っこんで爆発した。ココナツ林に降下したリードはかすり傷だけだった。すると

ルッツの落下傘がセントジョージ海峡の方へ漂っているのが見えた。自分の落下傘を隠したリードが水際に急ぐと、ルッツが泳いできていた。リードはルッツをめざして砂浜を走った。

　しかしリードは日本軍の捜索隊に捕まり、ニューギニア初の米陸軍航空軍兵捕虜となった。トライ村からカヌーが出され、間もなくルッツも捕まった。憲兵隊の記録によれば、捕虜たちはココポの付近に収容された。「敵機1機が東崎［ガゼル半島の先端］で撃墜された。歩兵第9中隊は落下傘降下した通信軍曹1名と機関士伍長1名を捕縛した」。間もなくココポ駐屯地に海軍旗をはためかせたビュイックのセダンが到着し、2名の憲兵が威勢よく降りてきた。憲兵は米兵たちに気をつけの姿勢をとらせ、乗馬用鞭で引っぱたいた。憲兵は遠くまで閃光と爆発音が届いた小牧丸の撃沈に激怒していたのだった。

　浅瀬に着底してからも小牧丸は炎上をつづけていた。積載していた弾薬の爆発は周囲に大きな被害をもたらした。台南空の地上員も11名が命を落とし、負傷者はそれ以上だった。同船の燃料タンクから発生した火災は石油に引火し、港内に広がったため、ほかの船は安全な泊地へ退避を強いられた。火災は一晩中燃えつづけた。夜の1900頃、積載されていた爆弾による大爆発が起こった。

　一方で逆上した日本兵に虐待された連合軍兵士は、殴打された米兵2名だけではなかった。惨事の現場から遠い場所に監禁されていたためオーストラリア軍捕虜に怪我人はいなかったが、軽率にも日本兵にざまを見ろという態度を示した者がいた。それに対し日本軍は元在ニューギニア豪州軍の士官らを集合させ、不届き者のオーストラリア兵2名を日本兵看守が棍棒で殴打するのを見せつけた。リードとルッツは戦争捕虜としてラバウルで生き抜き、その後日本本土で終戦までを過ごした。この第22爆撃群のたった2名の捕虜に日本軍が加えた仕打ちについては、到底ここでは語り尽くせない。

「白い飛行機雲をかすかに引きながら」

　小牧丸をシンプソン港で撃沈されたものの、ラエの台南空はポートモレスビーへの掃討攻撃を本格化させた。早朝の当直2次が何事もなく終了すると、河合四郎大尉を中隊長とする12機の零戦が2個中隊で掃討攻撃に出撃した。河合中隊は戦闘を行なわなかった。第2中隊長は吉野俐飛曹長だった。やはり彼の指揮下の小隊も戦闘をしなかったが、1050に小隊長の太田敏夫1飛曹と列機の和泉秀雄2飛曹と宮運一2飛曹が、モレスビーの約40浬北方で待ち構えていた7機のキティホークと交戦するため編隊から飛び出した。あるRAAFパイロットはゼロは「新しくてぴかぴかだった」といい、A・H・ボイド中尉はゼロは「明るいえんどう豆グリーン」だったと報告しているが、これはどちらも非常に正確な観察だった。オーストラリア側の指揮官はレス・ジャクソン（A29-30）で、零戦隊（河合中隊）は戦闘に加わらず、上空に留まっていたいようだったと記している。ジャクソンは後方攻撃を試みたが、どこからか現れた別の零戦に阻まれた。彼の乗機は側面風防、主翼、プロペラに被弾した。

　ボイド（A29-47）は「白い飛行機雲をかすかに引きながら垂直降下していった1機のP-40」を報告している。これは鬱蒼たるジャングルに高速で墜落したR・J・グランヴィルのA29-21で、おそらく彼は戦闘ですでに死亡していたと思われる。グランヴィル機の残骸はソゲリ高原のイティキヌム・プランテーションの近くで発見された。ディーン＝ブッチャー飛行隊付軍医は、暑くて不快なソゲリの山道やロウナ滝を速度の出ない救急車で延々と走り、彼の遺体を回収した。プランテーションの女性たちがオーストラリア国旗を手作り

1942年3月25日、長距離フェリー飛行後、アーチャーフィールドで着陸に失敗し、フレニー氏宅に突っこんだガーネットのB-26。(Hal Davidson collection)

第21兵員輸送飛行隊のC-47から物資を搬出する現地人ポーター。1942年末、ワウにて。(George Wamsley)

し、彼の棺を覆ったが、レス・ジャクソンの指示でその手製の国旗はグランヴィルの両親のもとへ送られた。彼は第一次大戦でAIF軽騎兵隊の優秀な隊長だった「グラニー」・グランヴィル中佐の一人息子だった。

一方、太田たちの3機は戦闘でキティホーク撃墜5機と不確実2機を申告していた（太田が4機、和泉が3機）。実際のキティホーク撃墜は1機のみだったので、驚くべき申告数である。

1942年4月19日から21日まで、台南空の基地上空哨戒は何事もなく終わった。4月21日に山下政雄大尉が指揮する12機の零戦隊がラバウルを発進したが、2機が離陸から間もなく故障で引き返した。そのため残りの10機がポートモレスビーに向かう4空の陸攻8機を護衛していった。0900少し前、第75飛行隊のキティホーク9機がこの編隊を迎撃したが、爆撃機はその後ろ上方にいた直掩隊よりも先行していた。戦闘は0900直前から7マイル飛行場の南東約30浬、高度6,000mで約10分間つづいた。A・H・ボイド中尉（A29-47）は爆撃機を援護するため零戦2機が向かってきたと報告している。これは山下中尉の第2小隊、小隊長の有田義助2飛曹と列機の久米武男3飛曹だった。オズワルド・J・シャノンほかのキティホークが乱戦に加わったが、彼は目ざとくも零戦の1機に「黒または暗色のタウンゼンド環」があったと記しているが、これは台南空の第2ないし第4中隊の青か黒の斜め帯のことだろう。オーストラリア軍パイロットたちは爆撃機1機と戦闘機2機を撃墜と申告しているが、日本機の損失は皆無で、零戦は1100までにラエへ全機が無事帰還した。

地上の情報部隊

1942年4月22日の夜明けの厳密な時刻は、ポートモレスビーが0615、ラエが0612、ラバウルが0549だった。オーウェンスタンレー山脈の両側で、陽光が果てしない緑のジャングルを覆う雲と覇を競っていた。高地ではスコール雲が湧き、峡谷や険しい峰々を包んでいたが、これは両軍搭乗員共通の敵だった。この日のラバウルの上空哨戒は平穏だったものの、ポートモレスビーを発った6機のフォートレスのうち1機がシンプソン港の船舶を爆撃した。その搭乗員は0845に九七式大艇を目撃した以外、敵の活動はほとんどなかったと報告した。それ以外の5機は悪天候のため目標に到達できなかった。ラエでは1430頃、有田義助2飛曹を小隊長とし、一木利之3飛曹と遠藤桝秋3飛曹を列機とする第2直がマローダー1機を迎撃しようとしたが、取り逃がした。その後の4次の上空哨戒は何事もなく終わった。

その日、ポートモレスビーの第75飛行隊のキティホーク搭乗員たちはRAAF総司令部から声なき応援を受けたような気分だった。その日の朝、メルボルンから来たサー・チャールズ・バーネット航空参謀長が彼らを訪問した。RAAFのトップはパイロットたちとの面会でざっと知った概要のほかに、山脈の反対側でラエ飛行場に肉薄していたオーストラリア軍地上偵察隊からも情報を得ていた。

ポートモレスビーのニューギニア軍総司令部にとって情報収集活動は重要だったが、ラエ／サラマウアの航空偵察に加え、詳細な情報が地上からもたらされる点が大変有利だった。当時マルカム峡谷やラエの奥深くまで隠密裏に到達できる部隊はニューギニア義勇ライフル部隊（NGVR）だけだった。先週、そうした斥候隊から有用な情報が届いたが、それは零戦隊が哨戒を開始するのは0530からで、毎日最低2機の戦闘機が基地上空1,500〜2,400mを夜明けから日没まで飛んでいるというものだった。この上空哨戒は天候が曇りまたは雨の場合は実施されなかった。1942年4月23日、別の斥候隊が日本軍に発見されることなくラエの町外れまで進出し、航空機の配置、動向、ディッディマンクリーク近くの爆弾集積所の位置、高射砲の配置などを記録してきた。彼らの観測成果は以下のようだった。

「……4月23日0655、飛行場に戦闘機27機。各機には英語で番号がつけられ、V-101〜104、106〜108、110〜115、121、123〜132、152。1機は不明。爆撃機の番号はF-310（修理中）、F-351、F-356。戦闘機の離陸距離は補助タンク装備でわずか500m（暖機後）。飛行場内および周辺で100人が作業。0730きっかりにトラック3台で到着。4月23日0910、増加タンクつき戦闘機6機が離陸し、1215に今朝ラエを発進したものでない双発爆撃機とともに帰還」

この詳細な情報は無線によりサラマウア経由でポートモレスビーに3日後の夜に届いた。AIFのモーリス准将はこれに対して「諜報活動は実に効率的に遂行されている……」と賞

アンバーリー基地のA-24シリアル#41-15796。1942年1月。（credit RAAF Museum）

賛している。

　NGVRの斥候隊が報告した「増加タンクつき」の戦闘機隊の正体は、山口馨中尉が率いる7機編隊で、すでにヴナカナウを発進してポートモレスビーに向かっていた4空の陸攻8機と途中合流に向かうところだった。ポートモレスビー上空で敵機との遭遇はなかった。小隊長の半田亘理飛曹長以下、河西春男1飛兵と日高武一郎1飛兵からなる小隊は陸攻隊が爆撃をするあいだ後方に留まり、爆撃機が現地を去ったのち、キラ飛行場でたっぷり半時間の単独掃討を行なった。彼らは2機のP-40に遭遇し、撃墜したと申告している。ラエに帰還したのは1220で、NGVRの報告にぴたりと符合する。ラバウルでは4機の零戦がマローダー5機を迎撃していた。零戦2機がマローダーの機銃に被弾し、台南空パイロット1名が負傷した。もう1機の零戦はラクナイで着陸時に転覆し、大破した。ラエでは30マイル飛行場とポートモレスビーに対し、戦闘機隊による新たな単独掃討攻撃が午後早々に決定され、和泉秀雄2飛曹と僚機の本田敏秋3飛曹が実施した。2名は1500に18機の連合軍戦闘機をそこで発見したが、交戦はせずに1時間半後にラエに帰還した。

5機中、3機撃墜

　1942年4月24日1130、ポートモレスビー上空ではRAAFのキティホーク5機が台南空の戦闘機隊と激しい空戦を繰り広げていた。戦闘は珍しく、敵機5機のうち3機を撃墜した台南空の圧勝となった。当初この台南航空隊のポートモレスビー攻撃は、第1中隊の上空援護のもとに第2中隊が7マイルを地上掃射する計画だった。このため14機の零戦がラエを1015に発進した。そのなかに遠藤桝秋3飛曹がいたが、彼はすでにバリ島時代からのベテランで、台南空の解隊時に内地へ帰還することとなる。遠藤はその後、1943年6月7日に251空隊員としてソロモン諸島上空で戦死した。〔編註：台南空は1942年11月1日付けの海軍航空隊令改定によりその部隊名を「第251海軍航空隊」と改称されたうえ、戦力再建のため11月中旬に内地へ帰還した。原著者がいうように「解隊」されてはいない。〕

第1中隊
第1小隊：山下政雄大尉、伊藤務2飛曹、本吉義雄1飛兵
第2小隊：半田亘理飛曹長、熊谷賢一3飛曹、河西春男1飛兵
第3小隊：久米武男3飛曹、小林民夫1飛兵

第2中隊
第1小隊：笹井醇一中尉、和泉秀雄2飛曹、遠藤桝秋3飛曹

第2小隊：宮崎儀太郎飛曹長、一木利之3飛曹、羽藤一志3飛曹

　離陸間もなく、第1中隊の伊藤2飛曹機と第2中隊の一木3飛曹機が故障でラエへ引き返した。サラマウア付近のオーストラリア軍見張所から、1033に未確認機5機が南下中、その3分後、さらに多数が後続中との報告がポートモレスビーに届いたが、これは第2中隊の5機と第1中隊の7機だった。1046に7マイルからキティホーク4機が定時哨戒のため離陸した。敵編隊がポートモレスビーに接近したのは1130だった。オーストラリア側の面々はレス・ジャクソン（A29-11）、ロバート・クロフォード（A29-76）、ビル・コウ（A29-47）、マイケル・バトラー（A29-29）だった。その後4機はポートモレスビーをめざして高度7,500mから降下した。クロフォードは給油のため、まっすぐ7マイルへ向かった。一方、空襲警報が発令されたため、7マイルからはオズワルド・シャノン中尉がA29-43で発進した。

　ジャクソンが敵機を発見した時、彼はあまりにも高速で急降下していたため、コクピット内に霧が発生していた。彼を見つけて減速した「オジー」・シャノンとバトラーが編隊を組んだが、シャノンはジャクソンが基地へ早く帰ろうとしているだけと考えていた。しかし直後に零戦隊が正面に現れたので、彼らはすぐに編隊を解いた。バトラーはある零戦に反航攻撃を仕掛けたが、有効射程に入る前にかわされてしまった。さらに多くの零戦が襲いかかってきたので、彼はひとつしかなかった雲に飛びこんだ。

「それは手ごろな大きさの積雲だったが、あまり大きくなかったので、私は何度も頭を出しては上や後ろにゼロはいないかと確かめては、また引っこみ……するとゼロが1機、オ

羽藤一志3飛曹はそのあどけない容貌と名字から「ポッポ」というあだ名で呼ばれた。ニューギニア戦の初頭から台南空に所属していたが、満20歳になって間もない1942年9月13日にガダルカナル上空で戦死する。

ジー・シャノンを追いかけているのが見えた……そいつがオジーのすぐ近くから射撃をし、彼［シャノン］も浜辺のすぐ側に近づいていたので、私は彼のあとを追った。だが次の瞬間彼は浜辺に突っこみ、死亡したのは確実だったので、私はまた雲のなかに戻った。私が被弾したのはそれから数分以内だった……敵機が私を雲から追い出したので、古臭いトリックで左右に激しく方向舵を動かして機軸を振って横滑りしたところ、いまいましい曳光弾は3〜400m前方に外れて、敵機はもう撃ってこなくなった……木々はそれほど高くなかったが、地表が迫っていた……基地に戻らなければ。もう20浬は来てしまっている。そんなに難しくないはずだ、大したことはない、前方にはクナイ草の緑の大平原がある。『よし、これならいける』と私は踏んだ。そちらへ向かうと、エンジンの温度が上がり、250か300ノットと、スピードはかなり出て、まわりにゼロはいなかった……彼らは完全に去った。その湿地に小さな木しかない横側から接近して、そのまま高速で数百m進んだ……反対側の熱帯雨林に降りることにし、そこで機体をそっと接地させたところ、当然だが機体は急激に止まった……幸い機体は裏返しになったり、横転したり、グランドループすることなく、まっすぐ前を向いたまま停止してくれた。外に出てみるとプロペラが曲がっており、胴体は操縦席のすぐ後ろでちぎれ、尾翼部は約270m後方に転がっていた」

彼は残骸の近くにパラシュートを広げた。幸運にも攻撃から帰投中だった米軍のミッチェルがパラシュートの近くにいた彼を発見し、ポートモレスビーに位置を無線で伝えた。間もなくジョン・パイパーがキティホークで上空に現れ、手を振った。バトラーも手を振り返し、それから主翼の上で仮眠をとった。夕方、ジープに乗ったオーストラリア兵が彼を迎えに来た。カーティス戦闘機の頑丈な機体構造のおかげでバ

トラーはその日を生き長らえたのだった。一方ジャクソンは、フェアファックス港でカースティング中尉のマローダー「ヘルス・エンジェル」を脅かしていた零戦の先導機と戦っていた。このマローダーは空襲警報を受け、地上撃破されるのを避けるため空中に上がった4機のうちの1機だった（その日の午前、悪天候のため6機がラエ攻撃から引き返していた）。ジャクソンの狙った機が鋭く右旋回した時、彼のマローダーはフェアファックス湾上空で降下旋回中だった。ジャクソンは操縦桿を強く引きながら射撃をつづけたが、Gのせいでブラックアウトした。高度2,000mまで駆け上がると、ジャクソンは獲物の操縦席と尾翼に命中弾を与えたと思った。コウは2機の零戦を攻撃し、1機に反航射撃を仕掛けたが上方に逃げられた。

第2撃で彼は、失速反転中の別の機を左斜めから狙った。その零戦が彼の背後へ降下していったので、下面に命中したのだろうとコウは考えた。ジャクソンが新たな攻撃に移ったので、クロフォードは援護のため彼に後続し、敵機の注意を引くため斜めから銃撃した。約100mと比較的近距離からの射撃に零戦は離脱し、上昇して逃げた。すると別の零戦がクロフォードと同高度にいるのが見えたので、距離約200mからその機に短い連射を加えた。

操縦性と速力にものを言わせ、日本機は上昇旋回でオーストラリア機の後ろへ喰いついた。2機の敵機に両斜め後方から追い立てられたクロフォードのキティホークは無数の命中弾を受けた。1発が燃料タンクを貫き、操縦席に燃料が流れこんできた。危険な状況だった。燃料の臭いが胴体内に充満するなか、クロフォードは激しく回避運動を試みたが、それも方向舵の左操作索が日本機の弾丸で切断されるまでだった。後方から正確な射撃を受け、高度15mにまで追い詰められたクロフォードには、A29-76「T」をまっすぐ着水させる以外の選択はなかった。彼はなめらかに約100ノットで着水し、大きな機首空気取り入れ口を水面上に保とうと格闘した。キティホークは勢いがなくなるまで3回バウンドし、空気取り入れ口が泡立つ海水に突っこむと、機体は止まった。重い機体は深さ1尋で着底した。クロフォードは戦闘で軽傷を負っていた。1発の弾丸が首をかすっていたが、もう1発は咽頭マイクを切断していた。また手足に弾片で裂傷も負っていた。サットンハーネスのおかげで着水時の怪我はなく、比較的容易に浸水した機体から脱出できた。撃墜されたパイロットが元気に陸の方へ泳いでいるとの報告が、陸上の見張員から7マイルにすぐ届いた。実はクロフォードの大げさな泳ぎ方は自分が健在なのを示すためだった。少なくともその日、彼はユーモアを忘れなかった。救命ランチが到着し、「水

1942年6〜7月頃のラクナイ飛行場。右は九八陸偵。写っている車両にはグアムで鹵獲され、ラバウルに持ちこまれたものもあった。（Jim Lansdale）

先案内人（パイロット）を手伝ってもらえますか？」と聞かれた彼は、「できることは何でもしますよ、私はパイロットですから」と答えたという。

バトラーとクロフォードは戦闘で不快な目にあっただけだったが、オズワルド・「オジー」・シャノンは戦死していた。シャノンのキティホーク（A29-43）はポレバダ村近くの海岸に墜落して爆発し、彼の遺体はその後バシル＝ジョーンズ少佐によって確認され、ハヌアバダ墓地に埋葬された。後日行なわれた葬儀はすっきりしないものになった。町の司祭が空襲警報を理由に墓地に来るのを拒んだため、参列していたRAAFパイロットたちは激怒した。オーストラリア兵たちは肝の小さい司祭が出かけても大丈夫だと思うまで、45分ほど墓前で待っていた。

1230、高度7,500mにいた別の哨戒ペアの2番機、アーサー・タッカーのキティホークが帰還した。彼は2,500mまで降下したところ、笹井たちとおぼしき零戦4機を発見していた。うち1機に2,000mで正面攻撃を仕掛けたが、そのまま右側面攻撃に移行し、最終的に約30mの至近距離まで接近した。彼は離脱直前に曳光弾が敵機の胴体に当たったと思い、高度3,000mまで上昇した。そこで左に旋回してから急降下し、港の上空にいた先導機に斜め攻撃を仕掛けた。彼は引き起こすと、前上方にいた別の零戦にも銃撃を加えた。どちらの攻撃も手応えがあった気がした。さらに彼は500m上空を接近してくる別の零戦のペアを発見したが、その2機は北へ変針すると、明らかに基地へ引き揚げ始めた。彼らは1330にラエへ帰着した。

上方での激しい空中戦を尻目に、ポートモレスビーの空域を去る前に笹井の5機の零戦隊は低空で7マイルの機銃掃射を開始した。その日の未明0300頃、7マイルではモントゴメリー少佐操縦のB-17E #41-2641がエンジンを始動し、ほかのフォートレス3機とともに滑走路へタキシングしていた。同機は埋め戻されたばかりの漏斗孔に車輪が落ちこみ、ラバウル攻撃に参加できなくなった。笹井の5機が飛行場を掃射すると、マローダー1機が燃え上がり、もう1機も破壊された。この攻撃で第22爆撃群の無機名の新品マローダー2機が失われた。攻撃から約10分後、モントゴメリーの無機名フォートレスは突然炎上し、燃え尽きた。これは行動調書に申告されることはなかったが、大きな物的損害であり、笹井隊の粘りによる追加戦果だった。

山下中隊は1発も弾丸を撃たなかった。反対に笹井の血気盛んな5機は空中で15機のP-40と1機のP-39を発見し、敵機6機撃墜と1機撃破、さらに係留中の「PBY-4」1機撃破と申告した。このカタリナはRAAF第20飛行隊のA24-5で、ツラギで損傷後、戦列に復帰したばかりだった。マローダー「ヘルス・エンジェル」はRAAF防空戦闘機のおかげで損傷も軽微で、無事着陸できた。その夜、集められたキティホークのパイロットたちは、7マイルより数km北西にあるボマナ飛行場への移動命令が出たと告げられた。日本側の戦果報告は全体的に正確にまとまっていた。

笹井醇一中尉（1発被弾）：P-40撃墜1機、使用弾数910発。
和泉秀雄2飛曹：B-26撃墜1機、P-39撃墜1機、P-40撃墜1機、使用弾数1,100発。
遠藤桝秋3飛曹（1発被弾）：申告なし、使用弾数710発。
宮崎儀太郎飛曹長：P-40撃墜1機、PBY-4（係留中）撃破1機、使用弾数610発。
羽藤一志3飛曹（1発被弾）：P-40撃破1機、使用弾数510発。

7マイルでの「ボブ」・クロフォード。1942年6月24日にポートモレスビー沖で不時着水して戻る際、彼は珍しく駄洒落を口にした。

初期のRAF二色迷彩のフォートレスE型で、方向舵の紅白縞が特徴的。1942年2月頃、イーグルファームでの撮影。（Kevin Ginnane）

乗機に1発しか被弾しなかった遠藤桝秋3飛曹は台南空での任期を生き残り、1942年11月に内地へ帰還した数少ない生え抜き隊員となった。バトラー、クロフォード、シャノンの被撃墜について、笹井醇一中尉、和泉秀雄2飛曹、宮崎儀太郎飛曹長らによると推測するのは容易だが、当日の空戦のきわめて入り組んだ経緯を考えれば、誰が誰を撃墜したのかを確定するのは困難である。翌日の台南航空隊の報告書によれば、ラバウルの稼動機は零戦2機と九六艦戦6機のみ、ラエの稼動機は零戦24機となっている。ラエの零戦戦力が急増しているのは、すべて4月11日に春日丸により20機が届けられたからである。ラエとラバウルのこの戦闘機数の差は、日本軍が攻勢を企図していたことを示している。

アンザック・デイ

4月25日は全オーストラリア国民が自国とニュージーランドの戦没兵を追悼する祝日であり、第二次大戦中のポートモレスビーも例外ではなかった。この日現在のラエの台南空の戦力は零戦24機だった。ラバウルではヴナカナウに九六艦戦4機と零戦8機を、ラクナイに九六艦戦わずか2機を残すだけで、戦力を分散させていた。ラバウルの基地上空哨戒は4回とも平穏だったが、ラエでは動きがあった。山下政雄大尉と笹井醇一中尉指揮下の2個中隊、計15機の零戦が0700頃、ラエの蒸し暑い大気のなかへ飛び立ち、ポートモレスビー攻撃に向かった。0805に彼らは7マイルの地上掃射を開始し、B-26を5機、P-40を2機破壊したと申告した。

実際には無機名の真新しいマローダー1機が破壊されただけで、その機は第33爆撃飛行隊で使われ始めてまだ3週間余りしか経っていなかった。10分後、警報を受けていた4機のRAAFキティホークが日本機に襲いかかり、各個で敵機との空中戦を繰り広げた。W・A・ウェッターズ少尉（A29-30）は零戦が「群れている」のを発見し、その1機に正面攻撃を仕掛けたが反撃され、数発被弾した。

W・D・コウ軍曹（A29-47）の被害が最悪だった。彼も反航攻撃を試みたが、零戦は「ぱっと下へかわして」しまった。その敵機が射撃の名手だったのか、単なるまぐれだったのか、コウ機の垂直尾翼に命中弾を1発与えていたが、幸い大したことはなかった。別の弾丸が彼の左主脚タイヤをパンクさせたため、7マイルに着陸後、彼の機はひどく左に曲がってしまった。G・C・アサートン少尉（A29-31）とリゲイ・ブレレトン中尉（A29-48）は無傷で離脱した。

日本軍は敵機の数を7機と過大に見積もり、撃墜3機と未確認3機を申告した。わずか4機だった相手に対し、大変な数字である。有田義助2飛曹、本吉義雄1飛兵、河西春男1飛兵、松田武男3飛曹の機が各1発被弾した。RAAF搭乗員たちは手堅く戦い、4機対15機という数的不利にもかかわらず、敵味方損失機なしにもちこんだ。

ポートモレスビーの山岳追撃戦

1942年4月26日朝、スラウチ帽を被った地上員たちがキティホークA29-47のちぎれた尾部の修理に汗を流していた一方、台南空はラバウルで4次の上空哨戒（延べ11機）が空振りに終わっていた。ラエでは和泉秀雄2飛曹を小隊長とし、日高武一郎1飛兵を列機とする第1直が、クイーンズランド州コーエンから進出して来たミッチェル3機を飛行場上空で迎撃した。和泉は3機をハドソンと報告し、1機撃墜と申告

遠藤桝秋3飛曹もバリ島以来の戦闘経験者で、1942年11月に内地へ戻ったひとり。その後1943年6月7日に251空隊員としてソロモン諸島上空で戦死する。

クイーンズランド州内の航空基地間の連絡飛行後、積み荷を降ろす第3爆撃群の真新しいミッチェル。

した。対してミッチェル側は爆撃機2機を地上撃破、戦闘機1機を離陸中撃破と申告した。またミッチェルの搭乗員は零戦5機に迎撃され、うち1機を撃墜した（！）と申告している。実際のところ、この短時間の空戦で失われた機は皆無だった。ミッチェル隊はコーエンに無事帰着し、和泉たちの2機も8時にラエに帰投した。その後の6次のラエの上空哨戒は平穏に終わったが、この日、ラエの台南空では再びポートモレスビーに対する大胆な攻撃が計画された。これは独立した2波の掃討攻撃からなり、第1波は山口馨中尉指揮の7機の零戦隊で、目標到着時刻は0800頃だった。5分後、7マイルを機銃掃射した彼らはP-40を3機地上撃破したと申告した。さらに5分後、彼らは7マイル飛行場の南東10浬で5機のキティホークと交戦し、3機を撃墜したと申告した（内訳は山口小隊が2機、太田小隊が1機）。G・G・アサートン少尉（A29-79）は他機よりも上方にいた2機の零戦に追跡されたが、海面高度まで急降下して振り切り、無傷で基地へ戻った。

だがマイケル・バトラー軍曹（A29-48）が、この日最大の危機に直面した搭乗員だったのは間違いない。彼は零戦1機に地上高度まで追い詰められてから、別の零戦に距離550mから尾翼を撃たれたという。2機の零戦はポートモレスビー東沿岸の後背山地で彼を追撃した。バトラーは右へ浅くバンクして緩旋回で基地へ戻ろうとした。海に出た彼はラカトイ（パプア人のカヌー）が1艘いるのを見つけ、零戦がそれを銃撃すると思った。その頃、さらに3機の零戦が追跡に加わった。バトラーは5機に追われるという絶体絶命の窮地に陥り、以下のように公式報告に記している。

「海面高度ではブースト圧約60［インチ］だと290ノットのゼロとの距離は変わらなかった。70［インチ］にすると彼らを引き離せるようになり、7マイルの12浬南東で振り切った」

数年後にバトラーは、この追撃戦は計算では120浬にわたってつづいたと語っている。

「私はスロットルをさらに少し倒した……彼らはこちらのエンジンがこれほど高いブースト圧を出せるとは思ってなかっただろう……水銀計が70インチ近くになると、すべてが吹っ飛んで爆発すると思われがちだが、爆発する前に300ノットぐらいまで行けることがわかった。温度はもう高すぎた。だがそれで少しずつ彼らを引き離せたのだが、スロットルを20か30まで戻すと、また彼らが追いついてきた。そんなことがモレスビーに戻るまでつづき、『これならどうだ』と私は彼らを振り切った……彼らは内陸へ向かって、私が7マイルに着陸するのを待ち構えているのだろうと思った。『それなら裏をかいてやれ、民間飛行場に着陸してやろう』と思った。そのため私は彼らを目にすることなく、帰還周回をして3マイル飛行場に着陸した。私はくたくただった。飛行場に降り立っても、口が利けなかった。米兵が1人やって来て……私は正気になるまでにタバコを半パックぐらい吸っていた。まったくうわの空で……人生でこれほど恐ろしい目にあったことはなかったので、ひどく取り乱してしまった。45分ぐらい経ってから、ようやく落ち着いたので、7マイル飛行場へ戻った」

逃げまわるバトラーに5機の零戦は1発も命中弾を与えていなかった。彼は粘り強さに定評のある山口馨中尉や太田敏夫1飛曹の手から逃れたのだろうか？　ラエ帰還後、日本機の損傷が確認された。被弾は山口中尉機が5発、久米3飛曹、小林1飛兵、有田2飛曹の機が各1発だった。その夜、バトラーは何度も眠りから目覚めたが、それは日焼けのせいではなく、空戦で肉体を酷使したせいだった。

ウェッターズのクナイ草原の冒険

一方で数機の零戦が7マイル上空の雲底を旋回しながらキ

ヴナカナウで砂埃を蹴立てて離陸する零戦二一型。地上員が帽振れで見送っている。戦争の進行にともない、台南空の零戦隊はラクナイに加え、ここにも少数が駐留した。火山灰のせいでエンジンの防塵フィルターには小まめな清掃が必要になった。

ティホーク隊の帰還を待ち構えていた。燃料が減り、着陸しなければならなかったアーサー・タッカーがこれに捉まった。タッカーは待ち伏せを受け、着陸時に機銃掃射されたが、機体から走り出て無事だった。

アラン・ウェッターズ少尉（A29-26）の帰還が遅れていた。彼はポートモレスビーの約30浬東方で零戦2機に攻撃されたが、それらが去ったあと、7マイルに帰るのに十分な燃料がないのに気づいた。アロア村付近の海岸地帯を旋回していたウェッターズは草原を見つけ、着陸を決意した。草原に近づいて見たところ、それは実は高さ約2mのクナイ草の生い茂った場所だった。幸い機体は障害物にぶつかることなく密な草地に軟着陸し、ゆっくりと停止した。不時着後、ウェッターズは海岸まで歩くことにしたが、これはサバンナの奥にいるよりも浜辺の方が発見されやすいと思ったからだった。しかし彼のカーティス戦闘機は間もなくクナイ草のなかに姿が見えなくなり、方向感覚がわからなくなったため、彼は乗機へ戻ることにした。操縦席に座ってどうすべきか考えこんでいたところ、現地人がクナイ草のあいだを音もなく近づいてくるのに気づいた。彼は主翼の上に立ち、自分がまだここにいることを示した。実は彼らは近くの丘から彼の機が草原に下りるのを目撃したNGVR支隊の一員だった。ウェッターズは機の燃料計を確認し、どうするかもう一度考えてみた。どうやら燃料はポートモレスビーまで何とかもちそうだったので、現地人ライフル兵のオーストラリア人隊長が部下に滑走できるよう草を刈らせ、離陸できるようにしてくれた。ところが空に上がって燃料計を見てみると、やはり不安に思えてきた。彼は再び出来立ての即製飛行場へ戻った。ウェッターズがその晩、操縦席で眠ろうと努めているうちに、NGVR支隊は7マイルへ帰られるだけの燃料をどこからかジェリカンで集めて来てくれた。

アロアでウェッターズが不時着したA29-26の操縦席でどうすべきか思案していた頃、ラエからの第2波がポートモレスビーの朝を乱しに来ていた。これは宮崎儀太郎飛曹長が指揮する4機の零戦隊で、0935に目的地のすぐ北で4空の陸攻9機と合流していた。0950にこの混成部隊は北から接近し、高度6,500mでキラ飛行場上空を1航過した。約90発の陸用爆弾が駐機地域で爆発し、第8爆撃飛行隊のA-24を3機破壊した。

日本軍機は20分間飛び回ってから北北西に変針し、ギャリー川付近にあった一部が竣工していたロロナ飛行場（30マイル飛行場）も爆撃した。先の朝方の戦闘から戻ったばかりだったオーストラリア軍キティホーク隊は迎撃できなかった。大急ぎで給油と弾薬補給をすませ飛び上がったRAAF第75飛行隊機は、上空に整った敵編隊を眺めただけで終わった。翌4月27日、ウェッターズが朝に帰還し、それ以外のキティホークは終日活動をしなかった。何もしなかったのは台南空も同じで、ラエとラバウルで計7次の上空哨戒が平穏に終わっただけだった。

ラエにあったこの格納庫は戦前にギニア航空が建設したもの。この建物は占領後に日本海軍に修理され、物資貯蔵庫兼整備所として使用された。（AWM）

当時の連合軍パイロットは全員がゼロとドッグファイトをするなと教えられた。これは零戦の格闘性能が勝るためで、連合軍戦闘機には一撃離脱戦法が適していた。このわかりやすい漫画は当時の米陸軍航空軍の訓練マニュアルから。（USAAF）

第5章
しっぺ返し
CHAPTER FIVE : TIT FOR TAT

隊長の死

　1942年4月27日の日中は何事もなかったが、その夜、オーストラリア軍キティホークパイロットたちを憤慨させる事件が起きた。その騒動の原因は2人のRAAF航空団司令官、ウィリアム・「ビル」・ギブソンとチャールズ・ピアースで、いずれも元カタリナ操縦者だった。「フート」のあだ名で通っていたギブソンは1941年8月にポートモレスビーに駐屯するRAAF第20カタリナ飛行隊の司令官に着任していたが、1942年4月にはその最前線の町にあった連合軍航空部隊司令部の幕僚になっていた。ピアースは1941年5月当時、ポートモレスビーのRAAF第11飛行隊の司令官だったが、やはりこれもカタリナ飛行隊だった。彼もギブソンと同じく幕僚で、1942年4月27日の夜、2人の上級士官はジョン・ジャクソン少佐を召喚し、君のパイロットたちは敵に押され気味じゃないかと不躾に言った。その際、彼らはパイロットを指すのに「ディンゴ」という単語を使ったが、これはオーストラリアでは野生化した犬を意味するのと同時に、当時の日常語で臆病者を意味していた。

　ジャクソンは激怒し、7マイルに戻ると、薄暗い石油ランプのともるテントに部下たちを招集した。彼が叱責の顛末をギブソンとピアースの名を挙げながら説明したところ、パイロットたちは犬のキャンキャン声を真似すると、それは「隊長がドッグファイトは避けろと言ったからだ」と反論した。ジャクソンはそれを認め、俺が明日、ゼロとの戦い方を見せてやると彼らに豪語した。サー・ジョン・バリーによる戦後の調査によれば、上記の出来事とは関係なく、ギブソンのその後の作戦司令官たちに対する態度は、「相変わらずで、しばしば高飛車だった」という。この結論に基づきRAAF航空評議会は1944年のモロタイで「蔓延していた不平不満の最大の原因」はギブソンの行動であると結論し、彼を職務から解いた。モロタイ事件について、このギブソンへの処分は公正かつ適切であると戦後には評価されたものの、彼がその解任に抗議したため、航空評議会はその後この決定を撤回した。

　翌4月28日は憤りの収まらないRAAF第75飛行隊にとって、歴史的な運命の日となった。前夜の無礼な非難の記憶も覚めやらないなか、1115にA29-8のジョン・ジャクソン少佐以下、A29-17のバリー・コックス中尉、A29-30のジョン・ブレレトン中尉、A29-48のピート・マスターズ中尉、A29-41のビル・コウ軍曹らは、モレスビー市の10浬北のホンブロム断崖上空に出現した4空の一式陸攻8機と、14機と目算される零戦隊という大部隊を迎撃した。ホンブロム断崖はほぼ垂直な絶壁につづら折の山道が1本入った独特の地形で、その起源についてはポートモレスビーの航空隊員たちのあいだでも時々話題になった。実はその山道は戦前にあるヨーロッパ人女性が町から馬でプランテーションに直行できるように設けたものだった。山道は戦時中使われることはなかったが、その痕跡は今も断崖の南面に残っている。

　実際に台南空がラバウルのラクナイ飛行場から0810に発進させた零戦は11機だった。彼らは40分前にヴナカナウを出発した4空の陸攻隊を護衛しながら、一路ポートモレスビーをめざした。山下政雄大尉を指揮官とする零戦隊にはそ

天才西澤には孤独な面もあった。この撃墜王西澤の写真は日本で撮影されたもの。

れぞれの役目が課せられていた。西澤廣義1飛曹、久米武男3飛曹、遠藤桝秋3飛曹の3名には陸攻隊の護衛が、山下分隊長以下の太田敏夫1飛曹、有田義助2飛曹、半田亘理飛曹長、本吉義雄1飛兵、笹井醇一中尉、和泉秀雄2飛曹、河西春男1飛兵たちには予想されるRAAF戦闘機の反撃の制圧が割り当てられていた。猛者揃いのなか、確かな腕を持っていたのが、のちに伝説の撃墜王となる西澤1飛曹だった。彼は22歳でずばぬけて長身だったが、顔色が悪く、陰気な印象を与えがちだった。孤独で真面目な男で、顔は笑っていても、目はそうでなかった。彼は千歳空の九六艦戦で実戦を経験した。再び坂井三郎の回想から。

「西澤に会ってがっかりする人は多かった。入院した方がいいのではと思った人もいた。日本人にしては背が高く、ひょろっとしていて、175センチぐらいあった。顔色が悪く、体重は60キロそこそこしかなく、肋骨が浮き出ていた。西澤はしょっちゅうマラリアや南方の皮膚病に悩まされていた。顔色もいつも悪かった。仲間のパイロットを尊敬してはいたが、親しい態度は滅多にとらなかった。無口で愛想がなく、自分の殻から出なかった。一日中ひと言もしゃべらないこともよくあった。一緒に飛んで戦った戦友が話しかけても、返事すらしないこともあった。尊敬されて当然の彼が、誰ともしゃべらず、物思いにふけりながら一人でぶらついているのを見ても、皆慣れっこになってしまった。西澤は根っからの戦闘機乗りだった。彼は飛ぶためだけに生きていたが、それには二つの理由があった。空を飛ぶという心躍る不思議な感覚と、戦いのためだ。空に上がると、この冷淡な変わり者は驚くべき変身をとげた。彼の置く距離感、無愛想さ、ニヒルさはすっかり消え去り、一緒に飛ぶ者に彼は鬼のように見えた。空中での彼は想像を絶する天才で、的確で無駄のない操縦で機体を意のままに操った。西澤ほどの戦闘機乗りは見たことがなかった。彼の空戦技術は目を見張る華麗さで、人のど肝を抜く、ありえないものだった。鳥といえども彼のようには飛べまい。彼の視力も尋常ではなかった。ほかの者には何もない空に見えても、彼の目は神業のように敵の影をいち早く捉えた。空の勇士としての長く栄光に輝く戦歴で、彼が敵に先に見つけられたことはなかった。まさに空戦の鬼というべき存在で、その才能たるや、わたしでさえも羨むほどであった」。

1000少しすぎ、ソロモン海上空で陸攻隊の及川正雄1飛曹機が機械故障のため引き返した。1030頃から残りの8機の陸攻はアンバシ村とイオマ村のオーストラリア軍見張所に発見され、ポートモレスビーに空襲近しの警報が伝えられた。1100少し前、日本軍編隊は目標に高度6,500mで接近し、2分後、計96発の60kg爆弾が7マイル飛行場に投下された。爆撃により修理中のキティホーク1機、トラクター1台、小規模燃料集積所1ヶ所が破壊された。ポートモレスビーの高射砲が反撃し、42発を発砲した。地上からは「ブートレス入り江へ向かう爆撃機から発煙が確認」された。これは田中飛曹長の陸攻で、高射砲弾4発が命中したにもかかわらず、1230にどうにかラエにたどり着いた。

1115ちょうどに11機の零戦がポートモレスビー上空に到着し（RAAFと日本軍、両方の記録が分まで一致）、空戦が20分間つづいた。日本側の記録によればキティホーク7機を発見とあるが、実際に飛行していたのは5機のみだった。高度5,000から6,300mでマスターズとブレレトンは爆撃機隊を攻撃し、ジャクソンとコックスは零戦隊へ向かった。前者は爆撃機隊に再航過を掛けようと旋回したが、角度が急すぎたため高速失速して錐もみに入ってしまった。マスターズはダウゴ島付近で水平飛行に戻したが、ブレレトンは爆撃機隊から応射され（機銃弾200発以上）、軽傷を負った。

以下は飛行隊の情報将校、S・H・コリー大尉によるこの戦闘の公式記録である。

「P-40隊は高度6,500mで爆撃機隊に到達し、パイロットたちはその周囲に5〜7機の零戦と、少し離れた位置に9機前後の別の零戦隊を確認した。P-40隊が爆撃機隊に後方攻撃を仕掛けようと接近したところ、ゼロが攻撃してきた。緊密な編隊を先導していたジャクソン少佐が最初に上方からゼロに攻撃された。彼はこれを回避しようとしたが、高度がありすぎたため、失速して錐もみ状態になった。その他のP-40は互いの距離が近かったので、失速錐もみする指揮官機を避けるため懸命に運動した。ブレレトンは姿勢を安定させると、また爆撃機隊の方へ上昇した。あるP-40の後方にゼロ1機が喰いつき、その上方にさらに4機が旋回しているのを見たブレレトンは、このゼロの後方に飛びこみ、長距離から射撃した。するとブレレトンは被弾し、また錐もみに……」

この空戦を地上から見ていたオーストラリア人記者、オスマー・ホワイトは以下のように記している。「陽光が爆撃機隊の銀翼をきらきらと輝かせ、その上方に7機と9機の二つのゼロのV字編隊がいた。爆弾が落とされ、山地の頂に土ぼこりと煙の巨大な柱が何本も立ち昇った。谷が震え、山々から爆発の反響がずしんと轟いた。爆撃機隊は引き返して高度を上げ、そのあとを高射砲の爆炎が追った。こちらからは見えないほどの高空のどこかで空中戦が行なわれていた。機銃の発射音が淡々と聞こえた。私の側にいた観測員が『見ろ、あそこだ！』と言った。小さな暗い十字形の影が白い煙を引きながら落ちていた。それは味方機だった」

ジャクソン機は煙を引きながらローエス山の東側の麓へ落ちていった。エンジンは斜面に2mめり込み、広範囲に散らばった残骸からは機体の識別すらも不可能だった。ジャクソンの遺体は総督公邸から遠くないハヌアバダ墓地に仮埋葬され、その後1943年にボマナへ移された。以下は同僚パイロットのジョン・ペテットの回想である。

　「数ヶ月後に見つかったのは、コックスだと思う。米軍の工兵隊が新しい滑走路を作るため湿地をさらったところ、飛行機［とバリー・コックス］が確認された。ローエス山の上を飛んでいると、陸軍の連中が飛行機［ジャクソン機］を発見して、状況検分のためにパラシュートを広げていたのがはっきり見えた。7マイルに戻ると私はそのことを報告した。湿地を探すのは無駄だった」

　この建設中の滑走路というのはワーズ飛行場のことで、米軍工兵隊は掩体と駐機場を建設する準備のため、現在のポートモレスビー・ゴルフクラブ付近の土地を排水していた。コックスのキティホークの墜落地点が確定されたのは、1942年中盤のその工事時だった。

　前夜の理不尽で不愉快な非難で否定された「ゼロとドッグファイトをするな」という常識同然だった戦術教義が、それから何週間も大勢の心にのしかかった。ジャクソンが広大な中東での戦訓から得た一撃離脱という実際的な戦法は、現在では妥当だと考えられている。それ以外はありえなかった。のちにピート・マスターズは運命の作戦についてこう記している。

　「その日は湿度が高く、風が強かった。午前5時に衛兵がテントのフラップ越しにランプを掲げて私を起こし、半時間以内に7マイル飛行場で朝番待機をよろしくと告げた。これは泥と砂利だらけの滑走路の端にある作戦ないし待機用テントで、パラシュートハーネスと救命胴衣を着けたまま、いつでも割り当て機へ走れるようにしておけという意味だ。警報は『ゴールデンボイス』……レニー［レイフ］・ヴァイアル無線見張員から電話報告がくると発令される。彼はニューギニアにいる監視士官で、私たちがポートモレスビー基地にいた期間中、ずっとサラマウアとラエの後背地の山奥でキャンプしていた……朝番用のトラックにはパイロットが5人乗っていた。ジョン・ジャクソン（われらが隊長）、バリー・コックス、コッキー・ブレトン、ビル・コウ、そして私だ。作戦基地の7マイル飛行場までのでこぼこ道を行くあいだに眠気は吹っ飛んだ。ジョンは待機中でも飛行隊の事務やらで忙しい。私たち4人といえば、ポーカーをしたり、今日したいことなどをしゃべったりしていた……あの日、7マイルの朝はいつもどおりだった。1時間おきに私たちは外に出て、暖機のために機のエンジンをかけると、燃料車が各機を44ガロンドラム缶で満タンにしていた。非番のパイロットたちが遊びにくると、盛り上がってゲームをしたりした。待機とは何かが起こるのを待ちながら、ひたすら時間をつぶすことだ。飛行隊の情報将校、ステュー・コリーがよく最新の情報部報告書の研究から抜け出してきて、山脈の上に湧く雲について蘊蓄を語ったりした。ビル・ディーン＝ブッチャーだろうか、清掃班と作戦用テントにやって来て、四座式便所を掃除したり、テントのそばに穴を掘って胃腸炎の伝染を防ごうとしていた。また陸軍の非番の物好きだろうか、飛行機のあいだをぶらつくと、今日も何機か撃ち落としてくれよとか上手いことを言って、朝飯をゴチになっていった。待機用テントの中心の支柱には旧型の陸軍標準型箱形手回し式電話が設置してあった。それが鳴った！　ステュー・コリーが受話器をつかむと叫んだ。『出動！』。爆撃機8機と護衛のゼロ14機が高度6,000m超でこちらへ接近中だ。

　全員が咽頭マイクをつかんだ。これは首にガーターみたいに装着して、うなじ側の留め金で締めるものだ。私たちは自分の飛行機へ急いだ。ジョンはテントから最後に出たが、最初に飛行機に着いたのは、機がテントのすぐ外にあったからだ。彼は叫んだ。『遅れるな、シングルV編隊で行く。出撃っ。マスターズ、お前は俺の2番機だ』。ジャクソンの2番機を務めるのは実に骨が折れる。彼はいつもエンジンがまだ回り始めで暖まっていなく、コクピットハーネスも締めないうちに

ジョン・Fのハヌアバダ村近くの仮設墓地。1942年5月。
（John Wiltman collection）

滑走し始めた。そういう必要手順は滑走路の端に行くまでにやった。時間がもったいないので、どちらの端でも関係なかった。誰も機内の双方向無線機でしゃべらなかった。無線封鎖は不可欠だったので、何でも手信号で伝えた。爆撃航過を妨害してからゼロどもとやり合うには、とにかく速く昇って敵の上につかねばならない。ジョン・ジャクソンの唯一の欠点は、興奮すると手信号がうまく伝わらなくなることだ。飛行機で飛んでいるときの彼は『荒くれ者』だが、従う側としてはその合図が少々雑すぎるのが困りものだ。それでも私たち全員は無事離陸し、前に何度も彼の2番機を飛んだことがある私は、彼の信号を読み取り、みんなに伝えてやった。

フルスロットルでまず海上に出て旋回してから、オーウェンスタンレー連峰上空の密雲を突っ切って北へ向かった。絶景だが危険を秘めた山並みはニューギニア全体を東西に走っているが、そこでは多数のオーストラリア兵が戦っているのだ。ジョンが両腕を振り回し、上と前を指差したのは空に上がってから15分ぐらい経ってからだった。遠方の、私たちより約2,500m上方に銀色の点々が見えた。接敵するまでにこちらが上をとる、あるいは同高度をとるのは無理だった。私たちは酸素マスクを着け、まだ全力で上昇中だった。私たちで緊密な編隊を組めていたのは3機だけだった。コッキー・ブレトンとビル・コウの機は私たちのより調子が悪いようだった。ジョンはバリー・コックスと私が右に寄るよう先導しながら、高度を稼いでいった。こちらが旋回して接近中のジャップへ正対するようになると、ジョンは私たちに間隔を開けさせながら彼らの側面に当たるようにした。下からなら爆撃機隊を上方のゼロから切り離せるので、これは絶好のチャンスだったが、ゼロたちは降下して私たちを妨害しにかかった。高度6,000mで空気が薄く、私たちの機はどれも限界だった。ジョンは私たちを8機のミツビシ『ベティ』爆撃機へと先導した。彼はV字編隊の2番機をめざした。私たちの側面になったV字編隊の、バリーは指揮官機を、私は3番機を狙った。私が.50口径ブローニング機銃6挺を撃てるまで目標に接近した時、私の機の姿勢はほとんど垂直だった。側面ブリスター銃座の機銃の後ろで私をにらむ銃手の顔が見えた。次の一瞬、すべてが起こった。私が操縦桿のトリガーを押すと、敵爆撃機の胴体下面と尾部に穴が開いていくのが見えた。と同時に、私の機は失速し、敵機の上方で裏返しになり水平スピンに入った。こうなると凄いGがかかるので、それからの数秒だか数分間、私は意識がある瞬間には機体を安定させてスピンから脱出しようと懸命になった。再びコントロールを取り戻したところ、そこは雲のなかで、私は状況を知るため再び上昇した。上方はるか彼方で空戦中の飛行機らしい、空に軌跡を描く4つの影が見えた。

基地に戻る途中、ジョン・ジャクソンとバリー・コックスが行方不明で、コッキー・ブレトンが迎撃中にひどく被弾したと聞いてショックを受けた。ステュー・コリーに飛行後報告を出してから、私はキャンプに連れ戻され、看護婦に薬を飲まされて眠らされた。あとでコッキー・ブレトンに聞いたのだが、彼とビル・コウはジョン・ジャクソンが先導する最後の猛烈な上昇についていけなかったという。彼は爆撃機隊が通りすぎてから後方攻撃ができるようになり、しんがりのミツビシ・ベティに有効射を与えたという。すると2機のゼロに銃撃され、基地へ戻るはめになったそうだ。またコッキーは爆撃機を撃とうと上昇していた時、2機のゼロがジョンかバリーの機を追いまわしているのを見たという。どちらかはわからなかったが、ゼロに追われていたのがキティホークだったのは間違いないという。ジョンとバリーがどうなったのか、正確に知るすべはないが、ジョンが最後に無線封鎖を破って、あらんかぎりの悪態を叫んでいるのが聞こえたので、彼が凄まじい戦いを繰り広げていたのがわかった」

日本側はこの戦闘で戦闘機1機を失ったが、オーストラリア側はそれを知らなかった。日本軍パイロットの多くがキティホークに命中弾を与えたと申告したが、和泉秀雄2飛曹だけは確実撃墜1機を申告した。和泉が撃墜したのがコックスではなくジャクソンの可能性が高いのは、ジャクソン機がエンジンから発煙しながらという目を引く状態で墜落したためである。

1135にポートモレスビーの北で11機の零戦が再集結した時、1機がエンジンに被弾し、異常を発生していた。それは西澤廣義1飛曹機で、1220についにエンジンが停止し、サラマウアの10浬東で無念の着水を強いられた。西澤の憤懣は想像するしかないが、エンジンを何とかなだめすかして距

太平洋戦争開戦直前、ヴィクトリア州ラヴァートンで整備中のRAAFハドソン。

離を稼げたのは幸いだった。もしサラマウアまでもっていなければ、彼はフォン湾の生暖かい海に消えていたかもしれない。僚機がサラマウア飛行場に降りて哨戒艇を手配し、びしょ濡れの西澤は救助された。彼以外の零戦は1315すぎにラエに着陸し、その30分後に8機の陸攻もヴナカナウに帰着した。憮然とした西澤も救助隊によりラエの波止場にほどなく送り届けられた。

実際的な観点から言って、ジャクソンとコックスの死によりRAAF第75飛行隊の戦いは手詰まり状態となった。翌日、作戦可能な稼動機が不足したため、またも来襲した8機の陸攻隊の迎撃もできず、その護衛の零戦隊は7マイルを我が物顔で機銃掃射した。オーストラリア軍にとってジャクソンを失った意味は計り知れなかったが、彼の最期には終わりまで運命の皮肉が付きまとっていた。台南空は三度目にしてついに不屈の敵飛行隊長を斃したのだが、またしても台南空パイロットたちは自分たちが何者を撃墜したのか知らないままだった。実際、台南空はその時の作戦を11機の零戦が550発しか撃たなかったので、全体的に不満足な戦闘とし、ABC評価で「C」という低い総合評点を与えていた。本書の刊行時点でもコックスのキティホークはポートモレスビー・ゴルフ場の16番ホール近くの沼に沈んでいる。今でも乾季にはその腐食破片が見つかる。

たった一度の「特別任務」

一方、ラバウル上飛行場（西飛行場、ブナカナウとも）の4空指揮所では陸攻隊の指揮官が森玉賀四大佐に「特別任務」の無事完了を報告していた。彼の任務はまったく類を見ないもので、その後二度と繰り返されることはなかった。この前例のない試みは前月にラバウルにいる軍民の捕虜全員に故郷に手紙を書くよう、日本軍収容所が求めたのが始まりだった。手紙は1個約200通入りの小包4個に詰められた。カーキ色の4個の小包には落下位置がわかるよう、白布製の60cmの吹流しが各1本取り付けられた。それぞれには「この荷物を拾われた方はポートモレスビーの陸軍司令部にお届けください」との依頼文がつけられていた。小包は第39民兵大隊A中隊の担任地域に投下された。当初オーストラリア兵たちはこれを仕掛け爆弾だと考え、誰も近づかなかった。しかし結局、意を決した者が小包を大隊司令部に届けた。そしてある工兵士官が呼ばれ、空堀でそれを注意深くポケットナイフで開封した。その中身に全員が驚き、手紙はそれぞれの宛先に届けられた。だが大半の受取人たちにとり、これが最終的に愛する人からの最後の便りになったのは嬉しくも悲しいことだった。

それからかなりのち、これらの捕虜たちは商船もんてびでお丸によりフィリピン経由で海南島へ移送されることになったが、同船は途中で米潜に撃沈されてしまったのである。

前田機、ココナツ林に不時着

台南空パイロット、前田芳光3飛曹がなぜポートモレスビーとミルン湾の中間に位置するココナツ林に不時着したのかは、いまだに不明である。1918年5月5日に東京市の小石川で生まれた前田は、専門学校2年生の時に帝国海軍に入団、丙種飛行予科練習生に選抜されて2ヶ月間の地上教育後、飛行練習生教程を開始し、1941年11月に36名の同期生とともに修了した。佐世保基地へ移動した彼は、長崎から海路台湾に向かい、台南空に配属された。零戦で飛行訓練を2ヶ月以上行なったのち、インドネシアのバリ島で最初の基地上空哨戒を1942年2月28日に、二度目を3月3日に飛んだ。前田の台南空隊員としてのニューギニアでの戦歴は4月21日から28日までの1週間という短いものだった。当時の部隊の方針により、彼はポートモレスビーへ飛ぶことはなかった。彼はラエの上空哨戒を4月21日、22日、23日（2回）、24日（2回）、25日、26日に飛び、そして4月28日0600から2時間の当直に当たった。彼は第1直の哨戒を無事終えたが、招かれざる連合軍の襲来が彼の運命を永久に変えてしまった。

その日1300少し前、第93爆撃飛行隊のB-17Eが5機、マルカム峡谷からラエに飛来し、10分後、視界の悪いなかで投下された爆弾は滑走路の南東端の建物と弾薬集積所に命中した。B-17の搭乗員は双発爆撃機2機と戦闘機2機が離陸するのを目撃した。これは台南空の発進の遅れた第5直で、本田

オーストラリア本土では1942年中ずっと米軍による補給支援が継続されていた。写真はクイーンズランド州上空を飛ぶB-18「ボロ」爆撃機の操縦席で、カメラを見すえている左の人物が第5空軍の補給を指揮していたヴィクター・E・バートランディアス大佐。彼はこの旧式爆撃機を「ダムフィノ」と名づけていたが、これは誰かにこの専用機の機種を聞かれたときの答え、「んなもん知るか」にちなんだもの。

敏秋3飛曹と日高武一郎1飛兵の機だった。実はこの空襲は台南空の隙をついた。第4直の前田芳光3飛曹と有田義助2飛曹はその約20分前に着陸していた。その後、1400に前田、有田の両名が緊急発進し、侵入を終えてミルン湾に向かう米陸軍航空軍のミッチェル1機の追跡に向かった。

この日、第3爆撃群は第90爆撃飛行隊のB-25Cを3機、チャーターズタワーズからトロブリアンド諸島とパプア北海岸の偵察に派遣しており（この任務はミッチェルの行動半径ぎりぎりだった）、帰還先はポートモレスビーだった。1機がエンジン不調で引き返し、さらに1機も敵を発見できなかったが、ラルフ・L・シュミット中尉操縦の「デア・シュピー」と命名された3機目がラエまで到達した。飛行場上空でシュミットは写真を撮影し、滑走路の両側に30機の航空機を発見した（爆撃機と戦闘機がほぼ半々）。有田と前田は侵入機を捕捉し、かなりの長距離を追跡した。うち1機が引き返す前に「デア・シュピー」に命中弾を与えた。このミッチェルの耳慣れないニックネームは機長のドイツ系の名字をもじったものだった。パイリ（フッド湾の北西）の見張員が1504に聴音した西へ向かう単機の爆音は、シュミット機か前田機のいずれかと思われる。有田はその後ラエに帰還し、すでにポートモレスビーの安全圏内に入っていたミッチェルを撃墜したと申告したが、「デア・シュピー」が7マイルに滑りこんだ時、有田にやられていたのはタイヤ1本だけだった。

だが前田はラエに帰ってこなかった。おそらくミッチェル追跡の最終段階で有田とはぐれてしまい、不慣れなパプア半島の広大なジャングルの上で機位を喪失してしまったのだろう。この24歳の日本人パイロットは、なぜかアバウの東沖にいた艦船を攻撃することにした。おそらく完全に迷い、基地へ帰るだけの燃料もないと悟った彼は、自爆を決意したのだろう。もしそうならば、彼が不時着して生き残ったのは生存本能がまさったためだ。前田のV-110号は明らかに機銃掃射攻撃の態勢をとっていたが、プランテーションに突っこんだ。その際前田は頭部を負傷し、意識が混濁した。あるいは機体が樹木に衝突した、または小火器の弾丸が当たっていたなどの可能性もある。オーストラリア陸軍の公式報告によれば、パイロットは酸素不足のため朦朧とし、それが不時着の原因だとしている。しかし前田が酸欠になるほど高高度を飛んでいたとは思えないので、単に不時着の衝撃で脳震盪を起こした可能性の方が高い。

いずれにしろ、前田が不時着するのを村人たちとANGAU士官M・J・ダフィーが目撃し、彼を捕虜にした。捕らえられた時、前田はダフィーに自分を殺してくれと身振りで示した。ダフィーは彼のことを結構「感じのいいタイプの日本人で、ハンサム」だと思い、年齢は19歳ぐらいと見た。同じ日の予備尋問で前田は、自分は捕虜になったので自動的に国籍は剥奪された、もう日本には戻れないと言い、銃殺を希望した。ニューギニア軍情報部の報告書に詳しい記述がある。「パイロットの服装は長ズボン、飛行ブーツ、ベルト、木綿シャツ、飛行帽だった。救命胴衣とパラシュートも身につけていた。パラシュートと飛行帽はRAAFに回されていた。ピストルは所持していなかった。見つからなかったが、憲兵は彼がズボンのポケットに腕時計を入れていたと報告していた……同捕虜は少なくとも自分の知る限り、連合軍の捕虜は丁重に扱われているはずだと述べた。また日付は忘れたが、撃墜されたB-26の乗員だったアメリカ人搭乗員を2人目撃したとも述べた」

前田が言った2人のアメリカ人とは先述した4月18日に第22爆撃群のマローダーを脱出したサンガー・E・リード伍長とセロン・K・ルッツ2等軍曹だった。当初、前田の官姓名の供述は、先の2月28日にポートモレスビーで捕虜になった

ポートモレスビーに運ばれた前田の零戦二一型のなれの果て。連合軍情報部が両主翼を切断する前に、多くの重要部品が土産取りで盗まれていた。赤の胴体斜め帯にチョークで書かれているのは、戦利品漁り禁止の文言。（R.P 'Ron' Nichols collection via David Vincent）

ブリスベーン郊外のイーグルファーム飛行場へ移動後、前田の零戦21型はブリスベーン市庁舎前で短期間一般公開された。（Queensland Government Archives）

4空の永友勝朗1飛兵のように順調ではなかった。彼は自分は「マイダ・ヨシミツ」だと答えていた。さらにのちには「オキ・ヒデオ」であると名乗った。英国国教会のストロング主教が乗船していたM.V.マトマ号はポートモレスビーからサマライへ向かう途中、1630にオトマタ・プランテーション沖に投錨した。投錨後間もなくストロングは低空を飛んできた日本軍戦闘機が旋回して明らかにこちらを機銃掃射しようとしているのを見てぎょっとした。ストロングは船長を叩き起こしたが、彼は収納してある機銃弾を探してあたふたするばかりだった。やっとそれを見つけた頃には、飛行機はいなくなっていた。ダフィーが前田をカヌーで連行したのは、それから間もなくのことだった。ストロングはパイロットに必要なものを聞いて与え、傷を手当てした。その後彼は食事を与えられ、身体検査をされた。マットレスが1枚敷かれ、彼はそこにぐったりと横たわった。捕虜はまだ意気消沈しているようだった。彼は身振りで自分は銃殺か斬首されるのかと尋ねた。アバウで彼は地区保安官のクロード・チャンピオンに引き渡されたが、彼も捕虜が自分を撃ち殺してくれと懇願したと記録している。こうした反応は戦時中、多くの日本兵捕虜で見られた。

　M.V.マトマにはミッチェル操縦員のハル・モール大佐ともうひとりの爆撃機搭乗員も乗っていた。船はポートモレスビーへ向かう途中、イオケア村の桟橋にエアラコブラ搭乗員ハーレー・ブラウン少尉を迎えに行った。彼は去る4月30日の作戦でパプアの海岸に不時着していた。その後M.V.マトマは砂浜に突っこんでいた前田の零戦を回収しに戻った。ポートモレスビーに到着すると、オーストラリア陸軍は運搬用トラックの荷台に積めるよう両主翼を切断した。その時までに戦利品漁りのためほとんどの計器、銘板、レバー類など取り外せる物はあらかた持ち去られていた。操舵索と滑車すらなくなっていた。残骸は1942年5〜6月にモレスビーの主桟橋近くの倉庫横に展示され、同市の守備隊員の関心の的となっていた。その後それは梱包されてブリスベーンに再び運ばれ、後日詳細調査のためメルボルンへ転送された。研究施設で分解されたエンジン部品がテストされ、金属工学的な分析が行なわれた。参加技術者のひとり、キース・アルダーは戦後オーストラリア原子力協会の理事になった人物だ。ポートモレスビーの戦利品泥棒に丸裸にされた零戦は、もはやとうてい復元可能な状態ではなかった。

　これは戦術航空情報部にとって苦い経験となった。それ以降、不時着した敵航空機はすべて厳重な警備下におかれ、戦利品漁りは情報収集のため制定された一連の規定により禁止された。1943年7月、零戦の残骸はシドニーの市街をトレーラートラックに載せられてパレードした。連合軍のプロパガンダが優先され、掲げられた横断幕には「米空軍に撃墜されたジャップのゼロファイター」と書かれていた。この文言は真実ではないが、「ココナツ林に不時着したゼロ」より人々の戦意を高めたことは間違いない。

　1942年5月6日夕刻、前田はS.S.タローナに護送、乗船させられ、同船は翌日の0310に豪州本土へ向けポートモレスビーを出港した。皮肉なことに同船には帰郷するキティホークパイロットも何人か乗り合わせており、そのひとりアーサー・タッカーはこう回想している。

　「みんな彼に多少興味はあったが、誰も彼にちょっかいを出さなかった。また彼も誰とも視線を合わせず、甲板に座ったままだった……どう見ても彼は不機嫌だった」

　オーストラリアでの予備尋問ののち、情報局はRAAFの許可を得ずに独断で、オーストラリアの日刊紙の1942年7月20日号にポートモレスビーで収監中だった前田ないし「オキ」の写真を掲載させた。偶然その写真（右ページ右下）が載った新聞を目にした彼は自殺を図った。この事件にRAAF情報部は厳重に抗議し、ダグラス・マッカーサー大将に戦争捕虜の身元がわかる情報のマスコミ提供を一切禁止する通達を出させた。1942年9月12日に前田はメルボルンのブロードミードーズに送られ、2日後にヘイ収容所（シドニーの西600km）に移された。そこで1週間を入院し、1943年1月8日にニューサウスウェールズ州のカウラ捕虜収容所に移された。1944年6月初旬に彼は再び2日間入院し、同年8月5日に有名な「カウラ大脱走」に参加したが、オーストラリアの冬の極寒の森林に8日間潜んだ末にパイン山で発見され、最後に捕まったカウラ脱走者となった。1944年9月5日、彼はマーチソン収容所へ送られた。前田は戦争を生き残り、1946年3月2日に

カウラ捕虜収容所、1944年。（AWM）

シドニーから大海丸で日本に帰還した。

なおV-110は台南空で欠番にならなかった。新たな「献納機」報国第500号が内地から補充され、同じ尾翼記号が割り当てられた。新V-110はラバウルとラエで戦い、1943年9月に連合軍によりラエで鹵獲された。

天皇誕生日の奉祝攻撃

第二次大戦中も天皇誕生日の4月29日は、世界中の日本国民全員がこれを祝った。内地からはるか彼方の台南空も例外ではなかった。台南空では奉祝のため一連の攻撃を実施することにした。当日の祝賀行事は朝早くから始まったと坂井三郎は回想している。

「料理をしたことのある水兵は全員烹炊所を手伝うことになり、限られた材料で最高の朝食を作った。ここ数日、連合軍はラエにまったく手を出していなかった。戦闘の小休止と、この特別な祝日の気分のため、われわれに隙が生まれたのは敵にとってもっけの幸いだったに違いない。七時に朝食をちょうど食べ終えた時、見張員が『敵機来襲！』と叫んだ。途端に大声や物のひっくり返る音が朝の静けさを破った。バケツ、太鼓、くり抜かれた丸太などが打ち鳴らされた。ラッパが二本吹き鳴らされ、喧騒に輪をかけた。これが空襲警報である。滑走路へ走ったが遅すぎた。爆弾はすでに投下され、すべてが終わっていた。おなじみのB-17が三機、高度六千メートル上空にいた。落とした爆弾の数は少なかったが、高度の高さを考えれば実に見事な正確さだった。五機の零戦が燃え上がっていた。さらに爆弾の破片で四機が大破した。待機中だった六機の戦闘機のうち、飛べるのは二機だけだった。太田ともうひとりの搭乗員がそれに飛び乗った。すぐにエンジンを始動すると、滑走路を走っていった。われわれも自分の機にたどり着いたが、離陸するには遅すぎた。三機のB-17と二機の零戦はもう見えず、高速のB-17に追いつくすべはもうなかった」

この攻撃を実施したのは、ホーン島から飛来した「おなじみの」第93爆撃飛行隊のB-17Eで、実際は4機だった。0700にラエ上空で彼らを最初に迎撃したのは、すでに空中哨戒に上がっていた山下政雄大尉と遠藤桝秋3飛曹のペアで、フォートレス隊はこの時20発の爆弾を投下し、零戦5機破壊を申告しているが、この数字は両軍とも一致している。この2機に上記のように緊急発進した太田敏夫1飛曹の単機が加わったが、何らかの理由で日本軍パイロットたちは爆撃機を3機しか目撃していない。飛行場で失われた零戦のうち5機が貴重な新品同様の機だったのは特に痛く、空中に上がった3機がフォートレス隊を懸命に追撃していることを台南空の残りのパイロットは確信していた。

1時間後に遠藤3飛曹がラエに戻り着陸した。彼は太田1飛曹が爆撃機1機を撃破し、自分が弾丸を使い果たした時も彼はまだ撃っていたと報告した。さらに1時間ほどが経っても太田は戻らなかった。空を見つめる面々の脳裏には太田が強大なフォートレス2機に単機で戦いを挑んでいる姿が浮かんだ。斎藤正久大佐が指揮所から飛び出し、太田が今サラマウアに燃料補給のために下りたと叫んだ。1時間もしないうちに彼はラエへ帰還し、仲間の搭乗員は安堵した。太田はフォートレス1機確実撃墜と申告し、この嬉しい（だが損害も大きかった）戦果はラバウルに伝えられた。

一方、4機のフォートレスはクロンカリーに無事帰還し、2機の零戦と短時間交戦したと報告した。この日の午前、ラエはさらに山口馨中尉と本吉義雄1飛兵からなる第2直を発進させた。5機の零戦が失われた直後だったた

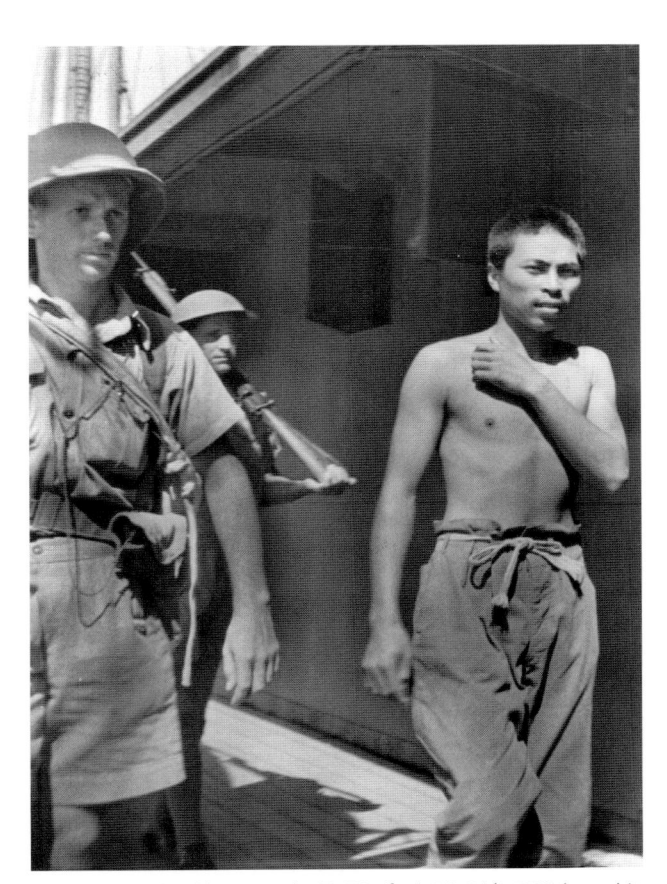

オーストラリア兵の監視下、1942年5月6日にポートモレスビーでS.S.タローナに乗船する前田芳光3飛曹。同船は翌日の0310にオーストラリアに向け出港した。6月21日に米陸軍の検閲をパスしたこの写真は後日メルボルンサン紙の第一面に掲載され、いたたまれなくなった前田はその後自決を図った。前田はオーストラリアの捕虜収容所で終戦を迎え、1946年3月2日にシドニーから復員した。（credit Acme Photo via David Vincent）

「デア・シュピー」の命名者はラルフ・L・シュミット中尉で、自らのドイツ系の名字をもじったもの。1942年4月28日にラエ飛行場上空でシュミット機が撮影した写真には、滑走路の両側に30機の飛行機が写っていた。台南空の有田義助2飛曹と前田芳光3飛曹の機が「デア・シュピー」に追いつき、ミルン湾まで長距離追撃を行なった。うち1機が引き返す前にシュミット機に命中弾を数発与えた。(Kevin Ginnane)

め、台南空は天皇誕生日奉祝攻撃の規模を計画より縮小した。その結果、ポートモレスビー攻撃隊34機のうち、笹井中尉率いる8機の台南空零戦隊が0945にラエを出撃した。

第1小隊：笹井醇一中尉、和泉秀雄2飛曹、河西春男1飛兵
第2小隊：半田亘理飛曹長、本田敏秋3飛曹、羽藤一志3飛曹
第3小隊：有田義助2飛曹、熊谷賢一3飛曹

　監視網から零戦8機が接近中との警報がポートモレスビーに伝えられ、それを受けて1023にRAAF第75飛行隊のキティホークが7マイルから緊急発進した。この日のポートモレスビーは晴れ間がほとんどなく、巨大な黒雲の連なりが市街地の上空を覆い、飛行機が隠れるにはもってこいだった。地上ではオーストラリア軍の監視隊が来襲者の正確な位置が特定できず苦労していたが、日本機の星型エンジンの音は隠しようがなかった。3個小隊からなる笹井中隊はポレバダ村上空を通過したのち、1045に7マイル上空に出現し、通過してから戻ると再び急旋回した。北西から来た零戦隊は7マイル上空をまた通過すると、市街地を抜けて海に出、再度北西から戻ってきた。
　1047に零戦隊は内陸を旋回しながら降下し、7マイル飛行場を機銃掃射した。7.7mmの使用弾数は1,500発に上った。笹井中隊がうろうろしていたのは優柔不断だったからではなく、視程が利かないため7マイルがなかなか発見できなかったためだろう。応射したボフォース砲手は3機に命中させたと申告しているが、有田小隊長機と熊谷機が各1発被弾していた。1130に笹井中尉は再集結し、1220すぎにラエへ無事帰着した。そして日本軍パイロットたちは大型機1機破壊と、大型機3機と小型機2機の撃破を申告している。実際の地上機の被害は、RAAFのロッキードハドソン1機が弾片で軽微な損害を受けただけだった。
　坂井は斎藤正久大佐の人柄についても記している。
「思いやりと、厳しさと、すばらしい能力をもった、本当の武人であった。むやみに部下をひきつけようとしたり、また、軍隊の階級だけにとらわれて威張っている士官たちには、絶対見られない型の人である。体格は私よりも小さく、色黒で、口数は少ない。斎藤司令は、私たちパイロットばかりでなく、すべての部下から尊敬されていた。敵機の空襲があっても、司令はいつも一番あとから退避された。飛行場を一通りぐるりと見回し、全員が防空壕に入るのを見届けなければ、たとえ頭の上に爆弾が降ってきても、司令は動かなかった」。(少年少女講談社文庫「ゼロ戦―坂井中尉の記録―」、「斎藤司令」より)
　その日二度目の空襲は間髪をおかず、ポートモレスビーにとって35回目の空襲でもあった。4空の小林國治大尉は操縦員の中山平飛曹長の右後席に着座し、1個中隊計9機の陸攻

が各12発の60kg爆弾を搭載してポートモレスビーへ向かった。ラバウルからの零戦5機が護衛に当たり、その爆音は正午に聴音された。台南空の第1次攻撃隊を迷わせた天候は相変わらずで、今度の陸攻隊も市街を通り過ぎて1210に海へ出てしまった。彼らはマーレーバラックス上空に戻って爆弾を投下したが、落下点は標的から大きく外れた。ローエス山からラロキ飛行場西方の無人サバンナ地帯にかけて、一直線上に弾着がつづいた。

日本軍の爆撃がまったく不本意な結果に終わったのは、積雲のため爆撃精度が低下したためだったが、この雲は戦闘機にとっては格好の隠れ蓑だった。先刻の攻撃の仕上げに1個中隊分の爆弾を7マイルにお見舞いしようという小林大尉の計画は、厚い積雲のせいで失敗に終わった。9機の陸攻はヴナカナウに1515に帰着した。1機が命中弾4発を受け、機銃弾200発弱を使用しているが、これは明らかに雲に隠れていたRAAFキティホークとの小競り合いによるものだった。

お礼返し

1241、陸攻を護衛していた5機の零戦が降下して7マイル飛行場北端の掩体壕を機銃掃射し始めたのに、地上部隊は意表を衝かれた。これによりキティホーク2機と第8爆撃飛行隊のA-24が1機被弾した。零戦隊は邪魔されることなく引き揚げ、1500にラバウルへ帰還した。ただこの戦闘について連合軍と日本軍の記録に混乱が見られる。25航戦の戦時日誌や台南空の行動調書にその記録がないのに対して、ジャパニーズ・モノグラフ〔編註：戦史叢書を指す。戦後GHQの命令で元日本帝国陸海軍士官が執筆した日中戦争から太平洋戦争までの全戦闘記録。全187巻〕の第120巻には15機の零戦が攻撃したと記載されている。

可能性としてはこの15機のうち5機のみが地上掃射を行なった、あるいは「Samurai!」に記されているようにラエから別の攻撃隊が来たのかも知れない。

「西澤、私をはじめとする搭乗員六名が天皇誕生日のモレスビーへのご挨拶に選ばれた。十六機あればとも思ったが、戦闘可能な機はこの六機しかないので仕方がない。敵がラエを報復攻撃することは十分予測された。待ち構える対空砲火を避けるため、われわれは尾根を高度五千mで越えると、そのまま高高度でモレスビーに向かうかわりに、山地が終わるとすぐに急降下した。要は山頂を頂点に三角を描くように、山肌すれすれに上昇下降するわけである。これがうまくいった。敵は完全に虚を衝かれた。われわれがこんな新方式で攻撃してくるとは、敵は夢にも思っていなかったようだ。

われわれは飛行場を地上すれすれに緩旋回しながら飛行場を攻撃した。離陸準備完了間近らしい爆撃機や戦闘機のまわりに大勢の地上員がいた。これは燃料タンクも爆弾倉も満杯ということであり、機銃掃射で強襲するのに絶好の標的だった。地上のカモほどたやすい的はない。どこからこの六機の零戦は来たのかと驚き、茫然とする兵員たちがはっきり見えた。最初の航過は反撃がまったくなく、満点だった。滑走路の端の高射砲陣地は何が起きたのかわからないのか沈黙したままで、われわれは再攻撃のため急旋回した。

振り返ると敵の戦闘機三機と爆撃機一機が激しく炎上していた。今度の標的はずらりと並んだ別の飛行機の列だった。これほどうまくいくとは思わなかった。再び航過しながら敵機を掃射した。今度もわれわれは四機の爆撃機と戦闘機に命中弾を与えたが、炎上した機はなかった。こちらの第二撃を受けて懸命に走りまわる者が何十人もいるかと思えば、茫然とたたずむ者も十数人いた。われわれは計三度の掃射をしてから高速で離脱した。こちらが離脱し終わってから、ようやく対空砲火が火を噴き始めた。今さら無駄弾丸を撃っても遅いぞと、私はにやりとした」

1942年4月30日は台南空にとって大きな意味のある日となったが、この日の空戦は連合軍と日本軍が双方入り乱れることになった。台南空は前進基地ラエをB-26とP-39の散発攻撃から防衛しただけでなく、それぞれをホーン島まで追撃した。この動きの活発だった一日はまず払暁のマローダー攻撃から始まったが、本来9機だった参加機は、6機が前夜の機械的問題のためポートモレスビーを発進できなかった。

出撃した第19爆撃飛行隊のマローダー3機の各機長は、ク

クイーンズランド州レイドリヴァーにあった第22爆撃群の士官クラブ。1942年5月5日撮影。後列左より、キング、ロバート・フォールズ、メリル・デュワン、レオン・カリーナ（着席）、ロバート・ライ、ジョン・ラインバーガー、ジョン・フィップス、オーウェン・ドゥーリー、チャールズ・シンナマン、レイモンド・バーロー、ロバートとアートのヒューズ兄弟。前列左より、エドウィン・フォガーティ、ジェームズ・カーリー、ウィリアム・ミラー、バリンジャー・B・ムーア。（Ed Fogarty collection via Merril Dewan）

リスティアン・I・ヘロン中尉（ダイアナス・デーモン）、ロバート・R・ハッチ中尉（ディクシー）、ポール・E・レイ中尉（リル・レベル）だった。0640に3機はラエの泥だらけの飛行場に超低空で飛来し、100ポンド通常爆弾を広範囲に投下した。笹井醇一中尉、和泉秀雄2飛曹ほか5名がマローダーの迎撃に緊急発進したと、坂井三郎は記している。「翌日の五時三十分［日本時間］、連合軍から三機のマローダーがお返しにやってきた。高速で、高度は二百mもなかった。B-26が滑走路に爆弾を投下すると、爆発で地面が震えた。煙が晴れると、待機中だった戦闘機五機が飛びたとうと滑走していた。敵機が再び轟音を響かせて飛行場に戻って来たときも、まだ五機は敵機を追える状態ではなかった。そして敵機は散開して飛び去った。見事な攻撃だった。零戦が一機、激しく炎上しており、もう一機が木っ端みじんになっていた。さらに零戦四機と中攻一機が銃撃と爆弾の破片で大破していた」

戻った零戦隊が申告した戦果は笹井中尉のマローダー1機撃墜だけだったが、残念ながらこれに該当する機はなかった。

ホーン島上空の待ち伏せ

ちょうどラエが攻撃を受けていた頃、4空の陸攻8機（各60kg爆弾10発搭載）が日の出とともにヴナカナウを発進し、ホーン島へ向かった。彼らは0850にラエ付近で台南空の零戦6機と合流し、心強い護衛のもと、オーストラリアの最北端に位置するホーン島へ直行した。

第1小隊：河合四郎大尉、大島徹1飛曹、米川正吉3飛曹
第2小隊：山口馨中尉、吉野俐飛曹長、山崎市郎平3飛曹

1045に退避中のB-26数機を発見した時、吉野と山崎が主力編隊より先行していた。2機は最後尾のマローダーを攻撃するため降下加速した。空襲警報発令時にホーン島上空にいたマローダーは4機だった。うち3機は早朝の攻撃から無事帰投し、代替飛行場で給油を受けていた。もう1機はアルロン・H・ラーソン中尉が操縦する無機名のマローダーで、前夜に爆弾倉内の燃料移送ポンプが焼きついたため、ポートモレスビーからの夜間作戦を中止し、同日早朝に緊急着陸していた。敵機来襲をオートバイに乗ったオーストラリア伝令兵から警告されたため、空襲を回避するべくマローダー全機は直ちに緊急発進し、タウンズヴィルの真南に避難した。

ラーソン機の離陸が最後になったのは、搭乗員が満載されていた爆弾を降ろしていたためだった。これは重い爆弾を抱えたままでは動きが鈍くなるための措置だった。爆弾を降ろして発進する頃には、他機ははるか先に行ってしまっていた。

逃げようとするマローダーは今や吉野と山崎の目の前のカモだった。

以下は搭乗していたアルバート・カターロ2等軍曹の手記である。

「ラーソンは脚上げ動作を再試行したが、首脚は下がったままだった。ゼロが来ていたのを知らなかったので、我々はまだ危険な高度をかなりの低速で飛んでいた。尾部銃手は機上整備員で、側面銃座には通信手が配置についていた。どちらも離着陸時には前部搭乗員室にいるのが普通なのだが……今回は持ち場につけなかった。あとで銃搭銃手をしていたジョン・S・ジョーンズ軍曹から聞いたのだが、襲撃された時、彼は機銃を装弾中だったという。彼は襲いかかってきたゼロを1機撃墜し、戦闘中も重要な情報をラーソンに伝えつづけた。前後の爆弾倉間の隔壁に20mm弾が1発バーンと当たったのが最初のケチのつき始めだった。すぐに出力を全開にしたものの、まだかなり遅かったのでラーソンは地上へ急降下し、見事な飛行技術を披露し始めた。3機のゼロに追い詰められていると胴体左右の銃手から言われたラーソンは、攻めてくる戦闘機めざして急旋回した」

奇襲をまんまと成功させた台南空の2機は機首を引き上げると針路を戻し、主力攻撃隊の到着前にホーン島飛行場の機銃掃射に向かった。連合軍側の資料によれば飛行場を掃射した零戦は3機とあるが、日本側の行動調書には山口馨中尉が上空援護にあたり、吉野と山崎が地上掃射を実施したという、台南空では珍しい戦術配置を取ったことになっている。1055に陸攻から投下された爆弾により、地上にいたRAAF第24飛行隊のワイラウェイA20-472が破壊され、A20-471が損傷した。また爆撃により、オーストラリア人銃手J・デイヴィスも戦死した。遠路はるばるラバウルから護衛戦闘機隊を引き連れて来た爆撃隊にとって、同島の第二の飛行場が短時間使用不能になっただけという結果は、まったく不本意なものだったろう。日本軍は正午少し前に引き揚げ、1315にラエへ帰着した。吉野機は1発被弾していたが、日本軍にとってその程度は大したことはなかっただろう。陸攻隊が地上で4機を破壊したと申告した一方、零戦隊は地上掃射によって撃破1機、損傷4機と申告した。奇妙なことにマローダーの追撃戦については何の記述もない。

初期のB-26の搭乗員は相当つらい経験をしたと第22爆撃群パイロット、ウォルター・クレルは記している。

「とにかく苦しかったのは休息や食事がまともに取れないことだった。特に最初の頃の7マイルがひどかった。搭乗員が主翼の上や機内で寝るのは当たり前だった。森に住んでいるオージーたちはとても親切で優しくて、寝床や食べ物を恵ん

でくれた。簡易寝台にグラウアーと蚊に刺されないように背中合わせでよく寝たものだ。こうした生活が飛行技術に悪影響をおよぼすのに時間はかからなかった。第22部隊の上層部には搭乗員のために簡易寝台や蚊帳やテント、そして小さくても戸建ての食堂を用意しようという配慮は一切なかった」

毒蛇の襲撃

陸攻と零戦の部隊がニューギニアの北岸へ引き揚げた頃、歴史的な連合軍の攻撃の準備が進行中だった。これは第8戦闘群初の実戦攻撃で、同部隊の指揮官は在フィリピン第17追跡飛行隊の元隊長、傑物ボイド・D・「バズ」・ワグナー中佐だった。弱冠26歳のワグナーは米陸軍航空軍の最年少佐官で、南西太平洋で最初のエアラコブラによる攻撃の指揮官となった。台南空がポートモレスビー上空で初めてエアラコブラと遭遇したのは1942年4月6日だったが、その2名の操縦者は第8戦闘群のルイス・メン中尉とチャールズ・ファレタ中尉で、RAAF第75飛行隊とともにポートモレスビー防衛にあたっていた。6月初旬当時、計5名のエアラコブラパイロットが実戦訓練のため、このオーストラリア軍部隊に派遣されていた。しかし南西太平洋でのエアラコブラの実戦デビューはまだ防衛戦だけだった。一方ラエでは、マローダーの空襲からわずか1時間後には搭乗割どおりの上空哨戒が可能になっていた。

1直：0730～0930：半田亘理飛曹長、河西春男1飛兵
2直：0930～1130：西澤廣義1飛曹、日高武一郎1飛兵
3直：1130～1300：和泉秀雄2飛曹、上原定夫3飛曹
4直：1300～　：笹井醇一中尉、熊谷賢一3飛曹

この日、1942年4月30日はエアラコブラ部隊初の進攻作戦で、ルイス・メン中尉もその参加者のひとりだった。彼の実戦経験はRAAF派遣時から始まり、南西太平洋方面初のエアラコブラによる発砲を記録していた。連合軍側の作戦立案者たちが、7マイルに居並ぶエアラコブラが多すぎれば日本軍偵察機の注意を引きかねないと危惧していたのも無理はない。この懸念は前日の連続空襲で駐機していた連合軍戦闘機が破壊されたことでも裏付けられていた。このためワグナーは慎重を期し、重要な攻撃をこの日の午後に実施することにした。一連の機械や各種の問題さえなければ、この作戦は完璧な、渾身の一撃となるはずだった。

ドン・マクギー少尉はタウンズヴィルからの進出飛行でプロペラのオイル漏れに悩まされたが、これはケアンズで一応修理された。当日早朝の7マイルへの接近中に再び滑油が漏れ始め、マクギー機の風防は埃とオイルまみれになった。さらにタキシング中に彼の機は誤って第36戦闘飛行隊の「イジー」・トゥーブマン中尉のエアラコブラの主翼に衝突してしまった。マクギー機の損傷は軽微だったが、大きな期待のかかる本作戦から彼を外すのには十分だった。オーストラリアからの長距離飛行で熱くなったエンジンも冷めないうちに6機のエアラコブラはすぐ給油され、弾薬が搭載された。

攻撃隊は当初、ジョージ・「ベン」・グリーン大尉をワグナーの副官とし、エアラコブラ14機で実施する計画だった。ワグナーはじめじめした駐機場のすぐ側のテントでブリーフィングを行なった。航法は大雑把だった。航空図も持たないパイロットたちは「戦闘後、帰還するには真南に飛べ」とだけ告げられた。南海岸に出た時、珊瑚礁が見えたら左に由がれ（曲がれ）ばポートモレスビーだ。もし珊瑚礁がなければ右へ曲がれ、以上。離陸は1300とされ、それから高度6,000mでオーウェンスタンレー山脈を横断してから、高度わずか30mまで降下して、海からラエへ接近する。命令後、任意の目標を機銃掃射したら左へバンクしてサラマウアに向かい、往路と同じルートを戻る。

計画は単純で、攻撃はほぼそのとおりに実施された。しかしまず第36戦闘飛行隊のウィリアム・G・ベネット中尉の機が機械故障のため滑走路をオーバーランし、発進できなかった。さらに離陸後間もなく、第35戦闘飛行隊のジョン・R・ケーシー中尉とフレッド・フェザーストーン中尉の機がエンジン不調のため、目的地の50浬手前で引き返した。そのためラエへ降下できたエアラコブラは11機となり、ワグナーを先頭にジョージ・グリーン大尉、第35戦闘飛行隊のアーサー・E・「アート」・アンドレス、ドナルド・キャンベル、アーヴィング・エリクソン、エドワード・D・デュランド、第36戦闘

ヴィクトリア州上空を飛ぶRAAF第21飛行隊のCA-1ワイラウェイ。本機は1942年1月にラバウルの防衛に短期間だけ第一線戦闘機として使用された。その結果は惨憺たるものだった。（Kevin Ginnane）

飛行隊のチャールズ・L・シュウィマー、ハーレー・ブラウン、ジェームズ・J・ビヴロック、エルマー・F・グラム、ルイス・B・メンの各中尉が後続した。

エアラコブラ隊のラエ攻撃は1437だった。その機関砲と機銃の集中射撃の前に陸攻と零戦が撃破され、エアラコブラ隊は一度の高速航過で爆撃機5機を破壊したと申告した。これらは先のホーン島攻撃からようやく戻ったばかりの機で、マローダーの早朝攻撃につづく戦果となった。戦闘機隊は鋭く左へバンクし、すぐ沖合に係留してあった水上機3機に短い銃撃を加えた。これらは聖川丸搭載機と同じ運命をたどった。それからフォン湾を真直ぐ横切り、サラマウアから突出する岬へ向かったエアラコブラ隊は、そこで擬装網に覆われた貯蔵物資を発見し、機関砲で攻撃した。一方、空襲警報で煙を突っ切ってラエを緊急発進した零戦隊もサラマウアへ向かい、そこで地上掃射中の米軍戦闘機隊に追いついた。台南空の戦闘がどれほど目まぐるしかったかは、これが和泉秀雄2飛曹のこの日三度目（！）の出撃だった事実がよく表わしている。

和泉秀雄2飛曹、三度目の帰還ならず

一方、笹井醇一中尉と熊谷賢一3飛曹の第4直は上空援護部隊と交戦していた。また1400に緊急発進した奥谷順三2飛曹と遠藤桝秋3飛曹の第5直は、半田亘理飛曹長、和泉秀雄2飛曹、太田敏夫2飛曹、有田義助2飛曹らの4機に合流しようとしていた。こうして8機の零戦がエアラコブラ隊に挑みかかった。グリーンは零戦に後ろを取られたP-39が1機、逃れようと急降下するのを目撃した。その零戦が失速旋回に入った時、グリーンはその旋回の頂点のところで2連射を叩きこんだ。その零戦は海面に墜ちたようだったが、確実かは不明だった。キャンベルも別の零戦を射撃したが外し、エリクソンも帰投する前に1機に航過射撃を加えた。それ以外のエアラコブラも間もなく上昇し、後方を注意深く確認しながら帰投していった。すべては素早く、戦闘はあっという間に終わったが、米軍戦闘機隊のデビュー戦は日本軍に大きな損害を強いることになった。

数機の零戦に猛然と襲われていたビヴロックをメンは右降下旋回に誘導した。両名はこれでうまく日本機を振り切ったが、その機動の結果、基地とは反対方向の北へ向かってしまった。メンは左旋回して雲に入り、オーウェンスタンレー山脈越えのため上昇したが、これは燃料残量との勝負だった。しかし再び数機の零戦に発見され、やむなく戦闘に巻きこまれた2機の米軍機は今度も雲を利用して逃げようとした。メンはこの時ビヴロックを見失ってしまい、彼自身は7マイルに燃料ぎりぎりで帰還した。メンとはぐれたビヴロックはブラウン機を発見し、2機は寄り添うように飛行した。燃料が尽きたビヴロックはポートモレスビーから約80浬東方のイオケア村に近いフッド岬南岸の浜辺に不時着した。

ブラウンはもっと内陸の草原地帯に不時着することにした。ビヴロックは1942年5月1日にユール島のRAAF見張所にたどり着き、そこから彼の無事が無線で伝えられた。彼は翌日午後にラガー船M.V.ヌサ号でポートモレスビーに戻った。ブラウンの帰還もそれに似ていたが、彼の場合は飛行隊のベテランですら驚くものだった。彼はトラックの荷台から縛り上げられた日本人パイロットと一緒に飛び降りたのである。これは先述の4月28日にオトマタ・プランテーショ

中尉から進級した直後の第35戦闘飛行隊パイロット、ドナルド・キャンベル大尉。1942年7月、愛機のP-400と7マイルにて。（credit Damien Parer）

エアラコブラ初の攻撃作戦に参加しそこなった第36戦闘飛行隊パイロット、ウィリアム・G・ベネット中尉。写真は7マイルにて愛機P-400の主翼に腰掛ける中尉。1942年6月。（credit Damien Parer）

ンの東で不時着して捕虜になった台南空の前田芳光3飛曹だった。ブラウンと彼の新しい日本人の友人はスクーナー船M.V.マトマ号で一緒にポートモレスビーに帰還したのだった。アンドレスがワグナーに報告書を提出したのは約1ヶ月後だった。アンドレスの頭文字「A」を飛行隊レターにしていた彼の乗機は、対空砲火で冷却系統が損傷し、ブナの約18浬南のエラロ村の近くに不時着していたのだった。

デュランドはどこへ？

アート・アンドレスにとって戦闘はあっという間で、彼はデュランドの最期を垣間見ていた。

「ゼロどもは私たちを右上方で待ち受けていて、激しく攻撃してきた。ゼロの1機がエド・デュランドの後方にいたので、私は旋回してそのゼロにアメリカの弾丸を味あわせてやったが、エドが降下していったのが心配だった。私もしつこくゼロに追われたが、振り切れた。あの時は高度6,000mまで上がってオーウェンスタンレー山脈のジャングルを越えられないと思った。1942年4月30日にあの辺りで脱出するのは、どう考えても危険すぎた。ニューギニアは初めてだったので、海岸線に沿って飛ぶことにした。それがベストだと思ったからだ。燃料系がほとんどガス欠になった時、手ごろな草原が見えたので脚を下ろした。ジャップの弾丸で飛行機が穴だらけだったので、私は何とか機体を着陸させようと思った。操縦席後方のガラスは少なくとも1発被弾して割れていた。地上まであと15mというところで私は決心を変え、脚とフラップを上げて砂浜に下りることにした（あとでわかったのだが、草原だと思ったのは沼地だった。それがブナだ）。現地人と小型船の助けを借り、私は飛行隊司令部に26日後に帰着した」

デュランドの最期ははっきりしない。彼はサラマウアの南のラバビア島の内陸、ムボ村の南東で脱出するのが目撃されていた。NGVRの斥候隊がその近くの海中で彼の戦闘機の残骸を発見したと報告していた（正確な製造番号から確実に特定された）。しかし彼の最期として戦後伝わっていたのは、デュランドは日本軍に捕まって処刑されたのがポートモレスビーでは「常識」だったという話だった。しかしこれを裏付ける連合軍側の手記も記録も存在しない。またこの時期にラエ周辺で捕虜になった連合軍搭乗員は必ずラバウルに連行されてから処刑されるのが常だったが、やはりそうした記録も存在しない。ラバウルに送致されなかったとすれば、デュランドは行き倒れたか、負傷により死亡した可能性が高い。また降下地点の近くで日本軍を支持する現地人か日本軍に捕まりそうになって抵抗し、殺害された可能性もある。

7マイルに帰還した米軍搭乗員たちは、合計11機の敵機を地上で破壊または撃破したと申告した。しかし何時間が過ぎてもアンドレス、ビヴロック、デュランドが戻らないため、歓声は心配に取って代わられた。ワグナーが帰還したパイロットたちを集めると、彼らは戦闘の模様を誇張とユーモアを交え、口々に語った。彼らの最大の関心事はエアラコブラが零戦に対してどう渡り合ったかの分析だった。敵機と旋回戦を試みたパイロットたちは、ゼロがこちらの後ろを取るのは「あっという間」だったとすぐさま認めた。しかしエアラコブラは全般的にゼロとほぼ同速で、ピンチの場合は急降下で逃げられるという意見で一致した。しかし、ゼロは素早く

第375兵員輸送群のC-47「セカンド・ハンド・ジュヌヴィエーヴ」。7マイル飛行場にて。撮影は1943年8月だが、背後に広がる風景は前年に台南空がこの飛行場を繰り返し攻撃していた頃とほとんど変わらない。(Kevin Ginnane)

高度を取れるため、エアラコブラが不利になることが圧倒的に多かった。こうして確かで参考になる結論がまとめられた。

今回の戦闘で台南空が失ったパイロットは、和泉秀雄2飛曹1名だった。しかしこの日の戦闘内容を考えれば、誰が彼を撃墜したのか特定することは難しい。日本機は1600までにラエへ帰還した。各人の戦果申告は以下のとおりだった。

熊谷賢一3飛曹：P-39未確認撃墜1機
遠藤桝秋3飛曹：P-39撃破1機
太田敏夫2飛曹：P-39未確認撃墜1機
有田義助2飛曹：P-39撃破1機

この日の締めくくりに第6直として久米武男3飛曹と河西春男1飛兵がフォン湾上空へ向かったが、敵機を見ることなく2機は薄暮のなかをラエの泥だらけの飛行場に戻った。エアラコブラによる初の攻撃はあらゆる観点から見て大成功だった。ラエの航空隊は地上で戦闘機3機を失い、7機を撃破された一方、4空は駐機場にいた陸攻10機を大破させられた。

翌5月1日はツラギとポートモレスビーを攻略する「モ号」作戦の前日であり、25航戦と第8根拠地隊の戦力は以下のように減少した。台南航空隊：零戦18機（および非稼動機10機）、九六艦戦6機（および非稼動機5機）。第4航空隊：一式陸攻17機（および非稼動機11機）。元山航空隊：九六陸攻25機（および非稼動機1機）。横浜航空隊：九七大艇12機（および非稼動機4機）。聖川丸飛行隊：水偵3機および零観6機。

この日の戦闘に参加した主な搭乗員のひとり、上原定夫3飛曹は4月中旬から11月初旬までラバウルにいた（行動調書によれば、彼がニューギニアで作戦に参加したのは1942年4月が27、28、29、30日、5月が2、3、4、5、6、7、8、26、29日、6月が3、18、20、23、24、25、26、29日、7月は病気のため皆無、8月が9、11、12、27日、9月も病気のため皆無だった。そして最後の作戦が10月4日である）。彼は短期間内地に戻ってから、翌月マーシャル諸島の第201航空隊へ配属され、その後1943年3月に帰国した。上原は戦後、ヘリコプター操縦士になったが、1988年に飛行中の事故で死亡した。

不時着機の現地修理

緒戦期における慢性的な航空機不足は、特に戦闘機で深刻だったため、不時着したブラウンとビヴロックのエアラコブラを回収することが決定された。しかしポートモレスビーでは航空機だけでなく、航洋性の高い船舶も同じく不足していた。1942年10月初旬、大胆な米軍の回収班がラガー船で2機のエアラコブラの回収に出航した。しかし船はフッド湾を囲む珊瑚礁で座礁してしまい、船を救うため、燃料ドラム缶、A-4型起重機、そしてエアラコブラの各種重要部品など最も重量のあった積荷が投棄された。さらに悪いことにその後船が転覆しかけ、積載されていた重要な工具類が数多く海に落ちてしまった。その後フラ村の地元民により一部の積荷が回収されたが、ポートモレスビーから交換部品を積んだタイガーモスが1機派遣された。

疲れ果てた回収班がようやくブラウンのP-39Fに到着したところ、そのプロペラは曲がり、プレストーン製滑油冷却器は壊れ、フラップとリンク機構は曲がり、カウリング下面

ニューギニア上空で.50口径機銃を構えるミッチェルの側面銃手。（USAAF）

1942年8月6日、連合軍のガダルカナル上陸作戦前日のラクナイ飛行場の穏やかな風景。一式陸上輸送機Q-901の左は零戦三二型で、右上の奥には3機あった二式陸偵のうち1機が見える。Q-901は2空で輸送機として使用されていた。

は変形し、燃料加圧ポンプと関連するC-2アッセンブリも破損していた。船にあった予備の金属製Aフレームが先の座礁で失われていたため、ココナツの木の下で新たに製作することになった。5ヶ月間雨ざらしだったブラウンのエアラコブラはこうして復活したが、脚を修理するには下部の空間がなさすぎた。そこで主脚の下に穴が掘られ、「約100人の地元民の協力で、機体は作業ができる場所まで引っ張り上げられた」。滑走路が整地され、干潮時に浜辺に標識が置かれて、脚とフラップが固定状態だったものの、ようやくエアラコブラは1942年10月15日にポートモレスビーへ飛んで帰れるようになった。一方、ビヴロック機は機体の損傷がひどすぎて再飛行は無理だったため、部品を取られて浜辺に置き去りにされた。ブラウンのぼろぼろだったエアラコブラの復活は、古きよきアメリカ人の不屈の精神が遺憾なく発揮された典型例であろう。

パット・ノートンの側面機銃 「頭に血の上った坊主ども」

　第22爆撃群のマローダーが台南空の零戦に穴だらけにされるのは毎度のことだったため、優位を求めて、その戦法や武装に改善の動きが出たのは当然だった。パット・ノートン銃手が零戦を圧倒するべく、マローダーの側面銃座を改良する方法を思いついた経緯について、元第99爆撃飛行隊パイロット、ウォルター・クレルが戦後記している。クレルの手記をとおし、台南空の戦法対B-26のそれについて、貴重な要点を見ていきたい。

　「……何度かの作戦のあと、パットは優秀な側面銃手として感じていた鬱憤を私に語りだした。彼は.30口径機銃は無意味だと思っていた。限られた視界に一瞬だけ飛びこんでくる敵に対して、自由のきかない銃座から火線を当てるなど不可能だと言うのだ。彼は.50口径機銃と、跪いた姿勢で射撃できるような窓を欲しがった。いつもながらパット・ノートンは当を得ている。そして機体の構造強度を低下させずに胴体と外皮を改造する方法を考えられる人々（第19部隊の内外の）によって、これが検討されることになった。結論が出ると、作業が開始された。これは外板を少し切り欠けばいいような作業でないことが判明した。レッド・ハッセルバックも次回の作戦までに作業を終わらせようと、板金工や整備員と連日徹夜で働いていたひとりだった。プレキシガラス製の窓が設けられ、パットの大型銃架が設置された。そうなれば、つぎはテスト飛行だ。基幹搭乗員とマーティン社の代表者を胴体後部に乗せ、私はB-26 #1433［カンザスコメット］で高度3,000mまでの上昇と急降下を繰り返し、赤色の限界速度をゆうに超えながら、実際に行ないそうな機動をすべて実施してみた。急降下しながらの左右旋回やブラックアウトするような急激な引き起こしもテストしたが、マーティン社の人は振動や飛行特性に大きな変化は特にないと報告した。こうして機銃を取り付けての連続射撃テストとなったが、これは大型銃架の安定性だけでなく、大きくなった反動が機体外皮に及ぼす影響も見るためだった。あとはパットが実戦でどう結果を出すかだけだった。ただ編隊飛行の場合、誰の弾丸がゼロに当たったかを正確に確認することは不可能だということは当初からわかっていた。つまりB-26各機に6挺の機銃があり、そのすべてが戦闘中に銃撃をしているのに、誰の撃った弾丸が当たったとか外れたとか言えるわけがないではないか？

　もし撃墜が確認されたなら、その戦果は搭乗員全員のものだ。カメラはなかった。あるのは頭に血の上った坊主どもの言葉だけ。5発ごとに1発曳光弾を装填すると、銃が過熱したり装弾不良を起こしやすくなるが、現状では敵を威嚇するのに曳光弾は有効だった。以前からゼロがハリウッド映画みたいに爆発するのが何度か目撃されていたが、その理由は謎だった。実はゼロの燃料タンクは自動防漏式でなく、胴体タンクはコクピット前方に位置していることが判明した。そのためゼロのパイロットたちはこちらの曳光弾に神経質になっていたのだ。それを利用し、私たちは特にゼロの激しい抵抗が予想される場合、曳光弾を5発に1発混ぜることで、敵機を短時間近寄らせないようにできた。

　ほかにも不可解な現象があった。ゼロは攻撃を終えて離脱する時も機銃を撃ちつづけていることがよくあったのだ。こ

上原定夫3飛曹。1942年6月、ラエにて。病気のため、上原は1942年の7月と9月の大半をラバウルにいながら戦列を離れていた。生き残った彼は戦後、ヘリコプター操縦士になった。

れも謎だったが、実はゼロの機銃のトリガーはバネ式で指を離せば射撃が終わるのでなく、いちいち作動と停止を切り替えなければならない方式のスイッチだったのだ。もしパイロットがやられれば機銃の発射を止められなくなるので、私たちはこの場合を未確認命中と考えるようになった。ゼロが海に落ちれば、これが確実となる。一方、爆撃機の操縦者はそうした事例を見たことがないので、クルーの言い分を信じるしかなかった。というのもその当時までゼロの攻撃は前方からだけだったので、後方で起こることの結末は私たちパイロットには見えなかったのだ。〔編註：零戦の機銃引き金はスロットルレバーに、いわば自転車のブレーキレバーが逆に付いたかのような形状をしており、こうした記述は不可解だが、あくまで連合国側の認識として抑えておきたい。〕

話をパット・ノートンに戻そう。彼の発明で命中率が上がるかどうかを確かめるには、編隊を危険にさらすことなく、その効果を確認しなければならない。敵は私たちに後方から接近するのは危険だとすぐに学習したが、こちらの腹側が無防備なのと、側面も上部銃塔が狙えない下方は守りが手薄なのはすっかりお見通しだった。もしチャンスがあれば、彼らは.30口径側面機銃の射程のすぐ外まで追ってから攻撃してくるはずだ。それが目標から離脱後、私たちがすぐ高度を地上まで下げる理由だった。そのため次回のラエ行き作戦では特定の目標を設定せず、ひたすら敵の態勢を崩すことに専念するが、これは爆撃航過のために一定の姿勢を保たなくてもよくなるからだ。編隊は内陸側高度3,000mから進入し、目標地域上空を蛇行して敵の80mm高射砲を混乱させる。もし全員が無事なら、落伍機を集めて編隊を組みなおし、山の下を帰還する。

しかし当日、私たちが水平飛行したのは高度900から1,200mのあいだだった。B-26の降下速度が大きかったので、ゼロがこちらに追いつき、いつもどおり攻撃態勢を整えるのに時間がかかった。すでにゼロは私たちの左右側面に出現しはじめていた。彼らの攻撃は協同的でなく、交互に射撃をしていた。どうやら彼らは一方向だけからしか攻撃してこないようだった。私は見張りをほとんど航法士のジーン・グラウアーに任せっぱなしにした。航法士用のバブル窓から彼は味方だけでなく敵も含め、全機の位置を逐一報告してくれた。やっとコースが落ち着いた頃、3機のゼロが私たちの右下方約300m（しかも.30口径側面機銃のちょうど射程外）にいた。正面攻撃に移るのに十分な間合いを取るため、ゼロはゆっくりと追い越していった。次の瞬間、パット・ノートンは歴史を作った。ゆるぎようのない確実さをもって、パットは彼の銃座と.50口径機銃の威力を証明した。2機撃墜だ。

先導機である私の操縦席からは何が起きたのか見えなかった……だが大勢の搭乗員がそれを目撃し、教えてくれた。とにかくそれ以来、側面が心細いと感じた記憶はない。彼らの攻撃は正面からだけだった。ゼロのパイロットたちは、身内以外にあまり物事を言いふらさないようだった。だが次の日もこの手が通じるとは思えなかった……この作戦後、第22爆撃群は大騒ぎになった。隊員たちは早く話を聞きたいようだった。タウンズヴィルに1日以上戻れなかったのは、ジョック・リード少佐にVIP連中の見学が終わるまで飛行機と乗員をそのままにするよう命じられたからだ。

その日の午後、4〜5台のスタッフカーが駐機地域にやって来た。ディヴァイン大佐が背の高い人物を私に会わせ、ラルフ・ロイス大将だと紹介した。名前は忘れたが、ほかにも士官や佐官が大勢いた。ロイス将軍が言った。『おい君、わざわざ私を出向かせるほどの何をこの飛行機にしたんだね？』私は彼をB-26の後部へ連れていき、改造部分を見せた。すると彼は操縦席に入ろうとした。首脚収納庫に掛かっていた小さな金属製ハシゴが外れかけ、将軍は落ちそうになった。別れ際に彼は首脚式の機体をどう思うかねと私に聞いてきた。私が答えあぐねていると、彼はこんなものクソくらえだと言い捨てていった。VIP連が車で行ってしまうと、私は搭乗員と地上員たちを叱らずにはいられなかった。スタッフカーがやって来るのを見た彼らは、全員が近くのテントに潜りこみ、将軍の失敗するようすを聞いて、ひそひそ笑っていたのだ。わずか数週間以内に第22爆撃群のB-26の全機が、窓の大きさに多少の違いはあるものの、同様の改造を施された。最終的にこの設計変更はB-26の新規生産機に工場で正式に取り入れられた。すべてはパット・ノートンの着想のおかげだった。大げさに聞こえるかもしれないが、それは私の仲間の一員である勇敢な坊主の手柄を横取りする者は許

V-153号の影で休む台南空の搭乗員たち。この二一型は河合四郎大尉の機となる前は、4空がラエで使っていた。垂直尾翼の二本の青線は中隊長機を示している。本機については巻頭の側面図19を参照。（Mitsubishi Corporation）

台南空がニューギニアから去った直後の1943年初頭のラバウル。下の円内がラクナイ飛行場で、上がヴナカナウ飛行場。(8th PRS photo unit)

1942年中盤のサラマウア飛行場。このこじんまりした草地飛行場は台南空が緊急時に使用することが多かった。町の波止場に日本海軍は捜索救難用の哨戒艇を常駐させていた。(8th PRS photo unit)

せないからだ。これは絶対に人真似ではなく、ここからすべてが始まったからだ」

相次ぐ米軍のフェリー事故

　1942年4月26日、第8戦闘群のエアラコブラ8機がクイーンズランド州北海岸までのフェリー飛行を実施したが、無事たどり着けたのは少数だった。悪天候のため数機が僻地に不時着し、パイロットに死者が出た。5日後の5月1日にも6機のエアラコブラの空輸が試みられたが、同様の結果に終わった。この二度目のグループはタウンズヴィル近郊のアンティルプレーンズ飛行場を出発し、ポートモレスビーに向かった。クックタウンで給油後、彼らは次の着陸予定地のホーン島付近で気象前線に飛びこんだ。うち4名のパイロットが計器飛行の未経験者だったため、先導機のチャールズ・ファレッタ中尉はグループを豪州本土の適当な代替着陸地へ向かわせることにした。しかしファレッタとウォルター・ハーヴェイ中尉は悪化していく視界のために機位を喪失し、ヨーク岬半島の突端にあるオーフォード岬の内陸サバンナに不時着した。それ以外の4機のエアラコブラはファレッタたちとは別に付近の砂浜に不時着した。しかし1機が着陸時に横転し、ボブ・ラヴ少尉が死亡した。一方、ファレッタとハーヴェイは近くの浜辺まで2日間歩き、ようやく救助された。これらの損失は大きく、本方面へのエアラコブラの導入に深刻な遅れが生じた。

第6章
グッバイ、キティホーク
CHAPTER SIX : GOOD BYE KITTYHAWK

有田義助2飛曹の戦死

　5月1日は米陸軍航空軍のエアラコブラがラエを初攻撃した日の翌日だった。米軍のエアラコブラ隊は心強い存在だったが、RAAF第75飛行隊のオーストラリア人残存パイロットたちもまだ飛びつづけていた。歴史的なエアラコブラの初攻撃の翌日、まだ台南空の上層部がその意味を分析中であったろう頃、0800〜0900にポートモレスビーの北方を3機のキティホークが哨戒していた。彼らの不在中、7マイルに新たな空襲があった。この日のラエの正確な日の出時刻は0612で、その13分後に9機の台南空の零戦がラエを離陸した〔編註：5月1日は定例の進級日で一部の搭乗員は一階級昇進しているので注意〕。

第1小隊：山下政雄大尉、太田敏夫1飛曹、本吉義雄1飛兵
第2小隊：半田亘理飛曹長、有田義助2飛曹、久米武男3飛曹
第3小隊：西澤廣義1飛曹、上原定夫3飛曹、河西春男1飛兵

　彼らは飛行途中の0725に単機で飛んでいたB-25Cに遭遇し、45分の長時間にわたり、これを追撃した。これはエリアD（クレティン岬〜マダン〜ウィラウメッツ半島〜グロセスター岬〜クレティン岬〜ポートモレスビー）の哨戒のためポートモレスビーを発進したばかりの第3爆撃群機だった。同機は被弾し、ポートモレスビーへ戻ったが、その搭乗員は零戦撃墜1機と未確認撃墜2機と申告した（！）。台南空の零戦隊に損害はなく、その後敵機5機を発見したが、これはラバウルをめざしていたB-26部隊がポートモレスビーを通過するところだった。0810から8分間、2個小隊が7マイル飛行場を機銃掃射した。2分後に日本機は4機のB-25を発見したが、連合軍戦闘機に反撃された。このB-25は明らかにラエに対するPM7攻撃作戦を中止した機だった。0845に零戦隊は再度7マイル飛行場を機銃掃射したが、これは5分ほどで終わった。

　これは先般のニューギニアでの攻撃に対する報復だった。日本軍戦闘機隊は0920までにラエへ全機帰還し、パイロットたちはP-39撃墜3機と申告した。内訳は山下政雄大尉、半田亘理飛曹長、西澤廣義1飛曹が各1機、さらに地上で破壊1機と撃破1機だった。連合軍側の過大な申告とは異なり、台南空の損失は零戦1機のみで、これは第36戦闘飛行隊のP-39D「ミス・ネメシス」を操縦していたドン・マクギーの戦果と公式認定された。この戦闘で有田義助2飛曹の機が7マイル飛行場からそう遠くないドクラ村の北東7浬に炎上し

愛機P-400の操縦席でのジェームズ・ビヴロック中尉。1942年7月24日、ポートモレスビーにて。

前列右端（○印）がその後、台南空に配属される有田義助。1941年6月、漢口にて。写真は12空のパイロットたちで、やはり台南空に転属する坂井三郎（左○印）の姿も見える。

ながら墜落した。マクギーの初撃墜機の墜落地点からは黒煙が上がった。オーストラリア軍斥候隊（第39民兵大隊第2中隊第12小隊）が現場に直行し、1135に炎上する残骸を発見した。そこから彼らは識別用の部品を確保した。

マクギーは乗機のエアラコブラの燃料が尽きるまで飛んだと手記に記している。

「……私たちは0400に起床した。パンとオーストラリア産の缶詰ジャムと紅茶の朝食を食べ、日の出前に駐機場へ着いた。飛行場の上空当直の指揮官はドン・メインウォーリング中尉だった。僚機を務めるのはパトリック・「アーミー」・アームストロングだった。私は第2編隊を先導したが、僚機は離陸できなかった。私たち3人は約2,400mまで上昇し、ラエからの敵機来襲を予想しながら飛行場の北と北西の地域を哨戒した。2時間ぐらいして交代時間が近づいたので、ドンは飛行場へ向かい、私たちは単縦陣で着陸しようとした。旋回したところ、滑走路の半分近くが霧に覆われているのが見えた。ドンは着陸パターンをつづけ、霧のなかで着陸しようとしていたが、接地の衝撃が強すぎ脚を壊してしまった。彼は無線で私たちに滑走路が塞がってしまったので着陸しないよう告げた。「アーミー」と私は機首を上げて場周経路から外れた。アーミーは燃料が少なかったので高度を低く保つことにしたが、私は彼にもう少し高度を上げると言った。私も燃料は少なかったが、そこで空襲に遭うのはご免だったからだ。それにもし滑走路が片づく前に燃料が尽きた場合、不時着するのに柔らかい場所を見つけておきたかったからだ。高度1,000mまでやっと上がった時、管制官が叫び始めた。『ゼロが飛行場を攻撃中！』。私は後方を振り返って飛行場へ旋回を始めたが、ゼロはどこにも見つからなかった。それから深呼吸し、燃料計を確かめた。目盛りは20ガロンを少し切っていて、これは戦闘時なら約9分もつということだ。北へ飛んでいると、1機のゼロが南から北へ掩体壕区域を射撃航過しているのが見えた。ここで私は要点を自問自答した。『燃料なしで攻撃するのはバカげている。高度も速度も低いじゃないか。ゼロにかなうわけがない。でも昨日、俺は作戦から外されてしまった。畜生、やるしかないか！』

私はそのゼロのほうへ横転し、襲いかかった。燃料を節約するため、出力は全開にしなかった。ゼロのパイロットは私に初めて気づいたが、上方にほかのゼロはいなかった。私は接近すると―低速すぎるが―照準機のどの目盛りを使うべきか考えた。だが諦め、敵機の前方をそのまま狙って約40度ずらして一連射した。曳光弾はゼロの右側を飛んでいった。私は見越し角を修正し、さらに一連射した。曳光弾は標的のすぐ下を抜けていった。再び修正し、さらに狙いを前方にして機首を少し上げ、見越し角約15度で撃った。今度は曳光弾が敵機の前方から全体にかけて命中した。発火も発煙もなかったが、ゼロはゆっくりとまるでスプリットSを始めるかのように左横転していった。私はゼロを追ったが、突然自分たちの高度がわずか45mしかないのに気づいた！　木の梢あたりの高さでやっと引き起こし、右肩の後ろでゼロが地面に激突して爆発するのを見た。おそらくパイロットに弾丸が当たっていたのだろう。

それからが大変だった。左側から赤い火球の束が襲ってきたので、私はとっさに左急旋回を打って逃げたが、あまりにも旋回が急だったため前触れもなく失速したので、操縦桿をがくんと倒し（すぐさま前に倒して失速を止めた）、事なきをえた。それから今度は右側から赤い火球が襲ってきたので、機体を右へ振った。突然、自分が私を追っている機に見越し角なしで撃ちこませていたのに気づいた。『そうか、でもお前らにこのことは絶対教えてやらないぞ』と思った。機体を無理やり右へ向けると、また突然失速して錐もみになり、木の梢の高さまで戻ってしまった。私が向かっていたのはもうポートモレスビーではなく、海の方角だったので、私は梢をかすめながら、彼らが私に上手く狙いがつけられないよう、がむしゃらに回避運動をした。この時、賢明にも回避行動に移れたのは、スペイン市民戦争中に共和派側で8機を撃墜したアジャックス・バウムラー大尉と、セルマで私たちを訓練してくれた教官のおかげだった。

後方を振り返ると、3機のゼロが後ろに並んでいた。その一番機が何度も銃撃をしていた。彼の弾丸が右へ、左へ、上へと外れたので、自分の回避運動が上手くいっているのがわかったが、銃が自分を撃っているのを見るのはやっぱり怖

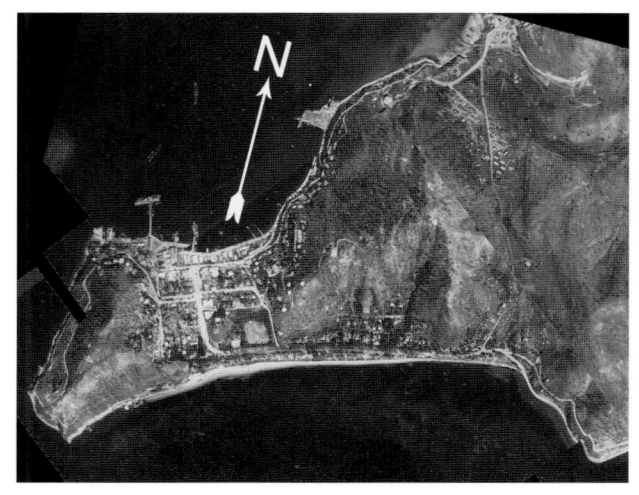

ポートモレスビー市の航空写真。1942年末。南側の砂浜がエラビーチ。

119

かった。もし当たったらどんな気分だろうかと考えた。しかし1機また1機と、彼らは追跡を諦めていった。そこで頭に浮かんだのは、陸に戻る前に燃料がなくなったら、どれぐらい泳がなければいけないだろうかということだった。最後のゼロがいなくなると、すぐに私はUターンし、海面すれすれを飛んだ。結果的に私は北へ去っていったゼロを追いかける形になった。それから私は木の梢の高度のまま、7マイルの滑走路の南端を越え、脚を下ろして左まわりの場周経路で着陸した。滑走を終えると、地上員たちが私の機を指差しているのが見えた。そこで私は勝利の誇りを胸に、窓から腕を突き出して指を一本立てた。するとエンジンが止まった。燃料が尽きたのだ。指差されていた理由は、私の機の損傷が凄まじかったからだった。尾翼部に20mm弾が2発命中しており、1発は方向舵の軸を撃ち抜いていた。さらに水平尾翼と昇降舵には弾片で穴が無数に開いていた。7.7mm弾は左主翼付け根に5発、右主翼付け根に4発、風防上部に1発当たっていた。私の頭には当たらなかったものの、それがサングラスを吹き飛ばしていた（グラスは粉々だった）。射撃機の胴体銃が私を狙っていたのは明らかだった。私が撃墜したゼロは第36追跡飛行隊の最初の確実撃墜だった。ゼロが墜ちた場所が飛行場から約1浬だったので、確認は簡単だった……」

マクギーが撃墜したのは第2小隊の有田機だった。マクギーを追っていた3機は西澤の第3小隊だった可能性がある。この推測は命中射の腕前からもその可能性は高い。紙一重でマクギーの幸運な生還はなかっただろう。

有田機の残骸は惨憺たる有様だった。AIFの第2次／第5独立中隊アンドリュー・アレキサンダー・ピリー2等兵は墜落現場を訪れた夜、日記にこう記している。

「早朝の二度目の空襲で、私たちは高度約7,500mで繰り広げられた空戦を見ていた。日本軍のゼロが1機、錐もみ状態で煙を吐きながら墜ちてきた…私たちは自動車を徴発し、ロウナ滝へとハイウェイを急いだ……川に飛びこみ、腰まで水につかりながら対岸へ渡った……ある隊員が日本軍のゼロを発見した。それは煙が立ち上るバラバラになった金属の残骸に、赤熱したエンジンだった。地上に転がっている部品にはまだ燃えているものもあった。まるで山火事で燃え尽きた大木のようだった。機体とともに爆発した日本軍パイロットの遺体の一部も発見された」

河西春男1飛兵の死

翌1942年5月2日、不調が認められたキティホーク2機がオーストラリアへ修理のため飛ばされた。0700に離陸した2機は、幸運にも15分の差で敵の空襲を免れた。笹井中隊がラエを飛び立ったのは、その30分前だった。

第1小隊：笹井醇一中尉、西澤廣義1飛曹、河西春男1飛兵
第2小隊：半田亘理飛曹長、太田敏夫1飛曹、米川正吉2飛曹
第3小隊：坂井三郎1飛曹、本田敏秋2飛曹、日高武一郎1飛兵

離陸後間もなく、半田飛曹長機が機械故障のため引き返した。0725に残りの8機はポートモレスビーに接近した。5分後、彼らはポートモレスビーから16浬の地点でB-17を1機、B-25を1機発見した。RAAF第75飛行隊のキティホーク3機にエアラコブラ7機が加わり、台南空の攻撃隊を迎撃すべく発進した。アラン・ウェッターズが操縦していたキティホークA29-11は味方編隊からはぐれてしまった。0745に彼は600m下方をV字編隊で飛ぶ敵の1個小隊を発見した。彼が零戦の1機に左側面攻撃を仕掛けると、その機は旋回して高度を上げた。ウェッターズとは別に、クロフォードとD・W・マンローもその零戦を発見した。両名は敵編隊と同じ高度3,000mを飛行していた。以下はクロフォードの報告である。

台南空蘭印時代の有田儀助2飛曹。中島製零戦二一型V-141を背にして。〔写真提供・伊沢保穂〕

RAAF第75飛行隊パイロット、ジョージ・ウェスト。1942年8月、ポートモレスビーにて。

「約4浬の距離で敵機は私たちを発見し、直ちにこちらへ向かってきた。私たちは彼らがP-39のように見えたので旋回した。彼らはこちらに後続しつづけて梯隊を取ると、後方上から攻撃してきた。私の2番機［マンロー軍曹のA29-48］が撃墜され、かすかに炎を出しながら錐もみで落ちていくのが見えた。私が急降下を終えた時、エアラコブラが1機、飛行場から340度の方位で火を噴いているのが見えた。それから海上へ出たが、0750にモレスビーから方位170度、距離5〜10浬で大きな水柱が上がるのが見えた。その水柱は爆弾ほど高さはなかったが、幅が大きかった。大きくて派手な水柱だった。エアラコブラがその辺に突っこむのは見なかったが、あの水柱はエアラコブラのものだったかもしれない」

マンローは19歳の元銀行員で、2日前にポートモレスビーに着いたばかりだった。その後捜索隊が3回飛んだが、キティホーク「ポイズンP」に乗っていたマンローは見つからなかった。捜索の際、ジョージ・ウェスト軍曹のキティホークが離陸事故を起こしたため、オーストラリア軍の戦闘可能なキティホークは1機のみになった。一方日本軍は0910にラエへ帰還し、15機の敵機に遭遇して8機のP-40を撃墜、味方損失は1機のみと報告した。ポートモレスビー上空にいた連合軍戦闘機が10機だけだったことを考えれば随分過大な申告だが、その内訳は以下のとおりだった。笹井醇一中尉（なし、使用弾数100発）、西澤廣義1飛曹（2機、440発）、太田敏夫1飛曹（1機、410発）、米川正吉2飛曹（なし、50発）、坂井三郎1飛曹（2機、610発）、本田敏秋2飛曹（1機、610発）、日高武一郎1飛兵（1機、610発）、加えて第3小隊の協同撃墜1機（坂井1飛曹、本田2飛曹、日高1飛兵）。

日本側の損失は河西春男1飛兵で、ポートモレスビーではエアラコブラ搭乗員ドン・マクギーの2日間で2機目の連続撃墜が認定されていた。その日、マクギーが撃墜した者への追悼となる文章がある。国際ニュースサービスの戦争特派員、パット・ロビンソンは1942年9月13日に墜落現場を訪れたと1943年に出版した手記「ニューギニアをめぐる戦い」に記している。

報道人的な脚色はさておき、ロビンソンの鋭い記述はニューギニアに消えた多くの台南空パイロットたちの無情な異郷での死について考えさせるものである。

「……ゼロが1機、ポートモレスビーの反対側、40浬離れた山頂で発見されたという知らせが7マイルに届いた。ボブ・エドワーズ大尉、チャーリー・ケーシー中尉、ビル・スパイカー軍曹、現地人の少年、そして私は、残骸を探しにジープで出発した。道はジープから投げ出されそうになるほど険しかった。エドワーズが深い小渓谷を上り下りするあいだ、私たちが車を降りなければならないこともよくあった。とうとう道は唐突に終わり、私たちの車は高さ2m近くのクナイ草をかき分けて1時間進んだ。最終的に車が進めなくなると、そこからは徒歩になった。私たちは現地人に日本機があると言われた山に着き、登り始めた。植物の棘やイバラ、とがった岩で服は破れ、顔や腕や脚が傷だらけになった。私たちは蚊やクモやヒルに刺された。鮮やかな15cmもある蝶たちがあたりを舞っていた。2m登っては、1m滑り落ちることを繰り返した。山頂付近で私たちはゼロの残骸を発見した。それは燃え尽きた木々のあいだに横たわっていた。日の丸がまだ見える片方の主翼が捩れて転がり、胴体とエンジンはぐしゃぐしゃの融けた金属の塊にすぎなかった。私が休もうと木の根元に座りこんだところ、そこで遺体を発見した。私たちは遺体を回収し、翌日、最大の軍人的儀礼をもって埋葬した」

この零戦V-104の周囲から集められた河西の遺体はポートモレスビーに運ばれた。尾翼記号が記録された「戦争捕虜及び犠牲者事業書類」には、彼がボマナ墓地にまず埋葬されてから掘り起こされ、また1944年6月26日にボマナ近くの日本人専用墓地に改葬されたと記されている。

河西の戦歴は錚々たるものである。彼は台南空パイロットとして1941年12月に一連のフィリピン作戦でクラークフィールド、イバ、デルカーメンを攻撃した。彼が参加した12月12日のデルカーメン攻撃では、1空の原田武夫1飛曹の陸攻が撃墜され、彼と搭乗員たちは地元民に一時捕らえられたが、その後日本陸軍により救出された。河西は1942年5月2日に撃墜されるまでに、ポートモレスビー攻撃作戦にすで

ポレバダ村の裏で確認されたV-104の残骸の尾部。1942年9月13日撮影。本機については巻頭の側面図6を参照。（credit API photographer Edward Widcis）

に6回参加していた。1942年8月24日〔編註：時間的につじつまがあわないが、原著のママ〕にボマナに埋葬された彼は、すでにそこに葬られていた原田機の氏名不詳の搭乗員5名と一緒になったのだった。

75飛行隊、最後の凱歌

　1942年4月30日の作戦の大戦果を再現するべく、5月3日に第8戦闘群のエアラコブラは再びラエに払暁奇襲攻撃を実施した。天候は曇りで、米軍戦闘機隊が目的地に到着した時は雨が激しく降っていた。だがエアラコブラ隊はひるまなかった。彼らが実際にラエに到着したのは日の出の約3分前だった。その日の最初の上空哨戒は笹井醇一中尉と日高武一郎1飛兵で、0615から2時間飛び回っていたものの、敵機を見ることはなかった。エアラコブラ隊と異なり、日本軍は日が昇ってから飛行するのが通例だった。一方、丸山幸平大尉が指揮する4空の陸攻14機がヴナカナウを0550に発進し、それに台南空の零戦14機がラエを0745に発進してつづいた。今回もポートモレスビーに向かったのは山下中隊だった。

第1小隊：山下政雄大尉、西澤廣義1飛曹、遠藤桝秋3飛曹
第2小隊：山口馨中尉、太田敏夫1飛曹、羽藤一志3飛曹
第3小隊：坂井三郎1飛曹、久米武男3飛曹、本吉義雄1飛兵

　0800頃、爆撃機隊と戦闘機隊は合流したが、すでに2機の爆撃機が引き返していた。その約20分後、ブルワのオーストラリア軍見張員が敵機飛来をポートモレスビーに通報すると、エアラコブラ隊が0830に緊急発進し、その後約30分にわたって空戦を展開した。一方それ以外の一式陸攻11機は、5機と6機のふたつのV字編隊で0900少しすぎに7マイル飛行場を攻撃した。台南空機は0920から敵機6機と15分間にわたって空戦をした。全機が1035にラエへ帰還した。戦果申告は連合軍戦闘機の撃墜4機で、内訳は西澤廣義1飛曹がP-40を1機、坂井三郎1飛曹が2機、本吉義雄1飛兵が1機だったが、これは実際よりもかなり楽観的な申告だった。

ホークのラストフライト

　アーサー・タッカーが搭乗するRAAF唯一のまだ作戦可能なキティホークは、1942年5月3日、日本軍の陸攻と零戦からなる攻撃隊を迎撃する第8戦闘群のエアラコブラの10機編隊に合流しようとしていた。しかしタッカーの迎撃飛行は長つづきしなかった。彼の乗るキティホークA29-26はその前週、ウェッターズがアロア村のクナイ草原に不時着させたものだった。高度1,000mまで上昇したところ、エンジン過熱灯が消えなくなった。おそらくウェッターズの不時着のせいで滑油冷却器に草が詰まっていたのだろう。タッカーは滑走路へ降下して急いで着陸し、滑走路の途中で焼き付きを防ぐためエンジンのスイッチを切った。ボフォース対空砲の砲手が日本の戦闘機がすぐそこまで迫っていると手を激しく振って知らせたのは、エンジン停止と同時だった。タッカーが操縦席から飛び降りた直後に、A29-26の鼻先を爆弾がかすめて爆発した。こうしてポートモレスビーにおけるRAAF第75飛行隊のキティホークの最後のソーティは終わった。

　エアラコブラ搭乗員のジョセフ・ラヴェット少尉はこの戦闘中に回復不能な急降下に入り、ポートモレスビーの近郊に墜落して戦死した。兵士たちが墜落現場にたどり着いた時、そこにはベル機の残骸もラヴェットの遺体もほとんど残っていなかった。熾烈な戦闘の結果、チャールズ・シュウィマー少尉が行方不明となり、彼のエアラコブラの残骸は現在も発見されていない。行方不明搭乗員報告書によれば、彼はそれ以前のラエの日本軍飛行場の機銃掃射中に消息を絶ったとあるが、飛行隊の記録には上記の戦闘で死亡したと記されている。

悲壮な流血

　この日、シュウィマーも7マイル上空で日本軍爆撃機1機を撃墜したと認定されている。これは佐々木孝文少尉の陸攻で、片方のエンジンから煙を引きながら、帰投のため0900直前に離脱していた。その復路で台南空の第2および第3小隊が損傷した佐々木機を護衛するために戻って寄り添い、最終的に佐々木機はラエに1000に着陸して力尽きた。これは台南空のパイロットたちにとって気を重くする出来事だったと坂井三郎1飛曹は記している。

のちに台南空に転属することになる冬季用飛行服姿の坂井三郎1飛曹。中国にて。

どちらも1942年に撮影された、ラバウル上空の三沢空（下写真右下にあるH空は井沢空の意）の一式陸攻隊。かつての植民市に集結した日本の軍事力がうかがわれる。写真下は1942年9月17日高度1500mで撮影したもので、右側岩盤の中央の露出部にあるラクナイ飛行場を連合軍兵士たちは俗に「蜂の巣」と呼んでいた。

1942年末のラクナイ（ラバウル東）飛行場。零戦と少数の一式陸攻が点々と並んでいる。左下に見えるのは、1942年1月20日に翔鶴の艦爆に撃沈されたノルウェーの貨物船ヘルステインの残骸。

サラマウアの町がある地峡部、1942年末。1942年7月30日に沈没を避けるため故意に座礁した日本の商船、廣徳丸に注意。

台南空斎藤部隊の准士官以上。1942年7月。背後の看板には「斎藤部隊指揮所」とある。後列左より、村田功中尉、大野竹好中尉、笹井醇一中尉、林谷忠中尉、結城国輔中尉。前列左より、河合四郎大尉、飛行隊長中島正少佐、山下丈二大尉、高塚寅一飛曹長。（Yazawa Kunio）

ラクナイの台南空基幹搭乗員たち。1942年8月4日。上列左より、山下佐平飛曹長、高塚寅一飛曹長、林谷忠中尉、笹井醇一中尉、河合四郎大尉、小園安名中佐。下列左より、斎藤正久大佐、飛行隊長中島正少佐、稲野菊一大尉、山下丈二大尉、結城国輔中尉、大野竹好中尉、村田功中尉。稲野菊一大尉は以前は第22航空戦隊司令部付戦闘機隊を経て鹿屋空の分隊長だったが、1週間前にラバウルへ同隊の零戦二一型とともに到着し、指揮下の人員と機体は台南空に編入された。

「その中攻は、どこかを撃たれているらしい。私はこの傷ついた中攻の真横に接近して、操縦席を見た。機体には、無数の穴があき、風防ガラスも何枚かが吹きとんでいるようだ。操縦員は、メインもサブも共に重傷を負って、血まみれになって倒れ、整備員が不慣れな操縦に懸命になっている……傷ついた中攻は、やがて胴体のままで基地の大地へ滑りこんだ。このために、滑走路の傍にあった零戦二機が、衝突されてこわれたが、中攻はともかくも着陸した。その瞬間、中攻の機体は、胴体の日の丸のあたりから真二つに割れてしまった。しかし、中攻は奇跡的にも燃えださない。必死になって立ち上がったあの操縦員はまた失神してしまった。副操縦員は戦死していた。不具になった中攻を、基地まで操縦してきた整備員は、両足に重傷を負っていた……私は、戦闘機の怖ろしい威力を、これほどまざまざと見たのは、これが初めてだった。空中での戦死が、どういうものか、近くで見るわけにはゆかない。炎上する機の中で死んでゆく連中の場合にしても、離れているので、それがどんな凄惨なものであるかわからないのだ。空中での戦闘では、人はぶじに生還するか、そうでなければ還ってこないかのいずれかなのだ」

実際には重傷の副操縦員、藤牧正3飛曹は座席上で動けない状態で、搭乗整備員の斉藤豊三1飛曹が機を基地まで操縦した。それ以外の3名、偵察員小島快雄1整曹、電信員木庭猪孝3飛曹、副電信員伊東輝男3飛曹は軽傷だった。損傷した陸攻はもう1機ラエに帰着していた。損傷した佐々木機の生存者は基地で救出されたが、もう1機の陸攻は1135にヴナカナウへ自力で帰着した。帰還した陸攻搭乗員たちはポートモレスビーで大型機2機と小型機2機を地上撃破したと申告した。さらに敵戦闘機4機を撃墜したと申告した。日本の陸攻隊員も連合軍の爆撃機隊と同じく、相当な楽観的申告をしていたようだ。

横浜航空隊対ミッチェル

空母対空母の海戦の先触れとして、その日の午前にブカ水道で日本軍の飛行艇と米軍の中型爆撃機との前哨戦という珍しい事態が発生した。それは0735にラバウルを発進した横浜航空隊の勝田三郎中佐の機と、7マイルからエリアC北部の哨戒に出ていた第90爆撃飛行隊のミッチェルだった。1030に勝田は敵爆撃機2機を発見、これをB-26と誤認していたが、つづく30分間の空戦で彼の大艇は21発被弾した。米陸軍航空軍のミッチェル搭乗員は飛行艇の背面銃搭を破壊し(実際には銃手兼電信員の梶原2飛曹が戦死、ほか3名が負傷)、「この敵機が無事帰投できるかは疑問である」と報告した。だがそうはならず、勝田は1600にシンプソン港に問

1942年8月27日、第435爆撃飛行隊のフレッド・イートン大尉は機名もまだない新造機のB-17Eによる偵察任務でミルン湾へ接近した。0800頃、副操縦士のマーヴ・ベル軍曹によれば、彼のフォートレスは単機の零戦二一型に攻撃された。写真はフォートレスのある銃手が英国製のF.24型カメラで撮影したもので、操縦席後方に分隊長を示す2本の胴体帯が確認できる。この日台南空の編隊を指揮していたのは山下丈二大尉だった。この日、それから間もなく、不時着したLB-30爆撃機を銃撃中に彼はオーストラリア軍地上部隊により撮影・撃墜されたため、これが彼の最後から二番目の写真となった。山下はガダルカナル戦開始後の1942年8月以降もニューギニア本島から零戦二一型で作戦を行なっていた唯一の分隊長だった。(credit R.P. 'Ron' Nichols collection via David Vincent)

題なく帰着した。それからの数日、珊瑚海とソロモン海では全海域において敵艦船の動向を探ろうとする両軍哨戒機の活発な活動が展開された。

武運に恵まれた半田飛曹長

1942年5月4日未明、ポートモレスビーの地上員たちは10機のエアラコブラに増槽を装着し給油した。今回も攻撃目標はラエだったが、ニューギニアの気象の気まぐれは相変わらずだった。立ち上る積乱雲のあいだを抜けてオーウェンスタンレー山脈を越えられたのは5機で、残りの5機は越えられなかった。彼らはラエに海から接近し、滑走路の両側に駐機していた陸攻4機を機銃掃射すると、すでに上空哨戒で上がっていた7機の零戦からの避退を図った。哨戒隊は4機のエアラコブラと交戦し、半田亘理飛曹長が撃墜1機を申告した。しかしこの作戦で第35戦闘飛行隊のパイロット、パトリック・アームストロング少尉、ジェフォード・フッカー少尉、ヴィクター・R・タルボット少尉の3名が未帰還となっている。米軍側の目撃証言がなく、半田飛曹長の申告があることから、3機の行方不明機のうち、少なくとも1機は彼に撃墜された可能性が高い。現在もこの3機のエアラコブラの残骸は確認されておらず、行方不明のままである。それ以外

の帰還した米軍パイロットが空戦を目撃していなかったという事実から、どこかの時点で半田機がこれらのエアラコブラを迎撃した結果、おそらく1機が撃墜され、残りも帰還を果たせなかったと見るのが妥当だろう。

衰えを見せないポートモレスビーを叩くため、9機の陸攻隊が直掩隊とともに同市へ向かうことになった。早朝のエアラコブラ隊空襲の興奮のさめやらぬなか、0805に9機の零戦が護衛のため発進した。異例なことに、これに半田亘理飛曹長も参加していた。おそらく早朝の撃墜に手応えを感じた彼は、その勢いに乗ったまま直掩隊に参加してさらに撃墜数を伸ばそうと考えたのかもしれない。ポートモレスビー上空で日本編隊を迎え撃ったのは7機のエアラコブラだったが、珍しいことに太陽を背にした状態で高い高度を占めるという優位にあり、宿敵めがけて急降下していった。ボブ・ワイルド少尉は正面から爆撃機の1機を銃撃してから、後ろに喰いついてきた2機の零戦を振り切ろうと急降下した。報告書によれば爆撃機2機がヴィクトリア山付近に墜落し、ワイルドは未確認撃墜1機を記録したが、これがこの作戦唯一の米軍側の戦果申告だった。

しかしこの戦闘でハロルド・シヴァース少尉が行方不明となり、米軍側の目撃者もいなかった。同日朝のラエと同じく、このポートモレスビー戦で1機撃墜を申告したのは半田亘理飛曹長ただひとりだった。ふたつの作戦に連続参加するという彼の目論みは、どういう動機であれ、見事に成功したのだった。こうして半田飛曹長は同じ日にふたつの作戦でエアラコブラを2機撃墜するという、台南空のニューギニア戦初の記録を達成した。これとは無関係な当日の米軍の死者にフレッド・フェザーストーン少尉がいたが、これは緊急発進中に出力全開だったエンジンが停止したためだった。彼は飛行場の近辺に高速で不時着を試みたが、重傷を負ってしまった。一方、9機の零戦は1100にラエに全機帰着した。

その日、遠く離れた場所でRAAFのカタリナA24-18を悲劇が襲った。この飛行艇はポートモレスビーを基地とするRAAF第11飛行隊の所属機で、1942年5月4日にブーゲンヴィル島南部の昼間偵察中に撃墜された。搭乗員は日本軍の捕虜となり、同年11月4日にラバウルに近いマトゥピ島へ移されて処刑された。このカタリナ撃墜は台南空によるものではなく、また聖川丸と神川丸の水上機隊にも撃墜記録がない。最も可能性が高いのが空母祥鳳の所属機である。当時、この空母の戦闘機隊はジョマード水道を通過する船団の護衛にあたっており、同艦はショートランド海域にいた。残念なことに日本側の5月4日の戦闘日誌には何も記入されていない。

偵察型ライトニング

この日は連合軍側にとって戦争の進展における歴史的な出来事があり、それは台南空にも直接影響するものだった。最近オーストラリアに到着したばかりの第8写真偵察飛行隊がロッキード・ライトニングを本方面に導入することになった。その戦闘機型がニューギニアに配備されるのはそれから4ヶ月後の1942年10月のことで、同偵察飛行隊が装備していたのは写真偵察用のF-4型だった。

同部隊の初任務は5月2日に予定されていたが、悪天候で

第8写真偵察飛行隊のロッキードF-4シリアル#41-2137。1942年10月、14マイル飛行場にて。この偵察型ライトニングはその前月にニューギニア方面に配備され、操縦訓練のため複座型に改造された。本機は1943年にケネス・J・マーフィ少尉とともにラバウル上空で行方不明になった。

ニューギニア派遣のため海に下ろされたカタリナA24-18.（Gordon Birkett）

タウンズヴィル、ガーバット飛行場のデハヴィランド・ラピード。（Rob Fox）

中止され、2日後に延期された作戦の目的地はラバウルだった。南西太平洋初のF-4の作戦は、タウンズヴィル近郊の最近シュウィマー飛行場と命名された基地から開始された。この歴史的作戦に臨んだのはルイス・コネリー大尉で、彼はフィリピン航空（PAL）のパイロットとして「パピー」・ガン号をフィリピンで飛ばしていたが、彼のF-4はそのまま消息を絶ち、現在も発見されていない。行動調書に関係する記述が見られないので、台南空はこの遭難とは無関係である。

5月5日にRAAF第75飛行隊は再び痛手を受けた。モンテーグ・デイヴィッド・エラートン中尉がクイーンズランド州の海岸に着陸した際、事故死したのである。その1週間前、彼はポートモレスビーからオーストラリア本土に戻って休養するよう、レス・ジャクソン隊長に命令されていた。エラートンは同僚パイロットのヴァーン・シムズとともに米陸軍航空軍のフォートレスに便乗してタウンズヴィルへ帰ることにした。休暇後、彼は新しいキティホークA29-69の空輸を担当した。ポートモレスビーへと北進していた彼は海岸に墜落していたエアラコブラを発見し、調査のため着陸することにした。彼がRAAF第3飛行隊時代に中東で積んだ経験から砂地への着陸に自信をもっていたのは間違いないが、この砂州は軟弱で、彼の機は転覆してしまった。エラートンは逆さまになった操縦席に閉じこめられ、意識のあるまま、浸入してきた海水で溺死した。

ここ数週間の激戦の結果、台南空の5月5日現在の零戦稼働機数はラクナイが12機、ラエが6機にまで減少してしまった。基地の上空哨戒はラバウル（延べ9機）、ラエ（同6機）とも何事もなく終わったが、5月6日の作戦で大いに気を吐いた。それは第1直の本田敏秋2飛曹と日高武一郎1飛兵の九六艦戦2機が、ウッドラーク島、アニール、ラバウル、ガスマタの偵察で飛来した第19爆撃群のフォートレス1機を迎撃した時に起こった。

5月7日、ブカのブーゲンヴィル島沖に到着した特設空母春日丸から新品の零戦20機が新たな使用者である台南空パイロットたちの操縦でラバウルへ向けて発艦した。この時のことを坂井三郎はこう記している。

「全快した私は退院した。ほかの十九人の搭乗員とともに私はその日の朝、着いたばかりの四発飛行艇に乗った。飛行艇のむかう特設空母春日丸には台南空のための新しい零戦二十機が積まれていた。絶え間ない敵の偵察と空襲のせいで、春日丸はラバウルに入港できず、二百浬離れたブカ島の沖合でわれわれが飛行艇で来るのを待っていたのだ。二時間後にラバウルに戻ったわれわれは、完全に武装を整えた真新しい零戦二十機を前にして、小学生のように笑っていた」

さらに南のラエでは0830に西澤廣義1飛曹率いる6機の零戦が1機の「ハドソン」―実際には第3爆撃群のミッチェルだった―の迎撃のため緊急発進していた。その機の搭乗員は「フィンシュハーフェン沖に3000トン級タンカー」を発見したと思っていたが、実はこれはラエへ石油よりも必要とされる物資を輸送中だった輸送船第二南海丸だった。

短い小競り合いが飛行場の上空で起こり、その最中にミッチェルの搭乗員はラエの滑走路上に航空機1機がおり、さらに8機の零戦が飛行中で、その他は離陸中だったのを冷静に見て取った。必死だった銃塔と側面銃座の銃手は零戦1機撃墜を申告したが、該当機はなかった。その日、さらに2次の上空哨戒（各2個小隊）がラエで実施されたが、異状なく終わった。

5月8日にはラエに翌日入港する第二南海丸のため、7回の上空援護を実施した。

B-26シリアル#40-1422はフーバート・J・コノパキ中尉によりオーストラリアまで空輸され、1942年4月2日にクイーンズランド州のアンバーリー飛行場に到着した。本機は第22爆撃群で同年5月7日から34回作戦に参加した。本機はのちに「ソー・ソーリー」と命名され、RAAFガーバット飛行場を拠点としていた。

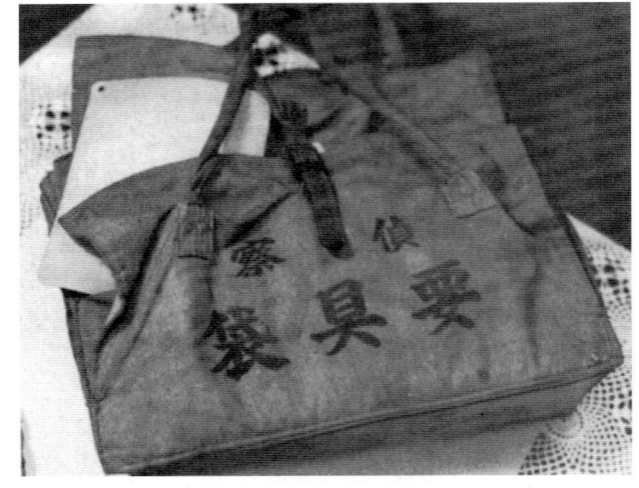

台南空の搭乗員は全員が航空図などの航法関係装備をこの海軍官給品の帆布製カバンに収め、操縦席に持ちこんでいた。（Sakai Saburo）

第7章
5月の消耗戦
CHAPTER SEVEN : THE GRIND OF MAY

地上へ追い詰められて

　1942年5月8日の第4直は上原定夫3飛曹と小林武1飛兵で、1200に2時間の哨戒に発進した。彼らは1300にラエ上空で単機での偵察飛行中だった第13爆撃飛行隊のリーランド・「ソニー」・A・ウォーカー少尉操縦の無機名のミッチェルに遭遇した。2機はラエ上空でこの中型爆撃機と交戦し、ポートモレスビーへ逃げ戻ろうとする同機を追撃した。さらに6機の零戦がラエから緊急発進し、この追撃戦に参加しようとした。行動調書に彼らの名前は記載されていないが、少なくともうち数名はその日の午前中の第3直で飛んでいた搭乗員だった可能性がある。しかし時間と速度を考えれば、その6機が全速で避退するB-25に完全に追いついて交戦できたのかは不明である。上原3飛曹と小林1飛兵の機は肉薄できたので、ウォーカー機の搭乗員は全力で応戦した。

　間もなくB-25は左エンジンが停止し、その後油圧系統に被弾した。油圧が落ちたため、ベンディックス社製の背面銃塔は攻撃をつづける敵機に合わせて旋回できなくなり、下面銃塔と両側面銃座の銃手の負担が増した。やがてこの戦闘の勝者が日本側であることがはっきりした。台南空の零戦は攻撃を継続し、しかもあとから発進してきた6機も加わった可能性もあり、速度の落ちた手負いの爆撃機はポートモレスビーのすぐ沖合のダウゴ島（フィッシャーマンズ島）まで追撃された。つまり少なくとも1時間にわたる戦闘があったのだが、ウォーカーは撃墜されなかっただけ幸運だった。この当時、ダウゴ島に飛行場はなかったが、執拗な攻撃で満身創痍となったミッチェルにポートモレスビーの飛行場は遠すぎ、ウォーカーはこの平坦な島へ着陸するしかなかった。

　そこでウォーカーは不時着を試みたが、機体は停止するまでにごつごつした白い珊瑚岩のためにひどく損傷した。不時着でウォーカーは大火傷を負い、銃手のローウェル・A・アンダーソン伍長が死亡した。ローウェル・K・ハモンド伍長も重傷を負い、間もなく死亡したが、両者は最後まで爆撃機を守りとおしたのだった。ラエへの帰還後、上原3飛曹と小林1飛兵は驚くべきことに爆撃機の撃墜を申告していないが、おそらくこれは彼らが実際に撃墜するまでに至らなかったためだろう。米軍機の反撃による損害は軽微だった。この追撃戦で台南空機は各1発しか被弾していなかった。ウォーカーは本作戦で搭乗員を救おうとした功績により殊勲飛行十字章を授与され、この不吉な事件は第3爆撃群のミッチェル初の戦闘損失となった。一方、その日は第二南海丸を護衛するためにさらに3次の上空哨戒が実施され、同船はラエへと白い航跡を残していった。

上原3飛曹と小林1飛兵操縦と思われる台南空機に地上まで追いつめられた「ソニー」・ウォーカーのミッチェルはダウゴ島に緊急着陸したが、その際彼は大火傷を負った。(credit Jack Heyn)

ダウゴ島に不時着したウォーカーのミッチェルの残骸。(Pacificwrecks.com)

5直（1330〜1530）：藤原直雄2飛曹、羽藤一志3飛曹
6直（1500〜1630）：米川正吉2飛曹、山本末広1飛兵
7直（1630〜1745）：奥谷順三2飛曹、渡辺政雄1飛兵

　ウォーカーのミッチェルの残骸がまだフィッシャーマンズ島でくすぶっていた頃、第35戦闘飛行隊の5機（グリーン大尉、以下イーガン、エリクソン、レオナルド・マークス、ジョン・ジェイコブスの各少尉）と第36戦闘飛行隊の8機、計13機のエアラコブラが、1430に7マイル上空に飛来した台南空の零戦9機を迎撃していた。予めその来襲を警告されていたエアラコブラ隊は高度6,000mに占位し、そこから一団となって急降下した。チャールズ・ファレッタ少尉は自分の銃撃で敵機の尾翼が吹き飛んだと思ったが、その日本軍機が錐もみで落ちたかは確認できなかった。太陽を背に襲い掛かったジョン・T・ブラウン少尉は別のゼロを追っていた。ブラウンは素早く旋回して攻撃に移り、正確な銃撃を加えたと思ったが、確かに損傷させた日本機とすれ違うと、すぐに見失ってしまった。アルヴァ・ホーキンス少尉は被弾したためコーション湾近くのヴァリヴァリ島へ不時着を強いられた。
　第35戦闘飛行隊はゼロを1機撃墜したとグリーンは申告し、第36飛行隊は3機を撃墜と申告した。実際は撃墜された日本機は皆無だった。混戦したこの20分間の空戦で、吉田素綱1飛曹はエアラコブラ3機を撃墜したと申告した。さらに未確認撃墜3機が彼と河合四郎大尉、石川清治2飛曹、大島徹1飛兵、新井正美3飛曹の協同戦果とされている。エアラコブラ隊が空戦場を去ってから30分間、河合機らは新たな戦闘を求めてポートモレスビー上空を旋回しつづけたが、敵機は現れず、最終的に1520にバンクすると帰投した。例のない強い向かい風のため、ラエへの帰還には1時間10分かかった。

吉田対ジェイコブス

　エアラコブラ隊は被墜機こそなかったものの、その寸前の事例が1機あった。ジョン・W・ジェイコブス少尉はどうにか1機のゼロの後ろに喰いついたものの、獲物だけに気を取られて他を忘れてしまうという基本的なミスを犯してしまった。近距離で連射を浴びせようとした瞬間、彼は飛び散ったプレキシガラスと金属の破片に仰天した。彼は乗機を横転させて逃れ、見えない攻撃者を発見しようとした。それはおそらく吉田素綱1飛曹だった。一息ついたジェイコブスに割れたパースペックス〔編註：アクリル樹脂の風防ガラスのこと〕と破れた金属外皮の穴から吹きこむ風のうなりが聞こえてきた。12気筒のアリソンはまだ問題なく回っていて、機体の反応も普通だった。しかしジェイコブス自身はそうでなかった。温かい液体が襟元を濡らし、いやな予感が頭をよぎった。気が遠くなりだした時、彼は決断しなければならないのを悟った。もし機を捨てて見知らぬ土地へ落下傘降下すれば、さらに重い傷を負うに違いない。ジャングルやクナイ草の茂るサバンナを越えて、しかも徒歩でポートモレスビーへ戻るなど、あまりにも危険すぎる。だがもしこのまま操縦をつづければ、出血多量で意識を失いかねず、やはり死の危険は免れない。
　この究極の選択にあたり、彼は落ち着けと自分に言い聞かせ、そして後者を採ることにした。殺気立ったゼロから遠ざからなくてはとの考えから、彼はまず一路南へ向かって海に出た。そしてエンジン回転数を落とし、もう7マイルへ戻っても大丈夫だろうと思える時までゆっくり飛んだ。帰還したジェイコブスは自力で動けず、待機していた救急車に担ぎこまれたが、彼は自身と戦闘機を救ったのだった。彼はまず戦傷章を受章し、のちに第35戦闘飛行隊初となる銀星勲章を

台南空の零戦に地上へ追い詰められたウォーカーのミッチェルは胴体着陸により大破した。硬い白珊瑚岩の塊に当たった胴体が目茶目茶になっている。（credit Justin Taylan）

ポートモレスビーのエアラコブラ隊ではドアアートが一般的だった。この矢が刺さったアヒルの絵のP-39Dの所属は不明。ノーズアートは本格的なものからマンガ的なものまでさまざまだった。

授与された。ポートモレスビーの数少ない守り手として、戦闘経験のあるジェイコブスと彼のエアラコブラが後日再び戦闘できることは重要だった。ジョージ・「ベン」・グリーンも同様の理由でこの作戦で戦傷章を受章した。

この日の尋常でない損失のひとつに第13爆撃飛行隊のB-25C「エル・ディアブロ」もあり、同機はサマライ近くの浅いサンゴ礁に不時着した。機長のハロルド・V・モール大尉は日本軍水上機1機をデボイン諸島付近で撃墜したと申告した。帰投中、搭乗員室上部の救命筏がなぜか機外に飛び出し、水平尾翼に引っかかってしまった。その結果安定性が低下し、彼は不時着を強いられたが、搭乗員は最終的にポートモレスビーへ全員無事に帰還できた。その機の航空時計をモールは記念品として生涯大切にした。確かにその日の午前早くに聖川丸飛行隊の水上機が2機、別々にB-26を発見していたが、発砲はしていないので、これは該当機ではない。ほかにも神川丸の青野3飛曹（操縦）と須藤1飛兵（偵察）の零観がミルン湾方面の哨戒のため、0855にショートランド島上空にいた。青野は帰還後、1045に「ロッキード爆撃機」を60kg爆弾2発と機銃弾40発で攻撃したと報告した。しかしこの日、その付近にRAAF機はいなかったので、青野機と交戦したのは「エル・ディアブロ」だったことがわかる（日本軍パイロットはよくミッチェルとハドソンを誤認した）。青野は無事帰還し、1215すぎにショートランド島の沖合に着水した。

それから5ヶ月近くのち、カーティス＝ライト社の技術者ポール・カーペンターがダウゴ島のウォーカー機の残骸を訪れ、現場の情景が目に浮かぶような報告書を1942年9月23日付で提出している。

「……ポートモレスビーの数マイル沖合の島に墜落したB-25を視察することになった。これは戦闘でやられて基地まで帰れなくなり、この珊瑚礁の島に胴体着陸したものである。下面は珊瑚岩に引き裂かれてずたずたになり、胴体中央部は火災でほぼ焼き尽くされていた。主翼とエンジンの部品が取り外されているのは再利用可能な部品が多かったためで、正規の処置だ。乗員がどうなったのかはよくわからないが、これで助かったとしたら奇跡だ。焼け焦げたパラシュートや救命胴衣の一部もあったが、人の体が燃えたり焼けたりした場所につきものの臭気はなかった」

75飛行隊、ニューギニアを去る

1942年5月9日、春日丸から届いた真新しい20機の零戦がラエからラバウルへ向かっていた頃、山脈の反対側では戦力が底をついたRAAF第75飛行隊が荷物をまとめ、ニューギニアを去ろうとしていた。この善戦したオーストラリア軍飛行隊の残存士官や兵たち154名は、ポートモレスビーの主桟橋からS.S.タローナ号でタウンズヴィルへと出航した。残留部隊として残ったのはパイロット3名と地上員27名で、飛行隊軍医ビル・ディーン＝ブッチャーもそのひとりだった。不調気味の2機のキティホークは後方にとどまったが、南へ飛ばす準備はつづけられていた。5月9日0610、台南空の零戦14機がラエを離陸し、ポートモレスビーの掃討に向かったが、今回の指揮官はあの柔和な口髭の飛行隊長だった。

第13爆撃飛行隊のハロルド・モール大尉。クイーンズランド州チャーターズタワーズにて。

氏名不詳の搭乗員と一式陸攻の尾部銃座。ラバウルにて。こうした陸攻隊の搭乗員の死亡率は高かった。（Jason Petersen）

第1中隊
第1小隊：中島正少佐、吉田素綱1飛曹、水津三夫1飛兵
第2小隊：吉野俐飛曹長、山崎市郎平2飛曹、羽藤一志3飛曹
第3小隊：大島徹1飛曹、新井正美3飛曹

第2中隊
第1小隊：河合四郎大尉、石川清治2飛曹、山本健一郎1飛兵
第2小隊：西澤廣義1飛曹、奥谷順三2飛曹、米川正吉2飛曹

　日本軍は0710にいつもの目標に到達した。10分後、上空援護についた河合中隊は1発も撃つことはなく、中島中隊のみが25分間にわたって7マイルとキラキラ飛行場を地上掃射した。中島隊の搭乗員は0900までにラエの指揮所へ戻った。地上員は中島隊長機に4発の被弾を認めた。台南空は武人としての範を改めて示した、かけがえのない飛行隊長を今回の作戦で失う危険もあった。帰還後、中島隊の搭乗員たちは空戦でP-39とP-40を7機撃墜（不確実2機）、地上でB-26を3機とB-25を2機炎上、さらに地上でB-26を2機、P-39を3機、急降下爆撃機8機を撃破したと申告した。こうした大幅な過大申告は前線では避けられないものだったが、それが日本軍の総司令部に戦況の実態を見誤らせることにつながっていった。

　この攻撃時、残地されていた2機の不調オーストラリア軍キティホークはポートモレスビーから避退を図っていた。以下はバトラーの手記である。
「0615にA29-18は7マイルを離陸し、3マイル（キラキラ）飛行場へ向かった。そこでA-24の部隊と合流し、彼らをホーン島まで護衛することになっていた。私たちとA-24隊の離陸準備はほぼ終わっていたが、ゼロの機銃掃射が始まったので、何とか退避溝へ転がりこむのが精一杯だった。私の乗機のA29-18は3箇所に被弾し、それで20〜30系統の回路を制御する大型接続箱がやられてしまった。レス・ジャクソン機（A29-79）はまだ飛行可能だったので、彼は間もなく本土へ飛び立っていった。もう1人のパイロットの機は完全に飛行不能だった。彼がどうしたのか断言はできないが、たぶんタウンズヴィルに戻る米軍機に便乗したのだろう」

　この攻撃によりキラキラ飛行場で破壊されたA-24は、米陸軍航空軍シリアル41-15746、784、790、791だった。バトラーのキティホークA29-18はポートモレスビーの炎天下で数日かけて修理されたのち、戻っていった。バトラーは結局1942年5月11日にポートモレスビーをあとにした。
「私は米軍のB-25にホーン島まで案内してもらった。そのB-25はホーン島には下りず、タウンズヴィルへと南に向かった。私は着陸して給油を受けたが、その時あと30分ぐらいで空襲があるらしいと教えられた。給油を終えるとすぐに私はコーエンへと離陸した。このおんぼろキティホークで迫り来るジャップを迎撃する気はなかったからだ。コーエンへ行く途中、空襲が始まり、ゼロが飛行場を機銃掃射していると無線が言っていた。コーエンに着き、給油しにタキシングしていると、主翼に飛び乗った航空兵が片方の主脚タイヤに大きな気泡ができていると教えてくれた。私はコーエンで新しいタイヤが届き、タウンズヴィルに飛べるようになるまで4日間待たねばならなかった」。

　オーストラリア軍キティホーク部隊による伝説的なポートモレスビー防衛戦は、大半が台南空による損害のため、こうして幕を閉じた。歴史的な役割を果たした同飛行隊はオース

1942年4月、ラクナイで撮影された報国第535号（V-158と推定）。この白黒写真では見づらいが、胴体に2本の黄色い指揮官帯が巻かれている。この新品機の操縦席にいるのは分隊長の河合四郎大尉で、傍らで見守るのは高塚寅一飛曹長ではないか？　河合はこれ以前、V-153を使用していた。

新たに補充され、揚陸される神川丸ないし聖川丸所属の零式水偵。1942年5月5日、デボイン島での撮影。（Jim Lansdale）

トラリア本土で再編されることになり、1942年7月31日にニューギニアの地へ戻ることになった。そして短期間ながらミルン湾上空で台南空と再び相まみえることとなるが、その零戦は改良型になっていた。

1942年5月10日の基地上空哨戒はラバウルの5次（延べ14機）、ラエの5次（延べ11機）とも、何事もなく終わった。前日のポートモレスビー掃討作戦を大成功と見なしていたラエの飛行隊は新たな攻撃を実施することにした。今回の出撃は河合四郎大尉が指揮する零戦11機だった。吉田素綱1飛曹と水津三夫1飛兵はモレスビー上空でP-39各2機を撃墜したと申告した。この申告も不正確だった。確かにこの時、エアラコブラは上空にあがっていて劣勢だったが、損失機はなかった。翌5月11日のラバウル（延べ6機）とラエ（延べ8機）の基地上空哨戒もやはり何事も起きなかった。春日丸から先日届けられた20機の新しい零戦が下士官兵にまで行き渡ったため、より大規模な攻撃が可能になった。

1942年5月11日、ラエから山下政雄大尉率いる零戦8機が発進し、元山空の陸攻19機を護衛しながらポートモレスビーへ向かい、存分に同市を攻撃した。さらに零戦5機が4空の陸攻9機を護衛してホーン島攻撃に向かった。河合四郎大尉率いる第1小隊と吉野俐飛曹長の第2小隊は0810にラエを離陸した。第3小隊の小隊長はあの西澤廣義1飛曹で、列機は山崎市郎平2飛曹、米川正吉2飛曹だった。この4機は先行する2個小隊の5分後に離陸し、1010から1015までホーン島の飛行場を機銃掃射してから、バトラーがコーエンへ向かっていた1245までにラエへ帰還した。一方4空の護衛にあたっていた2個小隊は、0827に丸山幸平大尉の陸攻隊と合流し、オーストラリア北端の島に1035に到着した。敵機を見ることなく、搭載爆弾を投下し終わった爆撃機隊は1300にはヴナカナウへ帰還した。

消えたワイルド

1942年5月末まで、台南空はポートモレスビーに圧力を加えつづけた。5月12日の払暁、14機の零戦がオーウェンスタンレー山脈を越えて12マイル飛行場と14マイル飛行場へまず向かった。地上掃射は第2中隊が実施し、第1中隊は空戦をせず上空援護にあたった。第2中隊は0820に10機のエアラコブラと交戦した。

第1中隊
第1小隊：山下政雄大尉、大島徹1飛曹、本吉義雄1飛兵
第2小隊：山口馨中尉、太田敏夫1飛曹、新井正美3飛曹
第3小隊：半田亘理飛曹長、宮運一2飛曹

第2中隊
第1小隊：笹井醇一中尉、西澤廣義1飛曹、日高武一郎1飛兵
第2小隊：坂井三郎1飛曹、本田敏秋2飛曹、小林民夫1飛兵

笹井、西澤、日高、坂井、本田、小林は協同でP-39の撃墜2機と未確認撃墜1機、さらにP-39の2機地上撃破を申告している。この戦闘で坂井は弾薬を使用しておらず、使用したのは笹井（被弾あり）、西澤、日高、本田である。小林は20分先に戦闘から離脱し、サラマウアの沖合に不時着水した。それ以外の13機は無事ラエへ帰還した。

この日、第36戦闘飛行隊のロバート・M・ワイルド少尉のエアラコブラが付近の哨戒のためボマナ飛行場（12マイル飛行場）を飛び立っていた。彼が飛行場に戻ったのは、ちょうど台南空の零戦が機銃掃射を行なっていた時だった。ワイルドはこれを攻撃するため上昇しようとしたが、その搭乗機が被弾した。おそらく負傷したと思われるワイルドは、エアラコブラをポートモレスビーのサバンナ地帯のはずれにある低い山地へと向かわせた。不思議なことに彼の不時着を目撃した者はいなかった。彼は不時着時に死亡したとも考えられるが、彼のエアラコブラが穴だらけだったにしろ、一応着陸はしているので、生存していた可能性の方が高い。

ワイルドは消息を絶った日に戦闘間行方不明者と判定されたが、その2ヶ月後に発見された機体の操縦席に彼の遺体はなかった。今日も彼の公式戦死日は1942年7月21日という彼のエアラコブラの残骸が発見された日のまま、修正されていない。その機体は元ポートモレスビー在住の薬剤師ビル・チャップマンが主宰する航空機愛好家グループによって1972年に回収され、トラックで同市へ戻っていった。

オーウェンスタンレー山脈上空を巡行するDC-5 VH-CXA、1942年中盤。1942年前半、ニューギニア方面にいた米軍輸送機部隊は第21および第22兵員輸送飛行隊のみだった。真珠湾攻撃の報が届いた時、ハワイからフィリピンへ向かう途中だった41Hクラスのパイロットたちは航海に出てまだ1週間しか経っていなかった。このクラスの修了生にはまだ多発機の飛行経験がなかったが、つづく数ヶ月のうちにこの2個飛行隊でロッキードC-56ロードスター、DC-2、DC-3、DC-5を飛ばすことになった。航空輸送部隊の黎明期はそんな有様だった。（credit Kevin Ginnane）

「いちばん頼りになる2番機」本田敏秋2飛曹

　台南空がニューギニアに到着して以来、零戦の補充はつづいていたが、1942年5月13日には異例の戦力増強があった。ラバウルに8機の零戦が到着したが、これは空母瑞鶴からのものだった。まだ空母がトラック島へ向かっていた最中に、この零戦隊はニューアイルランドの北で発艦したのだった。一方ラエでは、坂井三郎の2番機として何度も飛んでいた本田敏秋2飛曹が、この5月13日が坂井の零戦が定期整備中だったため、半田亘理飛曹長の列機を渋々ながら務めることになった。気乗りしない本田がラエから発進する数時間前、オーウェンスタンレー山脈の反対側では整備班長のトニー・トロッタが明けゆくポートモレスビーの闇のなか、P-39の整備に取り組んでいた。ハーヴェイ・カーペンター中尉に割り当てられたその戦闘機には、トロッタの名がメインカウルに鮮やかにステンシル塗装され、彼が整備班長であることを示していた。日常整備の一環としてトロッタはアリソンの2ダースある点火プラグを交換し、マグネット接点を清掃した。一方ラエでは1115に6機の零戦が飛び立ち、ポートモレスビーの掃討に向かった。

第1小隊：半田亘理飛曹長、本田敏秋2飛曹、新井正美3飛曹
第2小隊：西澤廣義1飛曹、山崎市郎平2飛曹、山本健一郎1飛兵

　台南空の零戦隊がポートモレスビーに接近していた正午、日本側はラバウル攻撃から帰還してくる6機のB-26と2機のB-17を遠方に発見した。うち第408爆撃飛行隊のマローダー「グレン・ウィン」では、対空砲火により油圧系統が故障していた。単機で帰投中、ニューギニア北海岸から20分の位置で燃料停止により左エンジンが止まったため、捨てられる搭載物をすべて投棄した。ポートモレスビー近くまで来たため、機長のミルトン・C・バーナード中尉は胴体着陸をするため遠距離アプローチに入った。7マイルで最終旋回に入り、高度わずか45mとなったところ、爆撃機は後方から台南空の戦闘機に攻撃された。20㎜機銃の1連射が命中し、尾部銃手のアルヴィン・トロイアー1等兵が戦死し、航法士のラヴァーン・リンパッチ少尉とバーナードが負傷した。副操縦士のウェイド・H・ロバート少尉がプロペラをフェザー位置にし、マローダーを最小限の損傷で胴体着陸させた。零戦がまだ付近にいたため、爆撃手ロイ・L・キャラウェイ少尉、副操縦士、通信手アンソニー・H・キャッピー伍長、機上整備員ジョージ・H・ブロック軍曹たちは協力して負傷者を搬出し、空襲警報が解除されるまで主翼の下に退避していた。

　一方、日本機を迎撃するため緊急発進したエアラコブラ8機は、6機が第35戦闘飛行隊、2機が第36戦闘飛行隊のものだった。その後40分間にわたる空戦は市街の西側へ展開していき、8対6で零戦隊が数において劣勢になった。新しい点火プラグを装備したカーペンターのP-39は被弾し、彼はポートモレスビーの北西約25浬のレッドスカー湾の浅瀬にあるヴァリ島の北で脱出した。地元民の協力のおかげでカーペンターは翌日の午後に12マイル飛行場へ戻った。ポール・ブラウン大尉とエルマー・グラム中尉がこの日、零戦の撃墜を申告したが、この戦闘で失われた台南空機は1機のみだった。グラムかブラウンに撃墜された本田2飛曹機は、7マイル飛行場の北西数浬に位置するローエス山の近くに墜落した。

　この1942年5月の戦闘に参加したパイロットたちが個々に提出した報告から、エアラコブラと零戦の性能を比較するヒントが見えてくる。

　ブラウンが高度3,600mでゼロを追尾した段階では、
「相手は350ノットで、ほとんど距離が詰らない」
　その後の低高度での戦闘でロイヤルによれば、
「こちらは高度300mを320ノットで直線水平飛行。ゼロはこちらを射程内に捉えつづけている」
　ジョン・C・プライス少尉の報告では、
「ゼロはエアラコブラにぴったりついてくる。私は高度3,600mから速度450ノットで降下したが、ゼロはついてきて、地上まで銃撃しながら追跡してきた。マーティン少尉がそいつを追い払ってくれた」
　だがユージンの報告では、
「……こちらは3,000mでやっと彼らより優速になる。私た

本田敏秋2飛曹機を撃墜したエアラコブラ搭乗員のひとり、ポール・ブラウン大尉。写真はP-400の主翼上に立つ大尉。1942年7月、ポートモレスビーにて。（credit Damien Parer）

ちは約350ノットで緩降下した。彼らの推定速度は340ノットだった」

　零戦パイロットがどのような状況下でオーバーブースト出力を適用したのかは不明だが、この例は最も可能性が高いと思われる。出力全開は316ノット（マニュアルによれば）だが、オーバーブーストにすれば345ノットは出せたと戦後、零戦パイロットたちは述べている（アリューシャン列島で鹵獲された零戦二一型のサンディエゴでのテスト報告では、エンジンのオーバーブースト試験は行なわれていない）。

　一方ラエではベテラン半田亘理飛曹長の部隊がポートモレスビーへ発ってから2時間以上が経過し、基地周辺の人々が飛行場の周りに集まって、空を今か今かと眺めていた。坂井三郎はこう記している。

　「一やがてかすかに爆音がきこえ、小さい機影が空から生まれてきた。だが、どうしたというのだ！　その機影は五つしかない。後からくるのかと、じっと機影の後方の空間をみつめてみても見えてこない。双眼鏡をあてて探してみるのだが、レンズに映るものは、むなしい空間だけ。そのうちにも機影はしだいに大きくなってくる。編隊の形をみれば、欠けているのが二番機なのは一目瞭然である。私はわれ知らず飛行場に駆けだしていた。近づいてくる前の二機に向かって手をあげ、絶叫するような恰好で駆けだしたのだ。二機はぐんぐんと高度を下げてきた。飛行機の車輪が地に着いた。私はいっそう必死になって駆ける。飛行機は地上滑走にうつり、だんだん速力が落ちる。だが、私はその止まるのが待ちきれずに、二機を追いかけて走った。やがて、飛行機は停止した。風防をあけて半田飛曹長が姿を現わした。私はその姿に向かって、下から大声をあげて呼びかけた。『本田は、本田はどうしました？』　機から降りてきた彼は、私の手をとるなり、『申しわけない。本田は喰われてしまった。俺の不注意からだ。済まない、許してくれ』といった。私はこの大先輩から、悲痛な面持でこう詫びられて、もうそれ以上返す言葉はなかった。私は茫然としていた。信じられない。本田がやられた？　あんないい奴が……。半田飛曹長は、私から顔をそむけると、地面をじっと見ていたが、やがて指揮所のほうへ、とぼとぼと歩いていく。私も後から黙ってついていった」【光人社「大空のサムライ」、「半田飛曹長のなみだ」より】

　ラエの指揮所で半田飛曹長は、彼の6機編隊は単縦陣をとり、高度4,000mでポートモレスビー上空に進入したと報告した。敵戦闘機はいないと見てとった半田は7マイルの地上の状態を確かめることにした。彼は単縦陣のまま左旋回し、高度約2,000mまで徐々に降下した。すると突如上空からエアラコブラ数機が襲いかかってきた。報告で半田は完全に安心しきっていたのは、「自身の不覚」と認め、全責任は自分にあるとした。台南空の当時の戦法どおり、3番機だった新井正美3飛曹は直ちに彼につづいて回避したと述べた。しかし2番機だった本田は後方に位置していたため、集中銃火を浴びてしまった。たちまち本田機は火だるまになり、地上へ突っこんでいった。

　零戦隊は1230にポートモレスビーを離脱すると、1時間半後にラエへ帰着し、エアラコブラ5機と交戦したと報告した。彼らは撃破2機、未確認撃墜2機、さらに不時着中だったB-26を銃撃したと申告した。6機の合計消費弾数は20㎜弾600発、7.7㎜弾3,500発で、これほど弾丸を使用したことから、かなり激しい戦闘だったことがうかがえる。本田機を撃墜し、長時間の激しい空戦だったにもかかわらず、エアラコブラ隊が与えた命中弾はわずかで、半田機に2発、新井機に6発だった。

　22歳と8ヶ月、その日、半田の2番機だった本田敏秋2飛曹は福岡県出身で、海軍入隊前は鉄道の切符切りをしていた。本田は操縦練習生を1940年6月に修了すると台南航空隊に配属され、1941年12月8日のクラークフィールド攻撃で初の実戦を経験した。本田は誰よりも明るい男だった。ラエでは悪のりをして士官烹炊所から食料をくすね、主計大尉に殴られたことがあった。その件で小隊長の坂井三郎が飛行長兼務の小園安名副長に呼び出されている。

　小園中佐は完璧な人格者というわけではなく、頑固一徹なところがあった。1945年には厚木の302空司令を勤めていたが、8月15日の降服の決定に反対し、決起して逮捕されることになる。本田2飛曹がニューギニアで撃墜を記録した可

一式陸攻——型の背面銃座。7.7㎜単装機銃では高速で飛び交う敵機に対してあまりにも非力だった。

135

能性は低いが、1942年4月17日に彼と後藤竜助3飛曹が吉野俐飛曹長の指揮下でポートモレスビー上空の戦闘に参加した際、彼は後藤とキティホーク5機の協同未確認撃墜を申告している。実際に撃墜されたのは1機のみで、おそらく吉野によるものである。坂井三郎は回想録で本田2飛曹を失ったことについて、烈しい自責の念にかられたと記している。

空中衝突

戦闘における生死はさまざまな理由で決まるが、その最大のものは武器と天候である。ちょっとした目測ミスが死につながる空中衝突につながった例は一度ならずあった。1942年5月14日のポートモレスビー上空でそれは起きた。夜明けと同時の0615、15機の台南空零戦がラエを出撃したが、その目標はまたしてもあの植民市だった。彼らは現地に到着すると地上掃射はせず、ボマナの上空を繰り返し旋回して敵戦闘機をおびき出そうとした。これとは別にわずか9機の零戦の護衛のもと、元山空と4空の混成陸攻隊29機によるポートモレスビーの大規模攻撃が正午に予定されていた。この時ラバウルで基地上空哨戒に旧式の九六艦戦が使用されていたのは、補充機不足の前兆だった。ポートモレスビー攻撃には河合と笹井の中隊の機が参加していた。

第1中隊
第1小隊：河合四郎大尉、吉田素綱1飛曹、日高武一郎1飛兵
第2小隊：山口馨中尉、太田敏夫1飛曹、新井正美3飛曹
第3小隊：大島徹1飛曹、奥谷順三2飛曹、本吉義雄1飛兵

第2中隊
第1小隊：笹井醇一中尉、坂井三郎1飛曹、水津三夫1飛兵
第2小隊：吉野俐飛曹長、宮運一2飛曹、山本健一郎1飛兵

0715に日本軍の編隊はポートモレスビー上空に到達し、まず高度約1,500mでボマナを3周した。15分後、第8戦闘群の10機のP-39が彼らを迎撃した。ポール・ブラウン中尉は第36戦闘飛行隊とともに飛行しており、編隊の最後尾にいた零戦を選んで襲いかかった。

「敵編隊はわれわれの右側、下方約600mにいた。こちらは各機がゼロを1機ずつ狙った。私は自分の獲物に約250ノットで降下して接近した。射程に達すると、全門を斉射した。敵機はすぐさま右旋回し、やや高度を上げた。すると私の左主翼が敵機の尾部に衝突し、垂直尾翼の上半分と右昇降舵がちぎれ飛んだ。衝突後、そのゼロは右へ激しく錐もみを開始したが、あの尾翼では着陸や引き起こしは不可能に思われた。私は飛行場に帰還し、無事着陸した。ゼロ1機撃墜。私の主翼に当たった金属と羽布の色はくすんだブルーイッシュグレーだった。衝突前、私は約1秒間連射した。敵機からの応射はなかった」。

台南空の記録によれば、零戦が1機大破し、さらに大島徹1飛曹機が撃墜されている。ブラウンの衝突機の損傷についての記述が正確だとすれば、彼が衝突したのは大島機に間違いないだろう。0815に台南空は現地を去ったが、撃墜申告はない。オーウェンスタンレー山脈の半分まで戻ったところで台南空は、ラエを爆撃して帰投中だった第3爆撃群のミッチェル5機と遭遇した。帰投中の台南空の編隊から4機が飛び出し、ラエを緊急発進して米軍機を追撃していた山崎市郎平2飛曹機と合流した。これで5機になった零戦隊がミッチェルを攻撃し、撃墜1機を申告した。これはジョン・ヘッセルバースのミッチェルで、尾翼部と主翼と右エンジンが損傷していた。油圧系統も停止しており、ヘッセルバースは3マイル飛行場に胴体着陸を強いられた。0930に最後の台南空機がラエに帰還し、彼らは計17機の敵機に遭遇し、合計4,300発の弾丸を使用したと報告した。ブラウンのエアラコブラの損傷は軽微で、左主翼端前縁とピトー管の交換だけですんだ。にもかかわらず、メルボルンの米陸軍航空軍司令部はこの衝突の詳細にこだわり、ブレット大将が以下の電報を打電したほどだった。

「ポートモレスビーでゼロと衝突したP-39の損傷の詳細情報を直ちに送られたし。返信には無線を」

戦死した日本軍搭乗員、大島徹1飛曹は以前、中国では12空に、ニューギニアでは4空に所属していた。1942年には実戦に参加できる機会が多くなかったが、2月23日にB-17のラバウル初空襲を迎撃したパイロットのひとりとなっている。つづく2月28日には初のポートモレスビー掃討攻撃に

山本健一郎1飛兵。1942年6月、ラエにて。

参加している。3月14日に彼の中隊はホーン島を攻撃中に米陸軍航空軍のP-40Eに迎撃され、戦死者2名を出した。その後ラバウルとラエでの上空哨戒や、ポートモレスビーの掃討攻撃や護衛任務に参加したが、交戦することはなかった。大島にとって不運なことに、彼が戦死した日はこの3ヶ月間で二度目の空戦だった。ブラウンは第8戦闘群で戦いつづけ、この事故から間もなく大尉に進級した。1942年9月27日にミルン湾に来るはずだった2隻のスクーナー船を捜索するため、タウンズヴィルのガーバット飛行場を発進したのち、彼は戦闘間行方不明となった。このフライトは長距離偵察をせよという簡潔な指示で行なわれたが、結果的に彼とその乗機を失うことになってしまった。悪天候で捜索範囲が出発地周辺に限られてしまったため、彼の行方はわからずじまいだった。

連合軍機の連鎖遭難と藤原直雄2飛曹の死

それはこの戦争の最初の年、ニューギニアで最も奇妙な生還譚だった。まず1機のミッチェルが行方不明となり、その捜索に向かった急降下爆撃機の編隊も帰らず、彼らの最後の希望となったのが年代物の複葉機で、そして通常では考えられない形の戦闘という、この類を見ない事件の発端は1942年5月15日、重要物資と燃料を積んでラバウルを出発した輸送船京城丸のラエ到着という、ごくありふれた出来事だった。その港町の上空では零戦や九六艦戦の上空哨戒が異状なく行なわれていた。翌5月16日、米陸軍航空軍第13爆撃飛行隊のハーマン・ロウェリー大尉指揮下の9機のミッチェルがラエの爆撃に向かった。

9機は日の出の1時間半後に発進したが、サラマウア上空で雷雲に遭遇した。ロウェリーは3機のミッチェルを率いてサラマウア地峡周辺に停泊する敵艦船を探し、ジョン・フェルタム大尉は残りの6機でラエの飛行場の攻撃に向かった。サラマウアからラエへ向かって海岸線沿いに飛ぶことで、彼は危険な南洋の雷雲をやり過した。低高度の雲層を抜けた編隊は前方5浬にラエを発見したが、ちょうどその飛行場を飛び立った2機の零戦が彼らの真正面へ向かってきた。その1番機が藤原直雄2飛曹だったが、列機の操縦者名は記録にない。わずか2～3mの距離でフェルタム機を避けた藤原は垂直インメルマン旋回で2番機の後方へ回りこもうとした。すぐさま全銃塔がそれに追従し、彼の零戦は身震いすると、20秒もしないうちに錐もみ状態で落ちていき、藤原2飛曹は戦死した。

藤原直雄は1939年10月に甲飛5期生となり、第15期飛行練習生を経て、大分空での実用機教程を1942年1月に修了した。台南空での彼の初陣は1942年5月1日で、以後9回の出動を経験した(上空哨戒をラバウルで2回、ラエで7回行なったが、会敵なし)。ニューギニアでの悪天候に対する台南空パイロットの慎重さを考えれば、彼はその運命の日、功をあせって無許可で、あるいは志願して離陸したのではと考えられる。この日のそれ以降、台南空ラエ支隊は悪天候のため、とうとう飛べずじまいだった。藤原の闇雲な攻撃は、戦術的機動というよりも衝動的な行動のように思われる。彼の死の最大の原因は、彼自身の経験不足にほかなるまい〔編註:「台南空行動調書には5月16日の記事はないが、日本海軍においては見敵必戦であり、敵が来れば令なくして出撃するのが当然だ〕。

航空反撃を退けたフェルタムのミッチェル隊は高度約300mで爆撃航過を実施し、100ポンド通常爆弾36発と同数の焼夷弾をラエの無舗装滑走路の南東端に投下した。米軍の記録簿には爆撃によりラエの高射砲陣地群や物資疎開所などが破壊されたとあり、日本側の記録には格納庫外にあった零戦1機が破壊されたとある。しかし後方から悪天候が迫っていたため、帰投時にミッチェルは各個でポートモレスビーへ向かわなければならなかった。ラエの攻撃中、B-25の搭乗員たちは京城丸を目撃していた。7マイルでの輸送船はラエへ戻るはずだと結論されたため、6機は再給油されて大型の1,200ポンド通常爆弾が爆弾倉に搭載された。こうした大型爆弾は艦船に対して威力が大きかった。

1115に彼らは再びラエへ出撃し、さらに3機が加わった。しかし目的地上空に着いたところ、天候はさらに悪化していた。探しても黒雲に切れ目はなく、立ちこめたままだった。最終的に1330に9機の中爆編隊は雷雲のまわりに進出し、真正面約10浬にあるラエへと単縦陣で突入した。対空砲火は激しかったが損害はなく、先刻の攻撃と同様、高度700mか

多くの米陸軍航空軍パイロットたちにとって最初のオーストラリア体験はクイーンズランド州の町々を通り過ぎていく長い鉄道の旅だった。写真は1942年中盤、コーエンで下車する米軍航空兵。

ら滑走路と物資疎開所、さらには港湾施設が爆撃された。2機の爆撃機が滑走路の南西端で損傷を受けた。台南空の迎撃がなかったのは、主に悪天候がおさまらなかったことが原因だろう。残念ながら京城丸は無傷のままだった。

　帰路、フェルタムは編隊を離れ、サラマウア沖に係留されていた水上機の機銃掃射に向かった。同地峡周辺の天候はラエよりもひどく、最悪の視界のためフェルタムと副操縦士ヒュー・ターク中尉は機位を失った。雲に覆われたジャングルの峡谷や山地と格闘しながら飛行するうち、フェルタムはポートモレスビーではなく、最終的にニューギニアのカイナントゥの南東6浬に位置するアイユラ山地の狭い平原に着陸することになった。高原の北端にあたるアイユラ平原の標高は高く、戦前に地方農業試験場が建てられていた。最初の飛行場は1937年に作られ、2年後に多発機に対応するため第二の滑走路が増設されていた。不運なことに滑走路のぬかるんだ路面のためにミッチェルの首脚が破損し、ガラス張りの機首はつぶれ、フェルタムと搭乗員たちは行き場を失ってしまった。危険な気象状況を考えれば、フェルタムが険しい山岳地帯に衝突せず、このような僻地の飛行場に無事着陸できたのは驚くべきことだった。フェルタムがたどった正確なルートは不明だが、おそらくブラックキャット峡谷をさかのぼってからワウを通過したようである。

　無線連絡がつかず、敵地に近い山中だったため、救助はまず期待できなかった。ポートモレスビーは5月16日付で彼らが行方不明になったということ以外、彼らの位置も状況も把握していなかった。それはまったくの幸運だった。5月20日、フェルタムたちが着陸してから4日目、彼らとは関係なく、ワウ飛行場の視察のため、フロイド・「バック」・ロジャース少佐が第8爆撃飛行隊のA-24急降下爆撃機で、護衛の第8戦闘群のエアラコブラとともに出発した。この視察は同飛行場へオーストラリア軍コマンド部隊を空輸する計画を策定するためだった。この地域でずっと継続していた悪天候のため、ロジャースはエアラコブラ隊とはぐれ、フェルタムと同じく機位を失った。ワウの方位を見極めようとした彼は、眼下のアイユラ谷の小さな飛行場で擱座していたミッチェルを発見した。好奇心をかき立てられたのと、自分の位置を確認するため、ロジャースはそこへ着陸した。歓喜するフェルタム機の搭乗員と話し合ってから彼は離陸し、ワウにたどり着いて視察を終え、7マイルへ戻って報告した。ロジャースが行方不明だった搭乗員たちを発見したという報告にポートモレスビーは大騒ぎとなり、いかに6名の遭難搭乗員たち（ジョン・フェルタム少尉、ヒュー・ターク少尉、ダトロー軍曹、H・S・テイラー伍長、オマー・ファーガソン軍曹、P・R・アーヴィン2等軍曹）を救出すべきか、さまざまな計画が検討された。5月24日日曜日、「バック」・ロジャース、クロード・ディーン、ジェームズ・ホルコムが操縦する3機のA-24が搭乗員の救助を開始するため飛び立った。オリーブドラブの3機は7マイルを0830に出発したが、必死の捜索も分厚い雲のため、アイユラを見つけ出すのが精一杯だった。捜索はA-24の航続性能の限界に近く、肝心な時にロジャー機のライト星形エンジンが燃料切れで止まってしまった。彼は斜面に不時着したが、ひどい怪我を負ってしまった。一方ディーンはアイユラの近くのカイナントゥに着陸したが、彼のA-24は着陸時に溝にはまり、逆立ちしてしまった。アイユラに無事に着陸できたのはホルコム機だけだった。その晩、事態はさらにひどくなった。ロジャースとディーンが負傷し、飛行可能なA-24は1機のみだった。その結果、翌朝ロジャースがポートモレスビーへ戻るべきだという結論になった。このためホルコムがロジャースを後席に乗せ、アイユラの軟弱な草原から離陸を試みた。ところがA-24は機首を地面に突っこみ、ホ

第8爆撃飛行隊長、フロイド・「バック」・ロジャース少佐。1942年前半、チャーターズタワーズにて撮影。

A-24パイロット、クロード・ディーン。アイユラ遭難前、クイーンズランド州の奥地にて。（PNG Museum of Modern History）

ジェームズ・T・ホルコムはアイユラに無事着陸できた唯一のA-24パイロットだったが、惜しくも離隊時の事故で命を落とした。ニューギニア戦線配属前にジョーイ（有袋類の子ども全般を指す語）との一葉。（PNG Museum）

ルコムは事故死してしまった。ロジャースは運よく連日のA-24での事故をまたしても生き延びたが、先の負傷箇所をさらに痛めてしまった。

最後の希望、スパルタン複葉機

それからがこの奇妙なニューギニアの生還譚の佳境だった。飛行場周辺を探索したフェルタムたちは、VH-UKQというオーストラリア民間航空機記号が書かれた時代遅れのシモンズ・スパルタン複葉機がアレキサンダー・キャンベル牧師の「第七の日降臨教会」のバナナ園に隠されていたのを発見した。飛行機を失ったアメリカ人搭乗員たちは、その秘められた由来を知るよしもなかった。

その複葉機は1929年に耐空証明が交付され、間もなくメルボルンのロバート・ブライス有限会社に購入され、社有機として登録された。その後本機はラエのテイラー＆ロス航空運輸会社に売却されたが、1930年3月30日にサラマウア沖で不時着水した。機体は回収修理され、3年後に新オーナー、アーサー・コリンズによりラバウルへ運ばれた。そこで1936年にジプシーエンジンに換装されたが、1939年にまた事故を起こした。再び修理され、1941年にはワウが拠点になった。1942年3月にこのスパルタンはジョン・グローヴァー主教の操縦でベナベナ飛行場からハーゲン山をめざしてプラリ山地に挑んだが果たせず、やむなくカイナントゥに戻った。着陸時に同機は滑走路にきつく張ってあった索に引っかかり、逆立ちになってプロペラを破損した。グローヴァー主教は1942年4月にタイガーモス複葉機でオーストラリアへ脱出した。グローヴァーは同年5月にニューギニアに戻り、ハーゲン山から脱出する民間人を乗せたカンタス航空の4発型デハヴィランド・ラピード2機を先導した。

そのスパルタン複葉機のプロペラは器用な米軍搭乗員により、修理されたか交換された。燃料はドラム缶か自動車の燃料タンクから調達したのだろう。ポートモレスビーから何の連絡もない以上、議論を重ねた結果、フェルタムがその複葉機を操縦して谷から助けを求めることになった。

1942年6月17日にカイナントゥを離陸後、アイユラ署の保安官R・F・ブレチンを乗せたフェルタムは、たっぷり30分はかけてどうにか2,000m以上の尾根よりも機を高くまで上昇させ、ベナベナで着陸できる場所を探した。だがやはり旧式複葉機にそれは酷すぎた。高い峰をかろうじて越えてはいたものの、突風のひと吹きで機は斜面に叩きつけられてしまった。両足を折ったフェルタムはエンジンの下敷きになった操縦席から6時間かけて這い出せたが、ブレチンは機体の側で死んでいた。数日後、仲間の搭乗員とオーストラリア兵たちによって発見されたフェルタムはその山から助け出され、まず担架でかつがれてアイユラへ、そして輿（こし）に乗せられベナベナへ向かった。彼は寒さと生還できた感激にうち震えていた。

サラマウア海岸のスパルタンVH-UKQ。本機は1930年3月30日、まさにここの沖合で海中に突っこみ、修理された。（PNG Museum of Modern History）

RAAFのアヴロ・アンソン。戦前、ヴィクトリア州ラヴァートンにて。これらの練習機は1942年中、ニューギニアで連絡任務も実施していた。1960年代に戦時中使用されたアンソンが1機、ポートモレスビーのボロコ復員軍人同盟クラブの遊園地に設置されている。（credit Rob Fox）

新たに遭難したA-24の搭乗員を含む全員は、その後7週間にわたる長く複雑な道のりを経て無事に生還した。救助に現れたのはニューギニアで最も異色のRAAF部隊、第1救難連絡飛行隊だった。それはタイガーモスやアヴロ・アンソンなど、雑役用小型飛行機の寄せ集め部隊だった。指揮官は元RAFパイロットのアレキサンダー・「ジェリー」・ペントランド少佐で、第一次大戦中、ドイツ機23機撃墜を記録していた。48歳の彼は、全RAAFで最年長のパイロットだった。大戦間期はオーストラリア国際航空の旅客機パイロットだったが、この会社は当時、チャールズ・キングスフォード＝スミスとチャールズ・ウルムというオーストラリアが誇るふたりの飛行家が所有経営していた。

ニューギニアにおける商業航空の発展を見てきたペントランドは、ラエからワウとブロロ金鉱間の航空路確立の必要性を感じていた。彼はニューギニアの山間部にあったそれ以外の僻地の簡易飛行場へも、よく連絡や救難のために飛んでいた。ペントランドの軽飛行機による地形観察により、ベナベナ、アバウ、クルピ、フッド岬、ロドネイ岬、フイヴァ、ラミなどの緊急飛行場の建設が実現した。1942年末までにRAAF第1救難連絡飛行隊はニューギニアで負傷者を含む75人の民間人や軍人を救出していた。

1942年6月18日、デハヴィランド・ラピードでアイユラに着陸し、残っていたミッチェル搭乗員をケレマ経由でポートモレスビーまで送り届けたのはペントランドだった。4日後、彼はすでに重篤になっていたフェルタムを搬送するためポートモレスビーからベナベナへ飛んだ。同じ頃、やはり負傷していたロジャースはワウから自ら助けを求めに出発していた。彼はワウからの道のりをほとんど歩きとおし、6月30日にポートモレスビーに帰還した。その後第5空軍の技師3名がアイユラに飛び、現地のA-24で修理すれば飛べるものがあるかを調査した。だが全機とも修理不能と判断し、再利用可能な部品を回収するにとどめ、機体は放棄した。この長く尾を引いた連続遭難はほぼ望ましい結果になったものの、こうした生還にともなう長期間の努力が、戦争の遂行に向けるべき労力と人命を浪費させたのも事実だった。

ジェリー・ペントランドが米軍の生存搭乗員を救出し始めたところ、日本軍占領下のラバウルを脱出していたオーストラリア兵たちがペントランドの第2次ポートモレスビー行き救出飛行から便乗するようになった。3度目のベナベナ飛行でペントランドは、米兵しか機に乗せるなと命令されていた。ポートモレスビーで彼はオーストラリア兵の輸送はRAAFの任務ではなく、ANGAUの仕事だと告げられていた。以降の脱出オーストラリア兵は何ヶ月もかけてワウまで歩き、そこからようやくポートモレスビーへ空路で帰還することを強いられた。

2機の落伍機

1942年5月17日0720、ポートモレスビーへ向かう爆撃機隊を護衛するため、台南空の零戦二一型18機がラエを発進した。戦闘機の編隊は2個中隊で、指揮官は中島正飛行隊長だった。

第1中隊
第1小隊：中島正少佐、西澤廣義1飛曹、羽藤一志3飛曹
第2小隊：山口馨中尉、伊藤務2飛曹、新井正美3飛曹
第3小隊：吉野俐飛曹長、山崎市郎平2飛曹、山本健一郎1飛兵

第2中隊
第1小隊：山下政雄大尉、太田敏夫1飛曹、本吉義雄1飛兵

「ジェリー」・ペントランドRAAF少佐は48歳で、第二次大戦に参加したオーストラリア軍パイロットで最年長だった。（AWM）

7マイル飛行場でカメラに収まった第40戦闘飛行隊のエアラコブラ搭乗員たち。1942年5月。（credit Damien Parer）

第2小隊：笹井醇一中尉、米川正吉2飛曹、水津三夫1飛兵
第3小隊：坂井三郎1飛曹、熊谷賢一3飛曹、日高武一郎1飛兵

　離陸直後、熊谷機が故障のため基地へ戻ったが、それはこの日の台南空にとって大した問題ではなかった。2個中隊は別々に飛行し、それぞれが元山空と4空の合同攻撃隊を護衛する予定だった。日の出から10分後の0600に元山空の九六陸攻18機がヴナカナウを飛び立ったが、0850になっても予定していた戦闘機隊との合流ができなかった。しばらく周回飛行をしたのち、九六陸攻隊はヴナカナウに引き返し、正午少し前に帰着した。

　一方、4空の丸山宰平大尉率いる優速な一式陸攻隊も0730にヴナカナウを発ち、0830にニューギニア沖で予定していた主力編隊との合流に失敗した。40分間の周回後、丸山隊もラバウルへ引き返し、1040に帰着した。偶然だったが、これは台南空の戦闘機隊がポートモレスビーから離脱した時刻だった。理由が何であれ、戦闘機隊が爆撃機隊と合流できなかったのは事実である。おそらく間違った時間表が配布されたのか、天候による遅延のためだろう。白の夏服に身を包んだ山田定義少将が、このような無様な事態に立腹しただろうことは想像に難くない。

　だが連合軍戦闘機隊にはポートモレスビー空域に対する警報が確実に周知されていた。第35、36戦闘飛行隊のP-39やP-400のエアラコブラ計16機が次々に離陸し、練度の劣る第39、40飛行隊の一団がそれにつづいた。第8爆撃飛行隊のA-24は攻撃から逃れるため、まだ建設中だった30マイル飛行場へ退避した。それ以外の7マイルにいた米軍機も攻撃を回避するため避難した。空襲が始まったのは1014だった。山下中隊はもっぱら飛行場の機銃掃射を行ない、中島中隊はその6分後にエアラコブラ隊と空戦に入った。この空襲はポートモレスビーにとって51回目であり、零戦隊は北から低空で掃討を行なった。7マイルとボマナ飛行場が標的となったが、隣接するラロキ谷や、さらには港湾の臨機目標にまで足を延ばす者もいた。この日は戦意旺盛な日本軍パイロットが存分に活躍できた日だった。

　低空で日本機と交戦したエアラコブラ隊のひとりがP-39Fに搭乗していたジェシー・ブランド少尉だった。ブランドはまず7マイルの上空300mで3機小隊の零戦と交戦した。彼は銃撃を加えると降下退避したが、零戦に喰いつかれて5分間追撃されたものの、何とかこれを振り切った。彼が高度2,000mまで上昇したところ、いつの間にか雲間から現れた零戦に襲われ、エンジンに被弾した。ブランドは手負いの乗機をブートレス湾に臨むピラミッド岬沖の海へ向かわせた。彼は約100m沖合の浅瀬に不時着水し、機は逆立ちになった。彼は前方の照準機に頭をぶつけ、深い裂傷を負った。意識を失った彼は村人に助けられ、オーストラリア軍のジープで7マイルへ搬送された。岬の名のもとになった三角形の山を背に、後日、彼のエアラコブラの主要部品が陸揚げされた模様の写真が残されている。

　一方、ポール・ブラウン中尉も12マイル飛行場から迎撃に上がっていた。戦闘中に彼のエアラコブラは左主翼の外側、米軍の星マークの近くに20㎜砲弾が1発命中、炸裂したため、短時間錐もみに入った。ブラウンは30マイル飛行場に着陸することにし、無事生還した。その後、彼は避難していたA-24に便乗して7マイルへ戻ったが、その操縦者はほかならぬ飛行隊長フロイド・W・ロジャース少佐その人だった。ブラウンのエアラコブラは後日修理され、戦線に復帰した。これとは別にP-400が1機、ビーグル湾の飛行場に無事着陸しており、そのパイロットはその日の午後、迷子になったエアラコブラを本来あるべきポートモレスビーの飛行場へ戻した。

　ポートモレスビーを攻撃した零戦は17機だったが、1040に同市上空で編隊を整えて帰路についた時、1機が行方不明になっていた。12マイルの掃射中に対空砲火が伊藤務2飛曹機と山口馨中尉機に命中していた。伊藤は単機でラエへ帰還するため早めに離脱したが、山口は不調なエンジンを抱えたまま主力編隊に再合流した。捕虜になった伊藤は当初、取調官たちに自分の身分を偽っていたが、その後真実を供述した。

「……自分は山口中尉につづいてモレスビー基地の掃討をしていました。対空砲火でエンジンが被弾しました。そこで最短距離でラエへ帰還しようとしました。単機で飛行していたところエンジンが停止し、山脈を越える前にジャングルに不

1941年、大分空時代の山口馨中尉（○印）。(credit www.pacificwrecks.com via family of Sasai Jun'ichi)

時着してしまいました」
　飛行場を機銃掃射していた山口機と伊藤機に相次いで直撃弾を与えたのは、オーストラリア軍のボフォース砲部隊だった。
　ポートモレスビーを後にしてから40分後、伊藤機は煙を吐きながらフラップを下げ、アルバートエドワード山へつづく森の谷を進んでいた。周辺の風景は美しいが、人を畏怖させるものだった。伊藤はラエへ帰るために通り抜けられそうな谷を探していたが、前方の山々を越えるのは無理だと観念した。1942年に伊藤機が森の梢に捕らえられた当時、谷には背の高い木々が生い茂っていた。機体は樹冠を突っ切ると、機首を下に枝を折りながらジャングルの地面へ落ちていった。裂傷を負った伊藤はふらつきながら機体から這い出した。
　一方、伊藤機を除いて再集結した16機の零戦隊は、そびえ立つヴィクトリア山の東でオーウェンスタンレー山脈を北東へ横断しようとしていた。両中隊はポートモレスビーの北のサバンナ地帯から徐々に高度を上げていったが、1機だけが主力編隊の右下、高度500mで苦闘していた。それは山口馨中尉の機で、何かの異常があるのは明らかだった。彼の機が不調のため、追従が困難なのを目にした列機たちは、右旋回して後ろから彼を見守ったが、それは虚しい努力でしかなかった。連合軍機に攻撃される危険性がほぼなくなったポートモレスビーから約30浬の地点で、坂井三郎はもう一度旋回し、フラップを一杯にまで下げて、できるだけ彼に接近した。山口機は燃料漏れもなく、外部からわかる損傷は坂井には見えなかった。山口は風防を開き、坂井は彼の姿を見た。山口は海兵67期生で笹井と同期で、1941年11月に飛行学生を修了して台南空に来た比較的新しいパイロットだった。山口は四人兄弟で、鹿児島県北部の大口で生まれ、大口中学校を卒業後、海軍兵学校に入校した。
　坂井は山口の声が聞こえそうなほど近くにいるのに、何も手助けできないのが歯がゆくて仕方なかった。坂井はこう記している。
「果てしない深緑の樹海を見渡すともなく見ていたら、ふと、私の目が一機の飛行機をとらえた。私の機の右下、高度は五百メートルくらい、私たちと同じ方向にゆっくり飛んでいる。そしてその機は、まぎれもなく零戦である。単機でこういうところを飛んでいるのは、飛行機が被弾しているか、搭乗員が負傷しているか、いずれにしてもよくない状態にあることは間違いない。私はスロットル・レバーをしぼるようにして、徐々に速力を落としながら、その零戦のそばへ寄っていった。もちろんこの傷ついた味方機が、敵機に喰われないように四方八方に気をくばりながら……。そしてこの零戦に寄りそい、彼と編隊を組もうと思うのだが、できるだけエンジンをしぼって速力を落しても、その零戦の速力はさらに遅く、編隊が組めない。仕方がないので、私は思いきり大きく左へ反転して、その飛行機の後に回った。見たところは燃料を噴いているようすもないのだが、速力がきわめて遅い。ほとんどフラフラになって飛んでいる。私は列機を上にやって、私だけが近寄っていったが、いくら速力を落しても、なおも前へのめるので、やむをえず着陸の前のようにフラップをおろして速力を落とし、たがいに翼がふれあうばかりに近接して雁行した。すると、その飛行機の風防がひらいて、若い搭乗員が顔を出した。見ると山口中尉である。山口中尉は、最近われわれの戦列に参加したばかりの、新参の搭乗員である。

戦場特派員の吉田一はラエとラバウル、両方の地で台南空の活動を取材した。彼はよく台南空パイロットたちと一緒に写真を撮った。飄々とした吉田の性格のおかげもあり、それは戦闘に明け暮れるなかでの貴重なひと時だった。（Yoshida Hajime via Izumi Satoru）

零戦二一型が装備していた九六式空一号無線電話機の側面図。本装置は機体にゴム紐で固定されていたので、容易に取り外せた。

ものをいえば聞こえそうな距離でおたがいに顔を見合わせながら、言葉で意思を通じ合えないというのは、なんというもどかしさだろう。『どうしましたあっ——』と、聞く意味で、私は耳に手を当てて首をかしげてみせる。その身振りの言葉がすぐに通じて山口中尉はエンジンを指さしながら、『これがやられて、もうだめだ』とこれも身振りで答える」【光人社刊「大空のサムライ」、「あゝ山口中尉の最期」より】

またしても台南空機が無線機を取り外していたことが不便につながっている。坂井によれば、両機は失速寸前の約100ノットで飛んでいた。今やほかの零戦たちも風防を全開にして山口機のまわりを回りながら、頑張れと励ましたが、誰もがどうしようもないことを知っていた。出力が上がらなければ上昇はできず、オーウェンスタンレー山脈は刻々と迫っていた。山口は落下傘を持っていなかったが、ラエの台南空隊員は誰もがそうだった。落下傘はかさばって戦闘の邪魔になると考えられていたからである〔編註：零戦の落下傘はご存知の通り操縦席の座面に、座布団状に敷く形で収納されているので「かさばって戦闘の邪魔になる」ことはあり得ない。台南空隊員が落下傘を頻用しなかったのは降下後の不測の事態に配慮したことと、整備の行き届いていない落下傘自体への信頼性の低さからだった〕。

山口中尉の最後の敬礼

この段階ですでに山口機には山越えをせずにニューギニアの東端を回ったのち、西へ変針してラエへ向かうだけの燃料はなかった。行き止まりの谷に入った山口は、これからモレスビーに戻って敵に突っこむと身振りで伝えた。彼は戦友たちの友情への感謝を身振りで示すと、急に右旋回をして海岸側へ取って返した。坂井は操縦席で地団駄を踏んだ。彼の機に縄をかけて曳航したいという考えが心をよぎったが、どうしようもない思いで反転すると、彼のあとを追った。すると山口機のプロペラが急に力を失い始め、彼は編隊の方を振り返った。そのころ編隊の高度は約1,500mで、前方に迫っていた山脈の尾根はその倍ほどもあった。編隊は上昇をつづけるしかなかった。

山口が左手を大きく上げて訣別の敬礼をすると、彼の機は「やがてこんもり繁ったジャングルの中へ吸いこまれるように静かにはいってしまった」。坂井は目をつぶったが、気を取り直して急いで山口機の墜落地点を航空図に記入した。そこは現在では山村のボリデ村の近くだった。山下中隊の残りの7機は再び編隊を整え、オーウェンスタンレー山脈を北へと上昇していった。中島中隊にも燃料不足機があり、2機がサラマウアに立ち寄って燃料補給をしてからラエへ戻ったが、中隊の3機が被弾していたことが判明した。被弾は羽藤一志3飛曹機（2発）、新井正美3飛曹機（1発）、山崎市郎平2飛曹機（1発）で、山崎はこれにより負傷していた。この3名のうちサラマウアに寄ったのは2名で、その模様が連合軍のカンガ軍前哨斥候隊の情報報告書に記録されていた。

「……2機の戦闘機が到着し、着陸した……着陸時に1機が地面に脚をとられて逆立ちしたが、立て直されて滑走路に置かれた。その後両機は離陸し、ラエへ戻った。ここ数週間、この飛行場では最多で80名もの人員がほぼ毎晩働いており、滑走路を砂利で舗装している。砂利部の両側に赤旗を立ち並べて、飛行場の草刈りをしている……」。

1245にラエに帰着すると、中島中隊は11機のエアラコブラと交戦し、撃墜5機、未確認撃墜1機と申告した。帰還した7名にとって戦果報告は二の次で、指揮所に再集合すると救難出動の許可を求めた。出発前に各人が推定する墜落地点を確認し合おうということになり、幸いその位置に関しては皆の意見が大体一致した。パイロットたちはもし山口中尉が生存している可能性があるならば、救難物資を投下しようと決めていた。こうしてビスケット、菓子、包帯、薬品、水筒、煙草などが乏しい物資から供出され、毛布に包まれた。坂井と笹井は再給油するとラエから約130浬離れた現地へと戻った。墜落現場上空で坂井が操縦席から包みを投下し、彼の無事を祈った。包みがくるくる回りながら眼下の緑のジャングルに呑みこまれると、それは坂井にとって忘れられない記憶となった。

山口機の墜落地点は標高の高い、比較的低温のジャングルで、谷の向こうにそびえ立つヴィクトリア山に見下ろされる

ボリデ村近くのジャングルに眠っていた山口中尉機のプロペラ。ブレードが後方に曲っていないことから、墜落時の回転が遅かったことがうかがえる。（credit Michael Claringbould）

位置にあたる。その頂上からはこの地の自然の過酷さがよくわかるが、山口の最期を想像することは難しい。エンジンが突然止まった時、彼が狼狽したのは確かだろう。彼は乗機を森に水平着陸させようとしたのか、それとも失速のため操縦不能になっていたのだろうか？ 山口は激突前に点火スイッチをすべて切っていたのか？ 彼は即死できるよう、最期の瞬間にあえて降下したのかもしれない。それを知るすべはないが、標高1,400mの斜面に叩きつけられた彼の零戦はエンジンが取り付け架からもぎ取られ、胴体は後翼部がちぎれかけ、前部が炎上していた。左翼の両面にはまだはっきりと日の丸が見え、胴体後部の尾輪や着艦フックなどの部品もしっかり残っていた。墜落現場には増槽も転がっていたことから、緊急事態だったにもかかわらず山口は増槽を落として機体の空気抵抗を減らすことができなかったことがわかる。

ココダ街道を歩いた伊藤

一方、手負いの零戦で出口のない谷へ迷いこんで墜落してしまった伊藤は、自機を焼却処分すべきか考えたが、煙が敵に見つかると思い、結局断念した。伊藤直筆の放浪手記が現存しているのは、レイクカム地区保安官、W・H・H・トンプソン地区隊長のおかげである。彼は1942年6月8日にANGAU司令部へ通報している。

「ケラウ教会近くの村の菜園で芋を剥いていた航空兵1名を目撃した。その航空兵はロレアヴァを通って北のディクソン山の方へ向かった……彼は背が高く、銃を2挺所持しており、『コシピ湿地で飛行機』を失ったらしいと噂されていた」

ゴイララ地区保安官補のゲリー・W・トゥーグッド副隊長が調査に派遣された。その詳細報告書にはこうある。

「トゥーグッド副隊長はゴイララ警察署からコシピ湿地へ行き、墜落していた飛行機を調査した。ジャップ航空兵はトゥーグッド副隊長が来る前に逃走していた……彼はイオマ地区でJ・B・マッケンナ副隊長に確保されたと報告を受けた。イヴェイラヴァのゴイララかツワッドか、どちらかの村の保安官によれば、その航空兵が菜園で芋を食べていたのを目撃した時、誰もその男が何者かわからなかった。彼らはその男を単なる『飛行機械のタウバダ（ヨーロッパ人を意味するモトゥアン語）』だと考え、村へ連れて行った。それから彼らはあとで役所へ連れて行ってやると身振りで説明したが、男が行かないというので、彼らはどうすればいいかわからなくなり、いやがる男をとりあえず教会へ連れて行くことにした。彼らはその晩はその男を休憩所に残してきたが、翌朝早く男がいなくなってしまったのに気づいた」

昼間に移動し、夜間は森で寝ていた伊藤だったが、2週間近くのち、現地人によってオーストラリア人巡察官エリック・オーウェン＝ターナー副隊長のもとに連れてこられた。捕まるものかと最後のあがきで彼は南部式拳銃を抜いたが、現地人の連行者に体当たりされた。残りの斥候任務が終わるまで、オーウェン＝ターナーは伊藤に監視兵をつけ、常に斥候隊の列の先頭に立たせて進んだ。伊藤が隊から完全にはぐれたことがあった。そのまま彼は進んできた別の隊に行き当たり、オーストラリア陸軍士官アラン・フーパー中尉を驚かせた。しばらく緊張をはらんだ対峙があったが、ターナーが追いついて事情を説明した。ターナーは1942年6月28日に伊藤をポートモレスビーのオーストラリア軍当局に引き渡し、翌日彼は事情聴取のため空路タウンズヴィルへ護送された。伊藤務2飛曹は第二次大戦中、ココダ街道を歩いてポートモレスビー入りした唯一の日本兵となった。

コシピ湿地近くの森に突っこんだ伊藤の中島製二一型の残骸。1950年代にある宣教師がその発電機を持ち去り、はずみ車を取り付けて近隣での布教活動に使用していた。あとから墜落現場に到着した米軍情報班は残念なことに本機の尾翼記号を記録できなかったが、製造番号からV-125と推定される。

1942年中、ポートモレスビーには珍奇な飛行機がよく出入りしていた。写真は7マイルに着陸する航空救急機に改造されたL-1で、ココダ街道から重篤な患者を搬送するのに使用された。（credit Kevin Ginnane）

タウンズヴィルで伊藤は尋問者に自分はヤマカワ・テツオであると名乗った。彼は日本軍部隊に物資を投下中、ココダ付近に墜落した爆撃機の唯一の生存者であると言った。彼が情報を偽装したのは、明らかに連合軍当局が比較的損傷の少ない彼の零戦を情報収集のために捜索するのを防ぐ目的だった。彼を事情聴取したのはフィリピン人ハーフの家系のジョー・ダコスタで、伊藤と同じ日本の教育を受けていた。40年後、メルボルンで健在だったダコスタは、その印象的な聴取の細かい点までを筆者クレーリングボールドに語ってくれた。その後伊藤はメルボルンのサウスヤラにあるレッドホームマンソンへ送致され、さらに事情聴取を受けた。その間、彼はマラリアで4日間苦しみ、同年9月14日にニューサウスウェールズ州のヘイ収容所へ収容された。

伊藤は知るよしもなかったが、オーウェン=ターナーはすでに彼の零戦を捜索するためANGAUの調査隊を派遣しており、これは6月4日に現場へ到達していた。7月7日にはトゥーグッドから新たな報告がANGAU司令部へ提出されていた。「コシピ湿地に墜落した日本軍戦闘機から回収した照準器を発送するため、明日カイルクへ向かいます。残りの部品は発見できなかったので、照準器の欠損部品は壊れたか、完全に紛失した模様。左右の主翼から回収された2個の燃料タンクはかなり状態が良好と思われ、そちらで価値があると判断されるなら後送します。機銃弾の弾帯もいくつかあるので、できるだけ早く送ります」

その零戦は機首が下になっていたものの、比較的原形をとどめていたが、墜落現場が遠隔地で標高も高かったため回収は難航し、現在もそこに残骸の一部が残されたままである。

1943年1月9日、伊藤はカウラ捕虜収容所へ送られ、その後そこでマラリアになり3週間入院した。彼は1944年8月5日早朝の「カウラ大脱走」に参加したが、初日の夜に機銃掃射を受けて排水溝から出られなくなった。翌朝、彼は止まれという声を無視して哨所へ走った。彼は6度撃たれ、両肩を複雑骨折してマーチソン収容所へ送られた。その後ニューサウスウェールズ州グールバーンの病院へ移されたが、終戦後の1946年3月2日に大海丸でシドニーから日本へ帰国していった。

「敵基地上空で編隊宙返り」の真偽

ほぼこの時期、坂井三郎1飛曹の回顧録には、彼と西澤廣義1飛曹と太田敏夫1飛曹が一緒にポートモレスビー上空でアクロバット飛行を実演したと書かれている。「Samurai!」に記述されている1942年5月17日という日付は、その日の経緯を考えれば問題外である〔「大空のサムライ」も同じ日付〕。だが坂井、西澤、太田の3名がそろって参加したポートモレスビー攻撃作戦は1942年5月中に、12日、18日、26日、27日、29日と、5回ある。1957年にマーティン・ケイディン〔英語版「Samurai!」の著者〕によって最初に紹介されてから、この脚色もある物語は広く知られているが、この出来事が歴史的な証拠に基づいて検証されたことはまったくない。現在まで日本軍側と連合軍側、いずれの記録または証言からも、本件に関係がありそうなものは出ていない。この出来事は歴史上の伝説としてまかり通ってきたが、それはこれほど大人気のヒーローにまつわる神話に挑もうとする歴史家がこれまでいなかったというのが最大の理由だろう。とはい

国分武一3飛曹。1942年6月、ラエにて。1942年5月18日、ポートモレスビー上空で彼はウィリアム・ブレイン少尉機を3名で協同撃墜した。

ラバウルで小説を手にくつろぐ台南空飛行隊長、中島正少佐。中島はあらゆる意味で真の指揮官だった。手前の缶詰はラベルからグアムで鹵獲された米軍物資なのがわかる。

え、もしこの曲技飛行が実際にあったとすれば、ポートモレスビーにいた多くの人々がその話を耳にしたはずで、少なくとも連合軍側の報告書、電文、手紙、日記、回顧録、聴き取り調査にその話のことが出てくるはずである。しかし、まったくそういう例はない。さらに傍証として、台南空の飛行規則がそうした行動を許すはずもない。3名の小隊長がしかるべき理由や事前連絡もなしに列機を置き去りにするなど、考えられないことである。ひょっとすると坂井が若かった頃、中国で先輩から誰それがノモンハン事件中にソ連軍飛行場の上空で曲技飛行をしたそうだという話を聞かされ、俺もいつかやってやるぞと思ったのかもしれない。あるいは坂井のオリジナル原稿に大胆な脚色が加えられた可能性もある。

ジャングルの幽霊

　台南空の零戦隊は爆撃機編隊の護衛を必ず完遂していたが、さすがに彼らも爆撃機を不慮または故意の空中衝突からは守れなかった。1942年5月18日、山田定義少将麾下の25航戦は、珊瑚海海戦に先立ちツラギとポートモレスビーの攻略をめざしたモ号作戦の中止後、その月最後となる大規模なポートモレスビー攻撃を実施した。4空と元山空の合同陸攻部隊に、ラバウルとラエから台南空の護衛戦闘機隊が2個ついた。今回の作戦では特に巡航速度の異なる2種類の陸攻が参加するため、新たな協同上の問題が生じていた。0550、日の出と同時に最初にヴナカナウを発進したのは、元山空の二階堂麓夫大尉指揮の九六陸攻18機で、60kg爆弾計72発を抱いて12マイル飛行場へ向かった。10分後に4空の山縣茂夫大尉指揮の一式陸攻16機がつづいた。こちらは60kg爆弾150発を搭載し、7マイル飛行場へ向かった。20分後、山縣隊にラクナイを発進した台南空零戦隊9機が合流した。

第1小隊：河合四郎大尉、宮運一2飛曹、一木利之2飛曹
第2小隊：山崎市郎平2飛曹、熊谷賢一3飛曹、国分武一3飛曹
第3小隊：吉田素綱1飛曹、鈴木松己3飛曹、山本末広1飛兵

　20分後、ガゼル半島上空で河合中隊が爆撃機隊と合流したが、一木2飛曹機と山本1飛兵機が機械故障のためラバウルへ戻ったため、直掩隊の機数は7機に減った。その頃、元山空の九六陸攻隊を護衛するため、ラエから11機の零戦が発進した。

第1中隊
第1小隊：山下政雄大尉、西澤廣義1飛曹、日高武一郎1飛兵
第2小隊：吉野俐飛曹長、羽藤一志3飛曹、山本健一郎1飛兵

第2中隊
第1小隊：笹井醇一中尉、太田敏夫1飛曹、米川正吉2飛曹
第2小隊：坂井三郎1飛曹、水津三夫1飛兵

　台南空の優秀な隊員のひとり、米川正吉2飛曹もこの日は運がなかった。間もなく彼も機械故障のため、ラエへ引き返すことになった。一方、2個の爆撃機編隊はそれぞれが九六陸攻と一式陸攻で巡航速度が異なるため、別ルートをたどっていた。九六陸攻隊はラエから来た山下中隊と0915にポートモレスビーを遠くに望みながらイオマ村上空で合流した。両編隊はオーストラリア軍見張所に例のごとく発見され、大規模編隊接近中との通報がポートモレスビーに発信された。0940にラバウルからの零戦隊は一式陸攻の編隊へ向かってくる敵戦闘機18機を発見した。3分後、一式陸攻隊は7マイル飛行場に爆弾を投下した。オーストラリア軍の報告書によれば、爆弾は滑走路の北西端と駐機地域とのあいだに落下し、水道本管、電話線、トラック2台（AIF第17対戦車連隊C中隊）、テント複数、烹炊所が破壊された。最後の爆弾投下は1000少し前だった。第8戦闘群のエアラコブラは護衛戦闘機のいなかった4空の編隊へ殺到し、大山千春1飛曹の一式陸攻F-355が操縦不能になり、炎上しながら墜ちていった。翌日、AIF第53民兵大隊の捜索隊が墜落現場にたどり着き、無線機、計器盤、機関砲などを回収した。オーストラリア軍は側面銃座のルイス7.7㎜機銃には目もくれなかった。彼らの興味を引きつけたのは尾部銃座の強力な九九式20㎜機銃だった。搭乗員4名の遺体も発見された。F-355は第2中隊第2小隊の3番機だった。

ニューギニアのジャングルの地表に激突した一式陸攻F-355の残骸。2009年撮影。○印内に注目。垂直安定板の前縁に所属中隊を示す横線が少なくとも1本入っているのがわかる。第4航空隊は1942年2〜11月にかけて尾翼記号にFを使用していた。（credit Keith Hopper）

エアラコブラ隊により井上一之1飛曹の一式陸攻も35発被弾し、搭乗員4名が軽傷を負ったが、井上機は振動する片方のエンジンから煙を曳きながらも帰還する編隊に追従していった。迎撃に上がったエアラコブラ隊にはニューギニアに着いてから日が浅く、戦闘経験の乏しかった第40戦闘飛行隊のP-39もおり、ウィリアム・プレイン少尉が撃墜され戦死した。ほかに6機の陸攻がエアラコブラにより軽微な損害を受けた。ようやく到着した台南空はエアラコブラ3機と交戦し、全機を撃破したと申告した（熊谷3飛曹、国分3飛曹、吉田1飛曹が各1機）。

　4空の爆撃機隊に遅れること10分、1000に日本軍戦闘機隊は戦闘を終了し、ラエへ変針した。台南空と元山空機が帰投するためバンクするなか、二階堂の九六陸攻がボマナ飛行場に爆弾を投下した。AIFの報告によれば滑走路に10発が命中し、小屋が2棟破壊されたほか、駐機中だったエアラコブラ2機が破壊され、1機が損傷した。1015にこれらの陸攻は北へ離脱した。一方、山下中隊は距離を置いてとどまっていたが、敵機を発見交戦することはなかった。1010に損傷していた井上1飛曹機はラエに不時着し、大破した。河合の零戦は1100にラエに帰着し、20分後に元山空の九六陸攻隊から別れた山下隊も1135に戻ってきた。無事だった4空の一式陸攻14機はヴナカウに1230に帰還した。その搭乗員たちは敵戦闘機4機（！）を撃墜したと報告した。さらに15分後、九六陸攻18機が全機無傷でヴナカウに帰還した。

　この日の午前、7マイルから緊急発進した第8戦闘群のエアラコブラの1機が、チャールズ・H・チャップマン少尉のP-39Fシリアル#41-7191だった。4空の陸攻隊を迎撃中だった0915にチャップマン機は爆発し、空中分解した。チャップマン機は攻撃中の一式陸攻、F-355に衝突したと、ほかのエアラコブラ搭乗員たちは報告した。先述の大山千春1飛曹の機である。チャップマンは実戦経験が乏しかった。彼は単に爆撃機までの距離の目測を誤って衝突した可能性が高い。未帰還となったチャップマンは、2001年にブラウン川の近くでそのP-39Fの残骸が発見されるまで、戦闘間行方不明者とされていた。ひしゃげながらも原形をとどめていた残骸から、同機は水平スピンのままジャングルの地表に激突したと考えられた。墜落地点からは操縦席ドアが左右とも発見されなかった。遺体の痕跡もなかったことから、チャップマンは脱出したか、水平スピンしながら墜落する機体から放り出されたかのいずれかだったと思われる。

　ウェストヴァージニア州ローガン出身のチャップマンは、1941年末に米陸軍航空軍の41-Iクラスを卒業した。卒業式の夜、彼はテキサス州ヒューストンのカントリークラブで開催された正式な舞踏会に出席した。翌年の初め、彼は36名の同期搭乗員とともに第36戦闘飛行隊の一員として、金門橋をくぐってサンフランシスコから出航し、1942年2月17日にシドニーに到着した。それから間もなくチャップマンは米本土の母親に電話し、自分は元気だが、これからしばらく保安規則のせいで連絡できなくなると伝えた。また彼は父親に自分が死んだ際、父を法定代理人に指定する書類を送ったと告げた。シドニー近郊のランドウィック競馬場で数日間野営したのち、新人パイロットたちは鉄道でアンバーリーへ行き、そこで組み立てられたばかりのエアラコブラを受領して北のニューギニアへと飛んだのだった。

　チャップマンのエアラコブラと一式陸攻F-355の残骸がいずれも数十年間発見されなかったという事実は、ニューギニアの自然の厳しさをよく物語っている。2009年にニューギニア航空パイロットのキース・ホッパーに案内されてふたりのヨーロッパ人が訪れるまで、その存在は地元ハンター以外に知られていなかった。彼らはおよそ67年前にAIF第53民兵大隊が発見していた両機を目にした最初のヨーロッパ人となった。引き裂かれて滅茶苦茶になった大山機の残骸はポートモレスビーの北東19浬の山地の東斜面にあり、チャップマンのP-39から約4浬離れていた。峻嶮な地形のため、現在も残骸へ近づくことは事実上不可能である。

マルカム峡谷の追撃戦

　これまで数週間、第22爆撃群のマローダー隊はラエとラバウルへの攻撃の手を休めることはなかった。悪天候と台南空の厳重な警戒により、1942年5月21日の作戦は大追撃戦に発展した。その日の終わりにマローダーのくたびれ果てた銃手たちは台南空の零戦を7機撃墜したと申告したが、実際には撃墜された機はなかった。その作戦は前日午後にタウンズヴィルから飛来したB-26がポートモレスビーで一夜を過ごした時から始まった。これは彼らの作戦のいつもの段取りだった。7機の参加機の戦果申告は以下のとおりだった。

●第19爆撃飛行隊　　　　　　　　　撃墜申告
「カンザス・コメット」
ウォルター・A・クレル中尉　　　　零戦2機
「フライング・クロス」
アルロン・ラーソン中尉　　　　　　（引き返し）
「ストライク！」
ジョージ・W・カースティング少尉　零戦2機
「ブーメラン」
アルバート・H・スタンウッド中尉　零戦2機

●第33爆撃飛行隊　　　　　　　　撃墜申告
「イェー！」
レオナルド・T・ニコルソン中尉　　（引き返し）
（機名なし）
スピアーズ・L・ランフォード少尉　零戦1機
「リラクタント・ドラゴン」
ウィリアム・F・コールマン少尉　　なし

　作戦当日の朝、「フライング・クロス」のラーソンは搭乗員が1名病気になったため、タウンズヴィルへ戻った。ポートモレスビーに残った6機のマローダーは1100に7マイルを発進した。しかし間もなくニコルソン機がフラップの引きこみ不良のため、7マイルへ戻った。「カンザス・コメット」のウォルター・クレルの指揮下、残りの5機は北東へ進み、ココダ峡谷を抜けてニューブリテン島へと向かった。しかし灰色の雲がその大きな島の南部を覆っており、これを突っ切ってラバウルまで到達できるのか不安がよぎった。クレルは変針し、代替目標としてラエを爆撃することにした。5機は高度500mで編隊を組み、ラエへと西進した。目標上空での滞空時間を最短にするため、東から西へ一気に攻撃するのが最善の策と思われた。これは高度を下げながら西からフォン湾へ速やかに離脱するという従来の戦法とは異なっていた。今回の離脱ルートは、広大なマルカム峡谷のある西へ向かうものだった。しかしこの離脱ルートの状況はほとんど不明だった。しかも天候が不安定で、ラエ上空には雲も多かった。クレル側に有利な点は、奇襲になるということだけだった。
　その日の朝のラエ基地の活動は0730からの宮崎儀太郎飛曹長と熊谷賢一3飛曹のペアによる上空哨戒から始まった。彼らは敵を見ないまま0910に戻った。しかし両軍の記録は、1245に4機ないしそれ以上の台南空の零戦がクレルの爆撃隊を迎撃するため緊急発進したという事実について、完全に一致している。これは熊谷賢一3飛曹、羽藤一志3飛曹、国分武一3飛曹、山本健一郎1飛兵の機だった。クレルの編隊はラエ上空に達したとたん、これとは別の2機の零戦に攻撃されている。この攻撃が基地上空哨戒機によるものなのは明らかである（行動調書にはその搭乗者が書かれていない）。先の4機の零戦が米軍機隊へと上昇するなか、マローダーの爆弾は駐機中だった爆撃機2機と零戦1機に直撃したと搭乗員たちは報告している。これにより黒煙と火柱が上がった。目標上空で「カンザス・コメット」のプレキシガラスに1発穴があいた。爆弾投下を終えたクレルは編隊の高度を下げ、速度を稼ぐとともに地形に追従するようにした。台南空との25分間にわたる追撃戦は最低高度から始まった。

　爆撃隊の進行方向はポートモレスビーのほぼ反対だった。また防御のために木の梢ぎりぎりの高度を維持する必要があり、山地にはさまれる形になった。いやなことに前方の天候は悪化しつつあった。零戦は何度も航過をかけ、じりじりと爆撃機との距離を詰めながらもマローダーの防御機銃の射程内には入らず、側面や正面へひらりと回りこんでは攻撃した。これに対抗するべく、バンクして向かってくる零戦の方へ旋回して攻撃態勢を崩そうとする爆撃機もあった。「ストライク！」の側面銃手はうかつにも自機の尾翼を銃撃してしまった。零戦隊が攻撃を休止するまでに、5機のマローダーはマルカム峡谷の半分近くまで来ていた。クレルはそれから編隊を左へバンクさせ、ゆっくりと上昇旋回で山がちな海岸を飛ぶと、ニューギニアの南海岸をめざした。そこから彼らは海岸線沿いに7マイルへと東進し、1538に帰着した。ラエからの帰路には3時間近くかかった。これは実に歴史的な作戦だった。マルカム峡谷でこれほど大規模な両軍の編隊による低空銃撃戦が派手に行なわれたのは、これが最初で最後だった。
　零戦隊がなぜこれほど早く攻撃を止めたのかは不明だが、この大戦初期の当時、日本軍側がマルカム峡谷の状況をよく把握していなかったのは確かである。前方視程の不良に加え、おそらく弾薬不足がその決定を強いたのだろう。攻撃を続行していれば、彼らはマローダー隊をニューギニアの北海岸につづくラム峡谷へ追いこめたはずである。そうなれば5機の米軍爆撃機は手詰まりだった。ポートモレスビーへ帰れるだけの燃料はなく、日本軍の前線のはるか後方となれば、状況は絶望的である。今回は蛮勇に運が味方をした。この時の行動調書には重要な事項が欠落しているため、ラエへの帰着時間、使用弾数なども不明だが、ともかく撃墜申告はなかった。マローダーの銃手たちは確実撃墜7機を認定されたが、これ

ラエの空襲に向かうB-17E。フォートレスは太平洋方面では爆撃機としてあまり活躍できなかったというのが定説だが、強行偵察では真価を発揮した。（Kevin Ginnane）

は長時間の低空銃撃戦による興奮が、その日、日本側に被墜機がなかったという事実に優ってしまったためだろう。

1942年5月20日のラバウルは3次の上空哨戒が何事もなく終わり（九六艦戦延べ6機）、ラエ部隊はまたしても敵の裏をかこうとしていた。中島正少佐率いる15機の零戦隊がポートモレスビーの複数の飛行場を0800に攻撃した。高度9,000mまで上昇した中島隊は、ラエからポートモレスビーに到着するのに1時間20分もかかってしまった。これは高高度により奇襲効果を狙ったものだったが、日本側の搭乗員は数浬彼方に敵編隊が同じ高度で飛んでいるのを見て驚いた。以下は坂井の回想である。

「この高度で零戦が自在に空戦できるとは思っていなかった。私の飛行高度の最高記録は、零戦で一万一千五百メートルであったが、この時は酸素マスクと電熱服を使用していた。この高度では飛行機の舵のききは極端に悪くなり、どんなに頭を上げようとしても絶対に上昇しない。だから零戦で高度九千メートルで空戦をしようというのは、得策ではないのだ。敵は明らかに新型のP-39で、十機いた。私が攻撃の誘導をし、最初に空戦を開始した。ほかの十四機の零戦は残りの機に反航攻撃をかけた。空気が薄いため、なかなか思うように飛べない。別の一機がこちらに近づいてきたため、私は射撃に有利な位置を占めようとした。動きがとてもまどろっこしい。徐々に私は急旋回で敵機に喰いこんでいき、あとひと踏ん張りで撃てるなと思った。その焦りのために、ぐっと操縦桿を無理に引いたため、酸素マスクが顎の下へずり落ちてしまった。操縦桿を放せば旋回がゆるんでしまうので、直すわけにもいかず、その間にすうっと気が遠くなり、目の前が暗くなって、私は失神してしまった……それでも無意識のうちに操縦桿を引きっぱなしにしているうちに、飛行機は垂直旋回をしながら高度を下げていった。

はっと気がつくと、かすかに目が見えてきた。見ると高度計が六千メートルになっていて、機体はまだ回っていた。すぐさま私は旋回をやめたが、これはエア・コブラが私の後方について隙をうかがっていると思ったからだ。だが敵もどうやら様子がおかしい。あの高度での旋回がきつすぎて回りきれなかったのか、彼も酸素マスクが外れたのだろう。いずれにしろ彼も高度六千メートルでゆっくりと旋回をつづけていた。私がスロットルを前に倒して敵機へ近づくと、彼も意識が戻ったようだった。つぎの瞬間、息を吹きかえしたP-39はすべての武装を発射しながらこちらへ向かってきた。私はエア・コブラとの旋回から上へ抜け、右側へ……」〔編註：「大空のサムライ」の該当部「スピットファイアあらわる」ではこの敵機はスピットファイアとなっており、「Samurai!」で

は新型P-39となっている。原著者はおそらく後者を見て書いたのだろう〕。零戦隊が実際に遭遇したのは確かに10機のエアラコブラで、3機の撃墜が吉田素綱1飛曹、西澤廣義1飛曹、坂井三郎1飛曹に認定された。実際には米軍の損失機は皆無だった。

翌5月22日、ラエ上空に飛来した5機のB-26に対して、出撃回数王の河合四郎大尉に率いられた6機の零戦が1320に緊急発進したが、戦果はなかった。しかしこの平穏な作戦で米軍の銃手たちは何と零戦の確実撃墜3機、未確認2機を申告している。ラバウルでは坂井三郎1飛曹率いる9機の零戦が3機のB-17を迎撃したが、やはり戦果はなかった。実際にはこれは第93爆撃飛行隊の6機のフォートレスで、ヴナカナウとシンプソン港の船舶を目標にしていた。

もう2機のミッチェル

1942年5月23日、第3爆撃群は6機のB-25によるラエ攻撃を計画した。指揮官は第13爆撃飛行隊長、ハーマン・ロウェリー大尉だった。ロウェリーの列機はフランク・ティムリンとヘンリー・A・キール少尉で、ウィズリー・E・ディキン

B-25D-1シリアル41-29714、「フェアー・ディンカム」。機名はオーストラリア方言で「本物」という意味。本機は何度か台南空と交戦したが、1943年4月12日に日本軍のポートモレスビー空襲で破壊されてしまった。（PNG Museum of Modern History）

ソン中尉の列機は「イジー」・シアラーとローランド・バーリンだった。ポートモレスビーを発進する際、シアラー機は編隊に加わらなかった。ディキンソンはこう記している。

「イジーは飛行機が故障したと言ったのだろうが、あいつが戦闘に来ないことはよくあったので、私はまたかと思った。誰だって死にたくないが、言いわけに対する反応は人それぞれだった。隊長のところへ行って、自分はもう戦闘に出ませんと言うパイロットはまずいなかった。なぜかわからないが、そういう奴はただいなくなってしまうのだった。イジーはチャーターズタワーズからは飛んでいたのに、最近はポートモレスビーを出発する前に何かと言いわけするようになった。士官学校出でも、ダメな奴はいる。作戦直前になるとナーバスになって、すべてを投げ出してしまう奴もいる。凄いジェットコースターのスリルが好きなように、作戦が楽しい連中も少しはいた。私たちのほとんどは命令に従っているだけで、もしほかの連中も私と同じ考えだとすると、全員が自分だけはやられないと思っているわけだ」。

その朝、台南空は最初の長時間上空哨戒を0700に発進させた。中隊長は河合四郎大尉で、列機は鈴木松己3飛曹と山本健一郎1飛兵が務めていた。彼らは敵を見ることなく4時間近くのちに戻った。第2直の零戦5機は正午に発進し、小隊長の宮崎儀太郎飛曹長以下、宮運一2飛曹、羽藤一志3飛曹、国分武一3飛曹、渡辺政雄1飛兵という顔ぶれだった。目標発見から5分後、宮崎の零戦隊5機は高度1,800m、速度210ノットで爆弾倉ドアを開いたばかりのミッチェル5機に襲いかかった。まず単機の零戦がロウェリー機に反航攻撃を仕掛けた。爆弾投下を終えた直後、その零戦の銃撃でヘンリー・キール機の右エンジンが爆発した。エンジンをやられて遅くなったキール機が編隊から脱落しないよう、ロウェリーはスロットルを絞って速度を下げた。しかしキール機は追従できずに取り残され、高度を失い始めた。健在なのは片発のみで、もう一方をフェザリングにできなかった彼の機には、編隊の維持は不可能だった。キールはその状況下でうまく不時着水を決め、急速に沈んでいく機体から搭乗員全員が脱出した。その後、4機の零戦が生存者の機銃掃射に向かったため、彼らは安全のため海中で散開した。この掃射による負傷者はいなかったが、最終的に軍務に復帰できた搭乗員は1名だけだった。残りは陸に泳ぎ着いたものの、日本兵に捕らえられて処刑されたか、ラバウルに連行されたと考えられている。この説は終戦時、ラバウルのマトゥピ集団墓地でキールの遺体が発見された事実からも可能性が高い。キール機の唯一の生存者は、数機のゼロが夕暮まで上空を飛びまわっていて、おそらく日本軍に生存者の位置を教えていたようだと報告している。

中高度で避退していた残りの4機のミッチェルは、間もなくブナからそう遠くないロエナ岬に到着した。零戦隊の気がそらされて助かったと思った彼らだったが、靄で利かない視界から突然1機が躍り出てきた。その最初の航過でやられたのはディキンソン機で、この奇襲により副操縦士のセオドア・G・ワーペル少尉と銃手のアール・R・セヴィーン伍長が戦死し、銃手のジョン・A・ギブソンRAAF軍曹が負傷した。この必殺の周到な待ち伏せ攻撃により、片方のエンジンも停止してしまった。台南空の定石戦法からすると、この攻撃者は小隊長の宮崎儀太郎飛曹長で、後方でキール機の生存者の掃討にあたっていたのは宮2飛曹、羽藤3飛曹、国分3飛曹、渡辺1飛兵の可能性が高い。オーウェンスタンレー山脈を越えるだけの高度がなかったため、ディキンソンは損傷した自機の生存者3名に海岸沿いのジャングルにパラシュート降下するよう命じた。

いつも右旋回してモレスビーに向かうサラマウアのすぐ先の地点まであと少しという地点でロウェリーが約1,200mまで上昇して西へ変針したところ、どこからともなく単機の零戦が出現したとディキンソンは述べている。

「このゼロがさっきロウェリーを狙って、代わりに彼の右翼にいたキール機をやったのと同じ奴かはわからなかった。今や私はかつてキール機が占めていた位置についていた。間もなく答えがわかった。弾丸が1発コクピット内で炸裂した。白煙で目が見えなくなり、硝煙の臭いがした。両方のエンジンから耳をつんざくような音がした。私は大丈夫だったが、20秒ほど何も見えなかった。煙が晴れてくると、ロウェリーたちはもうずっと先に行っていた。私たちは孤立無援だった。話をしようと副操縦士のワーペルを振り返ったが、思わず目をそらしてしまった。ワーペルはもろに弾丸の炸裂を食らい、

吉村啓作1飛兵。1942年6月、ラエにて。駐機場で彼を見つけるのは容易だった。彼は台南空でずば抜けて背の高い男だった。彼は1942年6月9日にほかの24名とともにB-26を撃墜して表彰された。

身体が原形をとどめていなかった。私は神を信じていないが、ワーペルは信心深かった。もし私が信仰を取りもどすとしたらこの時だったが、『神よ、今や彼はあなたのものです』としか心に浮かばなかった。右エンジンが止まってしまったので、抵抗を減らすためにプロペラをフェザーにしようとしたが、だめだった。私はトリムタブを操作して失ったエンジンのバランスをとった。

自分の置かれた状況を考えてみた。ポートモレスビーに帰るにはまだ何千フィートも高度がいる。ここはポートモレスビーから約100浬離れていて、日本軍が現在占領している地域の上空だが、脱出が最善の策だと思った。数秒後、誰かが右肩を叩いた。爆撃手のウェブ軍曹だった。彼は私の席の後ろの航法士室をくぐり抜けて出てきた。私が緊急脱出スイッチを入れると、機体の前後でベルが鳴った。『全員脱出だ』と私はウェブにどなった。『そこのドア開放レバーを引っぱれ』私は航法士室を指さしたが、そのとき機上整備員のセヴィーンが体を折り曲げて倒れているのが初めて見えた。彼は戦闘がどんなのか見たいと乗ってきていたのだ。ウェブはひざまずいて彼の具合を確かめた。『セヴィーンは死んでる』とウェブは言って見上げた。『やつが頭をやられてドアにもたれたんで、開けられなかったんだ』。『おいウェブ、何をしてるんだ』と私は叫んだ。『やつを爆撃手のトンネルに押しこんでるんだ。しかたないだろ。俺は飛行機を飛ばなきゃ（脱出するの意）ならん』。セヴィーンはウェブより優に20kgは重かった。そうする間もウェブは航法士室の壁に足をつっぱってセヴィーンの死体をさらにトンネルに押しこんでいた。『これでよし』と叫ぶとウェブはドア開放レバーを引いた。ドアが吹っ飛んで200ノットの風が航法士室へ吹きこむもの凄い音がし、機首が下がりだした。私はB-25を水平に戻し、ウェブがハッチ口からすべり出るのをかろうじて見た。『銃手はまだそこか？』と私はインターコムに呼びかけた。返事はない。もう一度ためした。非常ベルが鳴りつづけていた。脱出したか、撃たれたかのどっちかだ。脱出前、私は1分近くトリムタブを再調整した。この機には少なくとも私が開いたドアから飛び出すまで、手放し運転で水平直線飛行をしてもらわなければならない。トリムのセッティングに満足した私は安全ベルトを外し、航法手室へ降りると、さっさとハッチ口から飛び出した。

私はパラシュートの開傘リングをつかんで引き抜いた。身体がパラシュートでがくんと引き止められ、自分の飛行機が飛び去っていくのが見えた。左へ緩旋回を始めた機を見て、昔抱いたことがある恐怖がよみがえった。飛行学校にいた頃、自分が脱出したあとの無人の機がまた戻ってきて、プロペラでずたずたにされる夢を見たことがあった。その悪夢が今起こりつつあった。私は必要なら一方の索を引っぱってパラシュートをゆがませ、飛行機を避けようと思った。しかし飛行機は四分の三周ほどしたところでエンジンから大きな音を出しながら機首を下げ、ジャングルへ突っこんだので、私の恐怖はおさまった。そして静寂がすべてを包んだ。私は耳が聞こえなくなったのかと思った。私は耳を軽く叩き、ちがう、本当に静かなのだと知った。B-25の機内で爆発が起こってから、ずっと騒音がつづき、耳が遠くなっていたのだ。操縦席に吹きこむ強風の音、けたたましく鳴る警報ベル、ハッチがふっ飛んだ時の旋風のうなり。すべては終わった。私は絹製のキノコからのびるたくさんの白い索で吊られたまま、高さ半マイルほどの絶対の静寂のなかで浮かんでいた。自分が落下しているのを頭ではわかっていても、空中に静止している気がした。助けがいる。最初、下の地面は緑色のビロードのように見えた。ビロードは徐々に林と森になっていった。左の少し離れたところに希望のきざしが見えた。そこのヤシの木はほかの青々したそれとは様子が違う。あそこに村に違いない。私は木の密生する浅い沼地に着地した。木の枝に引っかかりながら降下したので着地速度が落ち、接地の衝撃が和らいだ。パラシュートシートパックに救難装備が入っているのは知っていた。ジッパーを開いて方位磁針を手にすると、気持ちが楽になった。シートパックには大型の鋭いボウイナイフもあり、下生えをはらって進むのに好都合だった。水袋がひとつ、それに水質浄化剤、キニーネ錠、マッチもいくつか入っていた。水質浄化剤の説明書を読んだ。私は深さ10cmほどの濁った沼地の水に立っていた。袋に水と錠剤を入れ、時間を計った」

しかしRAAF銃手ギブソンが脱出するのを誰も目撃していなかった。彼にはそれだけの体力は残っていなかった。ディキンソンと爆撃手のJ・A・ウェブはリヴァーエンド・ジェームズ・ベンソンが司祭を務める近くの英国国教会の教会堂で3週間を過ごしたのち、衰弱した状態で救助された。一方、帰還した日本軍パイロットたちはB-25撃墜1機、不確実1機を申告したが、これは戦果申告が実際よりも少ない珍しいケースだった。翌5月24日の基地上空哨戒はラエの5次（延べ7機）とラバウルの1次（同3機）とも、何事もなく終わった。

地獄の業火

1942年5月25日、1空と千歳空のパイロットにより、15機の零戦がトラック島からラバウルへ空輸された。これらの戦闘機は台南空に編入された。それまでラエ基地で多数の機が戦闘で失われていたため、これは台南空に何としても必要な

補充だった。当時、台南航空隊最大の宿敵はミッチェルだった。毎日のようにラエの爆撃に来るB-25は甚大な損害と死傷者をもたらし、航空機を破壊するだけでなく、貴重な睡眠も奪っていた。しかしこの日、第3爆撃群はB-25Cミッチェルの1日当たりの損害としては最多の8機中5機という大損害をラエ空襲で出したのだった。この作戦には第13および第90の2個爆撃飛行隊から各4機が参加し、指揮官は第13飛行隊長のハーマン・ロウェリー大尉だった。大尉のあだ名は「スネーク」だったが、これは以前クイーンズランド州で蛇に遭遇したからだった。ミッチェル部隊はチャーターズタウンからクイーンズランド州クックタウンを経由してニューギニアへ出動していたが、これはポートモレスビーでは頻繁に空襲されるため、基地にするには危険すぎると判断されたからだった。

ロウェリーの飛行隊は本来5機を出撃させる予定だったが、ローランド・「ディック」・バーン中尉の機がクックタウンのぬかるんだ誘導路で離陸直前にスタックしてしまった。いろいろ手を尽くしたものの、機はびくとも動かなかった。朝0500にチャーターズタウンを出発した8機のミッチェルが、ポートモレスビーの熱い太陽のもとで作戦のために再給油と爆装を終えたのは正午頃だった。「ザ・ケイジュン」から指揮するロウェリーは8機を2個の4機編成に分け、オーウェンスタンレー山脈を越えることにした。低高度で西から東へラエを爆撃しながら高度約350mでフォン湾へ離脱するのが彼の計画だった。それから降下加速しながら左旋回してサラマウアへ向かい、安全にポートモレスビーへ帰還する。この計画は以前成功した実績があった。しかし今回は日本軍の見張所に発見されたため、台南空に警報がしっかりと届けられ、待機中だった6機の零戦隊が緊急発進していた。彼らがすでに空に上がっていた頃、さらに7名の搭乗員がトラックに飛び乗り、駐機場へと急いでいた。この13名の指揮官は笹井醇一中尉で、以下、宮崎儀太郎飛曹長、吉野俐飛曹長、坂井三郎1飛曹、太田敏夫1飛曹、宮運一2飛曹、羽藤一志3飛曹、熊谷賢一3飛曹、鈴木松己3飛曹、国分武一3飛曹、本吉義雄1飛兵、山本健一郎1飛兵、渡辺政雄1飛兵がつづいた。まったく錚々たる顔ぶれである。このうち7名が日本海軍にエースとして公式認定されている〔編註：日本海軍には5機以上の空中撃墜戦果を挙げた搭乗員をエースとする公式規則はないが、ごくまれに「多数機撃墜者」として表彰されることがあった〕。

計画どおり、ロウェリーの8機は1450にラエを攻撃した。第13の4機が第90の4機に先行した。いつもどおり対空砲火は激しかったが、台南空機に最初に狙われたのは後者の一団だった。たちまち餌食になったのは、ベネット・「スリム」・ウィルソン中尉とアーヴィン・「イジー」・シアラー中尉の2機のミッチェルだった。両機ともオーストラリア兵通信手が搭乗していた。両方のエンジンに被弾したウィルソンのミッチェルは海面に叩きつけられ、生存者はなかった。シアラー機の搭乗員の方はツキがあった。こちらは日本機に激しく銃撃され、爆撃手のアーサー・ケリー3等軍曹がある航過で撃たれて戦死した。タスマニア州ホバート出身のRAAF通信手兼銃手のトレヴァー・アラン・ワイズ軍曹はシアラーのミッチェルに搭乗していた。零戦が背後に迫った時、下面銃塔を担当していた彼は3機の零戦が後方に占位するのを注視していた。その1機の攻撃で胴体が被弾し、炎上を始めた。搭乗員による懸命の消火活動にもかかわらず、左エンジンが息絶え、機体は速力を失い始めた。

シアラーは速度を維持するため、プロペラをフェザリングにし、降下をつづけた。損傷に気づいたほかの零戦も、黒煙をはっきりと曳きながら、ふらつく爆撃機に注意を向け始めた。今やワイズは死のゲームの特等席にいた。今度の零戦はミッチェルの下方に占位し、上昇攻撃の機会をうかがっていた。連装機銃を下へ向けたワイズにはその全機がはっきり見えていた。彼がそれを凝視していると、突然先頭の機が機関砲と機銃を撃ちながら上昇してきた。この航過で爆撃手のアーサー・G・ケリー軍曹が戦死し、上部銃塔のグレン・R・フリッズル伍長と側面銃座のエドガー・S・ラッシュ伍長が負傷した。ワイズも熱い破片が両ひざに食いこんだ。零戦の2番機は上昇したが、ワイズはそれに.50口径弾（12.7mm弾）を確実に命中させたと思った。その零戦が勢いを失うと落下し、眼下の青い海で爆発するのをワイズは見た。これは渡辺政雄1飛兵の機だった。今度は零戦の3番機が動いた。ワイズは発砲したが、素早い動きに弾丸はそれ、零戦の砲火がミッチェルの残りのエンジンの息の根を止めた。シアラーは残りのプロペラもフェザーにし、着水に備えた。時刻は1500だった。

爆撃機はうねる海でバウンドしてから止まった。衝撃と傷による衰弱で朦朧としていたワイズはフリッズルに髪の毛をつかまれて下部銃塔から引きずり出された。シアラーは救命筏を引き出して膨らませ、ミッチェルとともに逝ったケリーを除く5名の生存者は非常食と予備パラシュートを積んでから筏の側面につかまった。上空には別の小隊が飛来していた。最初の敵パイロットは筏にしがみついた彼らに手を振ったが、つづく2機は機銃掃射を加えた。全員水に潜ったので、命中弾はなかった。先の敵パイロットが手を振ったのは勝利の誇示だったのだろうか。そうでない可能性もある。無線機

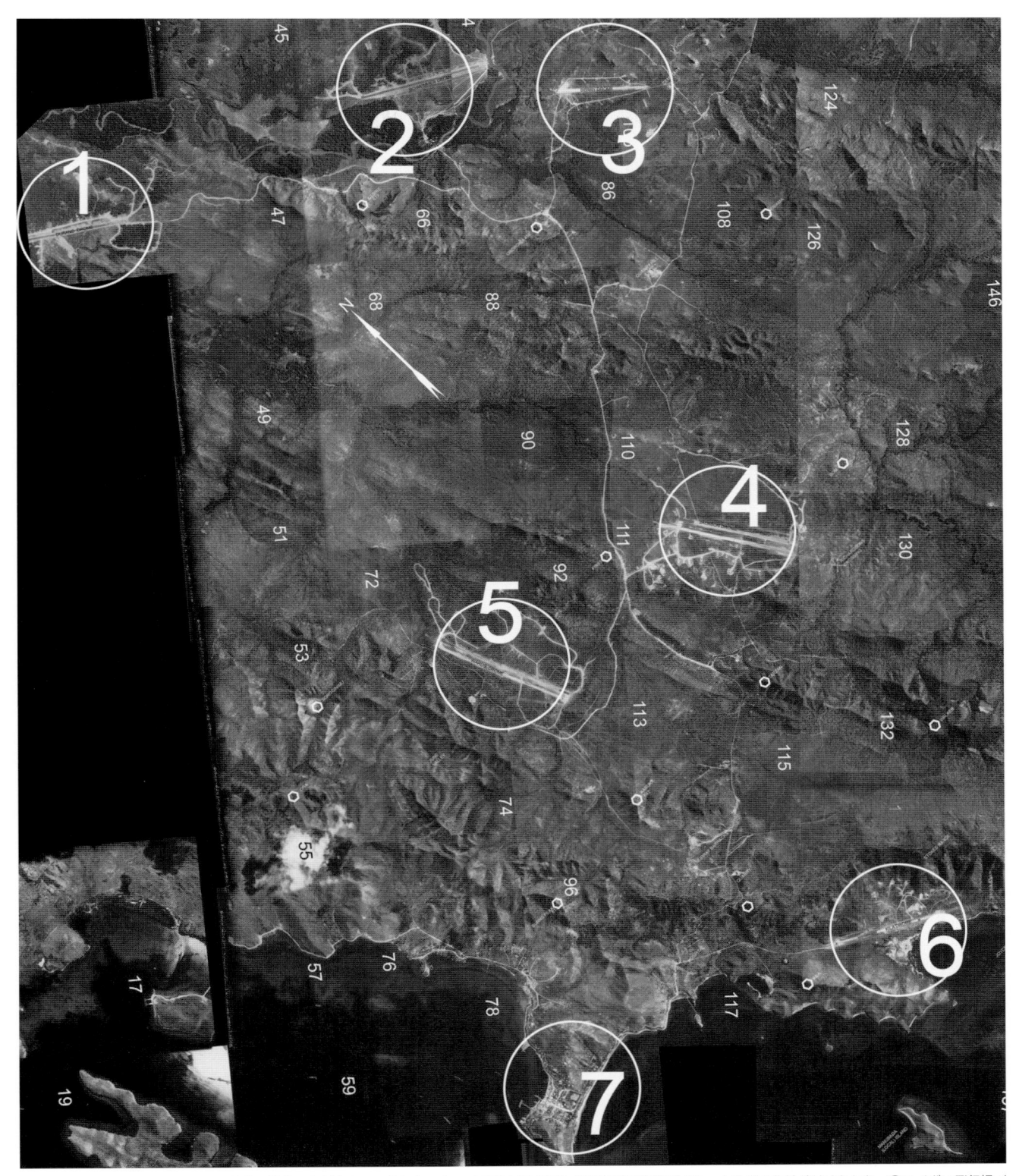

ポートモレスビー周辺の飛行場は最終的に複数の名前をもつことになった。1942年11月12日に各飛行場に殉職パイロットなどの名前が付けられた。①ワイガニ飛行場／デュランド飛行場／17マイル、②ラオキ飛行場／シュウィマー飛行場／14マイル、③ボマナ飛行場／バーリー飛行場／12マイル、④ジャクソン飛行場／7マイル飛行場、⑤ワーズ飛行場／5マイル、⑥キラ飛行場／3マイル、⑦ポートモレスビー市街地。

がないため、これは小隊長が列機に命令を伝える手信号だったのかもしれない。

坂井三郎1飛曹はこう記している。

「サラマウアの沖合でわれわれは引き揚げていく敵機に追いついた。またしても味方機の攻撃ぶりは混乱していた。各機が勝手に攻撃をしかけ、ほかの味方機など眼中にないまま敵爆撃機へと突進していた。お互いに衝突するのを避けるため急旋回したり、むやみに爆撃機を撃つ別の機の弾丸をよけるのに必死な者も少なくなかった。洋上に出るとB-25は高度を落とし、海面から十mもないほどの低空をはうように進んだ。見事な戦法だ。これではこちらは急降下ができないし、上昇航過もできない。一機の零戦が先頭の爆撃機に降下しながら攻撃をかけたが、目測をあやまって全速力で海面に突っこんでしまった。私は最後尾の爆撃機を後上方からの航過でとらえ、射撃した。B-25は直進しつづけたので、胴体を狙うのはかんたんだった。つぎの瞬間、敵機は左へ傾くと、そのまま海面に激突して爆発した。海面高度ではB-25は零戦と同じぐらい速い。だからわれわれは追いつくのが精一杯で、味方機の火線に入ってしまうのだ。哨戒組だった六機が弾丸切れで引きかえしたが、まだ敵は三機残っていた……」〔編註:「大空のサムライ」では「ラエ上空の邀撃戦」が該当部だが、敵機がB-26となっている〕。

一方、疲れ果てたワイズのミッチェルからの脱出者たちが海岸にたどり着いたのは、暗くなってからだった。泳いでいるうちにフリッズルがはぐれてしまったが、間もなくほかの4名と海岸で再会できた。彼らはパラシュートを切って包帯代わりにしたが、ワイズの傷は最も重く、歩けないほどだった。その夜、彼らは海岸で野宿したが、槍を持った2人の現地人に起こされた。その地域の現地人は日本軍のシンパと考えられていたため、緊張が走った。しかしその2人はそうではなく、墜落した搭乗員たちをボイシ村へ案内し、水上に建てられた高床式の小屋に彼らをかくまってくれた。深夜に遭難の知らせを聞いたニューギニア義勇ライフル部隊（NGVR）の隊員4名が到着した。密かに日本軍に彼らを引き渡そうと目論んでいた番人とのあいだに言い争いが起こった。松明をたよりに、あるNGVR現地人隊員がワイズの膝から破片を摘出しようとしたが、できなかった。ほかの現地人隊員が竹で担架をつくり、ワイズを載せた。一行は山道をワウへと向かった。彼らは昼間に移動し、夜は眠った。鎮痛剤がないために痛みと疲労に満ちたワウへの旅は10日間つづいたが、そこからは速やかな空輸搬送が図られた。

待望のハドソン救難機はウィリアム・A・ペドリナ大尉が機長を務めるRAAF第32飛行隊の所属機、A16-170だった。到着したペドリナは、最終的に4名の負傷者に加え、民間人脱出者1名、子供7名、中国人女性2名を乗せてポートモレスビーへ戻った。ハドソンは先の撃墜からちょうど12日後の1942年6月11日朝0830にワウを出発した。ワイズはポートモレスビーのコネドブ近くのRAAF病院に収容され、アメリカ人搭乗員たちは米軍の病院に搬送された。アメリカの友人たちとの絆を深めたにもかかわらず、ワイズは二度と彼らと会うことはなかった。初期治療ののち、ワイズは6月21日にタウンズヴィルへ本格的な治療のために移送された。ポートモレスビーの出発時、ワイズは0300に救急車でRAAFのショートエンパイア飛行艇A18-11に搬送されると、2時間後に飛びたった。彼の付添人として派遣されたのがRAAFで通信手兼銃手の訓練生だった時の同期生、フレディ・ダーモディとアーサー・ドウだったのに彼は驚き、喜んだ。

RAAF通信手兼銃手トレヴァー・アラン・ワイズ軍曹。オーストラリアでの訓練時。1942年5月25日に第3爆撃群のミッチェルの下面銃座に乗りこんだワイズは、タスマニア州ホバートの出身だった。(Wise family, Victoria)

このタイガーモスは米陸軍航空軍がポートモレスビー周辺の捜索救難用に1942年中使用したもので、特に不時着したエアラコブラパイロットの捜索に活躍した。カウリング右側面には「ブリッツ・クロース」と機名が書かれている。写真はポートモレスビーの14マイル飛行場で、背後にP-39とP-40が見える。「ブリッツ・クロース」は人力で後方へ移動中。側面図66参照。(credit Kevin Ginnane)

フォン湾上空で対空砲火を回避中のB-25Cシリアル#41-12898「ジャージー・バウンサー」、1942年末。このミッチェルは第405爆撃飛行隊の所属だったが、1943年1月14日にデュランド飛行場で離陸事故により失われた。(38th BG photo)

マスコット犬と第38爆撃群のクルーたち。17マイル飛行場にて。こうしたマスコットを戦闘に連れていくことはまずなかった。

1942年9月2日、ミルン湾で作戦中に事故を起こしたRAAF第76飛行隊のマンロー軍曹のキティホークIQ（2）A29-86。(credit Gordon Birkett)

ポートモレスビーのワーズ飛行場で着陸事故を起こしたロッキードC-56ロードスター、シリアル2187、オーストラリア軍コールサインVH-CEA。本機は二色迷彩。（Kevin Ginnane）

米袋を搭載されるダグラスC-53輸送機。1942年8月19日、ポートモレスビーの7マイル飛行場にて。これらはココダ街道で戦うオーストラリア軍部隊に向けてミョーラ湖上空で投下された。

1942年8月17日、台南空機22機に護衛された一式陸攻25機の大規模戦爆連合がポートモレスビーへ向かった。眼下の7マイルにはココダ街道で戦うオーストラリア軍部隊への補給物資を積んだ輸送機隊が居並んでいた。爆撃で3機が完全に破壊され、手前に転がっているエンジンはそのどれかのもの。写真の最前にいるDC-3、VH-CXDは2ヶ月間使用不能になり、その後オーストラリア本土で本格的な修理が行なわれた。このDC-3は珍しく二色迷彩で、主翼下面に「U.S. ARMY」の文字が紺で書かれている。

ニューギニアのある駐機場に運ばれてきた1,000ポンド（左）と500ポンド通常爆弾。こうした大型爆弾の搭載にはかなりの時間と労力が必要だった。（USAAF official photo）

タウンズヴィルでC-47に搭載され、これから北のポートモレスビーへ運ばれる500ポンド通常爆弾。1942年8月頃。折りたたまれた「サイド・サドル」型バケットシートに注意。この座席は戦後かなりの期間、パプアニューギニアで使用されつづけた。

空中衝突後、7マイルへ生還したB-17E、米陸軍航空軍シリアル#41-2432。二色迷彩から、本機は本来レンドリース計画でイギリス軍に供与される機だったことがわかる。本機はこの事故を起こした1942年当時、第40爆撃飛行隊に所属していたが、その後1943年に第43爆撃群に移籍された際、「ザ・ラスト・ストロー」と命名された。

1942年7月27日、ラエ爆撃に発進する際、ホーン島で衝突事故を起こした第19爆撃群の2機のB-17E。周囲の人員にはオーストラリア軍のホーン島守備隊員と管制塔要員が含まれている。（credit Vanessa Crowdey）

1942年中盤、日本軍による7マイル飛行場空襲を見つめるオーストラリア兵。彼らのいる位置はソゲリ街道から少し離れたサファイアクリーク後方の山地の麓で、ロローナ滝からそう遠くない場所。

上とは別の日本軍のポートモレスビー空襲によって破壊されたRAAFボーファイター。こちらはワーズ飛行場。（5-Mile）

オーストラリア本土でオランダ王立東インド陸軍（KNIL）航空隊（ML）のオランダ人パイロットたち。ライフ誌のカメラマンのために、くつろいで見せている。（credit Life Magazine）

開戦のわずか数年前、静かでのどかな植民市だった頃のポートモレスビー。モトゥアン語で嵐を意味する「グバ」が地平線の彼方に湧き起こっている。

こちらも戦前のポートモレスビーの主桟橋。接岸する船を待ち受けている現地人労働者が着ているのは「ラップ・ラップ」という腰布で、オーストラリア植民政府が導入したもの。パプアニューギニアでは1980年代までに完全に姿を消した。

1942年10月末にポートモレスビーに降り立った米陸軍航空軍第38爆撃群の地上要員。ここから彼らは17マイル（デュランド）飛行場の新居へ、30分ほどかけて埃っぽい道のりを車で移動していった。デュランド飛行場にポートモレスビー周辺の飛行場で最も辺鄙な場所にあった。ポートモレスビーにあった植民地時代の建物は通気性を良くし、洪水による被害を減らすため、どれも高床式だった。

白人士官と黒人兵で構成された第96工兵連隊。同部隊は1942年7月末にポートモレスビーに到着した。BおよびC中隊がキラ飛行場に進出し、滑走路の整備工事を開始した。写真は1942年8月、キラ飛行場における同連隊の黒人兵と建設用機材。同連隊はS.S.タスマンで到着したが、公式戦史によれば同船は「速力が遅く旧式だったが、手入れはよく行き届いていた」という。

シュウィマー飛行場（14マイル）は1942年9月26日から建設が始まった。1942年9月17日、第808工兵大隊がその大規模整備工事を命じられた。工事には爆撃機用の掩体壕18ヶ所も含まれ、うち12ヶ所が重爆撃機用だった。戦闘機用の掩体壕は33ヶ所で、うち8ヶ所は第8写真偵察飛行隊専用だった。誘導路と駐機場はすべて全天候仕様とされた。排水路は航空隊の駐屯地にまで延長された。橋が1本新設され、本飛行場とワイガニ（17マイル）飛行場を全天候仕様道路とともに最短距離で結んだ。写真は改修が完了した直後の滑走路。

1942年末、ワーズ飛行場で撮影されたロッキードC-60ロードスターVH-CAJ。ロードスターはゴナ／ブナ戦役中、補給と医療搬送に使用された。後方に居並ぶ救急車は、広報写真のため手配されたもの。本機は1943年2月にタウンズヴィルで着陸事故により失われた。写真では主翼下面の国籍マークには赤丸が残っているのに対し、胴体のそれは塗りつぶされている。

1942年8月、クイーンズランド州チャーターズタワーズの第3爆撃群情報所バラックの前に立つのは左から、第3爆撃群司令「ビッグ・ジム」・デイヴィーズ大佐、米第5空軍司令ジョージ・チャーチル・ケニー中将、ロバート・ストリックランド大佐。

第5空軍式の射撃訓練。写真はオーストラリア到着時の第3爆撃群司令「ビッグ・ジム」・ジョン・デイヴィーズ。1942年6月22日、クイーンズランド州チャーターズタワーズにて。デイヴィーズは隊員に同部隊の用廃になったB-25Cから機首部を取り外させ、射撃演習場へ運ばせた。同爆撃群の銃手たちはその後、飛行時と同じ環境で移動式の標的を射撃できるようになった。(credit Vanessa Crowdey)

1942年のニューギニア戦線を担任していた連合軍指揮官たち。1942年10月、タウンズヴィルにて。左から、オーストラリア陸軍相フランク・フォード、ダグラス・マッカーサー大将、AIF司令トーマス・ブレーミー大将、第5空軍司令ジョージ・C・ケニー中将、エドマンド・ヘリング中将、ケネス・ウォーカー米陸軍航空軍准将。兵站計画の責任者だったヘリングは、ポートモレスビー周辺の飛行場整備工事から、タタナ島の港湾施設開発のための輸送道路建設まで、さまざまな任務への工兵隊派遣計画を策定していた。この輸送道路の完成により同港の能力は倍化され、これがニューギニア戦の兵站面での転換点と考えられている。

161

日本軍の爆撃によりミルン湾で破壊されたP-39D-2シリアル#41-38499。

ラエに残された零戦の残骸。奥の機は4空のF-151で、手前の零戦21型には以前の第22航空戦隊と台南空のマーキングが見られる。この機は元は台南空のV-157で、1942年11月1日に台南空が251空となった際、51-157とされた。巻頭の側面図20および26参照。（Ed DeKiep）

連合軍による占領直前のラエ飛行場の偵察写真2葉。使用可能な滑走路長は1,100mがやっとの状態。滑走路は両端から進入可能だった。

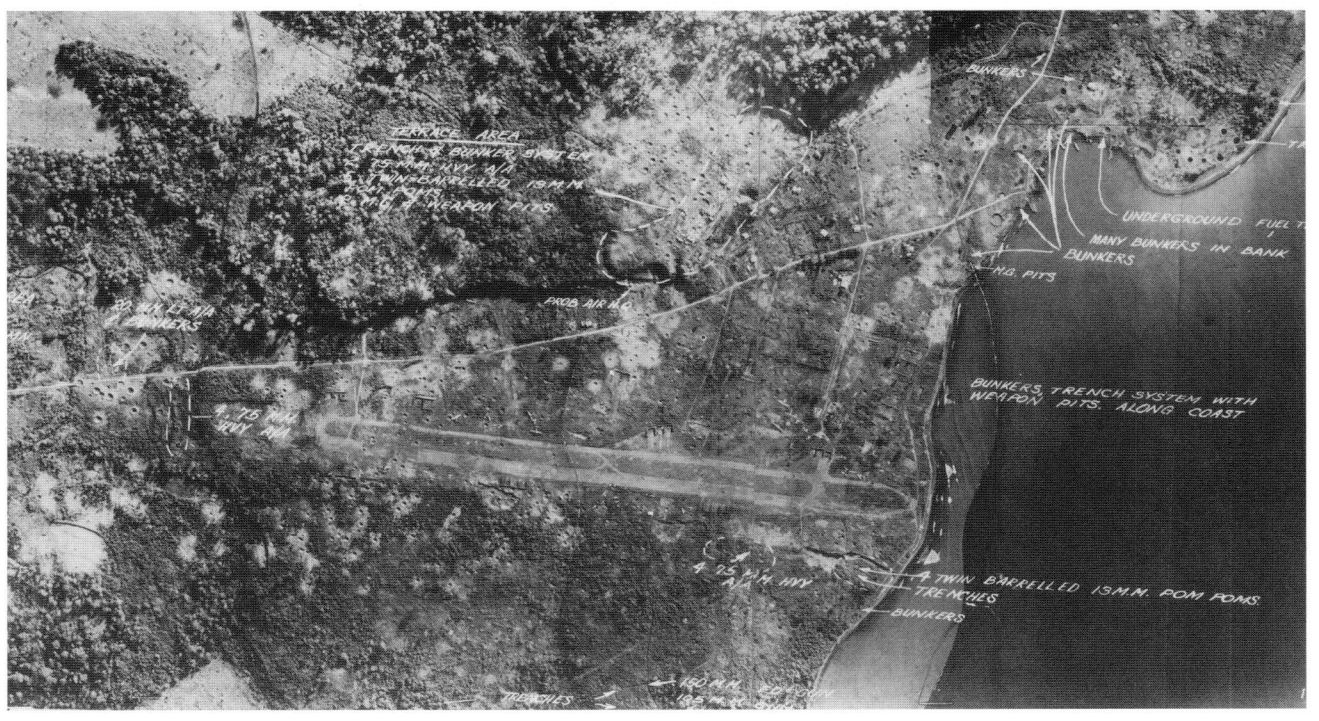

緒戦時のオーストラリア本土にて。クイーンズランド州北部のマレーバで整備を受けるP-400。(Kevin Ginnane)

1942年7月22日、第40戦闘飛行隊のエアラコブラ4機がサラマウアに停泊する護衛艦と水上機の攻撃に向かったが、「パプアン・パニック」はそのうちの1機だった。エアラコブラ隊は0645より20分間目標上空にいたが、海岸沿いの天候は雲が低く、霧があり、最悪だった。本機に搭乗していたガース・B・コッタム少尉が行方不明になったが、彼が墜落するのを目撃した者はいなかった。写真のパイロットはジョン・ジョーンズ少尉。

台南空とのブナ／ゴナ防衛戦中、この P-39Dに搭乗していたのはクーラン・ジョーンズ少尉だった。場所はタウンズヴィルのRAAFガーバット航空基地で、1942年7月の第39戦闘飛行隊のポートモレスビー進出の際の撮影。ドアのドクロの図案はクーランの個人マーク。

組み立て完了直後の試験飛行の成功後、P-39Dの主翼上でポーズをとる2名の地上員。タウンズフィルのガーバット基地にて。排気管後方の暗い筋状の汚れは梱包用テープを最近剥がした跡。海上輸送中に腐食するのを防ぐため、ここにテープでコスモラインペーパーが貼られていた。胴体下面に増槽が装備されている。ニューギニア戦線のほかの連合軍機と異なり、エアラコブラ搭乗員は操縦席の左右から乗り降りできるという贅沢に恵まれていた。(Peter Norton)

タウンズヴィルでニューギニアへの配備を待つ新品のP-39。国籍マーク中央の赤丸に注意。これは日本軍の日の丸に似すぎていたため、1942年5月までに塗りつぶされた。P-39では尾翼にシリアルナンバーが記入されていない機もあり、そのなかには米航空軍のステンシル文字よりも洒落た書体でシリアルを記入された例もあった。P-400は最初からイギリス軍のシリアルが尾翼下部に記入されていたため、米軍シリアルは未記入だった。

1942年11月2日当時の7マイルのサルベージ場。C-60（元VH-CEA）、P-400が2機、A-24が1機写っている。手前に見える、土嚢で囲われた防空壕は衛兵用のもの。

ポートモレスビー付近のある飛行場で見られた爆撃による被害の様子。これは通常爆弾によるもので、より恐れられた人馬殺傷用爆弾ではない。

1942年末、ポートモレスビーの主桟橋に到着した第38爆撃群の人員。

1942年末にポートモレスビーのデュランド飛行場（17マイル）に到着した2名の中尉。第38爆撃群のミッチェル「ザ・パシフィック・プローラー」のパイロット、ビル・ターヴァーと「ジャージー・バウンサー」のパイロット、ビル・シャンク。シャンクが持っているのはコダック製カメラ。（38th BG Association）

第38爆撃群のB-25Dミッチェルから降ろされる負傷搭乗員。ポートモレスビーにて。

167

ニューギニア戦線最初のエアラコブラ部隊の事故率は高かった。最初の2ヶ月間に空輸配備中に事故で失われたエアラコブラは、台南空との戦闘による損害よりも多かった。(Kevin Ginnane)

事故後、7マイルで放置されたままの第8戦闘群のP-400。同部隊の戦闘機のシャークマウスは1機ごとに描かれたもので、それぞれ個性がある。(Kevin Ginnane)

台南空が最初に遭遇したミッチェル爆撃機は、本来はオランダ王立東インド陸軍航空隊向けの機体だった。オーストラリアに最初に到着した機体は、蘭印が日本軍に占領されたため、引き渡し先が変更された。N5-134号を含む写真の4機のB-25Cは、キャンベラ空港のRAAF格納庫内で撮影された。尾部に米軍シリアルのある機体とない機体がある。

1942年末、7マイルで爆装されるフライングフォートレスF型。(Kevin Ginnane)

サラマウア上空を飛行する第38爆撃群のB-25。市街地（○印内）は本土と小列島のあいだの地峡にあった。この島々は晴天時の空中からすぐ見つけられる定番の目標地点だった。

パイロットがブリーフィングをするなか、後方中央で腰に手を当て立っているのが第3爆撃群司令「ビッグ・ジム」・デイヴィーズ大佐。チャーターズタワーズにて。

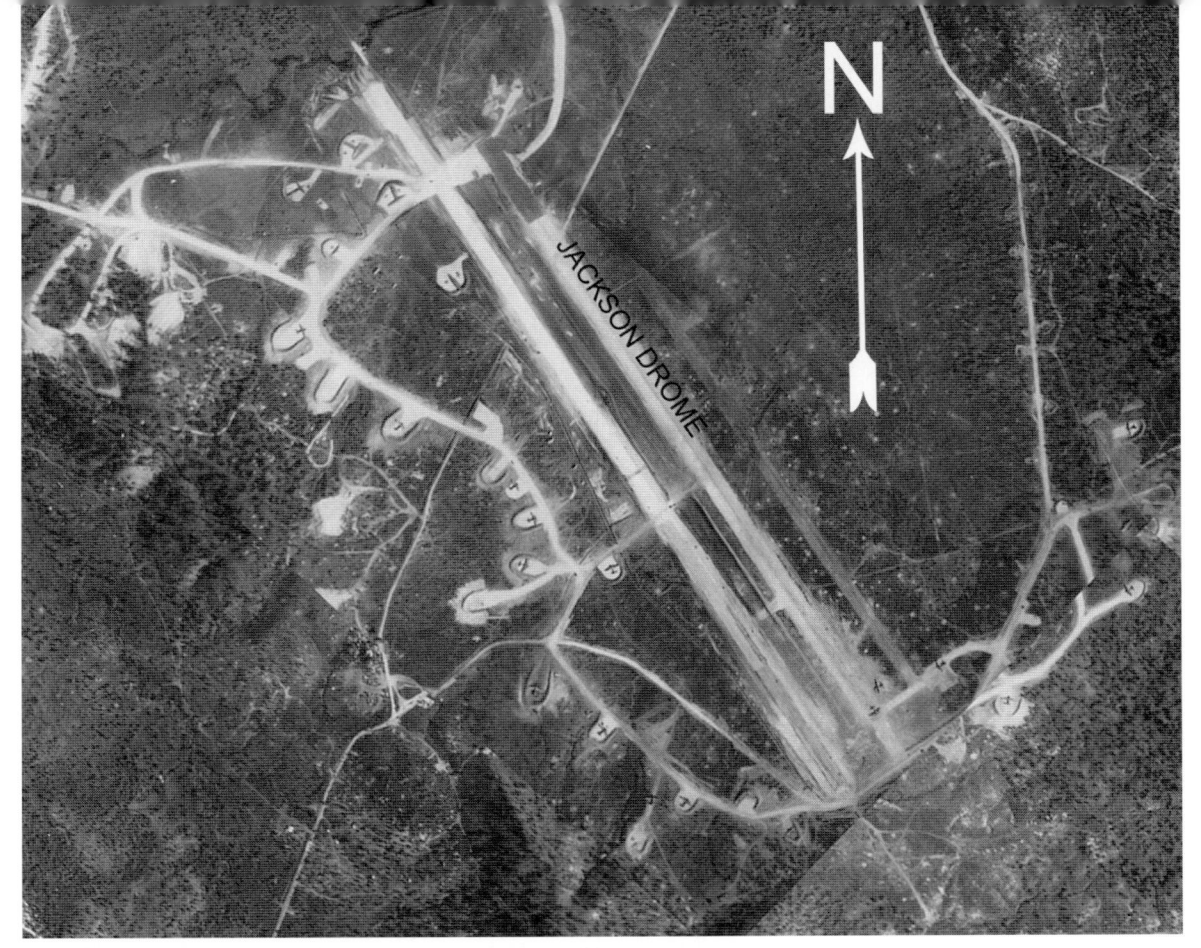

上が7マイル飛行場（ジャクソン飛行場）、下がキラ飛行場（3マイル飛行場）の航空写真。1942年後半。これらの写真に写っている掩体壕には現存するものもいくつかある。（8th PRS recon photos）

第3爆撃群で幸運に恵まれることになる3名。左からロバート・「ボブ」・ルーグ大尉、ジョン・ヒル少尉、レランド・「ソニー」・A・ウォーカー少尉。ルーグが指揮した1942年4月7日の作戦では、A-24の1機が後方機銃で丹幸久2飛曹機をラエ付近で撃墜した。ヒルはA-24が5機失われた1942年7月29日の悲惨な作戦で生還したが、ウォーカーはラエから台南空の零戦隊に追跡されつづけた末にダウゴ（フィッシャーマンズ）島に自機を不時着させた。（PNG Museum of Modern History）

カメラのために緊急発進のポーズをとる第8戦闘群のパイロット4名。左から、ジョージ・A・パーカー中尉、ジャック・W・バーリー少佐、クーラン・L・ジョーンズ少尉、ラルフ・マーティン少尉。1942年8月4日、バーリーは廃船S.S.プルートの残骸で爆撃訓練を行なうため、模擬爆弾を搭載してポートモレスビーを出発した。当時、P-39による爆撃は、新しい試みだった。ポートモレスビーを見下ろす山地にいた対空砲要員は、水平飛行中に何らかの物体が彼の戦闘機から落下してから、同機が海面に激突するのを目撃した。彼は即死だった。改修された新12マイル（ボマナ）飛行場は、彼を追悼するためバーリー飛行場と名を改められた。（USAAF）

緒戦期のポートモレスビーにて、氏名不詳のP-400パイロットと2名の地上員。国籍マークの白星に赤丸があるので、撮影時期は1942年4／5月。以後、この赤丸は戦闘時に日の丸と見誤りやすいため、命令により塗りつぶされた。（Damian Parer via Kevin Ginnane）

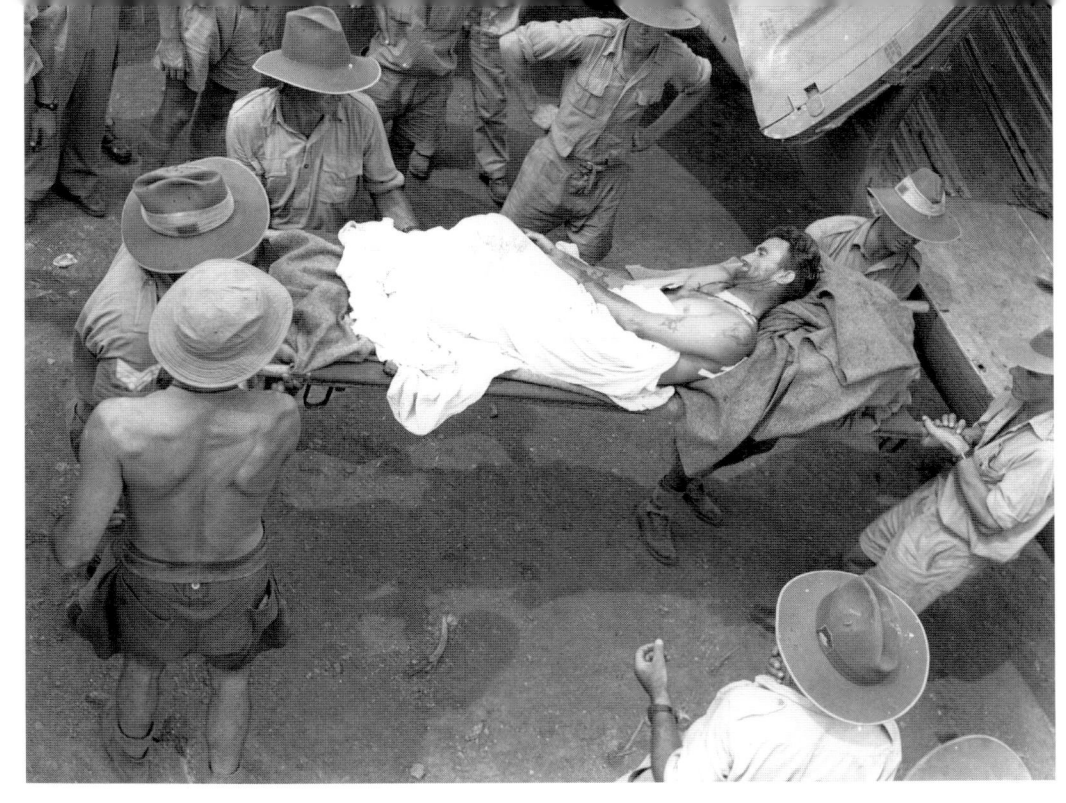

クイーンズランド州の病院へ搬送するため7マイルでC-47に運びこまれるオーストラリア人負傷兵。1942年。C-47が台南空に撃墜されたことは一度もなかった。

1942年7月にラバウルで撮影されたこの写真のパイロットは全員下士官。この写真は焼き増しされ、写っている搭乗員全員に配られたが、この一枚は西澤廣義1飛曹が後列左の自分に丸をつけて内地の家族に送ったもの。戦後、戦史研究家の武田信行氏が西澤の遺族から譲りうけたものを、筆者は2012年3月に坂口春海氏の仲介で入手した。西澤と山本健一郎の2名だけが救命胴衣を着用していることから、両者は飛行予定があったと思われる。幸いなことに西澤はラバウルからこの写真を送る前に、裏面に注と搭乗員名を記している。また家族宛てに自分について「予（ヒゲに着目）」と冗談めかして書いている。彼はここに並んでいるのは「南空の勇士」であると書いており、本書の英語題名はこれから着想を得た〔編註：「南空」は25航戦戦時日誌などにも登場する、台南空の公式な略称であり、原著者がこれを知らなかったか、知っていたうえでの洒落だったのかは追求しない〕。また遠藤については「遠ド（予の服心の部下）」と特記している。各パイロットの氏名は後列左から、西澤廣義1飛曹（丸印）、福森大三3飛曹、木村裕3飛曹、遠藤桝秋3飛曹、小林克巳1飛曹、国分武一3飛曹。中列左から、太田敏夫1飛曹、坂井三郎1飛曹、米川正吉2飛曹、宮運一2飛曹。前列左から、大西要四三3飛曹、石川清治2飛曹、熊谷賢一3飛曹、山本健一郎1飛兵、中野鈔3飛曹。ちなみに写真右奥で望遠鏡を覗く2名は対空見張員である。〔写真提供／西澤家〕

件の攻撃で台南空のあまりの猛攻と神出鬼没ぶりは、実際には13機だった参加機をミッチェルの生還搭乗員が20機前後と報告したほどだった。戦闘時の混乱をミッチェルパイロット、フランク・ティムリンはこう記している。

「……私は雲のなかに逃れ、そこでもう1機と出会い、一緒に帰った。雲に入った時、私は4機の味方機がゼロの群れを追い払いながら海岸沿いをかなりの低高度で飛んでいるのを見た」

ティムリンと第90爆撃飛行隊のパイロット、グッドは無事ポートモレスビーに帰還した。ティムリンが目撃した4機はスロットル全開で避退していたため、日本側の追跡者と比べても遜色のない速度だった。洋上を飛び、低高度でサラマウアを通過したが、日本軍機が後方からの攻撃を繰り返していたので、彼らは決して高度を上げなかった。海面からの距離が近すぎたため、零戦隊は急降下攻撃を加えられず、これは日本側も認めていたように有効な戦法だった。

この4機のミッチェルは日本軍機の執拗な攻撃を20分にわたりかわしつづけたが、相次いで3機がラバビア村近くの海中に撃墜された。攻撃指揮官ロウェリーの乗る「ザ・ケイジャン」は炎上しながら急角度で墜落し、生存者はなかった。2機目は第13爆撃飛行隊の「オスカーXIII」で、機長はアーデン・「ルリー」・ルリソン中尉だった。それでも副操縦士のドナルド・ミッチェル少尉は機体が海面に激突する直前に低高度で脱出し、生還した。1942年6月8日にオーストラリア軍が確保していたムボ村から、彼は火傷を負い、片脚を負傷しているが無事との知らせが届いた。3機のうち最後に撃墜されたのは第90爆撃飛行隊の無機名のB-25Cで、操縦はジョン・ヘッセルバース中尉だった。最後に目撃された時、同機は2機の零戦と交戦中で、両エンジンに火災を起こして高度を失いつつあった。4機のうち、逃げおおせたのはトーマス・ピート・トーリー少尉操縦の「アイリーン」だけだった。油圧系統が被弾で破壊されていたが、トーリーは単機のミッチェルで山脈を越えて帰投したのだった。7マイル飛行場にフラップも脚も出さずに不時着したものの、同機はのちに修理された。満身創痍のトーリー機の帰還は、この悲劇の日を象徴しているかのようだった。

その日の1500までに渡辺政雄1飛兵機を除く零戦はすべてラエに帰還した。戦果報告ではミッチェル6機の撃墜が申告された。もしもポートモレスビーで着陸時に大破したトーリーの「アイリーン」も勘定に入れるなら、これはぴったりの数字となる。あれだけ壮絶な戦いを経たにもかかわらず、12機の日本軍機には弾痕が4ヶ所しか確認されなかった。台南空は全力を尽くした。総使用弾数1万600発という数字から、大半の機が最後の一発まで戦ったことがうかがえる。あ

らゆる面から見て、今回の戦闘は台南空のニューギニアにおける戦いで最大の勝利といえた。渡辺機の喪失が目測を誤ったためなのか、ワイズの下部銃塔の銃撃によるものかは判然としない。渡辺政雄1飛兵は前年11月に大分空で丙飛2期を修了したばかりの新米パイロットだった。台南空に配属されてから2ヶ月近くが経っていたが、行動調書からは彼が参加した作戦は10回しかなかったことがわかる。9回がラエ基地の上空哨戒（そのうち戦闘になったのは今回のB-25と遭遇した1回のみ）で、1回はポートモレスビー攻撃でのエアラコブラとの空戦だった。〔編註：渡辺は1942年2月8日から行動調書に名が見え、5月だけでも15回は作戦を行なっているのだが……〕

ワウ付近での遭遇戦

かつての前進植民市ワウは飛行機でサラマウアから約15分、ラエからはそれより少し遠いという戦略的要衝だった。ワウは軍用に使用可能な飛行場が存在する点が特に重要だった。ここには第1独立コマンド中隊とNGVRの分遣隊という小規模なオーストラリア軍部隊が駐留し、飛行場周辺の険しい山岳地帯に潜伏していた。彼らは補給をポートモレスビーからの空輸に頼っていた。1942年5月23日、またしても第35戦闘飛行隊のエアラコブラが3機の輸送機（C-47、C-53、DC-3各1機）をワウまで護衛しようとしたが、悪天候に阻まれた。その後、物資輸送にはエアラコブラの護衛がつくようになった。3日後、ワウまで5機のC-47を護衛するため、第35戦闘飛行隊のエアラコブラ7機と第36戦闘飛行隊の数機が1000に発進した。C-47の1機は「フレイミン・マミー」という名で、AIF第5独立中隊を乗せていた。その日は輸送飛行が複数行なわれ、そのひとつは1140にワウを出発し、タウンズヴィルへ直行した。10分後、6機の零戦がワウ上空を旋回しているのが発見され、しばらく付近をうろついていた。もしタウンズヴィル行きの輸送機隊が10分遅ければ、おそらく撃墜されていたに違いない。午前の半ば、16機の台南空零戦隊がラエから発進し、ラエ／サラマウアおよびワウ方面の哨戒に向かった。行動調書によれば1125に彼らは29機の敵機を発見（ただしP-39に護衛されたB-17と誤って記録）、空戦となり、エアラコブラ5機を撃破したと申告している。申告は協同で、宮運一2飛曹、笹井醇一中尉、太田敏夫1飛曹、吉野俐飛曹長、羽藤一志3飛曹、国分武一3飛曹、坂井三郎1飛曹、米川正吉2飛曹らによるとなっている。

C-47を護衛していたエアラコブラ隊は高度3,000mでローソン山周辺をうろついていた零戦16機の出現に驚愕した。ふたつの編隊はそのまま乱戦に突入し、トーマス・リンチ中

1942年中盤に7マイル飛行場でエアラコブラとともに脚光を浴びたB-17E。このフォートレスは1930年代のラジオドラマの主人公にちなみ、「フランク・バック」と名付けられていた。この冒険家は動物園のために動物を捕まえるのが仕事で、そのモットーは「彼らを生きたまま連れて戻る」だった。1942年9月15日、第30爆撃飛行隊として出撃したこのフォートレスはポートモレスビー東の砂浜に不時着した。不時着は成功し、本機はその生涯をマレーバのスクラップヤードで終えた。(Kevin Ginnane)

尉は最初の反航攻撃で自身の3機目となる撃墜をしたと申告した。ユージン・ウォール少尉は零戦1機が錐もみで降下していくのを見て、これを撃破したと思った。ジェンキンス少尉は1機の零戦に上方から襲いかかり、400ノット45度の急降下でそれと並んだ。ジョン・T・ブラウン少尉は350ノットの緩降下で零戦を追跡し、10浬飛行後、追いついた。クリフトン・H・トロクセル少尉は別の零戦に急降下攻撃を仕掛け、それが降下に入ったところを射撃した。だがこれは米軍搭乗員が見たと思ったことでしかなかった。またエアラコブラ搭乗員たちは地上で3機の零戦が炎上していたとも報告している。その結果、ウォール、リンチ、トロクセルが各1機を確実撃墜したと公式認定された。戦果の評価はさらに追加され、第35戦闘飛行隊のレナード・P・マークス中尉も零戦1機確実撃墜と認定された。連合軍側の甘い自己所見と申告とは裏腹に、その日の正午には16機全機の零戦がラエへ無事帰還した。日本軍側のP-39を5機撃破という申告もまた過大なものだった。米軍側の唯一の損失機は第35戦闘飛行隊のアーサー・R・シュルツ機のみで、彼はこの乱戦でいつの間にか日本機の銃撃に墜とされ、現在も戦闘間行方不明のままである。

ポートモレスビーにいた残りのパイロットたちと同様、先の疲労したエアラコブラパイロットたちはその日の夜、休息を妨げられた。連合軍側の空域に乱入していたのは台南空の零戦隊や陸攻隊だけではなかった。2015前頃、お楽しみの給食を待つ行列が終わってからしばらくのち、.30口径ライフル銃の三連射が空襲を知らせた。パイロットたちは林を駆け抜けて防空側溝へ飛びこんだ。これにはヤシの丸太で屋根がかけられたものもあった。この空襲はラバウルを拠点とする浜空の九七大艇2機によるもので、60kg爆弾24発を投下していった。ポートモレスビーのテント街に起居していたくたびれ果てた米軍搭乗員たちは、その日の戦闘の余韻をこの邪魔者のせいで台無しにされたのだった。

ポートモレスビー上空の乱戦

1942年5月27日午前、ラエ飛行隊の全戦力にあたる3個中隊がラエを発進した。第1および第2中隊は6機と9機の編隊に分かれ、ポートモレスビーへ向かった。第3中隊がどこへ向かったのかは正確には不明だが、おそらく引き揚げる部隊を追跡してくる連合軍戦闘機を迎え撃つため、同市北の山岳地帯上空を哨戒していたのだろう。1100少しすぎ、ポートモレスビーに接近した第1および第2中隊は無数の連合軍戦闘機を発見した。またしても攻撃を前もって警告されていた

ため、第36戦闘飛行隊のエアラコブラ10機と同第35の7機が迎撃に上がっていたのだった。激しい空戦は25分間にわたり、ポートモレスビー東部から海岸までが戦場になった。この戦闘で大きな損害を出したのはエアラコブラ隊だった。撃墜された零戦はなかった。アルヴァ・G・ホーキンス少尉はこの戦闘中に消息を絶った。彼はハーヴェー・カーペンター少尉の右翼機を務めていたが、ホーキンスが雲に突入するのを見たのが最後だったと彼は報告している。現場は洋上で、パプア人の住むリゴ村から5～10浬南だった。台南空側の申告を信じるなら、ホーキンスは撃墜された可能性が高い。ここでT・H・ホーンズビー大尉のエアラコブラも被弾し、付近の沖合に不時着水を強いられた。台南空の撃墜申告は多かったが、ホーンズビーは味方のワイアット・イグザム大尉に誤射された可能性もある。彼は遠方に機影を発見し、それが射線上に入って来た時、トリガーを押した。イグザムはすぐエアラコブラを零戦と誤認していたことに気づいた。とはいえホーンズビーは幸運だった。打撲傷に加え、かなりの距離を泳ぐはめになったものの、無事陸までたどり着けたからだ。

その日、実際にわずか2機のエアラコブラしか撃墜されなかったのに対し、台南空の戦果申告はあまりにも過大だった。確実撃墜7機に未確認2機（しかも存在しなかったスピットファイアが含まれている）の内訳は以下のとおりだった。撃墜が吉野俐飛曹長（スピットファイア）、国分武一3飛曹（スピットファイア）、吉野飛曹長と国分3飛曹の協同（P-39）、西澤廣義1飛曹（P-39）、熊谷賢一3飛曹（P-39）、水津三夫1飛兵（スピットファイア）、日高武一郎1飛兵（P-39）であり、不確実撃墜2機が坂井三郎1飛曹（P-39）と新井正美3飛曹（スピットファイア）だった。1230までに零戦27機全機はラエへ帰還した。

全力攻撃―アンドレス撃墜される

1942年5月28日の朝、ラエを守る戦力を最低限にして、ポートモレスビーに対する全力攻撃が新たに発動された。0710に大御所の飛行隊長、中島正少佐が指揮する26機の零戦隊が発進した。

第1中隊
第1小隊：中島正少佐、米川正吉2飛曹、本吉義雄1飛兵
第2小隊：宮崎儀太郎飛曹長、奥谷順三2飛曹、遠藤桝秋3飛曹
第3小隊：太田敏夫1飛曹、日高武一郎1飛兵

第2中隊
第1小隊：河合四郎大尉、吉田素綱1飛曹、山本健一郎1飛兵
第2小隊：吉野俐飛曹長、羽藤一志3飛曹、国分武一3飛曹
第3小隊：西澤廣義1飛曹、新井正美3飛曹、鈴木松己3飛曹

第3中隊
第1小隊：山下丈二大尉、菊地左京1飛曹、岡野博3飛曹
第2小隊：栗原克美中尉、古森久雄2飛曹、二宮喜八1飛兵
第3小隊：山下佐平飛曹長、小林克巳1飛曹、大西要四三3飛曹

岡野博3飛曹が小隊長の山下丈二大尉の列機を務めていたのは間違いない。21歳だった彼は以前、熱血漢の大尉が指揮するマーシャル諸島の小規模な補強部隊に所属していたが、台南空に増援のため加わっていた。岡野3飛曹は1942年末にマーシャル諸島へ戻され、201空に転属した。彼はさまざまな部隊を渡り歩きながら太平洋戦争の最後まで飛びつづけ、戦後は民間パイロットになった。〔編註：山下大尉や岡野3飛曹はマーシャル諸島の第1航空隊から台南空へ「派遣扱い」でやってきた。11月1日に台南空が第251海軍航空隊と改称され、戦力再建のため内地へ帰還することになった際、1空派遣隊員のなかでただひとり生き残っていた岡野氏は752空（旧1空）へ復帰。12月1日付けで752空戦闘機隊と703空戦闘機隊（旧千歳空）が合併し、第201海軍航空隊に

山下丈二大尉。1942年6月、ラバウルにて。1空から派遣された彼の台南空での初出撃は1942年5月27日だった。同姓に山下政雄大尉がいたが、彼は稲野菊一大尉と入れ代わる形で内地へ転勤する。

再編成されたので所属も201空に変わったのである。〕

離陸から間もなく河合大尉機がエンジン不調となって引き返し、吉野飛曹長が第2中隊の指揮を執ることになった。この大部隊の発進から20分後、ラエを飛びたった上空哨戒機は坂井三郎1飛曹と熊谷賢一3飛曹のわずか2機だった。0740にガライナ上空を通過して真南に向かった中島少佐の大編隊は連合軍の見張所に通報された。ポートモレスビーのエアラコブラ隊がまたしても同市の防空のために発進し、半時間後に30分間にわたる空戦が開始された。前日の友軍機誤射で自らを責め、一晩休息しただけのワイアット・イグザム大尉もポートモレスビー上空で新たに繰り広げられたこの空戦に参加していた。イグザムは零戦隊に攻撃を仕掛けたものの、逆に包囲された。しかし機銃の撃発用ソレノイドが数個故障し、定番の「後ろに喰いついたゼロ」から銃弾を浴びせつづけられる彼の機は圧倒的に不利だった。操縦席の彼はオイルにまみれ、被弾によりスロットルレバーの基部も破損していた。油圧を絶たれたプロペラが適切なピッチ角を取れなくなったので、彼は出せるだけの速度で降下した。さらに零戦の数が増えたため、彼は高度150mからの脱出を決意した。彼はクナイ草の平原に着地すると、オイルまみれのハーネスをかなぐり捨て、安全な物陰に隠れるために走った。

イグザムの戦闘からの離脱はなりふり構わないものだったが、彼は怪我をすることなく生き延びた。J・F・ワード少尉機も戦闘中に被弾した。彼はポートモレスビーから約25浬南東にあるガイレ村の裏の浜辺にパラシュート降下したが、その日の午後遅くには7マイル飛行場へ戻った。部品を抜かれたワードのコブラは1968年に地元の愛好家により修復され、ポートモレスビーの工業複合施設にあるドラム缶の台座に設置された。

だがこの日の損失で目を引くのは戦意旺盛なパイロット、アート・アンドレスだった。1ヶ月近く前の4月30日、彼はエアラコブラによる初のラエ攻撃に参加していた。その結果、ブナ付近で不時着した彼は26日間かけて徒歩でポートモレスビーへ戻っていた。彼は帰った時、こう感じたという。「第36飛行隊のパイロットはこの26日間に大きな痛手を受けていた。多くのパイロットと機体が失われていた」

驚いたことにアンドレスは帰還からたった2日で飛べる状態にまで回復し、長距離の徒歩行後、初めての飛行であるこの作戦に出撃したのだった。

「かなりの高度まで上昇していた私は撃墜され、約1,500mで脱出した。パラシュート降下していた私は日本機に脚を撃たれた。でもいいこともある。これならひと月かそこらは飛ばなくてもよさそうだ」

わずか1ヶ月のあいだにアンドレスは台南空のせいでいくつもの酷い目に遭っていた。初めて目にする太平洋沿岸で追撃されたこと、苦しかった山地での徒歩行、そして今回の初めてのパラシュート降下である。台南空のパイロットたちはその後、スピットファイアを含む敵戦闘機20機と遭遇したと報告したが、この機種は（そしてキティホークも）当日は存在していなかった。その後の激しい空戦において、撃墜9機、撃破4機、味方機損害なしと申告している。実際にはエアラコブラが3機失われたのみだったが、一方、第36戦闘飛行隊のパイロットたちは零戦3機撃墜（確実1機、不確実2機で、それぞれコンネル、イーガン、エリクソンによる）と申告している。台南空の過大な戦果申告の内訳は以下のとおりだった。

第1中隊
第2小隊：宮崎儀太郎飛曹長【P-39撃破1機】
　　　　　遠藤桝秋3飛曹【P-39撃破1機】
第3小隊：太田敏夫1飛曹【P-39撃破2機】
　　　　　日高武一郎1飛兵【P-39撃破1機】

ポートモレスビーをめざす4空の一式陸攻、F-319。垂直尾翼前縁の塗料の剥離に注意。

ラエへ払暁攻撃に向かう第3爆撃群のB-25C「モーティマー」。1942年5月頃。台南空は第3爆撃群のB-25を多数撃墜しているが、「モーティマー」は墜とせなかった。生き残った本機は戦闘任務から退き、大戦末期にジャラッド・クラブ大将がニューギニア各地を移動するのにスティーヴ・マーティコレナの操縦で使用された。

第2中隊
第1小隊：吉田素綱1飛曹【スピットファイア撃破1機】
第2小隊：【P-39協同不確実撃墜2機】
第3小隊：西澤廣義1飛曹【P-39撃破1機】
　　　　 鈴木松己3飛曹【P-39撃破1機】

第3中隊
第2小隊：栗原克美中尉【P-39撃破1機】

フォン湾のサメ

　中島の3個中隊がラエへ戻っていった一方で、0900にラエ基地の上空哨戒の第1直が発進していた。ラエを爆撃するため5機のB-26が出現したところ、緊急発進した笹井醇一中尉以下4名の氏名不詳パイロットからなる零戦隊に彼らは追跡されることになったが、うち1名は水津三夫1飛兵だったと推測される。B-26編隊の指揮官は「コサック」の機長のディル・エリス大尉だった。進入は妨害されることなく、米軍搭乗員たちは飛行場で数十機の日本軍機が迎撃のために緊急発進しようとしているのを見て、奇襲が成功したのを知った。それでも激しい対空砲火がマローダー隊を迎え、さらに上方からは上空哨戒中だった坂井三郎1飛曹と熊谷賢一3飛曹の零戦2機がアメリカ軍編隊に急降下していった。PM2作戦の参加機は以下のとおりだった。

シリアル	機長名	機体名
40-1411	バリー・バーンサイド中尉（第19）	マーティンス・ミスキャリッジ
40-1407	ウィリアム・F・コールマン中尉（第33）	
40-1467	スピアーズ・R・ランフォード中尉（第33）	
40-1518	ディル・B・エリス大尉（第408）	コサック
40-1522	ジョン・C・オドンネル中尉（第408）	

　編隊が海岸まで追い立てられるとランフォード機が発火したが、同機はフォン湾にうまく着水した。損傷機を追い越すと、その他のマローダー搭乗員たちは約700m沖合で何人かの搭乗員が少なくとも主翼上へ出るのを双眼鏡で視認した。誰かが無線で幸運をと言った。坂井はこの時のことをこう記している。
「私はラエ上空で単機のB-26をとらえ、海上を追跡して、胴体と右翼を撃った。マローダーは炎上しながら海中に激突したが、墜落する前に四人が脱出した。どの搭乗員も無事降下し、つぎの瞬間、鮮やかな色の救命筏が膨張した。私が筏のまわりを旋回していると、彼らは筏のへりにつかまっているのが見えた。そこはラエからわずか二浬ほどだったので、ボートが彼らを救助して捕虜にするのは時間の問題だった。すると突然そのうちの一人が手を高く上げたかと思うと、見えなくなった。ほかの搭乗員は懸命に水面をたたきながら、筏にはい上がろうとしていた。鱶だ！　三十匹か四十匹もいたであろうか、海面からつき出した鱶の背びれが筏のまわりをぐるぐると回っていた。すると二人目が姿を消した。私が旋回しながら高度を下げていくと、三人目の腕に輝く鱶の牙ががっきと食いこんでいるのを見て慄然とした。最後に生き残った男は長身で頭の禿げた男で、片手で筏にしがみつき、もう一方の手でナイフを懸命に振り回していた。だが彼も海に引きずりこまれてしまった。ラエに戻ってきた高速艇の乗員の報告によれば、搭乗員の痕跡はなく、そこには無人の血まみれの筏があっただけだったという」〔編註：洋書版「Samurai!」からの原著者引用と思われる。「大空のサムライ」の「不調機もなんのその」では敵機がB-25となっている〕

　着水機を後にし、編隊を先導していた第408爆撃飛行隊のマローダー2機もトラブルに見舞われていた。「コサック」は主翼が機関砲弾に被弾したため、ひどく不安定になったが、どうにか飛んでおり、被弾による火災も間もなく鎮火した。すると「コサック」の風防を1発の銃弾が貫通し、航法士のレオン・カリーナ少尉が胴体を撃ち抜かれて戦死した。つづく反航攻撃でパースペックス製の機首ガラスが砕け散り、爆

ささやかな搭乗用装備を見せる第3爆撃群のB-25Cの通信手兼銃手、チャールズ・ヴァルヴェード。ポートモレスビーにて。こうした銃手たちは台南空機を間近に目撃することも多かった。（Jack Heyn）

撃手のロバート・フォールズ少尉が重傷を負った。零戦隊は4機の爆撃機を海岸沿いにたっぷり100浬は追撃し、弾薬を撃ち尽くしてからラエへ帰投した。エリスはそれから旋回して高度を上げ、「コサック」をポートモレスビーまで飛ばした。山越え中に「コサック」は先のポートモレスビー攻撃から帰投中だった中島隊の零戦2機に出くわしてしまった。エリスは「コサック」をそちらへ旋回させたが、負傷したフォールズ爆撃手の手当てのために後方銃座の銃手たちが持ち場を離れていたのを彼は知らなかった。

2機の零戦はそのまま飛び去り、発砲しなかった。エリスと搭乗員たちにとって幸いなことに、その時出会った台南空機は高速で帰投中だった。「コサック」は海岸沿いの追撃戦で台南空機により被弾していたが、同じ飛行隊のもう1機、ジョン・オドンネル中尉機も零戦隊に攻撃されていた。右エンジンに機関砲弾が1発命中し、機体も機銃弾を浴びていた。機銃弾の1発で側面機銃手のアレン・ダーボローが足首に貫通銃創を負った。ハリー・バーグ軍曹は黒いイヤフォーンヘッドセットのコードを切断された。片発では高度を上げられなかったため、オドンネルはニューギニア島の東端をめざして傷ついた機を東へ急がせた。山越えをせずにニューギニアの東端に位置するポートモレスビーへ帰るのに、彼にはこの長いルートで帰還するしかなかった。4時間にわたる困難な飛行ののち、オドンネルたちはついにポートモレスビーへ帰還した。しかし飛ぶのがやっとだったマローダーは接地直後にタイヤが1個吹き飛び、滑走路から外れたため、基地がその到着に沸き返ることはなかった。

バーンサイド機の副操縦士、メリル・デュワンの日記には、その日のマローダーと台南空との4時間半にわたる空戦の模様が仔細に書かれている。

「28日（木）午前6時30分に私たちは離陸し、5機はV字編隊で飛行した。うち3機は通常爆弾を、2機は油脂焼夷弾を搭載し、高度3,000mまで上昇した。ムサ岬を通過する時、黄色い靄を抜けると何百もの積雲が柱状にならぶ美しい景色が広がった。密な編隊を維持しながら、私たちは北東からラエの陸地へ進入し、飛行場に接近すると、地上で零戦が離陸するのが見えた。対空砲火が始まり、私たちの前方には小さな爆発と曳光弾の光跡があふれ、突破は不可能かと思われたが、操縦の名人バーンサイドはその中をかすりもせずにすり抜けた。乗機の爆弾は4発がラックから落ちず、搭乗員がこれと250ガロン爆弾倉内タンクを投棄しなければならなくなった。私は補助タンクからメインタンクへと燃料をポンプで送るため、後部へ行かされた。それが終わったので前へ戻ったところ、機は前方斜めから攻撃してくる10機のゼロと空戦の真っ最中だった。私たちは先導機より150m低く、約半浬遅れていた。タンクと4発の爆弾を捨てると、1機のゼロが側面攻撃をしかけてくるのが見えたが、爆弾は本機の右主翼の10m横をそれていった。実にきわどかった。右の方では1機のB-26が3機のゼロにまとわりつかれており、とうとうエンジンから発火すると、火だるまになって高度を下げながら陸地へと針路を変えた。

だがゼロたちは容赦なくその機を攻めつづけた。最後に見た時、その機はうまく着水を決め、ガラス越しに何人かが主翼の上に出てくるのが見えた。彼らは陸地から半浬離れていた。私たちは無線をオンにして幸運をと言ったが、こちらにもゼロどもがべったり喰いついていた。攻撃が始まりそうになるたびに、私たちはゼロの真正面に向きを変えたので、弾丸はほとんどこちらの頭上を越えていった。ほかにも1機がエンジンに被弾したが、私たちより2時間遅れで帰投した。また別の機の航法士は機関砲弾に当たって戦死した。私たち

第3爆撃群の「エル・アギーラ」は台南空との多くの戦いを生き延びたが、第5爆撃コマンドに所属していた1944年8月30日、連絡輸送飛行中に失われた。パイロットのマルコム・C・スポーネンバーグは、ニューサウスウェールズ州RAAFワガワガ基地からのその月最初のP-40N空輸のため、同機に数名の戦闘機搭乗員を乗せていた。ワガワガへの飛行中、右エンジンが不調だった。それから3週間、エンジンの修理が試みられたが、スポーネンバーグが何度試験飛行をしても満足な結果は出なかった。最終的に基地のパイロットが彼の申し立てを却下し、これでOKだろう、もう終わりにしようと強引に決めてしまった。スポーネンバーグは翌日出発し、ナドザブ飛行場に8月29日に戻った。そこで彼はまだ整備が必要だと具申したが、この古い爆撃機にはオウイ島へ人員を輸送する仕事があった。スポーネンバーグには米国本土への帰還命令が出ていたため機から下ろされ、第8レーダー較正分遣隊のブルックス・ライヴス Jr少佐がオウイ島への飛行の任にあたることになった。数年後に発見された「エル・アギーラ」の残骸は、湿地帯の広範囲に散らばっていた。（via Francis G. Patnaude）

の01411号の被弾は1発だけだったが、これはバーンサイドが空戦中どれほど巧みに機を操っていたかの証しだろう。銃搭銃手のデリンジャーがはっきり話さなくなったので、私たちは銃搭が火災だと思い、私が消火器を手に駆けつけたが大丈夫だったので、全員が安堵した。爆弾倉内のタンクを投棄したせいで燃料が不足気味になったので、航法士のマチェスニー少尉が私の座席に座り、山地を抜ける近道を飛んでモレスビーに着いた。本当にすばらしい航法で、当時の彼は飛行隊でダントツだった」

一方、中島隊は全機がラエに帰着した。部隊の最後の機が停止してから間もない0940、宮運一2飛曹と山本末広1飛兵からなる第2直が発進した。彼らは敵を見ることなく、1110すぎに帰還した。今回のマローダーとの戦闘での戦果申告は割合正確で、撃墜2機だった（坂井、笹井各1機）。今回の戦闘で撃墜された零戦はなかったが、米軍爆撃隊の搭乗員は零戦の1機が海中へ、1機が海岸へ激突し、2機が被弾したと申告した。ふたつの戦闘での台南空の戦果申告の合計は、戦闘機9機に爆撃機2機だったが、実際の記録は戦闘機3機に爆撃機1機だった。これは実際には皆無だった零戦の撃墜を、確実5機と申告した米軍側といい勝負だった。こうした過大な申告は、戦闘が長時間で内容が濃かった結果である。

古森久雄2飛曹の不時着

激しい戦闘による損失だけでなく、台南空の搭乗員は不慮の事故でも失われていた。1942年5月29日、ポートモレスビーの南東約50海里のフッド湾付近で台南空の零戦隊がエアラコブラと空戦した際にそれは起こった。この日の朝0730にラエを発進した2個中隊、定数どおりの計18機の内訳は以下のとおりだった。

第1中隊
第1小隊：山下政雄大尉、吉田素綱1飛曹、宮運一2飛曹
第2小隊：栗原克美中尉、古森久雄2飛曹、二宮喜八1飛兵
第3小隊：吉野俐飛曹長、菊地左京1飛曹、国分武一3飛曹

第2中隊
第1小隊：笹井醇一中尉、西澤廣義1飛曹、米川正吉2飛曹
第2小隊：山下佐平飛曹長、小林克巳1飛曹、大西要四三3飛曹
第3小隊：坂井三郎1飛曹、太田敏夫1飛曹、熊谷賢一3飛曹

しかし笹井中尉とその第2小隊長の山下飛曹長が故障のためラエへ引き返したため、零戦隊は16機で飛行をつづけた。いつもどおり彼らはサラマウア（0849）、次いでコタバ（0922）でオーストラリア軍見張員に発見された。彼らは0930にポートモレスビーの空域へ進入したが、濃い層雲と雨のために市街地へたどり着けなかった。1000少し前、フッド岬見張所が零戦隊と、迎撃のため緊急発進した約10機のエアラコブラ隊との空戦を報告してきた。戦闘は分散していたが激しく、30分つづいた。戦闘の終わり頃、ドナルド・マクギーは零戦1機に追われながら海岸沿いに飛ぶフォートレスを1機目撃した。彼は零戦に攻撃航過をかけようとしたが、爆撃機に弾丸が当たると判断して方向を変えた。その零戦はマクギーの方へ変針し、彼を濃い積乱雲のなかへ追いこんだため、マクギーのエアラコブラは乱気流にひどく翻弄された。ようやく雲を抜け出したマクギーは、自分の機が思ったよりも山地のジャングルに接近していたのに気づいた。しかし彼は疲労と激しい恐怖を味わっただけで、その戦闘から生還した。

撃墜されたのは第36戦闘飛行隊のグローヴァー・ゴールソン少尉のエアラコブラ1機のみだった。脱出した彼が最終的に帰還したのは数週間後だった。以下はその報告である。
「……ゼロを高度約6,000mで迎撃した。上昇航過中に私のP-39は失速し、錐もみに入ってしまった。私の機は錐もみから脱しようとしていたところを被弾した。両腕にひどい火傷を負った私は海岸から約20浬内陸で脱出した」

ゴールソンの筆致は控えめで、それから彼が経験した冒険の苦労を感じさせない。せっぱ詰まった彼は右ドアの開放レバーを引き、頭から飛び出した。その際転倒して、ドアのラッチで右腕の内側をひどく切ってしまった。彼は機銃掃射されるのを避けるためパラシュートの開傘を遅らせ、海岸から約20浬内陸の草地の丘に着地した。彼はニューギニアのその地方に多い、葉が鋭く背の高いクナイ草をかき分けながら海岸へと3時間以上歩いた。間もなく現地人に発見された彼はゴムプランテーションへ連れて行かれ、そこでオーストラリア人監督官の「ミック」・ミクルソンに傷と火傷を手当された。ゴールソンはしばらくすると敗血症により高熱を出したため、動けるようになるまでそこに留まるよう言われた。撃墜されてから1ヶ月近くが経った6月23日、彼はラガー船に乗せられてポートモレスビーに帰ってきた。数ヶ月後、ゴールソンがその2度目の出撃でミルン湾へ飛んだ時、彼は途中にあったミクルソンのプランテーション上空で感謝のしるしに低空飛行をした。

再集結後、山下隊は戦闘地域を1000に離脱し、1時間後にラエへ帰着したが、そこに古森久雄2飛曹機の姿はなかった。古森機の喪失（行動調書には自爆と記録されているが、時間と場所は記されていない）に加え、零戦の1機がラエ帰着時

千歳空から進出してきたばかりの乙飛9期の若手ながら、5月29日の空戦でP-39の撃破2機を報じた大西要四三3飛曹。

同じく乙飛9期の熊谷賢一3飛曹は4空から編入されてきた隊員のひとり。5月29日の空戦ではP-39撃破1機を報じている。

に着陸事故で失われていた。その機の搭乗員は名前が不明だが、無事だった。

古森2飛曹はポートモレスビー上空で戦死と記録されたが、それは事実ではなかった。戦闘でダメージを受けたものの、彼はオーウェンスタンレー山脈を越え、ニューギニア北海岸へたどり着いていた。行動調書は彼の機が戦闘の初期段階で姿が見えなくなり、彼または搭乗機がやられたのは確実であるとしていた。全力を尽くしたにもかかわらず、古森はラエに帰着できなかったが、そのかわりニューギニアの北海岸に不時着していた。

その日の午後遅く、北海岸のアンバシ前進基地からポートモレスビーに無線連絡が届き、同日1000頃に日本軍の戦闘機が1機、イワイア村の近くに不時着したと伝えた。古森は明らかに負傷しておらず、現地人の伝道師が彼と接触をはかった。古森は彼にサラマウアに戻りたいので現地人のカヌーを1艘手配してほしいと頼んだ。一方、別の村人が日本軍パイロットの存在を付近のオーストラリア軍見張員に通報したが、その1名が同地区を巡回中だったオーウェン＝ターナー中尉だった。徒歩で後を追いかけたところ、古森は追跡者に発砲したため、最終的にオーストラリア軍に射殺された。彼の飛行服から回収された航空図にはトラック島からの飛行計画の経路が記入されていた。ゴナにあった英国国教会伝道所にいたジェームズ・ベンソン師がこの事件のことを1957年に回想録「捕虜の基地と故郷再び」に記している。「その［ブナ］不時着事件以前、それ以外に私が知っていた唯一の犠牲者は、アンバシから2、3マイル離れた海岸に不時着した日本軍の戦闘機パイロットだけだった。現地の信号所に勤務していたジョン・ハンナ伍長がそのパイロットを捕まえに行ったが、その男は地元民の家のベランダから逃げ出し、たった一挺の小型ピストルだけを手に死に物狂いで抵抗した。彼は何か所も傷を負いながらも断固として降伏を拒んだので、とうとうハンナは彼を殺さざるをえなかった」

ハンナ自身はそれからわずか数週間後に日本軍のブナ侵攻で戦死し、ベンソンは戦争捕虜としてラバウルで終戦を迎えた。

古森久雄2飛曹は1939年5月に搭乗員になったが、本方面に配属されたのはごく最近だった。彼は台南空で3日のあいだに4回の作戦飛行を行なった（まず5月27日のポートモレスビー攻撃に参加し、翌日にラエの上空哨戒と2度目のポートモレスビー攻撃を実施している）。

この作戦で台南空パイロットが申告した5機の撃破のうち、彼はP-39撃破1機を認定されている。ほかは国分武一3飛曹のP-39撃破1機、大西要四三3飛曹のP-39撃破2機、熊谷賢一3飛曹のP-39撃破1機だった。ゴールソン機がそのうち本当に撃破された1機であることは確実で、雲に入ったマクギー機もおそらく撃破されたように見えたのだろう。しかしそれ以外のエアラコブラの損傷は軽微だった。マクギーは零戦2機撃墜を申告し、さらに第8戦闘群の3名のパイロットが撃墜を申告していた。だがこの日の日本側の戦死者は古森2飛曹のみであり、先述のとおり、戦闘中に撃墜されたのではない。

一式陸攻の胴体下へ移動される魚雷。ラバウルにて。一式陸攻はまぎれもなく大型機だった。

第8章
力と力の対決
CHAPTER EIGHT : CONFRONTATION OF FORCES

　1942年5月30日の基地上空哨戒は、ラエの6次（延べ24機）、ラバウルの3次（同9機）とも何事もなく終わり、翌31日のラエの2次（延べ8機）、ラバウルの3次（同15機）も異状はなかった。だがそれは、嵐の前の静けさにすぎなかった。

宮崎儀太郎飛曹長の突然の死

　6月1日0745、元山航空隊の石原大尉率いる19機の九六陸攻がポートモレスビー爆撃のためにヴナカナウ飛行場を飛び立った。45分後、台南空の河合四郎大尉率いる12機の零戦がラクナイ飛行場を発進したが、離陸直後に3機が機械故障のため基地へ引き返した。これは吉田素綱1飛曹、吉村啓作1飛兵、鈴木松己3飛曹の機だった。このため陸攻隊の直掩隊は9機だけになった。

第3中隊
第1小隊：河合四郎大尉
第2小隊：栗原克美中尉、二宮喜八1飛兵

第4中隊
第1小隊：山下丈二大尉、菊地左京1飛曹、岡野博3飛曹
第2小隊：山下佐平飛曹長、小林克巳1飛曹、大西要四三3飛曹

　つづいて1000に増援の零戦12機がラエを発進した。

第1中隊
第1小隊：山下政雄大尉、西澤廣義1飛曹、本吉義雄1飛兵
第2小隊：宮崎儀太郎飛曹長、新井正美3飛曹、国分武一3飛曹

第2中隊
第1小隊：笹井醇一中尉、米川正吉2飛曹、遠藤桝秋3飛曹
第2小隊：坂井三郎1飛曹、宮運一2飛曹、日高武一郎1飛兵

　計21機になった台南空直掩隊は、1045から1105のあいだにワードハント岬上空で爆撃機隊と合流した。それはまさしく壮大な部隊だった。だがその存在はオーストラリア軍見張員に発見され、ポートモレスビーに十分な防空態勢を取れるだけの余裕をもって通報された。戦爆連合がオーウェンスタンレー山脈に差しかかった1130頃、1機の陸攻がエンジン不調になって高度が取れなくなったため、代わりに哨戒任務を指示された。ブナ見張所はこう報告している。
「所属不明の双発機1機が沿岸を哨戒中。1208にブナ南西より大爆発音を聞く……」
　これはこの陸攻が見つけた臨機目標に爆弾を一斉投下したものと思われる。日本軍の戦闘機21機、爆撃機18機からなる大編隊は1140にポートモレスビーに接近し、そこで零戦隊は敵戦闘機15機のうち10機と交戦したと報告している。正午の10分前、18機の陸攻隊は高度6,000mから同市のT字型をした主桟橋に接岸していた米商船コースト・ファーマーを爆撃したが、惜しくも外した。32発の250kg爆弾がばら撒かれたのはこの商船のほか、RAAFの水上機引上げ台、パガ山付近、エラ海岸、近くのカソリック教会などだった。
　空襲警報により30機のエアラコブラがすでにポートモレ

左から、将来台南空に配属される宮崎儀太郎飛曹長と、老練なエース森貢（もりみつぐ）と、やはり操練30機出身のベテラン中島三教（魚を持つ人物）。写真は宮崎が戦死する2年前に中国で撮影されたもの。（Bernard Baeza）

スビーの各飛行場から砂塵を巻き上げて迎撃に飛び立っていた。その結果、町の上空は高度5,000mから下方が広大な戦闘アリーナと化した。第36戦闘飛行隊のエアラコブラは警報のおかげですでに優位な高度を獲得しており、爆撃航過を終えて海へと右旋回した陸攻隊に急降下攻撃をしかけるチャンスがあった。その機は爆撃機隊のあいだをすり抜け、そのすぐ下にいた護衛の零戦小隊を銃撃した。その銃弾が黄色の小隊長識別帯を巻いた宮崎儀太郎飛曹長機をとらえ、彼の零戦は爆発した。その燃え盛る残骸は回転しながらポートモレスビーの西方約28浬、ロロナ飛行場近くの地面に激突した。

坂井三郎は彼の最期の一部始終を目撃した。

「爆撃をすませた陸攻隊は、徐々に左の方に変針し、モレスビーの町を左うしろの眼下に見おろすころ、陸攻隊の前方にいたはずの零戦六機のうちの三機だけが、いつのまにか陸攻隊の真下約五百メートルくらいのところにきていた。ヘンなところについてきたものだな、なにをしているのだろうと思いながらよく見ると、小隊長機の胴体マークが見える。私の親友宮崎儀太郎飛曹長の小隊である。私は、さっき現われた敵の戦闘機が送り狼になってついてくるにちがいないという心配があったので、絶えず前後、左右の上方の見張りをぬかりなくやっていた。私の視線が、ぐるりとまわって、前方の空にきたとき、私ははっとした。まるで矢のような早さだった。いつのまにか、太陽を背にした敵のP-40がただ一機、勇敢にもわが陸攻隊の直上千メートルくらいの高空から、ほとんど垂直降下で機銃を連射しながら降ってきた。そして、あっと思う間もなく、陸攻隊の間をぬけてスポンと下へぬけた。もちろん陸攻隊に対してはなんら有効な射撃は与えられなかったが、そのスポンとぬけたところに、折悪しくも宮崎の編隊がいたのだ。敵は帰りがけの駄賃に、すれちがいざまに一番機の宮崎儀太郎に真上から一連射を浴びせかけた。宮崎機は、ぜんぜん何も知らないでいるところへ、その一撃を浴びせかけられたのだ。ちょうどライターを擦ったときのようにパッと火が燃え上がった。そして、みるみるうちに火炎が機体全体をつつみ、あれよ、あれよというまに——ほんの十秒ぐらいのあいだに——大爆発をおこして空中で四散し、黄色く光る火炎だけが、バラバラになって空にひらめきつつ下方へ落ちていった。十時四十二分だった。私は、その破片が見えなくなるまで見送った。『宮崎がやられた！』」【光人社刊「大空のサムライ」、「散りゆきし空戦の鬼」より】

この急降下攻撃はほかの零戦パイロットにも目撃されていたが、無線機がないため誰もそれを宮崎に警告できなかった。零戦二一型には九六式空一号無線電話機とクルシー式空三号無線帰投方位測定機が当初搭載されていたが、後者は無線方向探知機だった。空一号は3個の装置からなり、それらはすべて操縦室内に設置されていた。発信機と受信機は独立しており、操縦室の右下側に取り付けられていた。これらはゴム紐で緩衝取り付け金具に固定されていた。この方式は単純だが効果的だった。無線機用の発電機はパイロットの左ひじ後方に取り付けられていた。無線の動作周波数は3.8から5.8メガヘルツで、高周波または短波の下端にあたった。

この無線機自体の設計は優秀だったが、発動機の二重点火システムの絶縁不良が、無線の送受信に深刻な障害を引き起こしており、空中で機体に発生する静電気も問題に悪影響をもたらした。ラエやラバウルには無線機を適切に改造したり整備できる知識のある技術士官がほとんどいなかった。その結果、役立たずとされた無線機は早々に取り外されてしまい、台南空は昔ながらの視覚的通信手段を使うしかなく、この不便な状況は11月に内地へ帰還するまで改善されなかった。

元山空の陸攻搭乗員たちは11機の敵戦闘機に攻撃され、うち1機を撃墜したと報告した。それに対し、九六陸攻の被弾は合計8発だった。搭乗員3名が負傷した1機は、ラバウルへ長距離飛行で帰還することを避け、賢明にもラエへ代替着陸した。この機に関する第8根拠地隊の報告には、「爆撃機1機が左エンジンから発火し、操縦室への命中弾多数を確認した」というものだった。ほかに6機の陸攻が損害を受けたと申告した。台南空は計5,000発以上を使用して、戦闘機7機撃墜、未確認3機と申告した。その内訳は以下のとおり。

第1中隊

第1小隊：（使用弾数450発）、山下政雄大尉：P-39撃破1機および未確認1機。西澤廣義 1 飛曹：P-39撃破1機。

第2小隊：（使用弾数200発）、新井正美 3 飛曹：P-39撃破1機および未確認1機。

ヴナカナウの一式陸攻。初期の三菱製の機体に見られた波型の迷彩塗り分けに注意。

第2中隊
第1小隊：P-39協同撃墜5機および未確認1機（使用弾数1,800発）、遠藤桝秋3飛曹（被弾1発）。
第2小隊：（使用弾数150発）

第3中隊
第1小隊：河合四郎大尉（使用弾数150発）。
第2小隊：（使用弾数450発）、二宮喜八1飛兵：P-39撃破1機

第4中隊
第1小隊：（使用弾数150発）
第2小隊：（使用弾数450発）、山下佐平飛曹長：P-39撃破1機（被弾1発）

　第36戦闘飛行隊では複数の撃墜申告があったが、認定されたのはビル・ベネット大尉の爆撃機1機のみで、この日に撃墜された陸攻はないため、彼が宮崎飛曹長機を撃墜したと考えられる。爆撃機編隊を突っ切った速度があまりにも速かったため、離脱しながら確認した爆発を爆撃機のものと誤認したのだ。宮崎儀太郎飛曹長は25歳だった。彼も中国で戦った12空出身のベテランで、台南空の新編成時から加わり、1941年のフィリピン航空戦に参加した経験を持っていた。この日の作戦参加は、病名のはっきりしない南方の慢性病が治癒するまで飛ばないようにという軍医の指示に抗してのものだった。長身痩躯の柔道二段で、パイロットたちが暇つぶしにしていた腕相撲大会ではいつも優勝していた。彼の戦死は全軍に布告され、二階級特進して海軍中尉に進級した。
　日本軍は1210すぎに目標地域を離脱した。1430頃、17機の陸攻隊はヴナカナウへ帰着し、その10分後に作戦を中止した陸攻がつづいた。一方、台南空の零戦18機はラエに1300に着陸したが、1個小隊のみはラバウルへ直接戻った。ラエへの帰還では新井正美3飛曹が着陸時に機を破損した〔編註：吉田一氏の手記『サムライ零戦記者』にある「敵弾にフラップをもがれたものの見事帰還してきた新井3飛曹」との記述がこれと思われる。なお、着陸時に機体は破損していない〕。
　例によって両軍とも戦果申告は過大で、米軍の爆撃機撃墜の申告は多数あったが、実際には陸攻は1機も墜ちておらず、日本軍側の空戦による損害は宮崎飛曹長機のみであった。日本側も確実撃墜10機と未確認3機を申告したが、撃墜されたエアラコブラは3機にすぎなかった。この激しい戦いで第36戦闘飛行隊の戦死者はトーマス・ルーニー少尉のみだった。敵機に追われた彼は編隊からはぐれ、ついに基地に戻らなかった。彼は現在も戦闘間行方不明者とされ、乗機の残骸も発見されていないが、これはポートモレスビー西方の海中へ突っこんだ可能性が高い。ほかにも第35戦闘飛行隊のパイロット2名が帰還しなかった。ウィリアム・ホスフォード少尉はポートモレスビーの港外へ墜落し、ジェントリー・プランケット少尉もルーニー同様、行方不明になったと思われた。
　ところが3日後、プランケットは意気揚々とみやげ話を手に同僚たちのもとへ戻ってきた。零戦の1個小隊が彼を孤立させようと追跡と攻撃を仕掛けたため、彼は編隊から引き離された。その集中攻撃でエアラコブラは炎上し、彼は脱出を強いられた。プランケットは機体から転げ出るとすぐに開傘コードを引いたが、脱出のため急降下に入っていた機体は短時間で速度が上がっていた。高速での開傘のショックで彼は意識を失い、気づくと彼は枝にからまったカーキ色の傘体と索で木の大枝からぶらさがっていた。激しい頭痛はあったが、驚いたことに大した怪我もなかった彼は這い下りると、ポートモレスビーは海岸線の方だと見当をつけてクナイ草の生えたサバンナをゆっくりとかき分けて行った。
　高く生い茂る、かみそりの刃のように鋭いクナイ草の葉にさえぎられたため、疲れ果てたその日の移動距離はわずかだった。夜になると彼は野生動物から身を守るため木の上に登った。2日目か、3日目かに彼は川に行き当たり、これで帰れると思った。クロコダイルとの予期せぬ遭遇により彼は肩に傷を負ったが、何とかこれを撃退して海岸までたどり着いた。負傷して浜辺で倒れていた彼は幸運にも村人に発見され、傷の手当てを受けてから、その日の午後にポートモレスビーへ戻ったのだった。彼は咬まれた肩を癒すのに十分な休養ののち、間もなく戦列に復帰した。
　翌6月2日、ラエ基地の上空哨戒は異状なく終わり、ラバウルでは石川清治2飛曹と長尾信人2飛兵、伊東重彦2飛兵

石川清治2飛曹。1942年6月、ラエにて。

の第1直が、ラバウル、ダンピアー（ダンピール）海峡、ラエ、サラマウアの偵察にきたB-17単機を迎撃し、取り逃がした。その後ラエからは山下丈二大尉率いる16機の零戦隊がポートモレスビーの掃討を1140に実施し、20機のエアラコブラと遭遇した。日本側は3機を撃墜したと記録し、吉田素綱1飛曹と山本健一郎1飛兵が各1機を認定されたが、撃墜されたエアラコブラは皆無だった。

その一方で6月3日にラバウルの航空戦力に新たに水上機部隊1個が加わった。ラバウルの沖合に水上機隊を着水させた横浜航空隊、略称、浜空だ。この部隊には二式水戦12機からなる佐藤理一郎大尉率いる水戦隊があり、当初シンプソン港のマラグナ海岸（さらにスループクリーク近くのマルキにも）に基地が設営され、水戦隊が基地上空哨戒を実施することとなった。水戦（連合軍パイロットたちは「フロート・ゼロ」と呼んだ）がラバウルの哨戒をする間、13機目は部品取り機としてとり置かれた。6月10日、1機の水戦がタウンズヴィルから来た5機のB-17編隊に対して50発を射撃したが、命中弾はなかった。とはいえ、これは南西太平洋方面における二式水戦の初空戦だった。やがて6月29日に浜空は特設航空機運搬艦最上川丸に搭載され、駆逐艦秋風に護衛されてソロモン諸島のツラギの新基地へ出航した。2日後、米軍潜水艦S-38がサヴォ島に接近中だった秋風に魚雷2発を発射したが、1発は艦底を通過、もう1発は遠くへそれた。7月2日、浜空はフロリダ島に装備を降ろし、ハラヴォ村の近くに基地を建設し始めた。上陸の2日目の夜、RAAF第11飛行隊のカタリナ1機が彼らの眠りを破った。ノウメアを発進した同機はニューヘブリディーズ諸島（現ヴァヌアツ）のハヴァンナ港で給油後、ツラギを爆撃し、クイーンズランド州ボーウェンの基地へ直接帰投した。7月5日、ラバウルから3時間半の飛行後、フロリダ島へ最初の水戦が到着した。残りも翌日到着し、ハラヴォの沖合にブイで係留された。こうして浜空のソロモン諸島における戦闘準備が整った。

台南空の6月4日は、上空哨戒がラバウル（延べ3機）、ラエ（同3機）とも何事もなく終わり、翌日もこれは同様だった。6月6日1005すぎ、吉田素綱1飛曹率いる6機の零戦が単機のB-17を迎撃するため緊急発進したが、これはサラマウア、ラエ、フィンシュハーフェン、ダンピアー海峡、ラバウル、ガスマタの偵察を行なっていた機だった。フォートレスの搭乗員はラバウル上空で5機のゼロに攻撃され、小競り合いは30分以上つづいたと報告した。クルーは爆弾倉内タンクをやむなく投棄し、同機は胴体と尾翼に軽微な損傷を受けた。吉田隊は未確認撃墜と申告したが、このフォートレスは無事オーストラリアに帰着した。

6月8日には別のフォートレスが襲来、ラエから12機の零戦が緊急発進したが、この機に追いついて攻撃できた零戦は2機だけだった。のちに「ルーシー」と命名されるこの無機名のフォートレスの機長は第435爆撃飛行隊のフレッド・イートン大尉で、この日はフィンシュハーフェン、ホポイ、ラエ、マラハン、サラマウア、マーカム峡谷、ナドザブ、カイアピの偵察を実施していた。攻撃を受けたイートンは任務を中止。2機の攻撃機のうち1機が煙を引きながら落ちていったと報告しているが、事実は異なっていた。

空中での政治

アメリカ軍により1942年6月9日の連合軍合同ニューギニア戦闘作戦は広く宣伝されたが、その理由は幻滅せざるをえないものだった。その参加者のひとりは将来の合衆国大統領、リンドン・ベインズ・ジョンソンで、戦闘への参加を理由に勲章を授与されたが、彼はまったく実戦を体験していなかった。ジョンソンのほかにもニューギニアの前線に赴いたVIP士官として、米国軍事省作戦部所属のフランシス・R・スティーヴンス陸軍中佐がいたが、彼のあだ名は「マーシャル大将の指揮所」だった。米陸軍参謀総長ジョージ・C・マーシャル大将は太平洋方面におけるダグラス・マッカーサー大将の活動について疑念を抱いていた。マッカーサーの出す声

第3爆撃群のB-25C「カラミティ・ジェーン」に描かれた派手なノーズアート。1942年中盤、シュウィマー飛行場（12マイル）にて。(credit Ed Connor)

明は毎回より多くの物資を要求していたが、その目的はほとんど明らかでなく、このためマーシャルはスティーヴンスと米陸軍航空軍士官のサミュエル・E・アンダーソン中佐とウィリアム・マーカット少将をオーストラリアとニューギニアへ裏付け調査に派遣し、その真意を直接探らせることにした。

全米軍の総司令官であるルーズヴェルト大統領は問題に直面していた。それは彼の若い秘蔵っ子で、テキサス州出身の下院議員であり、米海軍予備役中佐でもあったリンドン・ベインズ・ジョンソンだった。ジョンソンは真珠湾攻撃の翌日に現役復帰を志願し、戦地への配属を熱心に希望していた。ルーズヴェルトとしては高い地位にある下院議員や上院議員を戦地に送るなど論外だった。彼が先例となれば、ほかの政治家もそれを真似ると思われた。戦時下でそうした行動をとれば、勇敢で戦争の遂行に貢献しているイメージを大衆に与え、票につながるからである。そこでルーズヴェルトはジョンソンに一時的な任務を与え、マーシャルの密偵士官三人組とセットでオーストラリアに派遣することで、その問題に当面けりをつけることにした。彼の政治家としての責務を免じるため、その米国出発の直後に大統領は上下院議員がその身分のまま軍務に就くのを禁ずる法律を制定した。これにより議員は軍務に就く場合、議員辞職しなければならなくなった。太平洋の真ん中で4名は合流し、自分たちの目的が似ていることを認めた彼らは、ひとつのチームとして活動することにした。オーストラリアに到着すると彼らはまずメルボルンにあったマッカーサーの司令部を訪問し、実際の戦闘作戦に参加したいと要求した。これがラエ攻撃となったのだった。

彼らの要求が承認されると、連合軍司令部はVIPを守るために戦闘の危険にできるだけさらさないよう作戦を立案するという前例のない難題に突如直面した。こうして策定されたのが爆撃機と戦闘機が協同して行動するという、野心的な計画だった。その実態は第19爆撃群のフォートレス隊と第3爆撃群のミッチェル隊が台南空を引きつけている間に、VIP搭乗のマローダー隊がラエを攻撃するというものだった。エアラコブラは航続距離が短いため、ラエまで爆撃隊を護衛するのは不可能で、そのかわりワードハント岬沖合にとどまって、帰還するミッチェルを追撃してくるだろう零戦隊をラケカム付近で迎撃することになった。理論的には問題はないはずだったが、参加部隊の多さと段取りの複雑さが失敗を招く可能性があった。ニューギニアの気まぐれな天候がこうした計画を台無しにすることはよくあることで、現在もそれは変わらない。その最終結果は惨憺たる壊乱で、しかもこれまでに類のないラエの台南空の大規模かつ猛烈な応戦がそれに一層の拍車をかけた。そしてこの最後の要因が、この日の運命を狂わせた最大の誤算だった。B-17D「ザ・スウォース」がもたついたため、VIPたちの7マイル到着は予定よりも遅れたが、これはこの日、最初かつ最も目立つつまずきだった。

VIPたちは直ちに自分のマローダーに乗りこんだが、ジョンソンだけはトイレに寄ってからだった。当初ジョンソンは編隊指揮機のウィリー・ベンチ中尉機に搭乗し、ほかの3名の高官はそれぞれ第19爆撃飛行隊のマローダーに分乗することになっていた。予定ではサム・アンダーソン中佐はウォルター・クレル中尉機に、ウィリアム・マーカット少将はロバート・ハッチ中尉機に、フランシス・スティーヴンス中佐はアーキー・グリーア中尉機に搭乗するはずだった。ジョンソンが用足しに行った結果、ベンチ機長の「ザ・ヴァージニアン」でなく、グリーアの「ヘックリン・ヘア」に乗ることになった。この変更がスティーヴンス中佐の死につながった。

おとりのフォートレス3機は計画どおり離陸したが、撃発

B-17D「ザ・スウォース」で7マイルに到着した直後のリンドン・B・ジョンソン下院議員。同機はフィリピン戦で活躍したフォートレスだったが、その後は輸送任務に引き下げられた。

有名なジョンソン作戦直前の1942年6月9日午前に、吉田一報道班員はラエで一連の写真を撮影している。前列座っている左から小林克巳1飛曹、山本健一郎1飛兵。後列立っているのが左から坂井三郎1飛曹、石川清治2飛曹、上原定夫3飛曹、二宮喜八1飛兵、吉村啓作1飛兵。（credit Yoshida Hajime）

用ソレノイドが切れなくなる故障により、上部銃塔がポートモレスビー域外での試射で尾翼を穴だらけにしてしまったため、ウォーレス・フィールズ中尉機は作戦を中止して引き返してしまった。このため2機だけになったフォートレス隊は1000少し前に高度9,000mでラエ上空に到着し、日本軍戦闘機を誘い出しにかかった。しかし空には雲が立ちこめており、搭乗員たちははるか下方でミッチェル隊が敵戦闘機と交戦中なのを目撃しただけだった。両機はそのままフォン湾に出てからポートモレスビーへ帰還した。フォートレスが1機でも出現すると、台南空の零戦は直ちに迎撃に来るのが普通だったが、今回は雲にさえぎられたため、そうはならなかった。こうして入念に立案された計画の第一段階だったおとり作戦は無意味になってしまった。下方のミッチェル隊は高度5,000mから雲間越しに爆弾を投下し、25機の零戦の巣をつついて大慌てで発進させようとした。こうして0945にラエの台南空のほぼ全機が招かれざるアメリカ人たちを迎撃するため空中に上がった。これはラエの零戦隊の出撃数として史上最多だった。この手際のよさを見ると、その日ポートモレスビー攻撃のためにすでに離陸準備を整えていた零戦隊が、空襲を受けて防空戦に切り替えたものと推察できる。

入念に計画された作戦だったにもかかわらず、アメリカ軍の不運はこれで終わらなかった。分隊長2名と准士官1名がこの運命の戦闘で台南空を指揮した。河合四郎大尉、笹井醇一中尉、吉野俐飛曹長である。小隊長は栗原克美中尉、山下佐平飛曹長、坂井三郎1飛曹、西澤廣義1飛曹、吉田素綱1飛曹、太田敏夫1飛曹、菊地左京1飛曹、小林克巳1飛曹、それ以外のパイロットは、宮運一2飛曹、石川清治2飛曹、米川正吉2飛曹、鈴木松己3飛曹、遠藤桝秋3飛曹、大西要四三3飛曹、新井正美3飛曹、岡野博3飛曹、国分武一3飛曹、吉村啓作1飛兵、二宮喜八1飛兵、日高武一郎1飛兵、山本健一郎1飛兵、山本末広1飛兵だった。

ほんの2週間前、5月23日から25日にかけて7機を失ったため、第3爆撃群は戦法を変更していた。今回、同部隊のミッチェルは高度をはるかに高い5,500mにし、攻撃隊形も縦列編隊に変えていた。彼らはラエの中華街と倉庫地区を爆撃したが、対空砲火は少なく、狙いも不正確だった。爆撃航過を終えてからわずか4分後、6機の零戦が高度4,500mから上昇しながら銃撃を開始した。ミッチェル隊は台南空の正面攻撃を針路を敵側へ向けることで、その効果を削ごうとしたが、攻撃隊は「編隊に追いつき、まわりを飛びまわるのに何の支障もきたさず」、まったく効果がなかった。その零戦隊は避退するノースアメリカン製中型爆撃機を約50浬にわたって追撃し、さらに別の零戦がこれに加わった。1030に台南空の戦闘機隊が新たに向かってくるマローダー隊に矛先を変えたため、連合軍の目算は完全に狂ってしまった。マローダーがここで出現することはまったくシナリオ外のことだった。VIPが搭乗するマローダー隊から台南空機を引き離すはずだったミッチェル隊は、逆に彼らをマローダーのもとへ連れてきてしまったのだった。

マローダー機長、ウォルター・クレルはこう書いている。「B-25隊と雲霞のようなゼロが現れたのは、こちらがまだ上昇中で、雲の上へ出ようとする最も脆弱な瞬間だった……ゼロはそこかしこにいた。その時の速度、190ノットはB-26としては速くなかったが、たっぷり爆装して編隊で上昇しながら操縦性を維持するのに、特にこの高度の編隊追従機にとっては適切な速度だった。ゼロが攻撃してくるにもかかわらず、こちらの相対的な低速と不十分な高度では、雲が近すぎるため急降下もできず、列機が失速する、あるいは敵の銃撃にさらされたり、防御銃座の命中度も落ちてしまう急旋回もできなかった。そのため、この時点で私たちはできる限りエンジンの出力を振り絞ったのだが、状況は全然変わらなかった」

しかし、台南空の攻撃には秩序がなかったとクレルは言う。「すべてのゼロがひどく無秩序に飛びまわっているのを見て、これは大丈夫だと思った。まるで子供の群れのようだったからな！」

自機がラエよりサラマウアに近いことに気づいたクレルは、目標を以前攻撃したことのある地峡部と滑走路と現地人の村に変更した。彼の4機編隊には「ディキシー」、「ブーメラン」、「サザン・クロス」がいた。さらに2個の編隊が後続

同じく1942年6月9日午前に撮られた別の写真。前列座っているのが左から、上原定夫3飛曹、1人おいて山本健一郎1飛兵、吉村啓作1飛兵。後列立っているのが左から、坂井三郎1飛曹、石川清治2飛曹、吉田一報道班員。吉田報道班員はこの写真をセルフタイマーで撮影したが、被写体の何人かが不思議そうな顔をしているのは、そのためと説明している。後方の零戦二一型は第2中隊機。（credit Yoshida Hajime）

し、そのひとつに第2爆撃飛行隊の古参機、「サンダー・バード」と「ソー・ソーリー」がいた。指揮編隊は最後尾で、「カラミティ・ジェーン」、「ザ・ヴァージニアン」、「シャムロック」からなっていた。サラマウアへの投弾を終えると、マローダー隊は加速するため高度を下げた。それから35分間つづいた激しい追撃戦で、複数のマローダー銃手がフォン湾に戦闘機が墜ちるのを目撃したと報告し、零戦11機撃墜を申告したが、該当しうる機は菊地左京1飛曹機のみだった。しかしこの戦果も、以下の、エアラコブラ搭乗員のディック・スーア少尉の申告を見ると疑問がある。零戦の肉薄攻撃は凄まじく、あるマローダー搭乗員が撮影した航過する零戦の写真は、第2中隊を示す青い胴体帯とVで始まる機番が読めるほどの近距離だった。台南空の猛攻は「ザ・ヴァージニアン」をラエ東方約30浬の海中に叩きこんだが、その海面激突速度は300ノットと見積もられた。同機は粉砕され、ワシントンからのVIP、フランシス・スティーヴンス中佐と7名の搭乗員に生存の可能性はなかった。

　海岸を80浬進んだところで、マローダー隊が引き連れてきた零戦隊は、高度1,000mから3,000mで待ち構えていた第39戦闘飛行隊のエアラコブラ8機に発見された。こうして新たな展開が始まった。

第1編隊
ドナルド・J・グリーン中尉、ユージン・ウォール少尉、リチャード・C・スーア少尉（ほか氏名不詳1名）

第2編隊
クーラン・L・ジョーンズ少尉、ジョージ・E・バートレット少尉、ジョン・C・プライス少尉（ほか氏名不詳1名）

1942年6月9日に撃破された1機、B-26シリアル#40-1363。7マイルに胴体着陸した2機のうちの1機で、台南空との戦闘後、両方のプロペラをフェザー位置にしていた。本機はその後、ヴィクトリア州トカムワルで修理され、「ファットキャット／ラム・ランナー」と改名された。ファットキャットの名のとおり、本機は戦闘ではなく輸送任務に復帰した。

　零戦隊がマローダーを攻めつづけていたのは海面高度だったため、今回はエアラコブラ側が高度的に優位だった。そろそろ弾丸が尽きかけた零戦もいた。台南空機はすぐさまエアラコブラ隊目がけて上昇し、双方入り乱れての接近戦が始まった。戦闘はまず第22爆撃群機を戦闘機が防御することから始まった。その時の喜びがマローダー搭乗員たちの日記に書かれたのは当然だろう。

吉野俐飛曹長と菊地左京1飛曹
ワードハント岬上空の待ち伏せに斃れる

　第39戦闘飛行隊のP-39およびP-400の混成編隊8機を率いていたのはドナルド・グリーン中尉で、援護を乞うマローダー隊へ降下していく第2編隊を見下ろしていた。そのひとりがクーラン・「ジャック」・ジョーンズ少尉で、予期せぬ棚ぼた的なチャンスをものにした。

「降下して何列ものゼロの群れを見ながら、どれを狙おうかと思っていたところ、ジョーが無線でプロペラが壊れたので帰還すると言ってきた。編隊が私について来ているのはわかっていたので、それを攻撃に生かした。いつもの急上昇からの失速旋回をしていた1機を4機全員で射撃した。私たちは単縦陣で飛んでいたが、だんだん間隔が伸びきっていた。4番機のプライスが3番機のバートレットにコールし、質問した。『お前か、バートレット？』。違うという返事にプライスは『おいおい』と言った。振り返ってみると、私たちの編隊は5機になっていた。私は4番機のプライスにまとわりついていたゼロを追い払うため、非常にタイトな右急旋回をし、編隊の2、3、4番機をやり過ごした。そのゼロがお決まりの垂直上昇を開始した時、こちらにはまだかなりの速度があり、出力を全開にしていたので、彼にしっかり追従して上昇できた。私は小刻みな銃撃を開始した。だんだん自分の速度が落ちてくるのがわかったが、かまう暇はなかった。どうやらこちらの20mm砲弾が1発、運よく敵のコクピットの前方で炸裂するのが見えた。するとゼロは水平飛行のようになり、接近したところパイロットに動きがあり、彼がコクピットから出ようとしているのだとわかった。私は彼を撃ち落とそうと少し近づいていったが、スロットルを全開にしていたにもかかわらず速度は140マイルしか出ておらず、失速しそうだった。敵機の後方を横切ったところ、彼がコクピットにしがみついて、こちらを振り返っているのが見え、それからゼロの機首が下がって墜落し始めた。彼はパラシュートを着けていなかった。コクピット直後の胴体には赤い2本の帯が斜めに入っていた。彼は私をこの世で最後に目にする人間のように見つめた。後方を確認してから、私はゼロに視線を戻し、そ

れが海中に突っこむまであとを追った。煙はわずかしか出なかった。私は無線に興奮しながら語りかけた。『ジョー、あれが落ちるのを見たか?』。だが返事はなかった。まわりに味方か敵はいないかと目をやったが、大空にいるのは私ひとりだけだった」

主翼の上に出た孤独なパイロットは吉野俐飛曹長で、この事実はジョーンズが目ざとく確認した胴体の2本の赤帯が裏付けている。吉野は分隊長ではなかったが、もし彼の報告が正確ならば、この日、中隊長機に搭乗していたことになる。彼がその最期を見届けたのは、台南空最高の搭乗員のひとりだった。吉野の公式認定撃墜数は15機だったが、米豪側の資料で対応する損害は3.4機だった。1040に零戦隊が避退するB-26部隊との空戦を打ち切ろうとしたところ、その1個小隊が突如第39飛行隊のエアラコブラ8機に攻撃された。

そのアメリカ軍部隊のうちのひとりがディック・スーア少尉で、彼のP-400は英軍シリアルAH736「X」だった。彼も敵戦闘機1機撃墜を申告したが、これが先述のマローダー銃手たちの申告と対立している。以下はスーアの回想である。

「私たちはB-26の目標までついて行くだけの航続距離がなかったので、彼らの帰路で合流し、基地まで護衛する段取りになっていた。私たちが着いた時、彼らはもう攻撃されていたので、私たちはすぐそちらへ向かった。ゼロはこちらの下方にいたのだが、そういう状況はこれが初めてだった。彼らはB-26を撃つのをやめて帰ろうとしていて、こちらにまったく気づいていなかった。私たちは彼らの高度まで降下すると、すぐさま射撃を始めた。実は内心では怖かったので、私は射程外から撃っていた。しばらくすると落ち着いたので、つぎの射撃は十分近づいてから始め、ゼロのうち1機を仕留めた。これがP-39での初めての戦闘作戦だったので、多くの人と同じように怖気づいてしまった。それまで恐れを感じたことはなかったのに」

スーアが撃墜したのは菊地左京1飛曹だった。

一方、避退中のミッチェル隊を迎えに来た別のエアラコブラの8機編隊は、合流予定時刻から1時間半が過ぎても基準地点の上空を旋回していたが、靄のため彼らを発見できず、無線連絡もつけられなかった。このため彼らは敵と交戦することなく帰投した。先の混戦で第39戦闘飛行隊のエアラコブラは零戦撃墜5機を申告したが、これは初空戦で興奮した新米パイロットという事情が反映していた。戦いにはやる心の高揚も、その勇み足に拍車をかけた。

ようやくオーウェンスタンレー山脈の安全な側に戻ったユージン・「ジーン」・ウォール少尉は、今の残存燃料ではポートモレスビーまで戻れないことに気づいた。彼は自分のP-400「ウォール・アイ」をリゴ村から離れた浜辺に胴体着陸させたが、その際照準器で頭部をひどく打撲した。ウォールが下りた場所の近くには道路もパプア人の村もまったくなかった。ニューギニア南岸地方独特のサバンナ地帯で遭難した彼は、飛行隊に帰り着くために6日間の苦しい旅を強いられたのだった。美しいが過酷な自然環境のなか、生い茂るクナイ草のせいで彼は切り傷や擦り傷だらけになり、それが旅の疲労をいっそう重くした。

その頃ポートモレスビーでは米軍の高官たちがVIPたちの帰還を首を長くして待っていた。間もなくかなり損傷したマローダーが2機、7マイルに現れて胴体着陸した。その歪んだ機体は地上で見ていた者たちに、作戦が大失敗に終わった

4空派遣隊以来、ニューギニア戦線で戦った吉野俐飛曹長は、敵戦闘機の待ち伏せにあって戦死した。写真は戦前のもの。〔写真提供/伊沢保穂〕

接収された日本軍の爆弾。その形状と製造技術は、連合軍のものとはかなり異なっていた。(Kevin Ginnane)

189

ことを示していた。ジョンソンの乗った「ヘックリン・ヘア」はとっくに無事ポートモレスビーのタールマカダム舗装滑走路に戻っていたが、これは発電機の故障により出発からわずか30分後に引き返したからだった。今回の作戦の目的はラエとサラマウアの両基地の航空機と物資を破壊することだった。しかしその結果は惨憺たるもので、当然ながらVIPのフランシス・スティーヴンス中佐の戦死により、ワシントンから政治責任の押しつけ合いが発生した。

もしこの作戦でジョンソンが死んでいれば、忍耐の限界だったワシントンの苦悩はさらに深刻化し、世界史が変わっていたに違いない。台南空は自分たちが米国陸軍省の上級幕僚を撃墜したことを知るよしもなかったが、この戦局の重大時に吉野俐飛曹長という優秀な人材を失ったことが、それと釣り合うものだったのかは議論の余地があるだろう。これまで一方的な勝利が多かった台南空は、この時からほぼ互角の相手との戦いに直面することになる。日本側は自軍の戦闘機の被弾をわずか4発と記録し、B-26撃破4機という過大な申告をしていた。スティーヴンスのような優秀な上級士官を失うという悲劇により、後から考えればこの時から戦局は連合軍に有利に傾き始めたという事実は見逃されていた。

この作戦後に出された一連の極秘諜報報告書には、新型の日本機に遭遇したという申告が記録されている。

「……胴体よりも太い大型星型エンジンを装備したゼロは複座で、260ノットを示していたB-26を追い抜くと、前方から攻撃してきた。20mm機関砲2門に加え、おそらく主翼内に機銃2挺を装備していると思われる。機動性の高い低翼単葉機。このゼロには後方機銃があるとの報告3件あり」

また別の戦闘報告にはこうある。

「複座のカーティス・ファルコンが1機、おそらくジャワ島の戦闘で鹵獲されたオランダ軍機で、R・R・ハッチ操縦士により撃墜された」

この「新型」ゼロは台南空が受領したばかりだった三菱製の九八式陸偵で、慣熟飛行から戻ってきた1機だった。1942年4月のラバウルの台南空編成表には九八陸偵6機からなる1個分隊が要求されていたが、これがようやくラバウルに到着したのは6月だった。台南空に所属するようになった3機の来歴は不明である。陸偵隊は当初ラクナイを拠点としたが、前進基地としてラエを使うこともあった。

翌6月10日、ポートモレスビーの連合軍司令部では客員VIPの訃報が、ブリスベーンとワシントンに送るため慎重にしたためられていた。同じ朝、ガゼル半島が日の出を迎えてから40分前後が経過した頃、ラバウルに襲来した5機のB-17Eを迎撃するため、山崎市郎平2飛曹率いる6機の零戦隊が緊急発進した。迎撃できたフォートレスは2機だけで、うち1機の銃手が零戦1機に曳光弾を命中させたと報告した。それからラバウルでは3次の上空哨戒(延べ8機)が実施されたが、異状なく終わった。翌日の最初の2次の上空哨戒(延べ6機)は何事もなかったが、一木利之2飛曹を小隊長、伊東重彦2飛兵と本田秀正2飛兵を列機とする第3直が1130に単機で飛来したB-17Eを追跡した。これは第435爆撃飛行隊のG・L・シモンズ中尉の機で、ラバウル、カヴィエン、ダンピアー海峡、フィンシュハーフェン、ラエ、サラマウアの偵察に来ていた。雲のため同機は見失われた。

シモンズはついていなかった。彼がラバウルから戻ってきたところ、彼を迎撃するため笹井醇一中尉率いる18機の零戦隊が1310にラエを緊急発進した。オーストラリア人副操縦士のマーヴ・ベル軍曹はこう記している。

「……高度約600m、ラエから2浬の地点で雲から出たところ、明らかに私たちを待ち構えていた5機のゼロのなかに飛びこんでしまいました。サラマウアからラエまでの山々の頂上にいた敵の見張員が頑張って、私たちが来るのを伝えたのだろう。私はスーパーチャージャーを36インチ、毎分2,300回転へ引き上げた。バンクしているあいだ、搭乗していたカメラマンが何枚も撮影をした。旋回が終わると、私たちに機銃掃射されると思ったジャップの四発飛行艇が真下で離水を開始した。こちらが左翼を下に鋭いバンクをかけると、銃手が飛行艇を銃撃し始めたが、2発撃っただけで故障してしまった。

私たちは150m上、1浬先にある雲へ懸命に飛んでいた。ゼロの部隊はもうすぐそこまで迫っていた。両側に1機ずつ、さらに3機が後ろからまっすぐ来たが、彼らの射程に入る前

台南空の九八陸偵、V-18号。1942年時期不詳、ラバウルにて。同空の零戦と異なり、陸偵隊は尾翼記号に赤縁つき白文字を最後まで使用しつづけた。本機は側面図36で取り上げた。

に雲に逃げこめるのはわかっていた。だが左のゼロが追いつきそうだった。彼はバンクして旋回すると、10時の方向から攻撃を開始した。向こうは約60m下で、500m外側だった。敵機は4ヶ所から弾丸と曳光弾を撃ちながら迫ってきた。

真っ赤な奔流は右から機首とコクピットに来たように思えたが、わずかにそれて、胴体中央と尾部に当たった。その機はこちらの腹の下側を飛び去りながら機関砲を撃ち、その3発が水平尾翼の下面に大きな穴をあけた。破片は上面まで貫通し、無数の穴があいた。尾部銃手のローデス2等兵は腿と背中に破片を受けたものの、勇敢にも銃撃をつづけ、ゼロが尾翼をかすめ去った時に命中弾を与え、ほぼ確実にその機を仕留めたが、それが雲へ入ってしまったため、確認はできなかった。一方私たちの右翼にいた2機は旋回して全力で向かってきたが、こちらは雲に入りこめた。私たちの機は下部銃塔が故障し、左側面銃座も一時的に使用不能だったので、左下方からの攻撃に無防備だった。雲のなかは安全だったので、機内の各持ち場に負傷者と機体の損傷を確認するよう命じた。側面銃手は両方とも火災（小規模）の消火に従事していたが、これは曳光弾が救命胴衣の毛織物製カバーを発火させたためだった。機上整備員は尾部銃手が負傷し、胴体がひどいことになっていると報告してきた……」。

台南空の行動調書に記載されている使用弾数は笹井醇一中尉と吉村啓作1飛兵のものだけなので、このB-17を攻撃したのは両名である可能性が高い。

6月11日0600にラバウルを発進した横浜航空隊の山口清三飛曹長の九七大艇は、B2区の哨戒を600浬まで進めていた。出発から4時間後、エンジン故障を起こした同機は基地へ引き返そうとしたが、1040にブーゲンヴィル島西岸の沖合でRAAF第32飛行隊のレックス・ホーリデイ少尉操縦のハドソンA16-157と出くわした。同機はポートモレスビーからエリアCの偵察に出ていたもので、3度の銃撃航過により、九七大艇は2回海面に叩きつけられてから、機首上げの状態で失速して再び海面に突っこみ、裏返しになって炎上した。搭乗員8名の生存はまず望めなかった。ハドソンは片方の主翼に2発被弾し、燃料配管が損傷した。これはこの勇敢なRAAF飛行隊の空戦における初撃墜だったが、RAAF情報部の報告には以下のように書かれていた。

「シリアル43は垂直尾翼が1枚で、主翼の直後に側面ブリスターが左右にあったと報告されている。ブリスター内には機関砲があった可能性がある」（「シリアル43」とは、ある連合軍コード方式による川西九七式大艇の秘匿名称である。この方式で零戦は「シリアル48」と呼称されたが、それが使用された資料はほとんど存在しない）。

6月12日は、異状なく終わったラエの1次の上空哨戒（計3機）のみが、その日唯一のフォン湾上空での活動だったが、北のラバウルでは日の出の20分前に4機のB-17Eを迎撃するため、山崎市郎平2飛曹が指揮する零戦隊5機が緊急発進していた。フォートレス隊は高度があまりにも高く、米軍の搭乗員は迎撃隊の姿さえ目撃しなかった。6月13日にラバウルでは2次の上空哨戒が実施された（延べ9機）。最初が山崎市郎平2飛曹を小隊長、伊東重彦2飛兵と平林真一2飛兵を列機とするもので、黎明に飛来した単機のフォートレスを迎撃しようとしたが、これも雲のため米軍搭乗員はラバウルの台南空機を目撃できなかった。その数日前にも同じことがあった。笹井醇一中尉率いる19機の零戦隊が1320にラエを発進し、帰投中の同一のフォートレスを迎撃しようとした。B-17の搭乗員たちは眼下に8機の零戦がラエを発進するのを目撃したが、それらは攻撃できるまで接近できなかった。ラエとラバウルの上空哨戒は、6月14、15、16日もすべて何事もなく終わった。

ポートモレスビーの大空中戦

6月14日にラバウルから来た輸送船静海丸がラエに入港し、待望の航空燃料を届けた。これは6月16日に予定されていた大規模攻撃に欠かせないものだった。この日のポートモレスビー上空での空戦は例外的で、米軍は1日当たり最多のエアラコブラの損失を記録した。0740に21機の台南空の零戦隊がラエを発進し、オーウェンスタンレー山脈を越えてポートモレスビーの掃討に向かった。

第1中隊
第1小隊：河合四郎大尉、吉田素綱1飛曹、鈴木松己3飛曹
第2小隊：栗原克美中尉、宮運一2飛曹、二宮喜八1飛兵
第3小隊：西澤廣義1飛曹、国分武一3飛曹、吉村啓作1飛兵

第435偵察飛行隊の「フライング・カンガルー」マーク。

第2中隊
第1小隊：山下丈二大尉、石川清治2飛曹、岡野博3飛曹
第2小隊：山下佐平飛曹長、小林克巳1飛曹、木村裕3飛曹

第3中隊
第1小隊：笹井醇一中尉、太田敏夫1飛曹、遠藤桝秋3飛曹
第2小隊：坂井三郎1飛曹、米川正吉2飛曹、日高武一郎1飛兵

　河合、山下、笹井の各中隊は猛者ぞろいだった。0830にココダの、その9分後にアワラの見張員に発見された彼らは、0910前に目標に接近した。植民市の上空で彼らは20機以上の敵戦闘機に迎撃された。坂井三郎はこう記している。
　「編隊はばらばらになると、なだれをうってモレスビー航空基地へまっすぐ突っこんでいった。敵機は新型のP-39で、以前の型よりも速力と運動性にまさっていた。私は一機に喰らいついたが、驚いたことにその機は私の撃つ弾丸をことごとく、すべてかわした。そのまま二機は激しい格闘戦にはいり、エア・コブラは錐もみ、旋回、急上昇、急降下、急横転、旋回降下など、さまざまな手練手管をみせた。この搭乗員は腕がたち、それがすぐれた機体を手にしたのだから、有利ではあった。しかし私は左急横転で二機のあいだの距離をつめ、敵機のうしろ二十メートル以内にまで食いさがった。短く二連射すると、敵機は爆発して炎上した。これはその日、三機目の戦果だった。四機目はその直後で、実にあっけなかった。必死に上昇する零戦を撃っていたP-39が一機、自分の獲物にすっかり気を取られたかたちで私の目の前に飛び出してきたのだ。そのエア・コブラは私の銃撃をまともに浴び、機首に二百発の機銃弾を食らった。
　敵戦闘機は避退しようと急横転をうった。20mm機銃の弾丸はもう撃ちつくしていたので、7.7mm機銃で第二射を腹側に撃ちこんだ。それでもまだ落ちないので、第三射を横転中の敵機に撃ちこんだところ、操縦席に命中した。ガラスが砕け散り、搭乗員が前方に飛び出すのが見えた。P-39は錐もみ状態になり、ものすごい速力で眼下のジャングルに突っこみ、爆発した……帰り道、編隊に米川の姿が見あたらなかった……米川が私の機の横にきて、にっこり笑うと指を二本立てていた意味がわかった。米川はもう新米のヒヨッコではなく、三機撃墜の一人前の搭乗員だった……米川の浮かれた気分が私にもうつったらしい。私は四本の指を立てて振ってから、弁当を開けてお互いの健闘をたたえた……ラエ基地はその夜、大勝利に沸いた。すべての搭乗員にタバコと食糧の特配があり、整備員たちもそのおこぼれにあずかった。さらに嬉しかったのは、ラバウルで五日間の休暇がもらえるという話だった。搭乗員たちの歓喜の声がまわりのジャングルまで響きわたった。私はとくにその五日間の休暇がありがたかった。連日の戦闘に疲れていたのは私だけではなかったが、整備員たちは私の機を数日かけて整備したいと申し出てくれた……」〔編註：原書の記述は洋書版「Samurai!」を参考としており、「大空のサムライ」の該当部「スピットファイア現わる」とは細部がかなり異なっている〕
　日本軍は0920に戦闘を終え、10分後に再集結すると基地へ向かった。1015すぎにラエへ帰着した台南空パイロットたちは合計で撃墜17機、不確実4機と申告し、破格の使用弾数9,500発を報告した。戦果の内訳は以下のとおりだった。

第1中隊
第1小隊：650発、協同撃墜1機、吉田素綱1飛曹P-39撃破1機。
第2小隊：450発。
第3小隊：2,030発、西澤廣義1飛曹P-39撃破2機、国分武一3飛曹P-39撃破2機、吉村啓作1飛兵P-39撃破2機。

7マイル飛行場の泥地にたたずむユージン・ウォールの「ウォール・アイII」。1942年6月末。

P-39搭乗員、チャールズ・サリヴァン。ポートモレスビーにて。戦後サリヴァンはオサリヴァンと改名した。（Charles O'Sullivan）

第2中隊
第1小隊：550発、協同撃墜1機。
第2小隊：1,800発、山下佐平飛曹長P-39撃破1機、小林克巳1飛曹P-39撃破1機。

第3中隊
第1小隊：1,750発、協同撃墜2機、笹井醇一中尉P-39撃破1機、太田敏夫1飛曹P-39撃破2機。
第2小隊：2,300発、坂井三郎1飛曹P-39撃破4機、日高武一郎1飛兵P-39撃破1機。

　実際の戦闘損失ははるかに少なかったが、この戦闘での混乱は最大級だった。滞空していたエアラコブラ32機のうち、撃墜されたのは5機で、被撃破機は2機だった。喪失機5機のうち、3機のパイロットは生還して戦列に復帰している。この歴史的な戦闘に参加した第39戦闘飛行隊の搭乗員は、フランシス・R・ロイヤル、ロバート・L・フォロー大尉、ハーヴェイ・E・レーラー、カール・T・ローチ、リチャード・C・スーア、フランク・E・アドキンス、フランシス・E・アンジア、ジョージ・H・バートレット、ウォルター・O・ビーン・Jr、ジャック・W・ベリー、ロバート・E・ダグラス、ホイト・A・イーソン、J・H・フォスター、ドナルド・J・グリーン、ロバート・J・ヒンソン、ジョン・T・ヒルトン・Jr、クーラン・L・「ジャック」・ジョーンズ、チャールズ・W・キング、ウィルモット・R・マーロット、ラルフ・G・マーティン、ロバート・F・マクマホン、ジョージ・A・パーカー、ジョン・C・プライス、ウェイン・A・ショウプ、チャールズ・P・サリヴァン、ユージン・A・ウォールだった。ウォールはこの作戦でP-400「ウォール・アイII」に搭乗した（以前の乗機「ウォール・アイ」は6月9日に不時着したため、この派手な塗装のP-400が代替機になった）。第40戦闘飛行隊の戦闘参加者は、レッド編隊が中尉のスティーヴン・スミス、スティムソン、カートランド、シュライヴァー、パープル編隊がスキャンドレット、ウィリアム・ハッチソン、スタウター、ライス、グリーン編隊がヴォーゲル、シャッファー、オリヴァー、コッタム、ブルー編隊がギャンボニーニ、ウィルソン、「スペンス」・ジョンソン、マグルだった。

　ハーヴェイ・E・レーラーは幸運な生還者のひとりだった。その日は勤務当番ではなかったが、彼は病気の搭乗員の代わりを志願し、フランシス・R・ロイヤル中尉率いる4機のエアラコブラ隊の一員として、迫りくる3個中隊を迎撃するため14マイル飛行場を発進した。編隊にはさらに12マイル飛行場から来た2個のエアラコブラ編隊が合流し、リゴ空域を哨戒するため高度6,500mまで上昇した。レーラーは編隊の「しんがり3番機」を飛んでいたが、エンジン出力が低下してきた。直上1,000m、高度7,500mをラエへと南西に向かって飛ぶ日本軍戦闘機隊を発見するや、彼らが編隊を解き、攻撃に向かってくるのが見えた。1機がレーラーの後ろについて射撃を開始、曳光弾が横をかすめるのを目にしたが、反応しようとする前に機体がかしいだ。日本軍の銃弾が彼の落下タンクを発火させ、僚機は彼が燃えながら落ちていくのを目撃した。

　パラシュートは確認されず、レーラーは戦死したものと考えられたが、背面錐もみをする機から、彼は右ドアを蹴り開いて転げ出ることに成功。パラシュートが弾けるように開いた時、肩を脱臼した。戦時中の報告には彼のエアラコブラはリゴ付近で撃墜されたと記録されていたが、2006年にブラウン川地区にあった残骸が彼の機と確認されたため、これは誤りと判明した。レーラーはその近くに落下傘降下し、炎上する残骸のなかで弾薬が爆発する音を聞いた。それから彼はぬかるんだブラウン川の土手を越え、それにつづく険しい山地を進んだ。6日後、彼はある村に行きあたり、そこで食べ物と衣服をもらって休息した。翌日、村人たちが彼を飛行隊まで連れていった。7日間行方不明だった彼はタウンズヴィルの第12駐屯地病院へ搬送された。

　その日の朝、デング熱にかかっていたトーマス・リンチ中尉は飛行隊軍医により飛行任務から外された。にもかかわらず、彼は作戦に参加しようとP-400英軍シリアルAP348で遅れて離陸し、エアラコブラの主力編隊を追って単機でリゴへ向かったが、その途中、零戦の1個小隊に襲われた。彼は急降下して逃れたが、さらに4機の零戦に攻撃され、機体に大

C-47「フラミンゴ」はニューギニア方面入りした米陸軍航空軍C-47の第一陣の1機だった。同機は1942年10月15日にココダで着陸事故を起こしたが、修理されてポートモレスビーへ飛行して戻った。

きな損害を受けた。どうにかその4機も振り払った彼は、7マイル飛行場へと戻ることにした。しかし、まだ飛行場に到達せず、海岸の上空を飛んでいたところ、高度2,000mでエンジンが故障してプロペラが止まり、機は高度を失い始めた。彼は高度240mという危険な低空からブートレス湾に落下傘降下、プロペラ後流にあおられて尾翼に叩きつけられ、腕を骨折した。湾の茶色い濁った海にいるサメが怖かったので救命胴衣を膨らませないで泳いだら、ずっと早く陸に着いたとリンチはのちに同僚に語っている。彼は地元の村人にカヌーで救助され、その日の午後遅く、飛行隊に帰還した。

この日はポール・J・マグル少尉の命日となった。彼のP-39Fが最後に目撃されたのは、ハーキュリーズ湾のバウ村沖で繰り広げられた乱戦のなかだった。乗機の残骸はその後陸地で発見されたが、マグルが脱出したのは海上だったらしく、遺体は後日、バウ村付近の浜辺に漂着した。ヒューゴ・ウィリアムとジェームズ・メイオスの2名からなるNGVRの斥候隊がマグルの遭難に関して簡潔な報告書を提出している。

「……イオマから戻る途中、海岸沿いで大規模な空中戦が発生した。ウォリア川の河口から約10浬のバウ村の近くで、アメリカ軍機が1機、浜辺の近くの海中に落ちるのが見えた。ある地元民がパイロットの遺体の一部を発見した。私たちはそれを埋葬し、墓のまわりを清掃した。浜辺の近くで発見されたその機のドアのポケットには、航空日誌と書類が入っているのが見つかった。彼はU.S.A.F.第36追跡飛行隊［原文ママ］のP・J・マグテ［原文ママ］少尉と推察された」。

スタンレー・F・ライス少尉も零戦に撃墜されたと申告された。彼のP-39Dが最後に目撃されたのはレッドスカー湾だったが、彼の墜落地点は陸上と推定されたものの、その残骸はついに発見されなかった。ウィリアム・ハッチソン中尉は1機ないし複数の零戦に後方から攻撃された時、増槽から主タンクへの切り替え中だった。彼は湿地に落下傘降下し、泥のなかを這っていたところを機銃掃射されたが、弾丸はパラシュートに当たっただけだった。彼はその日、ワニの多い湿地帯を抜けてから、丸太を川に浮かべて海岸へと向かった。2日後に着いた村で彼はカヌーを借り、6月18日の朝に30マイル飛行場へ到達した。

第40戦闘飛行隊の隊長、スティーヴン・スミス中尉も被弾した。彼は負傷したが、損傷した自分の戦闘機を無事着陸させた。同飛行隊の「スペンス」・ジョンソンも負傷し、彼のP-400も大破した。1942年6月16日は、ニューギニア方面の米軍エアラコブラ部隊にとって災厄の日だった。

日高武一郎1飛兵、エアラコブラに撃墜される

実はこの日、米軍爆撃隊はラエとサラマウアへの協同攻撃を計画していた。計画では1045にB-17E部隊4機がラエを爆撃し、つづいて第3爆撃群のB-25Cが12機、北海岸から海上に出てから反転し、北からサラマウアを攻撃することになっていた。さらに1時間後、今度は12機のB-26がマーカム峡谷から接近し、給油中の零戦隊を強襲する予定だった。だが予定はB-25の発進直後、ポートモレスビーに敵戦闘機隊来襲の警報が出たため、御破算になった。その結果、第22爆撃群のマローダーは全機が退避し、ポートモレスビーの沖合で旋回していた。1030に彼らは無事帰還すると、第19および第408爆撃飛行隊のマローダー12機がこれに対する報復攻撃としてラエを爆撃するため、午後の1240に出撃した。一方ニューギニアの反対側では、その約1時間前にミッチェル隊が高度5,000mから100ポンド爆弾120発を投下し、ケラ村からサラマウア拘置所にかけて小さな漏斗孔を多数穿った。爆弾は滑走路へのびる道路にも落ちた。

ラエでは台南空の清水栄作2飛曹（操縦）と木塚重命（しげのり）中尉（偵察）の陸偵が混乱の鎮まるまで周辺を飛びまわっていた。これは訓練飛行で、彼らは無事帰着した。

第435爆撃飛行隊のフレッド・イートン大尉、ウォーラス・フィールズ中尉、テッド・フォークナー中尉らが操縦する4機のB-17Eは、ミッチェル隊が去った正午少し前にラエを爆撃した。彼らは北東から南西へ航過しながら、施設が分散する区域から飛行場北の山地の麓、格納庫の北側の地域までを爆撃した。地上には敵機が20機確認でき、零戦も滞空中が5機、離陸滑走中が2機目撃された。多くのクルーが後者の1機が離陸直後に海中に突っこむのを見たという。

2度の異機種による爆撃に加え、さらにB-26の編隊が2個接近してくるのを発見した台南空は驚愕した。おそらく16機と思われる多数の零戦が、1330にその迎撃のため緊急発

1942年前半のポートモレスビー空襲で爆発炎上する燃料ドラム缶。手前は第22爆撃群のマローダー。

進した。日本側の記録にはマローダーの来襲時刻が記されていないが、出撃搭乗員については記載されている。それは河合四郎大尉、栗原克美中尉、笹井醇一中尉、山下佐平飛曹長、坂井三郎1飛曹、太田敏夫1飛曹、吉田素綱1飛曹、小林克巳1飛曹、宮運一2飛曹、米川正吉2飛曹、奥谷順三2飛曹、大西要四三3飛曹、新井正美3飛曹、熊谷賢一3飛曹、国分武一3飛曹、岡野博3飛曹、二宮喜八1飛兵、吉村啓作1飛兵、山本末広1飛兵、日高武一郎1飛兵だった。

零戦隊出撃の10分後、上別府義則2飛曹（操縦）と清水巖3飛曹（偵察）の陸偵が訓練飛行から戻り、着陸した。台南空の陸偵はまるで連合軍の空襲と入れ違いになるタイミングを心得ているかのようである。

マローダーの第1編隊はコンネルズコーナーの南東を、第2編隊はラエの滑走路の東側を低空で爆撃した。マローダーの搭乗員たちは6機の零戦と交戦し、2機を撃墜したと申告した。ラエ上空の爆撃航過を終えたマローダー隊は右旋回し、ワードハント岬へ向かった。当初の計画ではその日の午前にポートモレスビー上空で戦った第39および第40戦闘飛行隊のエアラコブラ10機が、マローダーを追ってくるに違いない零戦隊を迎撃する予定になっていた。そして事態はまさにそのとおりの展開になった。ワードハント岬沖を旋回していたエアラコブラ隊は、1415前に追撃してきた零戦9機と交戦を開始した。吉村啓作1飛曹はP-39撃破1機を申告し、零戦は2機が被弾した。先のポートモレスビー迎撃戦で第39戦闘飛行隊を指揮したフランシス・ロイヤル中尉は、この乱戦で確実撃墜1機を申告した唯一のパイロットだった。ロイヤルに撃墜されたのは日高武一郎1飛兵だった。数日後、NGVRのある斥候隊がその滅茶苦茶になった残骸を発見している。

「……もう1機、日本のゼロが約6浬離れた湿地帯に墜落した。それは完全に水没していた。発見されたのは電線と金属片が一つずつだけで……」

ラエ沖の海中に突っこむ飛行機を見たという爆撃機搭乗員の目撃談は、見間違いか、証言者が別の日に目撃したものと混同したかのいずれかだろう。

敵中のキング

1942年6月17日、第39戦闘飛行隊の11機のエアラコブラが緊急発進したが、これは元山空の分隊長、石原薫大尉率いる18機の九六陸攻隊を迎撃するためだった。陸攻隊には12機の台南空零戦隊が護衛についていた。石原隊は0850に山下丈二大尉の第1中隊と合流していた。ポートモレスビーではこの当時、かつて第35および第36戦闘飛行隊が使用していた5マイル飛行場が第40戦闘飛行隊の拠点になっていた。

第39戦闘飛行隊は半分ずつに分けられ、新しい12マイルと14マイル飛行場を使用していたが、後者に配属されていたのがエアラコブラ搭乗員チャールズ・キング中尉だった。駐屯地から駐機場に行くのに、キングと部下のパイロットたちはラロキ川をカヌーで渡らなければならなかった。カヌーで出撃というのは珍妙である。0950に3機のP-400が日本軍編隊を迎撃したが、米軍部隊の指揮官だったキングには敵がよく見えなかった。キングは最近着任したばかりだったが、彼はチャーリー・ブルー編隊の隊長であり、今回が実力を示す最初の機会だった。

エアラコブラ隊が緊急発進する際、チャーリー・ホワイト編隊の隊長が故障で飛べなくなったため、キングはさらに6機のエアラコブラが自分の指揮下に加わったのを知った。無線指示により、彼らは港湾地区上空へ直行するよう命じられた。キングの部下にディック・スーア少尉がいたが、キングは彼をやや神経質すぎ、まだ自信不足だと思っていた。スーアは飛行中の事故後、オーストラリアの森林を1週間さまよってから生還したが、キングは彼の生還譚を軟弱者だから辛いと感じたと誤解し、彼は戦闘の緊張下では使えない人間だと思いこんでいた。地上統制官は3時の方向に敵機ありとコールすると、編隊に海岸沿いに上昇せよと命じた。キングには何も見えなかったが、旋回をつづけたところ、コールは敵機が9時方向に変わった。警告はさらにつづき、高度6,000から7,000mで緩旋回をしていた時、キングのエアラコブラ隊は元山空の石原隊18機の真っ只中に入っていたことに不意に気づいた。

「私は敵の真っ只中だったが、まだ低速で上昇中だったため、爆撃機を攻撃する最初のチャンスはその遅々とした旋回が遠ざかる方向だったので失われ、どの爆撃機も撃てなかった。それとほぼ同時に爆撃機隊に護衛がついているのに気づいた。真正面、約700m上方から何かが撃ってきていた。3機のゼロがこちらへV字編隊で急降下してきた。射撃位置に着くため機首をやや上げ、敵機がこちらの射程に入り、そしてこちらも敵の射程に入るまで、機体が失速しないよう注意した。P-400の全武装はひとつのトリガーで発射されるようになっていたが、初期の頃はたまに発射されないこともあった。しかし、この時はちゃんと全門が一斉に火を噴いた。私の銃撃は遠すぎて、20㎜機関砲のドラム弾倉の60発を撃ちつくしてしまった。もちろん砲身も駄目になった。しかし何発かが、ゼロの3番機の胴体に命中するのが見えた。

失速の一歩手前だったので、もう爆撃隊や3機のゼロと戦えないのはわかっていた。オージーたちや先にポートモレスビーに進出していた2個の米軍飛行隊のパイロットたちか

ら、損害は30から80％出る、素早く行動しなければお前の後ろにゼロが2機喰いつくぞ、とさんざん聞かされていた。彼らをやり過ごしてから、機体を失速寸前にもちこもうと、できるだけ機首を下げると、すぐに始まったもの凄い垂直急降下で3機の敵を振り切ろうとした。ところが私のコクピットは突然破片で満たされた。やられてしまったのか？

　これは日本軍の弾丸とそれで粉砕された破片がコクピットに飛びこんできたのだろうか？　温かい液体を感じて、恐れていたことが起きたと思った。血？　顔中がびっしょり濡れている。できるだけ低い高度まで下りてから水平飛行に戻した。機体は制御できている。後方を確認したところ、顔の温かい液体が血ではないのがわかった。小型高圧酸素マスクの内側には湿気がこもりやすいが、その水滴が急降下によるGでマスクから顔へと伝い上がったのだ。破片と思われたのは日本軍の弾丸でなく、床にたまっていたニューギニアの土や砂が、やはりGでコクピット内に舞い上がったものだった。着陸して初めてわかったのは、会敵するまでに私たちの7機編隊は2機にまで減っていたことだった。

　無線コールはすべて、ポートモレスビーの南で旋回して外洋へ出た爆撃機の編隊を発見したディック・スーアからのものだった。ディックから編隊のことを聞いた私は、かつて教えられたとおりのことをした。私は水平線の上と下を探したが、何も見えなかった。私はディックが『3時の方向、上』とか『3時の方向、下』と言わなかったことを失念していた。なぜなら敵は私たちと同高度で、水平線にぴったり重なっていたからだ。これは私たちが日本軍のもつ実戦経験に対抗するため、学ばなければならない数多くのことのひとつにしかすぎなかった。

　ディックはうちの飛行隊長のジャック・ベリー少佐に、チャーリー・キングはたった1機の列機だけで多数のゼロが護衛する18機の爆撃機編隊に挑みかかりましたと、嬉々として報告した。彼はこんな大胆な攻撃で無事だったのが嬉しいとつけ加えた。ディックというやつは、私をその日のヒーローにしてしまったのだ。なので私がどんなにみっともない失敗をしたか話すと、ベリー少佐は驚いた。黙っていれば勲章がもらえたかもしれないが、私はあんな馬鹿げた失敗をしたのに生きて帰れたのが嬉しくて、自分の情けない経験を皆に白状しなければ、と恥ずかしながら思ったのだ。実のところ、自分の編隊が7機から2機に減っていたのに私は全然気づいていなかったし、爆撃機の編隊の真っ只中に入るまでそれを見落としていた。もちろん私は3機のゼロを正面から銃撃し、少なくとも1機に命中させたことも話した」

　日本軍編隊はその帰路、ワードハント岬付近で新たな4機のエアラコブラと遭遇、吉村啓作1飛兵が未確認撃墜1機を申告した。一方、山下中隊はサラマウアに1100に着陸すると、1時間後に出発したとカンガ軍は報告している。
「……トラック数台が飛行場に到着し、約90名の敵兵が現れた。航空隊は1200にラエに出発した……」。

　笹井中隊はラエに1115に帰着し、それとは別に零戦1機を護衛に伴って訓練飛行に出ていた上別府義則2飛曹と清水巌3飛曹の陸偵が1230にラエへ帰着した。笹井中尉はポートモレスビー上空の遭遇戦でP-39撃破1機を申告した。しかし活発な戦闘だったにもかかわらず、この日は連合軍、日本軍とも損失機はなかった。

マクドゥイ号の沈没

　オーストラリア海軍によりS.S.マクドゥイは1942年初めに徴発され、マニラからポートモレスビーへの民間人の脱出と、ラバウルとニューブリテン島のほかの地域からタウンズヴィルへ女性と子供の救出に従事した。これらの避難者にはエミラウに取り残されていた1941年にドイツ軍に撃沈されたRMSレンジテーンの生存者400名も含まれていた。マクドゥイはシドニー〜ポートモレスビー間を物資と兵員の輸送のために定期往復していた。1942年5月31日から6月1日にかけての日本軍特殊潜航艇によるシドニー攻撃により出港が遅れたマクドゥイは、6月6日にタウンズヴィルで貨物と航空燃料を搭載した船団に合流し、ここで154名のオーストラリア兵を乗船させるとポートモレスビーへ向けて出航、フェアファックス港に6月15日の1700に入港した。

　2日後、マクドゥイはポートモレスビーの主桟橋に接岸し、積み荷の航空燃料入り200ℓドラム缶を荷降ろしした。日本軍の空襲時、同船は爆弾を避けるためフェアファックス港内で回避運動をとったが損傷し、夜間に再接岸した。この最初の攻撃で乗組員10名が死傷した。翌6月18日にも日本軍爆撃機はやって来た。4空の一式陸攻27機の指揮官は江川廉平大尉だった。爆弾を避けようとキャンベル船長はフェアファックス港内で懸命に回避運動を試みたが、マクドゥイは船体の中央部に直撃弾を受け、操舵不能になった。同船は港の東側の砂州に突っこみ、ハヌアバダ村付近で転覆した。乗組員は救命艇に向かい、波にあおられたものの無事陸地に着いた。その沈没の劇的な映像は、近くの丘の上にいたオーストラリア人従軍記者ダミアン・パーラーによって白黒映画フィルムと写真で撮影された。

オーストラリア上空の目

　台南空陸偵の最初の偵察作戦は6月17日のホーン島単独偵

1942年6月17日、日本軍の爆弾を避けるため回避運動を試みるS.S.マクドゥイ。鐘楼塔はバーンズ・フィルプ海運会社の建物のもので、現在もポートモレスビーの下町にそびえている。(credit Damien Parer)〔2009年7月12日、改修工事中に火災で鐘楼を残して焼失したが、鐘楼部を保存する形で再建された〕

察だった。2日後、別の陸偵がブーゲンヴィル島のキエタを偵察した。彼らの次の偵察作戦は、6月24日のオーストラリア本土北端のクックタウンとケアンズの同時偵察だった。木塚重命中尉機と長谷川亀市飛曹長機はそれぞれ0805と0845にラエを発進し、ケアンズ（1120〜1140）とクックタウン（1150〜1225）を偵察した。

この7時間にわたる作戦は搭乗員にとって大きな負担だったが、作戦書類の記述量の少なさから、どちらも定期的な任務だったことがわかる。オーストラリア軍にはこれらのケアンズとクックタウンへの初期の偵察飛行を連合軍の防空網が探知したという記録はないが、その可能性は残る。驚くべきことに両目的地への直行ルートはパプアのカイルク付近の海岸で交差していたが、同地にあったオーストラリア軍見張所もその初飛行の発見に失敗していた。これらの初期の偵察任務に参加していた台南空搭乗員はほかに、清水栄作2飛曹、上別府義則2飛曹、岩山孝2飛曹、工藤重敏2飛曹ら、台南空の第一陣と同時に到着したメンバーがいた。

珍しい過少申告

6月18日は撃墜数の申告が実数を下回るという、数少ない日だった。上別府義則2飛曹と木塚重命中尉が搭乗する陸偵2機は、別々の偵察任務にラエから発進したが、これはポートモレスビーへ出撃した9機の零戦隊と呼応していた。零戦隊はポートモレスビー上空に1150に到着し、第39戦闘飛行隊のエアラコブラ8機と交戦した。40分にわたる散発的な戦闘は、同市の西側と北側で展開された。

この日、第39戦闘飛行隊のカール・ローチ中尉は未帰還となったが、彼はヴァナパ川の近くで損傷したエアラコブラから無事脱出していたことが判明した。広大なクロコダイルだらけの湿地帯に着地した彼が現地人に助けられ、わずか4日間で基地へ帰還できたのは大変な幸運だった。同じく幸運だったのがジョージ・バートレット中尉で、彼はオーウェンスタンレー山脈の麓でエンジンを撃たれたエアラコブラから脱出を強いられたが、オーストラリア軍の兵士たちに救助されて部隊へ戻った。バートレットは実に強運だった。もし同方面における台南空初の犠牲者となった吉江卓郎2飛曹のように、この地の過酷な自然と密林に呑みこまれていたならば、彼は決して発見も救出もされなかっただろう。この日3機目の未帰還機はドナルド・グリーン中尉機で、最初に発砲しようとした時、乗機の機関砲が故障した。その時彼はシュウィマー飛行場の上空にいたが、武装が使えないので敵の追跡をかわすため急降下した。雲から出たところ、彼は前方と下方

6月17日の失敗に終わった4空の攻撃による広範囲な弾着。フェアファックス港内にて。この写真はパガ岬の頂上にある砲兵陣地から撮影された。（credit Damien Parer）

ハヌアバダ村近くの砂州で座礁してから数時間後、黒煙を上げるS.S.マクドゥイ。舷側で海面に降りようとしている救命艇に注意。（Port Moresby Yacht Club）

にいた2機の零戦とはち合わせした。今度は再装填できた機関砲がうまく発射でき、彼は両機の撃墜を申告した。しかし乗機の損傷のため、彼は脱出を強いられ、その際背中を負傷した。米軍はこの日、3機のエアラコブラを失ったが、日本側の戦果申告は2機だけ。それは山下佐平飛曹長と太田敏夫1飛曹の各1機で、1300までに9機の零戦はラエへ帰着した。こうした戦果申告が過少な例は、両軍ともほとんどなかった。

神出鬼没のフォートレス

翌6月19日、台南空の全戦力は零戦25機だった。B-17Eの大編隊を迎撃するため、高塚寅一飛曹長、一木利之2飛曹、伊東重彦2飛兵、中野鉿（きよし）3飛曹、沖繁国男2飛兵、長尾信人2飛兵ら6機が、0900にラバウルから緊急発進した。この日のフォートレスの機数は、第19爆撃群がラバウルに対してようやく本腰を上げたことを示していた。0600に最初に出撃したのは第30爆撃飛行隊のフォートレス7機と、同じく第93爆撃飛行隊の6機だった。2時間後、第28爆撃飛行隊の3機が、そして1430にはクロンカリー基地の第435爆撃飛行隊の3機がつづいたが、最後の3機は嵐にあい、目標に到達できなかった。早朝出撃をした2グループは、彼らのうち5機が17機（！）の零戦に攻撃されたと報告した。第93爆撃飛行隊の5機は零戦2機に迎撃され、B-17の1機が軽微な損害を受けた。日本側は零戦1機が2発被弾しただけだった。

6月20日、ラエでは3次の上空哨戒（延べ9機）が異状なく終わったのち、0920に8機の零戦がラエを緊急発進し、第435爆撃飛行隊のB-17E、3機の迎撃に向かった。6月21日には戦闘はまったくなく、翌日のラバウルの上空哨戒（延べ9機）も何事もなく終わった。6月23日は平穏だったラエの3次の上空哨戒（延べ9機）とラバウルの1次（計2機）ののち、1230に笹井醇一中尉率いる14機の零戦隊が発進した。笹井中隊の目的はラバウルとカヴィエンを偵察に来る単機のフォートレスの迎撃だった。その米軍搭乗員は5機の零戦に攻撃されたが損害なしと報告しているが、クルーのうち3名が高度病になったため、5,500mまで降下すると、再び零戦に攻撃されて左昇降舵に被弾した。6月24日、ラエの3次の上空哨戒（延べ9機）も空振りで、新たに単機で飛来したフォートレス迎撃のため、1305すぎに後藤竜助3飛曹率いる零戦隊5機がラバウルから緊急発進したものの、捕捉できなかった。フォートレスは毎回高度が高すぎ、速力も高速で、墜とすのに大きすぎたようだ。6月25日に輸送船静海丸がラエの桟橋に接岸し、航空燃料をはじめとする待望の物資の荷揚げを開始した。

元山空と台南空の戦爆連合再び

6月26日にエアラコブラ搭乗員ウィリアム・ストーター中尉が行方不明になったのは、分隊長石原大尉率いる元山空の九六陸攻20機を護衛していた台南空零戦隊との空戦時だった。これはポートモレスビーへの攻撃で、熊谷賢一3飛曹が引き返したため零戦隊は11機となり、1230にブナ上空に集結した。戦爆連合がポートモレスビー上空に出現したのは1330頃だった。台南空はロロナの北東15浬で敵機11機と交戦し、撃破3機を申告したが、これは米川正吉2飛曹、上原定夫3飛曹、吉田素綱1飛曹によるもので、さらに未確認撃墜2機を分隊長河合四郎大尉と吉田素綱1飛曹が申告していた。

P-39のパイロットは零戦撃墜1機と、煙を吐きながら墜ちていった未確認撃墜1機を申告した。零戦隊は帰路にさらに7機の敵機を遠方に発見したが、交戦には至らなかった。1338にココダ付近で陸攻隊がP-39を5機発見し、うち2機と交戦、これが執拗に食い下がってきたので、陸攻隊は2,441発の弾丸を使用し、敵機撃墜1機、未確認撃墜1機を申告したが、エアラコブラの損失はなかった。ひどく損傷した九六陸攻1機が僚機に伴われてラエへ戻った。2機は何とか基地まで到達し、遭遇戦から約50分後に果敢に着陸を果たした。その機は重傷者3名、軽傷者5名と搭乗員全員が負傷していた。零戦隊は1500までに全機がラエへ無事帰着した。

RAAFボーフォートの初出撃

6月26日の夜、ポートモレスビーではチャールズ・リンゼーRAAF少佐が歴史的な任務に出撃しようとしていた。その4日前、RAAF第100飛行隊のボーフォート4機がポートモレスビーに到着したが、これはオーストラリア軍初のボーフォート出撃のためだった。同飛行隊は、マラヤに脱出していたイギリス空軍第100雷撃機飛行隊の生存者を中心に、1942年2月に再編されたもので、5月にはクイーンズランド州に配置され、雷撃訓練と対潜哨戒を実施していた。5機のボーフォート（A9-46、A9-38、A9-31、A9-54、A9-52）は6月25日夕方に7マイルを発進し、その夜3機がフォン湾の艦船の爆撃に出撃し、残りの機はサラマウアへと向かった。リンゼーのボーフォートA9-52が失われ、もう1機が大破したものの、作戦は成功と評価された。参加搭乗員は静海丸に間違いない日本軍輸送船を撃沈したと申告したが、同船は無傷だった。

不幸にして失われたA9-52の最期の経緯は複雑だった。翌未明0400にポートモレスビーに帰還するため密雲のなかを盲目飛行していたリンゼーは、管制塔に帰投方位誘導を要請

した。南海岸には低く雲が垂れこめていたが、ポートモレスビーの各飛行場は同機が帰投できるよう、使用可能な照空灯をすべて点灯した。帰投方位誘導装置が最後に示した彼の機の位置は市の西方約60浬の洋上だったが、A9-52がついに暗闇から現れることはなかった。翌日、ボーフォート2機とエアラコブラ3機が捜索したが、何も発見できなかった。

後方撹乱作戦

　1942年6月当時、カンガ軍の見積もりによれば、日本軍の戦力はラエが約2,000名、サラマウアが250名だった。これは彼ら自身の戦力である約700名、うち戦闘可能な者約三分の二を大きく上回っていた。日本軍がブロロ峡谷へ進入する脅威に備え、カンガ軍はサラマウアとラエから峡谷へ通じる無数の小道と、ワウからブルドッグ経由で北海岸へつづく陸上ルートを定期パトロールしなければならなかった。空路での侵攻に対処するため、オーストラリア軍は日本軍が到達可能なワウ、ブロロ、ブルワ、オティバンダの各飛行場を防衛しなければならなくなった。人員を殺傷し、物資を破壊することで、ラエとサラマウアの航空基地としての機能を麻痺させる襲撃も効果的と思われた。本格的な攻撃を繰り返せば、航空機、燃料と物資の集積所、軍事施設の破壊も期待された。こうしてラエとサラマウアの両方が優先撃破目標として承認された。ラエの場合、日本軍守備隊の前進施設があるヒース・プランテーションが襲撃目標とされた。副次効果として、同市守備隊の能力評価と、将来、より大規模な作戦を実施するための情報収集の両方があった。さまざまな事情により、サラマウア襲撃が先に実施された。前進支隊が日本軍の労務部隊、車両、航空機の動向、市内と飛行場周辺で建物に出入りする部隊などを監視した。近距離からの観察により、オーストラリア軍はあらゆる抵抗拠点と武装の位置を完全に把握した。また市内の各建物の用途も目星をつけた。

　6月18日、前進展開区域がサラマウアから3浬の地点に設定された。襲撃部隊の集合地点はブトゥのかつて難民キャンプだった場所。現地人の斥候隊が複数、飛行場へ侵入し、日本軍の配置と活動をスパイすると同時に、日本軍占領下のケラ村を偵察した。航空写真から作戦立案用図盤に建物の模型が配置され、作戦の立案と予行演習が行なわれた。作戦はサラマウア地区の特異な地形に大きく影響されていた。北東へ1浬近く伸びる細い地峡部は海抜がほとんどなく、その北端は険しい山地のジャングルにつづいていた。地峡の反対側の端は海岸につながり、北東へ流れるサンフランシスコ川が海へ注ぎ、そこからサラマウア側へ半浬も離れていない場所に飛行場があった。飛行場の真北には湿地帯をはさんでケラ村

があり、小屋、木造住宅、役所などが並ぶ人口密集地になっていた。襲撃では飛行場からケラ岬までの選択された目標が攻撃されることになった。迫撃砲支隊が地峡部から町側の飛行場までに存在する反撃を撃破、阻止する予定だった。

　一方でサラマウア攻撃に先立ち、正確な日付は不明ながら6月の中旬、ボブ・エメリー軍曹とＷ・Ｍ・マーカット小銃兵の2名のオーストラリア軍コマンド隊員が大胆不敵な行動を試みた。どう考えても無謀なその計画とは、夜間にナドザブから筏で川幅の広いマーカム川を筏で下り、ラエから約3浬の浜辺に着いてから、クナイ草をかき分けて飛行場へ行き、駐機中の航空機を破壊することだった。しかし川の流れにより、彼らは予定上陸地点よりも遠くへ行ってしまった。興味津々の日本軍が見つめるなかを海へ流されてしまう可能性を前に、彼らは筏を自ら転覆させて岸へ泳ぎ着いたが、その際装備をすべて失ってしまった。2名は日本兵が多い地域を通ってマーカム川の岸を後退することになった。オーストラリア軍の各偵察隊は攻撃の準備のために最善を尽くした。6月26日1220、第4艦隊輸送機隊の川西大艇L-04から11名の兵士がサラマウアに降りるのを、ある隊員が目撃した。飛行艇からは個人用装備も降ろされ、それには色の塗られた柳行李、弾薬袋、箱1個などがあった。箱については、「50cm四方ほどのその箱は白い布で覆われており、中身を覆う布は箱の上端から10から15cmほど盛り上がっていた。ある士官がこの箱を飛行艇から桟橋へ運び出し、それから司令官の宿舎へ持っていった……」という。

　6月29日0200、ケラ村の方角から聞こえた巨大な爆発音が、長期間をかけて計画された待望のコマンド部隊サラマウア攻撃の幕開けだった。日本兵たちは乱れた服装で宿舎から

「チコ」は当初、第28爆撃飛行隊に所属していた。このB-17Eシリアル#41-2638は1943年11月に米本土へ帰還した。

飛び出し、防空壕や塹壕へと慌てながら走った。ケラ岬の橋は爆薬で吹き飛ばされた。コマンド隊員たちは各自が目標とする建物へ急いだが、中に誰もいなかったので、出会った日本兵を片っ端から撃ちながら村内を歩き回った。

道を走っていた日本の航空隊員が1名射殺され、その遺体から回収された書類から身元が聖川丸飛行隊の根本条作飛曹長であることが確認された。襲撃は数時間つづき、午前半ばまでに一部の小部隊を除き、全隊員が作戦準備キャンプへ引き揚げた。日本軍はまだケラ村と岬を小銃、迫撃砲、機関銃で盲目的に撃っていた。しかし挑発を受けたにもかかわらず日本軍は攻撃隊を追撃せず、翌日にはオーストラリア軍コマンド部隊は再集結できた。コマンド部隊の損害は軽傷者3名とごくわずかで、それに対して日本軍の死者は少なくとも100名はいた。彼らは建物6棟、トラック3台、橋1脚の破壊も申告した。この見応えのあるリストの最後には自転車1台とあるが、これはコマンド部隊がその司令部と同程度に緻密で効率的な仕事をしたことの証左といえよう。

概要報告書の最後は以下のような慎重な文章で締めくくられている。「私と部隊の士官たちは、この戦果を大変控えめな見積もりだと考えている」。それまで日本軍の物資や書類をニューギニアのオーストラリア軍が入手したことはほとんどなかった。ポートモレスビーに送られた戦利品には、短機関銃、小銃、銃剣、弾薬、砲弾の破片、防水衣、そして航空機搭乗員用の飛行帽、飛行眼鏡、手袋などがあり、さらに印の記入された地図、日誌、命令文書、その他情報的価値のある書類などもあった。この襲撃でサラマウアの日本軍が非常に不安になったであろうことは想像に難くない。

その後も部隊は何度か前進基地を銃撃したり、サラマウアの背後の山地を低空飛行する零観を射撃するなど、地道な活動をつづけた。聖川丸飛行隊はサラマウアから零観を飛ばし、ムボにいた地上部隊と協同させた。水上機隊による掃討作戦は3回実施され、うち2回が午前、1回が午後に行なわれた。それから数日間でラエから同市に200名と見積もられる増援部隊が派遣され、ケラ村を外郭塹壕陣地帯に変貌させた。

コマンド部隊の追跡

サラマウア攻撃とほぼ同時期に、ラエ付近のヒース・プランテーションを襲撃する、参加コマンド隊員数54名という作戦が計画されていた。敵を混乱させ、ラエからの増援部隊を足止めするため、まず同市の外れにある橋を爆破することになっていた。作戦終了後、部隊はほかのコマンド中隊の援護を受けながら、ムヌム川沿いの道路を引き揚げる予定だった。米軍の航空支援も計画され、襲撃終了後の当日0600から日本軍の反撃を妨害するため実施される予定だった。

6月29日0200、襲撃隊はディディからナラカポー村へと出発し、そこで夜を明かした。21名がトミーガンを、37名が小銃を携行し、各人がリボルバー複数と手榴弾2個を携行していた。翌日、灰色の砂が多いマーカム川の狭い土手に沿ってクナイ草が伸び放題の小道をたどり、1600にベワピ川の近くの狭い空き地に出た彼らは、頭上を飛び交う零戦を目にした。不安が一瞬よぎったが、パイロットたちに彼らが見えないのは確かだった。6月30日、トラック島から第14航空隊の水戦隊を運んできた畿内丸がラエに到着した。同日、オーストラリア軍コマンド部隊が攻撃を開始した。

7月1日、悪天候により米軍機はラエを計画どおりに爆撃できなかったが、それでもマローダー隊は0525から0540まで町と飛行場を翻弄した。ポートモレスビーから飛来したミッチェル6機のうち、3機は目標の発見に失敗、マローダーにつづいて投弾できたのは3機だけだった。日が昇ると台南空の零戦が3機、逃げ遅れたオーストラリア兵を求めてラエ〜ナドザブの道路を捜索し、機銃掃射する姿が見られた。

この襲撃はラエの現地部隊だけでなく、ラバウルにも衝撃を与えたが、彼らが動いたのはわずか1日後のことだった。日本軍はワウとブロロがオーストラリア軍部隊の拠点であることを知っていたので、そこを叩くことにし、7月2日、4空の1個中隊9機の一式陸攻が60kg爆弾を抱いて0925にヴナカナウを発進した。うち7機が1130にブロロに投弾、ほかの2機はそのわずか10分後にワウを爆撃した。ブロロへの攻撃では物資集積場が1ヶ所直撃弾を受け、兵士2名が戦死、軍需品が破壊された。貴重な物資を失ったのは痛かったが、輸送の地元民が恐れをなして大量に脱走したことによるオーストラリア軍兵站線の機能低下は深刻で、マーカム地区のNGVR分遣隊への物資配給は遅延を強いられた。

民間目標

ワウとブロロを爆撃した陸攻のうち5機はヴナカナウへまっすぐ帰投したが、残りの4機はラエに着陸し、再び給油と爆装が行なわれた。この4機からなる第13小隊は2機ずつのペアに分かれ、各機が60kg爆弾12発を搭載していた。第1ペアはガブマツン村を爆撃すると、右旋回してヴナカナウへ戻ったが、第2ペアはラエを1350に発進した。10分後、このペアはまずムヌムを、ついで1410にガブマツンを爆撃し、それからやはり遠く離れたニューブリテン島の基地へ帰投した。その日の午後、さらに台南空の零戦隊がコマンド部隊の隠れていたンガサワプムとナドザブの両地域を機銃掃射した。至近弾はあったものの、犠牲者はなかった。さらに7月

3日にガブマツンとガブソンケクの両村と、それらへつづく道路のラエ側出口付近が零戦隊に機銃掃射された。

その日の午後、4空の陸攻、延べ13機が単独攻撃を日本軍地上部隊と協同して実施した。これらの空襲に不安を感じたオーストラリア軍の目は空にくぎ付けになったが、というのも、その4機がラエのすぐ外側の地域を直接攻撃したためだった。前日の陸攻はペアで行動し、各機が60kg爆弾を投下していた。正午に離陸した第3小隊は約20分後、ガブマツンを爆撃した。その後さらに20分間、効果の大きい低空掃射攻撃を実施したのち、ラエで再給油を受けてラバウルへ帰投した。第4小隊も1200に発進し、第3小隊が仕事をしているあいだ、付近を旋回していた。1330に後者の小隊も同じ方法で攻撃し、側面銃手が地上掃射を行なった。これら4機の陸攻が600発もの弾丸を使用したことから、各銃手が目標を識別したうえで掃射していたのは確かだろう。とはいえ、それによりどれだけ罪のない現地人に犠牲が出たのか、ラエの占領軍に対する反感が高まったのかは想像するしかない。

カンガ軍によるサラマウア強襲から2週間後、連合軍は同地の日本軍守備隊が500名は増強されたと見積もった。それから数週間、オーストラリア軍ゲリラ部隊を発見するため日本軍の斥候隊が山地の麓を捜索しつづけた結果、前進見張所の維持がきわめて困難になった。NGVRの足どりが明らかにされ、間もなく偵察行動はまったく不可能になってしまった。日本軍航空隊は広範囲を掃討しつづけ、ブロロ峡谷への直接的脅威はいっそう高まったと思われた。8月27日に駆逐艦に護衛された聖川丸がサラマウアに入港した。それから2日間をかけて兵員100名と車両を含む物資が陸揚げされた。コマンド攻撃は一時的には日本軍の兵站を麻痺させたものの、増援部隊が現れ、かえって彼らの戦意を高めただけだった。これらの二度の襲撃は台南空の搭乗員にはほとんど他人事だったが、これは彼らが自身の過酷な防衛任務に忙殺されていたからだった。その後、オーストラリア軍コマンド部隊が台南空や飛行場施設を脅かすことは以後二度となかった。

ココダ偵察

この頃、台南空にはココダ周辺の地形偵察という任務が課せられていた。大本営がポートモレスビーを陸路で攻略しようと決定した結果、ニューギニア北海岸から目的地までの道路や街道が自動車輸送に適しているのかという疑問が生じたためである。この偵察には台南空の零戦が必ず護衛についた。例えば6月28日には工藤重敏2飛曹-清水巌3飛曹機に坂井三郎1飛曹機が、上別府義則2飛曹-木塚重命中尉機に高塚寅一飛曹長機が随伴し、6月30日には上別府2飛曹-木塚中尉機の護衛を河合四郎大尉が務めている。

7月2日、異状なく終わったラバウル（延べ8機）とラエ（同28機）の上空哨戒は、翌日の興味深い遭遇戦の前触れだった。7月3日、ラエから数多くの上空哨戒機（延べ26機）が発進したが、さらに木塚重命中尉を指揮官とする陸偵を中心とするココダ偵察隊がこれに加わった。栗原克美中尉率いる零戦3機がこの陸偵を護衛し、全機が1020にココダ上空に到着した。木塚機はラエへ引き返したが、栗原小隊は敵機を求めてポートモレスビーへ向かった。彼らは20分後に敵機13機と遭遇と報告した。零戦1機が1発被弾したが、米軍側の報告書によれば7マイル飛行場と市街の中間で零戦3機に遭遇し、それらが高度5,500から6,000mを飛行中だったエアラコブラ3機に急降下攻撃をしかけたが、失敗に終わったとある。発砲には至らなかったようだ。その日の午後、1630少し前に清水栄作2飛曹の陸偵がココダを偵察した。

「本当の7月4日のお祝い」

上記の言葉は第22爆撃群パイロットだったメリル・トーマス・デューワン少尉が1942年7月3日金曜日夜にクイーンズランド州で日記に書いたものである。彼は翌日に計画されていた作戦についてつづけている。「凄い攻撃になるはずだ……パーティーみたいな！」。デューワン専用機のマローダー「ブルー・グラス・ベティ」は修理中だったため、デューワンはこの作戦で飛ばなかった。それでも彼の陽気なコメントは、ラエに対する記念すべき作戦の前夜に多くの者が抱いていた楽観をよく表していた。先だって撮影されたラエの航空写真には駐機中の戦闘機が40機写っていた。もちろんその全機が稼働機ではなかったが、その数は航空戦力の強力さを物語っていた。

昼食の直後、3機のフォートレスが台南空の根拠地に足を

ニューギニア上空のマローダー操縦員。一度空中に上がると、この高速爆撃機は操縦が容易だった。（Roy Parker collection）

伸ばしたものの、目標に到達できたのは2機だけで、巨大な2,000ポンド爆弾を滑走路の北西端と北東の角の近くに2発ずつ投下した。弾着直後に8機の零戦が緊急発進し、1500少しすぎにラエの南方90浬で追いついた。クライド・B・ケルシー中尉のフォートレスは少なくとも15発被弾した。米軍搭乗員は零戦撃墜1機、未確認1機、撃破3機（！）を申告した。実際には撃墜された零戦はなく、ケルシーは無事ポートモレスビーに帰着し、楽観的な報告書を提出した。

「7月4日のお祝い」の口火を切ったのは第3爆撃群の7機のミッチェルC型だった。彼らは暗く切れ目のない雲へ向かって発進した。ラエの滑走路と駐機地域は0400と0502の二度にわたって爆撃されたが、ミッチェルの1機は目標を発見できず、サラマウアで投弾した。悪天候のため、さらに2機がブナ沖で爆弾を投棄した。この払暁攻撃は台南空にとり奇襲となり、対空砲火の反撃は激しかったものの、ぬかるんで穴だらけになった眼下の飛行場から緊急発進する零戦はなかった。帰路でミッチェル隊はワードハント岬付近で山地上空の護衛を担当するエアラコブラ部隊と合流した。この協同攻撃における第22爆撃群の役割は、計16機のマローダーによりラエを二度爆撃することだった。前日の正午頃、彼らはクイーンズランド州の基地を発進し、当日の午後に7マイルに到着した。戦闘準備に対する最初の妨害は、四発飛行艇による空襲で睡眠が妨げられたことだった。日の出の約2時間前に来たこの無礼な侵入者に空襲警報は鳴らなかったが、負傷者も出なかった。

2次にわたるマローダーの攻撃は約2時間の間隔で行なわれ、最初の開始が1030だった。0930にラエを飛び立った台南空の指揮を執っていたのは3名の手練れの分隊長だった。昼食時間が間近だった1015に3個中隊がポートモレスビー上空に突如出現したため、赤警報が発令された。河合中隊の第3小隊を指揮するのは高塚寅一飛曹長だった。彼は28歳で、台南空搭乗員では年長者だった。彼もまた中国で戦った12空の出身者で、ラバウルに到着して台南空に配属になったのは先月のことだった。彼は口先だけの人間ではなく、堅実な実力派として定評を得ていた。

第1中隊
第1小隊：河合四郎大尉、西澤廣義1飛曹、木村裕3飛曹
第2小隊：栗原克美中尉、石川清治2飛曹、新井正美3飛曹
第3小隊：高塚寅一飛曹長、羽藤一志3飛曹、国分武一3飛曹

第2中隊
第1小隊：山下丈二大尉、山崎市郎平2飛曹、岡野博3飛曹
第2小隊：山下佐平飛曹長、宮運一2飛曹、大西要四三3飛曹

第3中隊
第1小隊：笹井醇一中尉、遠藤桝秋3飛曹、水津三夫1飛兵
第2小隊：坂井三郎1飛曹、米川正吉2飛曹、本吉義雄1飛兵（引き返し）

空襲が終わるまでマローダーの両部隊は7マイルから沖合へ避退したため、作戦の見通しはつかなくなった。笹井中隊が援護のため後方にとどまっているのが1026にココダ上空で目撃された。その上空、高度6,300mを哨戒していた第39戦闘飛行隊の13機のエアラコブラが、12マイル飛行場から約31浬西方のロロナ（30マイル）飛行場にわたる空域で零戦隊と激しい格闘戦に突入した。緊急発進したエアラコブラは28機だったが、1機が燃料系の故障で引き返し、2機が十分な高度をとれず、さらに8機が会敵に失敗していた。

ジャック・ベリー少佐率いるエアラコブラ隊は、上方から襲ってきた河合中隊と山下中隊に隙を衝かれた。1機の零戦が後方から垂直急降下攻撃を仕掛けてきたため、チャールズ・キング中尉は左へ離脱、下方へ半横転し、高速で飛び去っていく敵機の直前方を射撃した。それから彼は隠れる雲を探した。これは被弾で電気系統がダウンし、プロペラの可変ピッチ機構も故障したためだった。さらにフラップも下りなくなっていた。彼が7マイル帰還時に着陸で苦労したのは言うまでもない。ジョン・プライス少尉機も零戦4機にひどい損害を受けていたが、僚機のラルフ・マーティン少尉がこの4機をうまく追い払ってくれた。ベリーとチャールズ・サリヴァン少尉はいずれも雲中へ急降下して追跡機を振り切った。

この戦闘で3機のP-39が失われたが、台南空の損害は皆無だった。最初に撃墜されたのはジェームズ・R・フォスター

初期のヴナカナウの一式陸攻。火山灰は航空機整備の大敵だった。搭乗員が適宜ハッチから身を乗り出して、機体を駐機場に戻す案内をするのは日常的な光景だった。その後1943年に大規模改修工事が行なわれたヴナカナウは、大規模な付随施設のあるコンクリート舗装飛行場に生まれ変わった。

少尉で、ポートモレスビーの北西約30浬で脱出した。彼はほどなく帰還した。フランク・E・アンジア少尉も同じく強運で、フォスターと同じ空域で攻撃されたものの、P-400のAP378を沿岸のボエラ村の近くにうまく不時着させた。彼も間もなく基地に戻った。フランシス・ロイヤル少尉のエアラコブラは落下傘降下中だった米軍パイロットを銃撃しながら旋回する零戦隊の注意をそらすのに成功したが、その際軽微な損傷を受けた。この搭乗員はフォスターかアンジアと思われるが、どちらの部隊が優勢かを明確に示していた。不幸にして撃墜された3名の最後のひとりがウィルモット・マーロット少尉で、約30浬内陸で落下傘降下し、どうにか無傷で基地へ帰ることができた。少なくともパイロットの生死に関しては、この日の第39戦闘飛行隊は最高に幸運だった。

一方、零戦隊は1215すぎに無事ラエへ帰還したが、高塚寅一飛曹長だけはサラマウアに代替着陸していた。被弾は新井正美3飛曹と岡野博3飛曹の機が各1発だった。勝利に酔いしれた日本軍パイロットたちは少なくとも敵機15機を発見し、撃破11機、未確認撃墜4機と申告したが、その内訳は以下のとおりだった。

第1中隊

第1小隊：使用弾数450発
第2小隊：使用弾数500発、新井正美3飛曹P-39撃破1機
第3小隊：使用弾数1,100発、羽藤一志3飛曹P-39撃破1機、国分武一3飛曹P-39撃破2機および未確認1機

第2中隊

第1小隊：使用弾数1,100発、山下丈二大尉P-39撃破1機、山崎市郎平2飛曹P-39撃破1機および未確認1機、岡野博3飛曹P-39撃破1機および未確認1機
第2小隊：使用弾数1,250発、山下佐平飛曹長P-39撃破2機、大西要四三3飛曹P-39撃破2機および未確認1機

上空の戦闘は熾烈だったが、マローダーパイロットのブライアン・「シャンティ」・オニール少佐は沖合で鬱陶しい零戦隊が引き揚げるまで待つよりも、ラエへ直接向かうことにした。間もなくコクピット左右のパースペックスごしに外を眺めた彼は、2機のマローダーが後続しているのに気づいた。それはラルフ・L・ミカエリス中尉とアーサー・M・ヒューズ中尉の機だった。3機は高度4,000mまで上昇、敵戦闘機に追跡されていないか確認してから降下し、高度2,500mで水平飛行にすると投弾した。それとほぼ同時に、やはり3機からなる1個小隊の敵機が直前方にいるのを彼らは発見した。反航した零戦隊は彼らの後ろに旋回して回りこみ、それから25分の長きにわたってつきまとった。いつ空襲があるかもしれないポートモレスビーに着陸するのは危険と考えてミカエリスはタウンズヴィルまで飛び切り、ヒューズはケアンズで一夜を過ごしてから、翌日タウンズヴィルへ戻った。

水津三夫1飛兵の空中衝突

空襲の終了後、さらに8機のマローダーがオニール少佐ら3機のあとを追った。本部付分遣隊はウォルター・クレル中尉、ウォルター・H・グリーア中尉、アルバート・H・スタンウッド中尉、ハワード・A・ヘイズ中尉で、4分遅れて第33爆撃飛行隊のジョージ・カーレ中尉の編隊（以下、ミルトン・ジョンソン中尉、レオナード・T・ニコルソン中尉、フレデリック・C・ニコルズ中尉）が後続した。

連合軍パイロット間の人間関係はいつも円滑とは限らず、険悪なこともあったと第22爆撃群パイロットのウォルター・クレルは記している。

「私が4機編隊でタウンズヴィルから7マイルに到着したのは、翌日ラエを攻撃するためだった。第33爆撃飛行隊のジョージ・カーレも4機で同じ作戦のためにやってきた。その夜、私たちはパイロット、航法士、一般搭乗員を集め、翌日の仕事の打合せをした。そこで無線の周波数、目標への接近方向、目標上空での高度、目標までのコース、最適な爆弾の種類などについて話し合った。陰気でいけすかないカーレはこの話に加わらなかった。翌朝、私たちはオージーの偵察機からラエ上空は雲が厚く垂れこめていると報告された。離陸は午後まで延期された。私がカーレに近づき、『君の飛行計画は』と聞くと、『俺の勝手だろう』と彼は二度も無愛想に言った。ビーンサンドイッチと紅茶の昼食のあと、私はも

高塚寅一飛曹長。1942年6月、ラエにて。彼も12空出身の老練なパイロットで、台南空のポートモレスビー攻撃作戦に多数参加した。高塚は1941年に中国で零戦が最初に実施した作戦にも参加している。

台南空の戦闘機がRAAFのボーファイターと最初に遭遇したのは、RAAF第30飛行隊のボーファイターがソプタ村の日本軍野営地と付近にいた大発を機銃掃射した1942年9月23日だった。写真はその作戦の直後の撮影で、ワーズ飛行場（5マイル）に配備されたボーファイターA19-2。イギリス軍の国籍標識中央の赤丸が塗りつぶされているのに注意。

1942年6月25日夜、RAAF第100飛行隊のボーフォート5機（A9-46、A9-38、A9-31、A9-54、A9-52）が7マイルを発進し、ラエとサラマウアの沖に位置するフォン湾で船舶を攻撃した。写真は1942年6月、その攻撃の少しのち、ワーズ飛行場で撮影された1機。

戦前からRAAFの第11および第20飛行隊はポートモレスビーのナパナパにあるフェアファックス港基地を拠点にカタリナを運用していた。RAAFのカタリナは1942年のニューギニア戦でよく働き、救難から夜間爆撃まで各種の任務をこなした。写真は1942年、クイーンズランド州ボーウェンの滑水台でオーバーホール中のもの。

う一度カーレのところへ行き、むっとした口調で『君の計画はどうでもいいが、そんな風にやる気がないなら、うちの編隊が迷惑するんだ』と言ってやった。私は自分が何時に離陸を予定しているかをきっぱり告げた。そしてカーレはその1時間前か後に離陸して、勝手に自分のショーをするんだろうと思った。だがもし奴がうちの編隊と一緒に目標まで飛ぶつもりなら、こちらのすぐ下を飛ぶに違いないと思った。

日本軍の見張員には少しも余計な情報を与えるつもりは毛頭なかった。私たちが山脈の西側尾根より下にいるかぎり、特にオーウェンスタンレーの山々が雲に覆われている場合、雲の端を飛べば見張員に機数、コース、高度をつかまれにくいことがわかっていた。この戦法で私たちは何度かラエの奇襲に成功していた。私は離陸すると列機を合流させるため、いつもの分数をかけてまっすぐ飛んでから、緩い180度旋回をし、滑走路と平行に飛ぶように引き返した。私の編隊は集合して所定の配置をとり、上昇を開始した。案の定、眼下の滑走路にカーレの連中がタキシングしているのが見えた。私は東進をつづけて離陸したカーレとその列機が集合できるようにし、それから約110度旋回して彼が後方につき、距離を詰められるようにした。しかし彼は私の後方で2〜3浬の距離を保ったままだった。

ラエへつづくマーカム峡谷に到着した時も、カーレはまだ右後方約1浬、300m上方にいた。山頂上空の雲は薄くなっていて、カーレの位置のせいで私たちが接近中なのが日本軍にばれたのは間違いなかった。私はマーカム峡谷を東に旋回してラエ上空で爆撃航過を終えると、南へ旋回して地上すれすれまで降下する代わりに、高度を保ったまま東進してから緩い180度右旋回をして海岸へ向かったが、これは目標から離脱したカーレがこちらの後方につけるように配慮したからだ。カーレには最悪の事態への備えができていなかった。彼は遅れて目標に達したため、手ぐすね引いて待っていたゼロは蜂の群れのようにカーレに襲いかかった。カーレに無線で話しかけ、こちらは君を待つつもりだと告げると、彼はうるさい、こっちは今ひどい目にあっているんだと言った。それにもかかわらず、彼はこちらの後方についてきたので、私たちは南へ旋回して地上すれすれまで降下した」

1210すぎに高度2,000mから爆弾を投下すると、クレルの4機編隊は高度を維持したまま東進してから、緩い右後方旋回でマーカム川の河口へと向かった。こうすることでカーレ編隊を自分たちの旋回銃塔で援護しようとしたのだが、台南空の零戦隊は高度1,500mで飛んでいたカーレの4機編隊を迎撃するため、すでに上昇していた。零戦隊は攻撃のため米軍編隊の右やや上方に占位したとクレルは記している。

「この時、私たちは多数のゼロに追尾されていたが、編隊が密なので火力も集中でき、しかも降下によって増速していたので、ゼロは私たちの右側にいつもの迎撃態勢をとって整列し、こちらの速度が落ちた時に攻撃しようとしていた。ゼロのうち1機は特に執念深く、その攻撃を妨害しようと彼の方に旋回したところ、さらに食い下がってきた。そのため彼はこちらの左翼上を通過した時、ほぼ全門の機銃の反撃をくらった。一瞬後、そのゼロはカーレ編隊の4番機、モー・ジョンソンのB-26に衝突した。航法士用の観測ドーム窓にいたグラウアーによると、B-26とゼロがもろに激突したそうだ。こうして私たちはポートモレスビーへ帰投した」。

この攻撃者は水津三夫1飛兵で、突如左へ鋭くバンクすると、攻撃隊から飛び出していった。彼にまともに突っこまれる形になったマローダー隊は、回避運動を強いられた。クレルは水津機の方へわずかにバンクした。高速で飛び抜けていく零戦にクレル機の側面銃手が一瞬の連射を加えたが、これが操縦者を死傷させたらしい。編隊を突っ切る水津機の速度があまりにも速かったので、反応する時間はほとんどなかった。カーレ編隊の左翼にいたニコルズにはもっと余裕があり、主翼を上方にあげて水津機を下へかわさせた。だが4番機のジョンソンには逃げ場がなかった。零戦は彼のマローダーの胴体上部を切り裂いて上方へ跳ねあがり、尾翼を切断した。大破して火球となった零戦の機体はもんどり打って前方へ落下し、尾翼を失ったマローダーは回復不能な水平スピンに入って眼下の海面に突っこんだ。仰天した周りの米軍機の搭乗員たちはパラシュートがないかと空に目をこらしたが、そこには何もなかった。ジョンソン機のクルーは遠心力のせいで回転する機体から脱出できなかった。上記の詳細な手記により、この事件が起きたのは一瞬だったことがわかる。

残りの7機のマローダーは降下によって加速し、海面高度で約340ノットに達した。7マイルに降り立ってから、彼らは損害をまとめた。負傷者は2名、マローダー1機が右補助翼を破壊され、機首プレキシガラス部を粉砕されていた。マローダーの全機が何発も被弾していた。第22爆撃群はこの日、零戦撃墜7機を公認されたが、実際の日本軍の損失は水津1飛兵機のみだった。クレルは今回の一件に憤慨していた。「7マイルに到着したところ、ディヴァイン大佐が到着していて、滑走路の近くに立っていた。カーレと私は別々の方向からディヴァイン大佐に近づいた。私が先に歩み寄ると、カーレは何か下らないことを喋りながら立ち去っていった。ようやく私は口を開き、あいつが今回の作戦について何か言うのなら、私にも言い分があります、と大佐に述べた。思うのですが、今回の件を反面教師にして、司令は指揮下の飛行隊を

統率するための策をとるべきではないでしょうか。リーダーシップですって？　ええ、これはまさしくその問題です」。

日本海軍の公式報告書は水津1飛兵の死を事故と認定したが、数ヶ月後、日本の画家、石川重信がラエ沖15浬で起きたこの事件を水彩画に描いた。その説明文は「ラエ上空の空中戦、弾丸が尽きての体当たり。B-26に突っこむ零式戦闘機」だった。これは彼の戦死を賛美する戦意高揚画だった。

日本帝国海軍ではしばしば体当たり攻撃は死後二階級特進となった。しかし水津の場合、死後の進級はなかったので、東京の上層部は彼の行動は意図的なものではなかったと判断したようだ〔編註：水津1飛兵は「聯合艦隊布告第10号」により二階級特進しており、この表現は妥当ではない。両著者はその確認ができなかったのだろう〕。

当日出撃した坂井三郎はこう書いている。

「味方零戦は期せずして一ヵ所に集まってきた。僚機は、何回も何回も左旋回でその上空を舞っている。もちろん、生きているはずもないのだが、それでも立ち去りかねるのである。私たち搭乗員は、急いで指揮所前に集まった。いま体当たりをした搭乗員はだれであるのか、基地の被害よりも早くそれを知りたかった。私は水津三夫一飛兵ではないかと思った。彼はラエ基地で一番若い経験の浅い搭乗員で、ほかの先輩たちが、毎日毎日、空戦に出発していくのを、いつも見送る組の一人であった。彼は彼なりに、俺も一人前の戦闘機乗りなのに、どうして連れていってくれないのか、それが不満でならなかった。そして、『俺はどえらいことをやるのだ』といつも口癖のようにいっていた。『こんどきやがったら、体当たりしても落としてやる』。若い真面目な水津一飛兵は、そんなことを、冗談ではなく、真顔でいっていた。私はそれを知っていたのである。だからあの体当たりを眼前で見たとき、『水津』だと直感することができたのだ。やがて、きょうの空戦に参加した搭乗員たちが全部、指揮所に集まってきた。足りない一人──それはやはり水津一飛兵だった」。【光人社刊「大空のサムライ」、「海面に浮く零戦の血潮」より】

安全なクイーンズランドでは冒頭の引用手記の筆者で、この作戦で飛ばなかったメリル・トーマス・デューワン少尉がこう記している。

「……雨は正午頃におさまった……午後遅くに連中がポートモレスビーから戻り、作戦の方は4機とも全員が無事だった、ありがとう神様。皆へとへとに疲れているみたいだが、でもいつもどおりだ、よかった。彼らはラエとサラマウアでジャップに大損害を与えたのだ……ラエでの空襲で（皆が）投弾して引き揚げる時、1機のジャップの『ゼロ』が迎撃しようとして、こちらの銃手に返り討ちにされた。その機は操縦不能になり、そのまま狂ったように不幸にもジョンソン中尉機に空中衝突し、両機とも炎上しながら海へ突っこんでしまった。ジョンソンは第33飛行隊のパイロットだった。ワーナーが彼の副操縦士で……うちの第22部隊よりもついていなかった。あっという間にばらばらになったそうだ。夕食後、私はバーテン役をよくつとめたが、あいつらは本当によく飲んだ！　作戦のことをたくさん聞かされたものだ……」

一方、1機のE型フォートレスが連続攻撃の効果評価のため、ラエ上空へ航空写真偵察に派遣されていた。正午の最初の航過は成功で、地上には爆撃機4機と戦闘機32機が写っていた。しかし2度目の航過でカメラが故障したので、そのまま離脱した同機は1700頃にホーン島に帰還した。その日の「お祝い」を締めくくったのは第93爆撃飛行隊のフェリックス・ハーディソン大佐率いるフォートレス6機だった。彼らは偵察用フォートレスがホーン島に接地した、まさに同時刻にラエ上空に到着した。彼らは300ポンド通常爆弾48発をラエの滑走路と掩体駐機場に投下した。爆弾は海に落ちたものもあり、一連の水柱があがった。

最後に5機の台南空零戦がフォートレス隊を1715にブルワ上空で迎撃し、まず正面攻撃を、ついで高度5,500mからの後方攻撃を仕掛けた。零戦の損失機はなかったが、フォートレス側は零戦撃墜1機、不確実3機と申告し、1機が両主翼とプロペラに被弾と申告している。着陸時にリチャード・スミス中尉のフォートレスが主脚を破損し、左内側エンジンで滑走路に溝をうがち、しばらく動けなくなった。この日、台南空のラエ部隊は延べ39機という驚異的な出動数を記録した。しかし容赦ない連合軍の攻撃に、日本帝国海軍屈指の飛行隊は徐々にだが、確実に消耗していた。

日本の画家、石川重信によるラエから15浬の地点での水津三夫1飛兵の最期を描いた水彩画。方向舵に紅白縞があるが、第22爆撃群のB-26は数ヶ月前にこれを消していた。(Ishikawa Shigenobu)

ウェルカーの脱出

陸攻隊による攻撃の下準備のため、1942年7月6日、上別府義則2飛曹の陸偵が単機でラバウルを発進し、ホーン島の偵察に向かった。同機は島の写真を午前中に撮影し、ラエ上空を経由してラバウルへ帰還した。同日、台南空は新たな護衛任務を与えられた。0715に零戦隊がラエを発ち、0645にヴナカナウを出撃した4空の陸攻21機と合流した。

第1中隊
第1小隊：山下丈二大尉、山崎市郎平2飛曹、岡野博3飛曹
第2小隊：高塚寅一飛曹長、羽藤一志3飛曹、国分武一3飛曹
第3小隊：西澤廣義1飛曹、新井正美3飛曹

第2中隊
第1小隊：笹井醇一中尉、米川正吉2飛曹、遠藤桝秋3飛曹
第2小隊：坂井三郎1飛曹、石川清治2飛曹、本吉義雄1飛兵

0915に戦爆連合はポートモレスビーに接近し、その5分後に陸攻隊が高度6,500mで真北から7マイル飛行場へ最初の航過を行なった。15分後、二度目の航過で7マイルの土盛りの掩体壕を見下ろす尾根に沿って爆弾が投下され、爆弾集積所を破壊すると、基地へと引き揚げた。この攻撃から30分後、零戦2機に護衛された陸攻1機が高度2,000mで12マイル飛行場からブートレス岬まで突如航過を仕掛けた。このような奇をてらった出現方法をとったのかは不明である。迎撃にあたったのは17機のP-39だったが、台南空機と交戦したのは第40戦闘飛行隊のエアラコブラ各4機からなる2個編隊のみだった。これらの編隊は最初に高度6,500mにいた爆撃機隊を発見し、マリオ岬までこれを追跡した。

1010にアンバシ見張所から「南西で空戦あり」と報告があり、雲中から双発機18機が現れ、機関砲と機銃による戦闘が10分間つづいたと言ってきた。この交戦で陸攻隊は敵戦闘機13機のうち4機と交戦、20mm弾143発と7.7mm弾984発を使用して全機を撃墜したと申告している。だがこの遭遇戦で撃墜された米軍戦闘機は皆無だった。ヴナカナウに帰還した20機の陸攻のうち、4機が15発被弾し、搭乗員1名が戦死、4名が負傷した。戦闘開始から7分後、江川廉平大尉の指揮官機は第2中隊第1小隊1番機の位置を去り、ラエへ向かった。第40戦闘飛行隊の戦闘報告にはこう記載されている。

「敵部隊が去ったのち、私たちはココダ街道付近に残っていたゼロ4機に攻撃された。私たちの3機編隊は攻撃された時、高度約5,700mにいた。ブースト圧は45インチ、緩降下中で対気速度は350ノットを示していた」

この4機は分隊長笹井醇一中尉を先頭に、山崎市郎平2飛曹、遠藤桝秋3飛曹、新井正美3飛曹が列機という強力なチームだった。その各員が確実撃墜3機を公認され、さらに新井3飛曹に未確認撃墜1機が認定された。

エアラコブラ隊の1機、P-400のAP377に搭乗していたのがハワード・ウェルカー少尉だった。米軍の戦闘記録によれば、彼はブナの英国国教会の上空60mで脱出し、戦死したとある。坂井三郎はこれに似た事例を回想録に記している（ただし坂井による日付は1942年7月22日）。

「敵は洋上低空を長い単縦陣で飛行しており、われわれに気づかれないように急速に高度を上げつつあった。最初に敵を発見したのは私だった。私はくるりとエアラコブラの方へ反転して、先頭の機の真正面に反航しながら降下していった。すると5機のP-39は全機いっせいに別々の方向へと逃げはじめた。敵は不意打ちのチャンスを逃し、私のすぐ後ろには零戦が五機ついていたので、高度的に不利な戦闘を避けようとしたのだろう。高い高度を利用して、機首を突っ込んで全速をかけると、すぐに敵の群れの中に追いついてしまった。二機が猛然と速力をあげて低空にあった雲の中へもぐりこんでしまった。さらに一機が雨の中に消え、もう一機も、どこかへ姿をくらませてしまった。

最後の一機はまだはっきりと見えていたので、私はその機を全速で追いかけた。その機も雲の方へと向かいかけたので、その鼻先をねらって威嚇射撃をしたところ、それをあきらめたようだった。P-39が左横転すると海上へと急降下したので、私は敵の後方二百メートルくらいに喰いつくことができた。敵は新型のエアラコブラで、海面高度でも私の零戦と同速で飛んでいる。だが敵は致命的なミスをおかした。飛行方向を間違えているのだ。モレスビーを目ざすのではなく、その正反対の方向へ向かっているのだ。燃料計を見るとまだ十分に余裕がある。これならば敵にひき離されることなく、なんならラバウルまでもついていけるだろう。数分後、米軍の搭乗員も自分のおかした間違いに気づいたようだった。針路を戻す以外に方法がなかった敵は、左へ鋭くバンクすると旋回した。こうした運動はおなじみだった。私は敵の旋回半径の内側に入り込み、そのやや左下方に移動した。エアラコブラに短く射弾を撃つと、敵機は逃れようと激しく横転を繰り返した。私は敵の後方に喰いつくと、海岸線に向かうよう、威嚇射撃をくりかえした。だが数秒間の隙をついて、敵は激しい運動でこちらを振りきり、モレスビーへと一目散に向かいはじめた。われわれの距離は二百メートルほどになっていた。

エンジンをオーバーブーストに入れても、敵との距離はつ

まらなかった。P-39はいつまでもまっすぐ飛びつづけているので、私は射距離まで近づくことができなかった。これではそろそろ引き返すしかないかと思ったところ、敵は考えを変えたらしい。洋上を飛ぶのをやめ、まっすぐスタンレー山脈へと針路を変えたのだが、そうなると敵は上昇するしかない。しかし、上昇力の点では、どんなP-39も零戦の敵ではない。少しずつ、だが確実に私は敵へと肉薄していった……距離五十メートル……四十メートル……三十メートル。私はしっかりねらって、機銃の発射把柄を引いた。だがまだ一発も発射しないうちに、敵はいきなり機体から飛びだした。敵機の高度は、地上約五十メートルもない。操縦員はきっと死んでしまったはずだ。私は、百メートル以下の高度から落下傘で降りて助かった例を知らない。操縦者が接地する直前、奇跡のように落下傘がぱっと開いた。敵はせまい空き地に降り、見捨てられた戦闘機は彼の数メートル前方に落ちると爆発した。私は彼がこの降下で生きのびられたのが信じられなかった。私は鋭く旋回すると、ジャングルのようすを見に戻った。そこには落下傘だけが残されていた」〔編註：この記述は「大空のサムライ」の「ロッキードに初挑戦」とほとんど同じだが、敵機の機種が新型エアラコブラなど、内容に相違点があり（例えば「大空のサムライ」には敵機の機種が書かれていない）、「Samurai!」を参考にしていると思われる〕

第39および第40戦闘飛行隊のパイロットたちは自分たちの戦闘機が零戦よりも機動性に劣ることをよく知っていたが、ウェルカーが地上へ追いつめられた最大の理由は後方の敵機による銃撃が激しかったためという証言が存在している。彼がおかれた絶望的な状況では、損傷した機体で地面に胴体着陸するよりも、いかに危険とはいえ落下傘降下した方がましだったのだろう。坂井は件のパイロットが降下後に逃げおおせたと考えていたが、実は着地時の衝撃で死亡し、遺体にはキャノピーの破片が載っていた。坂井がその墜落を目撃した可能性もあるが、それよりも同僚からその話を聞いて面白いネタだと思い、回想録に取り入れた可能性が高い。この戦闘後、零戦隊は7機と8機の2個中隊に分かれてラエへ帰投した。なお、ウェルカーの乗機はP-400で、P-39と同じく1942年4月以来、台南空が何度も戦ってきた機体であり、坂井や台南空のパイロットたちが「新型」のエアラコブラが登場したと考えた理由は不明である。

船団護衛

7月7日、輸送船野島丸が貴重な補給物資を届けにラエへ入港した。野島丸はトラック島から直行して来たため、台南空はラエに接近してきた同船に2機の護衛を派遣した。この日のホーン島爆撃に先立ち、木塚重命中尉の陸偵1機がラバウルを発進し、1025に目標上空の詳細な気象情報を打電してきた。この任務中、同機は1機のB-17と2機のB-26を発見し、ラエ経由でラバウルへ帰還した。正午少し前、4空の陸攻16機（2機が途中で引き返していた）が護衛機なしでホーン島上空に到達し、建物、倉庫、燃料集積所を破壊し、オーストラリア兵3名を負傷させた。陸攻隊が目標上空にいたのは10分間だけで、すぐヴナカナウへ引き揚げていった。

7月8日、台南空の零戦4機が、第30号駆潜艇に護衛されてラバウルへ向かう輸送船天山丸の上空援護を行なった。しかし上空からの護衛にもかかわらず、天山丸は1400に米潜S-37号にラバウルの約30浬西方で撃沈されてしまった。この撃沈で乗組員82名が死亡するなど、日本側の損害は大きかった。1000に太田敏夫1飛曹が率いる、山崎市郎平2飛曹と遠藤桝秋3飛曹を列機とする小隊が、単機で偵察にきたB-17Eを迎撃するためラバウルを発進したが、会敵できなかった。ラバウル（延べ16機）とラエ（同12機）の上空哨戒はこれ以外、何事もなく終わった。翌7月9日もラバウルの上空哨戒は2次行なわれたが（延べ6機）、空振りに終わった。

4空飛行長、撃墜される

7月10日、4空の飛行長、津崎直信少佐自らが指揮する21機の一式陸攻隊が0700にヴナカナウ飛行場を発進した。台南空のラバウル基地から発進した12機の零戦が、これを護衛していた。

第1中隊

第1小隊：山下丈二大尉、山崎市郎平2飛曹、岡野博3飛曹
第2小隊：西澤廣義1飛曹、新井正美3飛曹、国分武一3飛曹

第2中隊

第1小隊：笹井醇一中尉、遠藤桝秋3飛曹、本吉義雄1飛兵
第2小隊：坂井三郎1飛曹、米川正吉2飛曹、鈴木松己3飛曹

彼らがネルソン岬上空で合流したのは0915から0930のあいだだった。一方、ラエからは6機の零戦が0800に発進した。

第3中隊

第1小隊：高塚寅一飛曹長、宮運一2飛曹、一木利之2飛曹
第2小隊：山下佐平飛曹長、熊谷賢一3飛曹、木村裕3飛曹

高塚中隊はワードハント岬で後方援護として控え、敵爆撃機隊を追って山を越えてくると予想される連合軍戦闘機隊を

奇襲する計画だった。一式陸攻隊は高度6,000mでポートモレスビー上空に進入したが、連合軍側には運悪く、見張所の警戒網からの警報発令が遅れていた。1013に緑色の爆撃機隊は高度7,000mで北東から爆撃航過を開始した。第35戦闘群のエアラコブラ11機が迎撃に上がったが、以前よりも高い高度になかなか到達できず、会敵に失敗した。これは過給機のないエアラコブラの上昇力の限界のためだった。目標上空の対空砲火は激しく、オーストラリア軍の3.7インチ高射砲の正確な射撃により、爆撃航過開始から5分で陸攻隊は編隊を崩されてしまった。その模様をニューギニア軍はこう報告している。

「……対空砲火により、爆撃機隊は高度8,000mまで上昇した。H1砲台は33発を発射し、確実命中2発を、H2は15発を発射し、未確認命中2発を申告した。対空砲火により編隊は、14機と7機の2個編隊に分裂した。14機のうち2機が発煙し、高度を失っていった。大きい方の編隊はマヌバダ島の南東にいたH.M.A.S.ベンディゴ号の攻撃に向かい、爆弾はすべて目標から約200m離れた沈船ヴァビコリ号とプルース号のあいだの海面に線状に落下した。もう一方の編隊は針路を南南西に変え、マンゴラ号を攻撃した。爆弾は目標から約200m離れた島に落下した……」

攻撃を終えた20機の陸攻は正午ごろガスマタ上空を通過し、1310にヴナカナウに着陸した。山下丈二大尉指揮の零戦隊12機も、その10分前に着陸していた。高塚寅一飛曹長率いる零戦6機は1100までワードハント岬上空を哨戒したが、30分後にラエへ帰投し、敵を見ずと報告した。

陸攻の指揮官機の残骸は、大きなものがガイレ村のすぐ沖合に落下していた。連合軍情報部には好都合だが、ガイレ村の住人には迷惑なことに、陸攻の胴体部は大半が村の近くに落下していた。残骸から回収されてタウンズヴィルへ空輸された書類は「書きこみのあるニューギニアと周辺の島の地図。日本海軍本部の航空図、暗号手帳、航法用手帳、航空機と艦船の識別図、各種の写真や書類、下方の筋が欠損しているが少佐と思われる階級章」など。特に役立ったのが「偵察要具袋」と書かれた帆布製鞄に入っていた一揃いの地図だった。それ以外に南海基地方面の航法用参考図もあり、これは2日後にポレバダ村付近で発見された。

この陸攻の搭乗員は、(主操縦員)山縣茂夫大尉、(副操縦員)森田功1飛曹、(指揮官)津崎直信少佐(飛行長。当日の攻撃隊長)、(主偵察員)岡部一男飛曹長、(副偵察員)大久保賀寿男1飛曹、(副偵察員)松木正宏2飛兵、(先電信員)西九州男1飛曹、(次電信員)小林千代喜1飛兵、(搭整員)松本正2整曹で、機は爆発し、その搭乗員と搭載物のすべてがポートモレスビー全域に飛散した。

被弾した陸攻は当初、機内から火を吹きながら飛行を続けていたが、列機のある搭乗員は、その機内から搭乗員が1名、炎から逃れるためか落下傘なしで飛び出し、そのまま落下していくのを見たと報告している。この搭乗員の遺体は回収され、ボマナの日本軍墓地に埋葬された。焼けただれたばらばらの遺体が2体、通りがかったAIF第53民兵大隊のK・ウッド中尉率いる斥候隊によりガイレ村に埋葬され、その後さらに2体が同村近くに埋葬された。さらに1体が同大隊D中隊によりコキマーケットに近いモトゥアン村で発見されたが、これは背中を破片で貫かれていた。6体目の遺体はフェアファックス港の反対側の砂浜で発見された。

この撃墜はポートモレスビーの対空砲火が日本軍爆撃機に大きな打撃を与えた稀有な例となった。4空は、指揮官機を飛行長とともに失っただけでなく、2番機も中破し、さらに6機がボフォース砲の弾片で損傷していた。この出来事は忍耐強い陸攻の搭乗員たちに、戦闘機隊がいても正確な対空砲火からは逃れられないことを改めて思い知らせたのだった。

鈴木松己3飛曹の死と、さらなる行方不明エアラコブラ

台南空の戦闘機搭乗員たちにとり、7月11日の朝は新たな苦難の一日の始まりだった。その日の任務も4空の一式陸攻21機によるポートモレスビー攻撃の直掩だった。渡辺初彦少佐率いる陸攻隊は0800までにヴナカナウを離陸し、それから1時間少しののち、台南空の零戦12機がラクナイを発進して陸攻隊と合流した。山下丈二大尉を指揮官とする、台南空の編制は以下のとおりだった。

ラバウルから早朝出撃した一式陸攻部隊。天候が不安定になると、ラバウル基地の航空作戦は数日連続で中止に追いこまれた。

第1中隊
第1小隊：山下丈二大尉、山崎市郎平2飛曹、岡野博3飛曹
第2小隊：西澤廣義1飛曹、羽藤一志3飛曹、新井正美3飛曹

第2中隊
第1小隊：笹井醇一中尉、遠藤桝秋3飛曹、鈴木松己3飛曹
第2小隊：太田敏夫1飛曹、石川清治2飛曹、松田武男3飛曹

　ホーン島を発進し、ラバウルへ向かっていた第19爆撃群の6機のB-17Eは、1030にクレティン岬南東でこの戦爆連合を発見した。笹井中尉は陸攻編隊から自分の小隊を離脱させ、遠藤3飛曹と鈴木3飛曹とともにフォートレス隊へ向かった。やがて5分間の銃撃戦が発生し、フォートレスの銃手たちは零戦撃破2機、未確認撃墜1機を申告したが、事実、鈴木松己3飛曹の搭乗する零戦が撃墜されていた。この乱戦中にフォートレス隊は爆弾を投棄し、ポートモレスビーへ変針したが、損傷はごく軽微で、負傷者もなかった。

　残る笹井小隊の2機は1330にラクナイ飛行場に着陸し、使用弾数は2,830発と報告したが、戦果は申告していない。

　1038、9機に減っていた台南空の編隊はワードハント岬上空でオーストラリア軍のペンマ見張所により発見された。8分後、佐々木孝文大尉（5月3日にラエに満身創痍の機で不時着）機が作戦を中止し、最も近いラエへ引き返した。約1時間後、ロロナ見張所が日本軍爆撃機隊を発見し、その約20分後にポートモレスビーに対する第71回目の空襲が開始された。陸攻隊は高度7,000mで南西から爆撃航過に入ったが、すでに23機のエアラコブラが緊急発進しており、そのうちの1機が7マイル飛行場から出撃した第40戦闘飛行隊のエドワード・ジニャック少尉のP-400だった。

　高度4,500mへと上昇しつつあったジニャック機はエンジンが故障したため、30マイル飛行場（ロロナ）付近の平地に不時着、機体は大破し、ジニャックも重傷を負った。彼はその月末まで戦闘に参加できないまま、最終的に治療のため米国本土に帰還した。

　この一方、上空ではポートモレスビーの対空砲火によりひどく損傷した小川飛曹長の陸攻が負傷者を乗せたまま編隊から離脱し、2機の陸攻に伴われてラエへ向かった。ポートモレスビーのボフォース高射砲兵はこう申告している。
　「高射砲兵隊は確実命中1発、未確認2発を申告……爆撃機1機が高度を失っていくのを確認……」
　小川機は1300少しすぎにラエに到達し、着陸時に大破した。こうしてポートモレスビー攻撃で新たに犠牲になった機から、血まみれの搭乗員たちが運び出された。

　この一方、ポートモレスビーではエアラコブラ隊による迎撃に問題が生じていた。ジニャック以外に7機が機械故障ですぐに基地へ引き返し、さらに5機が会敵に失敗していた。2名が以下のように報告している。
　「……爆弾投下の前後に爆撃機隊を攻撃した。2機の爆撃機に機関砲弾と機銃弾が命中するのを確認し、両機は編隊を離れて高度を失っていった。高度3,500mでエアラコブラ5機が爆撃機7機を攻撃し、命中弾と尾部銃座1門の沈黙を確認した。エアラコブラ3機がこの7機を再度攻撃し、1機に確実に命中弾を与え、発煙を確認……」
　実際に日本軍爆撃機隊は合計6発被弾、軽傷者8名を出していた。

　白昼の空襲から30分後、台南空の零戦隊が戦闘を開始した。彼らは14機のエアラコブラを発見、これと交戦し、「高度4,000mでエアラコブラ2機が零戦1機を攻撃し、零戦は炎上しながら墜落」と報告している。第2小隊長の太田敏夫1飛曹は列機とともに3機でラクナイに1430に帰着した。1520にヴナカナウに帰着した17機の一式陸攻の搭乗員たちは、敵機撃破1機、使用弾数20mm弾144発、7.7mm弾2,397発と申告した。この日、最後に戻ったのは1630にラクナイに帰着した山下小隊で、ラエを経由したためだった。ラクナイの木造の指揮所で、台南空のパイロットたちはP-39撃破2機を申告、これはそれぞれ西澤廣義1飛曹と羽藤一志3飛曹によるもので、彼らは合計1,450発の機銃弾を使用した。

　この日、戦闘の混乱のなか、第40戦闘飛行隊のオーヴィル・A・カートランド少尉がP-400で消息を絶っていた。数日間にわたる捜索にもかかわらず、カートランドと彼の乗機は発見されなかった。

7月中旬の停滞

　7月12日は、ラバウル（延べ6機）、ラエ（同21機）とも、異常なく終わった上空哨戒は2次のみだった。フォートレス

オーストラリアで組み立てられた直後のベルP-400、BW-117。本機は1942年7月11日に失われた。尾翼にRAFのフィンフラッシュがまだ残っているのに注意。（credit Gordon Birkett）

作戦PM53号では、ラエから零戦8機が発進するのが確認されたが、会敵には至らなかった。接近するフォートレスを迎撃するため、7月13日0730にラバウルを緊急発進した太田敏夫1飛曹率いる7機の零戦隊の列機は、伊東重彦1飛兵、石川清治2飛曹、堀光雄3飛曹、吉村啓作1飛兵、遠藤桝秋3飛曹、国分武一3飛曹だった。これは第435爆撃飛行隊のドナルド・O・タワー中尉のB-17Eで、マダン、ロレンガウ、カヴィエン、タバル、ラバウルの偵察中だった。タワーは1130にランバート岬の西方20浬で零戦3機に攻撃されたと報告している。同機のクルーは未確認撃破2機を申告したが、本機の機体は両主翼、爆弾倉、操縦室、左外側エンジンに被弾していた。零戦隊はタワー機が雲中に逃れるまで40分間にわたり、執拗に爆撃機を攻撃しつづけた。

7月14日は集中整備のため作戦活動はなく、翌日のラエの上空哨戒（延べ16機）も何事もなく終わった。7月16日もラエ基地の上空哨戒は異状なく終わったが（同9機）、17日のラバウルの上空哨戒は6次あった。この時は第28および第93爆撃飛行隊の5機のB-17Eを迎撃するため、0900に16機の零戦が緊急発進し、あわや交戦という場面もあった。米機の搭乗員ははるか下方に所属不明の戦闘機1機を発見したが、これは攻撃してくることはなく、ヴナカナウで4、5機の戦闘機が駐機しているのを確認した。ラバウルではさらに空振りの上空哨戒がつづき（延べ25機）、この日は終わった。7月18日、4空の3個中隊（陸攻27機）が15機の零戦隊が護衛されてポートモレスビーへ向かったが、天候に妨げられ作戦は中止された。7月19日のラバウルは何事もなく、4次の上空哨戒（延べ11機）だけで終わった。

悪天候による4名の死

1942年7月20日に死亡した4名の台南空パイロット、栗原克美、宮運一、小林克巳、大西要四三については、当初その経緯が不明だった。この日、台南空は連合軍と交戦していないが、行動調書にその手がかりがあった。この4名のうち3名はつい最近、千歳空から台南空にやってきたばかりだった。その日午前のニューギニア北部の天候は最悪だった。厚い積雲と雨雲がダンピアー海峡を覆い尽くしていた。0730に14機の台南空零戦隊がラクナイを離陸してヴナカナウへ向かい、そこで4空の陸攻26機と編隊を組んだ。

第1中隊
第1小隊：山下丈二大尉、吉田素綱1飛曹、山崎市郎平2飛曹
第2小隊：林谷忠中尉、羽藤一志3飛曹
第3小隊：西澤廣義1飛曹、熊谷賢一3飛曹、吉村啓作1飛兵

第2中隊
第1小隊：栗原克美中尉、宮運一2飛曹、二宮喜八1飛兵
第2小隊：山下佐平飛曹長（引き返し）、小林克巳1飛曹、大西要四三3飛曹

さらに0900にラエを発進した6機の零戦が加わった。

第3中隊
第1小隊：笹井醇一中尉、太田敏夫1飛曹、遠藤桝秋3飛曹
第2小隊：坂井三郎1飛曹、米川正吉2飛曹、佐藤昇3飛曹

時刻は不明だが進撃途中で山下佐平飛曹長が作戦を中止し、ラエへ代替着陸に向かった。陸攻第22小隊の3番機（本田重男1飛曹）も機械不調のため、作戦を中止した。それから間もなくオーストラリア軍のゴイララ見張所がその2機が抜けた敵の戦爆連合を発見した。1012にココダのオーストラリア軍見張所が彼らはポートモレスビーへ向かっていると報告し、その8分後に爆撃機隊は同市に接近したが、敵戦闘機の姿はなかった。1025に北西から接近した爆撃機隊は7マイル飛行場を爆撃した。彼らの報告によれば、爆弾は飛行場の「ヤンキーヴィルからエヴァンスハウスまで」に落ちた。この攻撃でRAAF第32飛行隊のハドソンA16-179と燃料ドラム缶50個が破壊されたが、人的被害はなかった。連合軍の報告書には目標上空に零戦は12機しかいなかったとあるが、これは残りの8機が追撃してくる連合軍戦闘機を待ち伏せするため後方に控えていたか、もう引き揚げていたためだろう。

1100に爆撃機隊と11機の零戦はワードハント岬上空で合流し、1215に零戦隊だけが給油のためにラエへ向かった。このラエまでの飛行には1時間15分かかっており、通常よりかなり長く、その原因が悪天候なのは明らかである。

ラエでの給油後、零戦隊は分かれてラバウルへ向かったが、その際にこの4名の搭乗員が失われたことが25航戦の戦闘詳報で確認できる。この事実を裏づけるもうひとつの意外な資

1942年7月20日にラエでの給油後に消息を絶った搭乗員4名のうち3名。左から、宮運一2飛曹、大西要四三3飛曹、小林克巳1飛曹。（credit Takeda Nobuyuki via Harumi Sakaguchi）

料が、西澤廣義1飛曹が台南空の下士官搭乗員集合写真の裏に記した、「小林、宮、大西はラエのスコールに惜しき最期を遂ぐ」というメモである。

　山下佐平飛曹長がラエへ引き返した時、彼の列機だった小林克巳1飛曹と大西要四三3飛曹は、栗原克美中尉率いる第1小隊に合流し、そこには宮運一2飛曹もいた。栗原は若手士官だったが、5月からポートモレスビーやラエの上空での激戦のいくつかに参加しており、5月28日にはポートモレスビー上空でP-39撃墜1機を記録している。悪天候のために機位を失った4名が、一緒にとどまったであろうことは容易に想像できる。今回の悪天候による喪失は、ニューギニアに展開する日本海軍戦闘機隊が同島の気まぐれな南洋気候によって被った最大の損害だった。陸攻全機と残りの零戦隊は1315までにニューブリテン島のヴナカナウに帰着した。

　その日の朝、第39戦闘飛行隊のエアラコブラ2機がラエとサラマウアの偵察に出撃、敵影すら見なかったが、フランク・E・アンジア少尉の機がエンジン故障を起こし、不時着した。アンジアはその後戦列に復帰。戦後の1967年に米空軍第51戦闘航空団の司令にまでなる人物だった。

詮索好きな眼

　日本軍初の夜間戦闘機、のちに連合軍に「アーヴィング(Irving)」とのコードネームを与えられた「月光」の母体となる「二式陸上偵察機」略して「二式陸偵」が初めて戦場に姿を現したのは台南航空隊としてだった。その実戦デビューは1942年7月20日、台南空の小野了（さとる）飛曹長の操縦によりラエを発進し、ホーン島を偵察したものである。当時、小野は27歳。彼は中国戦線で敵の飛行場に着陸して敵機に放火した武勇談により、すでに海軍内で勇名を馳せていた。以前、空母の加賀と龍驤でも勤務したことがあり、終戦まで生き残れた数少ないパイロットのひとりとなる。

　本機は当初、長距離護衛戦闘機「十三試双発戦闘機（JINI）」として開発されたが実を結ばず、二式陸上偵察機（JINI-C）として偵察機に転用したものだった。7月初旬に台南空に配備された3機は中島飛行機製造第15、16、17号機だった。

　これらは主にラバウルで使用され、8月2日に1機が米軍戦闘機に撃墜されてからも、残る2機は巧みに運用されつづけ、ガ島侵攻から2日後の8月9日には同島の偵察を行なった。これらのサラブレッド機が予備部品の不足と整備の困難に直面していたのは、作戦の実施回数が8月に3回、9月に5回、10月に3回しかなかったことからも明らかである。9月14日、林秀夫大尉が二式陸偵でラクナイからガダルカナルのヘンダーソン飛行場へ実施した偵察作戦は、壮絶な結末に終わった。林機は多数のF4F-4に出迎えられ、最終的に海兵隊VMF-223飛行隊のケン・フレイザーとウィリス・リーズの銃撃により撃墜され、操縦員の高橋治郎1飛曹と電信員の有働忍3飛曹も彼とともに戦死した。

　当初からの3機の唯一の生き残り機に搭乗していた操縦員の小野了飛曹長、偵察員の木塚重命中尉、電信員の川崎金治1飛兵らは、1942年11月に本機の偵察能力評価試験をさらに継続するため、空路内地へ帰還した。

　こののち、有効な夜間戦闘機「月光」となるわけだが、その開発に台南航空隊は重要な役割を果たしたのだった。

小野了飛曹長は初めて二式陸偵でオーストラリア上空を飛んだパイロットである。

現在知られている台南空の二式陸偵の唯一の写真。後方に陽光を反射するトタン屋根が見え、尾翼記号のV-2がかろうじて読める。（Jim Lansdale）

第9章
ココダ
CHAPTER NINE : KOKODA

1942年7月中旬、大日本帝国陸軍第17軍司令官、百武晴吉中将はフィリピンのダヴァオで、麾下部隊にニューギニアでの戦闘準備を下令した。百武は幕僚らとともに7月24日にラバウルへ空路到着。4日後にはニューギニア総攻撃の命令が下された。それはオーウェンスタンレー方面を南海支隊と矢沢部隊（第41連隊）が攻撃する一方、川口支隊（第124連隊）がミルン湾を制圧し、この東部の基地を拠点に、山越え部隊と協同してポートモレスビーを攻撃する計画だった。

そのためにまず、日本軍は兵力と物資をニューギニアの北海岸に揚陸する必要があり、ラバウルを出発した輸送船団とそれを守る台南空機、豪米連合軍航空機による小規模な戦いが繰り広げられることとなる。

日本軍がRI作戦と呼んだ南海支隊をニューギニア北海岸のゴナの黒い砂浜に上陸させる計画は順調に進んだ。軽巡洋艦龍田、駆逐艦卯月、夕月、朝凪、敷設艦津軽、第32号駆潜艇がブナ船団を護衛した。ラバウルから来た3隻の輸送船、綾戸山丸、金龍丸、良洋丸は、物資の揚陸を7月21日に開始し、その夜のうちに完了した。これら部隊には数千名もの兵隊のほか、大発の荷降ろしや兵站などを支援する台湾人100名、ニューブリテン島で徴用されたトライ族1,200名、駄馬52頭なども加わっていた。馬の存在は、日本軍がポートモレスビーまでの道程をいかに楽観視していたかの証左である。

この少し前に台南空の陸偵がこの地形偵察を実施していた件は第8章で述べた。それは総合され、

「マンバレー川及びクムシ川に沿い海岸より内陸へ約5浬道路幅2ないし3m……ブナ、ココダ間、自動車通行可能道路1本あり……ココダよりファダ（イスラヴァ北側の山地）付近の険峻なる峡谷の中腹を縫う顕著なる道路を認む。ある者は自動車通行可能と見、ある者はやや困難と認めたり……おおむねこれより先はモレスビーに至る自動車通行可能程度の道路あり」

と判断されたが、さらに海軍／陸軍合同の偵察飛行が7月9日とその3日後に、いずれも2機の陸攻を使用してラバウルから実施された。3度目の偵察は正確な日付が不明だが、一式陸攻1機と台南空零戦5機で実施された。この3度目の偵察には陸軍輜重兵第55連隊の金本林造少尉が同行し、帰着後、南海支隊司令官、堀井富太郎陸軍少将に直接報告をした。

「残念ながら自信をもってお答えできませんが、たしかにギルアから道はあります。確認できたのはこれだけであります。自動車が通れるかは、上陸してみないとわかりません」

陸軍第17軍司令部は、道路の調査と整備が必要であるが、それには十分対処できるだろうと判断した。これにより兵站に失敗し、それが敗北へとつながっていくのだった。

衝突コース

7月22日の水曜日はRAAFと米陸軍航空軍が伝説的なココダ戦役に直接介入した最初の日だった。米豪軍の協同作戦に対し、日本軍最強の戦闘機隊である台南空が参戦し、その日の午後にRAAFが大損害を出すなど、この日の戦闘は太平洋戦争の最初の一年の縮図のようだった。

この日、ブナ航空作戦の手始めとして、日本軍は通常の航空偵察から着手した。4空の一式陸攻が2機、600浬の直線飛行から左に60浬進み、パプア湾の東側海域を下見した。ヴナカナウから0652に小南良介2飛曹機がA4区を哨戒するため発進し、小沢敬次1飛曹機がその15分後にA3区の哨戒のため発進した。両機は敵に遭遇することなく、その日の午後、別々にラバウルへ帰還した。0625に最初に反応した連合軍機はRAAF第32飛行隊のL・W・マニング大尉のハドソンA16-218だった。彼のロッキード爆撃機は高度3,500mから爆弾を投下したが、手前に落ちてしまった。数分後、つづいて投弾したのは単機で飛んでいた第435爆撃飛行隊のロバート・M・デボード中尉のB-17Eだった。デボードは偵察にあたって航続距離を最大化しようと、エンジンを高マニフォールドの低回転に設定していた。彼はブナに低高度で接近し、爆撃手のリチャード・H・オルソン軍曹が300ポンド爆弾14発を投下した。駆逐艦を狙った最初の5発ははずれたものの、0810の第2撃で輸送船綾戸山丸に命中弾を与え、火災を発生させた。乗組員3名と兵士40名が死亡し、多数の車両も破壊された。同船は2000頃に沖合半浬ほどの砂州に乗り上げて擱座した（本船はその後、連合軍に「ゴナ難破船（ゴナ・レック）」として広く知られるようになる）。その後3時間、デボードのフォートレスは付近を密やかに飛行し、後続する攻撃隊

の案内をした。1150にはこう報告している。
「全艦船がブナを離れた。巡洋艦2＋輸送船1（8,000トン）、駆逐艦2が進路360度、ブナより25浬。輸送艦1、商船2が針路300度、ブナより5浬」

0855、第13および第90爆撃飛行隊のミッチェル6機が高度2,500mから良洋丸を爆撃したが、命中しなかった。一方、ポートモレスビーでは米陸軍航空軍のエアラコブラ飛行隊群が最高警戒態勢に入っていた。ここでは第39および第40戦闘飛行隊が1942年6月初旬から活動していたが、第41および第80戦闘飛行隊の分遣隊は2日前に到着したばかりだった。またラロキ飛行場にはRAAF第76飛行隊のキティホーク12機があるだけだった。使用可能な米豪軍戦闘機はすべて上陸作戦への機銃掃射とミッチェル爆撃機隊の護衛に出撃した。こうしてココダ航空戦が本格的に開始された。

第40戦闘飛行隊初の損失者

まず第40戦闘飛行隊のP-400の4機編隊が0900にポートモレスビー上空で集結し、ココダ街道へ向かった。彼らは荷下ろし中の大発を機銃掃射したが、応射された。間もなく第80飛行隊が彼らに合流。同部隊の記録にはこうある。
「隊員たちはB-25攻撃隊を援護しながら、ブナ沖の船団や戦域内の舟艇への機銃掃射に直ちにとりかかった。彼らにとって、これは砲火による良い洗礼になった。この戦闘で部隊はハンター少尉を失ったが、彼は高射砲に被弾して脱出したことが判明している」

「ピンキー」・デイヴィッド・ハンターは第40戦闘飛行隊初の戦闘損失者になった。被弾直後に彼はドアを投棄したが、それは後続していたエアラコブラのあいだを抜けていった。彼は乗機をうまく着水させ、無事脱出したかと思われたが、そこは日本軍勢力圏の奥深くだった。のちに入手された日本軍の日誌には、ハンターがたどり着いた陸地は揚陸中の大発からほど遠くない場所だったことが記されていた。捕虜にされた彼は1942年8月初旬にラバウルへ船で送致され、その際の状態は日本軍の記録によれば「火傷と軽傷を負っているが……治癒しつつある」だった。治療後、彼は憲兵隊の収容所に入れられたが、その期間は不明である。判明しているのは、斬首された彼の遺体が戦後掘り出されたという事実である。ハンターはタヴルヴル火山の麓で処刑された。

エアラコブラ「パプアン・パニック」号

ポートモレスビーでは第40戦闘飛行隊のエアラコブラ4機編隊からガース・B・コッタム少尉の「パプアン・パニック」が行方不明になっていた。彼の最期を目撃した者はいなかったが、原因は悪天候によるものと結論された。これは飛行隊副官のフィリップ・K・シュライヴァー中尉が彼の父親あてに出した1942年9月24日付の手紙にも書かれている。
「すでにご子息のガース君が戦闘間行方不明になったことはお伝え済みのことと存じます。厳格な検閲規定のため、これまで彼が行方不明になった経緯について詳しく書けなかったことを大変申し訳なく存じます。7月23日、ガース君はニューギニアのブナ湾上空で所属飛行隊の作戦に従事していました。攻撃目標地域で悪天候に遭遇したにもかかわらず、彼は1番機として他機が引き返したあとも進みつづけました。彼が攻撃のため低い雲と霧のなかへ降下していったのが目撃されています。しばらくのち、彼は僚機に天候が悪すぎて作戦は無理だと通信しました。それ以降、ガース君からの連絡は途絶え、彼がふたたび姿を現すことはありませんでした。彼は敵に対して攻撃を続行しようとしたものの、視界不良のため墜落したものと私たちは考えています……」

多くの資料がコッタムが消息を絶った日を1942年7月23日としているが、彼の行方不明がポートモレスビーからタウンズヴィルへ伝えられたのが23/0856であり、じつはその通知に彼が消息を絶ったのは前日の22/0648であると書かれている。この送信日の7月23日が、シュライヴァーが手紙に書いているように、行方不明になった日として誤って公式に記録されてしまったらしい。

一方その日の朝0800少しすぎに、第2および第408爆撃飛行隊のマローダー6機が7マイルを出撃した。指揮官はラルフ・L・ミカエリス大尉だった。この日のニューギニア北海岸は雲が多く、雨模様だった。間もなくハリー・O・パターソン中尉機が故障で引き返したが、それ以外の機は悪天候で迂回飛行をしていたB-25部隊のすぐあとに目標上空へ到達した。マローダー隊は300ポンド爆弾35発を投下し、午前半ばに基地へ帰着した。そのあとにつづいたのが第28および第30爆撃飛行隊のB-17E、10機で、これはオーストラリアから直接飛来した。彼らは駆逐艦2隻と輸送船1隻を爆撃した。ラウス少佐はこう記している。
「完璧な目標を晴天下に発見し、反撃もなかったのに外してしまった。我々はこれまでで最大の編隊だったのに外してしまった」

ラウスはフォートレスに激しい憤懣を感じていたが、戦後の専門家は同機の洋上目標に対する攻撃能力は中～高高度では期待できないと結論している。

つづいて1000に7マイル飛行場からRAAF第32飛行隊のN・ストラウス中尉が操縦するハドソンA16-173が発進し、橋頭堡の撮影に向かった。1時間後、澄みきった空のもとで

零戦とおぼしき3機を300m下方に発見したため、ストラウスは直ちに南へと針路を変えたが、追撃はされなかった。実際にはブナ上空に日本軍戦闘機はいなかったので、彼らが見たのは付近を哨戒していた味方の3機のエアラコブラだったようだ。この日の午前、ブナ橋頭堡上空で予定されていた台南空の3次の進撃哨戒（延べ18機）はフォン湾に大雨をもたらした嵐のために中止され、この空域で実施されていた唯一の航空活動は4空の陸攻2機によるラエへの物資と人員の輸送だけだった。渡辺定治1飛曹のF-323と小沢敏雄1飛曹のF-375はいずれも1010にラエに着陸し、輸送を終えると、ヴナカナウにその日1500に帰着した。

勇敢なハドソン

7月22日1330頃、第39および第80戦闘飛行隊のP-39に加え、第41および第80の支隊が各個でブナの黒い砂浜で臨機目標に対して機銃掃射を行なった。すでに日本の輸送船団は揚陸を終えてラバウルへ向かっていたが、連合軍司令部は帰還する船団を追尾しつづけた。RAAF第32飛行隊のハドソンA16-201が単機、武装偵察のため1130に7マイル飛行場を発進した。ところが1330頃、同機よりゴナから約20浬海上に進出したと通信があったきり、連絡が途絶えた。各種資料により、おそらく彼らは駆逐艦の発見に失敗したものと推測される。日本側の記録によれば、同機は帰路、ブナに爆弾を投下している。一方、連合軍の航空攻撃に対抗して、計18機の台南空零戦がラエから出撃し、ブナ橋頭堡と船団の護衛に、各6機、3班が交代で当たっていた。河合中隊は曇り空のラエから最初の哨戒部隊となる3時間の第1直に発進した。

第1小隊：河合四郎大尉、吉田素綱1飛曹、後藤竜助3飛曹
第2小隊：林谷忠中尉、鈴木正之助2飛曹、羽藤一志3飛曹
〔編註：原著では鈴木正之助2飛曹を星野嘉助2飛曹と全て誤記〕

黄色の斜め帯を巻いた第2小隊は1345に小型機1機を短時間、遠方に目撃したと報告したが、これはPM94作戦中のエアラコブラで、1530に何事もなく基地へ帰着している。
約30分後に台南空の第2直が発進した。

第1小隊：山下丈二大尉、山崎市郎平2飛曹、岡野博3飛曹
第2小隊：高塚寅一飛曹長、松木進2飛曹、本吉義雄1飛兵

船団の発見に失敗したため、山下の赤帯を巻いた哨戒部隊は1600ちょうどにラエに帰着した。最後の哨戒部隊となる3直は1400にラエを飛び立ったが、これがハドソンを撃墜したのだろう。この青い斜め帯を巻いた零戦6機は以下の2個小隊の編成だった。

第1小隊：笹井醇一中尉、太田敏夫1飛曹、遠藤桝秋3飛曹
第2小隊：坂井三郎1飛曹、米川正吉2飛曹、茂木義男3飛曹

この6機はゴナ／ブナ上陸地点に離陸から45分後に到着すると、遠方にいた単機の双発爆撃機をたちまち発見した。これがウォーレン・コーワン少尉のハドソンA16-201だった。6機の零戦はハドソンを仕留めるため、下後方から徐々に高度を上げていった。追跡者に気づいたコーワンが緩降下で増速し、味方の多いミルン湾へ向かったのは間違いないだろう。彼はこのような数に勝る零戦隊が相手では、いずれ追いつかれることを悟ったはずだ。零戦隊は最高速度を上げるため増槽を投棄し、追撃戦は時間と距離の制限がある、一連の後方攻撃となった。距離が約600mになったところで、突如ハドソンは垂直旋回し、追跡者へ機首を向けた。零戦隊は鋭く旋回し、ハドソンと第二次大戦当時の日本式編隊空戦を10分間にわたって展開した。

片発での旋回の効果か、急激な機動にもかかわらず、ハドソンは自らを零戦隊の真っ只中に投じただけになってしまった。ブナへ戻る逆針路となってしまった同機は旋回銃塔をつぶされ、さらに低高度で左主翼から発火、高度を失い、眼下のジャングルにフルスロットルで突っこんで、ポポガ村の

I・E・クロッシング中尉、A・G・マクロード中尉、V・F・サリヴァン大尉は全員がRAAF第76飛行隊の所属で、「キティボマー」急降下爆撃機が太平洋戦争で初めて投入されたPM95作戦に参加した。写真は1942年7月22日、7マイルで出撃直前の3名。（credit Damien Parer）

近くで爆発した。行動調書には撃墜時刻は1450と記録され、戦果は6名全員の協同撃墜とされた。既婚者だったパイロットのウォーレン・コーワンは31歳で、ほかに戦死者は航法士のD・R・テイラー少尉、銃手のR・B・ポラック軍曹、L・E・シアード軍曹だった。A16-201の残骸はその後1945年3月1日にエンジン番号から確認され、オーストラリア屈指の従軍記者デニス・ワーナーによれば、「密林のなか、数百フィートにわたって散らばっていた」という。搭乗員たちは現在、ラエの英連邦戦没者墓地に眠っている。

RAAFのキティボマー部隊

再給油と再爆装後、第2および第408爆撃飛行隊のマローダー6機は「コサック」にケネス・N・ウォーカー准将を機上偵察者として乗せると、再び7マイルを飛び立ち、1340にブナ上空に到着した。そこで彼らは300ポンド爆弾22発と500ポンド爆弾14発で2隻の駆逐艦を攻撃した。至近弾1発で卯月が軽微な損傷を負い、負傷者16名を乗せたままラバウルへ後退を強いられた。帰着時、ミカエリス大尉のマローダーは前脚が下りなかったため、7マイルに胴体着陸を強いられた。7マイルに控えていた12機のRAAFキティホークのうち、まず7機をいわゆる「キティボマー」急降下爆撃機として太平洋戦線に初投入することが決定された。各機は500ポンド爆弾を抱いてオーウェンスタンレー山脈を越えることとなった。爆弾運搬台車から人力で爆装後、「アブドゥル・ザ・ブル」（A29-39）に搭乗するピート・ターンブル少佐の指揮のもと、飛行隊は3機と4機の2個編隊に分かれて出撃した。その日の午前中にハンターのエアラコブラが撃墜されていたため、その原因となったナパポ村付近の対空砲陣地に報復攻撃を実施することになった。彼らの護衛には8機のエアラコブラがついていたが、山脈を越えて雲中を降下するうちにエアラコブラ隊ははぐれてしまった。天候が良くなりつつあった目標上空に到達したキティホーク隊は、1530に「フォッケウルフ戦闘機」（！）の2個編隊に遭遇した。これはコーワンのハドソンと交戦した台南空の6機の零戦だった。彼らはキティホーク5機と交戦した（彼らも機種をP-39と同じく誤認していた）。ターンブルのキティホーク隊は急遽爆弾を投棄し、零戦隊と戦闘を開始したが、彼らに低空を55浬近くポートモレスビーまで追跡されることになった。この勝負のつかない空戦で貴重な燃料を使ってしまったため、ターンブル、M・S・ボット中尉、R・C・キャロル軍曹は1600にミルン湾の代替飛行場へ着陸することになった。一方、I・E・クロッシング中尉、A・G・マクロード中尉、ヴァーノン・F・サリヴァン大尉とRAAFパイロットほか1名はポートモレスビーをめざしたが、燃料はぎりぎりだった。

サリヴァンは燃料が足らず、ポートモレスビーの周辺基地のひとつ、ロロナ飛行場付近の涸れた川床に不時着を強いられた。その後、彼はジェリカンでアリソンエンジンの渇きを癒すと、キティホークA29-88を飛ばして帰還した。一方、6機の零戦隊は午後遅くに無事ラエへ帰着したが、その使用弾数は5,660発だった。これは長時間にわたる空戦で零戦の全機がほぼ搭載弾を撃ち尽くしていたことを示している。日本軍側はP-39撃墜1機の申告が遠藤桝秋3飛曹に認定されているが、実際に損傷したキティホークはターンブル少佐の「アブドゥル・ザ・ブル」1機で、しかも被弾は1発のみ（！）だった。

小川義司3飛曹の零観

前日から近接航空支援のため、第8根拠地隊は聖川丸飛行隊から3機の三菱零式観測機をサラマウアに派遣していた。分隊長は山田正治大尉で、以下、佐藤武千代3飛曹と三代武雄2飛曹がいた。彼らは0730にシンプソン港を離水すると、ニューギニアの北海岸に向かい、ムボ周辺で味方の哨戒を支援したのち、彼らは1100にサラマウア沖に着水して上陸したと、オーストラリア軍沿岸見張員は報告している。彼らは正午少しすぎに短時間の哨戒飛行を実施し、さらに短い休憩ののち、1330に再びブナへ向かい、1時間15分後に着水した。

1545に小川義司3飛曹（操縦）と三代武雄2飛曹（電信）の零観が離水したが、1時間後に第39戦闘飛行隊のエアラコブラ9機によって発見され、ラルフ・G・マーティン少尉がその撃墜を認定された。離水する小川機に彼は急降下攻撃を仕掛けたが、機銃が故障したため、再装填してから再び日本機の姿を追い求めた。マーティンは雲間を縫うように飛ぶ同機を発見し、撃墜を確信するまで3度の攻撃航過を加えた。実際には零観の被弾は3発のみで無事着水したが、場所は示されておらず、時刻はなんと1700（！）となっている。

サラマウア付近のオーストラリア軍見張員の報告によれば、1740に水上機1機が現地に着水している。おそらくこれが小川機で、着水後に安全な場所に退避したか、エアラコブラ隊に追跡された同機がモロベで安全に着水してから、サラマウアに戻ったとも考えられる。いずれにしろ小川機が損傷し、修理のため4日間戦列を離れたことは事実である。

最後の攻撃

連合軍の航空作戦はその日の夜間も行なわれた。1745に第13および第90爆撃飛行隊の5機のB-25が中高度からブナの砂浜を爆撃、大型船はいなかったが、20隻の大発が確認された。10分後、第435爆撃飛行隊のB-17Eが単機で到着し

1942年7月22日、7マイル飛行場に強制着陸した直後のB-26「コサック」。航空基地に新鮮な水を供給している水道本管の上に機首が乗り上げて止まったが、幸運にも水道管は破損しなかった。（AWM）

が、この機も大型船を発見できず、ミッチェルが浜辺で確認していた動力付き上陸用舟艇に爆弾を投下した。その日最後の攻撃隊は第19爆撃群のフォートレス4機で、こちらはホーン島から飛来し、やはり大型船を発見できなかったので、すでに炎上していた綾戸山丸に500ポンド爆弾28発を投下した。もう1機のB-17Eが攻撃することなく基地に引き返して、連合軍の攻撃は幕引きとなった。

この日のお粗末な戦果についてチャールズ・A・ウィロビー少将はこう絶望的に記している。

「後世のために記そう……我々は予め承知していながら、自らの航空戦力でこの上陸作戦を防げなかった」

しかしここには悪天候により連合軍の攻撃が大幅に妨げられていた点が指摘されていない。この数日間、ポートモレスビー全域が大雨で冠水し、連合軍航空機が攻撃に飛び立てないことも多く、目標の監視と識別も困難だった。ただ、それとは関係なく、フォートレスは太平洋戦線で洋上目標の攻撃で目覚ましい戦果を上げることは最後までなかった。オーストラリア軍と米軍のパイロットたちはそれから数日間、ゴナ／ブナ橋頭保の目標と舟艇に機銃掃射と爆撃をつづけた。さらにRAAFのカタリナ部隊も出動した。RAAF第11および第20飛行隊が月末まで睡眠妨害攻撃を継続し、目標上空を5時間も飛行した。7月30日にはRAAF第32飛行隊のハドソンが単機で、同部隊のニューギニアにおける最後の作戦を実施し、ブナ地区の敵陣地を攻撃した。その後、RAAFのハドソン部隊はココダ街道を前進する敵斥候部隊を全力で食い止めていたカンガ軍への物資投下任務に専念するようになった。

ブナ戦、第2日

7月23日払暁、ポートモレスビーの連合軍司令部の命令により、第40戦闘飛行隊のエアラコブラ4機がサラマウアから報告された敵護衛艦と同地を拠点とする水上機隊の攻撃に派遣された。記録ではこの日、駆逐艦夕月がサラマウアにいたとあり、これが目撃されたのだろう。エアラコブラ隊は0645から20分間にわたって目標上空を滞空していたが、雲と靄が沿岸の大部分に低く垂れこめる悪天候のせいで攻撃の成果は確認できなかった。ブナ上空の台南空哨戒機も視界不良に悩まされたが、敵編隊の迎撃のため、ラエから4機の零戦が緊急発進している。さらに払暁時に聖川丸飛行隊からも2機の零観がサラマウア橋頭堡の哨戒のために派遣された。

分隊長山田正治大尉と僚機の佐藤武千代3飛曹の零観2機は、エアラコブラ隊が引き揚げた直後の0710にサラマウアの静かな海面へ着水。彼らは敵機には遭遇しなかったと報告した。サラマウアの沿岸見張員は0640と0715に航空機の爆音を上空に聞いたと報告しているが、このそれぞれがエアラコブラの到着と零観の帰還のものだったのだろう。

一方、第435爆撃飛行隊のフライングフォートレスがPM42作戦のために早朝に出撃していた。ワードハント岬、ブカ、ラバウル、ニューハノーヴァー、ロングアイランド、クレティン岬（これはJエリアと呼ばれていた）を偵察して、ポートモレスビーへ戻るものだった。

1245に華廣恵隆2飛曹と有働忍3飛曹の搭乗する台南空の陸偵がラクナイを発進した。1315に同機は単機で飛来してくる「フライング・カンガルー」フォートレスに30kg爆弾2発を投下した。フォートレスの乗員は「駆逐艦1、商船1を南緯03度50分、東経151度40分、1423に発見。ラバウル港北部に船舶4、サルファ川に飛行艇数機。燃料不足のためラバウル以北へは行けず。中島タイプ97［原文ママ］と交戦。敵機は対空爆弾2発を投下す。損害なし」と報告した。この珍しい30kg爆弾は1939年に採用された九九式三号爆弾で、先端に瞬発信管を、尾部に機械式時限信管を装備していた。尾部には15kgの炸薬が充填され、弾体にはリン火薬の入った144個の鋼製小型焼夷弾が内蔵されていた。投下されると尾部安定翼により弾体が回転し、爆発すると点火された子爆弾が有効半径70mの下方へ飛散する構造だった。こうした特殊兵器は独創的ではあったが、攻撃が成功することはほとんどなく、それは今回も同じだった。

遠すぎた飛行場〜零戦三二型の到着〜

ブナ上陸作戦を支援するため、工兵隊はブナに飛行場を建

第22航空戦隊付属戦闘機隊は2個分隊編制で、うち1個は稲野菊一大尉が指揮官だった。稲野は1941年11月に零戦二一型14機とその搭乗員とともに台南空から22航戦へ分遣されていたが、〔編注：鹿屋空戦闘機隊分隊長を経て〕1942年7月末頃に台南空へ帰隊した。河合四郎大尉は同期生である。写真手前の零戦二一型は22航戦付属戦闘機隊のII-108号で、側面図43を参照されたい。

設せよという三川軍一中将の命令により、ブナに7月23日に600名が上陸し、さらに3日後と7日後に2個の増援部隊、計900名がこれに加わった。飛行場建設用の物資を輸送していたもう1隻の輸送船は連合軍の激しい攻撃にラバウルへ後退を強いられ、7月31日にブナ到着を予定していた別の船団も同じ結果になったが、こちらにはニューギニアの山脈を越えるための戦闘部隊が満載されていた。それでも飛行場建設は進められ、少ないながら角型の盛り土製掩体壕が建設され、対空砲陣地も構築されていた。滑走路は水はけの悪さが問題だったが、ブナ飛行場は間もなくフル回転するはずだった。日本軍にとって重要だったのは、ブナからポートモレスビーまでの距離がラエからの三分の一しかない点だった。

皮肉なことに日本軍がブナ飛行場を建設する前に、連合軍も同地への飛行場の整備を計画していた。そのわずか10日ほど前の7月11日、ポートモレスビーを拠点とするRAAFカタリナがその沖合に着水し、地形の視察に来た米軍士官3名とオーストラリア軍士官3名を降ろした。米軍の高官が2名含まれていたことからも、連合軍が本腰を入れていたことがうかがえる。バーナード・L・ロビンソン中佐はポートモレスビー駐在の米軍工兵隊の責任者で、ボイド・「バズ」・D・ワーグナー中佐は第8戦闘群の司令だった。彼らはドボドゥラのクナイ草の草原の方が適していると幸運にも意見が一致したため、連合軍はブナへの関心を失ってしまった。

ブナ飛行場が作戦に使えるようになったのは1942年8月中旬。飛行場の状態は何をとっても最低限のままで、しかも連合軍の航空攻撃によって基地設営への努力は妨害されつづけ

ていた。飛行場の警戒システムは貧弱で、その結果、台南空の分遣隊は大きな損害を出しし、ブナ飛行場の使用期間中、ここを拠点とする零戦が10機を超えることはなかった。

7月29日、内地から梱包状態の零戦三二型を20機運んできた輸送船第二日新丸がラバウルに到着した。台南空は当時ラバウルを拠点とする唯一の戦闘機部隊だったため、この新型機を最初に引き渡された。さらに15機の三二型が数週間後に引き渡されているが、後年ブナで鹵獲された三二型の残骸から、かつて台南空と2空の所属機だったことが判明しているのは以下のとおりで、4ケタの数字が製造番号である。3018［V-177］、3020、3021、3024、3028［V-187］、3029、3030［Q-102］、3032［V-190］、3033、3035［Q-101、のち2-181］、3036［Q-104］、3042［Q-108］、3044。零戦三二型の到着は、それ以降二一型が来なくなるという意味ではなかった。把握された製造番号から、この時期より多くの二一型が第4中隊に配備されていたことも判明している。第4中隊に割り当てられた尾翼記号はV-171からV-179だった。うち二一型はV-171、V-173、V-179が鹵獲されている。

8月18日に哨戒を行なったラエ所属の台南空零戦6機が、最初にブナに着陸した航空機だった。彼らは一晩とどまってから、翌日ラエへ帰還した。8月23日には台南空と2空各8機、計16機の零戦がブナへ進出し、約1週間作戦を行なった。両航空隊とも零戦三二型をブナ基地への配備機としたが、これは航続距離が短いためで、ラバウルに残ったその他の三二型は上空哨戒と防空にあてられた。一方、ラバウルとラエでは二一型が使用しつづけられたが、これは長大な航続力が必要なためだった。

A-24バンシーの復帰

日本軍のブナ上陸は予想外だったが、これはココダ戦の先駆けとなるものだった。この奇襲上陸作戦により、連合軍は航空機材を懸命にかき集め、「引退」していたA-24急降下爆撃機8機までもが戦列に復帰し、今度はクイーンズランド州のチャーターズタワーズに配備された。彼らの親部隊、第8爆撃飛行隊は新型のA-20A襲撃機へ機種転換中だった。間もなく8機の急降下爆撃機はポートモレスビーへ戻され、7月24日にフロイド・「バック」・ロジャース少佐の指揮のもと、第39戦闘飛行隊のP-400が護衛につき、ブナ橋頭保の攻撃に出撃した。そのひとり、チャールズ・キングは日記にこの作戦のことを「精密攻撃と編隊飛行の模範」と記している。この攻撃が成功した最大の要因は敵戦闘機による反撃がなかったことだが、ラエ周辺を台南空の零戦隊がうろついていることは、十分予想されることだった。5日が経っても、日本軍の地上部隊はまだブナ橋頭堡の付近に集結したままだった。

エアラコブラ隊の護衛があれば安全だということで、さらに同様のA-24による作戦が実施された。しかし次回の作戦では大波乱が待っていた。

めまぐるしい作戦

　7月24日のラバウルとラエの上空戦闘哨戒（各延べ6機と3機）は異状なく終わり、ポートモレスビー戦爆連合攻撃では、河合四郎大尉率いる零戦隊15機が、江川廉平大尉指揮下の4空陸攻隊23機を護衛した。その合流直前、陸攻1機が引き返し、さらに2機がガスマタとラエにそれぞれ代替着陸した。エアラコブラ16機が滞空していたが、会敵に失敗したため、台南空機は攻撃中、敵機に遭遇しなかった。

　翌25日も台南空にとって忙しい一日となった。連合軍は昼間攻撃を支援するため、夜間の睡眠妨害攻撃を漸次実施するようになった。RAAF第20飛行隊のR・M・ハースト大尉を機長とするカタリナA24-22が前日の1730にケアンズを発進して実施したのが、その一例である。RAAF第32飛行隊のN・B・クラーク軍曹のハドソンA16-192も深夜0000頃ポートモレスビーを発進し、カタリナとの合流に向かった。両機はゴナを眠らせないために爆弾と照明弾を搭載していた。ハドソンの乗員が暗闇のすぐ近くに未確認機を発見し、これに爆弾と照明弾を投棄した。照明弾は下方の広い範囲を照らし出し、ハドソンは敵とおぼしき機から丸見えになったが、A16-192はポートモレスビーに無事帰還できた。敵機と思われた機体の正体は、幻でなければ、不明のままだった。

　0635に第13爆撃飛行隊のミッチェル3機が7マイルを離陸してゴナの爆撃に向かったが、1020にさらに第13および第90爆撃飛行隊のミッチェル8機が同じ任務のために出撃した。6機のエアラコブラが護衛についていたが、台南空機が接近する米軍機の前進を妨げた。ミッチェルの搭乗員の報告によれば、零戦は当初下方を飛んでいたが、上昇して編隊内に飛びこみ、撃ちまくりながら横転して反対側へ降下していったという。6機のミッチェルが機関砲弾と機銃弾に被弾したが、零戦撃墜3機を申告した。それによると1機はドボドゥラ付近の地上に激突し、もう1機が炎上しながら錐もみ状態で墜落し、最後の機は確かに煙を吐きながら雲中に降下していったという。実際には撃墜された零戦はなく、定数どおりの零戦2個小隊がその時注目していたのはエアラコブラ隊だった。その後の短時間の空戦で、山崎市郎平2飛曹が戦闘機撃破1機、二宮喜八1飛兵が不確実1機を申告した。

　2個小隊がエアラコブラの編隊に飛びこんだ時、山崎はフランク・ビーソン少尉を空から叩き落とした。彼とその乗機は現在も発見されていない。二宮の不確実1機はデイヴィッド・ホイヤー少尉機に間違いなく、彼はその攻撃により両脚を負傷した。ひどく出血しながらもホイヤーはポートモレスビーにたどり着き、コクピットから搬出された。彼のエアラコブラは二度と飛ぶことはなく、ホイヤーは脚の骨折治療のために長期入院した。ラエの周回空域に正午頃に戻った零戦隊は、ラエに入港した輸送船最上川丸を目撃したはずである。ラバウルから来た同船はその日の午前、フォン湾入りした。ポートモレスビーでは各300ポンド爆弾1発を搭載してココダ街道のゴナの爆撃に向かったエアラコブラ6機が帰着したが、こちらは零戦撃墜を申告しなかった。

　第435爆撃飛行隊のモーリス・C・ホーガン大尉が操縦するB-17E「ジプシー・ローズ」が、ブナの北東約60浬のラバウル～カヴィエン方面に向かう途中の1445に、高度1,200mで1個中隊9機の台南空零戦から攻撃を受けた。その分隊長は河合四郎大尉で、彼らはフォートレスが1515に雲中に退避するまで、斜め前方からの同時攻撃を繰り返した。その被害は軽微ではなかった。機関砲弾と機銃弾により、「ジプシー・ローズ」の両主翼、胴体、尾部、垂直安定板、方向舵、球形銃座は穴だらけにされ、左内側エンジンが停止し、右内側のも損傷していた。銃手2名が負傷し、ポートモレスビーで病院へ搬送された。「ジプシー・ローズ」は修理され、それからさらに10ヶ月間飛行したが、その後ラバウル侵攻時に不時着水した。一方、河合中隊は1630にラエに帰着し、このフォートレスの撃墜を申告した。だが「ジプシー・ローズ」の搭乗員の申告はそれどころではなく、零戦撃墜6機というものだった。1720に同じく午前中にブナを攻撃してきた第3爆撃群のミッチェルがこの日3度目となる攻撃から帰還したが、彼らは高度3,000mから上陸用舟艇と内陸の目標に300ポンド爆弾43発を投下してきた。戦果は確認されなかったが、今回は台南空による迎撃はなかった。

「トゥルーコミックス」

　第二次大戦直後、戦争漫画シリーズ「トゥルーコミックス」

零戦三二型。短い主翼がよくわかる。この報国号は横須賀航空隊の所属。

で米軍ミッチェルパイロット、フランク・P・ベンダー大尉の脱出が作品化された。題名は「ヒット・ザ・シルク（落下傘降下）」で、この作品は1942年7月26日の日曜日にニューギニア上空で零戦に乗機を撃墜されてからの彼の冒険譚を描いていたのだが、これはベンダーが戦後出版した驚くべき生還の手記に基づいていた。その遭難はあらゆる観点から見て驚異的だった。この当時、アメリカ陸軍第3爆撃群ではパイロットが不足し、一方RAAFも太平洋方面で航空機が不足気味だったため、RAAFはパイロットその他の搭乗員をアメリカ軍部隊に「貸与」することを決定した。このためその日の作戦には4名のRAAF搭乗員が参加していた。2名の副操縦士、エドワード・モブスビー少尉とクライヴ・H・ホーター1等軍曹、下部銃塔銃手のイアン・C・ハミルトン軍曹、上部銃塔銃手のアーノルド・M・トンプソン3等軍曹である。

その日曜日のニューギニアの航空作戦は、ブナ橋頭堡の哨戒に向かう笹井中隊の零戦9機がラエを発進した0735に始まった。この日の笹井の列機は太田敏夫1飛曹と遠藤桝秋3飛曹だった。その後方にさらに2個小隊が後続し、第2小隊が高塚寅一飛曹長のもと、佐藤昇3飛曹と本吉義雄1飛兵、第3小隊が坂井三郎1飛曹のもと、米川正吉2飛曹と茂木義男3飛曹だった。ほぼ同じ頃、山脈の反対側では、前夜にチャーターズタワーズから飛来していた第3爆撃群のミッチェル爆撃機5機がポートモレスビーを離陸していた。彼らの目的地はガスマタ港で、そこにはタウンズヴィル空襲から帰還したばかりの日本軍四発飛行艇数機がいるとの報告が連合軍情報部から届いていた。実際には横浜航空隊所属の該当機はラバウルのシンプソン港に無事帰着していた。

ミッチェル隊は第40戦闘飛行隊の6機のP-39に護衛される予定だったが、モレスビー上空での合流は失敗に終わり、エアラコブラ隊はその2分遅れで高度4,000mを巡航することになった。ミッチェル隊にとって不幸なことに、ブナへの航路上には笹井中隊が居合わせていた。0815に零戦隊はブナに接近するミッチェル隊に遭遇、攻撃を受けたミッチェル隊は爆弾を投棄し、基地へと変針した。エアラコブラ隊は彼らを守るには後方すぎ、やがて2機のミッチェルが相次いで炎に包まれて墜ちていった。さらに残りの3機も零戦隊の執拗な追撃を受け、全機が相当の損傷を受けた。

ベンダーが機長だったのは「オーロラ」で、この1番機は炎上すると胴体前後がちぎれ、双方が回転しながら地上へ落下していった。下面銃塔のアーノルド・トンプソン銃手は脱出できたが、ベンダーをはじめとする操縦室のクルーたちは回転する胴体の遠心力のせいで動けなかった。2度目の爆発でベンダーは回転するコクピットから放り出され、その際ひざを負傷した。彼は機体の近くでパラシュートを開いたが、そこはブナから約10浬南東で、しかも偶然、日本軍の斥候隊が迫っていた。友好的な現地人の手助けによりベンダーは墜落地点にたどり着き、そこでオーストラリア人のRAAF副操縦士クライヴ・ホーターや米軍機上整備員ヴァーノン・マクブルーム軍曹、そして爆撃手ロバート・T・ミドルトン軍曹らの遺体を確認し、埋葬した。

以下はベンダーの手記からの引用である。

「……どうにか私は彼ら［現地人］に自分が飛行機の残骸のところに行きたいのだと理解させた。場所は煙で私にもわかっていた。現場の悲惨さについては詳しく書くまい。言えるのは私が機上整備員と爆撃手をパラシュートに包んで埋葬したということだけだ。この勇敢な男たちは私を負傷させたのと同じ機首に命中した機関砲弾にやられたのだと思った。副操縦士もそこにいた。彼が副操縦士席を離れたときに煙にまかれ、脱出できなかったのは確かだった。胴体後部の2人の銃手は脱出して、どこかに着地したらしいが、見つけられなかった。見つけられた機体の破片はひどく焼けていて、何も回収できなかった。それから糧食箱があった機体の後半部は爆発でどこかに吹き飛ばされてしまっていた。2時間ぐらいだろうか、私は途方に暮れていた」

ベンダーは眠れぬ夜を過ごしたのち、翌日日本軍の前線寄りの地点に落下傘降下していたトンプソンと再会した。彼はベンダーにハミルトンも無事脱出したはずだが、おそらく日本軍の前線の向こう側に着地したようだと話した。彼が捕虜になったのか、ジャングルに消えたのかは、わからなかった。現地人の協力により、ベンダーとトンプソンは日本軍の手を逃れ、それから3週間歩いたり、人に運ばれたりしてオーウェンスタンレー山脈を越え、ニューギニア南海岸に到達し、つ

工藤重敏2飛曹、1942年中頃、ラエにて。彼は台南空最高の陸偵パイロットだった。工藤はラエとラバウルの両方から発進し、ラバウル上空でフォートレスを撃墜したとして絶賛されたが、残念ながらこれは事実ではなかった。

いに教会に到着した。彼らはそこからアバウに連れて行かれ、ポートモレスビーに船で戻った。

笹井中隊に撃墜された2機目のミッチェルの機長はラルフ・L・L・シュミット中尉だった。シュミット機は被弾後、激しく炎上した。オーストラリア人副操縦士エドワード・モブスビー少尉が上面ハッチで後方気流と格闘しているのが目撃された一方、2個のパラシュートが炎上する爆撃機の後方、クムシ川の近くで開傘していた。下面ハッチから2名の搭乗員が脱出したものの、爆撃機はモブスビーと爆撃手ロバート・L・バーロウ3等軍曹、上部銃塔銃手ウォルター・N・クック伍長、リッチモンド・M・ウォーラス伍長を乗せたまま墜落、爆発してしまった。零戦隊は避退する残り3機のミッチェルも追撃し、多大な損害を与えた。

笹井醇一中尉、太田敏夫1飛曹、坂井三郎1飛曹らは2機のミッチェルの後ろに喰いついたままポートモレスビーまで追撃したが、ほかの列機は橋頭堡上空へ戻り、別の獲物を探した。笹井以下の3機はポートモレスビーに到着するや坂井1飛曹はその日の朝の先陣を切り、7マイル飛行場の滑走路の横に駐機していたRAAF第76飛行隊のキティホークを機銃掃射し、小隊長としての意地を見せた。笹井中尉と太田1飛曹は上空にとどまり、連合軍戦闘機を警戒していた。3機が引き揚げたのは0850で、ブナ上空で味方機と合流した。ミッチェル隊は15機の零戦に攻撃され、1機を撃破したと報告したが、笹井醇一中隊は1000に9機全機が無傷でラエへ帰還し、この日の朝の戦果について語り合っていた。ただし行動調書にはミッチェル撃墜3機と過大な撃墜数が申告されていた。

しかし戦いはこれで終わらず、1745、100ポンド爆弾50発を搭載したマローダー2機がアワラ～ワイロピの街道にいた日本軍部隊と物資集積所へ向かった。厚い雲に阻まれたため、2機は代わりに雲間から見えた沖合を遊弋する駆逐艦を攻撃した。米軍爆撃手は雲底高度1,000mという広範囲の密雲を抜けて爆撃を試みたが、目標は機敏にこれを回避。2045、闇のなかを帰還してきたRAAFのカタリナ2機が、500ポンド通常爆弾8発と20ポンド焼夷弾120発を投下するため、ゴナ周辺の海岸地域に向かった。この日は単機哨戒に7マイルから発進した「フライング・カンガルー」第435飛行隊の3機によって締めくくられた。LB-30リベレーターAL570号はブーゲンヴィルまで足を伸ばし、キエタという小さな町に爆弾を投下した。あるB-17Eはカヴィエンを偵察し、もう1機はソロモン諸島のツラギを偵察した。

一夜明けた27日、上空哨戒はラエ（延べ6機）、ラバウル（1次のみ、3機）とも異状なく終わった。上別府義則2飛曹の陸偵はラバウルを発進し、キリウィナ島を1350に偵察した。一方、工藤重敏2飛曹の陸偵はラエを出発し、ブナを1515に、さらにココダを経て、1535に最後にポートモレスビーを偵察した。工藤は悪天候により観測が困難なこともしばしばだったと報告した。7月28日にラバウルを発進した2次の上空哨戒（延べ16機）のうち、徳重宣男2飛曹率いる0845の第1直は第435爆撃飛行隊の単機のフォートレスの迎撃に失敗したが、この機はカヴィエン、ラバウル、ガスマタを偵察するPM17作戦を行なっていた。その米軍搭乗員はラクナイに駐機していた戦闘機3機を目撃しただけだった。

未曾有の災厄

この7月29日に台南空は橋頭堡上空で上空哨戒を実施したが、連合軍と交戦したのは最後の第5直だけだった。各当直は2～3時間、編成は3機から6機までとさまざまで、ラエ基地の上空哨戒用の戦力も残していた。第5直は9機で、ラエを1400に発進、45分後にブナ橋頭堡の上空に到着し、林谷忠中尉らの第4直がラエへ帰還した。一方、ポートモレスビーの7マイルを出撃した8機のA-24は3個の編隊に分かれると、オーウェンスタンレー山脈越えにかかった。彼らはココダ街道沿いにニューギニアの北海岸へ向かい、約1浬沖合の洋上目標を爆撃する予定だった。第80および第40戦闘飛行隊の各10機、計20機のエアラコブラが彼らの両脇を固めていた。これほど手厚い護衛は、さぞ心強かったに違いない。しかしこの強力な布陣をもってしても、それから起こる悲劇は防げなかった。

第5直の台南空の零戦隊9機の搭乗員のひとりが大木芳男1飛曹だった。24歳と同僚よりやや年長で、なかなか堂々たる風格の男前だった。彼は17歳で海軍に入隊し、機関兵と整備兵を経てから、1937年に航空隊員になった。彼は12空隊員として中国で戦い、重慶で複数の撃墜を記録した。大木は1942年7月に台南空に配属され、同空の解隊まで戦い抜くが、戦力再建のため内地へ帰還後、251空隊員として1943年6月16日にラッセル諸島上空で戦死する。

以下は山下中隊の編成である。

第1小隊：山下丈二大尉、山崎市郎平2飛曹、岡野博3飛曹
第2小隊：高塚寅一飛曹長、西浦国松2飛曹、二宮喜八1飛兵
第3小隊：大木芳男1飛曹、石川清治2飛曹、後藤竜助3飛曹

この作戦で第8爆撃飛行隊の隊員たちは、運命の残酷さを身をもって知ることになった。

第1編隊
A-24 #41-15797、操縦フロイド・「バック」・ロジャース少佐、

銃手ロバート・E・ニコルズ伍長。海面高度で零戦2機に追跡され、海面に激突。
A-24（シリアル不明）、操縦ジョン・ヒル少尉。機体を激しく損傷し、ミルン湾のフォール川に不時着。銃手のラルフ・サム軍曹は負傷が原因で1942年8月2日に死亡。
A-24（シリアル不明）、操縦レイモンド・ウィルキンス少尉、銃手氏名不詳、ポートモレスビーへ帰還。

第2編隊
A-24 #41-15814、ヴァージル・シュワブ大尉、銃手フィリップ・チャイルズ軍曹。高射砲弾の直撃で尾翼を吹き飛ばされ、火だるまとなりブナ北方20浬の浜辺に墜落。
A-24 #41-15766、クロード・ディーン少尉、銃手アラン・ラロック軍曹。脱出後、何者かに捕まり殺された。
A-24 #41-15751、ジョセフ・パーカー少尉（脚を負傷）、銃手フランクリン・R・ホップ伍長。両者はおそらく何者かに捕まり殺された。

第3編隊
A-24 #41-15798、操縦のロバート・カッセルズ中尉と銃手のロリー・ルブーフ軍曹は、おそらく捕虜になり、処刑された。
A-24（シリアル不明）、操縦マクギリヴレー少尉、銃手氏名不詳、故障で作戦中止、ポートモレスビーへ帰還。

　今回はブナ上陸以来、分隊長、山下丈二大尉が指揮をとる四度目の哨戒任務だった。4日前、彼はエアラコブラ13機に護衛されたミッチェルの8機編隊に遭遇していた。列機の山崎市郎平2飛曹と二宮喜八1飛兵は、ともに敵戦闘機1機撃墜を申告したが、彼には戦果がなかった。そのため山下が、今日こそは撃墜をと勇んでいただろうことは想像に難くない。

　その朝、2機のB-17Eがゴナへ向かったが、1機が機械故障のために爆弾を投棄し、もう1機も目標位置の特定に失敗していた。前夜に派遣されていたRAAFカタリナ2機のうち、1機は爆撃を実施、しかしもう1機はエンジン不調のため爆弾を投棄していた。早朝は曇りで靄が出るという天気予報が当たり、A-24の作戦開始はかなり遅延してしまった。最初のつまずきはマクギリヴレー少尉のA-24がエンジン不調のため引き返したことだった。その次がエアラコブラとA-24が編隊を維持したまま山脈越えをするのに手こずったことで、入り組んだ層雲のなかで彼らははぐれてしまった。最後に山下りの段階で、強い旋風による衝撃でロバート・カッセルズ少尉機の爆弾が懸吊架から外れてしまったことだった。

　絶対の無線封鎖に苛立ちながら、直掩機のパイロットたちはカッセルズに引き返せと手信号で懸命に伝えようとした。彼のA-24はもう戦闘能力を失っていた。自分の状況をまったく理解していないカッセルズが奇妙な手信号を怪訝に思っているのは明らかで、彼は前進をやめなかった。急降下爆撃機隊は暗い曇り空から薄靄のなかへと進み出たが、その時エアラコブラは遠くに4機が見えただけだった。もう薄い層雲しかなく、2,000mと優位な高度にあったため、A-24のパイロットたちはゴナのすぐ北西のバクンバリ沖の目標を難なく発見できた。それは一列で航行していた輸送船広徳丸と良洋丸で、先頭は第32号駆潜艇、両脇を軽巡洋艦龍田と駆逐艦夕月が固めていた。ロジャースが右腕を振ると、7機は右方梯隊となり、1機ずつ編隊から離脱していった。

オリーブドラブのA-24、タウンズヴィルのガーバット飛行場にて。1942年3月頃、第3爆撃群がニューギニア戦線に投入される直前の撮影。主翼下面に紺文字で「U.S. ARMY」と大きく書かれている。1942年7月29日の作戦で5機という大損害を出したA-24は、米陸軍航空軍に二度と実戦使用されることはなかった。（PNG Museum of Modern History）

ロジャース隊が急降下するのを台南空機が発見した。ロジャースは輸送船に最初に急降下して投弾したが、約50mはずれた。彼につづき、ヒルも同じ船に投弾したが、これもまたはずれた。彼が機体を引き起こすと、ロジャース機が右へ2浬離れたところにいるのが見えたが、それは通常の引き起こしでは行くはずのない位置だった。理由はすぐわかった。2機の零戦―おそらく山下分隊長機と列機の山崎機が、海面高度でロジャーの後ろにしっかり喰らいついていた。たちまち台南空機はその獲物を海に叩きこみ、あとには波間に燃える油と飛び散った破片が漂うだけだった。

ヒルはその2機につかまる前に雲中へ逃れようと乗機を加速した。高度600mに達した時、彼はそれが無駄だと悟った。2機の零戦が上昇するヒルのA-24に素早い攻撃をしかけたので、彼はとにかく速度を上げようと急降下した。低空に降りると近い方の台南空機が正確な2連射を加えたため、ヒルはこの2機は「頭がいかれている」飛び方をするやつらだと仰天した。彼らの激しい機動は、敵機の下方から接近してから上昇攻撃をかけるという台南空の戦法による動きだった。攻撃者は射撃をしながら特殊な機動で獲物の後方に回りこんだが、これは山下分隊長の得意技だった。

ヒルの後席で.30口径連装機銃を撃っていたのは、アメリカインディアンのパイユート族出身のラルフ・サム軍曹だった。日本機の弾丸が1発、彼の右手首を貫き、もう1発が右太ももに当たって大腿骨を砕いた。血まみれになり、もはや連装機銃をうまく構えられなくなったサムは、拳銃を左手に構えて零戦を撃ちまくった。この小隊はさらに単機航過を2回行ない、その2回目に銃手はさらにひどく被弾した。サムが後日ヒルに語ったところでは、自分は負傷する前にゼロの1機に弾丸を間違いなく命中させたという。小隊はさらに10分間、ヒル機をつけまわしてから、遠方で避退中だったウィルキンス機を攻撃するため離脱した。

2機の零戦が去ってからヒルは銃手を振りかえったが、ひと目で彼が重傷なのがわかった。戦闘で彼らは飛行ルートからずっと南へずれてしまっていた。彼はサムを病院に連れていくためミルン湾をめざし、そこに着陸してサムを医療関係者の手にゆだねると、満身創痍のA-24のところに戻り、修理できるだろうかと途方に暮れた。方向舵と昇降舵がぼろぼろに破れていたが、前線のオーストラリア軍基地には十分な整備施設がなかった。整備員たちは小麦袋の麻布にドープ塗料を塗り、破れた羽布につぎを当てて、この急降下爆撃機が飛べるようにしてくれた。応急修理が終わり、ヒルがもう一度病院のサムを見舞ったところ、元気そうで回復中のようだった。サムは飛行艇でオーストラリアに戻されたが、壊疽と敗血症を併発し、1942年8月2日に急死してしまった。

ヒルがA-24を破壊されたのは、これが初めてでになかった。1942年4月26日に日本軍爆撃機隊が投下した爆弾により、ポートモレスビーのキラ飛行場に分散駐機していたA-24が3機破壊された。その1機が彼の機だった。機体下面に吊られていた500ポンド爆弾が加熱されて爆発し、彼の自慢の愛機は轟音とともに木っ端微塵になった。

一方、ポートモレスビーでは先にヒルを襲った2機の零戦から辛くも逃れ、7マイルに帰着したレイモンド・ウィルキンス少尉により、本作戦の恐ろしい結果の断片的な情報がもたらされ、ポートモレスビーではもう帰還機は来ないのかと、多くの目が空を不安げに見あげた。午後遅くになっても6名の搭乗員との連絡が取れなかったが、その夜、ミルン湾からヒルのほかにも生存者がいるという無線連絡が入った。さらに翌朝、はるかニューギニア北海岸の無線局から雑音まじりの微弱な電波で、生存者についての詳しい情報が飛行隊へ届いた。発信者はクロード・ディーン少尉で、自分はアンバシ村の近くにおり、ほかに3名のA-24隊員が無事だとのことだった。それは彼の銃手のアラン・ラロック軍曹、パイロットのジョセフ・パーカー中尉と銃手のフランクリン・ホップ伍長だった。通信によれば海岸に不時着したパーカーは負傷しているという。しかし無線はいきなり切れ、その後4名の搭乗員からの連絡は完全に途絶えた。

その後、これらの生存者の死を目撃した現地人たちへの聞き取り調査により、事件の手がかりがつかめた。無線通信後、彼とラロックとホップはジェガラタ村へ行き、そこで食物を

オーストラリアを出発する直前のレイモンド・ウィルキンス中尉。彼はパイロットとして1942年7月29日のA-24部隊壊滅から生還したが、1943年にラバウル上空で戦死した。

買って休んだ。負傷していたパーカーはおそらく後に残されたのだろう。だとすれば彼がそれからすぐ捕らえられたとしても不思議はない。ジェガラタ村で休んだ3人が出発し、ポートモレスビーをめざしたのは間違いない。数ヶ月前この付近で撃墜されながら、無事ポートモレスビーに帰還したRAAF第75飛行隊のジョン・ジャクソン少佐のことが、彼らの会話のなかに出てきたことだろう。ジャクソンがワウから帰還したのは、実は彼らのA-24のうちの1機でだった。

ブナの背後にあるジャングルの道は、粘土質の険しい丘陵地を走っていた。そこで3人のアメリカ軍搭乗員は槍を持った現地人に襲われた。たちまち2人が殺され、残りの1人は近くの川を渡って逃げたものの、やはり槍で刺された。しかしそのアメリカ人は槍を自分で引き抜き、ジャングルへ姿を消した。翌朝、現地人の追手たちは逃げた生存者を見つけ出した。彼は一晩中さまよった挙げ句、最初の村からたった100mしか離れていない場所に出てしまったのだった。その村で彼は棒で撲殺された。遺体から奪われた拳銃はその後、新たな植民地支配者への忠誠の証しとしてブナの日本軍に贈られた。これが私たちの推測するディーン、ラロック、パーカー、ホップの不幸な最期である。

だが別の2機の搭乗員、ロバート・カッセルズ中尉と銃手のロリー・ルブーフ軍曹、ヴァージル・シュワブ大尉と銃手フィリップ・チャイルズ軍曹の場合はまた違っていた。彼らが海上か陸上に不時着ないし脱出した可能性はあるが、その運命は別の連合軍生存者の目撃証言により、かえって謎が多くなっている。ブナからの日本軍の急速な内陸進出により、多くのヨーロッパ人がブナ沿岸の病院、教会、プランテーションなどで捕らえられた。ある英国国教会宣教師たちからなる避難民グループは、オーストラリア陸軍のルイス・オーステン中尉に先導されて付近のサンガラ村から脱出した。総勢は15名で、これには一般市民、尼僧4名、司祭2名、オーストラリア兵3名、アメリカ人航空隊員、6歳の少年などが含まれていた。彼らは川を渡っているところを村人たちに捕らえられ、裸にされてドボドゥラで日本軍に引き渡されると、自動車でブナへ連行された。

彼らは尋問されてから、1942年8月12日にブナ海岸の佐世保第5特別陸戦隊司令部の外で銃剣で刺殺された。ひとり残らず全員が斬首され、その最後は少年だった。ブナでこの民間人と氏名不詳の米兵の処刑を買って出た執行人は、佐世保第5特別陸戦隊のコマイ・ユウイチ中尉で、この士官はのちにRAAF操縦員ウィリアム・エリス・ニュートン大尉(ヴィクトリア十字章)を1943年にサラマウアで処刑した人物としても特定されている。難民グループ引き渡しの首謀者とされた2名の村人、エンボギとドゥルージェはオーストラリア軍当局(ANGAU)により反逆罪とされ、1944年に絞首刑にされた。地元民の目撃証言によれば、このグループには5名のアメリカ人がいたという。もしそれが本当ならば、そのうち数名があの不幸な作戦に参加したA-24搭乗員だった可能性がある。しかしこの地域にはほかにも行方不明になったB-25の搭乗員もいたため、処刑されたアメリカ人の特定は推定の域を出ない。

米軍の立場から見て、この作戦はまったく不幸だった。台南空の記録では4機のP-39に護衛された10機のSBDと交戦し、3,240発を使用したとある。9機の零戦がSBD撃破5機とP-39撃破1機を申告し、1720に空戦を終了して、その5分後にラエへ帰着した。認定された戦果は以下のとおりである。山下丈二大尉:SBD-3撃破2機、山崎市郎平2飛曹:SBD-3撃破1機、不確実1機、岡野博3飛曹:P-39撃破1機(被弾1発)、高塚寅一飛曹長:SBD-3不確実1機(被弾1発)、西浦昌松2飛曹および二宮喜八1飛兵:SBD-3撃破1機(被弾1発)、大木芳男1飛曹:SBD-3不確実2機、石川清治2飛曹:被弾11発、後藤竜助3飛曹:SBD-3撃破1機(被弾6発)。

台南空のSBD撃墜5機という申告は正確だったが、エアラコブラの損失はなかった。A-24部隊の大損害が第8爆撃飛行隊の士気を大きく低下させたのは当然で、その波及効果はさらに大きかった。これにより米陸軍航空軍はこの機種を永遠に見限ってしまった。

今回の攻撃で唯一の戦果は佐藤康逸大佐を艦長とする広徳丸の船尾ハッチに第2編隊の投下した爆弾が命中しただけで、それ以外には良洋丸から20mの至近弾1発、広徳丸から15mの至近弾1発などがあった。対空砲火は薄くて不正確だったと米軍パイロットが証言している。広徳丸は貴重な車両類や物資を揚陸する前に後退を強いられた。日本軍にとって幸いだったのは、広徳丸に乗船していた独立工兵第15連隊の263名の人員の大半が舟艇により、無事上陸を果たせたことだった。日本軍輸送船団はその日の午後、ラバウルに帰還したが、広徳丸だけは出力低下のためフォン湾に向かった。6月29日にトラック島を出発した同船は、10日後に第11、第13設営隊などとともに守備隊員250名をガダルカナルに上陸させ、彼らはルンガ飛行場の建設を開始した。7月30日に広徳丸は途中でサラマウアに寄港しようとしたが、これは佐藤艦長が同港は安全だと考えたためだった。そこで同船は第19爆撃群のフォートレスにより少なくとも爆弾3発を被弾し、ベイヤーン湾のパーシー岬に乗り上げ、現在も飛行機から見ることができる。連合軍の沿岸見張員は、日本軍が同船を放棄する前に積み荷を回収していたのを確認している。現

ガダルカナルの戦いが始まる直前の8月4日にラバウルで撮影された台南空搭乗員集合写真。1列目左から伊藤重彦2飛兵、佐藤昇3飛曹、不明、本田秀正2飛兵、八並信孝3飛曹、山内芳美2飛兵、笹本孝道2飛兵、羽藤一志3飛曹、熊谷賢一3飛曹、平林真一2飛兵、二宮喜八1飛兵。2列目左から山下佐平飛曹長、高塚寅一飛曹長、林谷忠中尉、笹井醇一中尉、河合四郎大尉、小園安名中佐、斎藤正久大佐、中島正少佐、稲野菊一大尉、山下丈二大尉、結城国輔中尉、大野竹好中尉、村田功中尉。3列目左から米川正吉2飛曹、不明、不明、山下貞雄1飛曹、不明、吉田元綱1飛曹、坂井三郎1飛曹、西澤廣義1飛曹、田中三一郎1飛曹、大木芳男1飛曹、不明、中本正2飛曹、太田敏夫1飛曹、遠藤桝秋3飛曹、木村裕3飛曹、菅原養蔵1飛兵、山本健一郎1飛兵、不明。4列目左から、堀光雄3飛曹、新井正美3飛曹、上原定夫3飛曹、吉村啓作1飛兵、不明、不明、山崎市郎平2飛曹、不明、後藤龍助3飛曹、不明、中野鈔3飛曹、茂木義男3飛曹、福森大三3飛曹、不明、明慶幡五郎2飛兵。その精強ぶりが伝わってくるような陣容だが、8月7日以降、ガダルカナルとニューギニアの両面で戦うという苦境に立たされることとなる。〔写真提供／伊沢保穂〕

在ここはダイビングスポットとして訪れることができる。

坂井三郎はこの作戦についても回想しており、その実情がよくわかる。戦果に沸く日本の搭乗員たちはブナ橋頭堡から戻ると、米海軍のSBD急降下爆撃機に遭遇したと報告した。彼らが「SBD」と交戦したのは今回が初めてだったので（後藤竜助3飛曹は4月13日にラエでA-24と会敵していたが、その時は機種を正しく認識していなかった）、日本側ではパプア湾に敵空母がいるのではと疑心暗鬼になった。間もなく残存していたA-24がオーストラリアへ引き揚げたため、台南空機が「SBD」と遭遇することはなくなるが、それは敵空母がその海域から去ったためと思いこんでいた。この間、ただでさえ乏しい日本軍の航空戦力は、しばらく存在しない敵空母の捜索に割かれることになった。

その日の攻撃後、午前のうちにヒルは応急修理された急降下爆撃機を飛ばし、ニューギニアの南海岸沿いに真っ直ぐポートモレスビーをめざして単機で南進したが、その時の彼は本作戦の悲劇の全貌を知るよしもなかった。無事に帰還できたという喜びは、多くの戦友が戦死したという厳しい現実を少なからず和らげたことだろう。首の皮一枚で生還した

ヒル、マクギリヴレー、ウィルキンスの3機は修理を終えると、翌朝チャーターズタワーズへ戻った。乗機のダグラス機をホーン島経由でタウンズヴィルまでゆっくりと飛ばすあいだ、3名には生き残った意味を考える時間がたっぷりあっただろう。彼らは全員がクイーンズランド州にある休養キャンプへ体力回復のため送られた。

第10章
要塞という名の復讐者
CHAPTER TEN : NEMESIS CALLED FORTRESS

　台南空がそれまでに遭遇した最強の敵機はボーイングB-17フライングフォートレスで、日本軍パイロットはこれを単に「ボーイング」と呼んでいた。その撃墜は困難で、反撃力も強力であり、撃たれ強さも類を見なかった。1942年7月30日、台南空にはもう少しでその1機を撃墜する機会があった。今回もラエの前進部隊が払暁時に作戦を開始していた。発進したのは青い斜め帯を巻いた笹井中隊の9機だった。

第1小隊：笹井醇一中尉、太田敏夫1飛曹、遠藤桝秋3飛曹
第2小隊：高塚寅一飛曹長、松木進2飛曹、本吉義雄1飛兵
第3小隊：坂井三郎1飛曹、米川正吉2飛曹、羽藤一志3飛曹

　50分後、戦闘機隊はブナ橋頭堡上空に到着し、哨戒飛行は3時間半のあいだ何事もなくつづいた。0845に単機のB-17Eが出現したのを彼らは発見したが、これは第435「カンガルー」飛行隊がブナ周辺地域の写真偵察に派遣したものだった。この偵察作戦PM30に参加した搭乗員がのちに提出した報告書によれば、0835におよそ10〜12機の零戦に攻撃を受けたという。攻撃は1時間半以上つづき、零戦1機が空中爆発し、1機が煙を吐きながら垂直降下していくのが目撃されたという。B-17では2名が負傷したが、ポートモレスビーに無事帰着した。ラエに帰還した台南空搭乗員たちは3,000発以上の弾薬を消費し、フォートレス撃墜を申告したが、同機はまったく健在だった。ただ、長時間にわたった消耗追撃戦は空戦としては記録的な長さで、四発の巨人機がいかに難敵かを知らしめたのだった。

　この長時間の追撃戦での日本側の損害は坂井1飛曹と遠藤3飛曹の2機が各1発被弾しただけだった。連合軍の記録には、「7月30日0845時に良洋丸を攻撃しようとした単機のB-17を零戦5機が撃墜した」とあり、またB-17E #41-2641がこの日撃墜されたとする書籍も多いが、同機は、これ以前の4月24日のポートモレスビー空襲で破壊されている。

　同日、ホーン島を拠点とする第19爆撃群のフォートレス5機がブナ爆撃を予定していたが、出撃できたのは4機だけだった。彼らは指示された洋上目標の発見に失敗し、2機はゴナを爆撃し、残りの機は難破船綾戸山丸へ向かった。その帰路、1機が零戦9機との戦闘で失われたとする文献もあるが、連合軍の記録を改めて照合調査したところ、7月30日ないし31日に米陸軍航空軍がフォートレス1機を失ったという連合軍記録は誤りという結論に達した。

本吉義雄1飛兵、フォートレスに撃墜される

　8月2日、台南空はブナ付近の船団を護衛するため、5次にわたる哨戒を実施した。実際には船団はすでにラバウルに呼び戻されていたが、連合軍はこの船団の位置を特定し、撃滅しようとしていた。このため第19爆撃群から5機のB-17Eと5機のB-26が派遣された。後者には最近戦地に到着したばかりの第41戦闘飛行隊のエアラコブラ12機が護衛についた。途中の悪天候のためエアラコブラ隊がB-26の編隊から離れてしまったが、エアラコブラ隊の数機が単機で飛行していた機種不明の日本軍機を追跡するために編隊を離脱したことでさらに事態は悪化した。これは新型の中島製双発機、二式陸偵だった。その結果、ブナ到着時にB-26編隊を護衛していたエアラコブラはわずか3機にまで減っていた。またしてもブナ周辺を哨戒していたのは0830にラエを発進していた笹井中隊だった。その編成は以下のとおりだった。

第1小隊：笹井醇一中尉、太田敏夫1飛曹、茂木義男3飛曹
第2小隊：高塚寅一飛曹長、松木進2飛曹、本吉義雄1飛兵

1942年末、ラクナイ飛行場での整備風景。滑油濾過器の交換などか。胴体日の丸が白縁つきなので、この二一型は中島製。

第3小隊：坂井三郎1飛曹、西浦国松2飛曹、羽藤一志3飛曹

　0910、ブナへ向かう途中で9機は、5機のB-17をワードハント岬付近の低い層雲の下、高度1,200～1,500mで捕捉、笹井分隊長はこれに正面および後方から本格的な攻撃を仕掛けたが、その際、本吉義雄1飛兵が撃墜され、四発爆撃機は1機が沖合約3浬の海中に錐もみ状態で墜落した。このB-17Eは無機名のシリアル#41-2435で、機長は第28爆撃飛行隊のウィリアム・ワトソン中尉だった。最初に脱出したのはレオ・ランタ軍曹だった。彼はひどくうねる海面に着水し、ほかに5つのパラシュートが浮かんでいるのを目にした。海が荒れていたにもかかわらず、彼はやはり波間でもがいていたロバート・アバディ2等軍曹のところへと泳いだものの、波のためどうしてもたどり着けなかった。笹井中尉はB-17撃墜1機と撃破1機を申告した（「Samurai!」ではこの戦闘で何と5機（！）のフォートレスが撃墜されたことになっている）〔編註：「大空のサムライ」でも5機撃墜の記述がある〕。先行していた3機編隊のうち、無事だった2機は爆弾を投棄した。もう2機のB-17のうち、1機はゴナの部隊を爆撃したが、もう1機は爆弾を搭載したままポートモレスビーに帰還した。

シンズと「謎の双発機」

　話を8月2日朝に戻そう。この日、すらりとした二式陸偵の1機がラエを発進してポートモレスビーの偵察に向かったが、0900少しすぎにラエ基地にはこの徳永有（たもつ）飛曹長機から敵機に遭遇との緊急通信が入電した。彼はこれがようやく同機による3回目の実戦飛行だった（同じペアで7月28日と29日にも偵察飛行を実施）が、彼と偵察員の斑目昇1飛曹と電信員の森下八郎1飛兵が未帰還となった。彼らは先述したように、不幸にも米軍のB-26編隊の護衛をしていたエアラコブラ隊に遭遇したのだ。第41戦闘飛行隊の戦闘記録ではエルバート・シンズ少尉に撃墜が認定されているが、彼は史上初の撃墜となった二式陸偵を単なる「双発偵察機」としか認識していなかった。

　エアラコブラ隊が二式陸偵を撃墜してから20分後、8機の零戦がアンバシ地区上空を巡航していたエアラコブラ3機を攻撃した。これは一方的な戦闘になった。米軍パイロット3名が新米だったのに対し、日本側の8名は猛者ぞろいで、短時間で2機のエアラコブラを叩き落としてしまった。これはP-400の英軍シリアルAP290に搭乗していたジェス・ドーア中尉と、AP232のジェシー・ヘイグ中尉だった。米陸軍航空軍の記録によれば、ドーアのエアラコブラは最後に目撃された時、2機の零戦に追尾されていた。彼はおそらく海中に撃墜されたのだろうが、ヘイグの最期は不明な点が残っている。彼は脱出に成功し、現地人に案内されてアンバシの海辺の村に連れて行かれ、撃墜された米軍航空隊員とオーストラリア兵のグループにそこで加わった。その後、彼らはゴナから避難してきた英国国教会の関係者と合流した。グループは内陸へ脱出を試みたが、ヘイグが最後に目撃されたのは、日本軍の目をグループから自分に引きつけるため、自動火器で日本兵を撃っているところだった。戦後、この事件で殺害された人々の墓地が発見された。そこにヘイグの遺体はなく、彼は現在も行方不明者として名簿に記載されている。だがヘイグが捕虜になり、8月12日にブナ海岸で惨殺された犠牲者のひとりとなった可能性もある。

　1000に台南空機は今度はB-26の5機編隊と交戦したが、これは第2および第33爆撃飛行隊の所属機だった。この頃には零戦隊はフォートレスとエアラコブラとの戦闘で弾薬が不足していた。それでも彼らはB-26「アワー・ガル」に損傷を与え、1035に単機で飛んでいたB-17へ向かうため離脱していったが、その機は軽微な損傷を負ったものの、雲中へ逃げおおせた。このB-17は先刻ブナ上空で迎撃された本来5機だった4機編隊の1機だった。

　本吉義雄1飛兵を失って8機となった零戦隊は1130にラエに無事帰着した。日本軍パイロットたちは実際の連合軍の損害がエアラコブラ2機とフォートレス1機だったにもかかわらず、エアラコブラ6機撃墜とフォートレス2機撃破と申告した。これらの戦闘で日本軍機は6,000発近くの弾丸を使用した。各人の戦果申告は以下のとおりだった。

笹井醇一中尉：B-17撃墜1機
太田敏夫1飛曹：エアラコブラ1機
高塚寅一飛曹長：エアラコブラ撃墜1機と同撃破1機
松木進2飛曹：エアラコブラ1機

エアラコブラ搭乗員、ジェス・ドーア中尉。8月2日に戦死する1週間前、ポートモレスビーにて。

坂井三郎1飛曹：エアラコブラ1機
羽藤一志3飛曹：エアラコブラ1機

　台南空の零戦は、6機がそれぞれ被弾1発のみだった。一方その日の0910にラエを出発した台南空の第2次哨戒部隊は敵影を認めることなく、4時間以上経ってから帰還した。

第1小隊：林谷忠中尉、西澤廣義1飛曹、新井正美3飛曹
第2小隊：大木芳男1飛曹、徳重宣男2飛曹、山本健一郎1飛兵

さらなる単機のフォートレス

　その日の台南空の第3直も交戦することになった。ブナの哨戒のため、1130に5機の零戦が発進した。

第1小隊：山下丈二大尉、山崎市郎平2飛曹、一木利之2飛曹
第2小隊：吉田素綱1飛曹、鈴木正之助2飛曹

　ラエ上空で集結後、歴戦の山下分隊長は列機を南東のサラマウアへと先導し、そこで正午頃、別の第435爆撃飛行隊のB-17E単機に遭遇した。これはブナ〜ラエ〜ガスマタ三角形を偵察していたものだった。同機は航続距離を伸ばすためエンジン回転数を絞り、マニフォールドを高く設定していた。5機の零戦は本来の任務だったブナ哨戒を中止してフォートレスを30分間追撃し、これを撃墜したと申告した。使用弾数は約3,900発と莫大だったが、爆撃機は逃走していた。
　一方、そのB-17のクルーは、8〜12機の敵機に迎撃され懸命に応戦し、1機を火だるまにして撃墜したと報告した（！）。実際には戦闘を終了した5機の零戦は1300頃に無傷でラエに帰還していた。損害は一木2飛曹機の被弾1発のみだった。つづく台南空の第4直（1315〜1630）および第5直（1445〜1800）は敵を見ることなく、空振りに終わった。

4直
第1小隊：山下丈二大尉、山崎市郎平2飛曹、二宮喜八1飛兵
第2小隊：吉田素綱1飛曹、鈴木正之助2飛曹、木村裕3飛曹

5直
第1小隊：林谷忠中尉、西澤廣義1飛曹、吉村啓作1飛兵
第2小隊：大木芳男1飛曹、米川正吉2飛曹、遠藤桝秋3飛曹

　一方、笹井中隊に撃墜されたフォートレスの唯一の生存者、レオ・ランタ軍曹はどうにか陸地へたどり着いた。ほかの搭乗員は、と彼は黒砂の浜辺を捜したが、誰も見つからなかった。ようやく友好的な現地人に出会えた彼は、数日後、英国国教会宣教師のロムニー・ジルのもとへ案内された。ランタはとても幸運だった。敵の勢力圏内だったので宣教師は彼をかくまってくれ、そこで彼は8月7日に不時着したB-26「ディキシー」の搭乗員と出会えたのだった。グループは一緒にガライナ飛行場まで歩き、そこでRAAF第6飛行隊のA・K・メイナード大尉が操縦するハドソンA16-213に乗り、9月3日にポートモレスビーへ帰還した。
　この日の戦闘は台南空ラエ基地の現状戦力を総動員しても限界があることをはっきりと示していた。搭乗割によれば、同日に複数の哨戒飛行を行なった基幹搭乗員は山下丈二大尉、林谷忠中尉、大木芳男1飛曹、西澤廣義1飛曹、山崎市郎平2飛曹、吉田素綱1飛曹、鈴木正之助2飛曹だった。食事も休養も不十分で、下痢やマラリヤやデング熱などの病気が珍しくない環境での作戦飛行は体力の限界に近かった。
　米豪連合軍によるラエ攻撃は執拗さを極めていた。台南空搭乗員の大部分は元気がなく、疲労し、神経がまいっていた。おそらく彼らは翌8月3日にラビ攻略作戦開始の準備のため、ラエ分遣隊がラバウルへ戻るよう命じられた時、安堵したに違いない。ちなみにラビとは、ミルン湾の日本側呼称である。ラエ飛行隊はこの移動を一時的なものと考えたが、ラバウルへ引き揚げてからわずか数日後、ガダルカナルという島へ台南空の戦力の大半が差し向けられることになる。

ラビ（ミルン湾）攻略計画

　ラエ飛行隊を引き揚げた日本軍総司令部は、ポートモレスビー占領を目的とするココダ作戦において航空戦力と海軍戦

零戦二一型報国第550号は元台南空第4中隊の所属で、尾翼記号はV-171だった。側面図22参照。本機はラエで運用され、1943年9月に連合軍に大量鹵獲された零戦の1機となった。

力を支援するため、新たな基地を確立しようと考えた。そこでニューギニア島の東端に位置するミルン湾にオーストラリア軍が新たに建設した飛行場群を占領しようと決定した。RE作戦と呼称される上陸作戦の下準備として、日本軍機はミルン湾への爆撃を開始した。最初の空襲は8月4日に実施された。だがこの野心的な計画は惨憺たる結果に終わった。8月24日に松山光治少将麾下の日本軍上陸部隊がラバウルを出航した。その陣容は軽巡洋艦天龍、龍田、駆逐艦浦風、谷風、浜風、輸送船南海丸、畿内丸、第22号駆潜艇と第24号駆潜艇だった。25日夜半に上陸した陸戦隊は翌日、まずミルン湾を攻撃したが、攻防戦は9月7日までつづいた。この戦闘は太平洋戦争で連合軍部隊が日本軍の陸上部隊を完全に敗北させ、戦略目標を守りきって撃退した最初の陸戦となった。台南空はこの不利な戦いで膨大な任務を1ヶ月以上にわたって実施した。台南空のブナ分遣隊は1942年8月の大半をラビ作戦に費やすこととなる。

ミルン湾の航空基地はその初期、RAAF人員には単に雨のひどく降る場所としか認識されていなかった。最初のキティホーク隊が到着した時、唯一完成していた第1飛行場（のちにガーニー飛行場と改称）は水びたしだった。1,500mにわたって敷きつめられたインターロック式鋼製マットのため、着陸は危険で、このような滑走路に着陸した経験のあるパイロットはおらず、接地した飛行機は大量の水しぶきを上げながらハイドロプレーン現象を起こした。着陸時に飛行機がスリップして脱輪し、鋼製マットの先のぬかるみに突っこんで動けなくなることも少なくなかった。地上員と手伝える者の全員が深い泥に浸かって擱座した飛行機を少しでも硬い地面へと移動させた。ココナツ・プランテーションのなかの駐機地域にも鋼製マットを敷く必要があった。ミルン湾には当初1個戦闘機飛行隊しか配備が計画されていなかった。

ガダルカナルでの新作戦が発動される1942年8月初旬、台南空の指揮官構成は以下のとおりだった。司令斎藤正久大佐、副長兼飛行長小園安名中佐、飛行隊長中島正少佐、第1中隊分隊長山下丈二大尉、第2中隊分隊長笹井醇一中尉、第3中隊分隊長稲野菊一大尉、第4中隊分隊長河合四郎大尉。河合大尉はニューギニア戦の期間中、最も戦闘経験の豊富な分隊長だった。〔編註：日本海軍航空隊における"中隊長"は飛行隊編制上の配置を表したもので、人的編制における"分隊長"とはイコールにはならないので注意が必要〕

ラビへの初攻撃

8月4日、台南空はラビ攻撃に初めて参加した。一方、彼らの仇敵であるRAAF第75飛行隊は7月末にニューギニアに復帰し、その拠点整備を進めていた。前線に復帰したパイロットのひとり、アーサー・タッカーの回想は辛辣だ。「……モレスビーの戦いが始まったとき、食堂にいた幕僚たちは私たちをまともに扱ってくれなかった……しかし7月末に私たちがミルン湾に戻ってくると、幕僚連中がどいつもこいつも来ていた。移動中に立ち寄った隊員が食堂に入ってくると、来たばかりの幕僚が飛行服の人間は出ていってくれないかと言った……これがモレスビーだった……これは雰囲気がどれほど変わってしまったか、傲慢さがあらゆる種類の形式主義を持ちこんできたか、よくわかる例だ……まったく頭がどうにかなりそうだ」

かつてポートモレスビーの守護神だったRAAF部隊と新参者のあいだが険悪になっていた一方、九八陸偵1機に先導された台南空の零戦4機がラバウル飛行場を発進し、その日の0930にミルン湾の飛行場群の偵察に飛来した。戦闘機は全機が無事帰還したものの、華廣恵隆2飛曹（操縦）と長谷川亀市飛曹長（偵察）の陸偵は戻らなかった。1300に高塚寅一飛曹長率いる編隊が目標上空に到達し、飛行場の機銃掃射を開始した。5分後、事前に見張員から日本軍機接近の警報を受けていたキティホーク8機が彼らを攻撃した。RAAF機は高度7,000mから日本軍機に急降下した。この激しい空戦で日本軍パイロット4名は敵機5機撃墜を申告した。内訳は、高塚寅一飛曹長（作戦指揮官）が1機、松木進2飛曹が1機、太田敏夫1飛曹が2機、遠藤桝秋3飛曹が1機だった。

日本軍機と交戦したRAAF第76飛行隊のキティホーク8機の方は、哨戒から帰還中だったP・H・アッシュ大尉が「急降下爆撃機」1機を滑走路の北西に撃墜したと認定された。彼の乗機は機銃により軽微な損傷を負った。この撃墜はRAAF第76飛行隊の初戦果となり、ほかの撃墜はM・ボルト中尉によるものと、デンプスター軍曹とキャロル軍曹2名の協同撃墜1機とされた。グロスヴェナー中尉のキティホークはひどく被弾し、RAAF第75飛行隊のキティホークA29-98「N」が地上撃破された。戦闘時の混乱で日本軍パイロット4名は離ればなれになってしまい、貴重な燃料をかなり消費してしまった。1545に太田1飛曹機と遠藤3飛曹機がラバウルの手前のガスマタに着陸し、そこで再給油後、基地へ向かった。松木2飛曹機も燃料不足で1600にラエに着陸し、彼はそこで一夜を過ごしてから翌日ラバウルに帰還した。1645に3機よりも遅れていた高塚飛曹長機がガスマタで再給油し、太田機と遠藤機につづきラバウルへ戻った。

1320にオーストラリア軍地上部隊から「ゼロ」1機が煙を吐きながら数マイル離れた山の麓に墜落したという報告がきた。これがアッシュ大尉に撃墜された「急降下爆撃機」こと

左より、1942年9月3日に米陸軍航空軍第5空軍第5爆撃大隊の司令に就任したケネス・ウォーカー准将（前列右から4人目、暗色の軍服）。オーストラリア到着直後、タウンズヴィルにて。彼の右にいる2名のRAAF士官は、アーサー・「ハリー」・コビー大佐と「ダッド」・フランク・ブレーディン航空准将。寡黙だが威厳のあるブレーディンは、部下への配慮あふれる態度から「ダッド」のニックネームで呼ばれていた。ブレーディンは1941年9月に臨時措置で航空准将に任命され、1942年3月にRAAF北西方面司令官としてダーウィンに配属された。（Kevin Ginnane）

ニューギニアでの台湾空との激戦よりはるか以前の楽しき日々。1939年10月14日に撮影された40-B飛行訓練クラスの学生たち。テキサス州ダラス、ラヴフィールド飛行場にて。左より、ガス・ヘイス、ジェームズ・パーカー、フランク・ウォールトン（教官）、ドナルド・P・ホール、ヴァーノン・マーリン。（PNG Museum of Modern History）

8月6日にラバウルへやってきた2空は、艦上戦闘機隊と艦上爆撃機隊の混成航空隊であった。その艦爆隊は過酷な消耗戦を強いられることとなる。写真は第33航空隊で使用されていた九九式艦上爆撃機で、2空機も同様に濃緑色で上面に迷彩が施されていた。

長谷川飛曹長の九八陸偵で、3日後にその残骸をスターリング山脈のワーピー村の近くで最初に発見したのはオーストラリア軍の斥候隊だったが、墜落地点の本格的な捜索が行なわれたのは8月20日だった。その際、ポートモレスビーとオーストラリア北西地域の目標地図が発見され、それが陸偵の残骸であることが再確認された。残念ながら本機のVで始まる尾翼記号は永遠に不明のままである可能性が高い。しかし元の所属部隊である3空の尾翼記号「X」を「V」にしただけで、数字は3空時代と同じだったようだ。

8月5日に台南空がラバウルで実施した哨戒（延べ5機）は何事もなく終わった。翌6日のラクナイ基地における台南空の戦力は、零戦19機と陸偵1機だった。その日の午後、1415に山下丈二大尉率いる零戦隊11機がラバウルのラクナイ飛行場を発進し、第435爆撃飛行隊の単機のフォートレスを迎撃しようとしたが、米軍機のクルーは彼らの存在にすら気づいてなかった。

艦爆隊の投入

日本海軍の急降下爆撃機である愛知航空機製の九九式艦上爆撃機〔編註：のちの一一型。この当時は型式名は付かない〕は、一般に艦爆と略称されていた。8月6日、この九九艦爆16機と零戦三二型15機を装備した第2航空隊、略称2空が山田定義少将麾下の第25航空戦隊を補強するためラバウルに到着した。この九九艦爆は低速で動きが鈍く、ニューギニア方面での生存率は極めて低かった。当然ながら戦闘機の護衛なしで出撃することはほとんどなく、ニューギニア方面での緒戦期ではたいてい台南空機がこれを務めた〔編註：2空戦闘機隊も〕。しかし1942年前半に日本軍総司令部により決定された無謀な戦略により、本機は陸上爆撃機として使用されることになった。

艦爆隊の搭乗員にとり、ヴナカナウ基地の立派な複合施設はついに戦場に来たのだという感慨を起こさせ、それは内地からトラック島を経由してきた危険よりも退屈に悩まされた航海のあとではひとしおだった。タキシングしてきた艦爆隊は勇ましく整列した。その夜、艦爆隊の搭乗員が各自の宿舎に落ち着くと、ラバウルの司令部は新たなラビ攻撃を計画した。攻撃は翌朝で、台南空と4空も参加するものだった。2空の艦爆隊を出撃させるのは時期尚早と思われたが、その夜のラバウル方面では差し迫った決戦についての予想や議論が各所で行なわれていた。

ガダルカナルへの初戦

1942年8月7日、米軍がツラギとガダルカナルへ侵攻したその日、台南航空隊は全力を発揮した。まず焦眉のガダルカナルへ最初の空襲部隊を派遣し、午前遅くにジョージ・ケニー少将麾下のフォートレス部隊によるラバウル大空襲に応戦したのである。

それは消耗した台南空の分遣隊がラエを後にしてから、まだ4日しか経っていなかった。その日の朝、米軍のガダルカナル上陸の報せが日本軍の指揮系統を駆け抜けた結果、ミルン湾への攻撃は中止され、急遽兵力はガダルカナルへ向けられることとなった。伝令が出撃中止を告げに駐機場へ走った時、台南空の搭乗員たちはすでに操縦席で安全ベルトを締め終わっていたという。

これを受けた台南空司令、斉藤正久大佐は可動全力の零戦を差し向けようとしたが、ガダルカナルへは片道560浬の長距離飛行となることを踏まえた飛行隊長の中島少佐が「この作戦では半分がやられる可能性もあるので、精鋭の12名だけの編制を組みましょう」と進言。議論の結果、18機の搭乗割が組まれたという〔編註：原著ではこの部分、なぜか山田司令官と中島隊長が直接議論したことになっているので、この一文に訂正。当時、整備途中で放置されていたブカが不時着場所に指示されたことを付記しておく。またこの時、零戦三二型装備の2空戦闘機隊は攻撃に加われなかった〕。

中島は攻撃隊を各6機の中隊3個に再編成し、出撃する搭乗員を自ら選定した。台南空はガダルカナルでの初戦に最高の布陣で臨むことになった。実際、彼の指揮下には日本帝国海軍で最も優れた10名のパイロットのうち4名がいた。中島は第2中隊を主力より先行させ、敵の迎撃機の相手を務めさせることにした。残りの2個中隊は陸攻隊の直掩にあてた。

飛行場では、ミルン湾攻撃中止により乗機から降りた台南空の搭乗員たちが木造の指揮所の前に集まっていた。彼らはたったひとつの机を囲む上級士官たちを注視していた。ほかの搭乗員たちと同じく飛行服に身を固めた中島が、緊張した面持ちでようやくポーチに姿を現した。物問いたげな面々に向けて彼が一声を発すると、全員が気をつけの姿勢をとった。板張りのポーチから中島は重要事項について身振りを交えて説明した。その下方、注目する航空隊員たちの前には2枚の黒板があり、そこには搭乗員名と割り当て機が書かれていた。

パイロットたちは皆、3日前に「母なる」火山を背に撮影した集合写真の時と同じく、革製の飛行帽と航空眼鏡を頭に着用していた。全員が気をつけの姿勢で立っていたが、新たな目標がガダルカナル島と発表されると、誰もその名を聞いたことがなかったため困惑が広がった。気の毒そうな表情の伝令がごそごそと航空図を広げると、搭乗員たちからため息がもれた。

目標までの距離がとんでもないことは一目でわかった。だが少なくともこれから出撃する全員は、そのことをあれこれ言うことはなかった。間もなく中島選りすぐりの18名は空中へ飛び立った。〔編註：原著は"ニューギニア戦線篇"ということもあって当日これ以後の台南空のガダルカナル攻撃の模様にはふれられていないが、この空戦で歴戦の吉田素綱1飛曹と西浦国松2飛曹が未帰還となり、坂井三郎1飛曹が重傷を負いつつ帰還した〕

反撃部隊

本書のテーマとはいささか外れるが、この朝の2空艦爆隊の作戦は特に常軌を逸していたものなので、日本軍司令部の理不尽さを知るためにもここで触れておきたい。前日ラクナイに到着したばかりの2空の艦爆隊員たちが、零戦と陸攻の主力編隊につづき準備でき次第ガダルカナルへ発進せよと告げられた時の驚愕は推して知るべしである。その目標はガダルカナル沖で物資を揚陸中の敵輸送船団と上陸部隊とされたが、艦爆隊の兵装の貧弱さは考慮されていなかった。しかもこれらの艦爆の爆弾懸吊架は地上目標への攻撃を想定していたため、小型の60kg爆弾用に改修されていた。これに対し、空母に搭載される通常型は艦船攻撃用に大型の250kg爆弾を装備できた。少なくとも搭乗員たちは小型の60kg爆弾では洋上目標に対して無効なことを知っていたはずである。

しかもその航続距離が基地へ戻るのに不十分なことに対し、上層部は奇天烈な代案を示していた。攻撃後、艦爆隊はブーゲンヴィル南方のショートランド諸島の沖合に不時着水し、そこに待機している飛行艇母艦秋津洲（あきつしま）と14空の二式大艇1機でラバウルへ帰還せよというのである。

一応は理にかなった計画のように見えるが、そこには安全な帰還を妨げるふたつの要因があった。第一にこの艦爆1個中隊9機には戦闘機の護衛がなく、作戦空域には米海軍戦闘機隊が待ち構えていると予想されていた（実際そうだった）。第二に九九艦爆は固定脚のため、着水時に転覆することがよくあり、そうなると搭乗員は身動きが取れないまま、乗機とともに沈没して死亡する例も多かった。この作戦はいわゆる特攻作戦ではまったくなく、むしろ艦爆は全機使い捨てるが、搭乗員は生還させようという、都合のいい考えだったが、このような構想に前例はなく、またその後同様の攻撃が計画されることもなかった。

歴史ではこの攻撃を決断したのは山田定義少将とされているが、なぜ彼のような有能な戦巧者が、これほど得る物の少ない無謀な作戦を許可したのかは謎である。彼は現場の航空部隊から距離がありすぎたのだろうか？　それとも、より高い可能性として、彼は全戦力を発進させなければ上層部から非難されると恐れたのだろうか？　だが第三の理由が考えられる。米軍のガダルカナル上陸作戦は周辺に日本軍の空母部隊がいないという仮定に基づいて実施された。山田が新着の艦爆隊を出撃させたのは、これが突如ガダルカナル上空に出現すれば、米軍はありもしない日本空母の脅威に慌てふためくと考えたからではないだろうか。もし米海軍の提督たちがそう信じこめば、動揺して上陸を躊躇するかもしれない。もしそれが山田の真意だったならば、作戦は無駄だった。9機の艦爆隊の搭乗員たちは勇敢で、1045〔編註：日本時間では0845発進なので、本書では0945という表現が妥当か？〕にガダルカナルへ向け戦闘機の護衛なしでの片道作戦に出撃

1942年8月7日に本間金資報道班員が撮影したガダルカナル作戦で負傷して帰還した直後の坂井三郎1飛曹。ラバウルで撮影された写真でこれほど劇的な瞬間はないだろう。先を歩く坂井のすぐ左後ろにいる太田敏夫1飛曹は心配そうな表情でクリップボードを抱え、坂井に付き添う白い半袖シャツの笹井醇一中尉は眉を曇らせている。後方には笹井中尉の乗機、V-138号の尾翼が見え、分隊長を示す2本の青線が見える。（credit Homma Kinsuke）

本間金資報道班員が撮影した帰還後の坂井1飛曹の別の一枚。本間は写真を撮るなと言われたが、どさくさまぎれにカメラを頭上に掲げてこの写真を撮影した。背後に今も変わらぬタヴルヴル火山がそびえている。（credit Homma Kinsuke）

した。指揮官は井上文刀（ふみと）大尉だった。ガダルカナル上空で対空砲火やワイルドキャットの攻撃を受けた艦爆隊は、9機中、5機が自爆、未帰還となった。ショートランド諸島沖に最初に戻ってきたのは太田源吾飛曹長と高橋幸治2飛曹の2機だった。午後も遅くなり、暮れはじめた空のもと、そこには約束の飛行艇がいた。井上と列機の佐藤清二3飛曹は錨泊していた秋津洲の近くに着水した。井上機は着水時に転覆し、彼と偵察員は苦労して海面に出たが、佐藤と偵察員の野呂田利男2飛兵は転覆した機とともに沈没してしまった。こうして最初の作戦で2空の艦爆隊は9機の艦爆を12名の熟練搭乗員とともに失った。生還した指揮官の井上文刀大尉は現実的な人間だった。後日ヴナカヌに帰還した彼は、部下たちに以後の作戦には救命用具を携行するよう勧めた。艦爆は当時の戦闘機とは異なり、落下傘、行軍用長靴、酒、国際通貨、鉄帽、糧食などの救命用具を積めるだけの余裕が十分あった。今回の作戦後、彼以外のわずかな生還者たちにはラバウルでの休養が与えられた。彼らはそれに見合う働きをしていた。また必要でもあった。なぜなら数日以内に彼らは台南空とともにラビ上空のいつ終わるとも知れない戦いへ投入されたからである。

ハール・ピース機の撃墜

ラバウルの日本軍がガダルカナルに救援を出撃させようとしていた頃、ジョージ・ケニー少将は日本軍の反撃を阻止するため、ラバウルに少なくとも16機のフォートレスを差し向けるとマッカーサーに約束していた。8月6日（偶然ながらケニーの誕生日）夕刻、ラエへの作戦を中止してホーン島へ戻っていた第93爆撃飛行隊のフォートレス6機が数機ずつの小分遣隊として発進し、7マイル飛行場へ進出した。ハール・ピース大尉のフォートレスはシリンダーバルブが1個吹き飛んでいた。置いてけぼりはご免だと、ラバウルに行ける代替爆撃機を求めて彼はマレーバに着陸した。一方、飛行可能なフォートレスは、第28および第30爆撃飛行隊からの5機、同第93からの5機とも、全機が7マイルに集結していた。

マレーバにあったのは旧式のE型で、ハワイで塗られた三色迷彩という非常に変わった塗装だった。研究者のダナ・ベルによれば、「シーグリーン、ラストブラウン、サンドを工場塗装のオリーブドラブとニュートラルグレーの上に塗ったもの」だという。シリアルナンバーも再塗装され、やや文字が小さかった。その旧型機には威力の低い遠隔操作式の下部銃塔もついていた。機体名は「ホワイ・ドント・ウィ・ドゥ・ディス・モア・オフン？」で、そのフォートレスは電気系統に問題があり、エンジンもガタがきていた。しかしピースの目にはまだ十分飛べるように見えたので、彼は夜闇のなかを本機で7マイルへ向かった。翌0100に到着したピースと搭乗員たちが言葉を交わした第93飛行隊の整備士官は、この機で飛ぶのは危険ですと言った。ピースはその士官の隊長であるフェリックス・ハーディソン少佐に頼んで、この進言を取り下げてもらった。ハーディソンにはその熱意がよく理解できた。彼は若かった頃、衆目の前で爆撃機をフルスロットル状態にしてシドニーのハーバーブリッジをくぐったことがあったのだ。それでも引き下がらない整備士官は、それならば安全のためにせめて編隊の真ん中の方にいてくださいとピースに頼んだが、出撃予定機はすでに順番に並べられていた。夜明け前に7マイルの未舗装滑走路の脇に駐機しているフォートレスを並べ替えるのは物理的にもまず無理だった。ジャケット大尉の「トウジョウス・ジンクス」が先導する3機編成の第2編隊の右翼をピースは飛ぶことになった。

0730に朝日をたっぷり浴びながら、16機のフォートレスは7マイルの滑走路を爆音を響かせながら1機、また1機と飛び立った。この悲劇に終わる作戦は、最初からつまずきがあった。滑走路でC・H・ヒルハウス大尉のフォートレスの過給機が故障し、完全装備の機体がコースを外れ、積んであった岩石の山に突っこんでしまった。機体が大破したにもかかわらず、負傷者は脚を怪我した航法士R・L・ウォーラー少尉だけで、信じられないことに爆弾が全弾懸吊架から脱落してしまったのに、爆発したものは1発もなかった。凶運はまだ終わらなかった。離陸後、編隊からさらに2機のフォートレスが欠けた。「オールド・フェイスフル」はエンジン1基が停止し、無機名の#41-9015は電気系統の故障で引き返した。縁起を気にする者が見れば、今やラバウルに向かっている爆撃機の機数が13なのに気づいただろう。高度6,500mに上昇すると、カーマイケル大佐を副操縦席に乗せ、ダーレティ大尉が操縦する無名機#41-2536が編隊を先導した。偵察写真からヴナカヌには敵爆撃機と戦闘機が少なくとも150機いるはずで、それが今回の目標だったが、この数字の過大さは一級品である。フォートレス隊は燦々と降りそそぐ陽光のもと、1130にニューブリテン島に到達した。

ヴナカヌまであと25浬というところで彼らは約20機の戦闘機に迎撃された。台南空は最優秀パイロット18名がガダルカナルへ向かって留守だったものの、ラバウルには最近到着したばかりの2空の零戦と艦爆の分遣隊がおり、倉兼義男大尉率いる15機の零戦隊が1115に緊急発進し、迫りくるフォートレス隊に一丸となって襲いかかった。それからわずか5分後、彼らに11機の台南空零戦が加勢した。

第1小隊：山下丈二大尉、村田功中尉、一木利之2飛曹
第2小隊：大野竹好中尉、大木芳男1飛曹、中本正2飛曹
第3小隊：新井正美3飛曹、米川正吉2飛曹、田中三一郎1飛曹
第4小隊：茂木義男3飛曹、福森大三3飛曹

　第2小隊長の大野竹好中尉は海兵68期出身の21歳で、飛行学生を修了したばかりだった。彼はそれから4ヶ月間台南空で勤務し、その解隊に伴い内地へ戻された。その後251空の一員としてソロモン戦線に復帰、1943年6月30日にレンドヴァ上空で戦死する。
　両航空隊混成の零戦隊は米軍編隊を圧倒した。無名機#41-2464（その後1942年11月に第64爆撃飛行隊のE・P・スティーヴンスにより「クイーニー」と命名）の右内側エンジンは7マイル出発時から不調だったが、機関砲弾1発が酸素系統を破壊したため息絶えた。先導機のフォートレスでは爆撃手のエマニュエル・スニッキン少尉が機首銃座で射撃をしながら、爆撃照準器にうつ伏せになって爆撃隊の誘導をしていた。彼はこの勇敢な行為に対して米軍で与えられる第3位の勲章、銀星章を授与された。爆弾をヴナカナウにばら撒くと、フォートレス隊は帰路についたが、カーマイケルのフォートレスでは銃手1名が戦死、1名が負傷し、酸素系統が破壊されていた。カーマイケルは直ちに列機にこれから高度を下げると告げると、自機を降下させた。指揮官機につづき、第93爆撃飛行隊機を率いるフェリックス・ハーディソン少佐も降下した。ハーディソンの左翼を飛んでいたスナイダー中尉は酸素不足で意識が朦朧としていたが、2機のフォートレスが降下していくのを見ると、操縦輪を前に倒し、彼らのあとにつづいた。その際、彼はハーディソン機と衝突しそうになった。先導する3機があっという間に想定外の編隊離脱をしたため、残りの編隊は足並みを乱してしまい、落伍機が喰われる隙が生じた。
　こうして日本軍戦闘機の攻撃により、「トウジョウス・ジンクス」で搭乗員1名が戦死し、1名が負傷したが、次に日本軍機が目をつけたのがピース機だった。左内側エンジンを空転させているため高度が約300m落ちていた「ホワイ・ドント・ウィ・ドゥ・ディス・モア・オフン？」に敵戦闘機が群がっているのをブリッジズ大尉が目撃している。ブリッジズの目前で燃え盛る爆弾倉内タンクが落下し、断末魔の爆撃機は火だるまになった。ジャケット機の副操縦士だったパディ・マーフィはのちにこう記している。
「私たちは編隊にハールを守るため、もっと速度を落とせと叫びまくった。無線封鎖を破ってしまったわけだが、無線の信頼性はひどかった。あとで聞いたところ、ほかのパイロットの誰にもそれが聞こえていなかった」
　この作戦で撃墜されたフォートレスはピース機のみだった。台南空の零戦は1300前に全機がラクナイに帰着し、B-17撃墜1機を申告したが、被弾した戦闘機も4機あった。2空の零戦もB-17撃墜1機を申告し、その使用弾数は4,276発だった。
　ピース機をどちらの部隊が実際に撃墜したのか証明できる資料は存在しないが、当日の様子を考えれば、これは協同撃墜と考えるのが妥当だろう。ようやく戦闘機隊の行動範囲を脱し、安全な雲の影になってから、生き残った12機のフォートレスのうち9機は編隊を組み直し、ポートモレスビーに帰着した。それから1時間以内に、最後の3機が7マイルの上空に姿を現した。フォートレスの搭乗員たちには零戦撃墜7機と、少なくとも75機の航空機地上撃破が認定された。だが実際には撃墜された日本軍戦闘機は皆無で、ヴナカナウに駐機していた陸攻の損害もごく軽微だった。しかしケニーと連合軍司令部は、この空襲が海兵隊のガダルカナル上陸に大きく貢献したと信じていた。上層部からの多大な称賛もあり、この攻撃が大成功だと信じることで、第19爆撃群の士気は大いに高まった。死後、ピースには名誉勲章が授与され、同機のほかの搭乗員たちにも殊勲十字章が与えられた。第19爆撃群のこれまでの7ヶ月間の戦いにおいて、彼は最初で唯一の名誉勲章受章者だった。1942年12月2日に勲章はフランクリン・D・ルーズヴェルト大統領からピースの父親に贈られた。
　ところがハール・ピースは撃墜されたときにはまだ生きていた。その事実の最初のヒントは、1943年2月にオーストラリアで傍受された日本のラジオ放送が伝えた、ニューブリテン島で撃墜された2名の米陸軍航空軍の士官が捕虜になっており、うち1名の名前が「ピース」であるという情報だった。「ホワイ・ドント・ウィ・ドゥ・ディス・モア・オフン？」のねじ曲がった残骸がニューブリテン島のパウエル川の側で発見されるのは1946年である。その内部で発見された2遺体は、オーストラリア人副操縦士フレデリック・アープ軍曹と通信手と確認された。現地人によれば、墜落直後は機体の近くにさらに3名の遺体があったが、川に流されてしまったという。実はピースは落下傘降下中に脚を撃たれていた。
　1949年にオーストラリア軍の戦犯調査団が、1942年9月当時にラバウルの日本軍捕虜収容所に拘禁されていたカソリック神父ジョージ・レッピングのもとを訪れた。その頃、彼は収容所でピースと3名の米軍航空隊員に出会っていた。「ハール・ピースのことは決して忘れられません」と神父はのちに記している。
「皆が彼を尊敬し、それは日本軍の看守もでした。彼は威張ったりしないリーダーでした。日本人はB-17を畏怖して

いたので、いつもピースに一目置いていました……日本人が彼を『ボーイング』のキャプテンと呼んでいたのを今でも覚えています。ハールは若い看守たちからブロークンな英語で『ユー、ユー、あ〜、キャプテン、ボーイング？』と聞かれると、ハールはまっすぐ立ちあがって『ミー、ミー、キャプテン・ボーイング』と言ったものです」

終戦時に接収された日本軍の記録から、ピースと銃手のチェスター・チェコウスキ軍曹がラバウルへ連行されて拘留されたのち、1942年10月8日に処刑されたことがわかった。彼らの遺体は発見されなかった。

ラバウルへの増援

ラバウルの陸攻隊を壊滅させようというフェリックス・ハーディソン少佐の努力にもかかわらず、それは1機も米軍の爆弾に破壊されることなくガダルカナルへ飛び立っていた。さらに損傷した滑走路も突貫工事で間もなく修復された。山田定義少将は新たなガダルカナル攻撃の準備を翌朝までに整えた。彼を後押しするため、7日の午後遅くに三沢航空隊第2中隊の池田拡巳大尉に率いられた9機の陸攻がテニアン島からラバウルへ到着した。さらに三沢空の残りの2個中隊18機が、第11航空艦隊の塚原二四三中将とともに翌日進出してきた。のちに連合軍情報部が解読した電文によれば、山田は8月8日の作戦に陸攻30機が出撃可能と連絡していたが、うち9機は前日にテニアン島から到着したばかりだった。米第5空軍司令官ジョージ・ケニー少将は日本軍の出撃に関する機密文書を読むと、ヴナカナウに駐機していた陸攻のうち、これ以外の100機前後がハーディソンのフォートレス隊によって破壊ないし撃破されたとマッカーサーに告げた。8月7日のラバウル攻撃についてのケニーの回顧録にはヴナカナウに「翼端が触れ合わんばかりに駐機していた」敵爆撃機75〜100機を破壊したと書かれている。実際には件の空襲時にヴナカナウはもぬけの殻で、陸攻の大半がガダルカナル攻撃に出払っていた。しかも撃破された機も皆無だった。これは過大すぎる戦果判定であり、攻撃を実施した部隊にとっても有害なものだった。

その日の午後、外南洋部隊指揮官、三川軍一中将麾下の重巡洋艦5隻、軽巡洋艦2隻、駆逐艦1隻がツラギの夜襲に出撃した。日本軍にとってガダルカナルは今やまさに主戦場だった。ラバウルへの攻撃と反撃の応酬にはRAAFカタリナもまだ時々参戦していて、ケアンズから長距離作戦を飛んでいた。こうした夜間空襲は「いやがらせ空襲」で、台南空搭乗員を含む日本軍の眠りを妨げ、隙を作らせるためのものだった。そうした作戦のひとつが8月7日1500にケアンズを発進したカタリナA24-26のもので、ケアンズ港への帰還は翌1145だった。作戦飛行中、RAAF第11飛行隊のA・G・ウィアン大尉とG・H・プリースト少尉は500ポンドと250ポンドの通常爆弾を投下し、こう報告している。

「2発の爆弾により大規模な火災が発生し、爆撃機1機を破壊した。建物のあいだに弾着した1発により、紅蓮の炎と複数の爆発が起こり、投下後も延焼しつづけた」

この当時、日本軍による夜間迎撃はほとんどなかったので、「キャット〔編注：カタリナの愛称〕」はラバウル上空を自在に飛びまわることができた。

さらなるフォートレスとの空戦

8月8日、前日につづき台南空は15機の零戦をガダルカナルへ向けて発進させた。ラバウルの総司令部は遠方のガダルカナル島が喫緊の問題である以上、ラビ（ミルン湾）上陸以外のニューギニア本島攻略作戦は無期限延期せざるをえないと考えるようになった。しかしガダルカナル作戦のあいだもラバウルを守るための哨戒はおろそかにできなかった。

8月9日1030、村田功中尉を小隊長とし、上原定夫3飛曹と佐藤昇3飛曹を列機とする台南空の1個小隊がラバウル上空を1時間哨戒した。この日は彼らが望むように平穏に終わってはくれなかった。警報を受け、1710に14機の台南空零戦が接近する敵編隊の迎撃のため緊急発進した。

第1小隊：河合四郎大尉、山崎市郎平2飛曹、中野鈔（きよし）3飛曹、菅原養蔵1飛兵
第2小隊：山下丈二大尉、柿本円次2飛曹、佐藤昇3飛曹、本多秀三1飛兵
第3小隊：村田功中尉、山下貞雄1飛曹、伊藤勲3飛曹
第4小隊：結城国輔中尉、上原定夫3飛曹
上記以外：笹井醇一中尉

中野鈔（きよし）3飛曹。彼も1942年8月にラバウルに来襲するフォートレスと頻繁に交戦した台南空パイロットのひとりだった。

14機の零戦隊を率いるのは河合四郎大尉だったが、笹井醇一中尉もその1機として出撃した。第3小隊長の村田中尉、列機の上原3飛曹、佐藤3飛曹にとって、これはこの日2回目の出撃だった。1750に4機のフォートレスがラバウル上空に出現した。当初7マイルを発進したのは5機だったが、1機がエンジン不調のため速度が落ち、編隊に追従できなくなったため、代替目的地のガスマタの爆撃に向かっていた。作戦指揮官は第30爆撃飛行隊のパイロット、クライド・B・ケルセー中尉で、乗機は第30飛行隊所属のB-17E「スプーン・オブ・ヘル」だった。こうして夕闇の迫るラクナイ上空に現れた4機のフォートレスのうち、残りは第28および第93爆撃飛行隊の所属だった。沖合に停泊する艦船からの猛烈な対空砲火に襲われたものの、4機に損傷はなかった。攻撃を終了し、基地へと変針した彼らに対し、河合中隊は積極的に攻撃を繰り返した。「スプーン・オブ・ヘル」の銃手たちは15機の零戦のうち5機を撃墜したと申告した。敵機の数は見積もりが正確だったが、その戦果申告は過大だった。無機名フォートレス#41-2660の銃手はさらに撃墜2機を申告し、米軍側の零戦撃墜申告数は7機に上ったが、実際の日本軍機の損害は零戦1機が数発被弾しただけだった。

　ヒュー・S・グランドマン中尉の無機名フォートレス#41-2643は目標上空では4番機の位置を占めていたが、エンジン不調のため、台南空機に迎撃された時にはかなり後れを取っていた。グランドマン機はいつのまにか単機になり、河合中隊機の注意を引くようになっていた。ほか3機のフォートレスからの火力支援を欠いた手負いの爆撃機は、反復攻撃に対抗しながら高度を失っていく姿を最後に目撃された。当時その最期は不明で、その搭乗員たちはポートモレスビーで戦闘間行方不明者に指定された。その後、戦時中にジャングル内の残骸に案内された宣教師のオベライター神父が付近で数名の遺体を発見し、埋葬した。同機の残骸が再び発見されたのは1946年で、場所はニューブリテン島のカブンガ湾近く、モクラパウアのロンダール氏のプランテーション内で、伸び放題の草木に覆われていた（現在の地名はモクラパウア・プランテーション）。そこで身元が確認できたのはグランドマンとウィリアム・A・タカラ1等兵の遺体だけだった。乗っていた7名からオベライター神父に埋葬された遺体を除いた残りの搭乗員たちが脱出した可能性もあるが、その最期は謎のままである。

　台南空機がラバウルへ引き揚げると、夕闇の迫るなかをポートモレスビーに向かうハリー・J・ホーソーン大尉機が夕日に照らされていた。彼は危機にあった。少なくとも2基のエンジンが損傷して速度が落ち、燃料消費量が増大しつつあり、帰投中のほかの2機のフォートレスから遅れていた。電波方向測定機とコンパスは両方とも銃撃で壊され、予備装置も同様だった。ポートモレスビーへ支援要請をしたものの応答はなく、ホーソーン機はニューギニアの空で機位を失ったまま3時間近くさまよった。

　燃料切れが近づいたホーソーンは海岸近くに島があるのを見つけ、慎重に高度を下げていった。そして彼はうまくその沖合に不時着水を決めた。疲労していたが無傷だった搭乗員たちは機体から這い出し、ニューギニアの南端に近いマラプラ島にたどり着いた。不時着水地点は人里からずっと離れていたが、幸い搭乗員たちはオーストラリア海軍の小型艇に救助されてポートモレスビーに帰還し、その5日後には戦列に復帰した。台南空がこの思いもよらない撃墜を知らなかったのは無理もなく、日没直前にラクナイに帰還した彼らは、B-17撃墜を1機しか申告しなかった。しかしラバウル方面全体の日本軍では過大な戦果算定がまかり通っていた。輸送船畿内丸に乗っていたサトウ・トシオは午後の空戦で9機の敵機が撃墜されたと聞いたと日記に書いている。1942年のラバウルでは、日本軍はまだ戦勝気分が支配的だった。

大野竹好中尉。1942年11月ラバウルでの撮影。

RAAF第75飛行隊のキティホークA29-133「ポリー」。1942年8月、ミルン湾にて。（AWM）

第11章
ミルン湾の触手
CHAPTER ELEVEN : TENTACLES OVER MILNE BAY

湾上空の戦闘

　8月中旬以降、ガダルカナルとラビ（ミルン湾）の両方面で戦わねばならなくなった台南空の零戦隊は、全機がラバウルを拠点にするようになった。

　1942年8月11日未明、ラクナイに向かったRAAFカタリナ1機が地上の木造兵舎で眠っていた台南空搭乗員たちの貴重な睡眠を台無しにした。その朝、連合軍戦闘機を戦闘に誘い出すため、ラビに対する大規模攻撃が計画された。0920にラクナイから14機の零戦が発進した。当初、その指揮官は飛行隊長の中島正少佐で、発進後ほどなく基地へ引き返したためその任を笹井醇一中尉に託した。笹井中尉率いる13機の零戦隊は2時間半という長時間飛行ののち、東からミルン湾へ接近し、1210すぎにサマライ上空を通過。現地は雲が低く垂れこめ、雨が降っていたため、視界は悪かった。前方に「敵機約25機」が出現したと彼らは報告しているが、これはRAAF第75飛行隊のキティホーク16機で、RAAFの公式報告書にはこの悲劇の遭遇戦が以下のように記されている。

　「気象状態と部隊が見張り態勢を正しく取れていなかったため、攻撃してきた零戦の機数の正確な見積もりに失敗した。おおよその目撃証言と味方機の交戦状況から、8月11日火曜日に目標上空にいた零戦は8機から12機と思われる。撃墜できた敵機はおそらく2機で、撃破は5機である」

　空戦は300～1,000mという比較的低高度で、地形が険峻なミルン湾全域を使って繰り広げられたが、RAAFの詳細報告書には戦闘の様子がやはり詳細に記録されている。

　リゲイ・「コッキー」・ブレレトン中尉のA29-131は戦闘のある時点で日本軍の分隊長機に肉薄した。この空戦でブレレトンが「赤黄赤」の帯が胴体後部にあったようだと見たのはやや怪しいが、2本の赤い斜め帯があったのは確かとあるので、これは分隊長機だろう。A29-97に搭乗していたF・A・コーカー大尉は敵機に8秒間連射を加え、その際、何と480発も使用したと報告している。コーカーはこの機を「未確認撃破」としており、これに該当する候補は負傷した遠藤の機である。

　A29-99を専用機としていたジェフ・アサートン少尉は敵機の尾翼を銃撃し、これを撃破したと考えた。A29-133「ポリー」のブルース・ブラウン少尉は別の機に50m以内まで肉薄し、カウリング直後に命中弾を与えた。

　「隠れられる雲は低く、私たちが後方から襲われたのはかなりの低高度だった。最終的に私は2機のゼロに喰いつかれるという苦しい状況になり、列機から完全にはぐれてしまった。私たちは全員がばらばらに散らばっていた。ようやく2機のキティホークが雲中から現れた時、わたしはココナツ林の上空で頭上の雲へ入ろうとしていた。1機はヒュー・シールズで、もう1機はジェフ・アサートンだった。彼らは私に喰いついていたゼロを射撃して追い払い、もう1機のゼロは全速力で雲中へ姿を消した」

　やはり敵機に肉薄していたのがA29-126のJ・B・オリヴァー中尉で、赤い1本の胴体帯を目撃しているので、これは第1中隊所属の零戦だったようだ。彼が発砲すると、敵機から破片が飛散したと彼は報告している。

　被弾したキティホークの1機、A29-127に搭乗していたのがアーサー・タッカー少尉だった。以下は彼がのちに提出した報告である。

　「連射を受け、補助翼の作動がおかしくなった……左翼を上げるのにものすごい力が必要になった……海へと降下したが、追尾してくるゼロに断続的に銃撃された」

　タッカーは絶体絶命だった。不自由な機体で彼は雲のなかへ避退しようとしたが、その直前に零戦が射撃を止めて機首を引き上げたのは、おそらく弾丸が尽きたためだった。タッカーは高度を下げて旋回しながら雲から出ると、山肌に一筋の隙間――彼によれば「割れ目」――という見慣れた目印を発見し、そちらへ向かった。3機の零戦が彼の後方に現れ、ミルン湾のココナツ林に囲まれた滑走路まで追いかけてきた。タッカーは戦後、こう回想している。

　「飛行不能というわけではなかったが、私が壊れた補助翼で無事着陸できるか、誰も気にしていなかったのは確かだ。あの夜ほど怖ろしかったことはない」

　空戦の終わり頃、単機のキティホークがガーニー飛行場の上を低空で飛んでいた。そのパイロットは無線で興奮しながら話していたが、突然エンジンが燃え上がった。パイロットは脱出したものの、低高度でパラシュートが開き切らず、飛

行隊の救急車のすぐ前方の地面に叩きつけられた。ジョージ・インクスター軍曹は死亡し、乗機のA29-84は大破した。

マーク・シェルドン中尉が撃墜されたのはジリジリから約25浬東方の湾の北側山地で、翌日、第75飛行隊のビル・ディーン＝ブッチャー軍医中尉とパイロットのブルース・ブラウンに率いられた捜索隊が、空戦を目撃した現地人の案内により彼の機の残骸を発見した。元RAFスピットファイア搭乗員だったシェルドンの救出は容易かと思われたが、実際にはかなり難航した。ランチが両名を海岸の村まで運んで降ろした。ランチは彼らを3日後に迎えに来るよう告げられていた。それから現地人の案内で捜索隊は山を登ったが、これは履いていた頑丈なブーツがなければ難しいものだった。シェルドンのキティホークA29-123は山頂側面に突っこんでおり、遺体はすでに現地人が近くに埋葬していた。彼の遺体を掘り出してミルン湾へ持ち帰ろうという捜索隊の計画は甘すぎたことが判明した。問題はランチが現れなかったためさらに大きくなり、結局捜索隊は山地を12浬ほど歩いて飛行場へ戻るはめになった。

シェルドンは戦死と判明したものの、フランシス・シェリー曹長は行方不明のままだった。彼と乗機のキティホークA29-100はニューギニアの過酷な自然のなかへ忽然と消えてしまった。同じくアルバート・マクロード中尉もA29-93とともに行方不明になっていたが、これは1967年になって機体の残骸だけが発見されている。

日本側ではこの日、撃墜された零戦はなかったが、遠藤桝秋3飛曹がキティホークの銃撃により重傷を負った。彼は遠方のラバウルへの帰投に伴う、死につながりかねない危険を避け、ブナに着陸した。彼以外の12機の零戦は午後遅くにラクナイ基地へ帰着している。

この日の空戦は激しく、戦果申告は両軍ともヒステリックだった。台南空はキティホークの撃墜7機、未確認4機を申告したが、実際に失われたオーストラリア軍機は3機にすぎなかった。日本側の甘めの戦果の内訳は撃墜認定が笹井醇一中尉、太田敏夫1飛曹、松木進2飛曹、遠藤桝秋3飛曹（キティホーク2機）、米川正吉2飛曹（キティホーク2機）で、未確認撃墜4機は笹井中尉、太田3飛曹、羽藤一志3飛曹、松木2飛曹だった。一方、その夜ラクナイに帰還した零戦搭乗員たちの疲労は極限に達していた。この多忙な一日、彼らは睡眠不足のまま、およそ6時間半飛行し、戦闘を行なったのだった。

さらなる船団護衛任務

8月12日の時点におけるラバウルの台南空の稼働機は17機にすぎなかった。その日の朝、7日のガダルカナル攻撃で負傷した坂井三郎1飛曹が戦友たちに別れを告げ、眼の手術を受けるためシンプソン湾に待機していた輸送用飛行艇でトラック、サイパン経由で内地へ帰還していった。

ガゼル半島上空で2次の哨戒飛行（延べ6機）が何事もなく終わった一方、正午頃飛来した第28、30、93爆撃飛行隊のフォートレス7機と、これを迎撃するため発進した河合四郎大尉率いる15機の零戦が空戦となった。米軍搭乗員は目標上空に到達する前にゼロに攻撃され、うち1機を撃墜、6機を撃破したと報告している。実際には日本側には被弾機すらなく、米軍機も数機が軽微な損傷を負っただけだった。

8月13日、この日もラバウルでの最初の2次の哨戒は異状なく終わった（延べ6機）。ブナ北方では輸送船南海丸と畿内丸を守るため、3次の船団護衛哨戒が行なわれた。船団はブナ飛行場建設用の工兵部隊と資材の輸送中で、軽巡洋艦龍田、駆逐艦夕月と卯月、駆潜艇2隻が護衛にあたっていた。一方ラエ上空では山下佐平飛曹長のもと、二宮喜八1飛兵、菅原養蔵1飛兵からなる第1直（0800〜1030）が、飛来した「カンガルー飛行隊」のアンドリュー・H・プライス中尉のフォートレスの迎撃を試みた。しかしプライスは零戦隊が攻撃航過を始める前に乗機を雲のなかに入れ、雨の降りしきる雲中を20分間にわたり飛行した。

これはきわどい飛行だった。その逃避行中、搭乗員たちは左側と上方に台南空機を何度か目にしたが、どうにかこれをやり過ごした。ラエの第4直（1400〜1620）ではさらに波乱があった。戦意旺盛な山下丈二大尉率いる8機の零戦隊が、1520に第80戦闘飛行隊のP-400に護衛されたマローダー5

ミルン湾の第75飛行隊でキティホークA29-133「ポリー」によく搭乗していたブルース・「バスター」・ブラウン大尉（当時少尉）。ニューサウスウェールズ州ウィルバーフォースにて。その後回収された本機はオーストラリア戦争記念館に引き取られ、現在も展示されている。（AWM）

機を迎撃したが、戦果はなかった。〔編注：行動調書に2直、3直の記述なく、またB-26、5機と交戦、内1機に相当の損害を与う、の記述あり〕。

B-26「オールド・タイマー」は胴体後部に機関砲弾1発を被弾し、「サリー・ランド」は右エンジンが被弾停止したため、機長のハリー・O・パットソン中尉はポーロック港（ネルソン岬）近くへ不時着水を強いられた。翌日、負傷者3名を含むパットソン機の搭乗員たちは、ケアンズから飛来したRAAF第11飛行隊のカタリナA24-26に救助された。第5直（1545〜1715）は河合四郎大尉が率いる8機の零戦隊だったが、何事もなく終わった。同じ8月13日には台南空の村田功中尉がラエで戦死しているが、その経緯は不明である。

「チーフ・シアトル」撃墜される

8月14日の連合軍の活動は0602に7マイル飛行場を発進した第435「カンガルー飛行隊」のB-17E「チーフ・シアトル」によって開始された。同機の任務はガスマタ、ラバウル、カヴィエンの単独偵察だった。厳重な無線封鎖命令もあり、それ以降連絡がなくそのまま未帰還となった本機は、日本軍戦闘機に撃墜されたと見なされたが、事実、これは台南空機に撃墜されていた。離陸後の「チーフ・シアトル」の飛行計画は、0617にリゴ付近の変針地点到達後、北東へ旋回しながら高度3,300mへ上昇し、そこから水平飛行でオーウェンスタンレー山脈を越えることになっていた。

危険なことに、このガスマタへのコースはブナ上空を通っていた。同機の飛行計画には0635にオーウェンスタンレー山脈上空を最大高度2,500mで通過すると明記されていた。その前の2日間、この時間帯に山脈の上空では巨大な積乱雲が発生しており、この日も同じ気象パターンがつづいていた。「チーフ・シアトル」が山脈を通過していた頃、ラエでは山下中隊の9機が発進し、このフォートレスの飛行経路のチェックポイントであるブナへと向かっていた。台南空機が護衛に向かっていた船団には物資のほかに海軍第4および第15設営隊の分遣隊が乗船していたが、彼らの本隊は当時、ブカ島とブーゲンヴィル島に駐留していた。台南空の零戦三二型部隊の編成は以下のとおりだった。

第1小隊：山下丈二大尉、山崎市郎平2飛曹、岡野博3飛曹
第2小隊：大野竹好中尉、山下貞雄1飛曹、新井正美3飛曹
第3小隊：山下佐平飛曹長、柿本円次2飛曹、二宮喜八1飛兵

台南空の記録には0735に単機のフォートレスと交戦し、その反撃により小隊長の大野竹好中尉機が大破したとある。5分後、山下貞雄1飛曹機が護衛任務から離れ、被弾した小隊長機を護衛しながら最も近い味方基地へ向かい、40分後の0820に2機はブナ基地へ無事着陸した。山下中隊はこのフォートレスの撃墜を申告したが、この付近にいた連合軍機は「チーフ・シアトル」のみだったので、彼らが撃墜したのが本機だったのは間違いない。遭遇戦が発生したのはニューブリテン島南方の洋上で、これも残骸がいまだに発見されていない裏付けとなる。

空戦に勝利した9機のパイロットのうちのひとりが岡野博3飛曹で、彼は1942年5月末に1空から派遣され、台南空勤務となった。彼は台南空での戦いを生き残り、1942年11月にラバウルから帰還した数少ない搭乗員のひとりとなった。その後、彼は数々の部隊を渡り歩きつつ大戦を生き延びた。彼は台南空在籍中に、1942年7月29日のエアラコブラ2機撃墜をはじめ、計6機の撃墜を認定されているが、それを連合軍機の損失記録と照合するのは難しい。

新井正美3飛曹、フォートレスに撃墜される

大野中尉と山下1飛曹がブナに帰還したため、7機に減った台南空の零戦三二型はしばらく周辺を飛行すると、ニューギニア北海岸へと戻っていった。7機にはまだ哨戒をつづけられる時間と燃料があったが、靄のなかからその眼前に第30爆撃飛行隊司令、ディーン・キャロル・フーヴェット少佐率いる第19爆撃群のB-17E型の6機編隊が出現した。フーヴェット隊は0630に7マイルを出撃し、報告書によれば輸送船4隻からなる日本軍船団の攻撃に向かっていた。実際にブナ沖にいた輸送船は南海丸と畿内丸の2隻のみで、ほかに軽巡龍田、夕月と卯月の駆逐艦2隻、駆潜艇2隻がいた。6機がブナ上空に到着したところ、船団は影も形もなかったが、こ

画質が粗いのが残念だが、ラクナイ到着からまもない零戦三二型V-187の貴重な写真。白黒写真の特性のため黄色の斜め帯が視認できないが、これは巻頭の塗装図32で明示した。（Jim Lansdale）

れは夜間に揚陸を完了し、すでに撤収していたため、彼らは悪天候のなか船団を捜索し、ようやく0900にブナの北東100浬の地点で船団を発見した。

彼らが爆撃航過を開始しようとした矢先、またしても山下中隊長率いる零戦隊7機が攻撃を開始した。しかしその5分後、新井正美3飛曹の機が爆撃機からの反撃により撃墜された。零戦隊は攻撃を終えると、ニューギニア本土へ帰投していった。1050に第1小隊全機と柿本および二宮機がサラマウアに着陸した。第3小隊長の山下飛曹長は1100に単独でラエへ着陸している。台南空のこの日の記録によれば、使用弾数は第1小隊が900発、第2小隊が500発、第3小隊が1,200発だった。台南空の二度目の遭遇戦ではフォートレス4機が損傷したが、その銃手たちは撃墜2機、撃破3機と申告した。しかし「スプーン・オブ・ヘル」の損害は甚大で、後部ドアから尾部銃座までが穴だらけになっていた。

こうして山下中隊はフォートレス隊を撃退し、船団を無事帰還させたのだった。B-17Eの編隊は代わりにブナ橋頭堡へ引き返し、雨のなか高度1,500mから爆弾を投下した。この日はずっと悪天候がつづいており、高度500mには厚い層雲があり、視程も2〜5浬だった。フォートレス隊が船団を攻撃したとする出版物もあるが、第18戦隊戦時日誌（龍田）には爆撃機を発見したという記述はなく、彼らのいた場所の天候が不安定だった事実がわかるのみである。ブナにいた日本兵シン・シュンジによる手記には戦闘機2機が不時着したとあり、その1機は被弾した大野竹好中尉の小隊長機に間違いない。それ以外の零戦隊の損害は、山崎市郎平2飛曹機の被弾2発と、二宮喜八1飛兵機の被弾1発のみだった。

「チーフ・シアトル」の機長はウィルソン・L・クック中尉だった。本機の喪失は非常に象徴的だった。この機は戦時国債購入推進運動の一環として命名されたのだが、当時は機名の「チーフ・シアトル──太平洋岸北西部から──」が機首の両側に塗装されていた。ボーイング航空機会社のP・G・ジョンソン社長とシアトル市のアール・ミリキン市長が伝統にのっとりシャンパン瓶を本機の機首で割り、米陸軍航空軍に無償寄付されたこの新爆撃機は、台南空との戦闘を短期間に数多くこなすなかで、あっけなく最期を迎えた。

しかし台南空のブナ分遣隊にとって状況は悪くなる一方で、8月18日には零戦の稼働数がわずか6機までに落ちこんでしまった。

徳重宣男2飛曹と連合軍輸送機隊

ポートモレスビーに対して実施されたすべての空襲について、連合軍に最大の打撃を与えたのが日本軍の敢闘というよりも、連合軍の怠慢によるものだったのは、まったく皮肉なことである。8月15日、台南空はガダルカナル作戦の長距離飛行で酷使された戦闘機の集中整備を実施するため、戦闘を休止したが、8月17日には、22機の零戦に護衛された陸攻25機という大規模な戦爆連合がポートモレスビーへ向かった。ガゼル半島が夜明けを迎えてから30分後、ラバウル飛行場の動きが活発化した。これは台南空の10機と2空の12機の零戦が、ほぼ同時にヴナカナウを発進する爆撃機隊を護衛するべく、間もなくラクナイを飛び立つためだった。

その台南空搭乗員のひとりが26歳の安井孝三郎1飛曹だった。彼は14空隊員として中国での作戦に参加した経験を持っており、この頃、鹿屋空から台南空に転属したばかりだった。彼も1942年11月に内地へ帰還した数少ないパイロットのひとりだったが、1944年6月19日に652空隊員としてマリアナ沖海戦に参加し、グアム島付近で戦死する。

RAAFでも作戦中の事故はあった。この第76飛行隊のキティホークA29-78「ブラッディ・マリー」は1942年8月16日にミルン湾でRAAFのハドソンA16-216と衝突した。その結果、同機は全損となった。（credit Gordon Birkett）

1942年8月17日の壊滅的な7マイル飛行場空襲後、駐機場から撤去されるライトR-1820エンジンの残骸。（Kevin Ginnane）

今回の編成は以下のとおりだった。

第1中隊
第1小隊：稲野菊一大尉、安井孝三郎1飛曹、米田忠1飛兵
第2小隊：山下貞雄1飛曹、柿本円次2飛曹、中野鈔3飛曹

第2中隊
第1小隊：笹井醇一中尉、太田敏夫1飛曹、羽藤一志3飛曹
第2小隊：高塚寅一飛曹長、徳重宣男2飛曹、米川正吉2飛曹

　一式陸攻からなる爆撃機隊の編成は、4空機が9機、三沢空機が16機だった。両隊は先週の大部分の間、困難なガダルカナル作戦に費やし、少なからぬ損害を出していた。ただし、ポートモレスビーのエアラコブラ部隊は、ソロモン諸島の上空に貼りついているワイルドキャット部隊に比べればはるかに危険の少ない相手だった。各爆撃機は250kg爆弾と60kg爆弾を混載し、全機が三沢空の分隊長、中村友男大尉の指揮下に置かれていた。爆弾は0915にポートモレスビーに投下された。ポートモレスビーの高射砲部隊は後続していた4空編隊の5機に砲弾片を命中させたが、これは地上が被った被害に比べれば大したことはなかった。0923までに全日本軍機が目標地域を離脱し、陸攻隊は帰還後、地上にいた敵機6機を破壊したと報告、これを「大戦果」と結論した。迎撃に飛び立った連合軍戦闘機は皆無だった。

　ワイガニ飛行場にいた第808建設大隊のある隊員の手記にはこうある。

「突然かん高い爆音が聞こえ、ほぼ直上に完璧な編隊を組んだ24機の銀色の爆撃機が飛んでいた。空襲警報はまったくなく、対空砲火も皆無だった。編隊は7,500mほどの高空を飛んでいた。敵機の迎撃に向かう戦闘機もいなかった。海側から来た敵機はあらゆる防空体制の隙をまんまとついた。ワイガニに落ちた爆弾はなく、まもなく目標が7マイル飛行場だったことがわかった。爆撃機が目標上空に到達すると、高射砲弾の炸裂音がワイガニからも聞こえ、やがて爆弾の低い爆発音に対空砲火と空襲警報のサイレンの音が入り混じった。爆弾の照準は正確で、7マイル飛行場は大混乱になった。飛行場は完全に油断していた。クルーたちはのんびりと飛行機を整備していた。暖機運転中でいつでも飛べる状態のB-26もいた。爆弾が落ち始めると、その2機が離陸しようとした。前の機はうまく飛び立って逃げた。後ろの機は至近弾をくらい、その爆風であおられて転覆し、大破してしまった」

　爆弾弾着時、7マイルの滑走路に向かってタキシング中だったジェラルド・J・クロッソン少尉のB-26「ジ・アヴェンジャー」では、搭乗員1名が死亡、1名が負傷した。「シャムロック」は直撃弾を受け、木っ端微塵になった。同機は1942年3月29日に爆撃群司令ミラード・L・ハスキンス中佐がオーストラリアへの空輸を担当し、ブリスベーンのアンバーリー飛行場へ到着したものだった。周到に計画された攻撃により、爆弾は7マイルの滑走路を次々に直撃していった。

　78回目のポートモレスビー空襲に対して日本軍が下した「大戦果」という評価は、まったく誇張ではなかった。7マイルの滑走路に沿って整列していた、さまざまな機種からなる連合軍輸送機隊は、ココダ街道の各地で戦闘を繰り広げていたオーストラリア軍部隊への補給のための大量の空中投下物資の搭載を待っていたところであったのが悔やまれる。この当時、この種の輸送機がとくに不足していたが、その3機が日本軍の爆撃で粉砕された。DC-5のVH-CXAと、2機のC-56ロードスター、VH-CAGとVH-CAIである。さらに4機が大破した。DC-3のVH-CXDはオーストラリア本土での大

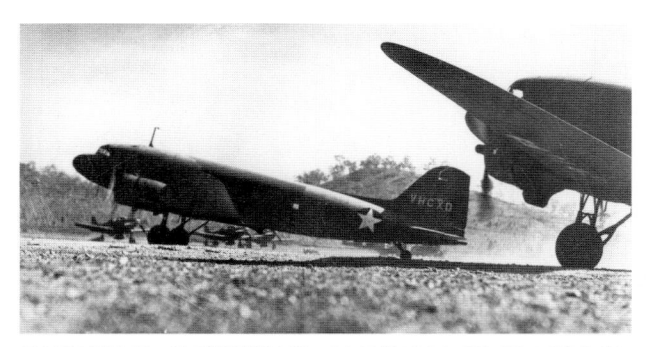

日本軍の爆撃で2ヶ月の戦線離脱を強いられる前のDC-3、VH-CXDの健在なりし頃の姿。写真は1942年6月、7マイルでの撮影で、後方は第8戦闘群のエアラコブラ。（Kevin Ginnane）

第21兵員輸送飛行隊のパイロットたち。1942年5月頃、7マイルにて。後方はDC-5、VH-CXBとロッキードC-60ロードマスター。（Clarence Beck）

修理のため、2ヶ月間戦列を離れざるをえなかった。DC-2のVH-CXGと2機のC-53、VH-CCBとVH-CCCも弾片で損傷した。この3機も最終的にオーストラリアへ修理のために戻された。

　日本軍が去り、黒煙がおさまった頃、冷静なエアラコブラ1機が滑走路上空を上下しながら被害状況を確認していた。このポートモレスビー空襲は連合軍の屈辱の日となり、輸送機隊をみすみす地上のカモとした責任の押しつけ合いが起こったが、結局その無作為に対する公式処罰は行なわれなかった。空襲による惨状を現場に居合わせたオーストラリア人従軍記者ダミアン・パーターが撮影している。

　その帰途、オーウェンスタンレー山脈の上空で日本軍の搭乗員たちは航空弁当にありついていたが、前方には気分を落ちつかせない光景が広がっていた。それはニューギニア本島とニューブリテン島南海岸を厳然と分断する猛烈な嵐だった。爆撃機編隊の一部はニューギニアの過酷な気象へ挑むことは避け、ラエへの代替着陸を決断した。その結果、編隊は2個の大きな集団に分かれた。第一のものは4空の6機と三沢空の3機の陸攻に、稲野中隊全機が護衛についてラエへ向かう集団だった。それ以外の陸攻15機と戦闘機隊は、先行した集団よりも早く、1030に全機がラエへ無事着陸した。2空の記録にはその零戦隊がどこへ着陸したかが書かれていないが、この日失われた機は皆無だった。

　笹井中隊が護衛していた残りの陸攻隊は、この嵐を突っ切ることにした。その結果、戦闘機と爆撃機の編隊はニューブリテン島の南方のどこかではぐれてしまった。陸攻隊は零戦隊よりも先行してまっすぐ雲を突っ切り、三沢空の13機と4空の3機の陸攻は1210すぎにヴナカナウに無事到着した。

　はぐれてしまった陸攻隊に後続していた笹井中隊の大部分は、ガスマタの手前のどこかで、ラエに変針することに決定した。1310すぎに高塚飛曹長、笹井中尉、太田1飛曹、羽藤3飛曹らがラエに着陸した。米川2飛曹と徳重2飛曹は第2中隊の他機とともにラエへは戻らず、そのまま前進しつづけることにした。その結果、米川2飛曹は1330ちょうどにラクナイに無事帰着し、その日の午後ラバウルにたどり着いた唯一の台南空機となったのだが、徳重2飛曹は未帰還となってしまった。もし彼が陸地に墜落したとすれば、現在まで徳重機の残骸は未発見ということになるが、少なくともそれはニューブリテン島にあるはずである。

　この空襲で大損害を受けたため、連合軍は7マイルの航空機防御用の掩体壕の建設を加速させた。工事は第8施設群のショー少佐、クレマン大尉、ギデオン大尉の指揮下で進められた。1942年8月末までに24ヶ所の掩体壕が滑走路から約300m内陸の滑走路南端の丘陵地帯に完成した。掩体壕の設置により、理論上は一度に破壊される機体は1機だけになった。同部隊の公式記録にはその当時の状況について、こうコメントされている。

「ジャップはラエからポートモレスビーまで、目隠しをされていてもやって来られる」

8月中旬のブナでの戦闘

　明けて8月18日はブナ上空での3次の哨戒が異状なく終わり（延べ12機）、翌19日も同地域での哨戒が1次、何事もなく終わった（計6機）。哨戒はいずれもラエからだったが、19日にはラバウルから工藤重敏2飛曹の陸偵がガスマタ経由でマークス岬周辺（0906～1105）の偵察を行なっている。8月20日にはラエの零戦隊がブナ船団の護衛飛行を再び実施しているが、戦闘はなかった。翌21日は作戦行動がなかったが、これは整備のために戦闘休止がどうしても必要だったためである。22日に連合軍偵察機がラエ飛行場に40機の戦闘機を確認しているが（うち6機が損傷機と判定された）、この数字には最近到着したばかりの2空機がかなり含まれていた。その日の0900に笹井醇一中尉率いる台南空零戦7機が単機のフォートレスの迎撃に発進しているが、取り逃がしている。戦意旺盛な工藤重敏2飛曹もこの日陸偵で発進し、迎撃（！）に失敗している。8月23日、中島正少佐率いる台南空零戦8機が2空の零戦8機とともにブナを発進した。彼らはミルン湾周辺を約25分間飛行したが、悪天候のため飛行場を発見できず、連合軍の記録にも空襲は報告されていない。1010に中島隊の零戦4機が、哨戒から帰還中だったRAAF第75飛行隊のF・コーカー中尉のキティホークA29-97に高度1,500mで反撃されたが、被害なくこの作戦を終えた。ブナへの帰着時、山崎市郎平2飛曹の機が着陸事故で大破した。

組織的に建設された土工事製掩体壕内のB-17。1942年8～9月頃、7マイルにて。これらは滑走路の西端に建設された。

連合軍偵察機によれば、翌8月24日のブナ飛行場には戦闘機30機がいたとある。その日、結城国輔中尉率いる8機の零戦が1130にラエを緊急発進し、単機のB-17の迎撃に向かったが、これも失敗に終わった。これとは別に山下丈二大尉率いる8機の零戦が、2空の零戦7機とともに1515から1550までミルン湾周辺を掃討し、これは連合軍に第3次ミルン軍空襲として記録された。しかし、滑走路に接近し、機銃掃射に向かった2空機はボフォース砲に応射され、これを断念している。台南空機は上空援護を担当していた。

その後、日本軍は敵機28機に遭遇し、その5機を撃墜（P-40が2機、P-39が3機）、P-39の未確認撃墜2機と申告した。実際の連合軍喪失機はRAAF第75飛行隊のリッデル軍曹が搭乗していたキティホークA29-111の1機のみだった。同機は主翼と方向舵に機関砲弾を被弾した。オーストラリア軍パイロットたちは零戦2機撃破（第75飛行隊）と4機撃墜（第76飛行隊）と申告した。2空のパイロットたちはP-39撃墜5機とP-39未確認撃墜4機と申告している（！）。日本軍の合同戦闘機隊の損害は、山下貞雄1飛曹機の被弾2発のみだった。

8月25日時点で台南空の稼働機は零戦10機、陸偵1機にまで減少していた。その日の午後、大野竹好中尉率いるブナ基地を拠点とする零戦三二型3機が、2空所属の2機とともにミルン湾の掃討に向かったが、ノーマンビー島付近の悪天候により断念し、1630に基地へ帰着している。

中野鈊3飛曹、奇襲により撃墜される

8月26日早朝、ポートモレスビー周辺の各飛行場には朝日が降り注いでいたが、空模様は雨を予感させた。それでも第80戦闘飛行隊のP-400エアラコブラ8機は日の出とともに12マイル飛行場を発進した。目的地は台南空と2空の零戦隊が前進基地とするブナだった。計画ルートは北海岸から洋上に進出し、日本軍が予想しない方向から接近、離脱するため、通常よりも長距離だった。離陸から間もなく2機のエアラコブラがメカニカルトラブルのため引き返した。その1機はフィル・グリズリー飛行隊長の機で、彼は編隊の指揮をビル・ブラウンに手信号で託した。12マイルに戻った同機は、電気系統の故障により射撃用ソレノイドが作動しないことが地上員により確認された。

一方、編隊では指揮を引き継いだブラウンが北東のブナではなく、東のミルン湾へ針路をとるミスを犯していた。一緒に飛んでいたダニー・ロバーツは無線封鎖を守っていたが、ついに黙っていられなくなって航法ミスを指摘すると、ブラウンはすぐさまコースを改めた。そうして0725にブナに急降下しながら接近した6機のエアラコブラは、絶好の獲物を発見した。それは2個の編隊に分かれて離陸中だった2空と台南空の零戦6機だった。

第2航空隊：角田（つのだ）和男飛曹長、岩瀬毅一1飛曹、井原大三3飛曹
台南航空隊：山下丈二大尉、山崎市郎平2飛曹、中野鈊3飛曹

隙をつかれた零戦隊は、ラビ攻撃への出撃のため10分前にエンジンを始動、エアラコブラ隊が襲いかかってきた時には第1編隊の3機がまさに離陸する、最悪のタイミングだったが、これはブラウンの航法ミスによる怪我の功名だった。ブラウンとロバーツが先陣を切って2機の2空機に襲いかかり、脚を引きこむ間も与えず、これを火だるまにして撃墜し、岩瀬1飛曹と井原3飛曹は戦死した。直後につづいていたジョージ・ヘルヴェストン少尉とジェラルド・ロバーツ少尉は、つづいて離陸しようとしていた台南空の零戦編隊を銃撃した。この攻撃航過で中野鈊3飛曹が戦死し、第80戦闘飛行隊初の確実撃墜機となった。ブラウンとロバーツは第一撃から急速に機首を引き上げると、今度は上昇中の日本軍機に反航するように向かった。銃撃を加える2機の後方では、ジョージ・ヘルヴェストン、レオニダス・マザース、ノエル・ランディの各機も可能な限りの速度で追従していた。この一瞬の戦闘の直後、ジェラルド・T・ロジャース少尉機がブナの対空砲火に数発被弾した。彼は直ちに日本軍占領地域から離脱した。操縦席の背後に鎮座するエンジンの振動と不安定な計器表示から、彼はそう長く飛びつづけられないことを悟った。

所属不明の日本兵、チバ・タダオの手記によれば、3機の零戦が撃墜されるのを目撃し、さらに飛行場にいた26機中、

ミルン湾でタキシング中のRAAF第76飛行隊のキティホーク。1942年9月。（AWM）

25機が破壊されたという。前進航空基地として期待されていたブナの命脈はこれで完全に断たれた。米軍機による3機撃墜は一瞬のことだった。それとは対照的な米軍側の7機という過大な戦果申告は以下のとおりだった。ウィリアム・ブラウン中尉2機、ダニー・ロバーツ少尉2機、ジョージ・ヘルヴェストン中尉1機、ジェラルド・ロジャース少尉1機。一方、山下丈二大尉はP-39撃墜1機を申告し、その2番機との合計使用弾数は240発だった。

2空の1番機、角田和男飛曹長は損傷した零戦三二型Q-102を0730にブナへ不時着させた。撃墜申告はなく、使用弾数はわずか100発だった。角田は無事だったが、Q-102は10発被弾しており、着陸後に廃棄された（本機は報国第872号）。損傷したもう1機は台南空の山崎市郎平2飛曹のもので、角田の10分後にブナに帰還した。彼は顔面と胸部に打撲傷を負い、ラバウルで休養することになったが、ここでマラリアとデング熱を併発し、トラック島経由で内地へ送られた。

チバ・タダオの手記にはこの戦闘でやられた連合軍戦闘機の目撃談も書かれている。それはジェラルド・ロジャース少尉のP-400、英軍シリアルBW112だった。一介の少尉だったにもかかわらず、彼は乗機のマーキングについてかなり裁量権があったらしい。カウリングの飛行隊アルファベット識別文字として、彼の名字を示す大文字の白いRが書かれていた。脱出するには高度が低すぎたので、ロジャースはポンガニ村のすぐ沖合にそっと不時着水することに成功した。コクピットから這い出すと、山下分隊長以下の零戦数機が銃撃しながら航過していったが、そのたびに海に潜ってやり過ごした。ポンガニ村の住民は友好的で、びしょ濡れのロジャースをすぐに助け、食事を与えてからワニゲラまで送ってくれた。そこから1ヶ月近くニューギニアのジャングルを移動した末にポートモレスビーに空路戻り、飛行隊へ帰還した。ロジャースは南国の地に情熱的な愛着を抱いていたので、この旅はそれほど苦ではなかったらしい。以前から彼はニューギニアの植物を調べて歩くのが大好きだと同僚に語っていた。ポートモレスビーでの彼の趣味は、異国の珍しい鳥類の剥製づくりで、それら標本は保存薬と緩衝材の綿に包まれ、アメリカ本土各地の博物館へ送られていた。

当時の植民地主義的気風を反映し、現地人によるロジャーの救出譚に際し、ツフィ地区の副地区長、F・W・G・アンダーセン部長は以下のような能天気な報告を書いている。

「この地区の原住民は大英帝国の忠実な支持者であり、総督の指示を守り、どのような政策が適用されても彼らはそれを順守するだろう。原住民は警備団と伝令網を確立しており、出張所に通報することになっている。彼らは不時着した航空隊員に何も要求することなく、彼らを救出した。それを自分の義務と考えてのことだろう」

一方、ミルン湾ではオーストラリア軍キティホーク搭乗員アラン・ウェッターズがガーニー飛行場を単独で離陸し、ノーマンビー島近くまで接近していた日本軍ミルン湾上陸部隊の攻撃に向かったが、激しい対空砲火によって退けられていた。帰途に彼を待ち受けていたのは悪化していく天候と、しのび寄る夕闇だった。高い山地が海まで迫るミルン湾では、飛行場に着陸しようとすれば、山に激突する危険も大きいと判断した彼は闇のなかから桟橋が現れたので、近くに人里もあると考え、その近くに不時着水した。そこはシデイア島（ニューギニア東端の岬の沖にあるドーソン島）の沖合だった。その夜、現地人に近くの教会に連れて行ってもらったウェッターズは、翌朝引き潮で自分のキティホークが暗礁の上にしっかり乗っているのを見て驚いた。現地の宣教師と飛行機を回収するべきか話し合ったが、これは彼が物資も労力も提供することをいとわなかったためだった。代わりにウェッターズは法衣と服を作る足しにしてほしいと、自分の濡れたパラシュートを寄付した。

飛行機を浮揚させて桟橋に固定し終えると、その教会の主司祭がランチに乗って現れた。飛行機を回収するのに使う長い棒を調達するため、現地人の小屋が解体されたことに彼は腹を立てた。また彼はウェッターズを助けたことが日本軍に露見すれば、報復されると恐れていた。ウェッターズが無事であるという知らせはどうにかミルン湾に届けられ、ランチが1隻派遣されることになった。彼はランチでキティホークをジリジリまで曳航しようと考えていたが、それには20時

ブナに不時着した2空の角田和男飛曹長の零戦三二型、Q-102。本機は1942年8月26日のブナでの戦闘で10発被弾した。

間は必要だとわかったので断念。ミルン湾に帰還するとすぐポートモレスビーに飛行機で送られた。なお、この戦闘機の操縦桿は取り外され、1995年にオーストラリアで引退生活を送っていたウェッターズにプレゼントされた。

この26日は台南空にとっても忘れえぬ痛恨の日となった。笹井醇一中尉がガダルカナル上空でF4F-4ワイルドキャットにより撃墜されたのである。戦死後、彼の功績は全軍に布告されて二階級特進し、海軍少佐に進級した。戦況が日々不利になっていくなか、台南空にとって良き士官であり、パイロットであり、分隊長だった彼は、かけがえのない存在だった。ニューギニア戦役において、笹井中尉はいつもそこにいた存在であり、台南空の戦いを支えてきた大黒柱のひとりだった。それ以降、「笹井中隊」という言葉は、過去の記憶のなかだけのものになってしまった。

「台南航空隊は全滅だ」

前日の予期せぬエアラコブラ隊の攻撃による大損害は、ブナ基地の脆弱さを改めて思い知らせた。そして1942年8月27日は、台南航空隊にとってさらに重大な意味をもつ日となった。わずか1ヶ月前にポートモレスビーで撃滅されたはずのRAAF第75飛行隊は、ここ数週間のうちにオーストラリア本土での再編を終え、復活を遂げていた。皮肉なことに今度は立場が逆転し、この日、同部隊は台南空の宿敵としてミルン湾で4名のパイロットを奪い、さらにブナ上空でも零戦1機を屠ることになったのである。1日5名という戦死者は、台南空史上、最大の損失となる。

マローダー部隊の増援がポートモレスビーに到着したのを受け、第5空軍はブナとミルン湾に対する同時攻撃を実施することにした。最初に出撃したのはブナ攻撃隊だった。第35戦闘群のエアラコブラ14機に護衛された第19爆撃飛行隊の爆撃機7機がブナ飛行場へ向かった。この攻撃の目的はブナの日本軍戦闘機隊がミルン湾の部隊の援護に向かえなくすることだった。もうひとつのマローダー隊は12機で、ブナ攻撃につづいてミルン湾の敵艦船を攻撃する予定だった。マローダーの搭乗員たちは日の出の2時間前に起こされ、トラックのヘッドライトに照らされながらブリーフィングをした。0630に彼らは飛行場上空にいた16機のエアラコブラ隊と合流した。オーウェンスタンレー山脈上空では、エアラコブラの4機編隊2個が爆撃機隊を直掩する一方、もう8機がやや上の高度5,500mを上方援護のために飛んでいた。密雲が立ちふさがったため、戦爆連合は2,000mまで高度を落とし、海岸上空で別れると左旋回し、ブナ飛行場へ向かった。その日最初の上空哨戒は台南空の担当で、日の出の直前に大野竹好中尉、松田武男3飛曹、上原定夫3飛曹の3名が発進していた。飛行しつづけること1時間半、彼らはエアラコブラとマローダーからなる敵編隊を0720に発見した。

先行していたエアラコブラ隊はブナ上空で零戦隊と正面からぶつかり合い、直ちに5機撃墜したと申告した。4機の零戦がマローダー隊を攻撃しようとしたが、護衛のエアラコブラ隊に阻まれた。対空砲火がそれほどでもなかったので、マローダー隊は高度500mから爆弾を投下した。以下はこの作戦で副操縦士を務めていたロバートソンRAAF少尉が、その夜記した記録である。

「……私たちが到着すると6機のゼロが攻撃を開始したが、39〔編註：P-39「エアコブラ」〕たちが私たちの右側から攻撃し、たちまち1機のゼロが海面に激突した。こうして反撃を受けないまま私たちは爆撃した。投下後、海の方へ旋回すると、39たちが地上と2隻の船を機銃掃射しているのが見えた。39に後方へ喰いつかれたゼロが突然爆発し、燃えながら魚雷のようにまっすぐ海中に突っこみ、盛大な水柱をあげた。そのパイロット、ウィルソンは2機のゼロを仕留めたあとエンジンが不調になったので、私たちは彼を援護した。私たちの攻撃時に追跡機（戦闘機）の護衛があったのは、これが初めてだったが、本当に助かった」

松田武男3飛曹が撃墜されたのはこの戦闘の混乱のなかで、この日最初の台南空の戦死者となった。

大野中尉は700発を使用してP-39撃破1機を申告、上原3飛曹は同数の弾丸を使用したものの、2機の敵機をとり逃した（2空機は出撃せず）。両者はブナに0750に帰還した。日本軍はこの日、それ以降の戦闘哨戒を実施できなかった。

一方、7機の零戦隊（2空機2機、台南空機5機）は0630から0645にかけてブナを発進し、ラビに向かっていたため、結果的にうまく連合軍の空襲を逃れていた。

第1小隊：山下丈二大尉、安井孝三郎1飛曹、二宮喜八1飛兵

ヴナカナウから発進する零戦二一型。1942年10月。真新しい機体は胴体日の丸の白縁から中島製とわかる。

第2小隊（2空）：二神季種中尉、真柄俤一1飛曹
第3小隊：山下貞雄1飛曹、柿本円次2飛曹

　この山下中隊の最大の任務は2空の九九艦爆8機の護衛で、その兵装は60kg爆弾2発だけだった。艦爆隊の目標はラビのオーストラリア軍対空陣地で、豪州軍兵にはガーニー・フィールドとしてよく知られていた。艦爆隊の小隊長3名はいずれも戦闘経験者で、全員が8月7日のガダルカナル片道作戦から生還した搭乗員だった。
　その編制は以下のとおりだった。

	操縦	偵察
第1小隊：	井上文刀大尉	松井勝2飛曹
	丸山武1飛兵	山門亦枝1飛兵
	小杉保男1飛兵	池田優1飛兵
第2小隊：	高橋幸治2飛曹	吉永浩中尉
	押村吉慶3飛曹	田中進1飛兵
	堀込正義2飛兵	井堀久男2飛兵
第3小隊：	太田源吾飛曹長	工藤重信3飛曹
	渋谷正吉2飛兵	小山田正実1飛兵

　ミルン湾のオーストラリア軍には0800に「距離22浬、方位91度に敵機」との通報が届いていた。最近進級したばかりのフレッド・イートン大尉は第435爆撃飛行隊に配備された新品かつ、まだ無機名のB-17Fで、偵察任務のためにポートモレスビーを発進していた。0800頃、彼は湾に進入しようとしている日本軍編隊に出くわした。オーストラリア軍副操縦士のマーヴ・ベル軍曹はこう報告している。
　「……編隊からゼロが1機離れ、私たちを攻撃した。私たちは高度を上げ、雲中へ入った。向こうはこちらに1航過しか仕掛けられなかった。1発の被弾で、操縦デッキの酸素供給が止まった。ほかの弾丸は無線室に命中した。損害は以上……」
　しかし日本軍の行動調書にはこの攻撃の記載がないため、これを実施したのはこの作戦で戦死した台南空パイロットと思われる。そのうち最も可能性が高いのが山下丈二大尉だ。
　悪天候のため戦爆連合ははぐれてしまい、零戦隊は艦爆隊から5分遅れて、その急降下爆撃が完了した直後の0820にミルン湾上空に到着した。爆弾4発が滑走路周辺に落ちたが、損害は与えられなかった。この時、台南空の零戦隊の注意を引いたのが眼下の飛行場の四発爆撃機だった。これは第435爆撃飛行隊のLB-30リベレーター、英軍シリアルAL515「ヤード・バード」だった。確かにこれは降って湧いた魅力的な標的と思われたが、実は本機はすでに1942年8月18日のタウンズヴィルからミルン湾への移動の際に着陸事故を起こし、大破していた。不思議な巡り合わせだが、右主脚が出なかったため、この爆撃機で事故を起こしたのは、先述のフレッド・イートンとマーヴ・ベル軍曹たちだった。本機が航空機として無価値だったことは、機体に大型のボフォース対空砲が設置されていた事実が証明している。
　艦爆隊が反撃を受けずに急降下爆撃を終えると、今度は零戦隊がガーニー飛行場を掃討する番となった。すでに廃品だったリベレーターLB-30「ヤード・バード」は蜂にとっての蜜のように零戦を吸い寄せ、機銃掃射を受けてたちまち燃え上がった。ココナツ林のあいだを縫うように低空攻撃が実施されたのは0820だった。この攻撃に対し、手に武器をとれるオーストラリア兵全員が射撃した。この乱戦では身体を木に押しつけ、その様子を撮影したカメラマンもいた。この戦闘はオーストラリア兵にとってゼロを的にした射的場のようだった。
　この混乱のなかを右往左往していたのが、12機のマローダー爆撃機と、哨戒から戻ったRAAFのキティホーク1機だった。山下隊のパイロットたちは無謀ともいえる勇敢さを発揮した。その行為は自ら地獄へ飛びこむようなものだった。0900頃〔編註：原著"around nine o'clock"のママ。前後の記述と整合性がないが……〕、2個編隊のマローダー隊は当初低高度でミルン湾に接近していた。彼らはしばらく湾の東水域を捜索したが、敵艦船はいなかった。旋回して反転したところ、眼下で艦爆隊が爆撃しているのが目に入った。0840に2空の零戦2機がマローダーの第1編隊に攻撃を仕掛けた。

1942年9月、ミルン湾の滑走路の横に設けられたRAAFの食堂テント内にて。本を読んでいるのがRAAF第75飛行隊長のレス・ジャクソン少佐で、立っているのが第76飛行隊長K・W・トゥルスコット少佐。左端のビル・ディーン＝ブッチャー中尉と、右端のレス・ダーシー・ウィントン大尉は、いずれもジャクソンの部下。（AWM）

さらに事態をややこしくしたのは、その日の早朝0713にガーニー飛行場を発進していたRAAF第75飛行隊のキティホーク6機だった。指揮官はレス・ジャクソン少佐で、A29-71「ベヴァリー」に搭乗していた。彼らはミルン湾東方の上空を爆撃機の警戒のため哨戒したが、発進から1時間半後、帰還するため高度150mと300mの2個編隊で飛行場に接近していた。そこで彼らは4機の艦爆が頭上約300mを旋回しているのを発見した。0830に彼らは上昇し、攻撃を仕掛けた。

なぜか艦爆の後席銃手からの反撃は散発的で効果が低く、パイロットのP・B・ジョーンズは肉薄攻撃を4回かけたが、反撃されたのは1回のみだったと記している。

以下はRAAF部隊が申告した戦果である。

A29-125	P・B・ジョーンズ少尉	急降下爆撃機0.5機（ワトソンと協同）
A29-108	スチュアート・マンロー少尉	戦闘間行方不明
A29-122	ノエル・トッド少尉	
A29-136	B・D・ワトソン少尉	急降下爆撃機0.5機（ジョーンズと協同）
A29-71	レス・D・ジャクソン少佐	零戦確実撃墜1機
A29-127	ロイ・G・リッデル軍曹	零戦確実撃墜1機

一方、廃品の米軍爆撃機をしつこく機銃掃射していた零戦隊に対し、オーストラリア軍対空砲手が命中弾を与えていた。エンジンに直撃弾を食らったのは山下丈二大尉機と柿本円次2飛曹機で、深刻な状況に直面していた。柿本機は第33飛行隊および同本部付のマローダーの攻撃に向かった2機の零戦のうち1機で、彼はエンジンがおそらく油圧低下のせいで間もなく止まるとは予想していなかった。マローダーの追撃後、その事態に陥った柿本は、乗機の三二型V-174をドワドワ川の東7浬にある深さ2尋の海面にうまく不時着水させ、陸地まで泳いだ。

救命胴衣に身を包んだこの22歳の日本人は、数日前ラバウルで戦友たちと集合写真を撮ったばかりだった。陸に泳ぎ着くと、日本軍がすぐ救助に来てくれると確信していた柿本は、その写真の裏面に今回の作戦についてのメモを書いた。「0720［日本時間］、ミルン湾に到着し、戦闘を開始した。悪天候のため艦爆隊は散開編隊で攻撃し、最後の3機が離脱後、我々戦闘機隊が地上掃射を開始した。山下大尉機が被弾し、燃料が噴出した。大尉に後続していた自分も3発被弾した。大尉は手信号で『やられた』と伝えると、上後方からボーイングB-26に一連射して撃墜した。この二度目の攻撃後、大尉は高度を下げ墜落した。本隊へ引き揚げようとしたところ、油圧が駄目になった。自爆しようと目標を探したが見つからなかったので、その場に不時着した。山下1飛曹機と二宮1飛兵機が上空で激しい戦闘をつづけていたが、自分が不時着水して岸に泳ぎ着いた時には攻撃を受け被弾していた」

ガーニー飛行場上空を飛行していた二宮喜八1飛兵は柿本機が遠方で不時着水するのを目撃したため、山下貞雄1飛曹とともに柿本の零戦が敵の手に落ちないよう破壊に向かったようだ。しかし、浅い海中に浸かった零戦を銃撃中、彼らは後方200mからレス・ジャクソン少佐と僚機のロイ・リッデル軍曹の機から射撃される。狙われた零戦は上昇して背面飛行で発砲してから海面へ突っこんだ。ジャクソンたちはもう1機の零戦に反航攻撃で銃撃すると、第二撃を側面わずか30mから仕掛けた。これだけの肉薄攻撃では回避も無理で、その機は火だるまになって海面に激突した。こうしてリッデルとジャクソンは各1機撃墜を申告したが、彼らに撃墜されたのは山下貞雄と二宮喜八で間違いない。

この戦闘でキティホークA29-108「シュフティ」に搭乗していたスチュアート・マンロー少尉が行方不明になった。2ヶ月後、ANGAUの捜索隊がハギタ教会の裏の山地でその残骸を発見した。マンローは以前、手製の増加燃料タンクを積んだロッキード10、KNIL-MLに乗ってジャワ島を最後に脱出したRAAFパイロットのひとりだった。低空で繰り広げられていた零戦とキティホークの空戦は上空にいたマローダーの搭乗員にはっきり見えていたはずだったが、彼の最期を目撃した者はいなかった。マローダー隊は燃料が少なくなるまで上空にとどまっていた。午前半ばにポートモレスビーに着陸した彼らは、零戦1機を海中に撃墜したと申告した。

一方、6機の艦爆は0845にこの地域を離脱し、その5分後に無事だった零戦3機がこれにつづいた。午前半ばに全機がブナに帰着し、着陸後に2空の二神季種中尉と真柄倖一1飛曹はB-26未確認撃墜1機を申告したが、その使用弾数はわず

ミルン湾で遺棄されたイートンのLB-30。しかし本機が山下編隊の注意を引き、彼らを連合軍の強力な対空砲火の弾幕内へおびき寄せた。（Bob Alford）

247

か240発で、いずれもキティホークの撃墜を申告していないので、スチュアート・マンロー少尉はこの日撃墜された台南空パイロット4名の誰かに撃墜された可能性が高い。

オーストラリア軍のキティホーク隊は艦爆隊に肉薄攻撃を実施していた。その攻撃により、操縦員渋谷正吉2飛兵と偵察員小山田正実1飛兵の艦爆はミルン湾の東、イースト岬沖に不時着水し、渋谷2飛兵は機体とともに水没したが、小山田1飛兵はタウポタ近くの海岸に泳ぎ着き、物見高い村人たちに囲まれた。1942年9月2日に村人たちは彼をオーストラリア軍に引き渡したと、同年9月4日付の第7歩兵旅団の戦闘日誌には書かれている。

「0800、タウポタ分遣隊より報告――明らかに航空隊員と見られるジャップを捕虜にした――肩章は三本線……1921年生まれ……部隊の兵3名がそのジャップ捕虜を連行すると旅団に報告した」

小山田は戦争捕虜となり、オーストラリアへ送還された。捕虜になった時、彼はサカモト・トリミという偽名を使い、自分は艦爆に便乗していた整備士官にすぎないと主張した。彼はカウラ捕虜収容所で終戦を迎え、1946年3月2日に大海丸でシドニーを出航し、日本へ帰国している。

その朝、操縦員高橋幸治2飛曹、偵察員吉永浩中尉の九九艦爆も未帰還となった。なお、この日の攻撃に参加し、生き残った12名の艦爆搭乗員のうち5名が、後述するように9月2日にミルン湾攻撃後、テーブル湾付近に不時着して遭難することは興味深い。

上記の戦闘とは関係なく、やはりこの日戦死したのがRAAF第76飛行隊のピーター・ターンブル少佐で、彼は北アフリカとポートモレスビーですでに12機撃墜を達成していたRAAF一位の戦闘機パイロットだった。ターンブルはガーニー飛行場の東側にある日本軍の陣地群に戦車がいないか探索する任務を指揮していたが、サンダーソン湾近くの林に墜落した。おそらく敵の地上部隊に小火器で撃たれたためと思われる。1週間後、同地区から日本軍が退けられたのち、機体の残骸から彼の遺体は回収された。その付近に位置していたミルン湾第二の飛行場には彼を記念してその名が冠された。

一方、ブナ飛行場に対する連合軍の偵察は執拗につづけられていた。その日の午後遅く提出された「カンガルー飛行隊」のB-17の単機偵察に基づく評価報告書にはこうあった。「1,100m滑走路は使用可能。右側に中型高射砲陣地1ヶ所。駐機地域に戦闘機13機を確認（掩体壕19ヶ所中）、うち4機は損傷機。南側に中型対空砲陣地3ヶ所および機銃陣地らしきもの1ヶ所。駐機地域に航空機3機を確認、うち2機は飛行不能。東の新滑走路は未完成で、最大長はせいぜい900m程度」

その夜、ブナの台南空搭乗員たちは重苦しい雰囲気に包まれていた。歴戦の山下丈二分隊長をはじめ、5名のパイロットが乗機とともに失われてしまった。残骸同様の爆撃機を機銃掃射するという彼の判断は慎重さを欠いていたが、件の四発爆撃機をフォートレスだと決めつけてしまい、全力で攻撃した可能性は高い。かけがえのない戦意旺盛な歴戦の分隊長の山下大尉と笹井中尉という部隊の中心的な搭乗員を相次いで喪ったことは、台南空にとって痛恨の極みだった。

比較的平穏なブナ沖に停泊していた特設輸送船畿内丸の乗組員、サトウ・トシオによる手記が残されている。その晩、作戦から帰投した台南空零戦の少なさに彼はこう記している。「台南空は全滅だ。司令はラバウルへ引き揚げてしまった」

こののち台南空も2空もブナへ戻ることはなかった。橋頭堡の防衛は失敗に終わった。一方ミルン湾では、撃墜されたのに意気軒昂な柿本が食べ物と水を探してさまよっていた。彼はパプア人の村人と4日間も一緒にいたが、村からANGAU士官のモスマン中尉に使いが走り、彼の存在を通報していたことは全然知らなかった。8月30日朝、2人のパプア人が柿本を守備隊に引き渡し、彼から取り上げた拳銃をそ

RAAF第75飛行隊で短期間パイロットを務めたピーター・ターンブル。写真は1941年、パレスチナのロシュピナにて。その後、彼は少佐としてRAAF第76飛行隊でミルン湾の戦いに参加した。彼の戦死は日本軍の地上砲火による数少ない例だった。（RAAF Museum）

第75飛行隊パイロット、ノエル・トッド少尉。1942年8月、ポートモレスビーにて。

の場に居合わせたニール・G・ファーラー通信手に渡した。彼は前夜、湾の入り口で日本軍の砲撃により沈没したRAAF墜落機救助艇の生存者だった。

パプア人は柿本のポケットを検査して、いくつかの物を取り出した。彼らは革製の飛行帽と飛行眼鏡も取りあげ、柿本は飛行服とゴム底の黒革の飛行靴と黄色のスカーフだけの姿になってしまった。打ちひしがれた柿本を含む小グループはドワドワ川まで歩き、そこからモーターランチでガブナ湾へ出た。そこでファーラーはハギタの負傷者治療所へ送られ、第9大隊は第7旅団本部へ柿本を護送する人員を派遣すると報告した。J・ヘンダーソン通信手が到着すると、日本人パイロット（両手を後ろに縛られていた）をジリジリまで連行し、そこで憲兵に引き渡した。

この時、RAAF第75および第76飛行隊のパイロットたちが目隠しされた哀れな柿本を前にポーズをとって写真を撮影している。第7歩兵旅団の戦闘日誌の1942年8月31日の報告にはこう書かれている。

「1615にジャップの捕虜が連行された――墜落したゼロのパイロットで――ミルン湾の南海岸で発見された」

それから目隠しのまま小屋に閉じ込められ、意気消沈した彼は当初、「コシモト」という偽りの姓を名乗ったが、オーストラリア軍に尋問され、以下のような評価を下された。

「尋問で我が軍最新の戦争捕虜は田舎農夫以下の愚鈍さを装ったが、その正体は経験を積んだ技量の高いパイロットであった。柿本はポートモレスビーやホーン島の空襲に参加し……（行動調書によれば、彼はポートモレスビーへは交戦が発生しなかった作戦で1回しか飛んでおらず、ホーン島には行ったことすらない！　ただし8月7日のガダルカナル長距離作戦へは、有名なエース坂井三郎の列機として参加した）」

第7歩兵旅団情報部士官C・M・ターベインの報告によれば、南部ピストルのほかに柿本の所持品には台南空隊員の破れた写真（その後諜報部の要請で写真部員により修復された）と、さまざまな航空ルートが書きこまれたニューギニアおよび北東オーストラリアの大型地図（縮尺300万分の1、日本で印刷）があった。

戦争捕虜第110007号こと柿本は、9月1日にRAAF第6飛行隊のA・K・メイナードが操縦するハドソンでミルン湾からポートモレスビーへ移動した。給油後、メイナードはその日のうちにタウンズヴィルへ向かい、8日後にブリスベーンに到着した。オーストラリアに抑留されることになった柿本は、憲兵に伴われてサウスヤラの「ブロードミードズ」へ連れて行かれた。この緑深いメルボルンの郊外には「RAAF特別記録部」なる非匿名の日本軍航空隊員捕虜順応センターが密かに存在していた。9月14日にはヘイ収容所（ニューサウスウェールズ州）へ送られ、日本人民間人収容者と同房となり、道路工事に従事し、1943年1月9日にはカウラ捕虜収容所へ移され、そこで「カウラ大脱走」の首謀者兼扇動者となって味方捕虜たちの脱走を見届け、1944年8月5日朝に自決した。

柿本の零戦V-174はカナポペ村西方、ミルン湾の主桟橋の東南東約25浬の浅瀬に良好な状態で残っていた。それは1942年10月に連合軍情報部により調査され、RAAF第10修理回収部隊（RSU）が回収を試みたが、ブナ飛行場の占領によりほぼ無傷の零戦が多数鹵獲できたため、結局中止された。

柿本円次は1920年4月28日、大分県に生まれた。両親は別府で農業を営んでいたが、彼と弟、そして妹の花子を残して開戦前に亡くなった。1937年に佐世保海兵団へ入団し、巡洋艦妙高に水兵として乗り組んだのち、1939年10月に操練47期を修了している。1942年7月末にラバウルに到着した彼は、8月7日に坂井三郎1飛曹の列機として初陣を飾り、ツラギでグラマン戦闘機1機とSBC艦爆1機を撃墜したと申告した。彼は3週間で計15回の作戦に参加した。ラクナイから9回出撃しB-26撃墜1機を、ラエからは1回出撃し、ブナからは5回出撃してP-39撃墜1機を申告している。1回を除き、彼が列機として飛んだのは中島正少佐、稲野菊一大尉、山下丈二大尉、大野竹好中尉、山下佐平飛曹長、山下貞雄1飛曹といった指揮官ばかりだった。

RAAF第75飛行隊はニューギニアに復帰するにあたり、元スピットファイア搭乗員だった隊員も新たに入隊させていたが、これは彼らのヨーロッパでの実戦経験を買ったためだった。モレスビーのベテランたちと、このスピットファイア組との関係はぎくしゃくしていたが、これはRAFの軍歌を歌うなど、後者にイギリスの訛りと文化に染まっていた者がいた

RAAF第75飛行隊パイロット、ブルース・ワトソン少尉（左）とロイ・G・リッデル軍曹。1942年8月、ミルン湾にて。（RAAF Museum）

ダグラスA-20Aシリアル#40-173「ストロベリー・ローン」を命名したのは、パイロットのJ・B・「ビル」・ローンだった。キラキラ飛行場にて。本機の元の名は「ジャパニーズ・サンドマン」だった。本機はニューギニア初のA-20A作戦に参加した。台南空／251空がA-20Aと遭遇することはまれで、撃墜例もなかった。

7マイルの土盛り掩体壕内のB-17E。こうした防御用掩体壕がポートモレスビー周辺の飛行場に出現したのは1942年5月末以降である。

ためだった。両者の仲を取りもつため、飛行隊軍医のディーン＝ブッチャーはそれぞれに違う曲を歌うように説得した。RAF軍歌が加わったことで飛行隊のレパートリーは二倍になり、悪ふざけが距離を縮めたこともあり、連帯感が大きく高まった。実戦が両者の溝を埋めるのにひと役買ったが、それでも新参者の一部はミルン湾配属からかなり経っても打ち解けないままだった。飛行隊の地上員たちはポートモレスビー時代とほぼ同じ顔ぶれだったので、キティホークの整備に励み、団結心を育んでいた。にもかかわらずアーサー・タッカーは、飛行隊は昔のような団結を欠き、「最悪の分裂状態で」ミルン湾の戦いに突入したと指摘している。元スピットファイア搭乗員の「バスター」・ブラウンは「俺たちに戦い方を説教するな」組にうんざりさせられただけでなく、指揮官たちが新参組に日本軍とどう戦うべきかを示さなかったことに失望したという。

その夜のブナの重苦しい雰囲気とは対照的に、ミルン湾のオーストラリア軍パイロットたちは手紙を書いたり、手近にある本を読んだりしていた。こうした心安らぐ自由時間には長丁場の「スリッパリー・サム」、ポーカー、「リケッティ・ケイト」などのカードゲームもつきものだった。たまにしかない晴れた夜には、彼らはココナツヤシの木の下に集い、暗闇で歌をうたった。こうした即興コンサートから荒っぽいが陽気なユーモアが生まれていった。ヨーロッパ戦線発の歌が数多く取り入れられたが、母国の歌も負けてはいなかった。飛行機が「7マイル上空の天国」にいる時、小鬼のする悪さを数えあげる「ザ・グレムリン・ソング」は定番の人気曲だった。歌詞が歌い手自身の欠点、願望や不満に合わせて変えられることもよくあった。テーマはビール、女、休暇、航空事故、そしてもちろん笑いだった。オーストラリア人の権威に対する揶揄は、芸術家の免罪符のもと冴えわたり、RAAF航空委員会は敬意のかけらもないこうした歌の格好の標的になった。オーストラリア航空産業の産物で、ほとんどの搭乗員が訓練で使った凡作機、ワイラウェイ練習機〔編註：T-6テキサンのライセンス生産機〕も俎上にあげられた。ボーフォートは英国機をオーストラリアで製造する「航空機製造局のプライド」の歌詞のネタにされた。こうした戦意高揚のための合唱では、遠慮や禁忌は微塵もなかった。

チェックメイト

ミルン湾が日本軍に蹂躙される危険が迫ったため、8月28日の午後、RAAF第75飛行隊のキティホークは全機がポートモレスビーへ退避することとなった。レス・ジャクソン少佐を含む12機のキティホークは1621から1718にかけて1機ずつ飛び立っていった。それ以外のパイロットは、ブルース・ブラウン、パイパー、クロフォード、ガリファー、マウントシーア、ディック・ホルト、アサートン、ジャック・ペテット、ジョンストン、ウィルキンソン、ブルース・ワトソン、ジョーンズ、ビル・コウらだった。彼らをポートモレスビーで待っていたのは低い黒雲で、最後に到着したのは飛行隊の猛者、ビル・

1942年9月、ミルン湾にて。左から、RAAF第100ボーフォート雷撃機飛行隊長J・R・パルマー中佐、RAAF第76飛行隊長「ブルーイー」・K・W・トゥルスコット少佐、RAAF第75飛行隊長レス・ジャクソン少佐（ホルスター携行）。（Australian War Memorial）

キティホーク搭乗員ジャック・ペテット。1942年8月、ミルン湾配属の直前、ポートモレスビーにて。

コウだった。着陸のため降下していった彼は、現在のポートモレスビーのボロコ市街地の北限にあたる、7マイルの南東の山腹にまっすぐ激突してしまった。その衝撃は大変なもので、彼の乗機A29-109は原形をほとんど留めていなかった。

その夜、7マイル飛行場に無事着陸したパイロットたちは、ミルン湾から着てきたよれよれの飛行服を着たまま士官用食堂へ向かったが、その薄汚い格好に眉をひそめる者もいた。しかし翌朝のミルン湾への帰還を前にしたその夜のハイライトは、バーにいた米陸軍航空軍第5空軍司令、ジョージ・ケニー中将との歓談だった。ケニーはこうした出会いが好きな男だった。事実、この話のわかる雲の上の上級士官と会った航空隊員で、士気が上がらない者はほとんどいなかった。

8月30日朝、RAAFのキティホーク隊はミルン湾へ戻っていったが、その日の台南空唯一の作戦活動はラエから実施された1次の哨戒のみで（計4機）、何事もなく終わった。ミルン湾へ戻るフェリー飛行で、レス・ジャクソンは機械故障のためパラマナ岬の海岸に不時着を強いられた。彼は村で一夜を過ごしてから、「ラカトイ」とラガー船でモレスビーへ帰還した。8月の末日である31日、ラバウルの日本軍総司令部は苛立ちを募らせていた。彼らにはミルン湾の地上状況についての情報がなかったため、7機の零戦が偵察のためミルン湾へ派遣された。ミルン軍の報告によれば、第5次ミルン湾空襲は1140～1150だった。

「ジャップ戦闘機7機が対空砲火に射撃されたが、回避行動をとった。機銃掃射はなく、損害、犠牲者なし」

日本軍戦闘機隊は飛行場に戦闘機はいなかったと報告したが、確かにこの時点ではポートモレスビーを発ったRAAFキティホーク隊はその帰途上にあったため、それは真実だった。

工藤のフォートレス撃墜伝説

台南空陸偵操縦員、工藤重敏は大分県の出身で、当初帝国海軍に整備員として勤務していたが、1943年に夜間戦闘機月光のプロトタイプで初撃墜を達成した人物として知られる。1942年8月29日午前、1120に彼は岩山孝2飛曹（偵察員）とともに九八陸偵を駆り、ラバウル上空でフォートレスの8機編隊に機銃と対航空機爆弾で大胆な攻撃を仕掛けた。重爆撃機隊は目標上空で偶然合流したものだった。最初に到着したのは第435爆撃飛行隊のフレッド・イートン大尉操縦のB-17Fで、ラエ、ヴィティアズ海峡、セントジョージ海峡、ガスマタの写真偵察中だった。

副操縦士のマーヴ・ベル軍曹はこう記している。

「……晴天のなか、ラバウルに接近したところ、軍艦と商船がひしめく港と、ヴナカナウ飛行場から離陸中の戦闘機隊が見えた。こちらの高度は8,500mで、周囲と下方に高射砲弾が炸裂していた。港と3本の滑走路の上空で最後の撮影航過を終えたところ、飛行機がひしめき合うヴナカナウ飛行場へ北から爆撃に向かってきたフォートレスの7機編隊を発見した。彼らはこちらの右方数浬にいた。私たちは今やこちらと同高度まで迫ったゼロを圧倒できる火力を得るため、彼らに合流することにした。2機のゼロが私たちを攻撃隊から引き離そうとした。最初の機は2時の方向から失速旋回をうち、機銃と機関砲で攻撃してきた。私たちは敵機の旋回半径の外側へ旋回した。敵機の連射はこれまで見たなかで一番長かったが、命中弾はなかった。敵機はこちらの機首をかすめるように飛び去った。旋回銃塔と機首銃座が敵機を追い払った。こちらの曳光弾がそのゼロに命中するのを確認した。敵機は

RAAF第75飛行隊の基幹搭乗員5名。1942年9月、ミルン湾にて。左から、ブルース・ワトソン、セック・ノーマン、ロイ・リッデル、ベン・ホール、「ナット」・グールド。グールドは2012年9月にミルン湾を再訪し、ミルン湾の戦いの70周年記念行事に参加した。

ミルン湾から7マイルへ一時後退したRAAF第75飛行隊の4名のパイロット。L・D・ウィンテン大尉、レス・D・ジャクソン少佐、J・W・パイパー大尉、ピーター・A・マスターズ中尉。（AWM）

炎上し、煙を引きながら降下していった。

　今度は彼の僚機が我々の上方、12時の方向にいた。彼は右へ回りこむと私たちの下方に降下し、下からこちらを撃ちあげてきた。下部銃塔にとらえられた彼は煙を噴き始めた。そのゼロは木っ端微塵になった。それ以外のゼロは、私たちの右下方で密集編隊をとっていた攻撃部隊の方へ向かった。私たちはエンジンを全開にし、緩降下に入った。私たちが攻撃部隊の機に追いつくのに10分かかった。その頃にはゼロの航続距離の限界が近づいていた。5機が離脱し、基地へ戻っていった。私たちは編隊にもう10分間とどまり、それから自己の任務を完遂するため離脱し……」

　1015、B-17隊はヴナカナウの建物群と駐機地域へ40発の爆弾を投下した。台南空の高塚寅一飛曹長と長尾信人2飛兵の零戦2機がイートンのフォートレスを迎撃したが、2空の零戦隊はそれ以外の7機のフォートレスへ向かっていった。「旧式とおぼしきゼロはなかなか高度がとれないようだった」という、興味深い連合軍側の目撃報告が残されている。

　これは攻撃を決意した工藤が上昇性能の劣悪な陸偵で必死に上昇を試みていた模様を目撃したものと考えられるが、「旧式」というのは零戦二一型に比べて上昇力の劣る三二型と混同しているようにも思われる〔編註：これは原著者の勘違いではないだろうか？　三二型の方が上昇力は高い〕。確実撃墜1機、未確認1機が公認されているが、この日失われたフォートレスは皆無だった。この陸偵の参戦は侍というよりもドン・キホーテ的な性格が強く、実際に撃墜はなかったにもかかわらず、工藤はフォートレス1機を撃墜したとして台南空の隊員たちから英雄視されることになった。

　堅実な人柄の高塚寅一飛曹長はすでに部隊内で高く評価されていた。2年近く前の1940年9月13日、彼は重慶上空で零戦の初空戦に参加したひとりだった。この時、日本軍は撃墜27機を主張している。その後彼はガダルカナル上空の戦闘で戦死したが、それは奇しくも1942年9月13日という、2年後の同じ日だった。

　台南空のパイロットたちの運命は、かつてから大きく変わってしまった。ブナ飛行場の残存部隊が爆撃された先の8月29日、台南空の3機の一式大型陸上輸送機のうちV-902（製造番号613、元の機番はZ-972）とV-903（製造番号209、当初は翼端援護機Z-181、その後1空輸送隊のZ-985）の2機が、第41戦闘飛行隊のエアラコブラによる機銃掃射で地上撃破されたのは、それを象徴するかのようだった。任務終了後、その連合軍パイロットたちは零戦2機と双発爆撃機1機を炎上させたと報告した。ラバウルを拠点としていた台南空の輸送隊は地味ながら貴重な存在で、人員や装備、予備部品の輸送のほかに、郵便、連絡、負傷者の搬送など、さまざまな任務を果たしていた。それ以後、そうした業務を果たすのはV-901だけになってしまった。その日の午前遅く、サラマウア付近の見張員が「大型輸送機5機がラエへ向かっている」と送信した。これらはブナを脱出した地上員で、台南空所属輸送機と同じ運命から逃れたのだった。この5機はおそらく第4または第11航艦所属の一式陸攻と思われる。

　彼らの前に新たに出現する軍勢を知らしめるかのように、B-26による攻撃につづき、正午少しすぎには新型軽爆撃機がラエ飛行場を機銃掃射した。これは第8爆撃飛行隊の10機のA-20Aで、高度10mから攻撃を実施した。彼らが報告した戦果は、零戦数機、爆撃機1機、住宅数棟、車両数台、駐機地域数ヶ所、大型ラガー船2隻だった。1942年8月31日は、A-20Aの南西太平洋戦線における実戦初参加という歴史的作戦が実施された日となった。

ブナで発見された一式大型陸上輸送機、尾翼記号V-903の残骸。本機が1空所属機だった時期の尾翼記号、Z-181がうっすらと読める。（USAAF）

台南空が保有していた3機の一式大型陸上輸送機の1機、V-901号。1942年中盤、ラクナイにて。

ミルン湾に消えた艦爆隊

1942年9月になると日本軍総司令部は陸偵による作戦について「非常に鈍重で、補充機もままならないため、作戦に大いに支障をきたしている」と考えるようになっていた。9月はラバウルを発進した澤田信夫1飛曹の陸偵による作戦で始まった。彼はキリウィナとブナの偵察を無事終えると、ガスマタ経由で基地に戻った。1020に堀光雄3飛曹が単機の零戦でラバウルを緊急発進し、第63爆撃飛行隊のB-17F「イージー・メアリー4世」の迎撃に向かったが、これを取り逃がした。9月2日、千歳空の零戦10機がラバウルに到着し、直ちに台南空へ編入された。これらは待望の補充機だった。先月のガダルカナルとミルン湾での戦闘により、台南空の稼働戦闘機はほぼ皆無になっていた。

このことは9月1日にラバウルで緊急出動できた台南空零戦が1機のみだった事実からもうかがえる。9月2日の作戦では、これがわずか2機だった。彼らの任務はミルン湾へ向かうほかの寄せ集め機の護衛だった。その2名の台南空搭乗員は大野竹好中尉と米田忠1飛兵で、これに2空の6機が加わった計8機の零戦三二型が、2空の艦爆3機、4空の陸攻5機、東港航空隊の二式大艇1機の護衛についていた。この機種のまちまちな混成編隊は1330にラバウルを発進し、ミルン湾に進入したと報告されていた敵巡洋艦と輸送艦の攻撃に向かった。実際の目標はそれほど物々しいものではなく、H.M.A.S.アルンタとM.V.アンシュンで、さらにH.M.A.S.スワンとS.S.ジェイコブというオーストラリア艦船2隻が湾のすぐ外洋を遊弋していた。湾内は激しいスコールで、低く厚い雲がミルン湾の険しい山地の尾根を覆っていた。これでは有視界飛行は無理だったため、寄せ集めの日本軍編隊は1630頃、作戦を中止して引き揚げた。

2空の艦爆3機を除く全機が無事ラバウルに帰着した。未帰還となった小隊長機の操縦員は太田源吾飛曹長、偵察員は

ブナで遺棄されていた台南空の零戦三二型V-187号。P.239の機体と同一で連合軍はこうした機体を多数手に入れた。

下写真2枚はブナで連合軍情報部が回収した台南空の零戦三二型報国第874号V-190の残骸。本機は稲野菊一大尉が使用していたが、飛行不能となりブナに遺棄されていた。左写真はその右側胴体。側面図33参照。（Queensland Museum）

山門亦枝1飛兵で、その他2機の搭乗員は堀三男3飛曹（操縦）と田中進2飛兵（偵察）、丸山武1飛兵（操縦）と井堀久男2飛兵（偵察）だった。その日の午後遅く、ポートモレスビーからミルン湾へ向かっていたRAAFキティホークパイロットが、ミルン湾の西方約130kmにあるデボナ岬に近いテーブル湾で3機の未確認機を発見した。ガーニー飛行場からタイガーモスで駆けつけた2名のRAAF上級士官がそこに着陸し、不時着していた艦爆を調査した。搭乗員の姿はなかったが、胴体中央部に詰めこんだパラシュートに放火して機体を焼却処分しようとした形跡があった。3機の艦爆はその後回収されてブリスベーンへ船で運ばれ、情報部の調査を受けた。

2日後、拳銃1挺と飛行機から取り外した機銃2挺で武装した日本軍搭乗員6名が北海岸をめざして内陸を進んでいるという報告が、オーストラリア軍斥候兵からもたらされた。彼らを捕えるためオーストラリア軍部隊が出動した。9月8日の発見時、投降を拒否したため2名の日本人が射殺され、その4日後、残りの4名もコマニア村の北6マイルで射殺された。

想像力豊かなオーストラリア人作家が戦後著わした書籍に、彼らがオーウェンスタンレー山脈を越える別のルートを探すという「極秘任務」に従事していたという説がある。しかし太田隊の遭難は航空機では珍しくない悪天候によるものだったと考えるのが自然だろう。艦爆隊がミルン湾に到着した時、2隻のオーストラリア艦船は4時間前にポートモレスビーへ去ったあとで、おそらく太田らはミルン湾の南東海域へ足を伸ばし、零戦の護衛ははぐれたと思われる。見切りをつけた太田編隊がブナの手前の雲に覆われた山地周辺にいた頃、日が暮れ、さらに燃料が乏しくなったため、付近にあった唯一の平地に不時着することにしたが、それがデボナ岬近くの浜辺だったと推定する。地上に降り立った彼らは旋回機銃や救難装備を携えて8日間、海岸沿いの山道を50kmもとぼ

とぼ歩き、結局、銃弾に倒れた。もしRAAFのキティホークが不時着した艦爆を発見しなければ、彼らは歩いてブナにたどり着けた可能性があったが、運がなかった。

ニューギニアにおける艦爆隊員の長期的な生存率は低く、2空艦爆隊も約1ヶ月間の戦闘で14機の九九艦爆と22名の搭乗員を失い、ラバウルに稼働機わずか5機を残して事実上全滅した。この艦爆隊の隊長だった井上文刀大尉は1942年12月7日まで指揮を執ったが、その日ブナ上空で重傷を負って病院船で日本へと向かい、ニューギニア戦から生還した数少ない艦爆隊搭乗員となった。

燃え尽きた炎

前日の作戦が悪天候で妨げられた日本軍は、今度は自軍の船団護衛に注意を向けた。9月3日、ブナから3次の船団護衛が実施され（延べ4機）、そのほかにも「特別任務」飛行が行なわれた。0615から0915の第1次護衛はブナにいた2空の零戦2機にラエから来た2名の台南空搭乗員、大野竹好中尉と米田忠1飛兵が搭乗して実施された。その後の護衛はラエから実施された。第2次護衛は2空の零戦4機が実施し、1300〜1645の第3次護衛の零戦隊は、2空の2機と台南空の大野中尉と米田1飛兵の2機から、第4次護衛は2空の零戦4機からなっていた。最後の作戦は9月4日に行なわれた。ブナから2次の船団護衛隊（延べ2機）が発進し、2空の零戦4機による最初の「特別任務」を実施し、その第2次は0930から1330まで行なわれた。この2回目の「特別任務」飛行は2空の零戦2機と台南空の同じ搭乗員、大野中尉と米田1飛兵により実施された。9月5日の哨戒はラバウルの2次のみで（延べ10機）、何事もなく終わった。この週はずっと悪天候のため、連合軍、日本軍とも作戦ができなかった。

9月6日、工藤重敏2飛曹操縦の陸偵がラバウルを出発し、ガスマタ経由でブナを0720に、ポートモレスビーを0750に偵察した。この日、台南空は三沢空飛行隊長、中村友男大尉を指揮官とする3個中隊27機の陸攻隊をポートモレスビーまで護衛することになっていた。最近、千歳空から提供された10機のおかげで、台南空はこの任務に稲野菊一大尉率いる12機の零戦を用意することができ、さらに2空から9機、内地から進出してきた第6航空隊から9機の零戦が加わった。陸攻隊は第1中隊が三沢空、第2中隊が木更津空、そして第3中隊は2個小隊が木更津空で、1個小隊が千歳空からなっていた。しかし、ニューブリテン島の南部を覆っていた厚い雲に阻まれ、わずか40分間（1140〜1220）で目標への進撃は中止され、6空の零戦隊全機が安全策をとってラバウルではなくラエへ代替着陸するなどの変更が行なわれた。

回収班によって取り外された2空所属の艦爆Q-218号の右主翼。翼下面に2箇所、ステンシル塗装された製造番号3287があった。テーブル湾の海岸に不時着した太田隊のほかの2機の艦爆の尾翼記号はQ-216（製造番号3110）とQ-219（製造番号3114）だった。（credit NARA）

第12章
最後の一手
CHAPTER TWELVE : LAST MOVES

最後のポートモレスビー空襲

　1942年9月7日、台南空はポートモレスビーを攻撃する3個中隊27機の一式陸攻の護衛を実施した。ラバウルからの作戦は往復5時間半に及んだが、台南空の搭乗員の大部分にとって、目標までのコースはお馴染みのものだった。関連地域と天候の事前調査のため、同日朝、木塚重命中尉が指揮する陸偵1機がラバウルから派遣された。今回、台南空には6空からの零戦も加わり、計26機でポートモレスビーに挑むことになっていた。戦闘機隊と陸攻隊の巡航速度の違いから、発進時間がずらされた。0800に千歳空の陸攻6機からなる第3中隊が発進し、1時間後に台南空飛行隊長、中島正少佐率いる17機の零戦と合流した。5分後、これに6空の小福田租大尉率いる9機の零戦が加わった。一方ヴナカナウでは0930に三沢空の陸攻12機からなる第1中隊が発進していた。この三沢空指揮官は中村友男大尉（三沢空飛行隊長）で、分隊長の森田林次大尉の後席から作戦を指揮していた。後続するのは木更津空の陸攻9機からなる第2中隊だった。1200に全機が集結し、V字型の攻撃編隊を組んだ。26機の零戦隊がポートモレスビー上空に到着したのはその直前で、爆撃機隊を待ちながら高空を旋回していた。
　1225に攻撃隊が7マイル飛行場に対して爆撃航過を開始し、5分後、帰途につくと台南空の零戦が合流した。6空の零戦隊は彼らとは別に15分遅れでラバウルに引き揚げた。以下はワイガニ（17マイル）飛行場のある整備兵の手記である。
　「9月7日正午、ジャップが26機の爆撃機でやってきた。空襲警報が鳴る前に、飛行機の爆音がうるさく聞こえてきた。数分もしないうちに7マイルの方向から爆弾の落ちる音が聞こえてきた。滑走路が多少やられたらしい。午後遅く、5機のB-17と中型爆撃機5機がワイガニに着陸した。軽爆撃機隊は離陸したが、B-17はとどまり、そのパイロットたちは第808［建設大隊］と一緒にいた」
　この空襲により地上で大破した2機の連合軍戦闘機の1機がP-400、BX142で、それ以外のP-400は公式記録によれば「損害軽微」だった。1310に木更津空の小川金之助1飛曹の陸攻がニューギニア北海岸に不時着したが、1500には中島少佐指揮下の17機の零戦隊は無事ラクナイに帰着し、それから20分後に6空の零戦隊も帰還した。日本軍戦闘機隊は敵機と交戦するどころか、視認すらしなかった。この時、ポートモレスビーの防空戦闘機の大半はミルン湾での作戦支援に出払っていたのだ。木更津空の陸攻3機と三沢空の2機はラエ経由で帰還した。1730に木更津空の陸攻5機がヴナカナウに着陸し、その20分後に千歳空の6機がつづいた。
　この日の空襲は、台南空の零戦がポートモレスビー上空に

その陣容から9月7日のポートモレスビー攻撃時の撮影と見られる台南空搭乗員たち。前列左端が飛行隊長の中島正少佐、右へ太田敏夫1飛曹、高塚寅一飛曹長、大木芳男1飛曹、河合四郎大尉、大野竹好中尉、山下佐平飛曹長。2列目右端は岡野博3飛曹。その左奥は米田忠3飛曹、その左前は佐藤昇3飛曹と思われる。〔写真提供／伊沢保穂〕

出現した最終回となった。ポートモレスビーの様子は大きく変わっていた。その例のひとつが17マイル（ワイガニ）飛行場で、8月6日に開始された工事により滑走路両端の障害物撤去はほぼ終了し、舗装もほとんど完了していた。部分的だった舗装は、10日後には滑走路のすべてが舗装された。滑走路沿いの戦闘機用の駐機場と掩体壕も完成目前だった。駐機場には周囲の樹木に鋼索で固定された擬装網がかけられ、視認性を低下させていた。滑走路南端から伸びる誘導路もほぼ完成していた。それからほどなく、ここにはミッチェル爆撃機が居並ぶこととなった。

敵基地建設疑惑と追いつめられた陸戦隊

　ダントラカストー諸島に敵が航空基地を確立した可能性があると思われたため、9月8日に林秀夫大尉は台南空の陸偵でラバウルを発進し、キリウィナ、ノーマンビー島、サマライ、ミシマ、タグラ、ルイジアード島の偵察に向かった。彼は敵機を見ずと報告した。ラバウルからの2次の哨戒では何事も起こらず（延べ9機）、その日は終わった。翌日、工藤重敏2飛曹（操縦）と木塚重命中尉（偵察）の陸偵がラバウルからグッドイナフ島、ヴォーゲル岬、パプア半島の北海岸を偵察したが、敵の飛行場は存在していなかった。一方、失敗に終わった日本軍のミルン湾攻略作戦の結果、グッドイナフ島に残存部隊が追いつめられていた。9月9日、ブナ守備隊は小型艇でたどり着いた3名の志願伝令兵からの通信文を受け取った。それは佐世保第5特別陸戦隊司令、月岡寅重中佐の副官からのもので、指揮下の300名の部隊がグッドイナフ島に取り残されているという内容だった。

　9月10日、25航戦司令部からの要請を受け、台南空は陸偵1機を同地域へ派遣した。またしても搭乗員は手練れの工藤2飛曹と木塚中尉だった。彼らは1000〜1040に標高2,500mの山がある同島を観察し、ついに手を振る残存部隊の兵士たちを確認した。彼らは通信筒に手紙を入れて投下したが、それには「……11日に駆逐艦磯風と弥生が諸君の救出に向かう」と書かれていた。工藤は貴重なタバコ50箱が入った包みも投下し、ヴォーゲル岬経由でラバウルに1430に帰着した。9月11日の空振りに終わったラバウルの哨戒は3次あり（延べ7機）、鈴木正之助2飛曹率いる零戦5機が1010に緊急発進したが、敵機を取り逃がした。それは単機のフォートレスで、高高度を悠々と飛び去った。

　第8および第89爆撃飛行隊の隊員たちにとって、1942年9月11日は忌まわしい理由で忘れられない日となった。ヒュー・エラービー先任軍曹はこう記している。

　「我々はキラキラ飛行場を見下ろす山地に野営地を設営した。ここから我々はジャップに初の攻撃をしかけたのだった。この作戦については話したくない。誰かがそこまでの往復距離を間違えたのだ。ガソリンが尽きて不時着水した機もあった。それ以外の機も飛行場に着くのがやっとだった。滑走路の端から掩蔽壕まで牽引しなければならない機もあった。ガソリンを使い果たしたパイロットたちは全員が初陣の興奮が冷めないまま、暗くなる頃キラに戻った。もちろん皆が彼らの帰還を祝うために集まっていた。ところが機銃の安全装置をかけ忘れていたパイロットがいた。飛行場へのアプローチ中に彼は間違って引き金にさわってしまい、火を吹いた機首の.50口径機銃に皆が逃げ回った……」

　お粗末な燃料計画の結果、「リトル・ルビー」と「ザ・コメット」の2機のA-20Aがニューギニアの海岸に着水した。

　翌9月12日、山野井誠2飛曹の陸偵がパプア半島の北海岸を偵察したが、成果はなかった。ラバウルでは2次の哨戒（延べ8機）が何事もなく終わった。9月13日もラバウルからの哨戒（延べ6機）は同じ結果に終わった。日本軍総司令部はさらなる連合軍の上陸作戦を懸念していた。9月14日、ゴナ東方のバサブア村に連合軍が上陸したらしいという情報に、25航戦司令部は台南空の林秀夫大尉を指揮官とする陸偵を調査に派遣した。そこには何の異状もなかった。このような不正確な情報に振り回されたのでは、陸偵隊もやりきれなかっただろう。この日もラバウルの哨戒は何事もなく終わった（延べ6機）。

　9月15日、連合軍が活動を開始したのは0930だった。第89爆撃飛行隊のA-20A「ミニー・ハ・ハ」は日本軍が占領しているミョラ村を、ココダ街道とともに爆撃するためキラ飛行場を飛び立った。投弾後、同機は街道での敵の動きをエフォギまで調査したが、何も発見できないまま帰還した。しかしその日の午後は大きな動きがあった。1010すぎ、第28爆撃飛行隊のB-17Eが5機、ラバウル爆撃のため出撃したが、その500ポンド通常爆弾による戦果は厚い雲に阻まれ確認できなかった。一方、ラバウルを1000に発進して周辺を哨戒していた6空の零戦当直小隊2個が、同高度で接近するフォートレスと遭遇した。

第1直：大正谷宗市3飛曹、木股茂1飛兵、杉田庄一2飛兵
第2直：竹田彌1飛兵、元頭元祐1飛兵、加藤正男2飛兵
〔編註：原著では杉田庄一をMatuda Gen'ichi（松田源一2飛兵）と、竹田彌をTakita Akira（滝田晟1飛兵）と誤記し、元頭元祐をunidentified（氏名不詳）と記述されていたので訂正した〕

　正午ちょうどに、さらに6機の6空零戦隊が爆撃機隊の迎

撃のため緊急発進した。搭乗員は、川真田勝敏中尉、金光武久満中尉、平井三馬飛曹長、松村百人1飛曹、鈴木軍治1飛曹、日高義巳1飛曹だった。彼らと同時に、ラクナイ飛行場から駆けつけた台南空零戦8機も合流してきた。

第1小隊：山口浜茂3飛曹、伊藤勲3飛曹、徳永辰男2飛兵
第2小隊：堀光雄3飛曹、菅原養蔵1飛兵、本田秀正1飛兵
第3小隊：福森大三3飛曹、笹本孝道2飛兵

　1時間後に帰投した台南空パイロットたちは戦闘に至らず、戦果もなしと報告した（ただし行動調書の使用弾数欄には疑問符が書かれている）。6空は台南空よりも少し早く帰還し、やはり戦果なしと報告したが、約500発を使用していた。ポートモレスビーを発進したB-17は5機で、間もなく#41-2660がエンジン不調で引き返した。目標に到達できたのは4機のみで、そのうち#41-2638のグレン・ルイス中尉と#41-2649のジェイ・ルーゼク大尉の2機が戦闘機に攻撃されたと報告している。2機のフォートレスの銃手たちは合計700発の弾丸を発射した。ほかの2機のうち、この攻撃を指揮していた#41-9234の機長が第5爆撃集団司令、ケネス・ウォーカー准将だったことを台南空の搭乗員たちが知っていれば、攻撃はさらに激しいものになったことだろう。

　9月21日、第35および第36戦闘飛行隊のエアラコブラがミルン湾の第3飛行場に到着し、この2個の米陸軍飛行隊がかつて5ヶ月前にポートモレスビーに到着した時と同じく、RAAF第75および第76飛行隊のキティホーク隊から任務を引き継いだ。こうして2個のオーストラリア軍飛行隊は本土領内に再配置された。第75はホーン島に、第76はオーストラリア南西部に配置された。米軍航空隊の到着から3日後、両飛行隊の最後のRAAF地上部隊が出航した。その次週は台南空も沈黙していた。9月16日の唯一のラバウルからの哨戒は異状なく終わったが（計3機）、翌17日には蘭印から3空の零戦分遣隊21機が到着している。彼らはガダルカナル作戦を支援するため、ティモールの諸基地からニューギニアに移動された。その零戦21機と陸偵4機、および搭乗員27名は空母大鷹に搭載されてラバウルへ運ばれ、台南空の指揮下に入った。ただし3空がラクナイに配属されていた期間は短かく、1942年11月1日の日本海軍の部隊再編成にともない、同月上旬に再びティモールへ戻っていく。9月18日は2次の空振り哨戒（延べ6機）で始まり、その翌日の哨戒は計1機だけで、何事も起こらなかった。待ち望まれていた集中整備が9月20日と21日の2日間にわたって実施されたが、9月22日には工藤重敏2飛曹と澤田信夫1飛曹（偵察）の陸偵が再びグッドイナフ島を偵察し、ココダ経由で帰還した。グッドイナフ島上空で彼らは0930に通信筒を投下し、窮地にある月岡隊の兵士たちに、一度は彼らの救出に失敗したものの、駆逐艦2隻がもうすぐ着くことを知らせた。

新たなウォーホーク部隊とボーファイター部隊

　9月23日、第7空軍のP-40E、8機に護衛されたRAAF第30飛行隊のボーファイター部隊が1010にニューギニア北海岸地域を掃討し、サナナンダからワイロピにかけて大発と物資集積所を破壊してまわった。これはポートダーウィンから数週間前にポートモレスビーのデュランド飛行場に進出して

1942年9月に南西方面からラバウルに駆けつけた第3航空隊の派遣隊員たち。開戦以来の猛者が多く、台南空にとっては強力な助っ人であった。背にする零戦二一型のカウリングに白い横線があることに注意。〔写真提供／伊沢保穂〕

きたばかりの米陸軍航空軍第49戦闘群のウォーホーク隊がニューギニアで実施した最初の作戦でもあった。オーストラリア軍のボーファイター隊が7艘の大発を破壊し、ソプタ村の日本軍野営地を機銃掃射していたところ、遠方に零戦6機に護衛された、明らかにブナに着陸しようとしている9機の陸攻隊を発見した。ウォーホーク隊は航続時間の限界だったので、戦闘のためにとどまれなかった。零戦隊は6機全機が突然バンクすると、ボーファイター隊へと向かってきた。パイロットのD・J・モラン＝ヒルフォード中尉と観測員のW・クラーク軍曹は、乗機A19-50の機首を彼らに向けた。日本軍機はほぼ反航状態で彼に同時攻撃をしかけようとしたため、互いに衝突しないようにしているらしいのが彼にはわかった。あっという間に彼らとすれ違った彼がスロットルを全開にして地表に向かうと、ブリストル社製の機体はたちまち260ノットまで加速した。沿岸の砂浜の上空を飛びながら、モラン＝ヒルフォードは彼を10浬にわたって追跡してきた零戦を振りきった。彼らを攻撃した6機の零戦二一型は3空のものだったが、その地区にいた同航空隊のほかの12機は何の行動も起こさなかった。

1240にRAAF第30飛行隊のボーファイター7機がワーズ飛行場を発進し、先刻ブナに着陸するのが目撃された日本軍爆撃機隊を捕捉しようと、同地へ舞い戻った。しかしそこに爆撃機が1機もいなかったので、飛行場の機銃掃射をすることにしたが、その際G・W・セイヤー軍曹とA・S・マイレット軍曹の搭乗するボーファイターA19-1がブナの対空砲火により撃墜された。同機はニューギニアにおけるRAAF第30飛行隊初の喪失機となった。その直後に後続して機銃掃射をしていた第7戦闘飛行隊の12機のP-40Eのうち、2機が機銃に被弾したが、米軍機は全機が無事帰還した。この近距離遭遇戦はニューギニアで日本軍の零戦が米軍のウォーホークを攻撃した最初の戦闘として歴史的な意味があり、台南空機が第49戦闘群のウォーホークと戦闘で遭遇したのは、この一度しかなかったことである。

1942年9月の最終週は何も起こらなかった。9月24日にラバウルで空振りの哨戒が1次だけあり（計1機）、27日にやはり複数次あっただけだった（延べ6機）。9月28日の1130に奥村武雄1飛曹、西澤廣義1飛曹と菅原養蔵1飛兵の3機の零戦が単機のフォートレスを迎撃するためラバウルから緊急発進したが、取り逃がした。9月30日はラバウル上空が悪天候だったため、作戦はなかった。この日の台南空の実働戦力は零戦三二型8機、搭乗員39名と記録されている。

流血の10月

1942年10月の台南空の搭乗員と機体の損耗率は、ガダルカナル戦のため戦慄すべきものになった。この月は異状なしの1次の哨戒（計3機）で穏やかに幕を開けた。大野竹好中尉率いる6機の零戦がラバウルを発進し、グッドイナフ島の周辺海域の水路を観察する陸攻1機を護衛しながら、1220から1300にかけて同島を哨戒した。機は1942年8月末から現地にいた佐世保第5陸戦隊の水兵たちと通信筒で連絡することにも成功した。

10月2日のラバウルでは第1直が交戦寸前にまでいった（計2機）。第63爆撃飛行隊のフォートレス隊が、パイロットのステーレー中尉によれば「水平線が明るくなり始めた時」、夜明けのラバウルを攻撃した。ケン・マカラー大尉の#41-24521が先頭で、バイロン・ハイケルの「カープヒオ＝ウェラ」がしんがりだった。ステーレーはこう記している。

「私たちの最後の機（ヒンケル［原文ママ］の）が離脱するまでゼロは現れなかった。彼はゼロに襲われずに離脱できた」

10月3日の第1直は1040から1150までで、中谷芳市3飛曹率いる6機の零戦隊が実施した。2個小隊は長距離偵察に来た単機のB-17Fを迎撃しようとした。これは第63爆撃飛行隊のカール・ハスタッド大尉が機長の「イージー・メアリー4世」だった。この日、ラバウルの第2直は1330から1450までで、八並信孝2飛曹率いる4機の零戦隊が実施した。彼らも別の単機のB-17を迎撃しようとしたが、取り逃がした。

ポートモレスビーでは10月3日はキラ飛行場で働いていた第808建設大隊の人員にとって重要な日になっていた。第5空軍航空工兵部のイーズ少佐がチャフィン少佐のもとに立ち寄り、今日の午後ダグラス・マッカーサー大将が到着して工兵たちに訓示する予定だと告げた。1515にマッカーサーと

オーストラリア北部の上空を飛行する米陸軍第7戦闘飛行隊のP-40E。1942年4月初旬。（Kevin Ginnane）

エニス・ホワイトヘッド准将と幕僚たちが到着した。彼らは工業時代の蜂の巣のような飛行場の視察ツアーを手短に行なった。各所でブルドーザーが忙しげに動き、運搬車を牽引するトラクターが土砂を運び、モーターグレーダーが地盤を削り取って基礎部を設置し、基礎用の土砂を運び終わったトラックが新たな積み荷を求めてシャベルカーのもとへと戻っていた。滑走路の向こうでは2台の削岩機がアスファルト舗装材の原材料を砕いていた。マッカーサーは監理棟に戻るとポーチに出て、第808の工兵たちに訓示した。マッカーサー的な演説の内容は、アメリカの新聞各紙に電送された。

「マッカーサー

マッカーサーはある飛行場を訪問し、ダーウィン地区でこれまで数々の飛行場を見事に完成させ、現在も新たな飛行場を建設中の工兵部隊に短い演説をすると、病院から数マイル離れた士官用食堂で昼食をとった。

飛行場に整列した部隊。ある者は規定の軍服を着、またある者は通常の作業着姿で、泥汚れがついたデニムズボンと靴下と靴がそこかしこに見られ、しかも帽子はまちまちだ。

この青年たちがブルドーザーやグレーダーを走らせ、朝から晩まで泥まみれになって働いているのだ。

マッカーサーは以下のように語った。

『私はこの飛行場に着いたばかりだ。

諸君はすばらしい仕事をしてきたと私は言いたい。

諸君は航空隊が見栄えのいい仕事をし、栄光のすべてをさらってしまうための基礎をつくる仕事をしているのだ。

トーマス・エディソンはどうしてそれほど多くの偉大な発明ができたのかと聞かれて、発明は95％の汗と5％のひらめきだと語っている。

そして敵機の撃墜を可能にしているのは諸君の苦労と汗なのだ。

飛行場、なにより多くの飛行場がこの戦争の勝敗を決めるのだ。

諸君は名を残す英雄ではないかもしれないが、それでも諸君はやはり英雄なのだ』」

ラバウルに着々と迫っていたのはアメリカ軍だけではなかった。1942年6月のポートモレスビー到着以来、RAAFの雷撃飛行隊である第100飛行隊のボーフォート分遣隊が活動を拡大し始めていた。10月4日の早朝、新任のジョン・バルマー飛行隊長が10機のボーフォートを率いて、この部隊で最も野心的で緻密な攻撃作戦に出撃したが、その結末は惨憺たるものだった。目標はブーゲンヴィルの南方のショートランド諸島の端にあるトノレイ港に停泊している敵艦船だった。この計画は月夜の奇襲雷撃攻撃となるはずだった。0100に発進した編隊は穏やかな天候のもと、目標までの420浬を高度3,000mで進んだ。しかしブーゲンヴィルに近づいたところスコールに遭遇し、バルマーの編隊は2個の4機編隊に分かれてしまった。0400頃、先行する編隊がショートランド諸島東方の当初計画とは異なる目標地域に進入した。もう一方の編隊は計画どおりに西側から攻撃に入った。今やボーフォート隊は高度600mの超低空飛行で、全機が航法灯を消していた。8機の爆撃機は個別に攻撃にあたり、目標は各機の搭乗員が自分で探した。7機が船を1隻発見して魚雷を投下し、少なくとも4発が後席銃手により正常な推進による雷跡をはっきり確認された。しかし爆発が観測されな

1942年9月に3空の援軍を迎えたころの在ラバウル零戦航空隊の幹部たち。前列左々から伊藤俊隆大尉（鹿屋空）、相生高秀少佐（3空飛行隊長）、榊原喜与二少佐（3空派遣隊長）、不明、斉藤正久大佐（台南空司令）、不明、中島正少佐（台南空飛行隊長）。中列左から3人目、川添利忠中尉（3空）、稲野菊一大尉（台南空）、河合四郎大尉（台南空）。3列目左から山口定夫中尉（3空）、馬場政義中尉（鹿屋空）、大野竹好中尉（台南空）。〔写真提供／伊沢保穂〕

かったにもかかわらず、搭乗員たちは魚雷が完全に外れたとはどうしても考えられなかった。敵戦闘機1機発見が報告されたが、迎撃戦は起きなかった。しかしこの作戦でボーフォート2機が行方不明となり、後日懸命の捜索が行なわれた。本作戦の失敗は公式には魚雷の故障のためとされたが、ボーフォート分遣隊は雷撃訓練を中止したのだった。

混成部隊

　ガダルカナルの戦いが山場を迎えていたにもかかわらず、ラバウル周辺での航空作戦はますます増加していた。10月5日の作戦開始は遅く、0700に2空の丸山竜雄2飛曹率いる零戦2機がブカ飛行場を離陸し、単機偵察のため接近していたB-17Eの迎撃に向かったが高度を取れずに逃してしまい、1時間半後にブカに戻った。同じ頃ラクナイでは、在ラバウルの3個航空隊にそれぞれ所属する零戦3機が、ラバウルに接近中と見張所から通報されたフォートレスの迎撃のため離陸した。この日の台南空機には3空の零戦が助太刀に加わっていた。ラクナイ飛行場では誘導路まで戦闘機がひしめき合い、緊急発進のため慌ただしく滑走していった。

　最初の空襲警報の原因になった接近機は第28爆撃飛行隊のフォートレスで、未明に7マイルを発進した際は9機だった。しかし6機が悪天候のため引き返し、残りのうち2機がラクナイを、3機目(アーサー・A・フレッチャー大尉の「タグボート・アニー」)がヴナカナウを爆撃したと報告している。2機は高度6,500mから300ポンド爆弾20発をラバウルの2ヶ所の飛行場にばら撒いた。5分後、第30爆撃飛行隊のジョン・ラウス少佐率いるフォートレス6機がヴナカナウを攻撃し、掩蔽壕と滑走路に300ポンド爆弾59発を投下した。こちらの編隊は出撃時は8機だったが、ラウスの日記によれば、エドワード・J・ベクトールド中尉とジョン・W・カーペンター大尉の機が目標到達前に編隊からはぐれたという。

　雲間から突如現れた零戦の群れは当初25機と数えられ、フォートレス隊は虚を突かれた。日本軍機は最初、あざ笑うかのように彼らと並行して飛行していたが、やがて50分間にわたる執拗な反復攻撃を開始した。フォートレス隊の銃手たちは零戦4機撃墜を申告したが(実際は皆無)、米軍機編隊の損害は甚大だった。パイロットのアール・L・ヘイグマン・Jr中尉は編隊の先頭にいたため、日本軍戦闘機に先導機として激しい攻撃を受けた。3回目の攻撃航過ののち、ヘイグマンはエンジン1基をフェザリングにせざるを得なくなり、それから間もなく別のエンジンも煙を噴き出し始めた。彼の無機名フォートレスは編隊から脱落し、最後に目撃されたのは11機の零戦に追われながら雲へ入るところだった。ラウスが操縦していた「ブリッツ・バギー」はエンジン1基が被弾のため停止し、航法士のアラン・ダヴェンポートRAAF中尉が瀕死の重傷を負った。#41-24403もエンジン1基をやられたが、さらに悪いことに搭乗員3名が零戦の銃撃で負傷した。メルヴィン・A・マッケンジー大尉の操縦する#41-9012はエンジン1基停止に加え、胴体と主翼にも被弾し、油圧系統が損傷した。フレデリック・ウェッシュ中尉のフォートレス#41-24425では爆撃手のバーナード・E・アンダーソン少尉が負傷した。ウェッシュのフォートレスも機首に被弾したため無線方位探知機が破壊され、「ジャージー・スキーター」では酸素系統と油圧系統が損傷していた。編隊でそれ以外に氏名が判明しているパイロットは、#41-2664を操縦していたと思われるチャールズ・H・ギディングス中尉で、6番機の機長は不明である。それ以外に判明している負傷者は、E・F・パーキンス2等軍曹(ギディングス機搭乗員)とジョン・J・ウィルフリー軍曹(マッケンジー機搭乗員)の2名である。

　一方、台南空機はフォートレスの到着前からすでにブナ哨戒に飛び立っていた。

第1小隊：大野竹好中尉、茂木義男3飛曹、福森大三3飛曹
第2小隊：西澤廣義1飛曹、高橋茂2飛曹、米田忠1飛兵
第3小隊：鈴木正之助2飛曹、八並信孝2飛曹、菅原養蔵1飛兵

　しかし上記の搭乗員のうち2名が往路で引き返した。1名は中隊長の大野中尉で、手信号で西澤1飛曹に指揮を託してから、スルミ(ガスマタ)に着陸した。もう1名は米田1飛兵で、ラエへ代替着陸した。新たに西澤中隊となった編隊は、やはりフォートレス部隊を発見したため、ブナへの飛行計画を変更した。最初のフォートレス隊の出現に警戒を強めた日本軍は、第二の派遣部隊として台南空機5機と3空機2機を発進させた。0720にこの混成編隊はB-17部隊を迎撃し、台南空は数発の被弾だけで1機を撃墜したと申告した。3空も爆撃機1機撃墜を申告したが、これは明らかに同一機である。

第1小隊：大木芳男1飛曹、中本正2飛曹
第2小隊：遠藤桝秋3飛曹、山内芳美2飛兵、伊東重彦2飛兵

第3航空隊所属機：西山二三2飛曹、津田五郎1飛兵

　一方、0715には6空の零戦7機がやはりフォートレス隊の迎撃のため緊急発進をしていた。

第1小隊：松村百人1飛曹、松本早苗2飛曹、神田佐治1飛兵

第2小隊：鈴木軍治1飛曹、福田博3飛曹、西山静喜1飛兵
第3小隊：玉井勘1飛兵

6空編隊もB-17部隊を迎撃し、撃墜2機と申告している。1機目が中隊長の松村1飛曹で、0750の2機目が小隊長の鈴木1飛曹だった。0820にこの7機はラバウルに帰還したが、そこで松本機と神田機が各1発被弾、鈴木機と福田機が各2発被弾していたことが判明した。日本軍搭乗員はフォートレス4機を協同撃墜したと申告したが、この表記は戦果を部隊全体のものとするのが慣例的だったこともその理由のひとつだろう。台南空と6空の両者が、今回の戦闘で戦果を競い合っただろうことは想像に難くない。

西澤中隊、「バトリン・ビフィ」を撃墜

この日はフォートレス部隊との戦闘だけではまだ飽き足らなかったのか、あるいはあくまで本来の任務に忠実だったのか、西澤廣義1飛曹は戦闘後、7機の台南空零戦を率いてブナへと向かった。0810に彼らは4機のエアラコブラに護衛されていた2機のB-25Dを迎撃し、中型爆撃機1機を撃墜したと申告した。7機の零戦は数発被弾しただけだったが、全機の合計使用弾数が約3,000発ということから、彼らが相当な量の戦闘を行なったことは明らかである。西澤隊が撃墜したのはテレンス・J・ケアリー中尉たちが搭乗していた「バトリン・ビフィ」だった。

2機のミッチェルの任務はニューギニア北海岸のオロ湾周辺を哨戒後、帰路にワイロピ街道を掃討してからポートモレスビーへ帰還することだった。しかしブナの沖合約15浬にいた日本軍の駆逐艦2隻と大型輸送船1隻を発見したため、予定を変更した。船団位置をポートモレスビーに無線連絡後、彼らは沿岸からとって返した。高度1,200mから2隻の駆逐艦に500ポンド通常爆弾を投下した際に「バトリン・ビフィ」は西澤隊の7機に遭遇し、もう1機のミッチェルに最後に目撃された時、同機は急角度で海面へ降下していくところだった。おそらくこの降下は自衛のため海面すれすれの高度を取ろうとするケアリーの策だったのだろう。西澤隊の零戦は執拗に攻撃をつづけ、「バトリン・ビフィ」はウヒタ村の近くに不時着大破した。その残骸から奇跡的に生還を遂げたケアリーだったが、奇妙な経緯の末、結局付近の村民に殺されてしまった。ミッチェルの撃墜後、西澤は7機の零戦をニューブリテン島へと北上させ、同島のガスマタで1120に給油を行なった。

一方、これらとはまったく関係なく、0900に3空の岩本六三1飛曹率いる零戦3機がガスマタを発進し、同航空隊のその日第2次となるブナ哨戒に向かった。ブナへ到着した彼らは、1000少しすぎにブナ沖にいた艦船をやはり500ポンド爆弾で攻撃しに来た第71爆撃飛行隊のミッチェル6機と出くわした。岩本隊の零戦5機は後下方から攻撃したが、日本機が後方に着く前にB-25D隊は編隊を密にしていた。あるミッチェルは30発被弾したが損害は軽微で、それとは別の2機は零戦2機を撃墜したと申告した。これは誤認だった。零戦の損失機は皆無だった。この10月5日には台南空の新人パイロット、谷津倉団次1飛兵が原因、場所とも明らかでないが、戦死している。

午後の半ば頃、RAAF第30飛行隊のボーファイター1個編隊と第93爆撃飛行隊のフォートレス5機が先の艦船へ向かったが、外海を広く覆っていた高度150mという低い雲のため、フォートレス隊はすでにブナからかなり北へ移動していた船団の発見に失敗、そのかわりブナ飛行場の北西端の対空砲陣地に爆弾を投下した。フォートレス隊の構成機は、「サン・アントニオ・ローズ」（機長ハーディソン）、「クラウン・ハウス」（同キャスパー）、#41-2658（同スカボロー）、#41-2642（同バー）、#41-2668（同ヒューイ）だった。攻撃により弾薬と備蓄燃料が爆発し、佐世保第5特別陸戦隊の13mm機銃弾薬、燃料、兵員居住区、個人装備のすべてが失われた。

1942年10月5日、フォートレス単機との戦闘後、西澤廣義1飛曹率いる零戦隊7機はブナに向かい、そこでB-25D-1「バトリン・ビフィ」を撃墜した。本機の米陸軍航空軍シリアルは#41-29701で、写真は1942年8月にオーストラリアへの空輸中、ハワイで撮影されたもの。

1600には第89爆撃飛行隊のポーター中尉が操縦するA-20Aが単機でサナナンダにいた大発の群れを攻撃し、その1時間後にさらに7機の同飛行隊のA-20Aが同じ大発群に100ポンド爆弾と20ポンド爆弾を投下した。この日を締めくくったのは夕暮れに飛来した第435爆撃飛行隊のB-17E「リトル・バスター・アッパー」で、ブインを偵察していった。一方、さらにマレーバから9機のB-17がポートモレスビーのデュランド飛行場に到着した。ニューギニアにおける連合軍の物量は、一日また一日と日本軍の力を奪いつつあった。

「カンガルー飛行隊」のフォートレス

　アメリカ第5空軍が戦力を増すにつれ、ラバウルへの攻撃はますます激しくなった。10月7日、6空の3個中隊27機の零戦がラバウルに再配置された。10月8日の午後遅くに第19および第43爆撃群のフォートレスE型とF型の混成編隊がマレーバとトレンスクリークを発進し、補充機が到着して魅力的な目標となったラバウル飛行場群の攻撃に向かった。ケアンズからもRAAFカタリナ7機がこの攻撃に協同し、照明弾を投下してラバウルにあった各種の複合施設を照らし出した。その夜ガゼル半島上空に出現したフォートレス隊は対空砲の照準と照空灯を混乱させるため、1,500mと3,500mの高度を交互に取っていた。彼らは激しいが、狙いが甘くなった対空砲火をかいくぐり、カタリナからの照明弾により周囲は明るく照らし出され、フォートレスの爆弾による火災は80浬近く遠方からも観測された。ほぼ全機が高射砲の弾片で損傷したものの、30機の爆撃機は全機が無事オーストラリアに帰還した。翌日、「トーキョー・ローズ」はラバウルの市街地を爆撃した米軍爆撃機隊の非人道性を非難したが、日本軍は大量の物資を市街地内に備蓄していた。放送はラバウル・ホテルに宿泊していた芸者50名が巻き添えで死亡したとまで伝えたが、これは日本軍士官たちが招待していたようだ。この大規模な協同攻撃の成果を詳細に書類に記録し、撮影するため、翌10月9日朝、第435爆撃飛行隊のアーノルド・R・ジョンソン中尉のB-17E「テキサス#6」が7マイルから派遣された。高度8,000mでジョンソンは対空砲火をうまく避けて写真撮影に成功したが、その最中に零戦隊の迎撃を受けた。これは台南空の2個小隊計7機の零戦で、単機で飛来した偵察機の迎撃のため、0800にラクナイから緊急発進したものだった。

第1小隊：中本正2飛曹、明慶幡五郎2飛兵、山本末広1飛兵
第2小隊：福森大三3飛曹、沖繁国男2飛兵、伊東重彦2飛兵、
　　　　中沢恒好1飛兵

7機は何度も攻撃航過を行なった。攻撃の初期段階で1発の弾丸がRAAF副操縦士デイヴィッド・シンクレア軍曹の操縦輪に命中し、彼の胸部へ跳弾した。水平回転していた弾頭の衝撃でシンクレアは座席から跳ね飛ばされ、操縦室の床に昏倒した。この空戦で零戦による攻撃航過は10回以上にのぼった。3番機だったジョンソン機の尾部銃手ラルフ・C・フリッツ伍長はゼロを1機仕留めたと興奮しながら申告したが、その次の零戦の攻撃航過で胴体上部を撃ち貫かれ即死した。この出来事ののち、シンクレア副操縦士はよろよろと席に戻った。「こうして彼は機が着陸するまで頑張った」と、ジョンソンは記している。戦闘機隊が去ったのち、ジョンソンは右外側エンジンが被弾し、左主翼から燃料が漏れているのに気づいた。振動するエンジンのプロペラをフェザリングにし、ジョンソンは自分のコース、距離、予定帰着時刻をタウンズヴィルに無線で告げ、戦闘機の護衛を求めた。
「戦闘機隊が私たちを護衛してくれたのは最後の50浬だった……アプローチの最後で第3エンジンがくたばった」
　右エンジンが2基とも死んだ状態で、テキサス#6はガーバット飛行場に滑りこみ、その後修理されて再び飛べるようになったが、1943年6月にラバウル上空で撃墜されてしまった。重傷のシンクレアは爆撃機から搬出され、病院で治療を受け回復した。日本軍の行動調書に撃墜申告はなかったが、使用弾数記載欄には疑問符が書かれており、発砲があったことを示している。7機の台南空零戦隊は全機がラバウル上空の哨戒をさらに1時間半行ない、1045にラクナイに戻った。
　10月10日には台南空はニューギニア上空で何事もない哨戒を1次（計3機）行なっただけだったが、翌11日は違った。RAAFハドソンを駆るL・W・マニング大尉はセントジョージ海峡で約1万トンの特設航空機輸送艦らしい艦への攻撃を

友人のためポーズをとるA-20A銃手の軍曹2名。1942年10月、キラ飛行場にて。
（Kevin Ginnane）

決心した。その上空を航過したところ、マニングはその航空機搭載甲板いっぱいに少なくとも「1ダースのゼロ」がいたと記している。高度わずか300mからの投弾で、250ポンド爆弾直撃2発、至近1発をマニング機の搭乗員は確認した。オーストラリア軍搭乗員によれば、同艦は針路を乱し、甲板から黒煙を吐いていた。マニングのハドソンが攻撃したのは特設水上機母艦聖川丸だった。同艦はちょうど1週間前に横須賀を出港し、ショートランド諸島にいる第14航空隊に向けて二式水戦12機を届ける途中だった。マニングの直撃弾2発の申告にもかかわらず、水戦は翌日無事届けられた。10月11日はラバウルから異状のない哨戒が1次あっただけだった（計5機）。12日には中沢恒好1飛兵が戦死しているが、その経緯と場所は不明である。10月13日はラバウルで空振りの哨戒が1次（計9機）あり、16日も0515に笹本孝道2飛兵と伊東重彦2飛兵の2機が単機のB-17を迎撃した。10月18日、22日、23日にもラバウルからの哨戒は何事もなく終わった（それぞれ延べ9機、9機、5機）。

オーウェンスタンレー山脈の反対側では、第38爆撃群の航空隊員と整備隊員がポートモレスビーのワイガニ飛行場へ進出中だったが、その支援要員はまだオーストラリアにいた。10月12日は感謝祭で、以下はパイロットのロイ・リー・グローヴァー少尉の回想である。

「夕食は付け合わせつきのターキーではなく、私を含めた大勢が食堂に近づけないぐらい臭いのきつい缶詰の魚だった。食堂ではうちの部隊だけでなく工兵隊にも食事を出していた。生活と戦闘は節約で乗り切るしかなく、何もかもが不足していた。あの頃は皆がつらい思いをし、本当にひどい日々だった。うちの群のほかの飛行隊はブナの日本軍防衛線の爆撃に行くことになっていた。6機編隊1個が派遣された。彼らはある前線で眼下のジャングルから立ち昇る発煙信号を目印に爆撃した。帰路に彼らは味方の前線を爆撃してしまったことを知らされ、それで兵隊が14名死んだと告げられた。うちの部隊の全員がそれに衝撃を受け、自分たちまでが罪悪感を覚えた。発煙信号は樹冠の上に出るまでに風で流されることがあり、前線の位置が正確にわからないことがあるのは知っていた。それは部隊の誰にでも起こりうることだったので、わかってはいても大した慰めにはならなかった。私たちは自分たちの装備の正しい使い方もよく知らないまま、素人丸出しで戦争をしていた。戦意はあったが、私たちはまだ戦いの仕方を学んでいる途中のうぶな若者にすぎなかった。南西太平洋戦線〔編註：日本側ではソロモン・東部ニューギニアは「南東方面」と言うが、アメリカ側から見ると「南西太平洋」となる〕はこの戦争では忘れられた地域であり、日本軍を食い止められるだけの力はここにはないと私たちは思いこんでいた。とにかくできる範囲で最善を尽くすしかなかった」

10月24日0715、3空の3機（杉尾茂雄1飛曹、榎本政一3飛曹、池田光二3飛曹）と台南空の3機（奥村武雄1飛曹、高橋茂1飛曹、長尾信人2飛兵）の零戦計6機がラバウルを発進した。これらを先導していたのはグッドイナフ島の偵察に向かう山野井誠2飛曹と岩山孝2飛曹（電信）が搭乗する台南空の陸偵だった。日本軍はいまだに美しい無人島から脱出できないままの佐世保第5特別陸戦隊の救出を画策していた。その山がちな島に到着後の0920に第1小隊が悪天候のためはぐれてしまった。

山野井機が沖合に停泊していたオーストラリア軍の小型船から対空砲火を浴びたため、護衛の零戦隊がその船を機銃攻撃した。この船は2本マストのケッチ型帆船M.V.マクラーレン・キングで、零戦隊は付近のマッド湾の沿岸にあった小屋

17マイル飛行場で給油される第38爆撃群の「トーリッド・テッシー・ザ・テラー」。

台南空が去ってから竣工したラクナイ飛行場のレンガ舗装。日本軍の基地だった期間中、ラクナイ基地最大の弱点は防御用掩体壕がないことだった。現在、飛行場だった地面は厚さ3mの火山灰に埋まっている。

も機銃掃射した。日本軍は知るよしもなかったが、同船にはオーストラリア軍の負傷兵が乗せられていた。その何名かがさらに新たな傷を負ったが、同船の機銃も応射した。零戦の第2小隊はこの小規模な戦闘で1,800発の弾薬を使用した。奥村機は4発被弾し、高橋機もM.V.マクラーレン・キングの.50口径機銃におそらく1発被弾した。AIF第12大隊第2中隊の戦闘日誌にはこの戦闘が記録されている。

「……1100に敵海軍の急降下爆撃機1機と戦闘機3機がキリア教区へ低空で飛来し、そのマッド湾でケッチ船マクラーレン・キングを機銃掃射した（少年機関員含む4名が負傷）……」

その後、陸偵はグッドイナフ島で日本軍生存者30名を確認し、彼らに情報を伝えてから同島を1030に飛び去り1225にラバウルに帰着、その20分後に台南空の零戦3機が戻った。しかし3空の零戦隊は悪天候のためラバウルの発見に手間取った。彼らがラバウルに帰着したのは1500だったが、池田3飛曹が未帰還となった。

10月25日は何事もない哨戒がラバウルで1次あったのみだった（計3機）〔編註：原著書ではこのあと「翌26日は記録に欠落があり、星谷嘉助2飛曹が死亡しているが、場所は不明なものの、戦死と思われる」との意味の一文が入っている。実は両著者は台南空の鈴木正之助をこの星谷兵曹と勘違いしており（「助」しか合っていないのだが！）、全てそう誤記されていた。邦訳版ではこれを訂正した。星谷兵曹は同日の南太平洋海戦で戦死。所属は瑞鶴。鈴木は10月7日のガダルカナル攻撃で戦死〕。

10月27日、待望の補充機として13機の新品零戦がトラック島からラバウルへ空輸された。1030に西澤廣義1飛曹率いる4機の当直が、ラバウル上空に飛来した単機のフォートレスの迎撃に緊急発進したが取り逃した。10月29日には飛行中の事故により米川正吉2飛曹が死亡しているが、場所は不明である〔編註：米川は内地帰還中の病院船内で戦病死〕。1942年10月の最終週は悪天候がつづいた。10月30日に新たなポートモレスビー攻撃の準備のため、第25航戦は台南空に天候偵察のため陸偵の派遣を命じ、ラバウルから上別府義則2飛曹の陸偵が発進したが、あいにくと悪天候のため0920にラバウルへ引き返すことになった。

10月31日の1000、堀光雄3飛曹を小隊長に、本多秀三1飛兵、明慶幡五郎2飛兵、本田秀正2飛兵を列機とする小隊がラバウルから緊急発進した。目標は第435爆撃飛行隊に配備されたばかりで無機名だった新品のB-17Fで、操縦はフレッド・イートン大尉だった。この任務はニューギニア上空で台南空が『台南航空隊』として飛んだ最後のものとなった

ため、歴史的な意味があった。イートン機の搭乗員たちは、11機の零戦に襲われて12回攻撃航過を仕掛けられたが損傷なしと報告した。米軍機は零戦2機撃墜、さらにもう1機を撃破したと申告した（！）。日本軍機もこの爆撃機を撃墜したと申告した〔編註：台南空行動調書には「黒煙ヲ引カシタルモ撃墜スルニ至ラズ」「撃墜無」と書かれているのだが……〕。4機はラバウルへ帰還すると再給油され、河合四郎大尉と大野竹好中尉の指揮で今回空輸される12機の一部となり、さらに15機の3空機がこれに加わった。こうしてブナへ向かう船団の護衛を務めるため、計27機の零戦がラエへ再配置された。

書類上の編制変更

1942年11月1日、大日本帝国海軍は「航空隊令」を改定し、海軍航空隊のうち実戦部隊の名称と編制を変更した〔編註：同日、一飛曹が上飛曹になるなど下士官兵の階級呼称も変更された〕。こうして同日深夜0000をもって台南海軍航空隊は第251海軍航空隊、略称251空となった。この少なくとも書類上のみで新編成された部隊は、発足からわずか5時間後に最初の攻撃を受けた。河合四郎大尉率いる台南空の零戦12機は、前日の午後にラエへ到着したものの、乏しい格納庫に収まる時間はほとんどなかった。まず第90爆撃飛行隊のミッチェル7機（4機が往路途中で引き返していた）がラエ飛行場を爆撃した。0645に今度は第89爆撃飛行隊のA-20Aが14機攻撃に来たが、その護衛にあたっていた第8戦闘飛行隊のP-40Eの8機は数日前にダーウィンからニューギニアへ到着したばかりだった。0650に251空の零戦11機と、同じく3空から改編された第202海軍航空隊、略称202空の6機が緊急発進した。その元台南空パイロットは、河合四郎大尉、奥村武雄上飛曹、金子敏雄上飛曹、安井孝三郎上飛曹、遠藤桝秋1飛曹、矢沢弥市1飛曹、高橋茂1飛曹、一木利之1飛曹、岡野博2飛曹、八並信孝1飛曹、山本末広飛長だった。

A-20A隊は滑走路の機銃掃射を終えると、すぐにP-40Eの2個編隊と合流した。ブルース・ハリス中尉率いる第1編隊の4機は交戦に至らなかったが、ディック・デニス中尉、ウィリアム・デイ中尉、ロス・ベーカー中尉、グレン・ウォルフォード少尉たちはラエ南方約70浬で15～20機と見積もられた零戦隊に襲われ、デイ中尉機が最初の攻撃航過で3発被弾した。米軍機は増槽を投棄し、降下して速度を稼ぐと、反撃のため上昇した。ベーカーが最後に目撃した時、2機の零戦に追われていたウォルフォードのP-40E-1は発煙しており、ジャングルへ降下していった。ウォルフォードは未帰還となり、P-40の撃墜申告が協同による1機のみだったため、その

265

撃墜者は安井と遠藤である。この遭遇戦が一瞬の出来事だったことは、2機の使用弾数が少なかったことからもうかがえる（20㎜機銃弾200発と7.7㎜機銃弾300発）。デニス中尉の編隊は数機の零戦との会敵に成功し、彼は反航攻撃で命中弾を与えた零戦1機を火だるまにして撃墜したと申告している。これは金子敏雄上飛曹機で、今回の戦闘で唯一未帰還となった。河合はA-20Aのうち6機を銃撃し、奥村は10機と見積もられた戦闘機と交戦して1発被弾した。それ以外の251空パイロットたちは爆撃機6機と戦闘機10機と交戦し、20㎜機銃弾500発と7.7㎜機銃弾700発を使用したと申告している。撃墜されたA-20Aは皆無だったが、複数の後部銃座手が零戦未確認撃墜1機を申告している。A-20A「リトル・ヘリオン」は対空砲火に被弾し、帰着時に7マイルで胴体着陸した。同機はその後、「ファットキャット」機に改造され、第3爆撃群にクイーンズランド州から新鮮な肉と野菜類を補給するのに使われた。こうして元台南空パイロットたちは計23機の敵機を目撃し、P-40撃墜1機と正確な申告をした。202空では鈴木宇三郎中尉がP-40撃墜1機、伊藤清飛長が「P-39」撃墜1機を公認された。被弾は鈴木機が2発、伊藤機が3発だった。空戦から離脱した米軍のウォーホークが個々にキラ飛行場へ帰還。251空の零戦隊は0740にラエに帰着し、間もなく202空の零戦隊もそれにつづいた。この空戦は第49戦闘群にとってニューギニア上空での初の空戦となり、また初の損失を記録した戦闘となった。

　日本側にとって、金子敏雄上飛曹は台南空／251空の第1次ニューギニア進出時における最後の戦死者となった。激しい空戦が終わってからも、日本軍戦闘機隊にはまだ仕事が残っていた。ラエとラバウルの合同戦闘機隊には、駆逐艦2隻に護衛されてラバウルからヴィティアツ海峡を通ってブナへ向かう輸送艦聖川丸と長良丸の護衛任務が課されていた。ラバウルからは0800に253空の零戦4機が第2直として発進した。1000から1210すぎまで彼らはビスマーク海を哨戒し、1310すぎにガスマタに着陸して給油を行なった。彼らがラバウルに帰着したのは1600だった。第3直は253空の別の零戦4機で、ラバウルを0945に発進し、ガスマタを1時間後に、マークス岬を1115に通過した。ヴィティアツ海峡上空が悪天候だったため、彼らは1130にガスマタへ引き返すことになった。第4直は混成部隊で、ラエを1230から1250にかけて発進した。

第1小隊（251空）：大野竹好中尉、安井孝三郎上飛曹、八並信孝1飛曹
第2小隊（202空）：杉尾茂雄上飛曹、榎本政一2飛曹、伊藤清飛長

　彼らは1330に船団上空に到着後、1600直前まで滞空していたところ、第90爆撃飛行隊のミッチェル2機を発見した。零戦隊はこの爆撃機をブナの北西20浬からココダ街道の南方20浬まで追跡したが、1630に見失った。一方、第5直の混成編隊はラエを3時に発進した。

第1小隊（251空）：河合四郎大尉、矢沢弥市1飛曹
第2小隊（251空）：遠藤桝秋1飛曹、奥村武雄上飛曹、岡野博2飛曹
〔編註：行動調書のママだが、本来は遠藤が第1小隊3番機だったか、第2小隊の2番機だったと思われる〕
第3小隊（202空）：橋口嘉郎2飛曹、野村茂1飛曹、増山正男2飛曹

　彼らは1550にブナ沖に到着し、5分後に第4直が追跡していた2機のミッチェルに遭遇した。第5直も戦闘に加わり、第4直とともに引き揚げた。大野小隊は1710すぎにラエへ帰着し、その20分後に杉尾小隊、河合小隊、奥村小隊がつづいた。1740に最後に帰還したのは橋口小隊だった。日本軍は20㎜機銃弾1,200発、7.7㎜機銃弾2,230発を使用したにもかかわらず、戦果を申告しなかったが、実際にはほぼ新品機だったB-25D-1、機名「イロコイス」を撃破していた。ザロン・プラット中尉操縦の「イロコイス」はひどく被弾し、3マイル飛行場に胴体着陸したが、爆弾を弾倉内に搭載したまま岩塊に衝突した。爆弾が炸裂して同機は木っ端微塵となり、生存者は副操縦士のみだった。

　11月2日にも2隻の駆逐艦に護衛された聖川丸と長良丸の護衛哨戒はつづけられた。これは251空の定数どおりの1個

台南空パイロットの大木芳男1飛曹（中央、飛行眼鏡の人物）と氏名不詳の同僚とトライ族の村人たち。1942年7月、ラバウルにて。大木は当初は機関兵として海軍に入った。（PNG Museum）

中隊9機からなる第2直で、0800にラエを発進した。

第1小隊：大野竹好中尉、遠藤桝秋1飛曹、矢沢弥市1飛曹
第2小隊：田中三一郎上飛曹、高橋茂1飛曹、一木利之1飛曹
第3小隊：奥村武雄上飛曹、中谷芳市2飛曹、山本末広飛長

　一方、第63爆撃飛行隊はラエの日本軍戦闘機を地上撃破する作戦のため、待機中だった。沖合に船団が発見されたという報告が入ったためこの作戦は延期され、目標が船団に変更された。RAAF航法士アラン・トンプソンの航空日誌には、エザード以下の搭乗員はフォートレス「ヘル・フロム・ヘヴン・メン」で11月2日0110に離陸し、船団を月明かりで発見したと書かれている。その後、船団攻撃中に尾部銃手ロバート・D・チョッピング軍曹が戦死した。トンプソンはこのフライトの終了を「5:10」と記録しているが、彼はそれを日誌の「昼の欄」に記入している。トンプソンは明確にこれを夜間攻撃と記憶しており、いずれにせよチョッピングが艦船からの対空砲火の犠牲になったのは確かだろう。彼は不幸にも第19爆撃群が米国本土に帰還する前の最後の戦死者として記録されてしまった。

　0800に第63爆撃飛行隊に所属する6機のB-17がポートモレスビーを離陸した。その搭乗員たちは零戦9機がラエを発進し、船団の東側を哨戒していると暫定的に警告されていた。離陸直後にオブライエンの「タリスマン」が問題を発生して引き返し、バイロン・ハイケルの「カ＝プヒオ＝ウェラ」も彼の「戦友」だったため、一緒に戻ってしまっていた。残りの4機は索敵をつづけ、グリーンの「ルル・ベル」が4隻の船団を発見すると、攻撃が開始された。

1942年11月1日、7マイル飛行場に不時着したA-20A「リトル・ヘリオン」。この場所は現在ポートモレスビーのジャクソン国際飛行場の主駐機エプロンになっている。本機には飛行隊の機番13がついており、操縦席窓のすぐ下に南の小島に立ち澄ました女の子の絵が描かれている。「リトル・ヘリオン」は台南空／251空機と交戦した数少ないA-20Aだった。(USAAF)

　フォートレス編隊は密集して攻撃編隊をとり、ブナ北東80浬、高度1,200〜1,800mから2機ずつで投弾、計48発の500ポンド爆弾のうち、至近弾が5発だった。対空砲火で搭乗員2名が負傷した。被弾後、「パナマ・ハッティ」はタウンズヴィルへまっすぐ帰投したが、これは医療施設がより充実していたためだった。一方、零戦隊は0845に船団上空に到着し、0930から30分間フォートレス隊と交戦したものの、戦果申告はなかった。これに対し、米側は零戦3機撃墜、未確認1機を申告している。彼らの目撃証言は1機が海面に墜落、1機が破片をまき散らしながら急降下、1機が空中分解したという、具体性の高いものだった（！）。だが実際には零戦の損失は皆無で、唯一の損害は大野機の被弾5発のみだった。1050までに零戦中隊は全機がラエに無事帰着した。

　船団護衛の第3直と第4直はラバウルから253空が実施したが、第5直は1300にラエを発進した251空の1個小隊が担当した。編制は、安井孝三郎上飛曹、一木利之1飛曹、山本末広飛長（離陸後引き返し）だった。1420に残りの2機が船団上空に到着し、1500にミッチェル爆撃機10機を発見した。これはデュランド飛行場から飛来した第90爆撃飛行隊の中爆隊で、船団を高度2,000mから攻撃した。投下装置の故障でその後ジャングルに投棄された12発を除き、33発の500ポンド爆弾が目標上空で投下され、うち4発が至近弾と申告された。零戦2機が反航攻撃を2機のB-25に仕掛け、1機に命中弾多数を与えたものの、この2機はポートモレスビーへ無事帰投した。

　この日の午後の戦闘は時刻と場所が入り組んでいる。1330に第28爆撃飛行隊が行動を開始している。口火を切ったのは同部隊の「オールド・フェイスフル」に搭乗していたパイロットのルーセクだった。同機の尾部銃手、エルトン・D・リーマンは零戦撃墜1機を申告した。#41-2649のシンプ

一式陸攻の側面銃座から見た護衛の零戦二一型。1942年末。零戦隊の所属は不明だが、台南空の可能性はある。

ソンは明らかに6機編隊に属していた。同機の別の銃手、ウィルソンも負傷した。フロストはこの混成編隊内にいた#41-9012を操縦していたが、同機は第30爆撃飛行隊のフォートレスだった。1655、ズブコが「ラク＝ア＝ヌーキー」で7マイルから発進し、約1時間後に船団を発見した。彼はパーキンソンと2機編隊を組んでいたというが、おそらく後者は#41-9015だった。2機のB-17が5〜10浬まで接近し、爆撃航過の準備を整えた時、9機の零戦を見たとズブコは報告している。オーストラリアとアメリカの新聞にこの日の夕方の攻撃についての記載がある。ある記事はその夕方の「最後の攻撃」がメルヴィン・A・マッケンジー（第30飛行隊所属）とズブコとパーキンソンであるとしている。両機は零戦隊を発見すると、爆弾を投棄してポートモレスビーへ帰還した。

それ以外のフォートレスは船団を再攻撃し、46発の500ポンド爆弾を投下した。戦果は至近弾9発だけで、激しく正確な対空砲火により損傷を受けた。一方、安井機と一木機は米軍編隊に後方から銃撃を仕掛け、フォートレス4機に損傷を与えた。この攻撃で側面銃手1名が負傷し、米軍側は零戦1機を炎上発煙させて撃墜したと申告している。これは安井機で、船団付近で不時着水し、味方艦艇に無事救助された。

その後、シュウィマー飛行場を発進した第8写真偵察飛行隊のF-8ライトニング偵察機が単機でラエを偵察し、その撮影写真には24機の戦闘機と4機の爆撃機が滑走路周辺に散在していたが、そのうち情報部の写真分析により稼働機と判定されたのは戦闘機4機のみで、爆撃機は皆無だった。

11月4日の251空の行動調書は欠落しているが、11月5日の内容がそれに該当するようである。この日、零戦6機と陸偵1機が、単機で偵察に飛来した第435爆撃飛行隊のフォートレスの迎撃へ緊急発進した。202空の野村茂1飛曹も1000に離陸したが会敵せず、1時間半後に帰投している。フォートレスの搭乗員はセントジョージ海峡上空で零戦6機に攻撃され、機関砲弾1発、機銃弾数発に被弾したと報告した。

11月10日、ラバウル方面の戦域担当は、隷下に251空を置いていた第5空襲部隊から第1空部隊に移管された。253空の分遣隊は後者の指揮下に入ったが、582空は第6空襲部隊の隷下に置かれた。明けて11月11日、1943年、台南空の後身である第251航空隊はその活動を終えた。戦力再建のため内地へ帰還することになったのである。

稼働機と装備をラバウルに残し、当初から台南空に所属していた20名弱の地上員と搭乗員たちは輸送船鳴門丸に便乗して11月11日にラバウルを出航、19日後に鹿児島へ着いた。比較的最近に配属された補充パイロットたちは南東方面のほかの航空隊へ移籍された。4ヶ月前、鳴門丸はオーストラリア軍士官60名（AIF第2次／第22歩兵大隊、第1独立中隊、AIF、NGVRなど）、看護婦17名、民間人抑留者1名を横須賀に運んでいた。今回の第2次移送により、オーストラリア軍捕虜は全員がラバウル地区から去っていった。

台南空の「老練者」で内地帰還組になった者には、西澤廣義1飛曹、遠藤桝秋3飛曹、上原定夫3飛曹、石川清治2飛曹、大木芳男1飛曹、岡野博3飛曹、河合四郎大尉、奥村武雄1飛曹、中谷芳市3飛曹、山下貞雄1飛曹、安井孝三郎1飛曹、工藤重敏2飛曹、小野了飛曹長、大野竹好中尉たちがいた。〔編註：階級は1942年11月1日の改正以前のもの〕

報国号の文字は三菱製機と中島製機で異なっていた。終戦時にバラレに遺棄されていたこの二一型の拡大写真でわかるように、中島では「一」を書かなかった。三菱では報国号の文字をステンシル吹き付け塗装していた。数字と文字は非常に統一性があり、ステンシルのため文字が切れている部分がはっきりとわかる。中島ではステンシル文字を熟練看板職人が塗装していた。写真の風雨にさらされた文字では、筆の運び方がよく見てとれる。胴体日の丸の白縁から、この零戦が1942年以降に中島で製造されたものであることがわかる。（RNZAF Museum）

ポートモレスビーへ最初に到着した第38爆撃群のミッチェルは擬装された駐機場へ配置された。地上員が新品機の機首パースペックス製窓を磨いている。

# 第13章
彼らのその後
CHAPTER THIRTEEN : POSTSCRIPT

　1942年11月12日、ポートモレスビー周辺の連合国の各飛行場は戦死パイロットなどの名誉を称えて改名された。7マイル飛行場は「ジョン・F・ジャクソン」を記念してジャクソン飛行場に、ボマナ飛行場はエアラコブラ搭乗員ジャック・ベリーを記念してベリー飛行場に、ラロキ飛行場はエアラコブラ搭乗員チャールズ・シュウィマーを記念してシュウィマー飛行場に、ロロナ飛行場は第8爆撃飛行隊長フロイド・「バック」・ロジャース少佐を記念してロジャース飛行場に、ワイガニ飛行場はエアラコブラ搭乗員エドワード・デュランドを記念してデュランド飛行場にといったものだ。これらは全員が台南空との戦闘で戦死していた。2012年現在、ポートモレスビーの国際空港は今もジャクソン空港と呼ばれている。1942年11月に台南空が251空と改称されてからも、ラクナイの指揮所に掲げられた看板には「台南航空隊指揮所」と書かれていた。その内部には戦闘に斃れた搭乗員たちを祀る神社が設けられていた。

　1942年5月17日にボリデ村付近で戦死した山口馨中尉の葬儀は、彼の故郷の村で2日間かけて行なわれた。その後、遺族たちは彼の成仏を毎朝祈ったという。山口の遺品が回収されたのは、2003年10月24日に日本の厚生省がココダ地区で行なった事業だった。

　戦後、坂井三郎は半田亘理飛曹長の未亡人から手紙を受け取った。そこにはこう書かれていた。

　「御初に御手紙を致します。私は半田亘理の妻でございます。不躾の程何卒悪しからず御赦し下さいませ。私、坂井三郎空戦記録を読まして頂き、亡き夫を御存じの方だと本当になつかしくペンをとりました。夫の戦場でのことはただ想像するのみにてくわしくは聞いておりませんが、昭和十七年八月、内地に帰還しまして佐世保に一週間、それより民間の病院にて療養を致しましたけれど悪化するばかりですので、私も戦場でのことは、出来るだけわすれさせることに骨折りましたが、療養の甲斐もなく亡くなりました。夫は最後にあなた様に御手紙を差しあげてくれと申しました。どうぞ夫のためにお許し願います。夫は最後まであなた様の列機を失わせたことを気に病んでおりました。息を引きとるとき、夫は最後にこういいました。俺は一生涯はなばなしく戦った。しかし、ラエで坂井の部下を死なせたことだけは自分を許すことができない。溜息の中から夫がいい残したこの声は、いまも私の耳に残っています」。〔編註：原著の英文を翻訳するにあたり、光人社刊「大空のサムライ」の「半田飛曹長のなみだ」と同文になるように配慮した〕

　台南空がラエから作戦を実施していた当時、ラエ基地の滑走路の端からすぐ先の海面からつき出した天洋丸の船首は、連合軍の航空戦力を日々思い起こさせるものだったが、戦後はパパアニューギニアの有名観光地のひとつとなった。天洋丸はもともと豪華貨客船として建造され、日本からソ連、ヴェネズエラ、アメリカなどへの航海をしていたが、開戦後、特設敷設艦として海軍に徴用されたものだった。この沈没船は1970年代末に地震により水面下に没した。

　ブナ上空で5機のA-24があっさり撃墜された悲劇の1942年7月29日以降、当初オーストラリア軍にフィリピンから編入された52機のA-24のうち、実戦部隊に残っていたのはシリアル#41-15767／771／781／791／800／807／817／821／822の9機のみだった。これらの旧式機は最終的に全機がオーストラリアとニューギニアに拡大した第5空

ラクナイのタウルウル火山を背景に1942年8月に撮影された台南空パイロットたち。前列左から、太田敏夫1飛曹、西澤廣義1飛曹。後列左から、高塚寅一飛曹長、笹井醇一中尉、坂井三郎1飛曹。（credit Sakai Saburo）

軍で連絡と整備の任務に再利用された。こうした後方任務に退いた機の1機が、堂々たる口髭をたくわえ、鼻声のオーストラリア訛りで大仰に話すRAAFボーファイター隊長、「ブラックジャック」・ウォーカーの私的専用機となり、注目を浴びたのだった。

休養キャンプから戻った生還A-24搭乗員、ジョン・ヒルは原隊に復帰し、キラキラからA-20Aで出撃するようになり、軍務を完了してアメリカへ帰国した。同じくあの作戦から生還したレイモンド・ウィルキンスはオーストラリア人女性と婚約したが、1943年にラバウル上空で撃墜され、名誉勲章を授与された。

ヘンリー・モーリス・マクラーレン（マック）は日本軍がニューブリテン島のラバウルに上陸した当時、ラーク軍の隊員だった。彼は収容所を脱走し、数ヶ月後に無事オーストラリアへ帰還したオーストラリア兵のひとりだった。1942年5月24日に「バック」・ロジャースがフェルトマンのミッチェルの搭乗員を救出するためA-24でアイユラ地区に着陸した時、マックたち脱走者がそこに居合わせていた。日記によれば1942年6月14日にマックは「バック」・ロジャースと出会い、その不時着したA-24から記念品を頂戴した。彼が手に入れたのは操縦桿のグリップで、これは現在、彼の家宝としてメルボルンで歩行用の杖に取り付けられ、現存している。

さまざまな職業を経て元台南空の坂井三郎は晩年、自己啓発講演家として名を成した。彼は講演で絶望的に不利な状況下、ハドソンで敵に立ち向かったコーワンの勇敢な行為について語ることもあった。コーワンがその機のパイロットだったことが判明すると、1998年に彼はオーストラリア退役軍人局にコーワンへの勲功章の死後授与を陳情したが、これは手続き上の問題から却下された。

元台南空パイロットの工藤重敏により2機のフォートレスが撃墜されたのは1943年6月26日だった。のちに日本軍の上層部に彼の夜間戦闘機計画を承認させるため尽力した元台南空副長、小園安名中佐は第302海軍航空隊司令としてB-29に月光夜戦で挑みつづけた。彼は日本海軍公報で感状を受け、1944年1月にはこの夜間戦闘機の開発で果たした功により金杯2個を拝受した。小園が作成した戦闘、爆撃、夜間作戦に関する詳細な報告は、その後マリアナ諸島を拠点とする月光部隊の戦闘教本として使用された。1945年8月15日の日本の降伏時、小園は徹底抗戦を主張したが、拘禁されて「精神病」という名目で入院させられた。日本人が月光夜戦で斜め銃を構想したのはドイツ空軍の上方斜銃「シュレーゲ・ムジーク」よりも先で、その影響を受けたものではない。

1942年8月26日にニューギニアの東端の岬の沖合にあるシデイア島の近くに不時着水したオーストラリア軍キティホークパイロット、アラン・ウェッターズは、オーストラリアで引退生活を送っていた1995年に乗機から取り外された操縦桿をプレゼントされた。

1988年にテキサス州フレデリックスバーグで開催されたシンポジウムの会合で、元エアラコブラ搭乗員ジャック・ジョーンズは、1942年6月9日にあなたが撃墜したのは吉野俐飛曹長で、彼は戦死時に連合軍機撃墜15機を認定されていたと、坂井三郎に教えられた。

「私の戦友を撃墜したのですから、あなた自身も優れたパイロットです。吉野飛曹長は我々のなかでも屈指のパイロットでした」

と坂井は言った。

戦後、元RAAF第75飛行隊パイロット、ピート・マスターズは台南空との戦いについて回想録を執筆した。そこで零戦の性能についてこう記している。

「ニューギニアに来るまで知らなかったことがたくさんあっ

台南空や2空の零戦三二型数機がブナからブリスベーンへ送られ、連合軍航空技術情報隊（TAIU）によりイーグルファーム飛行場の第7格納庫で再組み立てされた。写真はテスト飛行後、会話を交わすコックピットの米陸軍航空軍パイロット、ウィリアム・O・ファリアー大尉と同部隊構造技師クライド・D・ゲッセル少佐。1942年12月初旬。（AWM）

二式陸偵がのちに夜間戦闘機に転用された陰には、台南空副長小園安名中佐の戦略的慧眼が少なからずあった。写真はグアム島で鹵獲された月光。

た。ゼロの方が味方機よりも性能が優れていたことは、それまで教わっていたのとは反対だった。ゼロはカナダの帝国航空学校で使っているハーヴァード練習機の改良コピーで、馬力不足でペラペラのアルミニウムと羽布で外皮が張られ、端部はだいたい羽布張りという、やわな作りであると私たちは教えられていた。操縦者を保護する防弾板はなく、キティホークより高く飛べるそうだが、ずっと低速で、火力をはじめ、ほとんどの点において劣っていると言われていた。今だからわかるのだが、この誤った情報が出てきた理由は、ニューギニア戦までゼロとまともに戦った連合軍戦闘機がほとんどおらず、マレーシアやフィリピンなどの戦いでこの驚異の航空機の性能を正しく評価するチャンスがなかったからだ。実際、ようやく地上でゼロを目の前にして、じっくり眺めまわした時、その構造的な強度とコクピットからの視界の良さに驚いたのは私だけではなかった。ポートモレスビーでの44日間の戦闘で私たちが得た教訓は、キティホークで反航しながらゼロに戦闘を挑むのは賢明でなく、高度6,000m以上ではとにかく不利だということだった。

その旋回性能は私たちをはるかに凌駕し、上昇力はこちらの二、三倍だった。彼らになかったのは機体の重量と、パイロットを守る、背後と防火壁の厚さ0.5インチの防弾板だけだった。そのため私たちの戦闘計画はいつも相手より高度を取り、できれば太陽のなかに隠れ、すぐに離脱して第二撃に移るというものになった。高度があればいつでもゼロから逃げられたが、双方のパイロットの技量が同じ場合、同高度ならば必ずゼロが有利で、しかもキティホークが『空から転げ落ちる（戦闘機パイロットの俗語で、高高度の薄い大気中で機体が不安定になること）』高度6,000m以上ならば、はるかに優れた旋回性能を発揮できた」

ラエ飛行場で鹵獲された701空の九六陸攻。1943年9月。大戦後半、九六陸攻は輸送機として使用されることが多くなった。

コシペ付近に不時着した伊藤務2飛曹の零戦の捜索に協力したオーストラリア統治隊保安官補のゲイリー・W・トゥーグッドは、戦後、ポートモレスビーの英連邦官庁で管理職となった。1960年代の彼は、政府関連の郵便物のおかげで、その切手収集趣味を存分に満足させた。

1942年7月26日に零戦隊に執拗に追跡されたミッチェルの1機、B-25C-1シリアル#41-12449は第3爆撃群の発足時からの1機でその機長はウィリアム・ジョンソン中尉だった。同機はポートモレスビーで胴体着陸し、被弾していた機体はさらに損傷した。しかし航空機が貴重な時期だったため、修理されることになり、1943年初めに機銃掃射型に改造されたが、実戦で使用した結果、輸送機への転用が決まった。それまで計73回の出撃と245時間の戦闘時間を達成していた#449は改造され、「ファットキャット」と再命名された。新たな任務はオーストラリアとニューギニアのあいだで新鮮な食料を輸送することだった。銃塔などが取り除かれて約1トンの重量が軽減され、貨物用の空間とペイロードが増加した。速度を増すため塗装までもが剥がされたこの元爆撃機は、司令の「ジョック」・ヘンブリー少佐の操縦で二度目の初飛行を行なった。同爆撃群の公式記録によれば、ファットキャットの再生は約20名の整備員と技師の「努力と技術」の賜物だったという。

ミッチェルパイロットだったフランク・ベンダーは戦後、米戦略空軍に服務し、その軍歴をテキサス州オースティンのバーグストローム空軍基地の重爆撃航空団司令として1965年に終えた。ベンダー機の銃手、ニュージーランドのクライストチャーチ生まれのイアン・チェットウッド・ハミルトン軍曹は脱出後、消息を絶った。彼はポートモレスビーのボマナ戦没者墓地にシドニーのフレデリックとジェシー・ハミルトンの息子として葬られている。広範囲に飛散した彼らのミッチェルの残骸がオーストラリア軍の墓地記録技術部隊により最初に確認されたのは1943年5月のことで、ウソギ村から遠くない現場には4名の遺体が散らばっていた。オーストラリア軍はその発見を直ちに米第5爆撃集団に知らせたが、ペンタゴンは翌月、その行方不明の航空隊員たちについて戦闘間行方不明者としての認定に変更はないと公式回答した。モブスビーの遺体は戦後にRAAFにより回収されたが、そのアメリカ人の戦友たちが今もニューギニアのジャングルに引き取られることなく眠っているのは皮肉なことである。

1942年4月17日に吉野俐飛曹長率いる小隊に撃墜されたRAAFパイロット、バーニー・クレスウェルの娘であるリンディ・ヴァスレットは、筆者クラーリングボールドが書いた記事に対し、以下のような手紙を寄せてくれた。

「父の死からもう70年近くになります。私が生まれたのはその6ヶ月後でした。父の悲劇に終わった最後の飛行についてのさまざまなことは、これまでの人生でいつも心のどこかを占めていました。でも父があれほど不利な状況のなかでも生き残ろうと努力したうえで敵機に撃墜されたことは、私にとって驚きであり、嬉しいことだったのです。おわかりいただけますでしょうか……」

ボマナ近くの日本軍戦没者墓地は戦後訪れる者もなく、いつしか完全に忘れられていた。これが再発見されたのは1990年代半ばにそこから人骨が出土したためだった。ここに埋葬された人々の身元を確認する取り組みは現在もつづけられている。

1944年9月に日本軍占領下のティモールを攻撃したのち、RAAF第31飛行隊のボーファイター1機が北部に不時着した。その後2名の搭乗員が機体から脱出した痕跡が見つかったものの、その行方はまったくわからなかった。ボーファイターのパイロットはウィルバー・ワケット少佐で、1942年3月22日にラエ後方で撃墜されながらも生還を果たすという経験の持ち主だった。ウィルバーが父と同様にRAAFへ入隊したのは戦前だったため、ニューギニア航空戦では当初からベテラン搭乗員だった。彼の謎に包まれた最期から悲劇の連鎖が始まった。ウィルバーの死後、彼の一人息子が亡くなった。未亡人は再婚したが、若くして癌で亡くなっている。奇妙なことにウィルバーの行方不明についての詳細は彼の父、サー・ローレンスにより、1982年のその死の直前まで公表されなかった。

1943年初め、かつての台南空の猛者だった西澤と坂井のふたりは内地で再会した。栄光の日々は過ぎ去り、西澤は彼にどれほど多くの戦友が戦死したかを苦しげに語った。「どうしようもありませんでした。とにかく敵機が多すぎました」。坂井は回想している。「彼の声は消えいってしまった。私たちは見つめ合ったまま、ずっと黙って座っていた。語るべき言葉はなかった」。

1942年5月25日にラエ付近で搭乗していた米軍のミッチェルが撃墜された、RAAF銃手アラン・ワイズは、タスマニアで療養ののち戦線に復帰すると、まずブンダバーグのRAAF第66飛行隊でアンソンに、ついでニューサウスウェールズ州カムデンの第15飛行隊でボーフォートに搭乗し、1945年には蘭印のマダンとミドルバーグへと転戦した。1942年5月25日の戦闘での行動に対し、彼は米国銀星章を授与された。彼は1946年2月5日にRAAFを除隊し、会計士として民間人の生活へ戻った。

251空の戦力再建にともないに内地へ帰還した西澤廣義は、坂井三郎を見舞った際、坂井が負傷して戦列から離れたのちの苦闘の様子を語ったと言う。写真はその当時の西澤上飛曹で、背にする機体は251空の零戦二二型UI-12？〔写真提供／西澤家〕

第14章
考察
CHAPTER FOURTEEN : CONSIDERATIONS

　1942年1月末にラバウルが日本軍の手に落ちたことにより、脅威はオーストラリア本土目前まで迫り、ポートモレスビーはオーストラリアの最前線になった。もし日本軍がガダルカナル上陸という脇道にそれなければ、ポートモレスビーを掌握していたかもしれないが、この要衝を足掛かりに南太平洋を手中に収めていたかどうかは何とも言えない。

　しかしちょうど7ヶ月間つづいた激しい戦闘ののち、台南空独特の斜め帯を胴体に巻いた戦闘機がニューギニア上空を飛ぶことはもうなかった。1942年4月中旬にバリ島からこの戦場に到着した台南空の若き隊員たちは自信に充ちあふれていたが、今やすべて戦死するか、疲れ果てて日本本土への帰路についていた。ラエ、ラバウル、ミルン湾からポートモレスビーにかけて台南空が繰り広げた激戦は、リングのなかのふたりのボクサーの打撃戦に例えられるだろう。1942年5月初旬には台南空はRAAFをノックアウトしたが、間髪を入れずに米軍のエアラコブラ隊がリングに上がってきた。そこに空白期間はなく、まったく隙がなかった。その後、連合軍は着々と戦力を増強し、台南空の消耗が始まった。1942年8月にガダルカナルという重荷を背負わされた台南空は、やがてリングからノックアウトされた。

　台南空の感嘆すべきニューギニア戦役における損失と戦果を評価するにあたっては、さまざまな要因を考慮しなければならない。

　ニューギニアの地形と過酷な気候が一体となった時の恐ろしさを理解できるのは、実際にその上空を飛んだ者だけである。1942年3月10日にラエとサラマウアを攻撃した米海軍の艦載機搭乗員たちが作戦後に語った、このような険しい山岳地帯を再び横断するのは「絶対に必要な場合のみ」と結論していたことを思い出していただきたい。だがこの山岳地帯の横断は、戦いのなかで両軍にとって日常的になっていった。しかしそれでも両軍の戦法の方針には違いがあった。夜間にニューギニアの上空を飛行する危険を重視していた台南空は、夜明け前や日没後に作戦を開始することはほとんどなかったが、連合軍はその両方でよく作戦を行なった。日本軍には昼間でも悪天候の場合は作戦を見合わせる慎重さがあり、それが作戦中の事故による損失を最小限にしていた。米軍の戦闘機隊は特にニューギニアで夜間作戦を敢行し、危険な夜間計器飛行もいとわなかった。

改変された回想録——坂井三郎

　ニューギニア航空戦について書かれた最も有名な英語書籍が元台南空パイロットの日本人による「Samurai!」であるのは皮肉である。同書は日系戦争特派員フレッド・サイトウが戦後に元台南空パイロット坂井三郎にインタビューした一連の記事が基になっている。サイトウがその後、英訳した原稿と写真を売却した米国人著作家マーティン・ケイディンがこれを編集し、「Samurai!」として刊行した。同書は日本でも「大空のサムライ」として出版されたが、サイトウによりどれだけ内容が改変されたのかは不明である。ケイディンが英語に翻訳する際に編集作業で変更した部分も不明である。サイトウはケイディンから原稿料を受け取ったが、奇妙なことにケイディンは坂井に会ったことはなく、また坂井は同書の著作権料を受け取っていない。マーティン・ケイディンが「Samurai!」で行なった改変は見逃がされがちかもしれない。誇張を知りたいなら、「『空の要塞』全機撃墜」の章のジーマー＝サルノスキー作戦について読めば十分だろう。ケイディンがドラマチックにするため、坂井のオリジナル原稿を部分的

荒れ果てたラエのある格納庫、1943年。奥に4空の第2中隊機だった一式陸攻F-32?の垂直尾翼が見える。

に脚色しているのは明らかで、しかもサイトウが原稿を所持していた期間中に手を入れている（ビル・クロウフォードの「Gore and Glory」でテッド・ソーシャーが行なったように）。またこれらの改変が坂井の許可や記憶に基づいていないのも明らかである。「Samurai!」は現在著作権切れとなっており、さまざまな言語で出版されている（サイトウはその後、これとは関係のない事件により日本で殺害された）。ケイディンとサイトウによる英語版には日本語版にはない記述がいくつかあり、またその逆もあるため、両者には矛盾点がいくつもある。坂井は当初、その回想録を「坂井三郎空戦記録」として1950年代初めに出版したが、その時の資料は彼自身の航空日誌と記憶だけだった。しかしながら坂井の母国語における語り口のすばらしさだけは確かである。

　本書が数多く引用、参考にしている台南空の行動調書などの日本海軍の公式記録は、当時は閲覧が不可能だったことを指摘しておきたい。また坂井が日本語で自著や共著でほかに5冊の本を出版していることも記憶しておくべきだろう。その主なものに「大空のサムライ」シリーズがある。これにはより多く、かつより詳細な台南空時代の記述、彼の航空隊員としての来歴が記され、彼のほかの書籍よりもテーマ性がある。また彼との膨大なインタビューを書籍化したものもある。これには彼の戦法、零戦についての思い出、彼の所持している写真コレクションなどが紹介されている。どれも内容は英語圏の読者にとって興味深いものだが、現在のところ、これらの英語版の翻訳出版は計画されていないようだ。

　ああ、文化と言語は、あの輝かしい日々からおよそ70年が経っても最大の障壁である。元日本兵による出版物は無数にあるが、その大部分が英語で出版されることはないのが現実だ。坂井の書籍「Samurai!」には史実的な誤りが無数にあり、特に日付と彼の参加した作戦に関するものがひどい。その明らかな一例が坂井自身も指摘しているもので、日本軍の記録で確認したところ、彼が小牧丸でラバウルに到着したのは1942年4月16日だった。しかし彼はニューギニア編の回想でその2週間も（！）前に到着していたことになっているのだ。とりあえず「Samurai!」の歴史的な正確さはさておき、坂井のほかに類を見ない体験の回想録にあふれている精神的な価値は決して損なわれるものではない。本書でも裏付けが取れた部分はいくつも引用している。坂井の回想録の日付が不正確だからと腹を立てるのは簡単である。しかしラエやラバウルにいたひとりの零戦パイロットがどのようであったかを知る読み物としての価値は絶大である。その点で彼の回想録は英語で読める実に数少ない一冊なのである。またケイディンまたはサイトウが、ほかのパイロットの手記の内容を取りこんでいることも判明している。

零戦！

　台南空の主力兵器、零戦についてはいくら語っても尽きないだろう。1942年当時の最先端技術の結晶だった本機は、艦上機としても陸上機としても使用できる点が独特だった〔編註：同じく艦上戦闘機であるアメリカ海軍のF4Fはガダルカナルの陸上基地において海兵隊に使用されており、はたして「独特」と評していいのか疑問〕。3翅定速プロペラを駆動する中島製の栄12型エンジンは一段式過給機を備え、台南空機が戦闘によらないエンジン故障で墜落した例がないことからも、その信頼性は実証されている。零戦は過給機により高度6,000mの目標まで楽々と上昇でき、その最大高度は9,000mに達した。機体内の518ℓの燃料に加え、330ℓ増槽により長大な航続距離を誇った。これにより陸上基地からの戦闘行動半径は500浬を越えた点が、その活躍を可能にした最大の特徴だった。連合軍戦闘機でこの面で対抗しうるものはなかったが、だからといって安泰ということはなかった。ニューギニアにおける戦闘では、攻撃側か防衛側か、過酷な地理的条件、そして当然ながら操縦者の経験など、さまざまな条件による多様性があった。零戦二一型にアキレス腱があるとすれば、それは自動防漏式タンクのない点で、著述家リチャード・ダンの近著で高く評価されている「燃料タンクの爆発」に詳しい。

　航空機設計者の堀越二郎が第一世代の零戦を完成させた当時、零戦が米軍機との空戦を考慮していなかった点を想起しなければならない。彼は中国での空戦から上がってきた要求に応えるために零戦を設計した。零戦がテストされ、兵器と

左主脚の油圧ラインを整備中の台南空の零戦二一型。下部脚カバーが外され、増槽がついたままなのに注意。（Mitsubishi Corporation）

して実証されたのは中国でだった。零戦を最初に使用したのは12空と14空のパイロットたちだった。堀越はその自叙伝で太平洋で戦争が勃発した時に驚いたと記しており、零戦がその方面で使用されるとは夢想だにしていなかったという。もちろん零戦の性能は、攻撃側は防御側を物量で圧倒せねばならないという戦略上の格言を踏まえてこそのものであり、ニューギニアの山岳地帯での戦闘ではこの原則が守られなかった。多くの場合、一方が他方に対して圧倒的優位に立つことがなかったのは明らかである。短期的な多少の優位はあっても、両軍とも戦局を一変させるような圧倒的勝利を手にすることは結局なかった。究極的には形勢とは各軍の戦術的または作戦レベルでの優位さから決まるものであり、それを連合軍は逆転させていった。

　台南空の指揮については、隊内においても、智将山田定義少将麾下の第25航空戦隊の実施する作戦内という大きな観点においても、各種の決定は明確であった。台南空の護衛という形での陸攻隊との協同作戦も大部分は成功している。唯一の例外は1942年5月17日の元山空および4空の混成部隊との合流失敗だった。山田による25航戦の包括的な協同作戦は隷下の「特別任務部隊」を見事に活用し、台南空へ必要な機材を提供した。近接支援作戦の例としては、1942年9〜10月の孤立していた佐世保第5特別陸戦隊の救出作戦における台南空の参加や、1942年7月のカンガ軍の大胆なラエ襲撃後、彼らを発見するため周辺で地上部隊と実施した協同作戦があげられる。粘り強く、犠牲を伴ったこれらの努力は、少なくとも戦争の初期段階においては日本軍が窮地にある友軍を決して見捨てなかったことを示している。

日本軍の指揮官と精神

　飛行隊長の中島正少佐をはじめとする台南空の上級指揮官は、前線指揮官たる者の典型だった。口髭の中島は指揮官としての天性の威厳を備えていた。彼の双肩には各種の職務だけでなく、出撃する搭乗員の人選もかかっていた。現役で出撃もこなす日本軍の最上級士官のひとりとして、中島はこうした決断力に長けていた。ラエ飛行隊の最上級士官である斎藤正久大佐は彼自身元戦闘機パイロットで、台南空がニューギニアで果たすべき目的をよく理解していた。もしこれらの優れた士官たちの指揮統率方法に少しでも問題があったとすれば、搭乗員たちが落下傘を携行しないことを容認してしまった点である。落下傘があれば多くの貴重な生命が助かったはずだ。真っ先に想起されるのが、優秀なパイロットだった吉野俐飛曹長の1942年6月9日の死である。しかし落下傘を携行しないという決定がはっきり下されたのは1942年4月中旬のバリ島到着以前で、坂井の回想録には以下のように理路整然と記されている。

　「当時、われわれパイロットは誰も落下傘をもって飛ばなかった。このことは西洋では日本軍の指揮官が搭乗員を人間ではなく、使い捨ての可能な将棋の駒だと考えていた証拠だと誤解されている。これは真実からほど遠い。落下傘は全員に支給されていた。落下傘なしで飛ぶのは、われわれ自身が決めたことであり、上官などから命令された結果では決してない。命令ではなかったが、実は戦闘時には落下傘を装着することが奨励されていた。ある基地では司令官が落下傘は役に立たないと主張し、そこの搭乗員は戦闘機にかさばる座布団を積むしかなかった。また私たちは縛帯を締めず、落下傘を単なる座布団として使うだけのこともよくあった。落下傘を着けていると、戦闘中に操縦席内での身動きが不自由になるからだ。落下傘の縛帯があると手足を素早く動かせないのである。戦闘に落下傘をもっていかない理由はもうひとつあった。われわれの戦闘は敵の飛行場の上空で行なわれるものが大半だった。捕虜になるなど、もってのほかだったので、敵地での落下傘降下は問題外だった」〔編註：「大空のサムライ」に該当箇所はないようで、「Samurai!」からの引用と思われる〕

　1942年2月28日の永友勝朗1飛兵と4月5日の吉江卓郎2飛曹がポートモレスビー上空で脱出に成功していることから、少なくとも4空の零戦パイロットたちは落下傘を携行する慣習があったことがわかる。ポートモレスビー地区で撃墜されたエアラコブラパイロットでは半数以上が脱出に成功し、その後戦列に復帰している。同様に台南空が早々に決定した無線機の撤去も、連合軍では到底容認できないものだった。確かに零戦の無線機は大型で故障が多かったが、連合軍では方位測定機は取り外したものの、無線機は技術的な改良により問題を解決していた。空中での指揮において無線機が使用できなかったことは、台南空のニューギニア作戦、さらにはガダルカナル作戦を困難にした。

　西洋では日本帝国陸海軍は階級が絶対である組織で、上官の命令には完全に服従するものというのが一般的な考えである。しかし台南空の大胆なニューギニア戦役を通じて、私たちはこの帝国海軍航空隊員たちのさまざまな人間性を目撃してきた。すぐに思い浮かぶ例としては、ラエの安普請の士官用烹炊所から食料を失敬した本田敏秋3飛曹や、服装規定を無視して着飾ったり、特注品のスカーフやベルトのバックルなどの装具でおしゃれをしたりする者が士官や下士官兵を問わず存在していたことなどがある。あらゆる階級と職種に個性的な人々があふれていた。福岡県出身で、入隊前は市電の

切符切りだった本田3飛曹は普通のほうである。台南空副長兼飛行長、小園安名中佐は激しい直情型で、終戦時に無条件降伏に抗議して反乱を企てたほどである。また1942年5月17日に山口馨中尉が墜落した地点に救難物資を投下した台南空搭乗員たちの動揺と優しさも忘れることはできない。

「Samurai!」で描き出された個性豊かな人物たちは、その25年前のリヒトホーフェン・サーカスの面々に引けを取らないものだ。台南空の隊員たちは軍規よりも共通の目的で結ばれていた。この猛者たちの集団を語るのには、ふたつの例で十分だろう。

「太田はいわゆる英雄タイプではなかった。よく笑い、すぐ打ち解ける男だった……彼にはラエで孤独をかこつより、ナイトクラブのほうが似合いそうだった」

そして天才西澤については、

「尊敬されて当然の彼が、誰ともしゃべらず、物思いにふけりながら一人でぶらついているのを見ても、皆慣れっこになってしまった」

彼らの個性が空戦でいつも見られた厳正な飛行規則を乱すことは決してなかった。戦争は真剣勝負であり、帝国海軍の航空隊員たちは日々を生き抜くため、自分たちが受けた教育を真摯に守った。航空隊の結束面について見れば、中島正少佐と斎藤正久大佐の指揮判断は当時誰もが支持していたが、そうした隊員たちの信頼ぶりは歴史資料も裏付けている。ささいな気晴らしだった「敵基地上空で編隊宙返り」は、このような背景のなかでの茶目っ気を表現した他愛ないフィクションとして受け流して差し支えないだろう。台南空に関するかぎり、士官と下士官兵たちのあいだに封建的な組織制度があったのは確かだが、それが部隊の戦力を損なったという確証は存在しない。

ニューギニア上空での航空戦が両軍にとって空戦に限定された消耗戦だったことは、搭乗員と航空機の損害のみに注目するかぎり疑いようがない。しかしそこには質をどう評価するかという問題が常に存在している。日本側の損害の数字だけを取り出せば、連合軍の見積もりよりもはるかに少ないが、それでは根本的な質の重要性という面が正しく把握できない。日本軍の場合、これらの損害による打撃は、単なる損害の量的比較よりもはるかに重大だった。例えば開戦時に日本海軍の航空隊にいたパイロットは約3,500名だった。当然ながら、日本の空母航空隊には平均飛行時間が800時間という最も錬度の高いパイロットが600名前後いた。初期の戦闘で戦死した吉野俐飛曹長、和泉秀雄2飛曹、有田義助2飛曹といった主要搭乗員の喪失は、彼らの経験値を考えれば非常に大きかった。1942年の日本の工業生産力は航空機の損失を幾度も補うことができたが、ニューギニアの空に散った錬度と経験を備えた台南空（および爆撃機）の搭乗員たちの穴を埋めるための時間と人材はどちらもなかった。

台南空の生き残りパイロットたちが休養のため内地へ戻った時、その古参者には河合四郎大尉、西澤廣義1飛曹、遠藤桝秋3飛曹、上原定夫3飛曹といったかつての台南空の栄光の残照ともいうべき面々がいた。彼らは幸運ではあったが、日本軍の新世代パイロットたちに危険が増す一方の空戦で生き残る方法を教えるため練習航空隊へ教官、教員として転属させられることに、その多くが不満を感じただろうことは想像に難くない。

激しさを増す連合軍の爆撃のもと、それでも台南空の地上員たちは作戦が終わるたびの通常点検はもちろん、300時間検査（これは通常1週間かかった）、栄一二型エンジンの10日間オーバーホールを含む400時間のエンジン大検査をこなしつづけていた。ニューギニア／ビスマルク海戦域での7ヶ月間（224日）の作戦で、台南航空隊は879の作戦任務、3,090ものソーティを実施したが、任務途中で引き返した機はわずか20機で、戦闘に関連する損失機は39機だった（6日に1機）。これは彼らがのちにソロモン諸島で体験する、わずか96日間で22機（！）という、4日に1機に相当する損耗率よりは、はるかに良かった。その同時期、約40〜50機の運用損失（事故、被爆撃、部品取り、廃棄処分など）があったと、戦後、前田芳光3飛曹は調査官に「離着陸時の事故を含めた戦闘機の損失は、毎週、全戦力の少なくとも50％はあった」と述べている。

さらに日本軍の上層部が何ヶ月も攻撃を継続すれば、いずれ勝利につながるという楽観的な見通しに固執していたことが記録からうかがえるが、十分な飛行場と修理施設がなかったため、この思惑は外れてしまった。ラバウルの日本軍総司令部は台南空などの主要部隊への航空機の補充が円滑でないことを認識していたが、彼らはこの由々しき状況を改善するよう東京の上層部を説得できなかった。この満足からほど遠い状態のため、台南空に送られた零戦の補充機はわずか81機だった（月平均で約11機）。

日本軍の戦略立案者が日本本土からはるか遠方の前線にいる部隊が喫緊に必要としている補充機を与えずに戦争に勝てると思っていたのなら、あまりにも甘すぎよう。議論の公正さを期するため、日本帝国海軍の兵站について検証してみたい。その他の海軍航空隊と同様、台南空も軍令部と航空本部に無線報告を月2回、第25航空戦隊と第11航空艦隊を通じて行なっていた。通常この報告は毎月8日と23日に実施されたが、1回しかされない場合もよくあった。さらに記録によれ

1942年後半、特設輸送船最上川丸によりトラック島へ届けられた中島製零戦で、その後ラバウルへ空輸された。中島製零戦には1942年8月以降、胴体日の丸に白縁が追加された。折りたたまれた主翼端に注意。こうした粗雑な輸送方法のため、多くの零戦が損傷または失われたと思われる。

ヴナカナウから離陸する新品の中島製零戦の報国号。この時期には報国号の番号は1000番代になっていた。ラバウルでの報国号1000番代には、1942年10月製造の報国第1045号／製造番号5355、同11月製造の報国第1053号／製造番号5451、同12月製造の報国第1033号／製造番号3471がある。この3機の残骸は戦後すべてバラレ島で発見された。こうした中島製零戦が台南空に配備されたのは、台南空がラバウルでの歴史を閉じようとしていた頃だった。この新品の零戦は台南空の胴体斜め帯をまだ描かれていない。

明るい灰色一色の塗装でヴナカナウをタキシングする別の零戦二一型。本機は鹿屋空の三菱製報国第556号で、尾翼記号はK-108である。その後1943年初めにラバウル駐留部隊は戦闘機の上面に濃緑色を現地塗装した。工場で零戦の上面に迷彩色が塗られるようになったのは1942年3月から。

ば、通信の困難や戦況の逼迫により、報告が最終的な宛先まで届かないこともあった。

これらの報告には現有機の機種と稼働機数に非稼働機数、損失機数とその原因、稼働率についての説明などが列挙されていた。海軍航空本部の第一部は航空機と関連装備の調達、輸送、訓練部隊および実戦部隊への配備などの計画立案を担当していた。海軍と民間企業との業務連絡、生産および修理における技術開発、在庫品の改良、航空機の輸送などもこの部署が担当していた。ラバウルから届いた報告に基づき、担当士官が部隊の要求を吟味して全戦線からの要求のバランスをとりながら、調達可能なあらゆる入手先から毎月の割当分を提供していた。通常、航空機の発送には航空廠などからなら7日間、工場からなら最大30日かかった。このため台南空は月次報告を送ってから約2ヶ月後に補充機を受領できた。本土からの最後の補充機が春日丸でラバウルへ来たのは珊瑚海海戦の前だった。斎藤正久大佐、小園安名中佐、中島正少佐たちはミッドウェイ海戦の敗北後、戦闘機の生産が空母航空隊の再建を最優先していたことを、おそらく知らなかっただろう。生産数不足を補うための非常措置として、マーシャル諸島の第24航空戦隊が25機の航空機を搭乗員ごと台南空へ2次に分けて臨時分遣するよう命じられた（1942年5月末と9月初旬）。こうした一時しのぎの解決法は日本の慢性的な工業生産力不足を補うには不十分で、南東太平洋方面の航空戦において、それだけ戦力が減少してしまった。

梱包された20機の零戦三二型が輸送船第二日新丸で到着したのは、1942年7月29日だけだった。1ヶ月後、今度は6空の第1陣が来たが、零戦13機という少なさだった。それに対して台南空の活動は、9月11日に空母雲鷹で零戦三二型10機が届けられるまで、低調のままだった。ニューギニアの航空戦が事実上開始されたのは1942年3月10日の米海軍によるラエ攻撃だったが、この時ニューギニア上空に何と計104機もの航空機が投入されたことを思い起こしていただきたい。これほどの数の航空機を日本軍は対ポートモレスビー戦はもちろん、ガダルカナル戦でも揃えられなかった。

連合軍の指揮官

つづいて連合軍の指揮官について検証したい。日本軍の継続的な空襲に対し、オーストラリア軍の指揮官たちは即応作戦や、戦意と規律の維持などにおいて高い能力を発揮した。ポートモレスビーのRAAF第75飛行隊の活動には、複雑だが教訓的な事例もいくつかあった。日本軍とオーストラリア軍のパイロットの操縦技量の差は大きかったが、それでもオーストラリア軍搭乗員は善戦した。正規の戦術もなかった

キティホーク隊パイロットたちは台南空の零戦から逃れるのに、ひたすら「バント」を使った。これは機首を下げて加速し、離脱する機動だった。この戦術は妥当で理にかなっていた。これで搭乗員と機体が助かれば、いつか新たな戦いのチャンスが巡ってきた。実際、「ジョン・F」ジャクソンがリーダーとしての冷静さを失ったことがあるとすれば、それは彼が戦死する前日の1942年4月27日の夜、チャールズ・ピアースと「ビル」・ギブソンという航空団司令2名による高圧的な非難に激怒した時である。当時の連合軍での鉄則、「ゼロとドッグファイトをするな」は正しかった。翌日、ジャクソンが部下たちにゼロとの戦い方を見せてやると言った時、臆病者との下らない非公式なあざけりに彼は激昂しており、その代償が死だった。これら2名の上級士官による高慢な発言は、7マイルの駐機場では相手にされず、話題にすらならなかった。その後RAAFと米陸軍航空軍のポートモレスビー防衛作戦は混成的な状況に移っていった。RAAF第75航空隊のキティホークとパイロットたちが直面した未曽有の危機は伝説となり、そのため同部隊は現在でもオーストラリアで尊敬を集めている。米陸軍航空軍第8戦闘群は最初の配備時につまずき、これで全体的に目立つ活躍がなかったならば目も当てられないところだった。オーストラリア軍の見張所ネットワークについてはいくら賞賛しても足りないほどで、彼らが重要な情報をもたらしつづけた結果、日本軍の空襲がほとんど察知できたのだった。その通報のおかげで上昇性能の劣る連合軍戦闘機でもポートモレスビーを守り抜けたのだった。

模索と成功

前例のない戦闘だったことから予測されるとおり、1942年中に連合軍が行なった試みには失敗と成功が数多くあっ

1942年10月30日、工事最終段階のタタナ堤道。この堤道はタタナ島の反対側に建設された桟橋へ向かうもので、これによりポートモレスビーの船荷受容量は倍加した。（PNG Museum of Modern History）

た。毎月のような手探りの試行からは、見事な結果につながった例もあれば、思惑がはずれ大失敗となった例もあり、その両方となった例もあった。見事な気転による成功の筆頭は、1942年3月10日に上昇温暖気流を利用して鈍重な13機のデヴァステーターにサンシャイン峡谷を越えさせたVT-2司令官、ジミー・ブレットの事例だろう。吹きつける上昇気流のおかげで彼の戦意旺盛な飛行隊は数千フィートの高度を稼ぐことができ、作戦中止を免れた。1942年4〜5月には多数のエアラコブラが日本軍との戦闘ではなく、クイーンズランド州の悪天候により失われた。自然が示したこの教訓にもかかわらず、エアラコブラ隊初のラエ攻撃が最も基本的な航法手段、地図なしで実施されたことは信じ難いものがある。1942年8月17日には米軍の中級士官が1機でも惜しい輸送機を密集駐機させていたために、ほんのわずかな日本軍の爆弾であっさりと多数が連合軍の装備リストから消滅した。

1942年6月9日、上級士官のフランシス・R・スティーヴンス中佐が戦死することになった作戦の悲惨な結末は、計画上の問題よりも運のなさが大きかった。しかし複雑すぎる計画ではエラーは不可避であり、このような悔やまれる結果につながってしまった。人望ある上級士官の戦死の報に接したワシントンの憤激については本書では触れなかったが、戦略上の利点が皆無にもかかわらず、これほど危険な戦闘任務に4名もの上級士官の同行を認めたのはワシントン政界の失策である。だがこの決定は連合軍の指揮手法に欠陥があったからというより、政治的圧力の勝利という性格が強い。それよりもひどい事例は、旧式化していたA-24を前線に復帰させ、うち5機を失った1942年7月29日の作戦である。しかしこの復帰には連合軍で作戦機の絶対数が不足していたという事情に加え、その前回の作戦で護衛戦闘機隊がA-24部隊を守りきったという酌量理由がある。爆撃群レベルでの指揮上の失策としては、1942年8月7日にピースのフォートレスには問題があるので出撃させないようにという第93爆撃飛行隊の整備士官による適切な進言が上官により却下され、言わずもがなの結果に終わった例がある。

巨視的に見れば、満足からほど遠いのがB-17による水上目標に対する攻撃で、爆弾の命中率は1%未満だった。その膨大な費用に対し、ニューギニア戦全体に対する貢献はわずかだった。撃沈など論外のフォートレスの命中率の低さは、陸軍航空軍のドクトリン面に大きな問題があったことを示している。それとは対照的に、「フライング・カンガルー」として知られる第435偵察飛行隊による地道な偵察行動による貢献は大きな影響があり、連合軍側の戦術的優位につながることも多かった。こうした任務でフォートレスの右に出る者はいなかった。高高度を飛行する写真偵察機を目にしながら、交戦に至れなかった台南空機の例は枚挙にいとまがない。フォートレスほど食指をそそりながら撃墜困難な目標はほかになかった。1942年7月30日の朝、0830にラエ付近で笹井の精鋭部隊9機が単機のフォートレス偵察機を攻撃した例がその典型である。日本軍機は執拗で、その獲物を1時間半以上追い回した。ラエに帰還した台南空隊員たちはそのフォートレスの撃墜を申告したが、実際には同機は悠々と逃げ帰っていた。台南空機はボーイング機に対して3,000発以上の弾丸を使用したが、命中はおぼつかないものばかりだった。この長時間の追撃戦で攻撃側が受けた損害が、戦闘機2機に各1発被弾のみというのも驚きである。

実務面におけるアメリカ側の成功例は豊富である。パット・ノートンによる台南空零戦に対抗するためのB-26の現地改造は創意工夫と自主性にあふれ、注目すべき業績として忘れてはならないだろう。ほかの米軍部隊もさまざまな戦術を編み出しては実行している。ミッチェル飛行隊が導入した海面高度での離脱法は、間違いなく多くの機体を救っている。のちにミッチェル隊は台南空に対抗するため、中高度の水平編隊よりも効果的な縦列編隊に改め、攻撃精神が過剰な零戦でなければ近づけない効果があることを実証した。アメリカ人の創意工夫は、5ヶ月間ニューギニアの南洋の太陽にさらされていたブラウンのエアラコブラがフラップも脚も作動しない状態ながら、1942年10月15日に引き潮の浜辺から飛び立ち、再びポートモレスビーに帰還した例でも遺憾なく発揮された。全体的にポートモレスビーの各整備施設でアメリカ人は、上層部でも現場レベルでも常に創意にあふれた改造を取り入れ、連合軍航空隊と支援施設に貢献していた。これらの改造はその後、第5空軍のA-20とB-25の有名な対地機銃掃射機を生み出し、1943年に日本軍機を地上撃破するのに大きな威力を発揮している。こうしてポートモレスビーは米軍と豪州軍の新人パイロットたち、そして両軍の航空部隊全般が学ぶべき経験の宝庫となった。

建設用および整備用の機材は贅沢品ではなく、絶対に必要な存在であることは誰もが認めるところである。ポートモレスビーでは太平洋のほかの地域と同様に、ブルドーザーが不可欠な武器であることが実証された。工兵隊は同市周辺で増えつづける飛行場を、雨の日も晴れの日も、空襲のある日もない日も建設しつづけた。ポートモレスビーでマッカーサーが第808工兵隊に訓示した、「飛行場、とにかく多くの飛行場がこの戦争の勝敗を決めるのだ」という主張は忘れがたい。ラエが絶え間なく爆撃されていたにもかかわらず、「ノイエンデッテルサウ・ルテラン・マラハン飛行場」として知ら

ニューギニア南海岸沿いにポートモレスビーのキラ飛行場へ帰投中の第89爆撃飛行隊のダグラスA-20Aで、本方面でA-20Aが活動を開始した頃の撮影。機首部が暗いオリーブドラブに塗装されているのはブリスベーンのイーグルファームで行なわれた現地改造の結果。これらの機には地上掃射用の.50口径機銃が追加されていた。

左より、パイロットのチャールズ・メイヨー少尉と本機の銃手と整備員たち。キラ飛行場での撮影で、後ろは彼の乗機「レベル・ロケット」、右端は整備長のピート・フォックス。このA-20A、米陸軍航空軍シリアル#40-094は1年間を戦い抜いたが、1943年にブレーキ故障のため掩体壕に突っこみ、廃棄された。

台南空の基幹搭乗員の多くが中国戦線で活動していた12空の出身者だった。1941年の12空搭乗員のうち、のちに台南空に活躍する口髭の高塚寅一飛曹長（左〇印）と大木芳男1飛曹（右〇印）。大木は1942年7月から11月まで台南空に所属し、ガダルカナル戦を戦い抜いた。台南空の最後の数ヶ月間、高塚はさまざまな作戦に参加し、ニューギニア進出当時の台南空の貴重な経験と飛行技術を伝え、部隊の結束に貢献した。

台南空の名称が251空と変わった1942年11月1日から少しのち、戦力再建のため内地へ帰還するまでの間に撮影された集合写真。場所はお馴染みのラクナイの指揮所前。看板には「海軍斎藤部隊指揮所」とある。1列目左から伊藤重彦飛兵長、奥村武雄上飛曹、大木芳男飛曹長、、山河登少尉、大野竹好中尉、中島正少佐、斎藤正久大佐、小園安名中佐、河合四郎大尉、下佐平飛曹長、西澤廣義上飛曹、本田秀正飛長、山内芳美飛長。2列目左から岡野博2飛曹、茂木義男1飛曹、中谷芳市2飛曹、斉藤章飛長、福森大三2飛曹、八並信孝2飛曹、田中三一郎上飛曹、安井孝三郎上飛曹、不明、堀光雄2飛曹、米田忠飛長、不明、平林真一飛長、不明。3列目左から高橋茂1飛曹、伊藤勲2飛曹、上原定夫1飛曹、一木利之1飛曹、遠藤桝秋1飛曹、山口浜茂1飛曹、笹本孝道飛兵長、明慶幡五郎飛兵長、沖繁国男飛兵長、尾崎光康飛兵長、不明、不明。下士官の階級呼称も1942年11月1日に改定されている〔写真提供／西澤家〕

れた付近のマラハン飛行場を日本軍が使うようになったのは1942年末で、しかも使用したのは主に日本陸軍だった。1935年に建設されたマラハンは1,000×65mという立派なもので、滑走路幅は45mもあった。問題はまったくなく、傾斜などもなかった。短所はラエからのアクセスが道路1本しかないことで、しかも途中に橋が1本あった。排水の問題があったが克服不能ではなく、あとは滑走路がすべて草地だった。しかし基本的な土木工事用機材があれば、これらの問題は解決可能だった。もし台南空がラエ同様にマラハンを使用できたならば、はるかに高い自由度をもって作戦を展開できたことだろう。ポートモレスビーでは土木工事で飛行場を作らなければならなかったのとは対照的に、日本海軍がなぜこの好機を利用しなかったのか不可解に思われるのも当然だろう。日本軍にはごく基本的な土木工事用の機械すらなく、特にラエ、ブナ、サラマウアでは調達費が高くつきすぎた。第7および第14設営隊は手持ちのわずかな機材でよくやっていた。

キティホークの頑丈さとエアラコブラの機動性はいずれも連合軍の強味だったが、それは困難な状況下でポートモレスビーの航空部隊を稼働させつづけた整備員たちのたゆまぬ努力あってのことだった。

だがそれよりも運という要素で物事が有利になったり、生死を分けたりした例は数えきれなかった。その筆頭がブナで離陸の際に攻撃されて撃墜された零戦の2個小隊である。攻撃のタイミングが完璧になったのはビル・ブラウンの航法ミスという偶然に尽きるが、それがエアラコブラ隊をブナへ絶妙な瞬間に導いたのだった。1942年4月18日に小牧丸めがけて投下された4発の爆弾のうち、2発が不発だったが、連合軍にとってはもう2発が爆発したので御の字だった。不運な「チーフ・シアトル」が撃墜されたのも攻撃が計画的だったのではなく、たまたま手ごわい台南空の哨戒部隊に出くわしてしまったからだった。同日に第33爆撃飛行隊長のウィリアム・ガーネット中尉が戦死したのも、エンジン始動に手間取ったことから運命が狂い始め、ラバウル上空で彼のマローダーは予期せぬ敵機に遭遇したのだった。

誰もがぞっとする最悪の不運といえば、1942年5月5日にキティホークでクイーンズランド州の海岸で転覆し、操縦席に閉じこめられたままじわじわと溺死したモンテーグ・エラートン中尉の例だろう。運命が想像を超える状況をもたら

台南空の零戦三二型は元2空所属機が数機あった。1942年11月末、日本海軍の組織改編で2空は第582海軍航空隊となり、同部隊の三二型は582空の末尾である「2」から始まる新しい尾翼記号を与えられた。この角度から見ると2空／582空の赤の斜め帯が、台南空のそれとそっくりである。

すことについては、1942年4月5日にココダ街道のポートモレスビー側の端で消息を絶った吉江卓郎2飛曹の例があり、ココダ街道の過酷さをそれ以後知らしめた。約5週間後の5月17日には伊藤務2飛曹が似たような境遇に見舞われたが、彼はココダ街道を歩いてポートモレスビー入りした第二次大戦中唯一の日本人になれた。エアラコブラパイロットのアート・アンドレスは最高の幸運者だった。1942年の5月頃、台南空のおかげで彼はたった5週間のあいだにニューギニア北海岸に不時着し、自分の居場所も知らないまま山岳地帯をひたすら踏破してポートモレスビーまで帰ったかと思えば、最初のパラシュート脱出で銃撃を受けたりと数々の苦難に直面したが、そのすべてを乗り越えて生還した。神の御業は人智を超えている。

台南空隊員のほかに類を見ない特質は粘り強さだった。とにかくその執拗さの例は枚挙にいとまがない。例えば1942年5月8日の上原定夫3飛曹と小林武1飛兵はミッチェルを追って山岳地帯を飛び越え、これを胴体着陸させてしまった。同じく5月25日のミッチェル隊追撃も容赦がなく、零戦隊が引き揚げたのは弾丸を撃ち尽くしたからだった。天才西澤とその列機がその執念を見せたのは1942年10月5日、哨戒任務から転じて単機のフォートレスと交戦した時だった。その戦闘一度だけで満足することなく、西澤たちはパプア北海岸からさらに南まで進出し、ミッチェル「バトリン・ビフィ」を撃墜した。この戦闘での移動距離は驚異的である。普通の部隊ならばフォートレスとの交戦だけで満足し、ラバウルへ引き揚げていただろう。

だがこの粘り強さが仇になることもあった。1942年8月27日にラビで熱血漢の山下丈二大尉が、飛行場にあった壊れたB-24への機銃掃射に固執しすぎた例がある。

残念ながら連合軍の飛行場に対する戦闘機での機銃掃射は台南空の上層部が望んでいたほどの戦果をもたらさなかった。「期待される戦果」に対する実際の成果は低く、一度の空襲で実施できた機銃掃射航過は激しい対空砲火のためにせいぜい2回程度で、地上撃破された連合軍航空機は大した数でなかった。初期のフィリピン戦と蘭印戦ではかなりの数の連合軍重爆撃機が零戦に撃墜されたため、台南空にニューギニア／ビスマーク海方面でも同等の結果が期待されたのも無理はなかった。ニューギニア戦役における台南空の戦果がそれよりも低い結果に終わったのには、根本的な理由がいくつか存在する。

● 効果的な初期警戒網がなかったこと。日本軍は連合軍が構築したような広範囲かつ十分な初期警戒網を構築しなかった。そのため警報による余裕時間が不十分になり、侵入してくる敵機を迎撃するのに必要な離陸、上昇のための時間がなかった。その結果、いつも連合軍機を追跡するのが遅れ、成果が上がらなかった。
● ラバウルとラエに十分な整備施設がなく、作戦に支障をきたした。零戦隊の稼働機数が全戦力の半分を越えることはまれだった。
● 過酷かつ危険な気象環境と地勢。
● 特に1942年6月以降、自身の保有航空機数が減り、基地上空の哨戒も満足に行なえなくなった。十分な補充機が供給されていれば、台南空は敵の脅威に対しはるかに有利に対処できたはずである。また基地上空哨戒が連合軍爆撃機を迎撃するのに優位な高度で行なわれることも少なかった。
● 補充搭乗員に対して十分な訓練を実施できなかった。最初の数ヶ月間は、練習航空隊での訓練を修了したばかりの「新米」パイロットであってもベテラン搭乗員が指揮する各小隊に段階的に配置されたのち、ラエに回されて経験を積むようにしていたが、末期の数ヶ月間では、経験の浅いパイロットにはラエやブナは危険すぎるため、ラバウルで上空哨戒するのが一般的になっていた。この時期には使用可能な戦闘機の数も少なかったので、新人に絶対不可欠な経験を積ませる機会もなかった。

倫理面と倫理政策については、両軍とも問題があった。両

非番時にラバウルでトライ族の子供たちと和む日本海軍兵。食糧不足が深刻になった戦争末期になると、両者の関係はきしみ出した。

軍ともその建前に反してパラシュートで脱出した生存者を銃撃していた。1942年中にオーストラリア軍とアメリカ軍がこの不愉快な行為を行なわなかったのは、単に相手がパラシュートを使用しなかったからにすぎない。しかしその後は脱出搭乗員を銃撃しているので、機会があれば連合軍航空隊員も行なっていただろうことは間違いない。

　マッカーサーが実際には敵の砲火を浴びるどころか、前線にすら行っていない作戦に参加したことでリンドン・ベインズ・ジョンソン上院議員に銀星章を授与したことが、米軍側の汚点なのは誰の目にも明らかだろう。ジョンソンへの感状にはこの作戦で「貴重な情報」を獲得したとあるが、この見当はずれな文言には当時ですら正当性はなかった。しかもこの顕彰は、毎日のように作戦に参加し、真の危険に直面していた一般搭乗員の努力を軽視している。もしマッカーサーに政治的欺瞞と自己宣伝の罪があるとすれば、1942年8月7日にヴナカナウに「翼端が触れ合わんばかりに駐機していた敵爆撃機の75ないし100機を破壊した」と、戦後に備忘録に書いたケニー少将も責められるべきだろう。戦後間もなく、この空襲時にヴナカナウに駐機していた機がほとんどなかった事実が記録から明らかになった。ケニーはこのでたらめな記述を取り消す機会があったにもかかわらず、そうしなかったが、それを作戦に関係した航空隊員たちへの侮辱になるとして容認する人々もいた。しかしこれはケニーがその後第5空軍を勝利に導いた革新的な優れた指揮官であるという歴史的評価を貶めるものではないはずである。また第5空軍を厳然と指揮した巨人としての彼の人物像を損なうものでもない。ケニーは当時、真に類まれな指揮官だった。

台南空がラクナイから去ってからかなりのち、新たな零戦隊がここを拠点とした。写真の2機の零戦二一型の尾翼記号は左から1-119と2-116で、1944年初めの「ラバウル航空隊」の所属。（Mitsubishi Corporation）〔編註：いずれも201空の所属機。この頃は元台南空隊員の岡野博や高橋茂らがいた部隊〕

　日本側の上層部に倫理面の問題があるとすれば、その最たるものは台南空の最良の戦闘機パイロットたちを容易に撃沈されかねない老朽船でラバウルに輸送した最高司令部の決定だろう。米軍潜水艦に襲われる危険性の最も少ない最善の選択はラバウルへの直行航路だったにもかかわらず、同船がクパン、アンボン、ダヴァオなどに途中寄港しながらのんびり航行していたのには驚かされる。第11航艦は同船の航海を藤田類太郎少将の「N支隊」に護衛させることも可能だったはずである。この部隊は1942年4月上旬に蘭領ニューギニア北西部の要所の攻略を命じられていたが（ホランディア上陸は同年4月19日）、すでにニューアイルランド西方のニニゴおよびハーミット諸島の制海権は4月10日に日本軍の手に落ちていた。しかしこのような小手先の護衛では小牧丸を米軍潜水艦の襲撃から守れなかっただろう。もし小牧丸が撃沈されていれば、計り知れない価値のあった台南空搭乗員の大半が戦死していた可能性もあった。

　こうした大損害が発生していれば、ニューギニアにおける日本軍の航空作戦には大きな支障が出ていたはずである。特に本船には爆弾や航空燃料といった爆沈の原因となった爆発物も積載されていた。台南空に新品の一式大型陸上輸送機が配備されるのが数ヶ月後だったとはいえ、搭乗員を航艦所属の九六陸攻や九七大艇で空輸することに何の問題もなかったはずである。なぜこれらが使用されなかったのかは理解に苦しむところだ。実のところ、幕僚よりも貴重な搭乗員をバリ島からラバウルへ空輸するのには、こうした方法がより安全で賢明な策なのである。

　もし連合軍の上層部が真実の粉飾に寛容すぎたとすれば、日本軍の幕僚には東京の上層部に失策をずっと隠しつづけ、控えめに言っても真実を最小限しか伝えなかった点で過失があるだろう。この点で彼らはウィンストン・チャーチルと考えが共通していたのかもしれない。

「戦争において、真実は嘘のカーテンで隠さなければならないほど重要である」

　山田定義少将はもちろん山本五十六大将までもが、いずれも愚鈍でないにもかかわらず、都合よく変えられた戦闘報告に振り回され、自身の価値を落とすこともよくあった。太平洋戦線では損害のごまかしが蔓延していた。こうした実態に即さない報告はラバウルへのあるべき優先的補充割り当てを損なう危険性があった。日本軍の記録で使われる時代錯誤な軍事用語には、現実家ならば誰もが失笑するだろう。その見栄えのいい言い回しを借りるなら、筆者たちは現代の視点から、真実性の欠如は「誠に遺憾であり」、こうした慣習は多くの場合「皇軍の勝利に望ましからぬ」と言わざるをえない。

284

もうひとつ指摘しておくべきは、日米両軍は常に相手を殺すのに熱心だったが、幸い現地人の犠牲者数がかなり少なかったことである。ポートモレスビーに住んでいた現地人のほとんどは飛行場の近くにあった居住地を緒戦期に放棄していたが、例外は周辺の山頂や海岸に村人が住んでいたキラだけだった。ポートモレスビー周辺にいた村人の大部分はANGAUによってガイル以遠の海岸沿いの居住地へ疎開させられた。1942年2月の最初のポートモレスビー空襲後、彼らは「ゼロヒル（モリスヒル）」に隣接する「難民」キャンプにまず約6週間入れられた。こうした場所で日本軍の爆撃で死亡した現地人もいたが、ごく少数だった。1942年前半にパリ村のヴィンドックスは、5発の爆弾がパリとヴァブコリのあいだに投下された際、母親を失った。村人たちはその爆弾がキラキラ飛行場を狙ったものだったのを知っていたが、爆弾は大きく外れ、大半が湾内に落下した。

　ラエ周辺で最悪の現地人死亡事件は、1942年7月に4空の陸攻がヴナカナウへ帰還する前にガブソンケック、ムヌム、ガマツンの各村を爆撃した時である。こうした村々の無差別爆撃は、大半がオーストラリア軍コマンド部隊を匿っているという通報に対する懲罰としての報復攻撃だった。日本軍の倫理性の欠如によるこうした行為の犠牲者数は判明していないが、草と木でできた無防備な小屋が60kg爆弾でどうなるかは想像に難くない。

過大申告について

　本書の詳細研究で浮上した、最も論争を呼ぶと思われる問題が過大申告である。公認された戦果の数の多さに比べ、その真相は落胆せざるをえないものだった。全申告戦果を冷静に分析したところ、両軍とも過大申告率は約7倍であることが判明した。すなわち7件の撃墜申告があったとすると、本当の撃墜は1機だったというわけである。この結論は過去70年間以上にわたって築き上げられた多くの名声を根本から揺るがすものだが、その証拠は絶対的である。この現状の背景にある理由はさまざまだが、その多くが名誉に関係している。戦闘は流動的なのが普通である。追撃戦のような長時間の戦闘もあったが、数百発の弾丸しか発射されない一瞬の遭遇戦が大部分だった。台南空の零戦は被弾した場合、撃墜されるか、1〜2発のみの軽微な損傷かのどちらかだった。この両極端の中間に該当する犠牲者はほとんどいなかった。また事実から判明してきたのは、敵機に命中弾を与えることは、想像よりもはるかに難しいということだった。高速で複雑な動きが交錯する危険な条件下では、複数のパイロットがあの敵機を撃墜したのは自分だと申告する例も少なくなかった。連合軍パイロットが確実撃墜と申告した事例でも、記録を検証したところ、該当する敵機がラエやラバウルに無傷で悠々と帰還していたケースを、本書でわれわれは数多く見てきた。陥穽の多い環境下では楽観的な見積もりは現実を上まわるものであり、戦時下のニューギニアの空はその典型だった。

文学などへの反映

　本書でその全貌を追った1942年のニューギニア航空戦は、振り返ると至らなかった点も多々ある。同年に始まった伝説的なガダルカナル戦での出来事は、アメリカ人の精神に深く刻みこまれた。文学作品が奔流のように生まれ、その多くがあの烈しい戦闘から長い歳月が経過しても色あせていないのに対し、ニューギニア航空戦からはほとんど何も書かれていない。無名だったガダルカナルは、3ヶ月で誰もが知る場所となった。戦いは数ヶ月にわたり失態と勝利、運命の浮沈を繰り広げ、世界の注目を劇場のように集めたのだった。その結果、第二次大戦における最良の文学作品がガダルカナルからいくつも生み出された。ジェームズ・ジョーンズは自身の歩兵としての経験を「シン・レッド・ライン」として「太平洋戦争にしかなかった特質」をすぐれた小説にまとめ、これはその後、大作映画にもなった。リチャード・トレガスキスの胸をえぐる従軍手記「ガダルカナル日記」はあっという間にアメリカのベストセラーに駆け上った。

　台南海軍航空隊の隊員たちがその敗北後、かつての敵国よりも自国民によって完全に忘れ去られたことについて、どう思っているのかは想像するのみである。このような戦後の冷遇は戦争中、彼らを「海鷲」ともてはやし、その活躍にいつも狂喜していた日本の大衆の反応とは正反対だった。

　太平洋戦争を題材にした最も有名な文学作品はジェームズ・ミッチェナーの「南太平洋物語」だろう。この輝かしい作品は、戦いの悲壮な状況を絡みつくような言葉でえぐり出している。このような戦後の文学的傑作は、連合軍側、日本軍側とも1942年のニューギニア航空戦に参加したパイロットから生まれていない。ミッチェナーはその著書でこう書いている。「彼ら南太平洋の戦士たちは、長く語り継がれるであろう」と。

　しかし同時代のニューギニアの航空隊員たちは、ガダルカナルとは違い、文学の世界で生き残ることはなかった。

　シェイクスピア戯曲では死者が幽霊となって生者に語りかけるが、ニューギニアの航空隊員たちは沈黙をつづけている。筆者たちは本書がその不公平な境遇が改められるきっかけになればと願う次第である。

1943年末、台南空ラエ部隊の骸が並ぶ用廃機置場。2空の零戦二一型Q-174、4空の赤い胴体帯を巻いた機番不明の零戦二一型、582空の零戦二一型2-181、台南空の零戦2機、二一型V-179と三二型V-176などが、残骸のなかに見られる。（R.P. 'Ron' Nicholas collection via David Vincent）

ラエの滑走路で事故を起こし、1943年9月に連合軍に鹵獲された台南空の零戦二一型、製造番号5639。垂直安定板にV-1までの文字が見える。本機と製造番号の前後する機からの推測と、小隊長を示す記号がないことから、本機の尾翼記号はV-101、102、106のいずれかと考えられる。

ラエで鹵獲された中島製の零戦は製造番号16と18の2機のみだった。写真下は1941年1月に中島工場の外で撮影された報国第478号機。本機は1943年に撮影された写真上のように、ラエの4空でF-1??号として使用されていた。写真下の左奥に写っている報国第439号はV-141号となり、1941年にバリ島のデンパサールで有田義助2飛曹とともに撮影されている。報国第478号の中島の製造番号は16で、18がF-151号だった可能性が高い。（Ed DeKiep）

巻末資料

資料1：台南海軍航空隊隊員名簿
資料2：日付別損失機一覧表
資料3：台南空/251空戦闘統計
資料4：ニューギニア戦線における台南空／251空の撃墜数の検証
資料5：台南空の零戦の塗粧とマーキング

編集協力者一覧
原著編集協力者紹介
原著者あとがき／原著者紹介

資料1：
台南海軍航空隊隊員名簿
昭和17年4月1日～昭和17年11月11日

原書では本名簿について次のように述べている。
「日本側資料を研究する場合、外国人研究者はさまざまな問題に直面する。言語そのものの難しさは当然として、筆記体にあたる草書を読解することが大変困難で、しかも帝国海軍の報告書の多くが手書きなのである。上記リストの官姓名は、一次資料の段階ですでに誤記や未記入が存在しているので、この名簿は完璧ではないことをお断りしておく。両筆者は一次資料を参照する場合、その書類が本物であることは必ずしもその内容が正確であることを意味しないことを痛感した。」

当然、邦訳版の刊行にあたってはこうした点を踏まえてより完全な資料になるよう努力しなければならない。台南空への隊員の離着任は原部隊からの派遣扱いのケースもあり非常に複雑だが、ここでは訳者ほか専門の研究家による最新の考証を反映させた、原著者たちへの回答になるよう心がけた。
〔邦訳版編者〕

■凡例
- 階級は台南空ラバウル配属時のもので、掲載順序は原書通り名字のアルファベット順。
- 期別の表記は次の通り
  海兵：海軍兵学校の卒業期。／の右側の数字は飛行学生の期を表す。
  操練：操縦練習生（すでに海軍に軍籍のある下士官兵から選抜する搭乗員養成課程）
  甲　：甲種飛行予科練習生（中学卒業程度の学歴のある一般人から採用する搭乗員養成課程）
  乙　：乙種飛行予科練習生（昭和5年に創設された伝統ある少年航空兵養成課程）
  丙　：丙種飛行予科練習生（昭和15年10月に操練が改称したもの。操練57期が丙1期）
- 到着日：ラバウルへの到着日／初出撃日：行動調書への初出日
- 備考の【　】内の記事は邦訳版スタッフによる戦没日時／所属部隊などの追加情報で、原書にはない。

戦闘機隊

階級	氏名	期別	到着日	前所属	初出撃日	備考
3飛曹	新井 正美	乙9	4月1日	4空	4月1日	8月14日、ブナで戦死。
2飛曹	有田 義助	甲3	4月16日	台南空	4月17日	5月1日、ポートモレスビーで戦死。
3飛曹	遠藤 桝秋	乙9	4月17日	台南空	4月21日	8月11日、ミルン湾で負傷。11月初旬、内地帰還。【1943年6月7日戦死／251空】
3飛曹	福森 大三	乙10	—	初配属	6月29日	11月初旬、582空へ転出。【1943年6月16日戦死／582空】
2飛曹	藤原 直雄	甲5	—	初配属	5月1日	5月16日、ラエで戦死。
3飛曹	後藤 竜助	乙9	4月1日	4空	4月1日	10月25日、ガダルカナルで戦死。
飛曹長	半田 亘理	操練19	4月16日	台南空	4月21日	結核にて入院。11月8日、内地帰還。【終戦時生存】
3飛曹	羽藤 一志	乙9	4月1日	4空	4月6日	9月13日、ガダルカナルで戦死。
中尉	林谷 忠	海兵67/35	—	1空	7月20日	8月8日、ガダルカナルで戦死。
1飛兵	日高 武一郎	丙2	4月16日	台南空	4月21日	6月16日、ハーキュリーズ湾で戦死。
2飛兵	平林 真一	丙3	—	—	6月10日	11月初旬、582空へ転出。【終戦時生存】
2飛兵	本田 秀正	丙3	—	—	6月9日	11月初旬、582空へ転出。【1943年4月7日戦死／582空】
1飛兵	本多 秀三	丙3	—	鹿屋空	8月8日	11月初旬、582空へ転出。【1942年11月14日戦死／582空】[※1]
3飛曹	本田 敏秋	操練49	4月16日	台南空	4月17日	5月13日、ポートモレスビーで戦死。
3飛曹	堀 光雄	乙10	—	初配属	7月2日	11月初旬、582空へ転出。【終戦時生存】
3飛曹	一木 利之	丙2	4月16日	台南空	4月21日	内地帰還。【終戦時生存】
3飛曹	井原 大三	乙9	5月25日	千歳空	5月26日	11月初旬、転出。〔※2〕【1942年8月26日戦死／2空】
大尉	稲野 菊一	海兵64/31	8月	鹿屋空	8月8日	元22航戦戦闘機隊、分隊長。【終戦時生存】
3飛曹	石川 清治	操練48	4月1日	4空	4月1日	11月初旬、内地帰還。【終戦時生存】
3飛曹	伊藤 勲	乙10	—	初配属	8月9日	11月初旬、582空へ転出。【1942年11月12日戦死／582空】
2飛兵	伊東 重彦[※5]	丙3	—	初配属	5月2日	11月初旬、582空へ転出。【1943年6月5日戦死／204空】
2飛曹	伊藤 務	甲4	4月1日	4空	4月3日	5月17日、コシピ（ココダ北西）不時着。6月28日、捕虜。

288

階級	氏名	期別	到着日	前所属	初出撃日	備考
1飛兵	岩坂 義房	丙3	—	初配属	5月1日	10月15日、ガダルカナルで戦死。
2飛曹	和泉 秀雄	甲3	4月16日	台南空	4月17日	4月30日、ラエで戦死。
2飛曹	柿本 円次	操練47	8月初旬	鹿屋空	8月7日	元22航戦。8月28日、ミルン湾で捕虜。【カウラ収容所で自決】
1飛曹	金子 敏雄	操練30	9月2日	1空	9月4日	11月1日、ラエで戦死。
大尉	河合 四郎	海兵64/31	4月1日	4空	4月2日	分隊長。11月初旬、内地帰還。【1944年12月23日戦死／戦闘308】
1飛兵	河西 春男	操練56	4月16日	台南空	4月21日	5月2日、ポートモレスビーで戦死。
1飛曹	菊地 左京	甲3	5月末	1空	5月27日	6月9日、ワードハント岬で戦死。
3飛曹	木村 裕	乙9	4月1日	4空	4月2日	8月8日、ガダルカナルで戦死。
1飛曹	小林 克巳	甲3	5月25日	千歳空	5月27日	7月20日、ニューギニアで戦死。
1飛兵	小林 武	丙2	—	台南空	5月1日	11月初旬、転出。【1944年2月14日戦死／254空】〔※4〕
1飛兵	小林 民夫	丙2	4月1日	4空	4月11日	11月初旬、転出。【終戦時生存】〔※4〕
3飛曹	国分 武一	操練49	4月1日	4空	4月3日	9月2日、ガダルカナルで戦死。
2飛曹	古森 久雄	操練45	5月25日	千歳空	5月27日	5月29日、不時着後、イワイア(アンバシ)で地上交戦死。
中佐	小園 安名	海兵51/14	4月末	台南空	／	副長(飛行長)。11月初旬、内地帰還。【終戦時生存】
3飛曹	熊谷 賢一	乙9	4月1日	4空	4月11日	8月26日、ガダルカナルで戦死。
2飛曹	久米 武男	乙9	4月16日	台南空	4月21日	11月初旬、転出。【1944年4月5日戦死／三亜空】〔※4〕
中尉	栗原 克美	海兵67/35	5月末	千歳空	5月27日	7月20日、ニューギニアで戦死。
3飛曹	前田 芳光	丙2	—	台南空	4月22日	4月28日、オトマタ(アバウ)不時着、捕虜。戦後復員。
3飛曹	松田 武男	操練56	4月16日	台南空	4月21日	8月27日、ブナで戦死。
2飛曹	松木 進	甲4	7月中旬	3空	7月21日	9月13日、ガダルカナルで戦死。
2飛曹	宮 運一	甲4	4月1日	4空	4月1日	7月20日、悪天候のため他3名とともに戦闘間行方不明。
飛曹長	宮崎 儀太郎	乙4	4月16日	台南空	4月23日	6月1日、ロロナ(ポートモレスビー)で戦死。
3飛曹	茂木 義男	乙9	—	3空	7月17日	11月初旬、201空へ転出。【1943年10月18日戦死／201空】
3飛曹	森浦 東洋男	乙9	9月2日	1空	9月5日	10月25日、ガダルカナルで戦死。
1飛兵	本吉 義雄	操練53	4月16日	台南空	4月21日	8月2日、ブナで戦死。
中尉	村田 功	海兵68/36	7月末	初配属	7月29日	8月13日、ラエで戦死。
2飛兵	明慶 幡五郎	丙3	—	—	7月26日	11月初旬、582空へ転出。【1944年7月4日戦死／横空】
2飛兵	長尾 信人	丙3	—	初配属	5月4日	11月初旬、582空へ転出。【1942年11月26日戦死／582空】
少佐	中島 正	海兵58/24	4月末	台南空	5月2日	飛行隊長。11月初旬、内地帰還。【終戦時生存】
2飛曹	中本 正	甲5	5月25日	千歳空	5月28日	11月初旬、201空へ転出。【1944年6月23日戦死／201空】
3飛曹	中野 鈬(きよし)	乙9	—	—	6月10日	8月26日、ブナで戦死。
3飛曹	中谷 芳市	丙2	9月2日	1空	9月4日	11月初旬、201空へ転出。【終戦時生存】
1飛兵	中沢 恒好	丙2	9月2日	1空	9月4日	10月12日、戦死。
1飛兵	二宮 喜八	操練56	5月25日	千歳空	5月27日	8月27日、ミルン湾で戦死。
2飛曹	西浦 国松	甲4	—	台南空	7月26日	8月7日、ガダルカナルで戦死。
1飛曹	西澤 廣義	乙7	4月1日	4空	4月14日	11月初旬、内地帰還。【1944年10月26日戦死／戦闘303】
3飛曹	岡野 博	操練54	5月25日	1空	5月27日	11月初旬、内地帰還。【終戦時生存】〔※3〕
1飛曹	大木 芳男	操練37	7月中旬	—	7月17日	11月初旬、内地帰還。【1943年6月16日戦死／251空】
2飛兵	沖繁 国男	丙3	—	初配属	5月4日	11月初旬、582空へ転出。【終戦時生存】
1飛曹	奥村 武雄	操練42	8月末	龍驤	8月30日	11月初旬、201空へ転出。【1943年9月22日戦死／201空】
2飛曹	奥谷 順三	甲4	—	台南空	4月11日	【1944年7月3日戦死／戦闘601】
3飛曹	大西 要四三	乙9	5月25日	千歳空	5月27日	7月20日、ニューギニアで戦死。
中尉	大野 竹好	海兵68/36	7月末	初配属	7月29日	11月初旬、内地帰還。【1943年6月30日戦死／251空】
1飛曹	大島 徹	甲1	4月1日	4空	4月7日	5月14日、ポートモレスビーで戦死。
2飛曹	太田 敏夫	操練46	4月16日	台南空	4月17日	10月21日、ガダルカナルで戦死。
2飛兵	尾崎 光康	丙3	8月初旬	鹿屋空	9月11日	11月初旬、転出。【1944年7月8日戦死／265空】

階級	氏名	期別	到着日	前所属	初出撃日	備考
1飛兵	斎藤　章	丙2	9月2日	1空	9月12日	11月初旬、転出。【1945年5月11日戦死／戦闘313】
大佐	斎藤　正久	海兵47/8	4月末	台南空	／	司令。11月初旬、内地帰還。【終戦時生存】
2飛曹	酒井　良味	甲4	4月1日	4空	4月2日	4月17日、ポートモレスビーで戦死。
1飛曹	坂井　三郎	操練38	4月16日	台南空	5月2日	8月7日、ガダルカナルで負傷。内地帰還。【終戦時生存】
2飛曹	桜井　忠治	甲5	8月初旬	鹿屋空	8月24日	10月15日、ガダルカナルで戦死。
中尉	笹井　醇一	海兵67/35	4月16日	台南空	4月21日	分隊長。8月26日、ガダルカナルで戦死。
2飛兵	笹本　孝道	丙3	―	―	7月2日	11月初旬、582空へ転出。【1943年6月30日戦死／582空】
3飛曹	佐藤　昇	乙9	7月中旬	3空	7月20日	9月13日、ガダルカナルで戦死。
1飛兵	菅原　養蔵	丙2	5月25日	千歳空	5月26日	10月18日、ガダルカナルで戦死。
1飛兵	水津　三夫	操練54	4月1日	4空	4月4日	7月4日、ラエで戦死。
3飛曹	鈴木　松己	乙9	4月1日	4空	4月11日	7月11日、クレティン岬南東で戦死。
2飛曹	鈴木　正之助	操練39	―	―	7月22日	【10月7日、ガダルカナルで戦死】
2飛曹	高橋　茂	甲5	9月2日	1空	9月6日	11月初旬、201空へ転出。【終戦時生存】
飛曹長	高塚　寅一	操練22	6月初旬	予備	6月13日	9月13日、ガダルカナルで戦死。
2飛曹	丹　幸久	甲4	4月1日	4空	4月2日	4月7日、ラエで戦死。
1飛曹	田中　三一郎	操練43	―	―	7月29日	11月初旬、内地帰還。【1944年5月7日戦死／263空】
1飛兵	丹治　重福	丙2	4月1日	4空	4月2日	4月11日、ラエで戦死。
2飛曹	徳重　宣男	操練42	―	―	7月23日	【1942年8月17日、モレスビー攻撃で戦死】
2飛兵	徳永　辰男	丙3	9月2日	1空	9月11日	11月初旬、転出。【1943年8月12日戦死／201空】
3飛曹	上原　定夫	乙9	4月16日	台南空	4月27日	11月初旬、内地帰還。【終戦時生存】
2飛兵	若杉　育造	丙3	―	―	7月28日	11月初旬、582空へ転出【1942年11月13日戦死／582空】
2飛兵	和野内　恭三	丙3	―	―	6月10日	11月初旬、582空転出。【1944年6月19日戦死／653空】
1飛兵	渡辺　政雄	丙2	―	台南空	5月1日	5月25日、ラエで戦死。
3飛曹	山口　浜茂	乙9	9月2日	1空	9月5日	11月初旬、201空へ転出。【1945年5月11日戦死／戦闘303】
中尉	山口　馨	海兵67/35	4月初旬	台南空	4月12日	5月17日、ポートモレスビーで戦死。
飛特少尉	山河　登	乙1	7月末	―	7月30日	11月初旬、転出。【1945年4月6日戦死／元山空】
1飛兵	山本　末広	丙1	―	初配属	5月3日	11月初旬、転出。【1943年6月16日戦死／251空】
1飛兵	山本　健一郎	操練54	4月初旬	初配属	4月11日	9月2日、ガダルカナルで戦死。
大尉	山下　丈二	海兵66/33	5月25日	1空	5月27日	分隊長。8月27日、ミルン湾で戦死。【1空より派遣】〔※3〕
大尉	山下　政雄	海兵60/26	4月16日	台南空	4月21日	分隊長。6月初旬、内地帰還。【終戦時生存】
1飛曹	山下　貞雄	操練34	―	鹿屋空	8月7日	8月27日、ミルン湾で戦死。
飛曹長	山下　佐平	乙5	5月25日	千歳空	5月27日	11月初旬、201空へ転出。【1943年2月9日戦死／201空】
2飛兵	山内　芳美	丙3	―	初配属	5月3日	11月初旬、582空へ転出。【1943年10月17日戦死／204空】
3飛曹	山崎　市郎平	操練54	4月1日	4空	4月12日	8月26日、ブナで負傷後、内地帰還。【1943年7月4日戦死／251空】
3飛曹	八並　信孝	丙3	―	初配属	5月1日	11月初旬、582空へ転出。【1943年6月30日戦死／582空】
1飛曹	安井　孝三郎	操練40	8月初旬	鹿屋空	8月13日	元22航戦。11月初旬、内地帰還。【1944年6月19日戦死／652空】
1飛兵	谷津倉　団次	丙2	9月2日	1空	9月8日	10月5日、戦死。
2飛曹	矢沢　弥市	甲5	9月2日	1空	9月4日	11月初旬、転出。【1943年5月7日殉職】
1飛兵	米田　忠	操練56	8月初旬	鹿屋空	8月17日	11月初旬、内地帰還。【1944年12月25日戦死／戦闘315】
3飛曹	米川　正吉	操練56	4月1日	4空	4月3日	10月29日、戦病死。
1飛曹	吉田　素綱	操練44	4月16日	台南空	4月17日	8月7日、ガダルカナルで戦死。
2飛曹	吉江　卓郎	甲3	4月1日	4空	4月4日	4月5日、ポートモレスビーで行方不明。
1飛兵	吉村　啓作	操練56	5月末	鹿屋空	6月1日	元22航戦。10月25日、ガダルカナルで戦死。
飛曹長	吉野　俐(さとし)	乙5	4月1日	4空	4月2日	6月9日、ワードハント岬で戦死。
中尉	結城　国輔	海兵68/36	7月末	初配属	7月29日	8月26日、ガダルカナルで戦死。

著者註：
当初よりラバウルの第4航空隊に配属されていた戦闘機搭乗員で、台南空隊員として作戦に参加しなかったのは福本繁夫1飛曹（乙7）、綿村亀次3飛曹（乙9）、氏原光正1飛兵（操練55）の3名のみだった。

〔邦訳版編註〕
※1：原書ではhei4 Honda Shingoとあり、1944年10月26日に西澤廣義とともに戦死した、丙飛4期の「本多慎吾」氏と誤っているようだ。本書では全てのデータを「本多秀三」氏のものにさしかえた。「台南空行動調書」ではよく名前の似ている「本田秀正」氏と漢字が入れ違ったりしていて、判然としない部分が多々見受けられる。また「本田」秀三とする資料もある。
※2：井原大三3飛曹は5月25日に千歳空から台南空に派遣されたが、5月31日には千歳空へ復帰し、同日付けで横須賀空附となりいったん内地へ帰還。第2航空隊の新編に加わって8月に再びラバウルへ進出した。原著の「11月、582空へ転出」は明らかに誤り。
※3：山下丈二大尉、岡野3飛曹は1空所属のままで、派遣扱いだった。岡野2飛曹（進級）は11月に内南洋の752空（旧1空）へ復帰し、のち201空へ転勤した（752空戦闘機隊が部隊ごと編入された）ので、「11月、内地帰還」は誤り。
※4：小林武1飛曹は5月8日、小林民夫1飛兵は5月12日、久米武男3飛曹は5月4日に行動調書に載ったのが最後で、11月以前に転出した可能性がある。
※5：伊東重彦は伊藤、とする資料もあるが、現時点では判断できなかった。

陸偵隊

階級	氏名	クラス	到着日	前所属	初出撃日	備考
2飛曹	華廣　惠隆	甲5	4月16日	台南空	7月6日	九八陸偵操縦員。8月4日、ミルン湾で戦死。
飛曹長	長谷川　亀市	偵練21	4月16日	台南空	6月24日	偵察員。8月4日、ミルン湾で戦死。
大尉	林　秀夫	海兵66	7月10日	横空	7月17日	偵察員、分隊長。9月14日、ガダルカナルで戦死。
2飛曹	岩山　孝	甲4	4月16日	台南空	7月6日	偵察員。
2飛曹	上別府　義則	操練40	4月16日	台南空	6月16日	九八陸偵操縦員。
3飛曹	金子　健次郎	飛練13	7月10日	横空	7月20日	電信員。
1飛兵	川崎　金治	飛練13	7月10日	横空	7月19日	電信員。11月初旬、内地帰還。
中尉	木塚　重命（しげのり）	海兵67	4月16日	台南空	6月14日	偵察員。
3飛曹	工藤　重敏	操練53	4月16日	台南空	6月19日	九八陸偵操縦員。
1飛曹	班目　昇	乙7	7月10日	横空	7月26日	偵察員。8月2日、ニューギニアで戦死。
1飛兵	森下　八郎	飛練13	7月10日	横空	7月28日	電信員。8月2日、ニューギニアで戦死。
飛曹長	小野　了（さとる）	操練23	7月10日	横空	7月17日	二式陸偵操縦員。11月初旬、内地帰還。
1飛曹	澤田　信夫	乙6	7月10日	横空	7月19日	偵察員。11月初旬、内地帰還。
2飛曹	清水　栄作	操練46	4月16日	台南空	6月14日	九八陸偵操縦員。〔※期別は暫定的で、決定要素に欠ける〕
3飛曹	清水　巌	偵練47	4月16日	台南空	6月16日	偵察員。
1飛曹	高橋　治郎	操練41	7月10日	横空	7月19日	二式陸偵操縦員。9月14日、ガダルカナルで戦死。
飛曹長	徳永　有（たもつ）	乙3	7月10日	横空	7月20日	二式陸偵操縦員。8月2日、ニューギニアで戦死。
3飛曹	有働　忍	乙10	4月16日	台南空	6月19日	電信員。9月14日、ガダルカナルで戦死。
1飛兵	山口　英治	普電52	4月16日	台南空	6月28日	電信員。
2飛曹	山野井　誠	甲5	7月末	台南空	8月1日	九八陸偵操縦員。

〔邦訳版編註〕
原書ではいわゆる偵察員、電信員の養成課程である偵練や普電（普電練とも）についての解説がなされていない。邦訳にあたって編者の判断で以下を追加したい。なお、彼ら陸偵隊員は11月に内地へ帰還したのち、251空新司令となった小園安名中佐やその協力者たちによって実用化された十三試双発戦闘機改造夜戦（のちの月光）の戦力化に貢献する。
■凡例
偵練：偵察練習生。操練と同様、海軍内の下士官兵から選抜する偵察員養成課程。
普電：制式名称を普通科電信術練習生［航空］（［航空］までが名称）という機上電信員養成課程。予科練に次いで人気の高かった海軍少年電信兵という志願兵制度に、あらかじめ機上電信員にするための採用者を追加したもの。搭乗員として採用されない者は普通科電信術練習生［掌電信］と区分された。
飛練13：偵練55期生として採用されたが、ちょうど丙飛への移行期の狭間にあって名前が飛練13期と中途半端になってしまった皮肉な存在。

資料2：
日付別損失機一覧表

日付 (すべて1942年)	搭乗員	場所および状況
4月5日	吉江卓郎2飛曹	RAAFパイロット、レス・ジャクソンによりポートモレスビーのメリゲッダミッションの北西で撃墜され、落下傘降下したが、ジャングルで消息を絶った。彼の乗機は4空のマーキングだったと思われる。彼の遺体は発見されず、おそらく行き倒れたものと考えられる。
4月7日	第1中隊 丹幸久2飛曹	A-24の後部銃手によりラエ付近で撃墜された。彼の乗機はV-105と思われ、おそらく小隊長用機だった。
4月11日	第2中隊 丹治重福1飛兵	RAAFパイロット、ピーター・マスターズによりラエ飛行場付近で撃墜された。乗機はおそらくV-109。
4月17日	第2中隊 酒井良味2飛曹	2機のRAAFキティホークとの空戦後、編隊から脱落し、ポートモレスビー北、オーウェンスタンレー山脈の南斜面に墜落。乗機はおそらくV-122。短時間の遭遇戦で彼または機体が被弾したためと思われる。
4月28日	第1中隊 前田芳光3飛曹	ニューギニア南海岸アバウ近郊のオトマタプランテーションに不時着し、戦争捕虜となる。彼の零戦二一型は三菱製造第1575号機、尾翼記号V-110。
4月30日	和泉秀雄2飛曹	第8戦闘群のエアラコブラ隊にラエ付近で被撃墜。
5月1日	第2中隊 有田義助2飛曹	第8戦闘群のエアラコブラ搭乗員ドナルド・マクギーにより7マイル飛行場近くのドクラ村の北東3浬で撃墜された。乗機の製造番号はおそらく三菱3577、尾翼記号はV-112と推定。
5月2日	第1中隊 河西春男1飛兵	第8戦闘群のドナルド・マクギーによりポートモレスビーから16浬のポレベダ村後方で被撃墜。マクギーはこの両日で2機目の撃墜。乗機は二一型で、尾翼記号はV-104と確認。製造番号は1640か？（3642という番号も現場で確認されているが、これは部分品の製造番号と思われる）。
5月13日	第2中隊 本田敏秋2飛曹	第8戦闘群のエアラコブラ搭乗員ポール・ブラウン大尉またはエルマー・グラム中尉によりポートモレスビーのローエス山付近で撃墜された。
5月14日	第2中隊 大島徹1飛曹	第8戦闘群のポール・ブラウン中尉のエアラコブラと衝突し、ポートモレスビー近郊に墜落。彼の二一型は製造番号641。尾翼記号はV-121と思われる。
5月16日	藤原直雄2飛曹	B-25の旋回銃座によりラエ付近で撃墜された。
5月17日	第2中隊 伊藤務2飛曹	12マイル飛行場を機銃掃射中、対空砲火によりエンジンに被弾し、ラエへ帰還するため山脈を越えようとしたが、コシピ湿地付近の林に不時着し、ココダ街道を連行されてポートモレスビーで戦争捕虜となった。乗機は二一型で、製造番号は645。尾翼記号はV-125と思われる。
5月17日	山口馨中尉	12マイル飛行場の機銃掃射中、対空砲火によりエンジンに被弾、オーウェンスタンレー山脈でエンジンが停止し墜落。残骸が2003年にジャスティン・テイラン(www.pacificwrecks.com主催者)によって発見された。
5月25日	渡辺政雄1飛兵	帰還中のミッチェルに正面攻撃をしかける際に目測を誤ったか、下部銃塔に銃撃されたかの理由により、サラマウア沖で撃墜された。彼の機は海面に激突し、粉砕された。
5月29日	古森久雄2飛曹	第8戦闘群のエアラコブラと交戦後、損傷した機体でオーウェンスタンレー山脈を越えようとしたが、おそらく戦闘時のエンジン被弾が原因でニューギニア北海岸のイワイア村近くに不時着した。彼はオーストラリア軍への投降を拒否し、射殺された。
6月1日	第2中隊 宮崎儀太郎飛曹長	第8戦闘群のエアラコブラ搭乗員ビル・ベネット大尉にポートモレスビー西のボエラ村付近で撃墜された。機体は二一型で、製造番号は三菱3537、小隊長機で尾翼記号はV-114と思われる。
6月9日	吉野俐飛曹長	エアラコブラ搭乗員クーラン・「ジャック」・ジョーンズ少尉によりワードハント岬上空で撃墜され、海上へ墜落。吉野が搭乗していたのは分隊長機で、尾翼記号はV-117と思われる。
6月9日	菊地左京1飛曹	エアラコブラ搭乗員ディック・スーア少尉によりワードハント岬上空で被撃墜。
6月16日	日高武一郎1飛兵	エアラコブラ搭乗員フランシス・ロイヤル中尉によりワードハント岬上空で撃墜された。
7月4日	水津三夫1飛兵	水津三夫1飛兵がラエ付近でニューギニア北海岸をポートモレスビーに向かっていた米陸軍航空軍編隊のB-26に体当たりし、両機とも墜落した。体当たりが意図的なものか否かは不明。
7月11日	鈴木松己3飛曹	B-17Eの銃手によりニューギニアのクレティン岬付近で撃墜され、機は海面に激突した。
7月20日	栗原克美中尉 小林克巳1飛曹 宮運一2飛曹 大西要四3飛曹	栗原克美中尉、小林克巳1飛曹、宮運一2飛曹、大西要四3飛曹ら台南空搭乗員4名がラエで給油後、ラバウルへ向けて帰路についたが、悪天候のためニューブリテン島方面のダンピール海峡で消息を絶った。
8月2日	本吉義雄1飛兵	第19爆撃群のB-17E銃手によりブナ沖で撃墜された。

日付 (すべて1942年)	搭乗員	場所および状況
8月2日	徳永有飛曹長（操） 斑目昇1飛曹（偵） 森下八郎1飛兵（電）	まだ3回目の作戦だった徳永有飛曹長を機長とする二式陸偵が、オーウェンスタンレー山脈上空で第41戦闘飛行隊のエアラコブラ搭乗員エルバート・シンズ少尉により撃墜。本機はブナからポートモレスビーへ進撃中だった南海支隊の状況を偵察していたものと思われる。
8月4日	華廣恵隆2飛曹（操） 長谷川亀市飛曹長（偵）	長谷川亀市飛曹長を機長とする九八陸偵がミルン湾付近でRAAF第76飛行隊搭乗員P・A・アッシュにより撃墜された。これは同飛行隊の太平洋戦争における初撃墜。
8月13日	村田功中尉	ラエで作戦中に戦死しているが、詳細は不明。
8月14日	新井正美3飛曹	悪天候下、B-17E銃手によりブナの北東約100浬で撃墜された。
8月17日	徳重宣男2飛曹	悪天候のため、ニューブリテン島南海岸付近で消息を絶つ。
8月26日	中野鉢3飛曹	ブナ飛行場からの離陸時、エアラコブラ搭乗員ジョージ・ヘルヴェストン少尉とジェラルド・ロバーツ少尉の協同攻撃により撃墜された。
8月27日	二宮喜八1飛兵	ミルン湾上空でRAAFキティホーク搭乗員ロイ・リッデルまたはレス・ジャクソンにより被撃墜。
8月27日	山下貞雄1飛曹	ミルン湾上空でRAAFキティホーク搭乗員ロイ・リッデルまたはレス・ジャクソンにより被撃墜。
8月27日	柿本円次2飛曹	ミルン湾でオーストラリア兵の小火器によりエンジンへ被弾し、不時着水した。数日後捕虜になった彼はカウラ捕虜収容所へ送られた。オーストラリア軍は彼の乗機を回収しようとしたが失敗し、零戦三二型の製造番号3015、尾翼記号V-174のみ確認。
8月27日	山下丈二大尉	ミルン湾でオーストラリア兵の小火器によりエンジンへ被弾し、飛行場裏のジャングルに墜落した。同機の尾翼記号はおそらくV-107。
8月27日	松田武男3飛曹	ブナ付近でエアラコブラに被撃墜。
10月5日	谷津倉団次1飛兵	何らかの原因により作戦中に消息を絶った。場所は不明だが、おそらくラバウル。
10月12日	中沢恒好1飛兵	何らかの原因により作戦中に消息を絶った。場所は不明だが、おそらくラバウル。
10月29日	米川正吉2飛曹	戦病死。
11月1日	金子敏雄1飛曹	ラエ付近で米陸軍航空軍第8戦闘飛行隊のP-40E搭乗員デイ少尉により撃墜された。

※本表はニューギニア戦線に限ったもので、ガダルカナル方面での戦死者を含んでいない。また、不時着や不時着水などで機体は失なわれても搭乗員が無事なケースも除いている。

月別損失機数

月	戦闘機による 被撃墜	爆撃機による 被撃墜	地上砲火による 被撃墜	戦闘損傷による 全損	その他原因	各月合計損失
4	3	1	／	／	2	6
5	4	1	1	3	1	10
6	4	／	／	／	／	4
7	／	2	／	／	3	5
8	6	2	1	2	1	12
9	／	／	／	／	／	／
10	／	／	／	／	1	1
11	1	／	／	／	／	1
合計	18	6	2	5	8	39

注1：戦闘損傷による全損とは、不時着／不時着水などによるもの。
注2：その他原因とは、天候、飛行事故などによる。

資料3：
台南空/251空戦闘統計1942年4月1日〜11月10日

原著者が行動調書などの日本側資料により整理した戦闘統計。戦闘機隊、陸偵隊
とも作戦数に移動および連絡は含まず、途中引き返しは機械的故障によるもの。

撃墜機の形式と機数

	戦闘機隊								陸偵隊								
月	日数	作戦数	作戦数/日	ソーティ数	ソーティ数/作戦数	途中引返し	途中引返し/ソーティ数	被撃墜数	被撃墜数/ソーティ数	日数	作戦数	作戦数/日	ソーティ数	ソーティ数/作戦数	途中引返し	途中引返し/ソーティ数	被撃墜数	被撃墜数/ソーティ数
4	30	243	8.1	639	2.63	4	0.9	4	0.62									
5	31	224	7.22	835	3.72	9	1.08	7	0.83									
6	30	84	2.8	485	5.77	5	1.03	4	0.82	17	20	1.17	20	1	/	/	/	/
7	31	64	2.06	381	5.95	3	0.79	2	0.53	31	38	1.22	38	1	/	/	/	/
8	31	78	2.52	327	4.19	1	0.3	9	2.75	31	39	1.25	39	1	/	/	2	5.12
9	30	32	1.06	145	4.53	1	0.69	/	/	30	23	0.76	23	1	1	4.3	/	/
10	31	21	0.67	114	5.42	/	/	/	/	31	6	0.19	6	1	1	16.6	/	/
11	10	6	0.6	37	6.16	/	/	1	2.7	10	1	0.1	1	1	/	/	/	/
合計	224	752	3.35	2,963	3.94	23	0.77	27	0.91	150	127	0.84	127	1	2	1.57	2	1.57
総計										224	879	3.92	3,090	3.51	25	0.8	29	0.94

資料4：
ニューギニア戦線における台南空/251空の撃墜数の検証
1942年4月1日〜11月10日

撃墜機数の上位者

順位	氏名＆階級	撃墜数
1	笹井 醇一 中尉	5.5
2	太田 敏夫 1飛曹	5.3
3	坂井 三郎 1飛曹	4.3
4	西澤 廣義 1飛曹	3.9
5	吉野 俐 飛曹長	3.4
6	山崎市郎平 2飛曹	3.3
7	遠藤 桝秋 3飛曹	3.1
8	山下 佐平 飛曹長	2.7
9	山下 丈二 大尉	2.5
10	米川 正吉 2飛曹	2.1

撃墜機の形式と機数

機体形式	機数
P-40E キティホーク／ウォーホーク	17
B-17E／F フライングフォートレス	5
P-39／P-400 エアラコブラ	38
A-24 バンシー	5
B-25C／D ミッチェル	10
ロッキード・ハドソン	1
B-26 マローダー	5
合計	81

　この表の編纂における方法論は単純明快だったが、問題は撃墜の定義だった。判断が難しかった例として1942年8月9日に不時着水したハリー・ホーソーンのB-17Eがある。その直接原因は計器故障による機位喪失だが、この故障は戦闘により発生したものなので撃墜に含めた。またA-24銃手のラルフ・サム軍曹の1942年7月29日の死は、彼の手を貫いた台南空機の弾丸よりも、ミルン湾の病院での敗血症治療の失敗が原因としては大きいため、戦死者に含めなかった。このような判断についての議論は大歓迎である。
　しかしこうした判断はここでの戦果集計に対してほとんど影響しないはずである。

　この表から確認されたのは、台南空は、その連合軍側のライバルと同じく、戦果申告が非常に過大だったこと。行動調書では戦果を搭乗員個人のものとする場合と、集団全体のものとする場合があった。
　集団で申告されている場合はこれを関係者全員に等分した。非科学的ではあるが、これは当時の公式な方針によるものであり、動かせないと見なすべきだろう。戦果が報じられても、実際には相手側に被撃墜機がなかった日は、当然ながら実に多かった。「確実撃墜」はどの事例でも実際の撃墜を大きく上回っていたので、「未確認撃墜」は無視し、「確実撃墜」を検証していくのが堅実な方法だろう。
　多くの事例、特にエアラコブラの場合、機体が撃墜されてもパイロットが脱出して戦列に復帰した事例がかなりあった。また飛行機が不時着して全損となった事例もある。この両者は撃墜に含めた。

　結果は驚くべきものだった。それはこれまで戦後の書籍でよく引用されてきた高い撃墜数とはまったく異なり、本有名部隊の「エース」を定義しなおすことになった。ガダルカナル戦を除外した、ニューギニア戦における台南空の撃墜数トップテンは以下のとおりである。

　台南空との戦闘で戦死した連合軍搭乗員は148名で、撃墜された航空機は計81機だった。機種別の内訳は以下のとおりである。

撃墜状況と戦果の算定

日付 (1942年)	被撃墜機	撃墜者	戦死者数	搭乗員名／備考
4月6日	キティホークA29-9	吉野俐飛曹長 丹幸久2飛曹（各0.5機）	−	レス・ジャクソン大尉はブートレス湾に不時着水した。
4月6日	キティホークA29-32	吉野俐飛曹長 丹幸久2飛曹（各0.5機）	−	エドマンド・ジョンソン少尉はポートモレスビー南東に不時着した。
4月9日	キティホークA29-24	宮運一2飛曹 後藤竜助3飛曹 木村裕3飛曹（各0.33機）	−	ジョン・ジャクソン少佐はラエ付近で撃墜されたが、ポートモレスビーへ帰還した。
4月11日	キティホークA29-38	米川正吉3飛曹 羽藤一志3飛曹（各0.5機）	1	ドン・ブラウン軍曹はサラマウアで捕虜になった。
4月11日	A-24 #41-15773	吉野俐飛曹長（1機）	2	ガス・キッチンズ少尉はラエ付近で撃墜された。
4月17日	キティホークA29-7	吉野俐飛曹長 本田敏秋3飛曹 後藤竜助3飛曹（各0.33機）	1	バーニー・クレスウェル少佐。
4月18日	マローダー #40-1400	笹井醇一中尉ほか 氏名不明5名（各0.16機）	5	ウィリアム・ガーネット大尉(戦死)はラバウルの南方で撃墜された。副操縦士フランク・A・コーツ少尉(戦死)、航法士ニュウェル・A・ウェルズ少尉(戦死)、爆撃手ウィリアム・クルックス少尉(戦死)、機上整備員サンガー・E・リード伍長(生存、捕虜)、通信手セロン・K・ルッツ2等軍曹(生存、捕虜)、銃手リース・S・デイヴィーズ伍長(戦死)。
4月18日	キティホークA29-47	太田敏夫2飛曹 和泉秀雄2飛曹（各0.5機）	1	A・H・ボイド大尉はポートモレスビー近くのソゲリ台地に撃墜された。
4月24日	キティホークA29-43	笹井醇一中尉 和泉秀雄2飛曹 宮崎儀太郎飛曹長（各0.33機）	1	オズワルド・シャノン少尉が空戦中にポートモレスビー付近で撃墜された。
4月24日	キティホークA29-29	笹井醇一中尉 和泉秀雄2飛曹 宮崎儀太郎飛曹長（各0.33機）	−	マイケル・バトラー軍曹は空戦中にポートモレスビー付近に不時着した。
4月24日	キティホークA29-76	笹井醇一中尉 和泉秀雄2飛曹 宮崎儀太郎飛曹長（各0.33機）	−	ボブ・クロフォード軍曹は空戦中にポートモレスビー付近に不時着水した。
4月28日	キティホークA29-8	和泉秀雄2飛曹（1機）	1	ジョン・ジャクソン少佐はポートモレスビー付近で撃墜された。
4月30日	エアラコブラP-39F #41-7128	遠藤桝秋3飛曹 有田義助2飛曹（各0.5機）	1	エドワード・デュランド中尉はムボ村の南東で撃墜された。
5月2日	キティホークA29-48	西澤廣義1飛曹 太田敏夫1飛曹 坂井三郎1飛曹 本田敏秋2飛曹 日高武一郎1飛兵（各0.2機）	1	D・W・マンロー軍曹はポートモレスビー付近で撃墜された。
5月3日	エアラコブラP-39D #41-6909	西澤廣義1飛曹 坂井三郎1飛曹 本吉義雄1飛兵（各0.33機）	1	ジョセフ・ラヴェット少尉。
5月3日	エアラコブラP-39D #41-6956	西澤廣義1飛曹 坂井三郎1飛曹 本吉義雄1飛兵（各0.33機）	1	チャールズ・シュウィマー少尉。
5月4日	エアラコブラP-39D #41-6971	半田亘理飛曹長（1機）	1	パトリック・アームストロング少尉、ジェフォード・フッカー少尉、ヴィクター・タルボット少尉が悪天候のため行方不明になったが、半田はこの日、撃墜1機を申告している。
5月8日	B-25C #41-12486	上原定夫3飛曹 小林武1飛兵（各0.5機）	2	台南空零戦との銃撃戦後、リーランド・ウォーカー少尉はダウゴ島に不時着した。搭乗員2名が戦死。
5月8日	エアラコブラP-39F #41-7188	吉田素綱1飛曹（1機）	−	ガイ・アルヴァ・ホーキンス少尉は空戦中にヴァリヴァリ島に不時着した。

日付 (1942年)	被撃墜機	撃墜者	戦死者数	搭乗員名／備考
5月12日	エアラコブラ P-39D #41-6802	河合四郎大尉 西澤廣義1飛曹 日高武一郎1飛兵 本田敏秋2飛曹(各0.25機)	1	戦闘で負傷したロバート・ワイルド少尉は不時着したが、操縦席内で死亡した。
5月13日	(B-25C、機体は失われず)	半田亘理飛曹長 新井正美3飛曹 西澤廣義1飛曹 山崎市郎平2飛曹 山本健一郎1飛兵(各0.2機)	1	本機が7マイルに着陸する際、尾部銃手アルヴィン・トロイアー1等兵が銃撃により戦死した。
5月13日	エアラコブラ P-39D #41-6945	半田亘理飛曹長 新井正美3飛曹 西澤廣義1飛曹 山崎市郎平2飛曹 山本健一郎1飛兵(各0.2機)	－	ハーヴェイ・カーペンター中尉はヴァリ島付近で脱出し、戦列に復帰した。
5月17日	エアラコブラ P-39F #41-7122	西澤廣義1飛曹 羽藤一志3飛曹 吉野俐飛曹長 新井正美3飛曹 山崎市郎平2飛曹(各0.2機)	－	ジェシー・ブランド少尉はポートモレスビーのピラミッド岬沖に不時着水した。
5月18日	エアラコブラ(シリアル不明)	熊谷賢一3飛曹 国分武一3飛曹 吉野素綱1飛曹(各0.33機)	1	ウィリアム・プレイン少尉がポートモレスビー付近で撃墜された。
5月23日	B-25C #41-12462	宮崎儀太郎飛曹長 羽藤一志3飛曹 宮運一2飛曹 国分武一3飛曹 渡辺政雄1飛兵(各0.2機)	－	ヘンリー・キール中尉はブナ近くのロエナ岬沖に不時着水した。搭乗員たちは捕虜になり、処刑された。
5月23日	B-25C #41-12491	宮崎儀太郎飛曹長(1機)	3	ウィズリー・ディキンソン中尉はブナ付近に墜落した。搭乗員2名が生還。
5月25日	B-25C #41-12450	笹井醇一中尉 宮崎儀太郎飛曹長 吉野俐飛曹長 太田敏夫1飛曹 熊谷賢一3飛曹 鈴木松己3飛曹 羽藤一志3飛曹 本吉義雄1飛兵 山本健一郎1飛兵 坂井三郎1飛曹 宮運一2飛曹 国分武一3飛曹(各0.083機)	6	ベネット・ウィルソン中尉(戦死)はサラマウア沖で撃墜された。副操縦士ルーサー・P・スミス・Jr少尉(戦死)、爆撃手ルーサー・B・ウォード・Jr3等軍曹(戦死)、機上整備員リーバーン・D・マイヤーズ伍長(戦死)、通信手ロイド・M・ベイリーRAAF軍曹(戦死)、銃塔銃手ヘンリー・R・シェパード伍長(戦死)。
5月25日	B-25C #41-12498	笹井醇一中尉 宮崎儀太郎飛曹長 吉野俐飛曹長 太田敏夫1飛曹 熊谷賢一3飛曹 鈴木松己3飛曹 羽藤一志3飛曹 本吉義雄1飛兵 山本健一郎1飛兵 坂井三郎1飛曹 宮運一2飛曹 国分武一3飛曹(各0.083機)	1	アーヴィン・シアラー中尉(生還)はサラマウア沖で撃墜された。副操縦士ジョージ・C・ファー少尉(生還)、爆撃手アーサー・G・ケリー3等軍曹(戦死)、機上整備員エド・ラッシュ伍長(生還)、通信手トレヴァー・ワイズRAAF軍曹(生還)、銃塔銃手グレン・フリッズル1等兵(生還)。

日付 (1942年)	被撃墜機	撃墜者	戦死者数	搭乗員名／備考
5月25日	B-25C #41-12441 「ザ・ケイジュン」	笹井醇一中尉 宮崎儀太郎飛曹長 吉野俐飛曹長 太田敏夫1飛曹 熊谷賢一3飛曹 鈴木松己3飛曹 羽藤一志3飛曹 本吉義雄1飛兵 山本健一郎1飛兵 坂井三郎1飛曹 宮運一2飛曹 国分武一3飛曹（各0.083機）	7	サラマウア付近の洋上で撃墜された。ハーマン・F・ロウェリー少佐(戦死)、副操縦士シドニー・W・ジェイコブソン少尉(戦死)、爆撃手ウィリアム・B・ウェリー3等軍曹(戦死)、機上整備員カーロス・E・スピラーズ軍曹(戦死)、銃手ノア・フレスケス伍長(戦死)、ウィズリー・J・ヘイズ軍曹(戦死)、便乗者マックスウェル・ヴァーノン・ルイスRAAF少佐(戦死)。
5月25日	B-25C #41-12466 「オスカーXIII」	笹井醇一中尉 宮崎儀太郎飛曹長 吉野俐飛曹長 太田敏夫1飛曹 熊谷賢一3飛曹 鈴木松己3飛曹 羽藤一志3飛曹 本吉義雄1飛兵 山本健一郎1飛兵 坂井三郎1飛曹 宮運一2飛曹 国分武一3飛曹（各0.083機）	5	アーデン・ルリソン中尉、副操縦士ドナルド・C・ミッチェル少尉(生還)、爆撃手レイモンド・A・オリヴァー軍曹(戦死)、機上整備員ウィリアム・A・マッチ・Jr伍長(戦死)、無線銃手アーサー・I・フライデーRAAF軍曹(戦死)、銃塔銃手ガイ・E・クラントン軍曹(戦死)。
5月25日	B-25C #41-12448	笹井醇一中尉 宮崎儀太郎飛曹長 吉野俐飛曹長 太田敏夫1飛曹 熊谷賢一3飛曹 鈴木松己3飛曹 羽藤一志3飛曹 本吉義雄1飛兵 山本健一郎1飛兵 坂井三郎1飛曹 宮運一2飛曹 国分武一3飛曹（各0.083機）	6	ジョン・E・ヘッセルバース中尉(戦死)、副操縦士ジョセフ・W・ファーガソン少尉(戦死)、爆撃手アイヴァン・M・ライト3等軍曹(戦死)、銃手ジョージ・E・シグピン伍長(戦死)、ヒュー・W・ダグラス伍長(戦死)、アルバート・H・スミス伍長(戦死)。
5月26日	エアラコブラP-39F #41-7221	笹井醇一中尉 吉野俐飛曹長 太田敏夫1飛曹 羽藤一志3飛曹 坂井三郎1飛曹 宮運一2飛曹 国分武一3飛曹 米川正吉2飛曹（各0.125機）	1	アーサー・シュルツ少尉はワウ付近で撃墜された。
5月27日	エアラコブラP-39F #41-7153	吉野俐飛曹長 国分武一3飛曹 西澤廣義1飛曹 熊谷賢一3飛曹 水津三夫1飛兵 日高武一郎1飛兵（各0.166機）	1	アルヴァ・ホーキンス少尉はポートモレスビー付近で行方不明となった。
5月27日	エアラコブラP-39F #41-7162	吉野俐飛曹長 国分武一3飛曹 西澤廣義1飛曹 熊谷賢一3飛曹 水津三夫1飛兵 日高武一郎1飛兵（各0.166機）	－	T・W・ホーンズビー大尉はポートモレスビー沖に不時着水した。ホーンズビーは味方機に撃墜された可能性がある。

日付(1942年)	被撃墜機	撃墜者	戦死者数	搭乗員名／備考
5月28日	エアラコブラ P-39D #41-6970	山崎市郎平 2 飛曹 遠藤桝秋 3 飛曹 太田敏夫 1 飛曹 日高武一郎 1 飛兵 吉田素綱 1 飛曹 栗原克美中尉 西澤廣義 1 飛曹 鈴木松己 3 飛曹(各 0.125 機)	－	ワード少尉はポートモレスビー近くのガイレ村付近に不時着した。
5月28日	エアラコブラ P-39F #41-7190	山崎市郎平 2 飛曹 遠藤桝秋 3 飛曹 太田敏夫 1 飛曹 日高武一郎 1 飛兵 吉田素綱 1 飛曹 栗原克美中尉 西澤廣義 1 飛曹 鈴木松己 3 飛曹(各 0.125 機)	－	ワイアット・イグザム大尉はポートモレスビー付近で脱出した。
5月28日	エアラコブラ(シリアル不明)	山崎市郎平 2 飛曹 遠藤桝秋 3 飛曹 太田敏夫 1 飛曹 日高武一郎 1 飛兵 吉田素綱 1 飛曹 栗原克美中尉 西澤廣義 1 飛曹 鈴木松己 3 飛曹(各 0.125 機)	－	アート・アンドレス少尉はポートモレスビー付近で脱出した。
5月28日	B-26 #40-1467	笹井醇一中尉 水津三夫 1 飛兵 坂井三郎 1 飛曹 熊谷賢一 3 飛曹(各 0.25 機)	7	スピアーズ・ランフォード中尉、副操縦士ジェラルド・W・マクルーン少尉、航法士ジョン・T・ムーア少尉、爆撃手ラッセル・R・ブラッドレー 2 等軍曹、通信手 D・A・マーティン・Jr 軍曹、機上整備員レイモンド・A・アレンデル伍長、銃手アンソニー・J・ペティッティ 2 等兵らはサラマウア付近の洋上で撃墜され、全員が戦死した。
5月28日	B-26 #40-1518「コサック」	笹井醇一中尉 水津三夫 1 飛兵 坂井三郎 1 飛曹 熊谷賢一 3 飛曹(各 0.25 機)	1	機首にいた航法士レオン・カリーナ少尉がポートモレスビーへ帰還中、戦死した。機は 7 マイルに胴体着陸した。
5月29日	エアラコブラ P-39F #41-7116	古森久雄 2 飛曹 国分武一 3 飛曹 大西要四三 3 飛曹 熊谷賢一 3 飛曹(各 0.25 機)	－	グローヴァー・ゴールソン少尉はリゴ付近で脱出した。
6月1日	エアラコブラ P-39D #41-6942「バトリン・アニー」	山下政雄大尉 西澤廣義 1 飛曹 新井正美 3 飛曹 二宮喜八 1 飛兵 笹井醇一中尉 米川正吉 2 飛曹 遠藤桝秋 3 飛曹 坂井三郎 1 飛曹 宮運一 2 飛曹 日高武一郎 1 飛兵(各 0.1 機)	1	トーマス・ルーニー少尉はポートモレスビー付近で行方不明になった。
6月1日	エアラコブラ P-39F #41-7200	山下政雄大尉 西澤廣義 1 飛曹 新井正美 3 飛曹 二宮喜八 1 飛兵 笹井醇一中尉 米川正吉 2 飛曹 遠藤桝秋 3 飛曹 坂井三郎 1 飛曹 宮運一 2 飛曹 日高武一郎 1 飛兵(各 0.1 機)	－	ウィリアム・ホスフォード少尉はポートモレスビー付近で脱出した。

日付 (1942年)	被撃墜機	撃墜者	戦死者数	搭乗員名／備考
6月1日	エアラコブラ P-39F #41-7194	山下政雄大尉 西澤廣義1飛曹 新井正美3飛曹 二宮喜八1飛兵 笹井醇一中尉 米川正吉2飛曹 遠藤桝秋3飛曹 坂井三郎1飛曹 宮運一2飛曹 日高武一郎1飛兵(各0.1機)	－	ジェントリー・プランケット少尉はポートモレスビー付近で脱出した。
6月9日	B-26 #40-1508 「ザ・ヴァージニアン」	河合四郎大尉 笹井醇一中尉 吉野俐飛曹長 栗原克美中尉 山下佐平飛曹長 坂井三郎1飛曹 西澤廣義1飛曹 吉田素綱1飛曹 太田敏夫1飛曹 菊地左京1飛曹 小林克巳1飛曹 宮運一2飛曹 石川清治2飛曹 米川正吉2飛曹 鈴木松己3飛曹 遠藤桝秋3飛曹 大西要四三3飛曹 岡野博3飛曹 新井正美3飛曹 国分武一3飛曹 吉村啓作1飛兵 二宮喜八1飛兵 日高武一郎1飛兵 山本健一郎1飛兵 山本末広1飛兵(各0.04機)	8	操縦士ウィリス・G・ベンチ中尉、副操縦士ローン・アラン・ジョン・パスモアRAAF少尉、爆撃手アレックス・マクーチ伍長、航法士ハロルド・P・ベック少尉、通信手サミュエル・シーゲル2等軍曹、機上整備員ジョージ・H・マイルズ伍長、銃手ロバート・A・ロックフェラー伍長、便乗者フランシス・R・スティーヴンス米陸軍中佐らはサラマウア付近の洋上で撃墜された。
6月16日	エアラコブラ P-39F #41-7204	吉田素綱1飛曹 西澤廣義1飛曹 国分武一3飛曹 吉村啓作1飛兵 山下佐平飛曹長 小林克巳1飛曹 笹井醇一中尉 太田敏夫1飛曹 坂井三郎1飛曹 日高武一郎1飛兵(各0.1機)	－	ハーヴェイ・レーラー少尉はブラウン川付近で脱出した。
6月16日	エアラコブラ P-400 英軍シリアルAP348	吉田素綱1飛曹 西澤廣義1飛曹 国分武一3飛曹 吉村啓作1飛兵 山下佐平飛曹長 小林克巳1飛曹 笹井醇一中尉 太田敏夫1飛曹 坂井三郎1飛曹 日高武一郎1飛兵(各0.1機)	－	トーマス・リンチ中尉はブートレス湾上空で脱出した。

日付 (1942年)	被撃墜機	撃墜者	戦死者数	搭乗員名／備考
6月16日	エアラコブラP-39F #41-6941	吉田素綱1飛曹 西澤廣義1飛曹 国分武一3飛曹 吉村啓作1飛兵 山下佐平飛曹長 小林克巳1飛曹 笹井醇一中尉 太田敏夫1飛曹 坂井三郎1飛曹 日高武一郎1飛兵(各0.1機)	1	ポール・マグル少尉機はハーキュリーズ湾付近に墜落した。
6月16日	エアラコブラP-39F #41-7136	吉田素綱1飛曹 西澤廣義1飛曹 国分武一3飛曹 吉村啓作1飛兵 山下佐平飛曹長 小林克巳1飛曹 笹井醇一中尉 太田敏夫1飛曹 坂井三郎1飛曹 日高武一郎1飛兵(各0.1機)	1	スタンレー・ライス少尉機はポートモレスビー付近に墜落した。
6月16日	エアラコブラP-39F #41-7222	吉田素綱1飛曹 西澤廣義1飛曹 国分武一3飛曹 吉村啓作1飛兵 山下佐平飛曹長 小林克巳1飛曹 笹井醇一中尉 太田敏夫1飛曹 坂井三郎1飛曹 日高武一郎1飛兵(各0.1機)	−	ウィリアム・ハッチソン中尉はポートモレスビー付近で脱出した。
6月18日	エアラコブラP-400 英軍シリアルBX169	山下佐平飛曹長 太田敏夫1飛曹(各0.5機)	−	カール・ローチ中尉はヴァナパ川付近で脱出した。
6月18日	エアラコブラP-39F #41-7140	山下佐平飛曹長 太田敏夫1飛曹(各0.5機)	−	ジョージ・バートレット中尉はソゲリ付近で脱出した。
6月18日	エアラコブラP-400 英軍シリアルAP361	山下佐平飛曹長 太田敏夫1飛曹(各0.5機)	−	ドナルド・グリーン中尉はシュウィマー飛行場付近で脱出した。
6月26日	エアラコブラP-39F #41-7137	米川正吉2飛曹 上原定夫3飛曹 吉田素綱1飛曹(各0.33機)	1	ウィリアム・ストーター中尉はロロナ付近で行方不明になった。
7月4日	エアラコブラP-39F #41-7148	新井正美3飛曹 羽藤一志3飛曹 国分武一3飛曹 山下丈二大尉 山崎市郎平2飛曹 岡野博3飛曹 山下佐平飛曹長 大西要四三3飛曹(各0.125機)	−	ジェームズ・フォスター少尉はポートモレスビー近くのブラウン川上空で脱出した。
7月4日	エアラコブラP-400 英軍シリアルAP378	新井正美3飛曹 羽藤一志3飛曹 国分武一3飛曹 山下丈二大尉 山崎市郎平2飛曹 岡野博3飛曹 山下佐平飛曹長 大西要四三3飛曹(各0.125機)	−	フランク・アンジア少尉はボエラ村付近に不時着した。

日付 (1942年)	被撃墜機	撃墜者	戦死者数	搭乗員名／備考
7月4日	エアラコブラ P-39F #41-7148	新井正美3飛曹 羽藤一志3飛曹 国分武一3飛曹 山下丈二大尉 山崎市郎平2飛曹 岡野博3飛曹 山下佐平飛曹長 大西要四三3飛曹(各0.125機)	―	ウィルモット・マーロット少尉はポートモレスビー付近で脱出した。
7月4日	B-26 #40-1468	水津三夫1飛兵(1機)	7	ミルトン・C・ジョンソン中尉、副操縦士ローレンス・I・ウェーナー少尉、航法士ジョン・F・デイリー・Jr少尉、爆撃手フィリップ・L・ジャンダー少尉、機上整備員ウィリアム・C・スミス2等軍曹、通信手トーマス・A・モーガン軍曹、銃手ヴァーノン・D・ハドルストン伍長ら、7名が戦死。水津1飛兵の零戦が爆撃機に衝突し、全搭乗員が死亡した。
7月6日	エアラコブラP-400英軍シリアルAP377	笹井醇一中尉 山崎市郎平2飛曹 遠藤桝秋3飛曹 新井正美3飛曹(各0.25機)	1	ハワード・ウェルカー少尉。
7月11日	エアラコブラP-400（英軍シリアル不明）	羽藤一志3飛曹 西澤廣義1飛曹(各0.5機)	1	オーヴィル・カートランド少尉はポートモレスビー付近で撃墜された。
7月22日	RAAFハドソンA16-201	笹井醇一中尉 太田敏夫1飛曹 遠藤桝秋3飛曹 坂井三郎1飛曹 米川正吉2飛曹 茂木義男3飛曹(各0.166機)	4	ポポガ村付近のジャングルで撃墜。ウォーレン・フランク・コーワン少尉、ラッセル・ブラッドバーン・ポラック軍曹、ロウリー・エドウィン・シアード軍曹、デイヴィッド・リード・テイラー少尉。
7月25日	エアラコブラ（シリアル不明）	山崎市郎平2飛曹 二宮喜八1飛兵(各0.5機)	1	フランク・ビーソン少尉はドボドゥラ付近で撃墜された。
7月25日	エアラコブラBW117	山崎市郎平2飛曹 二宮喜八1飛兵(各0.5機)	―	デイヴィッド・ホイヤー少尉は負傷し、機体は全損となった。
7月26日	B-25C #41-12792「オーロラ」	笹井醇一中尉 高塚寅一飛曹長 佐藤昇3飛曹 坂井三郎1飛曹 太田敏夫1飛曹 米川正吉2飛曹 遠藤桝秋3飛曹 本吉義雄1飛兵 茂木義男3飛曹(各0.11機)	4	ブナ付近で撃墜。フランク・ピーター・ベンダー大尉(生還)、副操縦士エドガー・ホレイス・ホーターRAAF軍曹(戦死)、爆撃手ロバート・T・ミドルトン軍曹(戦死)、上部銃塔銃手アーノルド・M・トンプソン3等軍曹(生還)、機上整備員ヴァーノン・マクブルーム軍曹(戦死)、銃手イアン・シェットウッド・ハミルトン軍曹(戦死)。
7月26日	B-25C #41-12470	笹井醇一中尉 高塚寅一飛曹長 佐藤昇3飛曹 坂井三郎1飛曹 太田敏夫1飛曹 米川正吉2飛曹 遠藤桝秋3飛曹 本吉義雄1飛兵 茂木義男3飛曹(各0.11機)	5	ブナ付近で撃墜。ラルフ・L・シュミット中尉、副操縦士エドワード・トンプソン・モブスビーRAAF中尉、爆撃手ロバート・L・バーロウ3等軍曹、銃塔銃手ウォルター・N・クック・Jr伍長、通信手リチャード・M・ウォーラス伍長。
7月29日	A-24 #41-15797	山下丈二大尉 山崎市郎平2飛曹 高塚寅一飛曹長 西浦国松2飛曹 二宮喜八1飛兵 大木芳男1飛曹 後藤竜助3飛曹(各0.14機)	2	洋上で撃墜、海面に激突。フロイド・W・ロジャース少佐、銃手ロバート・E・ニコルズ伍長。

日付 (1942年)	被撃墜機	撃墜者	戦死者数	搭乗員名／備考
7月29日	A-24 #41-15766	山下丈二大尉 山崎市郎平2飛曹 高塚寅一飛曹長 西浦国松2飛曹 二宮喜八1飛兵 大木芳男1飛曹 後藤竜助3飛曹(各0.14機)	2	クロード・ディーン少尉とアラン・ラロック軍曹は脱出したが、何者かに捕まり処刑された。
7月29日	A-24 #41-15751	山下丈二大尉 山崎市郎平2飛曹 高塚寅一飛曹長 西浦国松2飛曹 二宮喜八1飛兵 大木芳男1飛曹 後藤竜助3飛曹(各0.14機)	2	ジョセフ・パーカー少尉とフランクリン・ホップ伍長は脱出したが、何者かに捕まり処刑された。
7月29日	A-24 #41-15798	山下丈二大尉 山崎市郎平2飛曹 高塚寅一飛曹長 西浦国松2飛曹 二宮喜八1飛兵 大木芳男1飛曹 後藤竜助3飛曹(各0.14機)	2	ロバート・カッセルズ中尉とロリー・ルブーフ軍曹は脱出したが、おそらく捕虜になり処刑された。
8月2日	B-17E #41-2435	笹井醇一中尉(1機)	8	ブナ付近で撃墜。ウィリアム・H・ワトソン中尉、ジョン・F・プットマン中尉、ジェームズ・O・エッター中尉、ロバート・A・アバディ2等軍曹、ユージン・M・クレメンツ3等軍曹、レオ・T・ランタ軍曹(生還)、ロバート・V・コプリー軍曹、フィリップ・A・ディール伍長、ウィリアム・H・パーカー軍曹。
8月2日	エアラコブラP-400 英軍シリアルAP290	高塚寅一飛曹長 松木進2飛曹 坂井三郎1飛曹 太田敏夫1飛曹 羽藤一志3飛曹(各0.2機)	1	ジェス・ドーア中尉はアンバシ付近で撃墜された。
8月2日	エアラコブラP-400 英軍シリアルAP232	高塚寅一飛曹長 松木進2飛曹 坂井三郎1飛曹 太田敏夫1飛曹 羽藤一志3飛曹(各0.2機)	1	ジェシー・ヘイグ中尉はアンバシ付近で撃墜された。捕虜になり、処刑された。
8月7日	B-17E #41-2429	(2空との協同撃墜) 山下丈二大尉 村田功中尉 一木利之2飛曹 大野竹好中尉 大木芳男1飛曹 中本正2飛曹 新井正美3飛曹 米川正吉2飛曹 田中三一郎1飛曹 茂木義男3飛曹 福森大三3飛曹(各0.04機)	9	ラバウル付近で撃墜。ハール・ピース・Jr大尉(捕虜、のち処刑)、副操縦士フレデリック・ウェントワース・アープRAAF1等軍曹、爆撃手ロバート・B・バールソン中尉、機上整備員レックス・E・マトソン2等軍曹、通信手アルヴァー・A・リーマタイネン軍曹、航法士リチャード・M・ウッド少尉、銃手デイヴィッド・ブラウン軍曹、銃手チェスター・M・チェコウスキ軍曹(捕虜、のち処刑)、フレッド・W・オッテル軍曹。
8月9日	B-17E #41-2643	河合四郎大尉 山崎市郎平2飛曹 中野鈵3飛曹 菅原養蔵1飛兵 笹井醇一中尉 山下丈二大尉 柿本円次2飛曹 佐藤昇3飛曹 本多秀三1飛兵 村田功中尉 山下貞雄1飛曹 伊藤勲3飛曹 結城国輔中尉 上原定夫3飛曹(各0.07機)	9	ラバウル付近で撃墜。ヒュー・S・グランドマン中尉、副操縦士リロイ・F・フォルツ中尉、ドナルド・L・ボーナム少尉、フランク・M・バートン・Jr少尉、ウィリアム・A・タカラ1等兵、ジェームズ・T・マクヒュー・Jr、ハリー・T・アイルズ、ケネス・E・デイク、ロバート・E・マクルーア。

日付 (1942年)	被撃墜機	撃墜者	戦死者数	搭乗員名／備考
8月9日	B-17E #41-2452	河合四郎大尉 山崎市郎平2飛曹 中野鉌3飛曹 菅原養蔵1飛兵 笹井醇一中尉 山下丈二大尉 柿本円次2飛曹 佐藤昇3飛曹 本多秀三1飛兵 村田功中尉 山下貞雄1飛曹 伊藤勲3飛曹 結城国輔中尉 上原定夫3飛曹（各0.07機）	—	ラバウル上空の戦闘で計器が損傷したため、ハリー・ホーソーン大尉はマラプラ島付近に不時着水した。搭乗員は全員救助された。
8月11日	RAAFキティホーク A29-123	笹井醇一中尉 太田敏夫1飛曹 松木進2飛曹 遠藤桝秋3飛曹 米川正吉2飛曹（各0.2機）	1	マーク・シェルドン中尉はミルン湾で撃墜された。
8月11日	RAAFキティホーク A29-93	笹井醇一中尉 太田敏夫1飛曹 松木進2飛曹 遠藤桝秋3飛曹 米川正吉2飛曹（各0.2機）	1	アルバート・マクロード中尉はミルン湾で撃墜された。残骸は1967年に確認された。
8月11日	RAAFキティホーク A29-100	笹井醇一中尉 太田敏夫1飛曹 松木進2飛曹 遠藤桝秋3飛曹 米川正吉2飛曹（各0.2機）	1	フランシス・シェリー曹長はミルン湾で撃墜された。
8月11日	RAAFキティホーク A29-84	笹井醇一中尉 太田敏夫1飛曹 松木進2飛曹 遠藤桝秋3飛曹 米川正吉2飛曹（各0.2機）	1	ジョージ・インクスター軍曹はミルン湾で撃墜された。
8月14日	B-17E #41-2656「チーフ・シアトル」	山下佐平飛曹長 岡野博3飛曹 二宮喜八1飛兵 山崎市郎平2飛曹 新井正美3飛曹 大野竹好中尉 山下丈二大尉 柿本円次2飛曹（各0.11機） 山下貞雄1飛曹	10	ニューギニアとニューブリテン島間の洋上で撃墜。ウィルソン・L・クック中尉、副操縦士ジョージ・S・アンドリュースRAAF軍曹、航法士ヒューバート・S・モブリー少尉、爆撃手ジョセフ・R・カニンガム少尉、機上整備員エルウィン・O・ラヒアー2等軍曹、機上整備員エルウィン・O・ラヒアー2等軍曹、副機上整備員ジョン・J・ダンバー2等軍曹、通信手アーヴィング・W・マクマイケル3等軍曹、副通信手チャールズ・M・ハートマン伍長、銃手デイヴィッド・B・ビーティ2等兵、リチャード・K・パストー伍長。
8月26日	エアラコブラP-400 英軍シリアルBW112	山下丈二大尉（1機）	—	ジェラルド・ロジャース少尉はポンガニ付近に不時着水し、その後戦列に復帰した。
8月27日	RAAFキティホーク A29-108	山下丈二大尉 二宮喜八1飛兵 山下貞雄1飛曹 松田武男3飛曹（各0.25機）	1	スチュアート・マンロー少尉はミルン湾付近で行方不明となった。
10月5日	B-25D #41-29701「バトリン・ビフィ」	茂木義男3飛曹 福森大三3飛曹 西澤廣義1飛曹 高橋茂1飛曹 鈴木正之助2飛曹 八並信孝2飛曹 菅原養蔵1飛兵（各0.14機）	7	ニューギニア北海岸で撃墜。テレンス・J・ケアリー中尉、副操縦士ローレン・S・ミーダー少尉、航法士フィリップ・E・ジャメイン少尉、爆撃手ケネス・M・ケイス少尉、無線銃手ポール・D・マケルロイ軍曹、銃手リチャード・J・コンロン1等兵、撮影員ジョン・A・パグリューソ2等軍曹。
11月1日	P-40E-1 #41-36173	遠藤桝秋1飛曹 安井孝三郎上飛曹（各0.5機）	1	グレン・ウォルフォード少尉はラエ付近で撃墜された。

資料5：
台南空の零戦の塗粧とマーキング

初期の零戦の塗装について

　台南海軍航空隊は当初、九六艦戦と三菱または中島製の零戦二一型のみで戦闘任務を実施していたが、1942年7月末に20機の三二型をラバウルで入手した。零戦二一型と三二型はいずれも飴色塗料という半透明琥珀色の特殊塗料が工場で塗装されていた。その時々の周囲の光線の具合により、この色は連合軍パイロットによって、ライトブラウンからグレイグリーン、はてはライトグレーとさまざまに報告されている。戦史研究家のあいだでは今もこの特殊塗料の色調について議論がつづいているが、零戦の設計者である堀越二郎はこの塗装の目的は空気抵抗を減少させて速力を上げるためと述べている。この塗料は半つやで、時間経過とともに褐色へ退色していき、鈍い色になるが、半つやの特性は失わない。この塗料には軽金属の防腐食効果も少なからずあるので、堀越が塗装について言及したのは抵抗減少による速力向上だけではなかったと思われる。あらゆる塗装はさまざまな性質について、目的に合わせて最善の妥協を図っている。

　判明している限り、飴色塗料という語は正式名称というよりは通称的である。この色について最初に言及した公式資料は海軍総司令部が発行した零戦の取扱説明書である。第3章3.1節の第2段落に、「塗料は構造内部に透明塗料（淡青色）を用い、外面は軽金属用特殊塗料（灰鼠色）を施し、表面は磨き仕上げなり」とある。

　この記述にあるのが琥珀色ないし灰褐色の塗料だと思われる。この結論は1942年3月付の横須賀海軍航空隊空技報0266号にある零戦の塗色についての記述によって裏づけられる。

　「現用零式艦戦用塗色はJ3（灰色）のやや飴色がかりたるものなるも、光沢を有する点、実験塗色と異なれり」

　塗料専門家ニック・ミルマンの分析によれば、これが三菱A5M九六艦戦シリーズでの試験に基づいて開発された軽金属専用の塗料であることは明らかであり、その起源はハインケルHe112やHe100などの航空機とともに輸入されたドイツ製の市販塗料、特にジンクイエロー顔料を含む灰色塗料、RLM02にあるという。黒と黄の顔料の反応により、この塗料の緑の彩度は抜けてしまうこともよくある。この塗料の基剤はアナターゼ（鋭錐石）形態の酸化チタニウムで、鋭錐石形態において「チョーキング（白亜化）」する傾向が特徴の白色顔料である。白亜化とは塗膜表面にチョークのような灰色ないし緑青（ろくしょう）状の粉を吹く光化学現象である。暴露による「チョーキング」は塗膜の表面状態をつやありの琥珀がかったグレーから、鈍い鳩色ないし青灰色へ変化させ、さらに時間が経つと最終的にさらに白っぽくなる。これは塗膜が本質的に変質するわけではなく、このチョーク状の物質を拭き取れば下の変質していない塗料が現れる。チョーキングは高温、高紫外線、高湿度が揃った環境で加速されるが、これはまさにニューギニアの気候に合致する。

　各種サンプルからは、この塗装仕上げが半透明である証拠はまったくなかった。塗装サンプルの検証から判明したのは、高品質の不透明塗料であり、つやあり、または半つやで、熟練者によりレッドオキサイドプライマー上に直接スプレー塗装されていたということだった。この塗料のバインダーは樹脂で、当時としては非常に進歩していた。カウリングの塗色はブルーブラックで、RAF塗料の「ナイト」に相当し、チ-43「群青」（ウルトラマリン）とチ-40（カーボンブラック）の顔料を1：4の割合で混合している。ウルトラマリン顔料が天然なのか合成品だったか、カーボンブラック（詳細不明）が中間色または青や褐色の色味があったかなどにより、メーカー間の色調のばらつきが考えられる。塗料が新しい時期には青の色彩がわずかに感じられ、純粋な黒という印象はなく、茄子の色に似ている。ウルトラマリンが加えられたのは塗膜表面を硬化し、耐久性を増すためだった。

　飴色塗料には迷彩効果はなかったが、保護用塗料としての目的が最も大きかった。青白いことは反射性の低下にもつながり、零戦が活動すると考えられたさまざまな作戦条件にうまく対応できたと思われる。その導入は1937～40年にかけて、やはり他の枢軸国および連合国の空軍でニュートラルグレーの塗料に各種の亜鉛酸化物顔料を加えて、軽金属の、特に洋上での腐食防止効果の向上が図られていたことと軌を一にするものだろう。

　アルミニウムで構造を作り、外皮を張った洋上作戦用の航空機は、当時としては進んだコンセプトだった。日本ではクロム酸ストロンチウム（クロム酸亜鉛の代替物として）の商業生産が1940年から始まったばかりで、それ以前は酸化物と黄鉛などのクロム酸鉛を含有する腐食防止塗装が日本では1910年から行なわれていた。多くの塗装とコーティングと同じく、三菱と中島の工場で完成した直後の零戦の姿は、設計と開発と使用目的におけるさまざまな要素を考慮した結果

だった。南太平洋での戦争が本格化すると、迷彩の必要性が高まり、1942年3月に横須賀空で迷彩試験が実施され、その後機体上面に濃緑色の塗装が施されるようになった。

台南空のマーキング

ニューギニアでの台南空のマーキングの起源を理解するには、彼らの零戦がどのようにニューギニアへ配備されたかを、特にその最初の到着時について検証し直すのが良いだろう。ラバウルに最初に出現した零戦は、1942年2月17日に空母祥鳳により4空向けに運ばれてきた新品の6機だった。これらは中島製の製造番号16、17、18、19、910、911だったようだ。うち製造番号16と18の2機は1943年9月にラエで廃棄状態で鹵獲されている。また台南空に編入される前、4空では5機の戦闘損失機があった。最初の喪失機は1942年2月28日に永友勝朗1飛兵の操縦でポートモレスビー初空襲に参加し、カタリナ飛行艇の機銃掃射中に対空砲火で撃墜された。2機目は1942年3月14日に4空が陸攻8機と河合四郎大尉率いる零戦二一型12機でホーン島を攻撃した際に撃墜された。つまり少なくとも12機の戦闘機を保有していた4空は、この日までに10機以上の二一型を受領していたはずである。

ホーン島の初攻撃では2機の二一型が撃墜された。その操縦者は岩崎信寛中尉と大石源吉1飛曹だった。それから1942年3月22日には、ラエで4空の菊地敬司3飛曹の二一型が撃墜された。最後が3月23日に吉井恭一2飛曹の操縦する4空所属の戦闘機で、ポートモレスビーのモリスヒルで撃墜された。この機が製造番号911である可能性があるが、連合軍の調査報告書にその記述はない。

残念ながら尾翼記号の判読できる台南空の九六艦戦の写真は残されていない。おそらくVで始まる記号だったと思われるが、新たに3桁の番号をつけたのか、それまでの4空の番号のままだったのかは不明である。

ニューギニアにおける台南空の部隊編成は搭乗員と機体の容赦ない消耗に変更を強いられていた。理論上は3機で1個小隊、9機で1個中隊、27機で1個飛行大隊という海軍航空隊のオーソドックスな編制が使われていたが実数は18機から27機のあいだであった。ニューギニアでの損耗率により、台南空の戦力が頂点に達したのは1942年5月から6月までの短期間でしかなく、その後は2個以上の中隊での作戦は苦しくなった。この事実は書類上でのみ達成された5個中隊という、名目だけの戦力の虚しさをあざ笑うかのようだった〔編註：原著者が「定数」に対する実数のことを指しているのは明らかだが、この「定数」という概念は、どちらかというと航空隊の予算上の上限を定めたものといえる（現地部隊でそれ以上要望しても認められない）。もちろん、定数に対する充実度が100％であるに超したことはないのだが〕。

台南海軍航空隊が再編された1942年4月1日、同部隊には45機の航空機が割り当てられた〔編註：定数の変更〕。すでにラバウルとラエに展開していた4空の戦闘機隊はこの時点で台南空に吸収された。日本軍が効率的だったとすれば、それからすぐにVで始まる尾翼記号が台南空の零戦に書かれたはずである。当時の4空の戦力は2個中隊で、うち零戦は1個中隊分しかなく、残りは九六艦戦だった。この隊はその後台南空の基幹となり、旧来の主力搭乗員（2個分隊に相当）がラバウルに小牧丸で到着する1942年4月16日まで、河合四郎大尉は台南空の分隊長であり最高指揮官だった。

ニューギニアで45機の戦闘機を割り当てられた台南空は、各15機からなる中隊を3個編成することになった。第一陣の新品の30機は山下中隊と笹井中隊が受領し、4空の残存機10機はさらに追加の零戦が引き渡されるまで河合中隊に回されたと思われる。ラエとラバウルにおける当初の尾翼記号の割り当ては以下のとおりだった。

V-101～V-115（15機）：赤の中隊識別帯
V-121～V-135（15機）：青の中隊識別帯
V-141～V-155（15機）：黄の中隊識別帯（これには元4空機が含まれ、撃墜された、またはラエで遺棄された当時、4空マーキングのままだった機体も存在した）

最後に15機が引き渡されると、これらは河合中隊の戦力増強に使用され、残りの機はすでに戦闘で出ていた損失を埋め合わせるため、3個中隊で分配された。これらが各中隊で尾翼記号が16、17、18番目となる機体だったり、V-122やV-110などの損失補充機だった。後者は喪失機と同じ尾翼記号を割り当てられた。

ラバウルに1942年4月に到着した台南空の指揮官に、飛行隊長の中島正少佐や分隊長の笹井醇一中尉がいた。この2名の優秀な士官につづき、1942年4月中旬に山下政雄大尉が、さらに1ヶ月のちに山下丈二大尉の2名の分隊長が加わった。山下丈二大尉は台南空の戦力増強のために24航戦の1空と千歳空から分遣された搭乗員とともに到着し、これで分隊長4名と飛行隊長1名が完全に揃った。千歳空からの増援搭乗員により、台南空はようやく最大3個中隊の戦力で所期の作戦を実施できるようになった。1942年5月から7月までのニューギニア戦での消耗にもかかわらず、同年8月4日に撮影された集合写真には、笹井醇一中尉、河合四郎大尉、稲野

菊一大尉、山下丈二大尉という4名の分隊長が写っている。

台南空の零戦の特徴的なマーキングは、全機に施された見まがいようのない斜めの鮮やかな胴体帯である。ニューギニア到着後の中隊色が赤、青、黄の三色しかなかったのは、定数がそろわなかったためであり、その後第4中隊が編制されると、黒がこれに加わった。以前バリ島で使用されていた白の胴体帯は、前飛行隊長の新郷英城大尉が本土に帰還した際に廃止された。台南空はニューギニアに到着すると、マーキングをバリ島／蘭印時代から根本的に変更した。最も目立つ変化は「V」で始まる尾翼の機番号表記が、台湾とバリ島で使用されてきた従来の赤フチつき白文字から、黒文字に変化したことだった。

3機を率いる小隊長機には、機番号の上に白か黄か赤の横線が1本入っていた。9機を率いる中隊長機には、機番号の上下に各1本、計2本の青い横線が入っていた。上級士官の場合、その乗機には中隊長を示す胴体斜め帯が2本入った。

1942年4月23日早朝にラエ飛行場への肉薄に成功したNGVR前進斥候隊のおかげで、飛行場にいた27機の零戦二一型の機番号が記録されている。V-101〜104、V-106〜108、V-110〜115、V-121、V-123〜132、そしてV-152である。最後の機は、F-11?〜15?の尾翼記号を使用していた4空機の部隊記号「F」の文字のみを「V」に変えて台南空機にしたものと推定する。

特異な特徴のブナ支隊

ところが零戦三二型ではマーキング法が変化している。ブナ飛行場は1942年8月中旬には使用可能になっていたが、計画と異なり、台南空の零戦三二型はそこで短期間しか運用されなかった。ブナに対する連合軍の空襲は熾烈を極め、十分な早期警戒システムが存在しないことがそれに輪をかけた。このためブナ支隊はミルン湾での戦闘と地上撃破の両方により大損害を被った。当時の行動調書から、ここに配備された零戦三二型はせいぜい10機程度であることが判明する。初めてブナに着陸したのは8月18日にラエからの船団護衛を終えた零戦6機で、彼らはそこで一晩を過ごしてからラエへ帰還した。続いて8月22日に台南空と2空から各8機の零戦三二型がブナへ飛来し、1週間駐留した。しかし台南空の零戦三二型の全機がブナへ配備されたわけではなく、約7機はラバウルでの上空哨戒などに使われていた。両部隊がブナとラエに三二型を駐留させたのは、航続距離が短かったため。1942年8月上旬のうちに台南空の二一型は全機がラバウルに戻されたが、これは遠方にあるガダルカナル戦がはじまり、その長大な航続力が必要になったからだった。

確認されている尾翼の小隊表示線の色の割り当ては白（第1小隊）、黄（第2小隊）、赤（第3小隊）である。これは零戦三二型が到着した時、この支隊のために新たな中隊が3個編成されたためらしい。第1中隊には青の胴体斜め帯が、第2中隊には黄色が、第3中隊には黒が割り当てられた。V-171からV-179までの「黒」中隊に配備された零戦には、二一型のV-171製造番号5779、V-173製造番号5784、V-179製造番号4688などが含まれていた。

ニューギニアで三二型を最初に受領した部隊は台南空だったが、これをラバウルの上空哨戒で初めて実戦使用したのは2空だった。台南空は1942年7月29日に第二日新丸から梱包された三二型20機をラバウルで受け取った。これは製造番号3012から3032だったが、3030だけが欠けており、これはその後2空に配備された。2空は零戦三二型16機と九九艦爆16機をもって横須賀で編成された。2空の機番号はラバウルに到着する前に書かれていた。その新品の三二型は艦爆隊とともに1942年7月29日に横須賀を出発し、約1週間後にトラック島に陸揚げされた。そこから彼らは8月6日にラバウルへと飛行した。これらの三二型の製造番号は3035から3049までと、台南空に配備されそびれた3030だった。

ブナ支隊の三二型は性能と航続距離が異なるラエとラバウルの二一型とは別個に運用される予定だったため、マーキング法も独自の方式になったと考えられる。ガダルカナル方面への戦力分散とブナでの大損害のため、計画されていたマーキング方式は実現しなかった。

第1中隊：V-170〜V-179：青の中隊識別帯
第2中隊：V-180〜V-189：黄の中隊識別帯
第3中隊：V-190〜V-199：黒の中隊識別帯。しかしこの系列に属したのはV-190だけのようだ

この予定されたブナの胴体斜め帯への中隊色割り当ては、すでに二一型の中隊で確立されていた色パターンをほぼ踏襲しているが、第1中隊色の赤を除いたものとなっている点と、尾翼記号の数字がV-171以降となっている点が異なる。確認されているV-177の赤い尾翼端は小隊長標識のバリエーションと思われ、ブナ支隊独特のものである。おそらく独自のマーキング方式は三二型と二一型を空中で識別するための差別化だったのだろう。

一方、1942年7月前後に大きな損害を出していた台南空の二一型部隊は尾翼記号の使用数字を以下のように拡大し、4個中隊に割り当てた。

V-101〜V-119：赤の中隊斜め帯

V-121〜V-139：青の中隊斜め帯

V-141〜V-159：黄の中隊斜め帯

V-161〜V-179：黒の中隊斜め帯

　しかし実際には機数不足のため、160番以降の機番号を割り当てられた機体はなかったようだ。

　各分隊長は、理論上は2個中隊相当の機を指揮することになっていた（ただし、当初はだいたい15機、その後増加）。マーキングの例外では分隊長機のV-108があり、これは胴体斜め帯が1本しかない。ほかにも斜め帯が1本しかない例としては、稲野が開戦前に使用していたV-172、いわゆる「チャイナ・ゼロ」があり、黄の胴体斜め帯が1本で、尾翼に青の分隊長線が2本である。その後の彼の零戦三二型、V-190も胴体帯が1本のみだった。ブナ中隊は10機を超えることはなかった。分隊長線の色は二一型ではすべて青だったようだ。これもブナの機では別ルールを採用していたのが、白線2本を描いていた三二型V-190の例からわかる。

　大日本帝国海軍では階級が絶対であり、上下関係は厳格だった。それは集合写真にも歴然と表れている。すべての士官（またほかの階級も）が平等というわけではなく、江田島の海軍兵学校の期別も、上下関係の重要な要素だった。そのため同じ部隊に2名の大尉がいても、何期卒かによって先任後任があった。二一型と三二型の割り当てとマーキングについてもこうしたことが影響しているのは確かである。20機の三二型では3個中隊に行き渡らせるには機数が不足である。また分隊長の山下丈二大尉がブナから作戦をする際も二一型（おそらくV-107）を使用しつづけたのも、これが理由だろう。こうした背景にあった事情を完全に理解できれば、たとえば山下政雄大尉機は尾翼の中隊長標識が2本なのに胴体帯は1本といった、台南空の士官の間でもマーキングに変則的なばらつきがあった理由を説明できるかもしれない。

総括

　最後に撃墜マークについて触れるが、大日本帝国海軍の場合、それも台南空の例でそれがなかった点が重要である。海軍航空隊員の自己犠牲をいとわない精神構造は、天皇と国家のために戦って死ぬという思想によるものだった。こうした信念には個人主義が入りこむ余地はほとんどなかった。台南空パイロットには卓越した武勲を立てたり、賞賛に値する戦果を達成した者も多いが、そうした業績が個人的に評価されることはまずなかった。撃墜を航空日誌に記入すらしない者も多かった。こうした撃墜申告は部隊の報告書には記載されたものの、台南空の行動調書にも例が見られるように、協同の戦果とされることも多かった。このため台南空では、ほかの航空隊と同様、撃墜マークを機体に記入する慣習にまったくなかった。

　指揮官マーキングには謎が残っている。1941〜42年に台南空の飛行隊長を務めた士官は新郷英城大尉と中島正少佐の2名だけである。戦後の出版物であるモデルアート3月号臨時増刊No.510「新版日本海軍機の塗装とマーキング戦闘機編」の97ページにはユニークな台南空指揮官機尾翼マーキングが紹介されているが、本書筆者らはこれを裏づける写真または文書は未見だ。両隊長は台南空の作戦に積極的に参加し、いずれも生きて終戦を迎え、海軍戦闘機隊エースについて秦郁彦と伊沢保穂がともに著わした名著に協力している。彼らが出版物のために提供した写真には、その個人専用機は一例も見られない。おそらく彼らが作戦を直接指揮するために出撃する時は、単に分隊長機を使用したのだろう。また戦闘機の損耗率の高さを考えれば、飛行隊長用のマーキングが施された専用機が温存されていた可能性は低い。完全定数どおりだった1941年12月の開戦当時の第3航空隊の飛行隊長（大隊長）機のマーキングに関する気になる資料（そこから類推すれば台南空にも適用可能かもしれない）が数点存在するものの、これも筆者たちは写真その他の資料により、その機がニューギニアまで持ち込まれた証拠はないと断言できる。ただし空母戦闘機隊では飛行隊長（大隊長）を示すために尾翼に3本線が入れられた例があったのは、写真および文書によって広く知られている。

　台南空のマーキング方式は全体が常に損耗に影響されていた。真実を知るためには、まだいくつかの決定的証拠が歴史家には必要だ。そしてもうひとつ確実なのは、台南空は消耗する一方だったため、マーキングの原則もかなり崩れ、たび重なる規則変更により例外が生まれたということである。

参考資料一覧

一次資料

本書のような何よりも正確を期そうとする研究では広範な一次資料を参照し、二次資料の使用は避けなければならない。しかし二次資料にも内容の優れたものもあり、適正なものは参考にした。使用した全資料は、特質において「1963年版ポートモレスビー・ヴェスパークラブ年刊ニュースレター」（少々参照したものの、引用および引証はせず）から、最も重要で不可欠な書類、台南航空隊行動調書に至るまで多岐にわたった。後者の日本語資料がなければ、本書は推測論の域を抜け出しえなかっただろう。近年これが閲覧可能になったことは、歴史家にとり大きな恩恵となった。しかも詳細までもが網羅されている。その他の資料も使用したが、資料は以下に限定するものではない。

オーストラリア戦争記念館、キャンベラ豪州首都区域
Australian War Memorial, Canberra ACT:
- AWM52 1/5/15/010, "New Guinia Force Headquaters & General (Air), June1942".
- AWM52 1/5/15/014, "New Guinia Force Headquaters & General (Air), July1942". Headquaters KANGA,
- "Report forwad area Salamaua", May 26, 1942.
- AWM52 1/5/51/017, "New Guinia Force Headquaters & General (Air), August 1942".
- AWM52 8/2/30/044, "30 Infantry Brigade, April 1942".
- AWM52 8/2/7, "7 Infantry Brigade, September 1942".
- AWM52 8/3/78/003, "39 Infantry Battalion, April 1942".
- AWM52 8/3/88, "49 Infantry Battalion, April-September 1942".
- AWM52 8/3/91/006, "55/53 Infantry Battalion, April 1942".
- AWM52 8/4/18, "NGVR War Diary".
- AWM54 253/4/41, "Translated report from Japanese airman. Captured documents. Report 13. WO Nemoto Kumesaku, contains Kiyokawa Maru Hikotai "Weekly Report of Present Aeroplanes, 19 June 1942".
- Memoirs (recorded with transcript) of RAAF No. 75 Sqn pilot Alan Whetters
- Memoirs (recorded with transcript) of RAAF No. 75 Sqn pilot Arthur Gould
- Memoirs (recorded with transcript) of RAAF No. 75 Sqn pilot Bruce Brown
- Memoirs (recorded with transcript) of RAAF No. 75 Sqn pilot John Pettet
- Memoirs (recorded with transcript) of RAAF No. 75 Sqn pilot John Piper
- Memoirs (recorded with transcript) of RAAF No. 75 Sqn pilot Michael Butler
- Memoirs (recorded with transcript) of RAAF No. 75 Sqn pilot Wilfred Arthur
- Memoirs (recorded with transcript) of RAAF pilot William Garing.

国立公文書館アジア歴史資料センター、東京
Japan Center for Asian Historical Records (JACAR), Tokyo:
- 「第4航空隊行動調書」
- 「第2航空隊行動調書　昭和17年8月27日」
- 「元山航空隊行動調書　昭和17年5月17日」
- 「台南航空隊行動調書」
- 「第202航空隊行動調書」
- 「第204航空隊行動調書」
- 「第251航空隊行動調書」
- 「第253航空隊行動調書」

ジャパニーズ・モノグラフ・シリーズ
Japanese Monograph Series
- No. 120, "Outline of Southeast Area naval air operations, Part I (from December 1941 to August 1942)", Military History Section, Headquarters, Army Forces Far East, Office of the Chief of Military History, Department of the Army, Washington DC, 1949.
- No. 121, "Outline of Southeast Area naval air operations, Part II (from August 1942 to October 1942)", Military History Section, Headquarters, Army Forces Far East, Office of the Chief of Military History, Department of the Army, Washington DC, 1950.
- No. 122, "Outline of Southeast Area naval air operations, Part III (from November 1942 to June 1943)", Military History Section, Headquarters, Army Forces Far East, Office of the Chief of Military History, Department of the Army, Washington DC, 1950.

マックスウェル空軍基地、米空軍歴史部
Maxwell Air Force Base, USAF History Department:
- Microfilm holdings (including squadron and maintainance sheets) for 8th Fighter Group, 35th Fighter Group, 3rd Bombardment Group, 43rd Bombardment Group, 19th Bombardment Group, 22nd Bombardment Group & 5th Bober Command.

オーストラリア国立公文書館、キャンベラ豪州首都区域
National Archives of Aurtralia, Canberra ACT:
- A705 CRS 9/36/58 "DTS-Japanese aircraft components. Technical examination and report".
- A9186 CRS 95 "No. 75 Squadron Operations Record Book".
- A9186 CRS 169 "RAAF 75 Sqn Unit History sheets".
- A9186 CRS 164 "RAAF 76 Sqn Unit History sheets".
- A9695 CRS 917 "No. 75 Squadron, Enemy aircraft casualties claimed ? 21 March to 3 May 1942".
- A9605 CRS 918 "No. 75 Squadron scoreboard, 21 March to 26 April 1942".

オーストラリア国立公文書館、ヴィクトリア州メルボルン
National Archives of Aurtralia, Melbourne Vic:
- J2810 CRS R707/1/1 "Records ? History of PNGVR".
- MP1103/1 CRS PWJA110007, "POW Kakimoto Enji".
- MP1103/2 CRS PWJA110010, "POW Sakamoto Torimi".
- Newspaper GERALDTON GUARDIAN of 19 August 1942.

作戦公文書館分館 - 海軍歴史センター (NHC)、ワシントンDC
Operational Archives Branch ? Naval Historical Center (NHC), Washington DC.:
- WDC161725 "War Diary of 25th Air Flot. (Bismark Area Base Air Force) 1st April ? 11th May 1942" (via Richard L. Dunn)
- WDC161729 "Detailed Combat Report #10 of the 5th Air Attack Force, Base Air Force. Period 15 Sep to 27 Oct 1942" (via Richard L. Dunn)

二次資料

- A.A. Pirie, "Commando Double Black", 2/5th Commando Trust, Harbord NSW, 1993.
- A.G. Garrisson, "Australian fighter aces 1914-1953", Air Power Studies Centre, Fairbairn ACT, 1999.
- Advance Echelon, Pacific Air Command, U.S. Army, "Statistical reports in the Japanese Army and Navy Air Forces", Intelligence Memorandum No. 36, Tokyo, 31 January 1946.
- Advance Echelon, Pacific Air Command, U.S. Army, "War organization of Japan", Tokyo, 25 January 1946.
- Alex E. Perrin, "The private war of the spotters", New Guinea Air Warning Wireless Publication Committee, Foster, Vic, 1990.
- Arthur Tucker, Private pilot, recorded memories 1989.
- 防衛庁防衛研究所戦史部、東京
- 5-SS-89 "25 Kokusentai Senjinissi 17.5.11. 25th Air Flotilla Radio Message No. 36 of 20.00/5 April 1942.
- 'R' Base Air Force Summary Message Report No. 5 (5 April 1942)" (via Kamada Minoru)
- Bob Livingstone, "Under the Southern Cross", Turner Publishing Co., Paducak KY, 1998.
- 防衛庁防衛研究所戦史室（編）、戦史叢書、第14巻、「南太平洋陸軍作戦」。ポートモレスビー・ガ島初期作戦」、東京、朝雲新聞社、1968。
- Charles King diary.
- Colonel Hal Maull [13th BS/ 3rd BG] memoir written around 1992.
- Combat (Fighter) Reprorts RAAF No. 75 Sqn, April to September 1942.
- David Sissons, "Where Japs got the third degree", in AUSTRALASIAN POST, July 17, 1984 (via Bob Alford).
- David Vincent, "The Hudson story ? Book Two", Vincent Aviation Publications, Highbury SA, 2010.
- David Wilson, "The decisive factor", Banner Books, Brunswic Vic, 1991.
- Douglas Gillison, "Royal Australian Air Force 1939-1942", Australian War Memorial, Canberra ACT, 1962.
- Eddie Allan Stanton, war diaries, edited by Hank Nelson, Allen & Unwin Pty Ltd, 1996.
- Frank Bender, article in HARPER'S MAGAZINE, November 1943.
- Gary Nila, Bill Younghusband, "Japanese Naval Aviation uniforms and equipment", Osprey Publishing Ltd., Oxford, 2002.
- Gene E. Salecker, "Fortress against the sun", Combined Publishing, Conshohocken PA, 2001.
- Ian Willis, "Lae, village and city", Melbourne University Press, Carlton Vic, 1974.
- Hata Ikuhiko, Izawa Yasuho, "Japanese naval aces and fighter units in World War II", Airlife Publishing Ltd., Shrewsbury, 1990.
- 秦郁彦、伊沢保穂、「日本海軍戦闘機隊」、大日本絵画、東京、2010。
- 秦郁彦、伊沢保穂、「日本海軍戦闘機隊2」、大日本絵画、東京、2011。
- Hata Ikuhiko, Izawa Yasuho, Christopher Shores, "Japanese Naval Air Force fighter units and their aces, 1932-1945", Grub Street, London, 2011.
- Henry Maurice (Mac) Mclaren memoirs via nephew Alec McCracken of irymple, Victoria, Australia.
- Henry Sakaida, "Pacific air combgat WWII", Phalanx Publishing Co., Ltd., St. Paul MN, 1993.
- Henry Sakaida, "Imperial Japanese Navy aces 1937-1945", Osprey Publishing, Oxford, 1998.
- Hobart Mercury interview (1943) with RAAF Wireless Air Gunner Sergeant Trevor Alan Wise.
- Ian Stuart, "Port Moresby. Yesterday and today", Pacific Publications, Sydney NSW, 1973.
- James Henderson, "Onward boy soldiers", University of Western Australia Press, Nedlands WA, 1992.
- James Benson, Prisoner's Base and Home Again, Robert Hale Limited, 1957.
- James Sinclair, "Golden Gateway", Lae & the Province of Morobe, Crawford House, Bathurst 1998.
- John C. Stanaway, "Cobra in the crouds", Historical Aviation Album, Temple City CA, 1982.
- John C. Stanaway, Lawrence J. Hickey, "Attack & conquer", Schiffer Publishing Ltd., Atglen PA, 1995.
- Justin Taylan, "Discovery of ZERO", KOKU-FAN No. 616, 2003, pages 45-47, 50-51.
- Justin Taylan, www.pacificwrecks.com (numerous material).
- 川上壽夫、「沈船聖川丸の修復工事に就て」、関西造船協会会誌第68号、1954年5月。
- Luca Ruffato, "Unveiling a 70-year hiden story. Port Moresby, Easter Sunday 5th April 1942: the mysterious death of FPO2c Yoshi'e Takuro", unpublished manuscript, October 2011.
- Luca Ruffato, Michael J. Claringbould, "75's first Zero & the Zero pilot who disappeared" in FLIGHTPATH Vol. 23 No. 3, February-April 2012, pp. 50-55.
- Lex McAulay, "Blood and iron", Hutchinson, 1991.
- Pat Robinson, 'The Flight for New Guinea' 1943 memoir, pp. 104-105.
- Peter C. Boer, "Early NAA B-25C Mitchells of the ML/KNIL, February-June 1942", August 2011 at http://www.cortsstichingen.nl/index.php/2012-12-24-11-04-24/81-early-naa-b-25c-mitchells-of-the-mlknil
- Major John Hill, interview, Mitchell Field, 1 May 1946.
- Michael J. Claringbould, "Kokoda! The first day of the legendary campaign", in FLIGHTPATH Vol. 22 No. 3, February-April 2011, pp. 48-53.
- Nohara Shigeru, "A6M Zero in action", Aircraft Number 59, Squadron/Signal Publications Inc., Carrollton TX, 1983.
- Okumiya Masatake, Horikoshi Jiro, "Zero fighter", London, Cassell, 1958.
- Philip Strong New Guinea diaries, edited by David Wetherell, MacMillan Co., of Australia, South Yarra Vic, 1981.
- 学研、「ラバウル航空戦」、太平洋戦史シリーズVol. 7、1978年。
- Richard M. Bueschel, "Mitsubishi A6M1/2/-2N Zero-Sen in Japanese Naval Air Service", Schiffer Publishing Ltd., Atglen PA, 1995.
- Richard L. Dunn, "September 11th, 1942 ? The rest of the story", 2003 at http://www.j-aircraft.com/reseach/rdunn/murakami/murakami.htm
- Richard L. Dunn, "Exploding fuel tanks", priv. pub., Edgewater MD, 2011.
- Robert H. Kelly, "Allied air transport operations South West Pacific Area in WWII",
- Volume One, priv. pub., Brisbane Qld, 2003.
- Robert Piper, "Zero in the Tree Tops", unpublished manuscript.
- S. W. Ferguson, W. K. Pascalis, "Protect & Avenge", Schiffer Publishing Ltd., Atglen PA, 1996.
- Sakai Saburo, "Samurai!", Dutton, New York, 1957.
- 坂井三郎「坂井三郎空戦記録」。
- 坂井三郎、「大空のサムライ」、光人社。
- 佐藤繁雄、佐藤和彦、モデルアート社臨時増刊No.655「日本海軍航空隊　軍装と装備」、東京、2004年。
- Steve Birdsall, "Flying Buccaneers", Doubleday & Co., Inc., New York, 1978.
- Stewart Wilson, "SPITFIRE, MUSTANG AND KITTYHAWK in Australian service", Aerospace Publications, Weston Creek ACT, 1980.
- SWPA Technical References to Inspected Enemy Airplanes ATIU, September 27, 1943, page 2.
- "The Japanese Air Forces in World War II", Arms and Armour Press, London, 1979.
- Tagaya Osamu, "Mitsubishi Type 1 Rikko 'Betty' units of World War II", Osprey Publishing Ltd., Oxford, 2001.
- Tagaya Osamu, "Imperial Japanese naval aviator 1937-45", Osprey Publishing Ltd., Oxford, 2003.
- Tom Grahamslaw recollections in PACIFIC ISLANDS MONTHLY, March 1971, p. 141.
- Victor Austin, "To Kokoda and beyond", Melbourne University Press, Carlton Vic, 1990.
- Walter Gaylro, Don E. Evans, Harry A. Nelson, Lawrence J. Hickey, "Revenge of the Red Raiders", International Research and Publishing Co., Boulder Co., 2006.
- War-action' series, 'True Comics'.
- Wilbur Wackett, RAAF No. 75 Squadron pilot, survival report (May 1942).
- Wesley E. Dickinson, "I was Lucky", Authorhouse, ISBN 1403379785.

写真資料について

長年にわたり写真を熱心に収集してきた方々に対して、感謝を申し上げたい。フランスのベルナール・ベザ氏からはその膨大かつ貴重なコレクションから多くの日本軍の写真を提供して下さり、本書を可能な限り完璧な記録にすることができた。オーストラリアのケヴィン・ジアヌス氏には初期のニューギニア戦におけるRAAFと米陸軍航空軍の貴重な資料をやはり快く提供していただいた。第二次大戦太平洋戦線のRAAF専門家、ゴードン・バーケット氏には写真を提供して下さっただけでなく、貴重な書類写真も多数提供していただいた。信じられないことにゴードンには台南空と戦うために初めてポートモレスビーへ進出する途中、タウンズヴィルで撮影されたRAAF第75飛行隊の唯一の現存写真を（「バズ」・ブシュビー氏経由で）提供して下さった。この歴史的発見のおかげで、これまで推定されていたキティホークのマーキングが間違っていたことが判明した。

最大の幸運の追い風はパプアニューギニア近代史博物館の公文書館から吹いてきた。2003年に館長のセニア・グレー氏はポートモレスビーで忙しい週末を縫って、マイケル・クラリングボールドに未整理の膨大な第二次大戦前および大戦中の写真のスキャンを許可して下さった。この収蔵資料のほぼすべては日本軍、連合軍いずれのものも個人的に提供されたものだったが、出所は不明確だった。そのなかには第3爆撃群の地上員たちによるもの（大量だが、画質は劣悪）から、元憲兵隊士官による氏名不詳の人々を写したもの（少量だが、画質は良好）まで、さまざまなコレクションが含まれている。2012年に坂口春海氏の紹介で武田信行氏から日本の西澤廣義の親戚が所有する私蔵写真コレクションをいただけたのは光栄だった。

一部の写真／図版に出典を示さなかったのは、その権利者が不明なためである（工場の書類、仕様書、マーキング書類など）。写真の本当の撮影者の許可が得られていないものもあるが、読者各位におかれては我々が最善を尽くしたことをご理解いただきたい。

著者

原書編集協力者紹介

スティーヴ・バーゾール
Steve Birdsall

1944年生まれのオーストラリア人。スティーヴが育った頃のオーストラリアでは、まだ第二次大戦はついこの間のことだった。彼の航空戦史への情熱は、特派員としてヴェトナムへ渡りA-1スカイレイダーとAC-47に搭乗したことでさらに強まった。当初の関心は四発爆撃機にあり、B-17、B-24、ついでB-29を研究した。彼が執筆者となったのは、レン・モーガンのP-51マスタングとP-47サンダーボルトについての書籍を読んだことがきっかけだった。彼がレンに手紙を書き、「有名機」シリーズのB-17に写真を提供することで共著者にしてもらえないかと申し出ると、レンは「それなら君がその本を書けばいい」と答えたため、自らB-17とB-24という最初の2冊を著したのだった。執筆はさらにアルコ出版社のA-1スカイレイダーの歴史、ダブルデイ社での3冊の大著、「Log of the Liberators」、「Flying Buccaneers」、「Saga of Superfortress」 などとつづき、「インアクション」シリーズでB-17、B-24、B-26、B-29、さらに「Superfortress Special」を、「フライングカラーズ」でB-17、そして「Pride of Seattle」を著し、その後、第8空軍の大家、ロジャー・フリーマンと「Claims To Fame: The B-17 Flying Fortress」で共著を果たした。

彼の情報源はつねに帰還兵であり、その記憶と公式記録を照らし合わせている。この手法は厳密には科学的ではないが、彼は有効だと信じており、ほぼ毎年ワシントンDCの公文書館を訪れ、それ以外にもマックスウェル空軍基地の記録センター、国立公文書館、オハイオ州軍博物館、そして全国の帰還兵を訪問している。B-29の映画について彼がアドバイスしたことが発端となり、ニューギニアの海底に眠るB-17「ブラック・ジャック」のテレビドキュメンタリーが制作された。また長年にわたりフライパス、シドニーモーニングヘラルド、デイリーテレグラフ、ヴェンジャンス、フライングレヴューインターナショナル、エアーコンバット、AAHSジャーナル、エアークラシックス、エアフォースマガジンなど数多くの出版物に寄稿している。目下の研究対象はニューギニアにおける第19爆撃隊という。現在シドニー在住。

エド・デキープ
Ed DeKiep

1957年生まれのアメリカ人で、ミシガン州フェリスバーグのセンテニアル農園で妻と2人の息子とともに暮らしている。彼はミシガン大学でBSMEとMSEの学位を取得した機械技術者であり、専門は内燃機関の設計で、修士学位論文では内燃機関の排出物抑制を扱った。ゼネラルモータース勤務時代には電子ユニット燃料噴射の故障モード影響解析について初の論文をデトロイトディーゼルエンジン社のために執筆し、さらにGMといすゞのエンジン開発のためにカムリフト特性と動弁装置用の動的コンピューターシミュレーション解析法を設計し、実行した。また病院や研究施設のために特殊な家具や試料取り扱い装置なども設計した。現在はセンターマニュファクチュアリング社に勤務し、ホンダの自動車部門とパワースポーツ部門のためにプロジェクト技術者として監督をしている。

彼はミシガン州グランドヘイヴンの近郊で育ち、今もつづく飛行機への興味をつちかい、さらに成長期に同地で開催された沿岸警備隊祭のエアショーがそれに輪をかけた。そこで飛行展示を行なったのはブルーエンジェルス、サンダーバーズ、ビル・フォーノフ、ボブ・フーヴァーなどだった。エドは日本機の模型作りに特に熱中したが、これは彼の祖父が戦争中にニューギニアとフィリピンに従軍していたためで、これが熱狂へと変わったのはティーンエイジャーの頃、零戦三二型のボックスアートで報国号を初めて見たときだった。以来、彼は長年にわたって寄付者の名が書かれた献納機を研究するようになり、やがて対象はその機を飛ばしていた部隊のマーキングへと発展した。

飛行機関係から離れている時、彼はクラシックカーおよびマッスルカー（1950、60、70年代製）の収集とレストアや趣味の園芸を楽しんだり、家族と一緒にヘビーメタルコンサートへ出かけたりしている。

ゴードン・R・バーケット
Gordon R. Birkett

ゴードンは昔から航空史研究にそれなりの興味を抱いていたが、1942年前半のRAAFと米陸軍航空軍の太平洋戦線における活動のみに限定して本格的な研究をするようになった。彼は数年来、ウィリアム・バーチュ、ボブ・アルフォード、ダミアン・ウォーターズ、ピーター・グロス、マイケル・クラーリングボルド、ペーター・ベールといった専門著作家に機体やパイロットについて特に詳しい情報を提供している。ADF-Serials.com.au（オーストラリア国防軍機研究会）の創設者のひとりで、2001年から会の第二次大戦機に関する研究コーディネーターを務めている。最近は同会のEニュースの編集も手がける一方、クイーンズランド航空博物館の会員であり、執筆家、ウェブサイト、オーストラリア戦没者記念館などから第二次大戦時の作戦や遺物の研究について頻繁に協力を求められている。

ゴードンは若くして「引退」したが、おかげで航空機について研究する時間に恵まれるようになった。現在彼が取り組んでいるのは、RAAFのスピットファイアとP-40キティホーク全機のデータをまとめることで、すでに完了したハドソン、ヴェンジャンス、ワイラウェイについての結果をADF-Serials.com.auで公開している。彼が「バズ」・ブッシュビーとともに執筆したRAAFのP-40についての戦史研究は本書においても参考になり、RAAFの第75飛行隊のマーキングとニューギニアでの台南空との戦史を確定させた。

ローレンス・J・ヒッキー
Lawrence J. Hickey

カンザス州ウィチタでの少年時代以来、ラリーは飛行機に夢中だったが、これは父のジョゼフがボーイング社の軍事部門の技術者だったためである。1966年、ラリーはカンザスシティのロックハーストカレッジを卒業し、歴史の学位を取得した。翌年、彼はサイゴンにヴェトナム屈指の貴族の家に寄宿して現地の文化と言語を学びながら、第7空軍司令部の作戦分析部支部、空軍CHECO計画課の研究員として働いた。

その当時、彼はヴェトナム全土を巡回して軍人にインタビューし、前線航空統制官とともに偵察飛行にオブザーバーとして頻繁に同行した。彼はワシントンDCのジョージタウン大学で卒業研究を継続するため米国に帰国したが、そこで国防情報局（DIA）に採用された。それからの4年間、ラリーはペンタゴンでDIAが運営する国家軍事情報センターに勤務した。DIA時代の大半の期間、彼はヘンリー・キッシンジャー博士のヴェトナム特別研究班という諸機関協同任務部隊でも働き、ヴェトナム戦争終結に向けたパリ和平会議のために米国の戦争政策について研究した。この立場と大統領の個人的指示により、彼は1970年に6週間ヴェトナムに戻り、メコンデルタで実地調査を実施し、有力な休戦計画を研究した。1972年1月、ラリーはワシントンの諜報界で迫りくる北ヴェトナム軍の春季総攻撃を最初に警告したことで注目を集め、その後これを率先的に報告した。

1972年末、諜報分野での華々しい成功ののち政府職から退き、民間事業家兼起業家として製造業、不動産開発、著述・出版業に進出した。現在コロラド州ボールダーに妻スーと暮らし、フルタイムの著述家兼出版人として活動している。

309

原著者あとがき

どうしてイタリア人が母国からはるか彼方のことに興味を持ったのかと、いつも聞かれる。誰をも満足させられる答えができないのは、ただそうだからだ。子供のころ私は赤い丸のついた飛行機の絵を描いていたが、興味が一層深まったのはエアショーを見、飛行機の模型を作り、ウォーゲームをし、1985年に再版された坂井三郎の「Samurai!」など、当時私の国で入手できたわずかな出版物を読んでからだ。

さらに時を経るにつれ、私は日本の歴史と文化に魅了され、この国についてもっと多くを学びたくなった。それはすぐ第二次大戦時代への興味に結びついたが、連合国側から読み、集めるにつれ、出来事を日本側から書いた関連書籍が乏しいことに不満が募った。これは日本軍機に関しても同じだったが、幸いこちらの分野では英文資料が量的に十分だったので、湧き上がりつづける探究心を満たすのに不自由しなかった。

日本語の資料にあたることは、外国人研究者にとって多くの深刻な、しかもしばしば面倒な問題を引き起こす。一番は言語の複雑さだが、その困難にはさまざまな面がある。印刷物の翻訳に手こずるのは茶飯事だし、草書体(手書き文字)を読むのも至難の技だが、日本海軍の公式報告書のかなりの割合が手書きなのだ。手持ちの現代語字典で漢字を判定するのはほぼ無理で、少しでも単語や文章を理解しようと文字を調べるのに膨大な時間がかかった。私は独学者ではあるが、帝国海軍の標準的な表形式報告書(行動調書と、それより分量の少ない戦時日誌や戦闘詳報)から人名、地名、軍事用語、数量などのキーワードを、幸いかなり理解できるようになった。

ニューギニア東部における戦史は、1982年にジョン・ヴェーダー著「Pacific Hawks」を古本で読んで以来、私の脳裏から離れなくなった。ある特定の島々について地理的な興味が湧き起こったのも自然な成り行きだった。私はいつも航路図や地図に心を奪われてきた。地図製作者でも古地図コレクターでもないのに、私は地図的な資料に陶酔する「地図マニア」という悲しい矯正不能な人種になってしまった(ウィリアム・シェイクスピアは「マップリィ」なる新語を作って、地図や海図をむさぼり読むことを指した)。さらにスティーヴンソンの「宝島」が、少年の夢見る心に刻みつけられたのも確かである。

私の国で太平洋戦争への関心が低いのは仕方なく、よくロビンソン・クルーソーのような気持ちになった。高名なオーストラリア人執筆者、マイケル・ジョン・クラーリングボールド氏からこの台南航空隊の書籍の執筆に協力してもらえないかと声をかけてもらえたのは幸運だった。私たちの共同作業では、矛盾する出来事、撃墜数、損失数を検証していくために膨大なやり取りが行なわれ、真に偏りのない結果につながったのだった。私たちのあいだの距離を越えて深い友情が生まれたのも、全盛をきわめるインターネット社会の秘めている可能性が発現した好例だろう。いつかマイケルと個人的に会い、私たちが一丸となって成し遂げた共同作業を祝福したいと思う。不思議と魅力にあふれる国、パプアニューギニアについての彼の実体験による知識と、その地での第5空軍に関する広範な知見には、羨望を覚えざるをえない。

記録されなかった歴史はまったく起こらなかったのと同じだが、すべての歴史は終わりのない「現在進行中」の作品とも見なせる。過去の航空戦を研究することは、複雑なジグソーパズルを組み合わせるのに似ている。ピースをはめ込むのは一枚ずつだ。それが面白さでもあるが、私が本書に取り組み始めたとき、砥ぐべき斧はなく、証明すべき仮説もなく、責めるべき誰かもおらず、守るべき誰かもいなかった。客観性が勝利したのは幸いだった。読者各位におかれては、私たちの提示した史実が目標に到達しているかを判断していただきたい。

2011年3月の津波で大きな被害を受けた日本の方々の不屈の精神を称えたい。たとえ印刷された言葉でも、困難な時には相互理解をうながし、親近感を高めることはできるはずだ。そこで本書をあの大いなる悲劇からの一周年を機に駐伊日本大使に贈呈し、日本人とイタリア人との深い友情と団結の正式な証しとしていただいた。

ルーカ・ルファート
イタリア、ヴィゴンツァ(パドヴァ県)、2012年

ルーカ・ルファート
Luca Ruffato

ルーカ・ルファートはヴェニスの建築大学を卒業した建築家である。学問分野における初期のキャリアとして、ある学位ワークショップで助教授を、また独ドルトムント大学と共催されたふたつの国際ワークショップでチューターを務めた。彼は5年間、建築鑑定士兼設計者として歴史的建築物の修復に特化した考古学を専門とする会社に勤務した。

現在はイタリアに在住し、子供時代から日本の文化と歴史に魅了されていた彼は、日本についてより多くを学びたいと考えた。第二次大戦の軍事研究に関わるようになったのは比較的最近で、連合軍視点からの記述を読むにつれ、それらの史実にまつわる日本側の詳細な情報が乏しいことを痛感した。そこで一念発起し、航空作戦の本格的分析を中心に、当時の日本軍の書類を研究・収集するようになった。ルーカは現在、1941年12月から1942年3月までの南西太平洋地域における航空戦史について執筆中である。

ルーカが協力した書籍としては、ダン・E・ベイリー著「WWII wrecks of the Truk Lagoon」(カナダ、ノース・ヴァレー出版、2000年)、デイヴィッド・L・ウィリアムズ著「Naval camouflage 1915-1945」(ケント州、チャタム出版、2001年)などがある。また専門誌への寄稿、オーストラリア、カナダ、フランス、イギリス、アメリカといった各国研究者の書籍のための研究支援も数多くこなしている。ルーカはこの専門分野に取り組む執筆者と研究者の専門国際団体である「太平洋学会」および「太平洋航空戦史協会(PAWHA)」の会員でもある。

私はオーストラリア人だが、1960年代にパプアニューギニアで育った。子供時代の頃、帰還兵の集会、とくにアンザックデイ〔戦没オーストラリア兵とニュージーランド兵の追悼日〕にボマナ墓地で開かれていた式典が思い浮かぶ。大人たちは過去を悼んでから大いに飲み明かすのが、私の育った町だった。私は飛行機が好きで、とくに航空戦が大好きだった。7マイル飛行場には絶え間なく離発着するDC-3に加え、オーストラリアからは毎日DC-6B旅客機の便があった。

　私はなぜここで航空戦が起こったのか、誰が戦っていたのかを知りたくてたまらなかった。1965年に学校の課題で第二次大戦におけるイギリス軍のダンケルク撤退を調べることになったが、そのとき、なぜ誰もポートモレスビーの近くで起きた戦争について教えてくれないのだろうと疑問に思った。私の好奇心が高まったのは、学校の友だちのマーク・ルースと戦闘機の主翼の外鈑を自宅に持ち帰ったときで、それにはイギリスのラウンデルの痕跡があった。この翼はRAAFのキティホークA29-109のもので、操縦していたビル・コウは私の学校の裏手の丘、東ボロコに1942年8月28日に不時着したのだったが、それを知ったのはそれから30年以上経ってからだった。学校の裏にオーストラリア軍の戦闘機の残骸があるのに、どうしてダンケルクのことを教わらなきゃいけないのか？　その理由のひとつは、当時のニューギニアでは誰も戦争中の話をしたがらなかったからだ。でも子供にそんなことはわからない。日本人は残忍で理解不能な存在と考えられ、忌み嫌われていた。親の世代では戦争で苦労した人も多かったが、私は日本人が本当はどうだったのかを知りたいと思った。当時は連合軍側のものですら一次資料は手に入らなかった。さらに言語の壁は厚く、文化的理解の隔たりといえず劣らずもなだった。

　私は2003年に30年ぶりにポートモレスビーに戻った。これは外務省に派遣されたためで、外国の特使として故郷の町に派遣されるのは不思議な感覚だった。そこで私は国連職員の坂口春海氏と出会う。彼は最初にこの上空を飛んだ零戦パイロットたちについて、長年の地道な研究から得た知識を惜しげもなく教えてくれた。ニューギニアの壮大な山嶺の奥深くに横たわっていたぼろぼろの零戦の残骸を山口馨中尉の乗機と判別できたのは、春海の情熱と知識のおかげだ。これを最初に発見したのはwww.pacificwrecks.comを運営するジャスティン・テイラン氏だ。私は残骸の確認のために日本大使館に招聘され、ヘリコプターで現地を訪れた。切り立ったジャングルの斜面を下りながら、もっとよく知りたいという思いがあふれてきた。調査からかなり経ってからも、私はニューギニアにいた山口中尉とその台南空の戦友たちに思いを馳せた。

　それから約10年後、私はルーカ・ルファート氏と出会った。このイタリア人紳士は現地を訪れたことはなかったが、1942年のニューギニアでの日本軍の戦いについては明らかに私より詳しかった。彼の優れた知見はかつて起きたことを鑑識のように検証するのにあたり、不可欠なものとなっていった。私たちの知識を総動員したところ、日本軍と連合軍の報告がほとんど符合したのは、嬉しい驚きだった。そうでない場合、ルーカはたいていオーストラリア軍観測員などの記録から合理的な説明を見出したが、それは膨大かつ地道な作業だった。私たちふたりは過去の再構成を進めるうちに、外部の専門家を巻きこんでいったが、彼らは皆独自の洞察によって貢献してくれた。彼らの提供してくれた専門知識に私は歓喜した。この本を作るためのチームが世界中――オーストラリア、フランス、オランダ、イタリア、アメリカ、イギリス、そして何といっても日本――から集まってくれたことを、私は大変誇りに思う。

　台南航空隊の資料の多くは永久に失われてしまった。その戦闘機の写真は特に希少だが、いつか日本で個人が所蔵する資料から歴史的な発見があることを祈りたい。この不滅の部隊のニューギニア時代は、戦いが繰り広げられたかの地の過酷な地勢が大きく影響している。ラエでの台南空は、連合軍よりもはるかに悪い条件に苦しんでいた。連日のように爆撃を受け、食糧事情は劣悪で、熱帯病にかかる者も多かった。それでもエリートパイロットからなる基幹隊員たちは士気を保ち、矜持を失わなかった。結局のところ、ニューギニアの戦いは人的な損害はもたらしたが、人員を払底させたのはガダルカナル戦だった。

　現実の台南航空隊の歴史は悲劇にほかならないが、これはどの戦闘部隊でも共通である。本書は先に記したように、多くを知りたいのに教えてもらえなかった1965年の少年のための贈り物だ。ルーカと私がこの魅惑的で複雑なジグソーのピースを組み立てていたときに感じた魔力を、あなたがこの本から感じてくださることをお祈りする。

マイケル・ジョン・クラーリングボールド
カンボジア、プノンペン、2012年

マイケル・ジョン・クラーリングボールド
Michael John Claringbould

　パプアニューギニアのポートモレスビー育ちのオーストラリア人で、1960年代にポートモレスビー周辺に眠る数多くの航空機の残骸に魅了された。大戦時の日本軍について知りたいという彼の青年期の熱望はいくつかの結果につながった。1984年に彼がRAAFによる回収作業に協力したダグラスA-20G「ザ・ヘレン・ペリカン」は、元は彼が1976年に発見したものだった。1996年には「パグ」・サザーランドのF4F-4ワイルドキャットの残骸を確認したが、同機はガダルカナル戦役で最初に撃墜された米軍機で、奇しくもそれは台南航空隊によるものだった。

　マイケルは南西太平洋航空戦への情熱から、「The Forgotten Fifth」、「Forty of the Fifth」、「Black Sunday」という3冊の書籍を著した。また「Rampage of the Roaring 20s'」という第312爆撃隊についての書籍の共著者でもある（コロラド州、インターナショナル・リサーチ出版）。マイケルはオーストラリアのフライパス誌の嘱託編集員で、米軍の旧ハワイ中央識別研究所（CILHI、現JPAC）で南西太平洋の戦時遺物確認も監修していた。マイケルはCGアーティストでもあり、本書でもイラストとカラー側面図も担当している。1974年にオーストラリアの航空機操縦免許を取得し、セスナL-19A「バードドッグ」を所有している。マイケルとルーカの出会いは、二人が所属する「太平洋航空戦史協会（PAWHA）」を通じてだった。

　マイケルはタイ、フィジー、パプアニューギニア、ニュージーランドなど、オーストラリア外務省による海外派遣事業にも数多く参加し、ソロモン諸島、ヴァヌアツ、ニューカレドニアへの短期派遣も経験している。2011年からはカンボジアのプノンペンに3年派遣されることになった。左の写真はポートモレスビーでパプアニューギニア人の友人2名とのもので中央が本人。

311

※本文中に〔写真提供／　〕とあるのは日本語版製作時に追加、あるいは鮮明な画像
　に差し替えたもので、それ以外は原著のクレジット表記です。
※日本語版の製作にあたり以下の方々の協力、写真、資料の提供をいただきました。
・この場を借りて御礼申し上げます。（敬称略、順不同）
　西澤家、伊沢保穂、武田信行、吉良敢、高橋順子

The I.J.N. TAINAN AIR Group in NEW GUINEA

台南海軍航空隊【ニューギニア戦線篇】
モレスビー街道に消えた勇者たちを追って

発行日	2016年2月27日　初版第1刷
著　者	ルーカ・ルファート＆マイケル・ジョン・クラーリングボールド
訳　者	平田光夫
編集担当	吉野泰貴
装　丁	梶川義彦
DTP	小野寺徹
発行人	小川光二
発行所	株式会社 大日本絵画
	〒101-0054
	東京都千代田区神田錦町1丁目7番地
	TEL.03-3294-7861（代表）
	http://www.kaiga.co.jp
編集人	市村 弘
企画／編集	株式会社アートボックス
	〒101-0054
	東京都千代田区神田錦町1丁目7番地
	錦町一丁目ビル4階
	TEL.03-6820-7000（代表）
	http://www.modelkasten.com/
印　刷	大日本印刷株式会社
製　本	株式会社ブロケード

Copyright © 2016 株式会社 大日本絵画
本誌掲載の写真、図版、記事の無断転載を禁止します。
ISBN978-4-499-23172-5 C0076

内容に関するお問合わせ先：03（6820）7000　（株）アートボックス
販売に関するお問合わせ先：03（3294）7861　（株）大日本絵画